绿色建筑施工与管理

（2018）

湖南省土木建筑学会
杨承愆　　陈浩　主编

中国建材工业出版社

图书在版编目（CIP）数据

绿色建筑施工与管理 . 2018 / 湖南省土木建筑学会，杨承惄，陈浩主编 . —北京：中国建材工业出版社，2018.6

ISBN 978-7-5160-2270-2

Ⅰ . ①绿…　Ⅱ . ①湖…　②杨…　③陈…　Ⅲ . ①生态建筑—施工管理—文集　Ⅳ . ① TU18-53

中国版本图书馆 CIP 数据核字（2018）第 110541 号

绿色建筑施工与管理（2018）

湖南省土木建筑学会
杨承惄　　　陈　浩　　主编

出版发行：中国建材工业出版社
地　　址：北京市海淀区三里河路 1 号
邮　　编：100044
经　　销：全国各地新华书店
印　　刷：北京鑫正大印刷有限公司
开　　本：787mm×1092mm　1/16
印　　张：31.5
字　　数：733 千字
版　　次：2018 年 6 月第 1 版
印　　次：2018 年 6 月第 1 次
定　　价：**158.00 元**

本社网址：**www. jccbs. com**　　微信公众号：**zgjcgycbs**

编　委　会

前　言

在习近平新时代中国特色社会主义思想指引下，湖南省建筑业正在为建设一个资源节约型和环境友好型，且全面步入小康水平的社会而努力。例如湖南建工集团有限公司在改制、升级和转型中取得了重大的进展与成果，不仅在战略发展、经营理念和企业文化上做大做强，齐步今朝，而且已走出国门，在"一带一路"建设中争创辉煌，各领风骚；又如中建五局第三建设有限公司自主研发，在大型复杂曲面屋盖及钢结构中实现信息化施工，取得了新的成果，2018年又在装配式结构施工中获得了新的突破。还有湖南立信建材实业有限公司在装配式钢筋混凝土结构中自主研发取得新的成果；湖南省第三工程有限公司、湖南省第五工程有限公司主编的《钢-混凝土组合空腔楼盖结构技术规范》即将杀青面世；湖南望新建设集团股份有限公司在国家重点工程建设中如南航，吉利等大型复杂工业厂房中成功地解决了大面积地面混凝土施工中混凝土裂缝处理等复杂技术难题，力争打造成我国民企建筑航母之一。

本书是湖南省土木建筑学会施工专业学术委员会2018年学术年会暨学术交流会的优秀论文，经全省著名专家、教授及学者认真评审；优选93篇编著而成。全书分为四篇：

第一篇：综述、理论与应用

第二篇：地基基础及其处理

第三篇：绿色施工技术与施工组织

第四篇：建筑经济与工程项目管理

今年是全面贯彻党的十九大精神开局之年，在湖南省住房和城乡建设厅、湖南省土木建筑学会的大力支持和直接领导下，我施工专业学术委员会殷切期望全省建筑科技工作者、施工企业及百万建筑湘军坚持科学发展观，充分发挥学会人才集中、学科齐全的优势，并与中南大学、湖南大学、长沙理工大学等大专院校与科研院所构建产、学、研及科技创新平台，让我们坚持科技创新筑梦天下，推行绿色发展造福中华，为实现中华民族伟大复兴的中国梦不懈奋斗！

编者

2018 年 5 月

目　录

第一篇　综述、理论与应用

第二篇　地基基础及处理

第三篇　绿色施工技术与施工组织

第四篇　建筑经济与工程项目管理

第一篇

综述、理论与应用

轨道施工对某砌体结构房屋影响的处理方法

李亮如[1] 刘劲松[2] 陈大川[1]

（湖南大学土木工程学院，长沙，410082）

摘 要： 随着社会经济的快速发展，城市对其城市轨道交通的建设进度提出了新的要求，但是城市轨道的修建对其他周边建筑物的破坏也成为了一个严重的问题。介绍了处理此类建筑物破坏时的处理思路。重点阐述了地基基础和裂缝加固设计的方法和步骤，详细介绍了灌浆法加固技术和高性能水泥复合砂浆钢筋网加固技术[1]在加固由轨道施工导致的房屋破坏现象中的应用，供类似工程的加固设计及施工参考。

关键词： 轨道施工；加固设计；灌浆法；高性能水泥复合

进入21世纪，城市地铁轨道交通建设主要采用盾构法施工，但是施工过程中不能完全避免对周围土体的扰动，在侧穿或者靠近地面上的建筑物时，引起的土体扰动必然或多或少的影响建筑物，使之产生沉降或者倾斜，影响其安全性。本文介绍了地铁施工对某砌体结构的影响及其处理方法。

1 工程概况

某砌体结构位于湖南大学南校区的东南方位，地处老校区和未来天马山新校区联接的核心位置。大楼修建于上个世纪八十年代，于2012年进行了一次改造扩建，结构一共六层，每层约1129m^2，竖向由砖墙和砖柱承重，横向为混凝土梁和预制板。混凝土强度等级为200号（C20），钢筋强度等级大多为Ⅰ级（HPB235），个别梁中纵向受力钢筋采用Ⅱ级（HRB335）。但由于长沙地铁四号线施工产生振动等原因，该房屋部分现浇构件和各楼层墙体均存在不同程度的开裂现象，为排除不确定的因素对房屋造成安全隐患，确保该房屋在后续原设计使用年限内的安全和正常使用，对该房屋地基基础以及一层和二层墙体进行加固处理。

2 房屋受损情况

在地铁四号线的施工过程中，区间隧道直接穿过大楼底部，从而引起地基基础发生不均匀沉降，最终导致上部结构发生严重的破损，图1为区间隧道与大楼位置关系示意图。

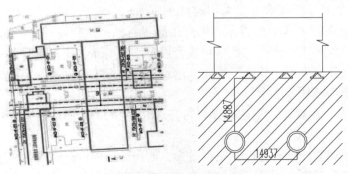

图1 区间隧道与大楼位置关系示意图

区间隧道外轮廓至基础垂直距离 14.87m。区间左线隧道穿越地层为全风化砂岩，区间右线穿越地层为强风化炭质泥岩，拱顶覆土约 16.8m。

地基基础的主要破坏形式主要表现为大楼底部土体受到扰动产生变形，上部结构的破坏形式主要表现在部分现浇构件和各楼层墙体均存在不同程度的开裂现象，其中大楼一、二层墙体裂缝尤为严重，严重影响建筑物的美观及其耐久性，一、二层走道纵墙破坏示意图如图 2 所示，门窗洞口及楼梯局部受损情况如图 3。

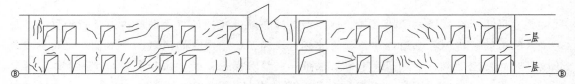

图 2　一、二层走道纵墙破坏示意图

 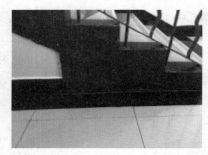

图 3　门窗洞口及楼梯局部受损情况示意图

3　处理思路

区间隧道外轮廓至基础之间地层为中风化泥灰岩和强风化砂岩，首先为了使松散和多孔性的土壤变为一个整体，增加其承载力和减少地基的沉陷量，对其进行灌浆处理，通过这种方法，浆液通过渗透、充填、挤密等方式进入地层后使其力学强度、抗变形能力、整体性有所提高。对基础可以采用增大基础面积的方法，提高其受力面积，减小不均匀沉降。对墙体抹复合砂浆能提高其整体刚度，抵抗变形。

4　加固方案

4.1　地基加固方案

要保证上部结构不进一步发生破坏，首先要对大楼地基进行加固处理，这里我们采用灌浆加固技术[2]，灌浆加固技术主要采用改良土质结构的方式对建筑工程进行加固施工，施工过程把钻机安放在施工区域地表，利用高压灌浆器械把搅拌好的水泥灌浆导入土层结构，此时，通过水泥灌浆和土层产生的化学反应，以及水泥灌浆和土层出现的胶结等变化，在采用凝结、挤压等操作对土层结构进行改变，达到提升建筑工程总体稳定性的目的。

灌浆法工艺流程及技术要求：

（1）测放点位。灌浆孔的测放以设计方案为依据，以现有大楼为参照，钢卷尺量距确定，误差小于 0.5cm；

（2）钻机角度调整。打开并旋转钻机机头，使指针指向设计角度，角度误差小于 20″；

（3）钻机就位。角度调整后，使岩心管中心对准孔位，然后将钻机进行水平调整；

（4）钻进成孔。选用合金钻头，无给水回转钻进成孔。开始时轻压慢转，防止钻孔偏移；

（5）灌浆管加工及封孔材料配制。截取长度大于设计灌浆孔深度 20cm 的直径 33mm 的高压塑料管，在设计封孔深度以下打花眼。花眼用电钻打制，直径 6mm，共计 3 排，间距 30cm。配制水泥砂浆，配合比为 1 : 1；

（6）安放灌浆管、封孔。将加工好的灌浆管人工插入钻孔内，然后将止浆塞下送到设计封孔位置，最后用水泥砂浆填封，边填边振，保证密实；

（7）浆液配制。单液水泥浆灌注时，按照设计配合比将水、水玻璃和水泥倒入搅拌机内进行搅拌，时间不少于 30min，保证搅拌均匀，然后放入储浆箱（1.3m^3）。水泥 - 水玻璃双液浆灌注时，将水和水泥倒入搅拌机内搅拌均匀，然后放入储浆箱（1.3m^3）。同时，将水玻璃放入储浆箱（0.3m^3）；

（8）灌浆。单液灌注时，选用吉林泵灌注。初始压力为 0.3～0.6MPa，终止压力为 0.5～0.7MPa。

4.2　基础加固方案

本工程为砖砌条形基础，基础宽度 0.6m，埋深 1.4m。在基础进行加固前，可以开挖基础检测基础受压状况并且可以采用触探法测试开挖部位基底承载力。

从提高承载力和使用功能来考虑，高性能水泥复合砂浆钢筋网加固法具有施工便捷、现场作业量小、占用使用空间小的优点，加固费用较低廉，施工质量和耐久性也较容易保证，因此采用水泥复合砂浆钢筋网对基础进行加固，增大基础面积，加固示意图如图 4。

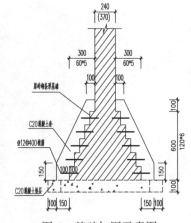

图 4　基础加固示意图

4.3　墙体加固方案

根据经济因素和使用性能等方面综合考虑，采用高性能水泥复合砂浆钢筋网加固法，该方法可有效提高墙体承载力，提高墙体延性和整体刚度。一层墙体加固示意图如图 5，对内墙采用双面加固如图 6（a），外墙采用单面加固如图 6（b）。

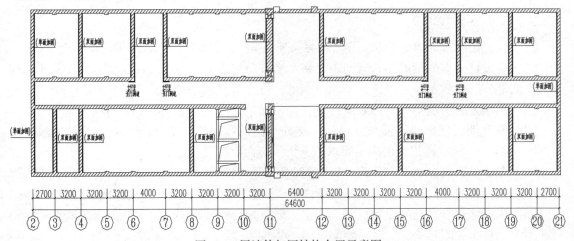

图 5　一层墙体加固结构布置示意图

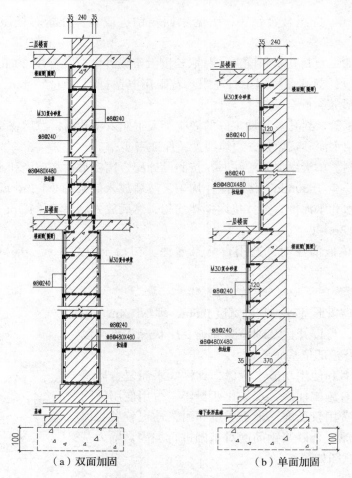

（a）双面加固　　　　　　　　（b）单面加固

图 6　墙体加固示意图

墙体钢筋网加固施工工艺：

4.3.1　主要施工工序：剔除墙体粉饰层、清理→拉结筋布点、钻孔→水平布筋位置灰缝剔槽→清洗→布设水平、竖向、拉结筋、锚固筋（绑扎、焊接）→涂涮界面剂→抹复合砂浆→养护。

4.3.2　工艺及材料要求

（1）人工凿除墙体表面抹灰层至原砖墙面，用钢丝刷清理（凿除时不能损坏黏土砖）；

（2）按设计要求的钢筋网布置间距，将水平方向灰缝凿出 10mm 深沟槽，并将严重碱蚀处的松散部分清除后置入 C40 灌浆料填补密实，存在裂缝的部位需注浆灌实；

（3）用压力水清洗干净墙体表面；

（4）所有钢筋网钢筋端部与原结构连接处均需钻孔植筋，植筋胶采用 A 级植筋胶，植入深度为 10 ～ 15d，抗拔力需满足要求；上下层竖向钢筋需连通；

（5）布置 8（HRB400）钢筋网，钢筋网的水平筋应埋入凿出的沟槽内，钢筋网为现场绑扎成型，非成品网片。每层墙上下端部需增设一道水平钢筋，转角处需增设一道竖向钢筋；

（6）按设计要求梅花状设置拉结筋、锚固筋，并与钢筋网形成有效拉结。单面加固时植入丁砖中，双面加固时从灰缝穿过墙体拉结；

（7）钢筋网成型后所有节点需点焊，确保钢筋网与砖墙结构连接牢固；

（8）墙面充分湿润后（墙面浇水时间不小于12h），涂刷无机界面剂；

（9）分三次人工抹压M30高性能水泥复合砂浆，该复合砂浆中掺入水泥用量20%含抗裂纤维的外加剂，砂浆最薄处厚度为40mm，应充分考虑墙面的不平整；

（10）人工喷淋养护不少于7d。

5 结论

本工程介绍了由轨道施工导致的建筑物破坏的修复方法，详细介绍了灌浆法在地基加固中的施工工艺及其技术要求和高性能水泥复合砂浆钢筋网加固法在加固基础以及墙体中的施工工艺及其注意事项，高性能水泥复合砂浆钢筋网加固法作为一种新的加固方法，在加固修补混凝土和砌体结构是一种具有广阔发展前景的加固方法。加固后满足了使用功能要求，能够有效阻止地基的沉降和裂缝的进一步开裂。因此本工程的加固设计方法可供其他类似过程参考。

参考文献

［1］高性能水泥复合砂浆钢筋网加固混凝土结构设计与施工指南［J］.岩土力学，2008（05）：1304.

［2］耿灵生，曹连新，王光辉.软弱土地基不均匀沉降的综合灌浆加固技术［J］.山东农业大学学报（自然科学版），2006（04）：660-662.

［3］李凯文.灌浆法应用于地基基础加固的工程实践［J］.建筑技术，2011，42（08）：748-750.

［4］李忠.浅谈建筑地基基础加固施工技术［J］.低碳世界，2014（21）：248-249.

［5］尚守平，姜巍，刘一斌，徐梅芳.HPFL加固砖砌体抗压强度试验研究［J］.广西大学学报（自然科学版），2010，35（06）：877-881.

［6］姜博，肖力光，洪思鸣.高性能水泥复合砂浆钢筋钢丝网加固技术和方法的研究［J］.吉林建筑大学学报，2015，32（04）：1-4.

［7］陈大川，李华辉.地震后某中学综合楼的加固设计与施工方法［J］.世界地震工程，2010，26（02）：212-216.

砌体结构平移的托换施工技术研究

周楚瑶　郭杰标　陈大川

（湖南大学土木工程学院，长沙，410082）

摘　要： 托换结构的施工是整个平移施工步骤中至为关键的一环，直接关系到平移的成败与否。介绍了托换技术的研究概况，并结合工程实例，对整体性不好的砌体结构进行外包钢筋混凝土托换。在节点处与常规的同类材料的扩大截面法有所不同，再加上本工程施工构件多、结构截面复杂、钢筋种类多、标高控制点多等因素，施工也要具备更高的技术要求和更为严格的措施保证。本文探讨了砌体结构托换施工的施工工艺和质量的保证措施。

关键词： 托换技术；砌体结构；施工

在旧城改造及城市规划调整过程中，一些具有后续使用价值的建筑，尤其是一些历史建筑，面临拆除的厄运。建筑的移位保护为解决这一问题提供了一条有效途径[1]。而这类建筑的绝大多数的结构形式就是砌体结构，因此对于砌体结构托换技术研究就显得至关重要。本文先介绍砌体结构托换技术的研究概况，结合实际工程对砌体结构平移的托换施工技术进行阐述。

1　托换技术应用条件

砌体结构的托换技术目前主要用于3个方面。①由于需要对砌体结构进行移位改造，需将上部结构与基础断开，通过采取托换技术将上部结构的质量传给轨道或基础，并考虑水平牵引力的作用；②需要拆除墙体进行结构改造（如小开间改造为大开间的扩跨改造等）；③当砖墙遭受损害（如地震、化学侵蚀、浸泡等）使其承载力不满足要求，或不适于继续承受荷载时，通过局部、临时的托换技术对遭受损害的砖墙进行置换[2]。第一类是属于移位托换，第二类是属于改造托换，第三类是属于修复托换。本文主要讨论的是第一类移位托换，即在平移过程中砌体结构的托换技术。

2　砌体结构常用的托换技术

常用的托换技术有单梁托换技术，双梁托换技术和框式托换技术。框式托换技术一般应用于砌体房屋上部楼层的托换，针对的是房屋改造加固类型的托换。目前在国内建筑平移过程中多采用前两种托换技术。

2.1　单梁式托换技术

单梁式托换就是在墙下直接进行托换，首先要分段切割墙体，再绑扎托换梁钢筋、支设模板、浇筑混凝土，这种方法使上部结构处于悬空状态，需设置临时支撑结构，待托换梁混凝土达到设计强度后拆去临时支撑结构。单梁式托换需要分段施工，施工工期长[1]。其原理图如图1（a）所示。

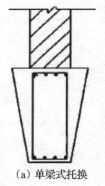
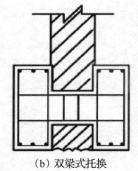

　（a）单梁式托换　　　　（b）双梁式托换

图1　托换结构[1]

2.2　双梁式托换技术

双梁式托换技术就是在墙两侧进行托换，如图 1(b) 所示，即在砌体双侧浇筑混凝土梁，将墙体及其上部结构荷载通过界面摩擦力传给托换梁，并每隔一段距离在托换梁之间设置连梁，使两侧托换梁连为一体，共同承受墙体传下来的荷载[1]。

2.3　两类托换技术的比较

单梁托换的优点在于，托换梁与墙体等宽，外观美观，形式简单，传力体系简洁合理；而且与之相对应的竖向承重体系以及基础的处理较为方便，减少了工程量。但它对原结构造成了一定损伤，施工难度大，因此需要特别关注施工中结构的强度、刚度和稳定性的问题，时刻监测施工中结构的受力和变形情况。它不适用在整体性能差的房屋建筑中进行托换，适用于层数较少、荷载较小的建筑物的托换。

双梁托换技术较成熟，稳妥可靠，承载力较单梁托换大，托换梁高度较单梁可以适当减小，对托换部位的净空高度影响较小，适合于上部荷载较大时使用。并且它可以在不损伤原结构的情况下先浇筑托换体系，从而最大程度上避免上部变形的发生。缺点是施工工程量大，托换完成后结构的外观不够轻巧，而且原结构和新增构件不易形成整体协同工作，需附加构造措施，保证新旧结构的有效连接[3-4]。

3　某宾馆托换工程介绍

3.1　工程概况

某宾馆位于湖南省长沙市开福区中山路 2 号，建于 20 世纪 30 年代，该建筑由主楼（北栋）和附楼（南栋）组成，中间以连廊相接，主楼轴线总长约为 66.37m、总宽约为 16m，共 5层，主楼三层，局部四层，附楼两层。

原有结构的竖向传力途径是以平面东西两端的砖墙承重，中间部分以地上砖墙承载，地下结构有纵横转换梁将荷载传递原有砖柱。该宾馆记载了长沙近现代发展的历史轨迹，还以实物的形式记录了中国近现代革命的辉煌历史，历史价值极高。但其已使用多年，并且位于中山路的繁华商业圈，对土地开发的整体布局有一定影响。综

图 2　建筑平移示意图

合考虑决定将该宾馆主体结构加固后向北直线平移 35.56m，附楼拆除后在主楼北侧镜像重建。

3.2　施工工艺

平移施工主要包括基础和下轨道的施工、托换结构的施工、牵引系统的设置和就位连接处理。图 3 为平移的原理图。其中托换结构的施工是最核心的步骤之一，也是保证平移工程安全性的核心。

3.2.1　工艺原理

就是在对原建筑物在其基础顶面进行托换改造，在承重墙柱下面或两侧浇注混凝土上托梁，形成钢筋混凝土托换底盘，既加强上部结构，又作为移动时的上轨道[5]。在平移过程中利用托换结构来承担上部荷载。平移到位后，又作为房屋整体的一部分，继续将上部结构的荷载传递给新址基础。

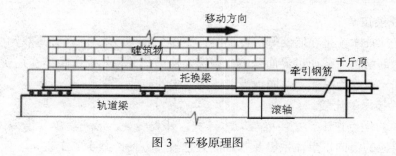

图 3　平移原理图

3.2.2　工艺流程

本工程的托换结构主要包括墙下托换梁，柱下托梁，连梁和斜撑。托换结构平面图如图 4 所示。

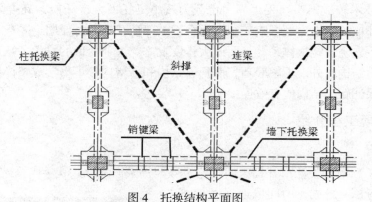

图 4　托换结构平面图

由于本工程的整体性不好，墙体采用双梁托换，并设掏墙销键短梁。安全可靠的同时又降低了施工难度。墙下托换施工流程是：首先是在已施工完毕的轨道梁上，安放钢板及滚轴→在双梁设计部位砖墙上，墙体每隔 1.5m 打洞，穿入横向拉梁钢筋→绑扎托换梁钢筋，支模板→清洗墙体表面和拉梁洞口，浇筑混凝土→待混凝土达到设计强度时便可进行平移的下一个阶段。墙下托换梁截面如图 5 所示。

砖柱采用的是四边包裹的托换形式，砖柱的施工流程是：首先在结合面剔出键槽，进行界面处理→接着在柱面植筋设计位置用电钻钻孔→注入植筋胶，植入钢筋，植筋胶数量应保证植入钢筋后溢出孔口→然后绑扎托换节点四周托换梁钢筋→绑扎托换梁钢筋→托换梁钢筋深入托换节点的长度应满足锚固长度，支设托换节点和托架梁的模→最后浇筑混凝土。砖柱托换节点如图 6 所示。

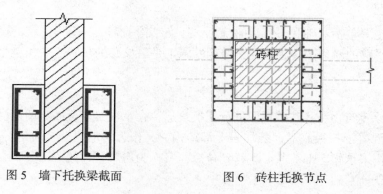

图 5　墙下托换梁截面　　　　　图 6　砖柱托换节点

原转换梁下新增连梁加强，使荷载可以传递至包柱混凝土节点。各节点之间设置斜撑相连。与纵横双向的托换梁形成平放的刚度很大的平面桁架，从而保证楼房平移过程中底座的水平刚度，有效的传递牵引水平力，避免因动作不协调可能在结构上方产生的附加应力。

本工程原横墙托梁与纵墙托梁之间存在 600mm 的高差，在托换结构达到设计强度后，需在原横墙下用砖砌墙，顶部后浇免振捣混凝土顶紧，使纵横墙底部标高一致。增强了结构的刚度，传力途径更加明确，也加强了平移到位后使用规划的合理性。

3.3　施工控制点

3.3.1　结合面处理

由于此宾馆是砌体结构，所以在进行外包钢筋混凝土托换时，特别要注意结合面之间的处理。如果结合面的处理不当，结合面粘结力太小，托换结构缺乏足够的强度和刚度，上部主体结构的荷载和水平牵引荷载时得不到有效传递，将造成结构的变形过大甚至破坏。

一般来说处理结合面之间的连接方式有两个，一种是结合面凿毛有销键梁，另一种是结合面凿毛无连梁有插筋。凿毛做销键梁和凿毛做插筋两个处理方式在传递竖向荷载方面没有明显的差别，都具有很好的粘结作用，能够有效的传递竖向荷载。但是由于销键梁有较大的刚度能更有有效的限制托换梁的侧移，特别是本工程的整体性能较差，为了加强结构的整体刚度，采用结合面凿毛有销键梁的方式更为合适[5]。具体的做法：在钢筋绑扎之前，应将墙体抹灰层剔除，用钢丝刷净残灰，吹尽表面灰粉，打扫干净。剔出墙面抹灰施工时，应避免伤及原砖砌体。沿托换梁方向每隔 1000mm 做一个横向的销键梁，销键梁配筋取 2C12、截面 200mm × 400mm。托换梁与砖柱之间的界面处沿竖向设置了两道界面连接筋如图 7 所示。

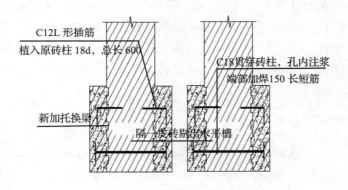

图 7　界面处理

3.3.2　平整度

上部托换轨道平整度差不但会造成滚轴的滚动摩擦系数增大，施加水平力困难，而且导致滚轴受力严重不均匀，引起托架开裂和滚轴压扁破坏。所以轨道结构混凝土的表面应平整、光滑，平整度 2mm 尺量不宜大于 2mm。其倾斜率不宜大于 1/1000 且高差不宜大于 5mm。

3.3.3　钢筋安装

新增受力钢筋、箍筋及各种锚固件、预埋件与原构件的连接和安装，除应符合现行国家标准《混凝土结构加固设计规范》（GB 50367）的构造规定和设计要求外，尚应符合现行国家标准《混凝土结构工程施工质量验收规范》（GB 50204）的规定。

3.3.4　养护措施

在浇筑完毕后应及时对混凝土加以覆盖并在 12h 以内开始浇水养护；对本工程的采用普通硅酸盐水泥混凝土浇水养护的时间不得少于 7d；浇水次数应能保持混凝土处于湿润状态；混凝土养护用水的水质应与拌制用水相同；采用塑料布覆盖养护的混凝土，其敞露的全部表面应覆盖严密，并应保持塑料布内表面有凝结水；混凝土强度达到 1.2MPa 前，不得在其上踩踏或安装模板及支架。

3.3.5　细节控制措施

搭接长度、焊接长度符合设计要求，尺寸控制在允许误差范围内。上轨道宜对称进行，不得使建筑结构受力不匀；每条梁宜一次性浇筑完成；如需分段，接头处应按施工缝处理，施工缝宜避开剪力最大处。

3.4　施工监测

本工程是砌体结构，自重大，整体性能较差，并且施工构件多、结构截面复杂、钢筋种类多、标高控制点多等因素。在进行施工时，采用科学的监测手段，可以在情况发生时，采用不同的应急预案措施。

平移施工前，用精密水准仪在建筑物地下室的每个墙或柱上精确地测绘等高线并设置沉降观测点和相对基准点，在墙、柱截断后及平移过程中每天观测每个沉降观测点的高程，随时监测整个建筑物的整体沉降量及各个墙、柱是否有不均匀沉降[7]。

如果沉降差在控制范围内，说明变形在结构内部引起的内力很小，对结构的安全影响可以不予考虑。

由于平移需要，在上部托换结构完成后，需进行墙柱的切割，托换结构发挥作用，并将荷载传递给下轨道梁上。因此需事先在托换体系中关键构件底部埋置光纤光栅传感器如图 8 所示。若整个施工过程中，托换梁的底部的应力应变在允许范围内，说明结构振动微小，不会对结构造成损害，托换结构的刚度和强度满足，可确保建筑物平移过程的安全性和可靠性[6-9]。

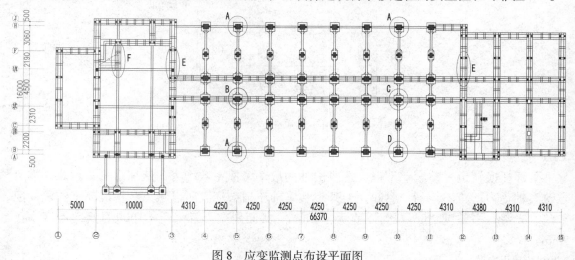

图 8　应变监测点布设平面图

4　结论

针对本工程这类整体性能和刚度都较差的砌体结构平移的托换施工，采用墙下双梁托换，柱下四边包裹托换以及设置连梁和斜撑。提高了结构的整体性能和平面刚度，减少了变形和对原结构的损伤。在新旧结合面的处理上，本工程采用结合面凿毛处理，并设置界面连接钢筋和掏墙销键短梁。大大增强了新旧结构整体共同工作的性能，保证了托换效果。采用科学合理的监测手段，保证了结构的安全性，为后续施工的顺利进行打下了坚实的基础。

参考文献

[1] 张鑫，岳庆霞，贾留东. 建筑物移位托换技术研究进展 [J]. 建筑结构：2016，46（5），1-6.

[2] 李安起，张鑫，赵考重. 砌体结构托换技术 [J]. 施工技术：2011，40，1-4.

[3] 李雁，吕恒林，殷惠光. 托换技术在砖混结构加固改造中的应用 [J]. 建筑技术：2008，39（5），1-4.

[4] 蔡新华. 房屋结构托换技术研究 [D]. 上海：同济大学，2007：37-56.

[5] 颜丙冬. 砌体结构平移托换结构受力性能的研究 [D]. 济南：山东建筑大学，2011：17-22.

[6] 周广东，李爱群，李杏平，等. 高层建筑结构平移施工全过程实时检测分析 [J]. 建筑结构：2012，42（4），1-5.

[7] 贾留东，夏风敏，张鑫，等. 莱芜高新区15层综合楼平移设计与现场监测 [J]. 建筑结构学报：2009，30（6），1-8.

[8] 张鑫，贾留东，贾强，等. 临沂市国家安全局8层办公楼整体平移施工及现场施工监测 [J]. 工业建筑：2002，32（7），1-3.

[9] 吴二军，黄镇，李爱群，等. 江南大酒店平移工程的静态和动态实时监测 [J]. 建筑结构：2001，31（12），1-4.

基于欧洲规范的桥梁成桥静载试验设计

唐恩宽　　刘　仁

（中国建筑第五工程局有限公司，长沙，410004）

摘　要： 以阿尔及利亚南北高速公路 V11.9 特大桥为例，依据欧洲 CCTG 计技术条款约定，设计了完整的桥梁荷载试验方案，确定了待测桥梁的加载项目、试验车辆的特性、测量点的位置、试验车辆的布置等，有效完成了挠度和变形度的测量。试验程序设计合理，试验过程简单，可操作性强，试验结果得到了阿尔及利亚公共工程实验中心（L.C.T.P）和 BCS（葡萄牙外部监督）的一致认可，是一次由总承包方设计试验全过程且获得第三方认可的成功案例。

关键词： 欧洲规范；静载；监测；试验工况

1　工程概况

阿尔及利亚南北高速公路 V11.9 特大桥位于 BILDA 省，横跨希法河谷，途经国家森林、地质公园。该桥采用预应力 T 梁结构，全长 2650m，单幅桥梁宽度 16m。基础采用 ϕ1.2m 钻孔灌注桩，墩身为实心墩及薄壁空心墩加盖梁，墩台数量 133 个，其中墩柱高度 ≤ 20m 数量为 33 个、20～30m 47 个、30～40m 45 个、40m 以上 8 个，其中右幅 41 号墩最高，最高墩 42.7m，跨度间距为：40+40+40；截面尺寸：C.D.=23，25/17，68 C.G.=21，60/21，70；桥台为肋式和桩柱式两种，上部结构为预应力钢筋混凝土 T 梁，共计 982 片；混凝土净重：25.0kN/m³。

图 1　V11.9 特大桥现场图

该静载试验用于定义 PK11.9+050 桥的桥面试验不同荷载情况下的理论变形值，通过数据收集、再与测量值进行比较，进而完成对预制梁板在设计使用荷载下的受力性能测试。

2　试验准备

2.1　参照规范

该试验设计严格参照法国《CCTG FASCICULE 61 Titre Ⅱ》技术条款要求，试验流程、荷载取值、变形计算、测点设置等均符合规范规定。

2.2　试验车辆选型

2.2.1　为保证试验结果的可靠性，试验中选取在阿尔及利亚应用非常广泛的一类重载卡车作为试验车辆，真实模拟使用工况。

2.2.2　车轴参数（图 2）

后轴间距 L_1=1.35m；前轴间距 L_2=2.925m；前轮间距 L_3=1.939m；后轮间距 L_4=1.86m

后轴荷载 P_1；中轴荷载 P_2；前轴荷载 P_3。

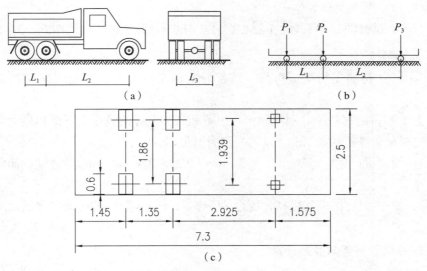

图 2　车轴平面图

2.2.3　车轴荷载（表 1）

表 1　荷载表

载重情况	总重	前轴重 P_3	中轴重 P_2	后轴重 P_1
空车	12.45	5.1	3.7	3.7
载重	30.5	7.4	11.55	11.55

3　试验方法

3.1　支座荷载

试验从支座处开始加载，可以迅速测得沉降值。将车辆后轴（最重的车轴）置于支座的轴线处。构造物的水准测量在移走荷载后进行。

3.2　跨中加载

受检桥梁被默认为各跨独立，从第一跨开始加载，其他跨重复同样的操作。参与试验的车辆静止并沿纵向停放，停放位置见荷载布置示意图（这些卡车停放在每跨造成的最大应力的位置）。

根据 CCTG 规范第 61 分册第二章第 21.2 款的规定，车辆产生的应力值应在 2/3 和 3/4 倍的 A（1）或 B_c 未加权的最大值这个区间之内。

3.3　加载弯矩

加载弯矩（M_s）取值规定如下：

$$\eta_d = \frac{M_s}{M_d}$$

静载试验系数 η_d 为

其中，M_s 为静载试验荷载作用下控制截面的内力（弯矩）计算值；

M_d 为设计车道荷载（对于此次荷载试验，设计车道荷载是 A 与 B 系列荷载）作用下控制截面最不利内力（弯矩）计算值；

η_d 为静力荷载试验的效率系数，FASCICULE 61 Titre Ⅱ 规定应满足 2/3 ～ 3/4 之间。

3.4　加载工况说明

受试桥梁为 58 跨简支桥梁，对每一跨都分为两个工况，各工况数据详见《工况试验数据》。

对于简支 T 梁桥的每一跨分别选择 1 片边梁和 1 片设计活载作用下受力最大的中梁的跨中截面作为控制截面进行加载试验（以第一跨为例说明）：

工况 1-1，使边梁产生一弯矩 M_s，使得 $M_s = (2/3 \sim 3/4) M_d$，M_d 是边梁设计所承受的最大荷载；

工况 1-2，使中梁产生一弯矩 M_s，使得 $M_s = (2/3 \sim 3/4) M_d$，M_d 是中梁设计所承受的最大荷载。

3.5　支座在试验荷载下竖向变形计算

根据欧洲标准 EN1337-3，5.3.3.7 要求，在试验荷载下支座竖向总变形 v_c 是各层竖向变形的总和，可用下式计算：

$$v_c = \sum \frac{F_t \cdot t_i}{A'} \cdot \left(\frac{1}{5 \cdot G \cdot S_1^2} + \frac{1}{E_b} \right)$$

式中，v_c 为试验荷载下支座的竖向总变形，mm；F_t 为试验荷载下支座的竖向荷载，N；t_i 为板式支座中单层橡胶的厚度，mm；A' 为承压层的有效平面面积（加劲钢板的面积），mm²；G 为支座常规剪切模量的公称值，MPa；

$$\text{ELU} \quad G = 0.9; \quad \text{ELA} \quad G = 1.2$$

E_b 为体积弹性模量，MPa；

一般采用 $E_b = 2000 \text{MPa}$；

S_1 为最厚层形状系数（EN 1337-3 5.3.3.1），按式 $S = \dfrac{A_1}{I_p \times t_e}$ 计算；

A_1 为支座的有效平面面积，即弹性体与钢板的共同面积，而不包括后来未妥善堵塞住的孔洞面积。$A_1 = a' \times b'$，a' 是支座的有效宽度（即加劲钢板的宽度），b' 支座的有效长度（即加劲钢板的长度）。

I_p 为支座的不受力周长，包括后来未妥善堵塞的空洞，$l_p = 2(a' + b')$。

t_e 为每一层受压弹性体的有效厚度；在夹板支座中，该厚度为实际厚度，若为内层，则取 t_i；若为厚度 ≥ 3mm 的外层，则取 $1.4 t_i$。

3.6　桥梁监测点布置

对于每一跨试验桥梁，应选择 1 片边梁和 1 片中梁进行加载试验。为了方便标识，对桥梁跨度、梁以及测点需提前进行统一编号，编号由小桩号向大桩号方向递增，n 为桥跨孔数；横向梁编号由内侧向外侧方向递增，L 表示左幅，R 表示右幅。具体方法如图 3 ～ 图 6 所示。

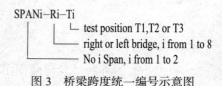

图 3　桥梁跨度统一编号示意图

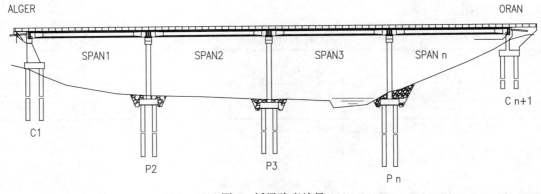

图 4　桥梁跨度编号

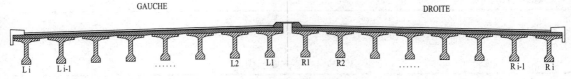

图 5　横向各梁编号

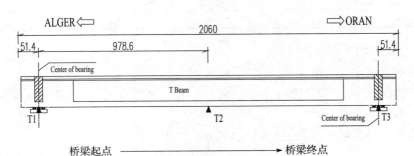

图 6　T 梁测点位置

注：测点 T_1 与 T_3 是支座变形观测点，T_2 是 T 梁跨中变形观测点。

3.6.1　工况试验数据

每跨（半幅桥）两个工况：分别针对边梁和中梁的加载。加载时需注意选择对应工况。

3.6.2　工况 1-1

对第一跨（SPAN1）跨 L_1 号梁（边梁）的加载（图7）。

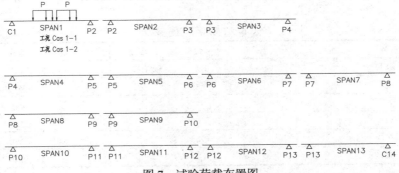

图 7　试验荷载布置图

3.6.2.1　试验荷载值（表2）

表2　荷载列表

桥跨	MA max	MB max	Md Max（MA，MB）	2Md/3	3Md/4	Ms	η d
	kNm	kNm	kNm	kNm	kNm	kNm	
SPAN1	1297.7	1353.7	1353.7	902.5	1015.3	975.8	0.721

注：表中荷载效应值，均为利用空间计算程序 Midas 算出。

3.6.2.2　试验荷载作用下测点变形（表3）

表3　跨中变形量列表

跨中变形量列表测点	SPAN1-L1-T2	SPAN1-L4-T2
试验荷载下测点变形值（mm）	11.1	8.2

3.6.2.3　试验荷载作用下各支座反力（表4）

表4　各支座反力

	1 号台支座	2 号墩支座
L_1 支点反力（KN）	177.86	134.60
L_4 支点反力（KN）	104.68	96.88

3.6.2.4　试验荷载作用下沉降量计算

（1）支座示意图

A：C1　桥台支座　JBZD350×400×80；B：P2　桥墩支座　JBZC350×400×88。

（2）计算参数取值

试验支座竖向变形的参数取值见表5、表6

表5　T_1 测点支座参数

参数	取值	单位
GELU	0.9	MPa
E_b	2000	MPa
t_i	8	mm
a'	340	mm
b'	390	mm
t_e	8	mm

表6　T_3 测点支座参数

参数	取值	单位
GELU	0.9	MPa
E_b	2000	MPa
t_i	8	mm
a'	340	mm
b'	390	mm
t_e	11.2	mm

（3）理论计算值（表7）

表7　测点沉降表

测点	支座反力（kN）	试验荷载下测点变形值（mm）
SPAN1-L1-T1	177.86	0.254
SPAN1-L1-T3	134.60	0.347
SPAN1-L4-T1	104.68	0.149
SPAN1-L4-T3	96.88	0.249

3.6.3　工况1-2

对第一跨（SPAN1）跨L4号梁（中梁）的加载

3.6.3.1　试验荷载值（表8）

表8　荷载列表

	M_A max	M_B max	M_d max（M_A，M_B）	$2M_d/3$	$3M_d/4$	M_s	η_d
桥跨	kNm	kNm	kNm	kNm	kNm	kNm	
SPAN1	1233.0	1086.1	1233	822	924.8	822.3	0.667

注：表中荷载效应值，均为利用空间计算程序Midas算出。

3.6.3.2　试验荷载作用下测点变形（表9）

表9　跨中变形量列表

跨中变形量列表测点	SPAN1-L1-T2	SPAN1-L4-T2
试验荷载下测点变形值（mm）	5.8	9.1

3.6.3.3　试验荷载作用下各支座反力（表10）

表10　各支座反力

	1号台支座	2号墩支座
L1支点反力（kN）	33.82	34.25
L4支点反力（kN）	153.48	104.81

3.6.3.4　试验荷载作用下沉降量计算

（1）支座型号

同工况1-1。

（2）计算参数取值

同工况1-1。

（3）理论计算值（表11）

表11　测点沉降表

测点	支座反力（kN）	试验荷载下测点变形值（mm）
SPAN1-L1-T1	33.82	0.048
SPAN1-L1-T3	34.25	0.088
SPAN1-L4-T1	153.48	0.219
SPAN1-L4-T3	104.81	0.27

其他跨度的静载工况选取参照况 1-1 和 1-2 所列试验条件，按要求进行试验过程，右幅桥梁则参照左幅，即可实现完整的试验。

4 结语

（1）中国公路桥梁设计时，汽车荷载分为公路 - Ⅰ级和公路 - Ⅱ级，由车道荷载和车辆荷载组成。车道荷载由均布荷载和集中荷载组成，桥梁结构的整体计算采用车道荷载；而桥梁结构的局部荷载、涵洞、桥台和挡土墙土压力等计算采用车辆荷载。车辆荷载与车道荷载的作用不得叠加。

（2）欧洲车辆设计荷载分四类：①A 荷载：占满行车道的均布荷载；②B 荷载：不同轴重的车辆荷载；③M 荷载：军事荷载，主要包括两种类型的坦克荷载；④特种荷载系列：特殊的超重车辆荷载。

阿尔及利亚南北高速公路桥梁设计荷载包括：道路荷载 A、B 荷载系列、特殊车队 D240 荷载以及军事荷载 M_c120。欧洲规范与国内活载标准差异较大，经对比分析，随着桥梁跨径、宽度等因素的变化，上述荷载标准比国内的要大约 5% ～ 30%。

V11.9 特大桥的静载成桥试验严格按照法国标准 CCTG 条款要求，经过了葡萄牙外部监督的全程监控，试验设计严谨，试验数据真实。有效监测了荷载效应下的跨中变形、挠度；支座、墩台沉降；各支座反力；墩顶主梁纵向正应力等与成桥相关的重要参数。全面检验了桥梁结构的实际承载能力，对桥梁现状做出了科学客观的评定，为后续的设计、施工、维护提供了依据，具有一定的工程意义和实用价值。

参考文献

[1] 法国经济财政与工业部 . CCTG FASCICULE 61 Titre Ⅱ . 公共设施建筑行业的总技术条款汇编 61 分册第二节 [S] .

BIM 技术在土木建筑钢筋工程中的应用

刘玉柱[1]　杨　凯[2]　杨　陈[1]　郑自元[1]　刘晶晶[1]

1. 湖南航天建筑工程有限公司，长沙，410205；
2. 湖南建工集团有限公司，长沙，410004

摘　要： 湖南航天医院门诊外科大楼平面形状为"楔型"，内部结构中部分梁柱节点中存在有多根不同方向的梁交汇于柱节点的情况，节点处钢筋密集复杂。在项目实施过程中，项目部运用 BIM 技术通过分层着色、合理确定钢筋参数等方法实现了钢筋在三维模式下的空间位置精确定位、三维彩色显示、工序安排、钢筋原材定尺长度优化的目的，提高了钢筋施工质量与原材料利用率。

关键词： BIM；钢筋识别；排布；优化；碰撞检查；工序安排

1　前言

建筑信息模型（BIM）概念是由当时就职于美国乔治亚技术学院的 Charles Eastman 博士提出来的；1975 年，他以" Building Description System "为课题原型发表在 AIA Journal 杂志中[1, 2]。2010 年，中国房地产业协会根据对中国 BIM 技术应用的认知和应用程度的调查，提出了在我国房地产行业普及 BIM 技术的建议[3]。通过这几年的应用探索，国内很多大型项目都成功地运用到了 BIM 技术，比如世博会国家电网企业馆、上海世博会芬兰馆、上海世博会德国馆等[4, 5]。目前 BIM 技术已广泛应用于设计、施工、运维等建设行业各领域；并实现了"互联网＋建筑业"的有效融合[6]，给建筑业的发展带来了新的革命。

BIM 是依据 IFC 标准按项目建设实施阶段的需要搭建和完善而成的三维参数化数字模型，因而具有能够向建设项目各参与方提供整个项目全生命周期的各类信息，并使信息具备联动、实时更新，动态可视化、共享、互查、互检等特点[7]。基于 BIM 技术的上述特点，可以通过直接建立 3D 钢筋 BIM 模型，实现在钢筋工程的多环节联动应用，带来信息传递真实高效、工程量计算轻量化、施工模拟等好处，从而降低钢筋施工成本，提高工程质量。本文通过以湖南航天医院门诊外科大楼钢筋工程中运用 BIM 工具软件（Autodesk Revit Extensions（2016）及广联达 GFY）的实践，探讨在钢筋工程施工中运用 BIM 技术所发挥的积极作用。

2　工程概况

湖南航天医院门诊外科大楼工程位于长沙市枫林三路与麓枫路交叉路口西南角，全现浇钢筋混凝土 - 框架剪力墙结构，地下室 2 层，地上建筑 16 层，总建筑面积 33888.10m²，建筑高度 65.04m，平面形状类似"楔型"。建筑结构内部梁体系平面形状多以"三角形"或"非平行四边形"构成，梁与柱非正交且梁截面几何尺寸不一致，导致梁柱接头处钢筋密集复杂、施工困难。如图 1 所示的ⓐ轴与㉒轴相交处的 KZ11 有来自 5 个不同方向的梁在此交汇，钢筋分层交错布置；按现有图纸及平法构造的二维结构表达方法难以顺利施工，必须采用 BIM 技术对该节点处各构件的几何尺寸、空间位置、锚固长度、施工工序进行施工深化设计、构建合理的三维施工模型，以确保钢筋混凝土质量和施工便利。

3　BIM 钢筋施工软件的特点与选择

涉及钢筋工程的软件按其用途可分为以下几个类别：一是结构设计软件，如 PKPM 结构设计软件；二是施工算量软件，如广联达 GGJ 软件；三是施工放样软件，如 GFY 软件；四是目前正在盛行的 BIM 软件，如 Revit 软件。各类软件分别具有其自身的特点以及相应的应用范围，在钢筋工程应用方面各有所长，但可直接指导钢筋工程施工的常用软件为施工放样软件和 BIM 钢筋软件。为了更好地应用钢筋施工软件，故将目前钢筋工程施工中常用的广联达 GYF-2013 和 Revit-2016 软件的特点比较如下：

表 1　广联达 GYF-2013 和 Revit-2016 软件特点比较表

项目	广联达 GYF-2013	Revit-2016
信息的录入方式	可通过人机交互方式进行钢筋信息的录入，也可利用软件本身自带的识别功能进行 CAD 二维平法图形的识别建模	只能采用人机交互方式进行钢筋信息的录入
设备要求	对计算机设备的内存和运算速度无特别要求，常用设备即可满足	计算机配置要求较高，内存应 ≥ 8GB RAB；CPU 性能满足 i7 或性能相当的处理器；显卡支持 DirectX 10 及 Shader Model 3
参数调整便利性	可利用软件预设的参数录入模块能够全面实现钢筋信息的录入，并能自动生成新的全信息钢筋模型；比较方便	可利用软件预设的参数录入模块能够部分实现钢筋信息的录入，只能生成部分信息的钢筋模型，全信息模型需要通过设置多个截面进行调整，比较繁琐
原材定尺长度优化	可通过人机交互方式实现钢筋原材定尺长度的最优化	难以实现钢筋原材定尺长度的最优化
钢筋排布空间位置优化	可利用软件预设模块实现钢筋在平面状态下的参数调整。如：钢筋长度、型号、规格、连接方式、锚固方式等，它只能在选中单一构件的情况下进行修改和调整，钢筋的空间位置是按模型预设的，不能满足多构件可能交叉的情况	可以实现在三维模式下任意截面上钢筋排布空间位置的优化与调整；能够全面满足多构件钢筋交叉情况下的钢筋位置调整与优化；能够实现模拟施工真实环境的目的
三维显示	只能按软件预设模型显示单一构件三维钢筋形状与信息，不能实现单根钢筋的着色；不能精确地显示钢筋三维信息；不能解决多构件钢筋交叉时的碰撞问题	能够精确直观地实现多构件三维状态下钢筋形状与信息，可以对单根钢筋进行着色区别，能够解决多构件钢筋交叉时的碰撞问题
施工符合性	能够实现按区域快速、精确的生成钢筋下料单，直接用于工程提量、采购与成本控制	难以实现按区域快速、精确的生成钢筋下料单，但其钢筋三维模型可以完全的模拟施工环境，并通过分层着色的方法，直观指导操作工人进行多构件交叉处复杂节点的钢筋施工

通过比较以上两款软件的特点，充分发挥其在实际工程中的长处做出如下安排：应用广联达 GYF-2013 软件进行钢筋钢筋原材定尺长度的优化与下料的计算与成本控制；应用 Revit-2016 软件进行构件复杂节点钢筋三维模型的建立，查找钢筋碰撞点，进行钢筋连接方式的优化和空间位置的调整，并通过分层着色的方法合理安排钢筋安装的施工顺序。

4　钢筋的识别、排布与优化

4.1　GFY 识别建模及参数设置

应用广联达 GFY 软件建模的方式有三种，一种是通过导入 CAD 平法图形文件进行识别；二是直接导入广联达 GGJ 文件进行转换；三是根据图纸通过人机交互进行构件的绘制或参数化建模。第一种方式比较方便、可以在建模的过程中修正设计图纸的明显错误，直接检查建模成果，费时较少；第二种方式费时可能最少，但目前项目建设过程中造价人员与施工人员是分离的，前者成果的准确性如何往往需要重新确认；第三种方式必须对每个构件的信息进行录入和绘制，方能生成最后的模型，费时最长。目前，施工过程中采用第一种方式建模的较多。

在建立项目工程文件时，首先要录入工程项目基本信息，然后进行工程项目构件通用参数的设置，再进行工程具体构件信息的识别或录入。工程项目构件通用参数设置分为三种：一类是构件几何参数信息，另一类钢筋计算通用参数，再者就是钢筋下料长度模数的设置。在完成构件通用参数的设置后，即可进行构件信息的识别。下面以湖南航天医院外科大楼结构二层楼面 KL-18（2）为例说明构件识别的过程（图 1）。

梁建模主要过程如下：打开软件→新建工程→录入工程信息及钢筋参数设置→导入 CAD 平法图纸→图纸分割、定位→选择需要识别的梁图纸→识别梁→梁信息正确性检查及修改→确认。通过识别的方式，即可钢筋信息的自动录入，进而生成钢筋下料模型。

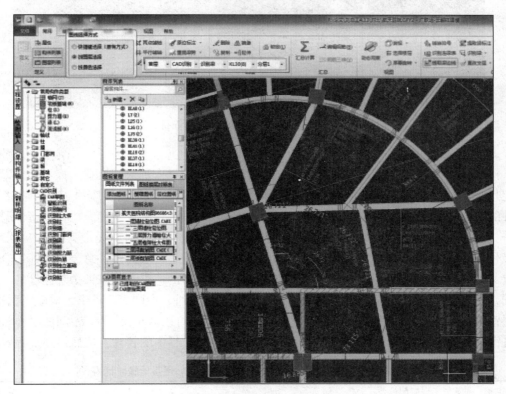

图 1　梁识别方式建模过程示意图

4.2　钢筋排布

在常用构件类型所属的界面选中"梁"构件，然后在汇总命令栏选择"钢筋排布"命令后，再点击需要查看的梁（如二层楼面 KL-18（2）），则以平面方式显示如图 2 所示的构件钢筋排布图；在此图中直接修改钢筋的种类、规格、连接方式与位置、梁端钢筋保护层厚度、钢筋弯锚长度等钢筋下料参数，软件会自动锁定修改后的钢筋参数；通过对钢筋排布相关参数的调整，可以实现在钢筋排布平面中进行钢筋连接方式与位置、钢筋锚固长度、钢筋端部保护层厚度的优化，以达到既满足设计文件又便于施工的目的。

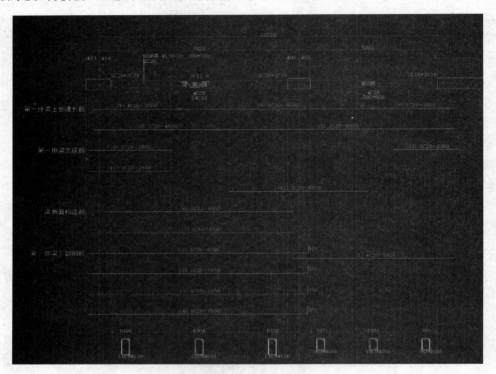

图 2　二层楼面梁 KL-18（2）钢筋排布

4.3　原材定尺长度的优化

　　按构件类型确定钢筋断料长度模数优化顺序，然后通过人机交互模式选择不同的钢筋原材定尺长度的供应方案，从而合理确定钢筋下料长度并减少钢筋断料废料，是广联达 GYF 软件的核心功能之一。在"模数设置"中，根据各类构件的工程设计和原材料供应情况设置"原材定尺长度""长度模数及优化顺序"。长度模数的优化顺序可以设定为定尺长度、1/2* 定尺长度、1/3* 定尺长度、1/4* 定尺长度、1/5* 定尺长度、楼层高度；总之按照即符合规范要求又钢筋废料最少的原则，从而达到钢筋损耗最少的目的。以湖南航天医院门诊外科大楼为例，通过利用广联达 GFY 软件进行原材定尺长度优化后，在同等条件下，对航天医院一、二层钢筋混凝土构件的钢筋用量进行统计比较（表 2），可以看出运用 BIM 钢筋放样软件可以将钢筋预算工程量降低 2.47% 左右，有利于钢筋使用过程中的管理，从而提高工程效益。

表 2　航天医院一～二层钢筋混凝土构件钢筋用量比较统计表

工程名称：湖南航天医院门诊外科大楼										单位：t
软件类型	合计	6	8	10	12	14	16	18	20	22	25
GGJ 软件	143.78	2.44	45.91	34.87	2.67	2.60	7.67	7.41	18.53	13.68	8.01
GFY 软件	140.24	2.90	43.88	34.69	3.28	2.52	7.88	7.40	17.22	13.02	7.43

5　复杂节点钢筋施工深化设计

对于多构件交汇的钢筋混凝土梁柱接头或空间桁架相交的复杂节点，因构件空间布局复杂，节点处的钢筋互相交错、各构件的受力主筋及箍筋在节点处安装时容易发生碰撞，给施工造成困难，以致于导致钢筋安装质量无法满足设计要求，甚至造成二次施工，增加项目成本。目前，基于平法表示的二维图纸或钢筋模型文件无法表示复杂节点处每一根钢筋的空间关系；但采用因其具有三维数字化的特点 Revit 结构软件可以清晰表达任意截面每一根钢筋的三维空间关系。以下通过湖南航天医院二层楼面结构中ⓐ轴与㉒轴梁柱相交处的节点钢筋位置的三维显示与空间位置调整的工程实例来说明利用 Revit 软件进行复杂节点钢筋施工深化设计的几个方面。

5.1　钢筋着色与碰撞检查

在 Revit-2016 中软件安装"Extensions"钢筋插件，通过人机交互方式快速生成梁柱节点三维钢筋模型。在常规三维钢筋模型中一般不对钢筋信息进行特定的着色设置，故钢筋显示是按默认的同一颜色进行显示的，在三维可视化图中各种钢筋不便于区分；为了便于查看钢筋，需要在已经绘制的钢筋模型中通过对不同位置的钢筋材质属性进行分别的颜色属性定义，以达到识别不同钢筋的目的。

钢筋碰撞检查，是通过对已经着色区分的钢筋三维模型进行 360 度旋转、切换不同角度进行直观的查看，初步了解钢筋穿插产生的碰撞点；对于钢筋密集部位无法直观看清的碰撞点，可通过绘制任意视角的剖切面，在截面视图中去发现钢筋在 X、Y、Z 轴空间方向上的碰撞情况（图 3）。

图 3　钢筋着色与碰撞点三维视图

5.2　钢筋碰撞的调整优化

在发现钢筋碰撞点后，比较简便的处理方法是确定一个方向上的钢筋空间位置，然后通过设置不同的保护层厚度的方法来改变另一个方向上钢筋在混凝土构件中的空间位置；对于钢筋排布特别复杂的节点，当采用调整保护层厚度的方法仍然无法实现时，则需在截面视图中通过人机交互的方法，调整钢筋在混凝土构件中的空间位置来错开钢筋的碰撞点（图 4，图 5）。

5.3　工序安排

利用软件可以进行钢筋着色显示的功能，对于从不同方向伸入节点柱的梁钢筋；根据梁截面几何尺寸、受力等情况考虑钢筋安装的先后顺序并通过分层着色以实现钢筋安装工序的合理安排。下面以二层ⓐ轴与㉒轴梁柱相交处的节点钢筋安装为例，具体说明利用软件实现钢筋安装工序可视化的过程（图6）。

图4　复杂节点钢筋调整前局部排布图

图5　复杂节点钢筋调整后整体排布图

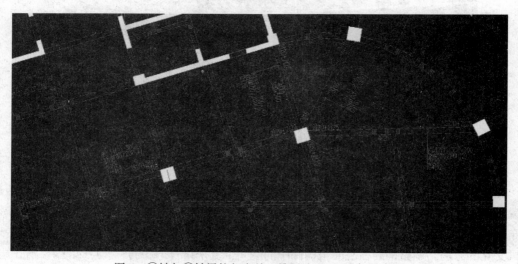

图6　ⓐ轴与㉒轴梁柱相交处二维平法CAD局部示意图

在二层ⓐ轴与㉒轴相交处有分别来自五个不同方向的梁、柱构件在此汇集，其分别为框架柱KZ11和来自不同方向的KL18、KL34、KL37、KL19框架梁，梁上部钢筋分别为

2B20+2B25（KL18）、2B20+2B22（KL34）、2B20+2B25（KL37）、3B16（KL19）；此节点钢筋交错、密集且可能重叠；如果生硬地按二维平法设计图纸进行钢筋排布下料，有可能会导致钢筋安装不合理或无法安装的情况出现。因此，应根据梁、柱构件的截面几何尺寸、梁构件相互之间的标高关系、构件受力情况，安排梁钢筋安装的先后顺序。其中 KL18 梁受荷最大，考虑第一层安装，梁底保护层厚度按设计保持 20mm 不变，在节点交汇处通过改变局部端箍筋高度的方法将梁顶保护层厚度调整为 65mm，并标注为橙色；同理，在满足钢筋锚固要求的前提下，将 KL34（红色）跟 KL37（绿色）置于 KL18 之上，处于相对状态的第二层，其局部梁端顶部保护层厚度调整为 40mm，分别标注为红色和绿色；KL19 为次要梁放置在第三层即节点钢筋顶部的最外层，局部梁端顶部其保护层厚度设置为 20mm，标注为黄色。对通过调整保护层厚度仍然有碰撞点出现的情况，则需要对不同方向梁做剖切面，在多视图模式下对梁剖面视图中的钢筋空间位置进行垂直方向精确移动调整，来避开碰撞点，最后生成满足规范要求和现场施工实际情况的三维施工图形来进行技术交底和指导操作工人施工（图 7）。

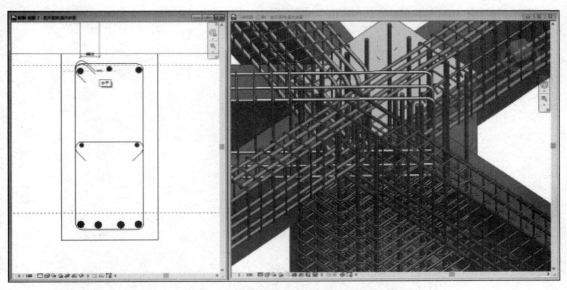

图 7　ⓐ轴与㉒轴梁柱相交处分层着色三维局部示意图

6　结束语

实践表明运用 BIM 技术进行复杂节点钢筋深化设计，可以在施工前发现钢筋碰撞点，在三维模式下对钢筋的空间位置进行调整和排布优化，使钢筋的位置、锚固长度、连接方式和部位等方面满足规范和设计的要求，并实现钢筋安装工序的模拟和技术交底；以达到便于混凝土振捣密实，提高钢筋混凝土工程的施工质量和工作效率的目的；同时，可通过优化原材定尺长度实现降低钢筋损耗、节约施工成本的效果。

鉴于目前各种 BIM 软件各具特点、且不能与中国现行的工程建设技术规范进行深度融合，导致从规划设计到运维管理的整个建筑全生命周期中，各使用单位出于知识产权保护等方面的原因各行其是，BIM 软件之间的兼容性差，同一工程项目各阶段的模型信息不能有效的共享和传递；以致于各单位乃至各单位内部各个应用阶段都需要重新建模，造成大量的人力和财力的浪费。因此，从国家层面加强 BIM 技术推广的政策引导，使 BIM 技术在中国的建设行业尽快开花结果是非常必要的；随着国家《建筑信息模型应用统一标准》和《建筑信息模型施工应用标准》等一系列 BIM 标准的出台，必将给建设行业带来更新层次的变化。

参考文献

［1］ 杨东旭 . 基于 BIM 技术的施工可视化应用研究［D］. 广州：华南理工大学，2013.

［2］ 张艺晶 . Revit 软件基于项目的二次开发应用研究［D］. 河北：河北科技大学，2015.

［3］ 王静 . 建筑信息化"十一五"成果与"十二五"展望［J］. 建筑科技，2011（12）.

［4］ 苏骏，叶红华 . 基于 BIM 的设计可视化技术在世博会德国中的应用［J］. 土木建筑工程信息技术，2009（1）：87-91.

［5］ 过俊 . 运用 BIM 技术打造绿色、亲民、节能上海世博会家电网企业馆［J］. 土木建筑工程信息技术，2010（2）：63-67.

［6］ 本书编委会 . 中国建筑施工行业信息化发展报告（2016）——互联网应用与发展［M］. 北京：中国城市出版社，2016.

［7］ 焦柯，杨远峰 .BIM 结构设计方法与应用［M］. 北京：中国建筑工业出版社，2016.

沉管施工工艺在库区的应用

彭　锋　彭安心

湖南省沙坪建设有限公司，长沙，410000

摘　要： 沉管施工是现代城市的一个基础工程，随着城市化的发展，越来越多的内河、库区需进行沉管施工，如何发展沉管工程在内河、库区中的施工工艺已经成为一个关键问题。因此，对沉管工程在内河、库区中施工技术进行创新研究已经成为沉管施工过程中的一项必要工作。

关键词： 沉管；内河、库区；水下施工

伴随着人们生活水平的日益提高，社会经济以及技术的飞速发展，人们对于区域性的供水管道提出了更高的要求，对施工过程中给人们带来的影响也务必减小到最低。因此过河管道的沉管施工技术也得到相应的发展和应用。

沉管施工技术在长沙经开区星沙二水厂取水泵站建设项目中得到了成功应用，该工程位于长沙市长沙县，原水管道共 2 根，约 6.8km，两根水管管径均为 1.4m。过江管整管下沉长度为 180m 左右，其中其中 70m 一段在河边边滩上，110m 一段为河水中。

1　主要施工技术

1.1　施工工序

施工前准备→钢管组焊、防腐→整管试压→基槽开挖及抽沙→整管浮运就位→管道闭水试压→水下混凝土浇筑。

2　主要施工方法

2.1　工程测量

为施工船舶设置导航定位标志，引导施工船舶施工，并对其经常校核。具体如下：根据平面控制测量中两个临时控制点坐标计算出每一开挖断面坡脚处即挖槽底边线坐标，建立挖槽边线坐标网，然后根据挖槽边线坐标和两个临时控制点坐标，用全站仪或两台经纬仪交汇并在该挖槽边线河岸处布设导标；在基槽开挖时加设中线导标，导标采用钢制花杆，控制挖槽边线。

2.2　钢管的组焊

2.2.1　钢管焊接应按设计要求进行，管道材料采用 16mm 厚的无缝钢管，组焊钢管定位接口采用小型龙门架、千斤顶和拉力葫芦配合。为避免钢管在下水、浮运和下沉就位过程中焊缝处应力集中而破坏焊缝，对钢管对接的焊缝处采用短钢板进行加强处理。焊接完成后用盲板将钢管两端封堵后焊口必须按设计和规范要求进行超声波和射线检测，并进行压力实验。

2.2.2　在管的两端盲板上设置直径 50 ～ 100mm 的装有阀门的排气孔和进水孔，进水孔在下部，排气孔在上部（沉管时排气和进水使用）。

排气孔和进水孔　　　　　　　　　　　焊缝加强

2.3　钢管除锈防腐

钢管除锈，先清除表面油污、焊渣等杂物，然后进行除锈，除锈采用砂轮机打磨到 Sa2 级标准。除锈后按设计要求进行防腐，外防腐采用石油沥青涂料普通级防腐（三油两布），防腐层厚度大于等于 4.0mm，内防腐采用食品级环树脂 PN8710 防腐材料。然后在钢管的外壁捆绑竹板或缠上一层长 1m 厚 5mm 橡胶板作为钢管吊运过程中防腐层的保护层。

2.4　基槽开挖及抽砂

（1）过江管的基槽采用 1.0m³ 长臂反铲拼装挖泥船进行基槽开挖，用泥驳船装泥运至指定地点。为保证挖槽精度，事先在反铲挖泥船的挖机动力臂上标出刻度与水下开挖深度相对应，使操作工人和施工技术人员均做到心里有数，避免超挖和欠挖。施工时，为确保水下开挖的标高，施工员必须跟班作业，在施工时严格按施工放样标来挖泥，同时施工员用测绳随时测量基槽的标高和底部宽度。挖泥时采取扇形开挖方式，可保证槽内不留死角。

（2）对工程船无法开挖的中风化岩部位采用水下爆破，爆破采用导爆管雷管接力式起爆网路，单次起爆深度 2.5m。

2.5　管道浮运及沉放

沟槽开挖完成、钢管焊接成型且完成防腐处理和水压试验后即可开始管道的吊装下水、浮运和下沉。

（1）钢管浮运前对钢管浮运水域河床进行清理，保证水深超过 1.5m，以防止杂物及浅水阻碍钢管的浮运就位。由于目前捞刀河水域宽度约为 100m 左右，单根长 180m 的钢管无法直接落入河滩槽内，因此必须待 180m 的两根钢管均拖至水面后，除对钢管浮运水域河床进行清理外，对影响沉管的轴线上游边滩的钢管加工场地区域进行清理，保证钢管浮运时水深超过 1.5m。

（2）采用 7 台 80t 汽车吊将钢管从焊接平台吊运至河水上。

（3）钢管从边滩吊至河里后利用 80kW 交通艇及岸边地牛配合将 180m 长的整管一端浮运至沉管轴线边滩水域附近，另外一端斜水面方向浮运在河面上游。然后利用河岸边两侧埋设的混凝土地牛，用钢丝绳系在钢管两端，一端用卷扬机绞动钢丝时，另外一端利用卷扬机缓慢放松钢丝，同时用 80kW 交通艇配合，以保证钢管就位过程中安全、平稳，绞动钢丝时及卷扬机放松钢丝的速度应与此同步，以利于钢管在浮运中旋转靠近，钢管旋转靠近的过程中，施工人员必须根据钢管及钢丝绳的受力状态，使钢管缓慢、平稳地旋转进入槽内。

（4）所有钢管到指定位置后进行沉管前的压力试验，合格后即可进行下沉施工，先利用 GPS 对吊钩进行定位，然后用工程船配合两台挖机和两台 80t 汽车吊将管段整体浮吊（扶管），使管段不离开水面，打开排气阀后，再开启进水阀，将管段里缓慢注水，待管段进水满后，再拆掉盲板，缓缓将管段放入水中，将管段顺利入槽。

2.6 水下混凝土浇筑

2.6.1 镇墩模板采用钢模，分上下两节进行钢模制作，上下两节钢模采用螺栓由潜水员进行水下连接。

2.6.2 上半节钢模在制作时中心位置预留直径 300mm 孔洞，以便镇墩水下混凝土浇筑时导管能插入钢模内进行水下混凝土浇筑。

2.6.3 水下混凝土浇筑注意事项：

（1）水下混凝土采用导管法浇筑；

（2）导管在使用前做闭水试验，经试验 15min，管壁无变形，接头不漏水）即合格；

（3）水下混凝土的出口压力不小于 $1kg/cm^2$，导管在水下混凝土的埋深为 0.5m。

3 结束语

沉管施工具有费用低、对非施工方影响小等优点，在过河管道施工中的应用越来越广泛，在施工过程中需因地施工。本工程位于长沙市，当地水系发达，且大多处于库区地段，工程船无法直接进入。此次大管道的沉管施工的成功对当地其他管道的沉管施工提供一定的经验。

参考文献

［1］ 赵明．沉管技术在给水工程穿越运河施工中的应用［J］．山西建筑，2009．

［2］ 王中荣．水下沉管施工技术［J］工程建设与管理 2007．

［3］ GB 50268—2008.给排水管道工程施工及验收规范［S］．

浅谈平江景观桥缆索吊设计与应用

宋松树　　刘华光　　彭天定

湖南望新建设集团股份有限公司，长沙，410000

摘　要：缆索吊是一种特殊类型的起重设备，不受气候和地形的限制，在特定条件下能够发挥其他起重设备所不能发挥的作用，被广泛应用于工程建设中。平江景观桥在施工起重运输设备采用了大跨度缆索吊，即节约了施工投入，又方便了施工。

关键词：桥梁；缆索吊；设计；施工

1　工程概况

　　人行景观桥位于平江县城中心区，横跨汩罗江，西起沿江路与启明路交叉口附近，东至天岳广场临渊路。桥位西岸为平江县老城区，主要道路有民建路、沿江路、启明路，以及大型居民区、建设中的沿江风光带，西侧在建有宏远城开发商项目；东岸为县城新城区的大型文化广场——天岳广场、大型居民区。

　　中承式钢结构拱桥，跨径布置为136+69m，中跨桥面宽度为6m，桥台处桥面宽度为8m。吊索纵向间距为5m。

　　主梁采用钢箱梁结构，梁高1.4m；吊杆采用挤压式钢绞线，上下锚固采用耳板结构。

　　本桥拱桥跨径较大，桥宽较窄，主梁通过吊索悬吊于主拱上，主梁与拱肋横撑及桥台之间设置支座连接，为半飘浮体系。桥跨中间设置横向阻尼器。桥梁效果如图1所示。

图1　汩罗江人行景观桥效果图

2　缆索吊系统总体设计

　　由于本桥拱肋为空间异形拱肋，对应上游和下游拱肋各布置一组主索，因此全桥设两组主索，所有拱肋节段和主梁均由两组共同抬吊。塔架为门式塔架，塔底铰接，索塔和扣塔合一。缆索吊整体布置如图2、图3和图4所示。

　　本工程缆索吊机主要由主塔架、缆索、索鞍、跑车、锚碇及电机设备组成。

　　缆索吊机跨度布置为：224m（西岸边跨）+236m（主跨）+105m（东岸边跨）。

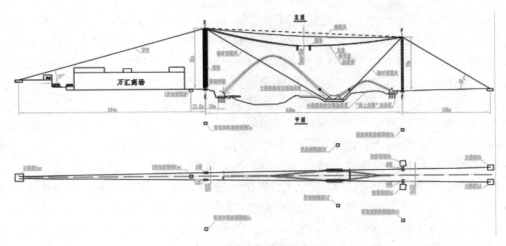

图 2　缆索吊布置图

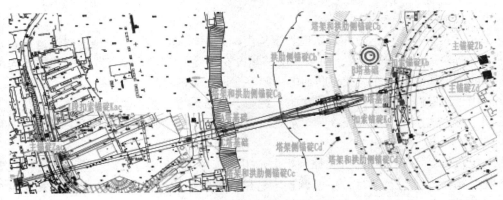

图 3　锚碇布置及地形平面图

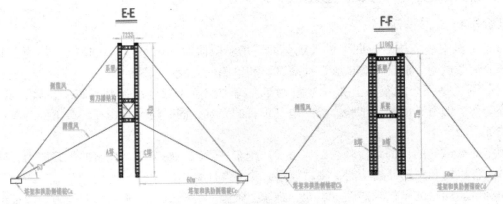

图 4　塔架 E-E 和 F-F 视图.

（1）缆索吊机共设 A、B、C 和 D 四个塔架。塔架不区分主、扣塔，同时起主塔与扣塔作用，塔底为铰接结构，吊装时塔架不受弯矩，受力明确。A 塔和 C 塔的高度均为 81m，B 塔和 D 塔高度均为 72m。塔架采用大型贝雷桁架（销孔距 4m×2.14m）组拼。

（2）缆索系统由主索、牵引索、起重索、缆风绳等部分组成。主索共设两组，每组由 6

根 $\phi47.5mm$ 纤维芯钢丝绳组成，主索锚固于主锚碇，支承于索鞍弧板，索鞍弧板与塔架固结为整体。在主索安装及调索阶段，主索可沿索鞍弧板滑动；在吊装阶段，通过夹板将主索锁定在索鞍弧板上，使主索与索鞍不能相对滑动。牵引索走 2 布置，选用 $\phi28mm$ 纤维芯钢丝绳，采用循环牵引方式穿绕。每组主索的两台跑车设置一台双向牵引卷扬机，使两台跑车同步行走。起重索走 10 布置，选用 $\phi20mm$ 的进口高强钢丝绳；每组主索设置两台起重卷扬机。牵引卷扬机和起重卷扬机均锚固于东岸塔架内部，塔架内部预设安装平台。钢丝绳经牵引卷扬机和起重卷扬机引出，沿塔架内部垂直上行，然后通过塔顶转向轮进入主跨。缆风绳设临时前缆风、后缆风、侧缆风和通缆风，用于抵抗两岸塔顶的纵、横向水平力。

（3）跑车共设 4 台，每组主索两台（用连接索连为整体），间距 15m，同步牵引，但均可独立起重操作。起吊系统由跑车、起重滑轮组、配重块、吊点等组成。

（4）全桥设有 3 个主索锚碇，分别为 Zac、Zb 和 Zd（其中，A 塔和 C 塔共用一个锚碇，B 塔和 D 塔各自对应一个锚碇）；4 个塔架及拱肋侧缆风锚碇（分别为 Ca、Cb、Cc 和 Cd）；2 个拱肋侧缆风锚碇（分别为 Cb′ 和 Cd′）；3 个扣索锚碇（分别为 Kac、Kb 和 Kd）。所有锚碇均为重力式锚碇。

（5）扣索及拱肋采用钢丝绳。每道扣索均由两条钢丝绳组成（两条钢丝绳通过设置于扣点的平行轮连通），扣点设在拱肋前端，调整端设在锚碇，中间通过布置于塔侧的转向滑轮转向；拱肋侧缆风索固定端设在拱肋前端，调整端设在侧锚碇。

（6）由于主跨跨度不大，根据以往施工经验，不必设置支索器。主索、牵引索及起重索采用分层布置方式穿绕，可确保在跑车空载或重载运行过程中各缆索之间不会发生干涉和扭绞现象。

（7）电机设备主要有卷扬机和控制柜，牵引索选用 10 吨卷扬机，全桥共 2 台；起重索选用 5 吨卷扬机，全桥共 4 台；主索调整索选用 5 吨卷扬机，全桥共 10 台。扣索选用 5 吨卷扬机，全桥共 10 台。

（8）缆索吊机工作状态单根主索最大张力为 33.7 吨，最大矢跨比：1/10。

3　缆索吊机试吊情况

缆索吊机安装完毕后，即可进入到全面试吊验收阶段。试吊项目包括试吊前的空载调试、部分荷载试验、额定荷载试验、动载试验和单侧最大静荷载试验。

空载调试是每个跑车吊上 2 ～ 3t 重物，在跨中位置来回牵引，并到跨中位置，放下、提升等动作。做滑车的制动试验，检验电气设备的完好，同时检查卷扬在轻载下的刹车情况做操作练习。

额定荷载试验的目的是检验锚碇、塔架、跑车、索鞍、卷扬机、缆索的承载能力，验证缆索吊机各机构和制动器的功能，测量数据，验证设计数据。

动载试验的目的是检验锚碇、塔架、跑车、索鞍、卷扬机、缆索的承载能力，验证缆索吊机各机构和制动器的功能。在完成机构各项功能达到预定结果后，机械设备未见到异常，缆索吊机的性能与安全没有损坏，连接没有出现松动或损坏，即可认为是试验结果良好。

试吊完毕后检查主索在不同工况下的计算索力、垂直度及测量表；各工况下两岸风缆的索力、垂度及塔架偏位表；各种工况下中跨压塔索的索力及垂度表。缆索吊机试吊完成后，在办理相关证件后，方可正式投入使用。

4 应用情况

该桥缆索吊从施工到投入使用共用了3个月时间，主要分为施工锚碇、挂设并调整主索、安装跑车牵引索、起重索、布设卷扬机、试吊和施工使用等几个过程。首先在设计位置进行了地锚基础定位、放样、开挖和浇筑地锚钢筋混凝土，按设计要求埋设各种预埋件。在基础混凝土达到强度后，挂设主索，先拉出临时钢丝绳导索，利用导索来回挂设主索，并按设计数据调整好主索的垂直度。随后安放跑车和动力设备，因受地形限制和使用频率较高，卷扬机均设置在右岸一端牵引。安装完毕后，逐一试验卷扬机、牵引索、起重索和跑车的运转情况，在各项指标运转正常后进行试吊。

5 结束语

本桥缆索吊自投入使用后，性能安全可靠，施工方便，经济合理，一次性投入较塔吊起重机方案，既可以垂直运输，又可作水平运输，费用低，充分利用了地形和地质条件。但在施工中要明确岗位职责，统一指挥，定期进行绳索和设备的检测，遇有特殊情况和不良气候时停止作业。另外在钢丝绳和卷扬机的选择上要购买国标产品，禁用伪劣产品。

参考文献

［1］ 中铁大桥局.缆索吊机及扣挂法施工［R］.2016（5）.

［2］ 悬索大跨度索道安装新技术［J］.桥梁建设，2001（5）.

［3］ 湖南望新建设集团股份有限公司平江景观桥项目经理部.平江景观桥缆索吊吊装施工方案［R］.2016（7）.

异形建筑幕墙 BIM 应用

张成元

湖南建工集团有限公司，长沙，410004

摘　要： 随着 BIM 技术的推广，大型建筑基本都采用了不同深度的 BIM 应用。本文介绍了湘潭县一中艺体馆异形建筑幕墙工程在模型建立、深化设计、施工阶段的 BIM 技术应用。通过应用 BIM 技术缩短了施工工期，降低了项目成本，提高了工程质量。

关键词： BIM；幕墙；应用

1　概述

玻璃幕墙是当代的一种新型墙体，它赋予建筑的最大特点是将建筑美学、建筑功能、建筑节能和建筑结构等因素有机地统一起来，优美的外形观感使得较多的现代建筑外墙大面积使用玻璃幕墙。而对于施工企业来说，设计出具的建筑图中幕墙的部分只是表明了幕墙的基本形式、分格尺寸，无法指导幕墙的施工。这时就需要专业的设计师对图纸进行深化设计，需要标明幕墙安装的具体材料、安装尺寸、配合尺寸等能指导施工的图纸。

传统的幕墙深化设计费时费力，成效较差，湖南建工集团三公司依托湘潭县一中艺体馆项目，在建造全过程采用 BIM 技术，并在幕墙优化设计方面做出了创新，节约施工成本，提高工程质量。

1.1　项目概况

湘潭县一中艺体馆项目位于湖南省湘潭县。本工程建筑总面积 14815.53m²，地上三层，建筑高度高度 23.99m。本工程是"精美湘潭"重点项目，既改善了学校体育基础设施，也提供了开展全民运动，是竞技体育的理想场所。

1.2　重难点分析

公司对该项目进行了前期评估与图纸审查，经分析艺体馆项目施工的重难点有如下几点：

1.2.1　造型多变、结构复杂

项目外形优美，由多个不同曲率的弧线组成为波浪形外立面，给施工带来巨大挑战。室内包含多个超高、大跨度空间，建筑外立面进出尺寸多。屋顶为球接钢网架玻璃屋顶，钢结构球节点、杆件精度要求高。

1.2.2　幕墙难度大

项目幕墙整体面积达 11000m²，包含干挂石材幕墙；构件式明框、隐框、半隐框幕墙；金属幕墙；采光玻璃顶。不同曲率的主体结构造成幕墙板块的划分复杂，各部件大小变化大，较传统的相同构件组成的幕墙，深化设计部分工作要求精度高、工作量大。

1.2.3　工期要求紧

项目总工期仅有 330 天，需要完成土建、钢构、幕墙、机电、园林、绿化等专业，工期非常紧张，需要合理组织调配人材机的投入，科学的对进度、工期进行规划控制。

2 BIM 应用准备

2.1 BIM 团队建设

湘潭县一中艺体馆项目由湘潭土建分公司与华意装饰分公司（幕墙专业）成立联合 BIM 工作站共同开展 BIM 技术应用探索。该项目是公司 2016 年重点项目，公司在前期策划中即对 BIM 团队组织制定了以项目团队为核心、公司总工程师督促指导，公司 BIM 中心提供技术支持的管理方式。项目 BIM 工作站配备专职 BIM 工程师 2 名，与项目部其他管理部门协同开展应用工作。项目 BIM 团队采用工作细分、责任到人的管理模式，对项目团队成员工作内容进行责任划分。

2.2 软硬件配置

在项目开工前，项目 BIM 团队对项目全生命周期内 BIM 应用点进行分析、梳理及选取，编制了项目 BIM 实施规划，将 BIM 技术线路及 BIM 应用需达到的深度及成果提出具体要求。明确技术线路后，项目根据策划的应用点，配备了相关的应用软件。硬件方面按照公司《 BIM 技术实施指南》的要求配置了 4 台高性能台式电脑，6 台笔记本电脑，无人机、以及其他的相关设备。

3 BIM 技术应用

3.1 幕墙深化 BIM 应用

3.1.1 幕墙模型建立

项目幕墙外立面造型复杂多变，由于不同曲率的曲线与多个进出的存在，普通的建模方法已不适用于本项目，项目建模团队经研究，采用全新的建模手段与方法，建模步骤如下：根据造型内建体量→体量面生成幕墙系统→幕墙分割深化→添加面板→添加幕墙构件→生成幕墙。

（1）内建幕墙体量

将建筑幕墙外立面包括顶面玻璃合理拆分成几个施工区域，依照相应区域图纸外观建立体量面，在通过体量面生成幕墙（图 1）。

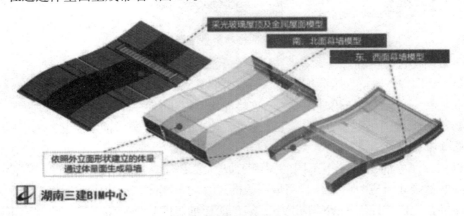

图 1 外立面体量幕墙示意图

（2）墙板块划分

在建模过程中，对于幕墙板块划分，软件普通的幕墙板块只允许直线分割，虽然可以通过设置调整 X、Y 轴角度，却无法形成弧线，不能满足项目要求（图 2 左）。项目团队通过使用前节建立的项目幕墙面体量，采用手动绘制模型线的方式，用焦点分割体量面层，形成需要的幕墙曲面形状（图 2 右）。

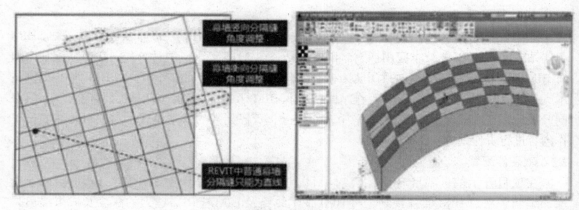

图 2　墙版块划分

（3）幕墙嵌板

与一般的平板式幕墙嵌板不同，项目使用的玻璃嵌板多达 10 余种，另包含多种氟碳铝板、外墙刚挂石材面板（图 3）。项目均根据设计要求建立完善的参数化幕墙嵌板族，可对幕墙嵌板进行实时调整。

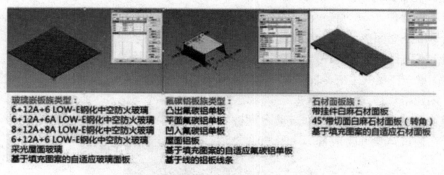

图 3　幕墙参数化嵌板族

（4）幕墙构件、配套件

项目包含明框、隐框、半隐框幕墙、石材幕墙等不同的幕墙形式，形式不同而导致幕墙的构件均不一致，配套件如压码、预埋件、连接件均不想同。项目团队建立了一套完整的幕墙族库（图 4），用于模型的建立与后续施工工艺可视化交底、施工方案演示等 BIM 应用点使用。

3.1.2　幕墙深化设计

项目东、西立面是由曲率不同的圆弧组成波浪形造型，根据建筑设计，原设计方案两立面部分的幕墙面板应为扇形，且扇形面板的尺寸均不相同，造成了面板加工难度大且成本极高，并且在建设方控制工期的情况下，扇形面板加工的长周期将直接导致约定工期无法完成。因此幕墙深化设计是项目团队的重点工作。

（1）深化方案

幕墙深化过程中为节约建造成本、优化工期，项目团队提出幕墙面板采用以"折"代"曲"的方式形成设计的波浪造型，原则上尽量采用矩形面板，上下边尺寸偏差较大，矩形面板无法满足要求时采用梯形面板。该方案得到建设方与设计单位的一致认可。方案处理方式如图5所示。

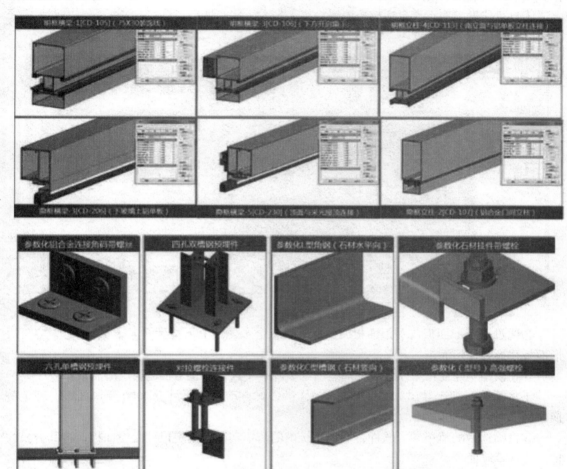

图 4 幕墙部分构件族和配套件族演示

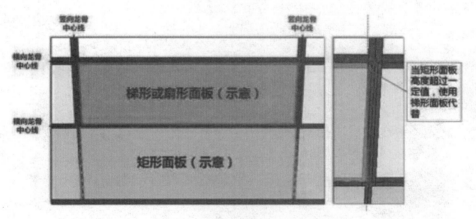

图 5 幕墙面板优化示意图

（2）幕墙嵌板优化

根据深化方案所制定的优化原则，提出最佳面板优化步骤将是幕墙深化设计的主要工作。项目团队经多次研究，提出了下列面板优化步骤。

①自行研发"四点"自适应幕墙嵌板族（图6），将"四点自适应"幕墙面板填充至已完成的体量立面模型中。

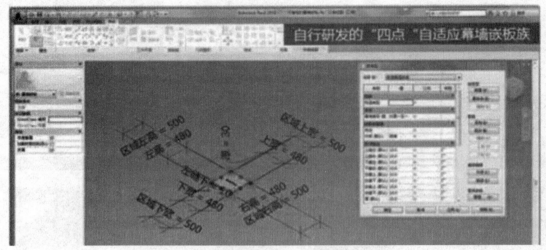

图6　自行研发"四点"自适应嵌板族

②通过对矩形面板与平板面板的研究，在铝合金龙骨上下宽度差大于15cm时，应将矩形面板替换为梯形面板。

③在模型中建立清单明细表，通过明细表筛查字段，检查是否适用矩形面板。

④将清单明细表导出为Excel格式，通过公式自动筛选项目近4000余块面板。确定替换面板。

⑤将筛选后的清单导入软件，通过系统内的清单功能自动定位到相应面板，将其替换为梯形玻璃幕墙面板。

⑥将调整后的幕墙模型整合，最终形成幕墙深化模型（图7）。

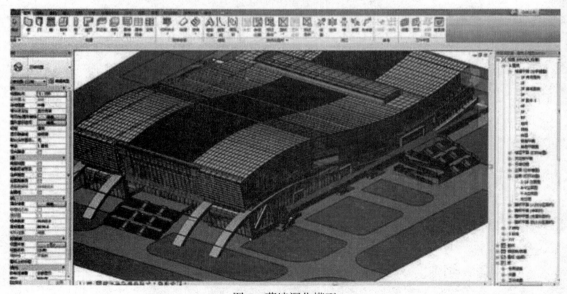

图7　幕墙深化模型

（3）幕墙深化应用

在优化后，项目团队将软件中的模型每个立面幕墙分为 7 ～ 13 个区，为已完成的面板添加自制的编号标注族，即可定义每一块面板的准确位置，将加入编号信息的模型导出面板材料清单汇总表，指导项目材料加工（图 8）。同时可使用模型导出分区图，方便技术人员、施工人员快速定位查找。通过使用二维码技术，将分块编号图提交厂家，厂家将幕墙生产后，贴上相应的二维码标识（图 9），交付项目部，施工人员可用终端设备，扫描二维码，获得每块幕墙板的位置信息，根据幕墙安装编号图进行安装作业，快速准确。

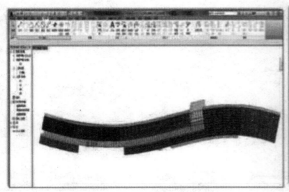
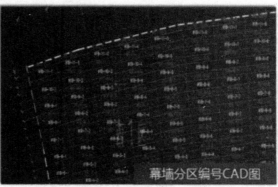

图 8　幕墙分区与编号导出图

图 9　幕墙二维码

3.2　BIM 应用点

3.2.1　BIM 审图

BIM 审图是通过模型整合，改变了以往只能但专业审查的瓶颈，将各个专业多个单项的图纸信息整合在同一个模型中，能加深项目团队对工程整体情况的了解，同时能提前发现设计存在的错误及各专业碰撞问题，减少、避免施工中的返工。项目通过 BIM 审图（图 10），提前发现设计存在的土建碰撞点 40 余处，机电与主体碰撞点 200 余处，经过调整及时避免了施工返工，节省了返工费用与工期。

3.2.2　钢结构深化

艺体馆内屋顶为钢桁架支撑，钢结构部分由钢构分公司 BIM 团队优化。本项目通过建立钢结构 Tekla 模型（图 11、图 12），对钢构各节点位置进行深化，输出图形文件，把处理好的数控数据输入数控切割机床操作端，直接加工，实现数控化施工。

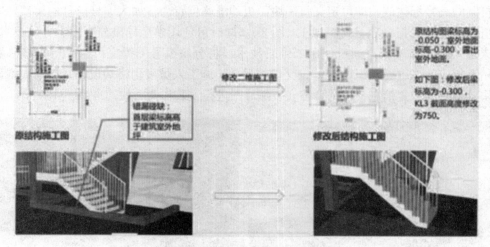

图 10　BIM 审查碰撞点实例

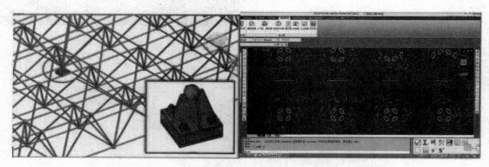

图 11　钢结构球点加工图

3.3　三维场地布置

以 BIM 化的形式对施工平面进行合理布置，包括道路、场内排水、用电、材料堆场、生产、办公、生活、消防等临时设施进行设计（图 13），使施工平面布置有条理，减少占用施工用地，同时做到场地整齐清洁，道路通畅，符合防火安全及安全文明施工要求。并对临时设施做出提前的工程量计算，控制场地布置成本。

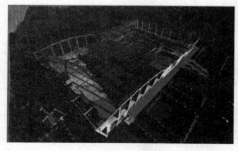

图 12　屋顶钢结构示意

图 13　现场三维场地布置

3.4　进度模拟

运用 BIM 模型，结合施工工艺，模拟工程建造过程，绘制物资供应曲线，制定实施计划，确保项目在物资采购方面实时管控，减少浪费。技术人员制定进度计划后，导入 BIM 5D 平台进行模型关联，实现 4D 施工模拟，以达到确保工期的目的（图 14）。同时实时的进度更新可在平台实时查看，公司、项目管理层可监控进度进展，及时根据进度曲线调整资源。做到全局参数控制与项目管理结合，实现项目精细化管理。

图 14　进度模拟示意图

3.5　施工模拟

项目涉及的幕墙形式较多，如使用传统的交底方式费时费力，且施工人员接受效果不理想。因此项目采用 BIM 模型的虚拟性与可视化性，模拟展现各不同幕墙形式的施工工艺。3D 可视化的交底形式，较传统的纸质交底，更易接收。同时项目团队还制作了一系列施工模拟的 GIF 图，项目部所有成员皆可将 GIF 下载至移动端，方便携带可随时查看，如图 15～图 17 所示。交底方式的改变提升了施工人员的施工水平，确保工程质量，优化施工过程管理。

图 15　隐框玻璃幕墙施工模拟

图 16　半隐框玻璃幕墙施工模拟

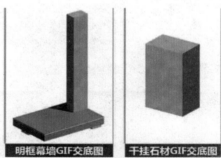

图 17　部分幕墙施工模拟 GIF 图

4　效益分析

4.1　幕墙深化方面

4.1.1　通过基于 BIM 幕墙的深化设计、对面板精确筛查调整后，最大限度的减少了异形玻璃面板的使用，而异形面板生产对于矩形面板增加躲到工序，影响生产时间约 10%，按照面板供货周期 65d 计算，节约了幕墙板块的生产周期 8d，加快了工程进度。

4.1.2　采用矩形面板替代异形面板的优化，直接使东、西立面减少异形面板使用约 3000 块，节约面板采购费用达 10 万余元。

4.2　工期方面

通过优化工序，优化施工缩短了施工工期，而同时使用进度模拟、5D 协同平台等方式，公司领导层实时管控、项目全员参与项目管理，精准把控施工过程中每个重要时间节点，及时的调整与纠偏，确保了项目工期按时完成。

4.3　经济效益方面

通过进度管控等措施，实现了成本管控，资源的合理配置，降低了项目运行成本。通过碰撞检查、施工模拟等工作，减少了建设工程返工量，节约了返工费用。

4.4　社会效益方面

碰撞检查、深化设计、可视化交底、二维码等一系列 BIM 应用，有效提升了项目管理精度，为项目创优、创奖等工作奠定了良好的基础，获得了项目部高度赞同。

5　结语

如今，加快推进 BIM 技术在施工过程中的集成应用不仅仅是国家政策的要求，也是行业发展的内在需求。BIM 不只是一种信息化技术，已经开始影响到施工企业的整个工作流程，并对企业的管理和成产起到变革作用 BIM 将是施工企业走向信息化企业的基础与助力。相信随着越来越多的领导者与从业者关注和实践 BIM 技术，BIM 必将带来更多的效益与影响。

参考文献

［1］　BIM 技术在上海中心大厦外幕墙工程中的应用［J］. 刘珩 . 土木建筑工程信息技术 . 2013（05）.

［2］　BIM 技术在幕墙工程中的应用［J］. 张鹏，何东海 . 施工技术 . 2013（08）.

［3］　BIM 对建筑设计和施工的优化［J］. 赵越 . 安徽建筑 . 2012（05）.

石门县市民之家建设项目 BIM 技术应用

马　胜

湖南建工集团有限公司，长沙，410004

摘　要： 随着现代工程技术日新月异的发展，传统计算数据输出和二维图形表达方式已经不能满足业主对工程设计高效性要求，以建筑物的各项信息数据作为模型的基础，进行建筑模型的建立，通过数字信息仿真模拟建筑物所具有的真实信息的 BIM 技术建筑行业越来越被广泛关注。作为 BIM 应用的源头——设计阶段，BIM 技术的应用应形成高效且合理的模式和流程，深入探索如何应用 BIM 强大的信息数据分析功能，提高设计的质量和加快设计的进度。同时在优化设计的基础上，以点带面，推动 BIM 在项目建设全过程中应用的发展。本文以市民之家建设项目为依托，介绍 BIM 技术在设计领域的应用及特点。

关键词： BIM；设计；应用

1　概述

1.1　项目简介

石门县东城区澧水北岸风光带一期工程位于主城区内，是石门的第一滨江景观面，是石门的城市窗口和门户。它的开发建设对改善城市形象，提升城市品位，加强生态旅游城市的建设均具有十分重要的意义。石门县市民之家建设项目位于石门县宝峰街道办，南临双宝路，北临橘香路，西临电厂路，东侧为规划道路。总用地面积为 129330 平方米。

1.2　设计概念

（1）"时光留痕"——设计如水冲石起、时光留痕、诗意天成，通过流水冲刷的自然形态，刻印到市民之家建筑群体中，建筑如生在水畔滩石，或尖锐，或绵柔，建筑是澧水长河的印记，是石门历史的刻画。也是石门精神文化的展现。

（2）"涌现"——基地的初始状态为一空白荒地，我们通过多种要素分析，打造出一个核心点，而我们这个核心点是以水为主的景观广场，然后再通过水向四面八方蔓延，形成固定的建筑和景观形式。

（3）"冲刷的建筑、流动的地景"——建筑不再仅仅是功能符号的展现，我们希望建筑是石门内在的精神图腾，是自然生长与承载的时间印记。我们的理解，是建筑原初有一个基本形体存在，通过时间及文化激流的冲刷、打磨、最后成为所见的形体存在。这也是最本源的建筑形式，最接近合理的存在。设计突破传统生硬的广场设计，将流动的地景作为建筑的依托，将灵动的水流与由水而生的河洲作为景观灵感的映现，赋予建筑以活力，使市民之家充满生命力。

（4）"公共文化生态园"——五馆两中心项目是集展示、会演、政务、办公、休闲、运动等功能于一体，面向石门市民、外来游客，面向不同年纪人群的综合性文化设施项目。

2　BIM 模型展示

图 1　市民之家效果图

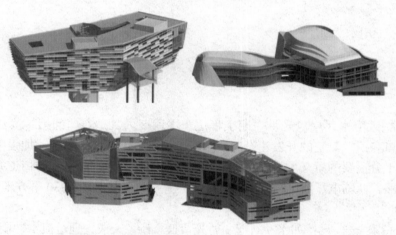

图 2　BIM 模型展示

3　BIM 技术在设计中的应用

3.1　方案对比

　　通过 BIM 三维模型，可直观检查设计建筑的外观效果、功能布局、能见度等。通过对BIM 模型任意位置的剖切，观察墙、柱子、屋面、装饰构建之间的空间体量关系，以查看设计的合理性，及时修改优化。同时，在 BIM 建筑信息模型中，由于整个过程都是可视化的，所以可视化的结果不仅可以用效果图的展示及报表的生成，更重要的是，项目设计、建造、运营过程中的沟通、讨论、决策都在可视化的状态下进行，实现设计阶段项目参与各方的协同工作，如图 3 所示。

3.2　可持续设计分析与模拟

　　众所周知，只有建筑师从设计初期就有可持续的设计观，才可能真正设计出可持续性的建筑。但是当今建筑的复杂程度已经大大超过了仅凭建筑师主观判断或者经验就可以正确把握的程度。因此在条件复杂、不确定性存在的情况下，就必须借助性能化分析软件进行模拟，从而帮助建筑师做出正确的判断。而在实践中，且不说很多建筑师为了形式、风格而在设计中忽略了对建筑可持续性的考虑，就是很多符合生态设计经验的方案也会在建成后的评测和使用中，出现诸如室内舒适度不够、通风不畅等情况，这时只能通过主动式的技术来满足使用者的需求，再加入所谓的节能、节水的技术来达到国家标准。于是就会产生社会上人们通常的认识：可持续性的建筑就要付出高昂的代价。

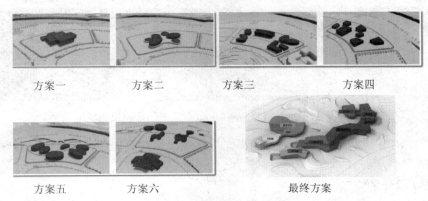

图 3　方案对比图

但是现在，通过相应的 BIM 应用软件，创建简单的建筑信息模型，建筑师在设计的任意阶段、任何时间，都可以方便地对设计方案进行性能化的评估，得到的分析结果可以帮助建筑师及时对方案做出合理的调整，或从环境角度比较不同方案的优劣，从而做出更加有利于建筑可持续性的选择。在方案设计的初期阶段就能够方便快捷地得到直观、准确的建筑能量性能反馈信息，是应用 BIM 技术进行计算机辅助建筑可持续性设计的最大优势。

应用 Ecotect Analysis 分析软件模拟建筑的采光环境及日照系数结果（条件设定为：冬季"平均"多云天或均匀天空分布情况下的最不利设计条件），如图 4 所示。

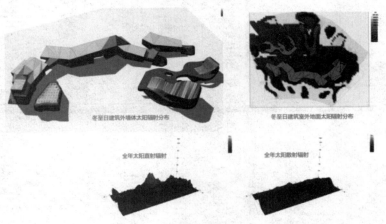

图 4　应用 Ecotect Analysis 对建筑光照模拟的结果

根据项目坐落的位置，查看《民用建筑供暖通风与空气调节设计规范（GB 50736—2012）》，应用 Autodesk CFD Simulation 分析软件模拟建筑的室内的风环境分布结果，如图 5 所示。

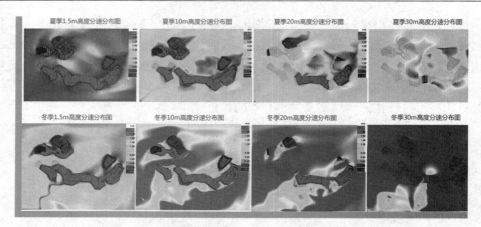

图 5　应用 Autodesk CFD Simulation 对建筑风环模拟的境结果

除此之外，BIM 还能辅助分析项目的声光热环境、运营能耗和碳排放情况、建筑可视度以及舒适度等。

3.3　基于 BIM 设计的施工图出图

与传统模式下大量的设计工作都是在繁琐的画图不同，BIM 设计模式下的施工图出图要方便许多，设计师能把更多的工作花在项目的设计模型搭建上。然后根据设计完成的 BIM 模型从中提出所需要的设计图纸，效率高、质量高，同时可以保持模型与图纸的联动，实现项目图纸的"一处修改、处处修改、实时同步"，避免了当项目发生设计变更时大量繁琐无味的图纸修改工作。

制定本项目的 BIM 出图标准和对应的项目视图样板，对本项目出图的线型进行设置，以保证项目图纸能满足国标中二维出图的标准。如图 6、图 7 所示。

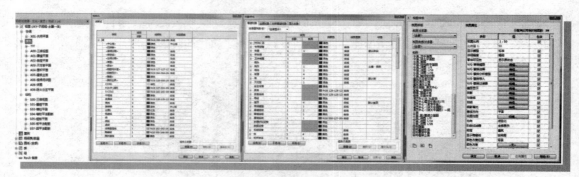

图 6　出图设置

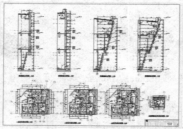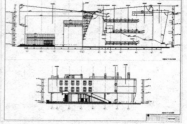

图 7　BIM 出图

3.4 管线综合设计、碰撞检查

在大型、复杂的建筑工程设计中，设备管线的布置常常出现管线之间或管线与结构构件之间发生碰撞的情况，给施工带来麻烦，影响室内净高，造成返工或浪费，甚至存在安全隐患。为此，传统的设计流程中通过管线综合设计来协调各专业的管线布置，使其得到比较合理、有序的安排。然而，传统的管线综合设计是以二维的形式确定三维的管线关系，技术上存在着先天不足，实际应用效果大打折扣。

根据市民中心项目全专业的 BIM 设计建模工作，整合各专业的 BIM 模型形成项目的完整设计模型。针对管线排布不合理的地方进行协调沟通，设计优化，如图 8 所示。

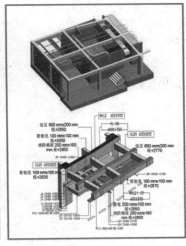

图 8 管线优化对比图

3.5 参数化辅助设计

对于曲面化程度辅助的表皮，传统的设计手段难以表达设计意图。BIM 技术通过参数化建模软件 Rhino，对演艺文化馆建筑的曲面表皮进行参数化设计。通过链接到 Revit 中，在 Revit 中对表皮进行分割深化及各专业设计整合，如图 9 所示。

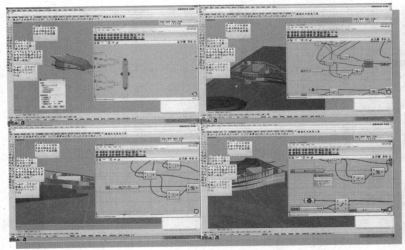

图 9 参数化辅助设计

3.6　互动设计审查（三维校审）

通过直观的 BIM 模型，在设计阶段就可以知道建筑完成之后的状态，而不是像传统设计要等到建筑施工完成后才能看到建筑的具体形态，客户在了解设计结果之后，可对设计不满意部分和不满足自己需求部分提出来，从而对设计图纸进行修改，从而达到提升设计质量目的，还可以减少不同人因对图纸理解不同而造成的信息损失。

图 10 采用三维浏览互通审查设计内容。

图 10　三维动态浏览

3.7　工程量统计

根据建立好的 BIM 设计模型，提取所需的项目工程量清单，是 BIM 技术的重点应用之一。但是由于 Revit 的清单计量规则并不满足国标的要求，因此，进行工程量统计之前需要一些辅助工作的支持。项目所有的族统一命名规则，并根据 GB 50500—2013《建设工程工程量清单计价规范》添加项目编码、项目特征。

项目编码	项目名称	项目特征
011101001	水泥砂浆楼地面	1. 垫层材料种类、厚度 2. 找平层厚度、砂浆配合比 3. 素水泥浆遍数 3. 面层厚度、砂浆配合比 4. 面层做法要求

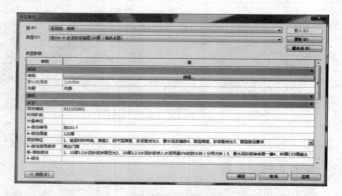

图 11　标准化文件命名

3.8　幕墙优化设计

幕墙 BIM 常为实体建模，零件拼装组成幕墙，此方法模型表达的就是真实的幕墙，材料统计十分准确（图 12）。该设计解决复杂构建设计图纸表达不清，非标构建无法提前定制等问题；目前市场上幕墙 BIM 主要分为幕墙设计深化、咨询和幕墙施工、构件定制。

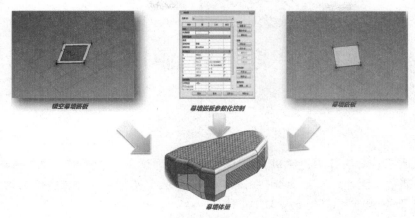

图 12　幕墙优化设计

3.9　装修设计深化

根据装修设计的方案，对项目的精装修进行精确的 BIM 建模，配合渲染实时浏览等方式，提前展示项目的装修效果，如图 13 所示。

图 13　装修设计图

3.10　钢结构节点深化

根据现场施工实际情况，以及钢结构设计公司和土建结构设计单位提供的图纸，通过 BIM 技术，完整的搭建出钢结构和土建结构模型，并在钢柱与结构梁、钢梁与结构梁、剪力墙与结构梁节点位置，根据实际情况建立出完整的钢筋、预留洞口及套管模型，为钢筋插筋孔洞预留位置，指导钢结构厂家生产加工，避免现场二次返工，提高施工效率（图 14）。

4　2BIM 技术应用心得

（1）在设计过程中，认识到了 BIM 真正的流程，应该是一个崭新的、集成化的工作模式，而不是传统二维的各专业协作的工作模式和角度思考。采用 BIM 技术作为交流平台，更好的提升了整个项目的效率和质量。

图 14　钢结构深化

（2）传统设计手段难以实现的设计，通过 BIM 技术可视化、参数化的应用，得到了很好的解决。异形建筑的方案推敲和设计数据的传递在 BIM 技术环境下可以轻松地实现。

（3）在与建设单位沟通的过程中，BIM 可视化促进了沟通。建设方可以清楚的看到项目的设计内容、进度流程、室内外空间、结构体系等，使之能如临其境一般。

（4）可视化施工配合及 BIM5D 项目管理的应用，在项目的施工管理中具有重大的意义。

BIM 在地下管廊中的应用

陈娜娜

湖南建工集团有限公司，长沙，410004

摘　要： 在地下管廊项目中，运用 BIM 技术建立管廊预制构件模型，结合施工现场实际情况进行模型调整，生产出来的管廊预制构件，既降低了模具成本，又确保了构件的准确性。运用 BIM 技术全程参与地下管廊项目的设计、生产、施工和运维等各个方面，能够提升工作效率、降低项目成本、提升工程质量。

关键词： BIM；管廊；预制构件；应用

1　概述

　　地下综合管廊是在城市地下用于集中敷设电力、通信、广播电视、给水、排水、热力、燃气等市政管廊建设，统筹各类市政管线规划、建设和管理，解决路面反复开挖、架空线网密集、管线事故频发等问题。

2　BIM 在管廊生产过程中的应用

2.1　管廊预制构件模具设计

　　预制构件模具的精准程度是确保产品质量的基础。利用 Tekla 软件对模具进行深化设计，出具构件、零件图输出至数控机床下料生成，确定了模具的质量。在生产过程中，通过对模具的分析与研究，不断对其优化升级。对模具生产参数进行了多次优化设计，相对于老式笨重、耗时耗力的模具，优化后的模具更轻便、简洁、易操作。

图 1　预制构件模具设计

2.2　管廊生产工艺流程

3　BIM 在管廊施工过程中的应用

3.1　Infraworks 综合选线设计

　　项目施工前期规划，使用 Infraworks 360 中对规划区域进行综合选线设计，将 Revit 管廊模型导入 Infraworks 中进行合理布置。

图 2　管廊生产工艺流程

3.2　项目场地分析

利用 Civil 3D 进行场地建模，对区域进行高程、边坡等分析。根据横纵断面图及所生成模型，并对各桩号间填挖方量进行计算，生成土方体积报告，指导现场施工。

3.3　BIM 化施工组织

基于地勘数据建立地质信息模型，分析施工区域地质特征情况，根据不同地质信息有针对性地选择施工方法，科学组织施工。针对不同施工现场有四种施工方式，明挖预制拼装施工方式展示如下：

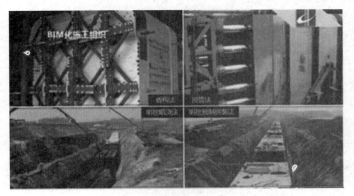

图 3　管廊施工方式

3.4　管廊管线综合应用

由于管廊产品是将电力、通讯、燃气、供热、给排水等各种工程管线集于一体，集中敷设，项目团队建立管廊 BIM 模型，进行管线综合调整，支吊架排布，提前合理布局管道线路，并在软件内集成项目过程信息形成竣工模型。

绿色建筑施工与管理（2018）

3.5 管廊运维应用

在管廊运维阶段尝试采用 BIM 手段协同管理，通过自主研发管廊运维管理平台，导入管廊 BIM 模型，结合 GIS 技术，实现地下综合管廊的设备设施管理、智能视频监控、报警与定位、GIS 巡线等功能，为地下综合管廊的安全运行提供保障。

图 4 地下管廊管线敷设漫游

4 应用成果总结

（1）提升加工效率。通过 BIM 与 CNC 自动加工相结合，极大的提升了加工效率确保了构件的准确性。

（2）降低了模具成本。预制构件国内起步较晚，模具由国外引进成本惊人。通过 BIM 技术，对生产模具进行优化设计，大大降低了模具成本，由原来的 30 万（二手）一套降低到 12 万一套。

（3）强化生产质量。对相关技术人员、产业工人通过 BIM 模型、生产工艺动画、模型交底图片等方式详细解释每一步工序的控制要点，提高了人员制作水平，提升了预制构件产品的质量。

（4）通过 BIM 技术，进行管廊构件的预制，对相关技术人员进行可视化交底，极大的提升了施工质量，缩短了项目工期，并保证了施工安全。

参考文献

［1］ 贾志恒，陈战利，李雯琳.城市地下综合管廊的现状及发展探索［J］.江西建材，2016（22）.

［2］ 王恒栋，GB 50838—2015《城市综合管廊工程技术规范》解读［J］.中国建筑防水，2016（14）.

［3］ 邓蕾蕾.城市综合管廊的设计研究［J］.中国水运，2016（02）.

［4］ 胡静文，罗婷.城市综合管廊特点及设计要点解析［J］.城市道桥与防洪，2012（12）.

［5］ 胡珉，蒋中行.预制装配式建筑的 BIM 设计标准研究［J］.建筑技术，2016（08）.

BIM 在大型公共建筑会展馆的综合应用

周 鹏

湖南建工集团有限公司, 长沙, 410004

摘 要：BIM 技术作为一种新型的工程设计方法和管理模式，已广泛应用于建设工程全生命周期的各个阶段。将 BIM 技术应用于公共建筑土建和机电设备安装工程能够提高工作效率、保证工期和成本，具有良好的发展前景。本文依托醴陵陶瓷会展馆工程对 BIM 在土建、钢结构、机电、装修等方面的应用，进行全过程分析，阐述 BIM 技术在大型公共建筑会展馆工程中的作用。

关键词：BIM；土建；机电；应用

1 概述

醴陵陶瓷会展馆工程项目位于醴陵市经开区核心地带，占地 198.6 亩，建筑面积 127934.8m²。2017 年 9 月 28 日开馆后，一个集陶瓷产业盛事、文化盛宴、交流盛会于一体的陶瓷艺术殿堂呈现于此，世界各地的陶瓷汇聚一堂争相夺艳，有效带动醴陵市陶瓷产业向更高、更广方向转型升级，大幅提升醴陵陶瓷的品牌影响力，再展国瓷风采，驰誉天下。

2 项目重难点分析

2.1 土建结构混凝土质量保证是本工程一大重点

作为市重点项目，市委市政府、质量监测监督站对本工程质量要求特别严格，为确保施工作业队完全掌握各施工工艺，土建施工质量一次成优是本工程的一大重点。

2.2 地上钢结构施工难度大

本项目地上主体全部为钢框架结构，屋面为钢桁架结构，总用钢量达 13000 吨，屋面桁架最大安装高度为 19.15m，最大质量为 355t，如何高效精准的完成钢结构施工是本工程一大难点。

2.3 机电工程量大且工期短

本工程安装队伍由于 2017 年 3 月初开始进场施工，需要在短短 5 个多月的时间内完成 12 万平米的管线安装、设备的调试及运行，且需要与其平行施工的装修队共同完成吊顶施工，如何保质保量的完成机电施工是本工程的一大难点。

3 项目 BIM 实施流程

为使项目在 2017 年 9 月 28 日保质保量的完成整个工程施工，湖南建工集团六公司选派四名 BIM 工程师在开工前成立 BIM 流动工作站，制定 BIM 技术实施方案及相关工作流程，在项目部配备满足建模要求的台式电脑后，即刻开展 BIM 工作。在一周的工作时间内，对项目进行了集中建模，并配合现场工程师对模型进行了调整。

图 1　BIM 工作实施流程

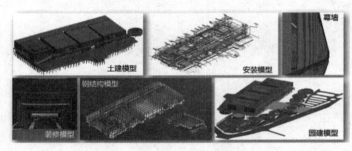

图 2　各专业 BIM 模型

4　土建 BIM 应用

4.1　BIM 技术辅助施工方案技术交底

4.1.1　淤泥质土处理

地下室基础范围内原始场地存在大范围农田有机植被土和淤泥质土需要换填。施工中利用 BIM 模型在方案中确定淤泥范围，对换填区域进行降排水及清淤，然后将素土回填 - 分层铺土 - 夯打密实处理等施工流程制作成三维工艺卡，降低交底难度。

4.1.2　旋挖钻孔灌注桩施工

本工程基础旋挖钻孔灌注桩数量为 763 根，地质为典型的"喀斯特地貌"，其中 20% 桩存在灰岩溶洞现象，多为串珠式溶洞，最大深度约 15m。施工中利用 BIM 可视化这一特性将工程划分为 4 个施工区进行施工，整体遵循由北至南的施工顺序，将项目管理层的施工意图利用 BIM 模型清晰的表达出来，确保项目施工进度。

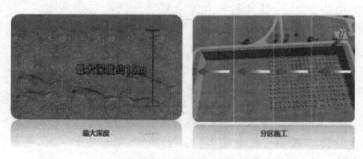

图 3　大面积混凝土施工

4.1.3 大面积混凝土施工

本工程地下室单层面积达 33000 余 m^2，土建所需的钢筋约为 0.98 万吨，所需混凝土量约 6.4 万 m^3，而主体结构施工时间只有 90 天工期，平均每天约要浇筑 $720m^3$ 混凝土。为确保工期，湖南建工集团六公司 BIM 工程师通过建立三维场地模型，与项目总工共同完成施工的分区分段、劳动力的配置及施工机械的配置。在虚拟的施工环境中模拟所有施工，避免了影响施工进度的一切外在因素，从而保证施工工期。

图 4 地下室分区、分段图

4.2 项目安全生产 BIM 化

利用基于公司 CI 标准的安全生产标准化族库进行施工场地布置，有效的将 BIM 技术与公司标准化管理相结合。

图 5 施工场地布置

5 BIM 在钢结构施工的应用

5.1 节点深化

根据设计图建模后，利用 BIM 软件的相关功能，导出深化施工图（布置图、构件图、零件图）及用钢量统计等，为现场实际施工做好充足准备。

5.2 钢桁架屋面施工

3# 展厅屋盖钢桁架结构面积达 $12474m^2$，每榀主桁架跨度均为 63m，1#、3# 展厅屋盖桁架安装高度 8.6m，2# 展厅安装高度 19.15m，单榀主桁架重 31.5t，最大的 2# 屋盖总重达 285t，施工难度大。通过 BIM 技术进行分析、模拟，优选最佳施工方案。最终选择钢桁架超大型液压同步提升，加快施工进度，保证施工的安全，提升施工质量。

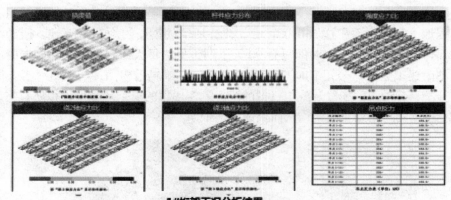

1#桁架工况分析结果
提升工况下桁架跨中最大下挠约51mm，最大提升反力约190.3KN，杆件应力比不超过0.22。

图 6 桁架工况分析

5.3 金属屋面三维技术交底

本工程屋跨度达 63m×72m，屋面工程工序繁多，且采用先进的直立锁边机械咬合的固定方式，完全杜绝了传统螺栓直接穿透屋面板固定方式带来的漏水隐患，施工难度大。湖南建工集团六公司采用 BIM 技术可视化特点，在施工准备阶段制作安装动画，为实际施工的顺利进行保驾护航。

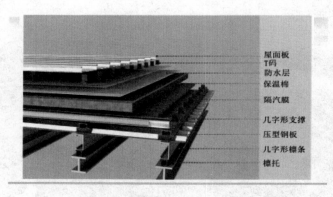

图 7 三维技术交底

6 BIM 在机电安装施工中的应用

6.1 项目机电安装施工特点

该项目地下二层层高 3.9m，设计净高 2.35m，整个地下室系统繁多，对设备管线的布置要求高。地上设备管线之间、管线与钢结构构件之间容易发生不同程度的碰撞，从而加大了施工难度。

在机电工程施工前 BIM 工程师根据施工图纸，结合现场实际情况及 BIM 实施方案，对设备及管线等应用 BIM 技术进行综合布置。本项目所有综合模型全部导出 CAD 平面图，并对局部管廊部位建立三维模型，科学的指导机电安装施工。

6.2 机电管线综合

6.2.1 碰撞检查及模型优化流程

所有模型进行综合布置后利用 Revit"碰撞检查"选项卡对模型中所有软硬碰撞进行检测。

根据冲突报告，对碰撞点逐一进行位置反查，找出有效的碰撞点。对典型的碰撞问题在施工前加以调整，减少拆改、返工现象的发生，并最终以汇总的方式提交给建设、设计单位，为后期的效益分析提供原始文件。

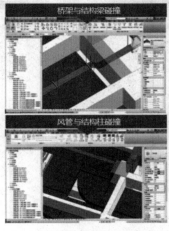

图 8　碰撞检查及模型优化流程

6.2.2　机电管综案例

地下一层 24 轴交 F 至 V 轴处将原本分布于风管两侧的桥架平移至一边，以利于支架共用。通过将喷淋管优化顺直，减少弯头个数。

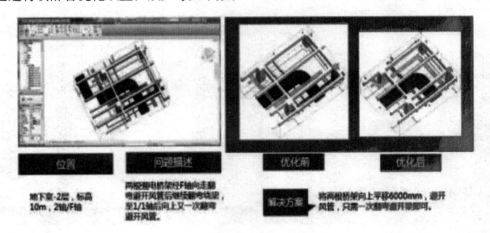

图 9　机电管综案例

6.3　净空优化

6.3.1　分析报告

本工程在机电管线的标高方面具有严格的控制。应用 BIM 技术，进行深化设计，实行碰撞检测，利用 Fuzor 与 Revit 实时同步功能对最低点进行合理分析，导出分析报告。针对实际情况，调整相应位置的管线标高。

6.3.2　净空优化案例

在保证排风量的前提下，采取等面积置换原则优化风管高度、将原本 3000mm × 630mm 的风管置换为两根 2200mm × 400mm 的风管，并优化水管、桥架走向以避开风管。将优化后

的模型与设计单位进行沟通，确认风管及其他水管满足功能及设计要求，最终将净空优化至
2.35m。

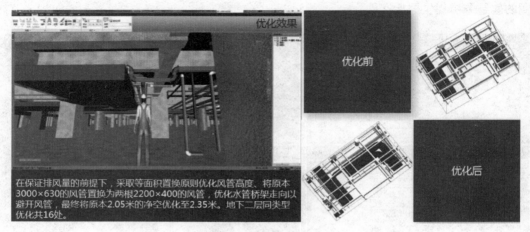

图 10　净高优化案例

6.4　BIM 管综出图

利用 BIM 技术可出图性，将 revit 整合模型平面视图中类型名称、管线尺寸、标高信息、翻弯位置等信息详细标注，导出对应的 CAD 平面图，提交给设计单位进行审核，审核合格后，组织施工。

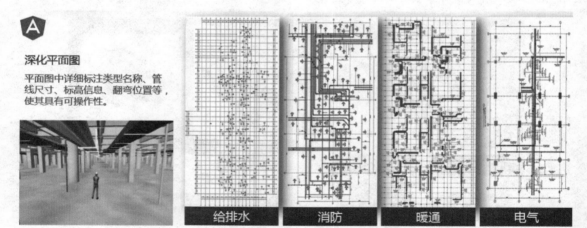

图 11　BIM 管综出图

6.5　BIM 技术在消防水泵房、冷冻机房中的应用

6.5.1　设备基础定位

泵房综合排布完成后，根据设备布局生成基础定位图，并对设备基础建筑做法及墙面、地面排砖进行优化设计，确保机电施工一次成优。

6.5.2　综合设计

对泵房设备及管线进行排布，充分利用现有空间，使设备及管线排列有序，布置合理，位置正确。随后导出 BIM 施工图，确保施工完成后泵房管线综合布局的合理性与美观性。

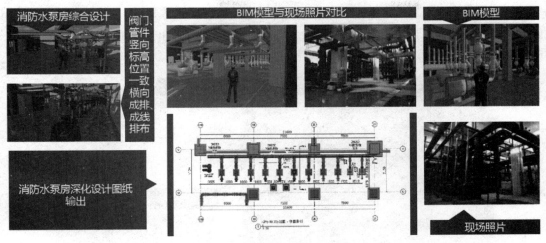

图 12 综合设计

6.6 项目机电 BIM 经济效益分析

为了更好体现 BIM 价值，以本工程地下二层碰撞检测与净空优化为例，对其经济效益进行分析计算。地下室 -2 层 2 轴 /F 轴的桥架优化，可减少截面洞口尺寸 400mm×150mm 的 45°桥架弯头 8 个。节约直接费：人工费减少 5 工日；材料费减少 400 元，整个地下室进行优化位置大约 60 处。即，节约成本合计大约为：60×1900=25500 元。对于地下室 -2 层 24 轴 /F～Ⅴ轴处，优化后的模型可减少直径为 150mm 的喷淋主管上的 90°弯头 6 个。参照专业分包工程的合同清单，节约成本：954.04×6 个 =5724.24 元。通过分析结果显示，解决碰撞不仅能减少直接成本，而且可以通过降低设计变更及施工现场变更所带来的间接成本，从而增加工程效益。

7 拓展应用

7.1 室内装饰装修 BIM 应用

随着项目工期的推进，各专业施工队之间的协调工作尤为重要，本项目采用 BIM 技术合理调整装修主次龙骨、饰面板与自喷淋、吊灯、排风口、摄像头等器具的排布，保证了精装修质量效果的同时高标准的完成机电吊顶器具。

7.2 幕墙 BIM 应用

本工程建筑外立面装饰采用玻璃幕墙和氟碳铝单板金属幕墙组合形式，幕墙安装面积大，精度要求高，工期紧，施工难度大。项目 BIM 团队利用模型为幕墙专业施工队提供了可视化、造价估算、数据料单、与专业协调方面的 BIM 服务，让难以完成的目标工期成为可能。

8 应用总结

醴陵国际陶瓷会展馆工程项目在工程量大，工期紧，专业多的情况下全过程中应用 BIM 技术，减少了现场因施工管理、技术引起的的返工，达到节约施工成本、保障施工工期的目的。

利用 BIM 技术，对土建施工工艺进行三维模拟，极大程度的提升施工效率和进度。通过 BIM 对钢结构的分析模拟，保障了施工安全和整体质量。对机电和结构模型进行三维碰撞检查，降低对项目造成的损失，减少项目风险的发生率，不仅有利于进度、成本及设备运维管理，还能高效指导管线施工，最终对 BIM 优化的管线模型出具 CAD 二维图纸，结合三维 BIM 模型，使实施过程更加形象、直观、具体。

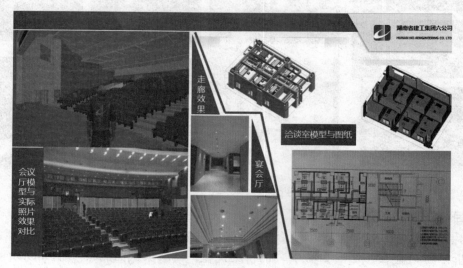

图 13　装修 BIM 应用

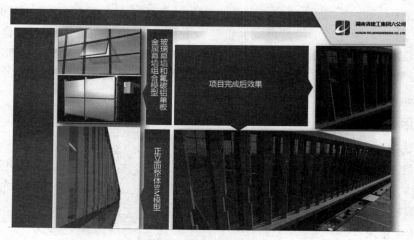

图 14　幕墙 BIM 应用

参考文献

［1］　赵正亮 . 探析 BIM 技术在机电安装工程中的应用［J］. 建筑知识 . 2017（10）.

［2］　郭顺祥 . BIM 技术在机电安装工程中的应用［J］. 施工技术 . 2017（06）.

［3］　裴志刚 . BIM 管理在公建项目机电安装工程中的应用研究［J］. 科技与创新 . 2017（15）.

［4］　杨震卿，张莉莉，张晓玲，罗艺，吴华 . BIM 技术在超高层建筑工程深化设计中的应用［J］. 建筑技术 . 2014（02）.

［5］　罗兰，赵静雅 . 装饰工程 BIM 应用流程初探——基于 Revit 的装饰模型建立和应用流程［J］. 土木建筑工程信息技术 . 2013（06）.

［6］　武红 . BIM 技术在建筑产业化中的应用［J］. 山西建筑 . 2014（32）.

运用 BIM 技术打造中国首个水稻博物馆

伍灿良　张明亮　戴　雄

湖南省第六工程有限公司，长沙，410015

摘　要：以隆平水稻博物馆及配套工程项目为例，采用 Revit 软件建立工程 BIM 模型，进行图纸审核与施工方案优化。结合现场实际情况，利用 BIM 技术进行碰撞检查及管线综合优化，解决了管线碰撞、预留洞口精确定位、双曲薄壳混凝土屋面测量定位的问题；通过快速精确提取工程量，利用 BIM 技术进行限额领料，实现了材料的精细化管理；施工过程中，通过现场实际情况和 BIM 模型对比，实现三维交底并及时发现施工错误及时更正，保证了工程的工期和质量，取得了良好的经济效益。

关键词：BIM 技术应用；信息化

1　工程概况

隆平水稻博物馆位于长沙市隆平新区，属于中国首个水稻博物馆，由 1 栋博物馆主体建筑、1 栋博物馆配套用房及 1 个独立地下车库组成，总建筑面积 19380.12m²，其中地上面积 13159.96m²，地下面积 6220.16m²。建筑造型呈 7 粒谷粒状，屋面采用双曲薄壳混凝土板、变截面弧梁、曲线梁，设置大量直角梯形柱，展厅最大净高 19.6m，施工难度较大。采用传统施工技术耗时耗材，且很难达到设计质量要求，特别是双曲屋面混凝土梁板施工。此外采用传统的工程算量工具无法精确进行双曲屋面的模板展开面积、钢筋及混凝土用量的统计。针对上述特点，公司在该项目的投标阶段便采用了 BIM 技术。项目部以隆平博物馆及配套工程为载体，努力打造优秀项目团队，实施过程中合理策划、科技创新、BIM 运用，为打造品牌项目打下坚实基础。

2　管理重点和难点

2.1　管理重点

该项目总包管理的重点主要是工期的控制、技术质量控制、安全文明施工、BIM 技术应用、信息化平台应用等几个方面。

2.2　管理难点

2.2.1　双曲薄壳混凝土屋面施工

双曲薄壳混凝土屋面测量定位体系复杂，屋面梁板任意两个剖面曲率均不同，结构梁板曲线各处不一，施工测设、工程量计算难度较大。

2.2.2　工程体量大、工期紧，施工组织施工管理

项目工期 180 日历天，如何有条不紊的完成以上施工任务，对工程的施工组织及技术保障提出较高的要求。

2.2.3　工程质量管理

本工程的创优目标是争创"鲁班奖"，做好质量创优策划和现场质量管理工作是工程质

量的重点。

2.2.4 信息化管理

建筑施工项目管理是一个多部门、多专业的综合全面的管理。它不单包括施工过程中的生产管理，还涉及到技术、质量、材料、计划、安全和合同等方方面面的管理内容。如何实现正确引导项目信息化管理的开展，以提高施工管理的水平是一大难点。

3 实施管理

3.1 项目策划

明确实施目标，制定任务计划，进行系统应用。根据公司《BIM操作指导手册》要求，按流程、进度、标准，分阶段完成工作提交成果。

表1 项目计划表

阶段	工作	内容	时间
投标阶段	基于BIM的投标方案	建立投标模型，以模型为基础编制投标方案，突出工程重点，展现工程面貌，清晰地表达施工进度安排、质量安全文明施工	招投标阶段
准备阶段	人才培养及设备配置	本阶段人才培养为重点工作，技术与商务应掌握相关基础软件，并能灵活应用，工作站软硬件按项目实际要求配置	施工准备
	模型建立	通过建设单位提供的施工蓝图进行模型建立，并进行各专业碰撞检查，找出图纸设计问题	接收图纸后
	辅助设计优化	出具碰撞报告与建设单位、设计单位进行沟通，提出设计优化建议，辅助进行设计优化，减少返工，节约成本	接收图纸后
	场地布置	通过BIM软件帮助项目在规划阶段评估场地的使用条件和特点，从而做出针对项目的最理想的场地规划、交通流线组织关系、施工布局等关键决策	场地规划阶段
实施阶段	施工方案优化	通过模型可视化的特点用以辅助施工组织设计，模型中资料更全面，方便进行施工方案优化	施工方案阶段
	施工模拟及优化	通过BIM模型进行施工进度模拟，通过模拟的过程辅助进度优化	施工方案阶段
	可视化交底	通过BIM软件对常用施工工艺进行三维可视化的交底，更清晰、直白地展现施工方法，解析施工方案，表明质量控制要求等	施工阶段
	手持端应用	手持端大大地方便了管理人员对项目模型、资料信息的管理和查看，及时了解和把控项目现场情况，避免了信息的流失等问题。	施工阶段
	资料挂接	打破以往传统的大量纸质资料的模式，优化资料管理的系统，方便前期施工，后期结算	施工阶段
	工程量统计	通过BIM获得的准确的工程量统计可以用于前期设计过程中的成本估算、在业主预算范围内不同设计方案的探索或者不同设计方案建造成本的比较，进行异形构件的精确工程量计算，便于材料调配、成本核算与结算对量	施工阶段
	施工现场配合	利用BIM技术建立现场各方交流的沟通平台，可以让项目各方人员方便地协调项目方案，论证项目的可造性，及时排除风险隐患，减少由此产生的变更，从而缩短施工时间，降低由于设计协调造成的成本增加，提高施工现场生产效率	施工阶段
总结阶段	研究课题总结	总结BIM技术应用成果，编制成果总结报告，进行特殊施工工艺及工法申请.	施工总结阶段

3.2 项目系统部署及BIM推动会

项目系统部署完毕后，公司领导组织召开项目BIM推动会，明确各岗位人员职责。项目施工前，项目部便成立 BIM 工作站，进行相应技术人员的培训与软硬件的配置，工作站 BIM 技术人员根据设计院提供的二维图纸创建建筑、结构、消防、电气、空调及给排水等专业模型，然后将各专业模型导入 BIM 交互平台，进行图纸的原始叠加，然后利用 BIM 软件对各专业管线进行碰撞检查，根据碰撞检查情况不断调整管线的空间布局，以达到最合理的综合排布效果。同时将碰撞检查报告提交设计院设计师，并提出优化建议。

3.3　项目培训、建立模型

针对不同管理阶层，选择不同的培训，BIM 技术与原本工作（专业）结合应用；培训与实战同步进行，根据公司标准建立 BIM 模型；模型在项目土方开挖阶段完成，施工模拟、工艺模拟等提前半月完成进度。根据岗位分配使用权限，变更、质量、安全等资料以链接及附加形式进行文档管理。

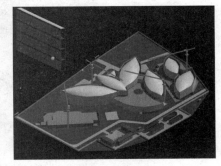

图 1　施工平面布置

3.4　施工平面布置（图 1）

根据施工现场实际情况，合理组织场地的动态布置，包括办公区与生活区布置、加工区布置、施工道路布置、临时水电规划、塔吊布置、群塔碰撞模拟等。对场地及拟建的建筑物空间数据进行建模，通过 BIM 软件帮助项目在规划阶段评估场地的使用条件和特点，从而做出针对项目的最理想的场地规划、交通流线组织关系、施工布局等关键决策。

3.5　可视化交底（图 2）

通过 BIM 软件优化后，整个博物馆项目的设计情况已实现三维可视化，对双曲薄壳混凝土屋面、直角梯形柱以及管线、设备布置复杂的地方，采用三维模型或视频进行技术交底，更清晰、直白地展现施工方法，解析施工方案，表明质量控制要求等。

图 2　3D 技术交底

3.6　碰撞检查（图 3）

辅助图纸会审，预见并消除问题，碰撞 84 处，其中设计院确认图纸错误 60 余处，重大变更 14 处。

3.7　管线综合布置（图 4）

将各专业模型进行集成，形成项目的综合模型，进行项目的优化和深化设计。

3.8　4D 进度、工序安排（图 5）

利用 4D 虚拟建造功能、结合已编制的进度计划，严格按照分区、分段进行 4D 虚拟建造，利用 4D 模拟施工进度与实际施工进度对比，提前分析进度滞后、提前情况，便于及时分析原因。

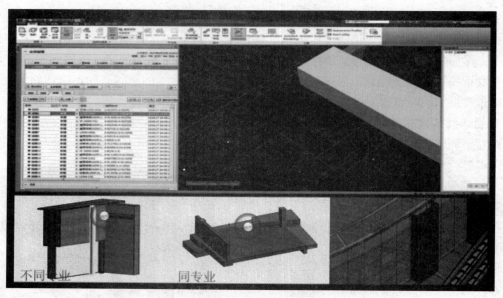

图 3　碰撞检查

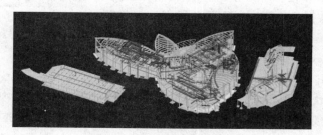

图 4　管线综合布置

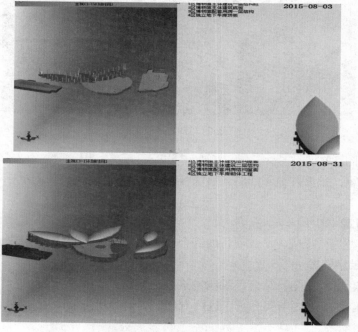

图 5　4D 进度

3.9 施工现场指导

由于各双曲屋面混凝土梁板曲率半径、标高等均不同，提前导出各特征面标高和平面坐标明细表、相关数据及图纸，并委派专人跟踪指导施工人员进行支模作业，随时验收上一道工序，及时整改。图6为双曲混凝土屋面梁板BIM模型及各曲梁截面标高示意图。图7为双曲面混凝土梁板BIM技术应用图，双曲薄壳混凝土屋面支模目前在国内外应用较少，正式施工前，根据BIM模型及各梁纵向剖图搭设样板，保障施工质量，有效地指导了现场施工；同时也缩短了施工工期，减少了现场架管的随意切割浪费，节约了成本。

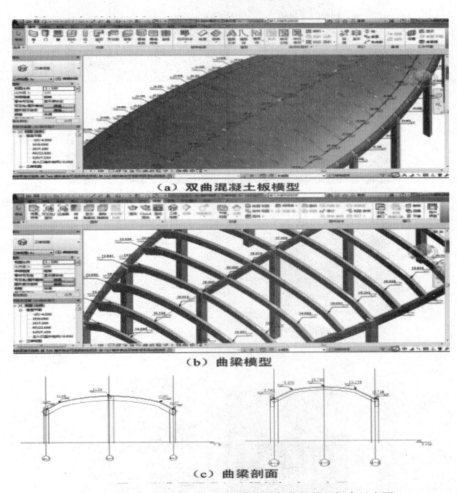

（a）双曲混凝土板模型

（b）曲梁模型

（c）曲梁剖面

图6 双曲混凝土屋面梁板BIM模型及各曲梁截面标高示意图

3.10 施工测量（图8）

本工程双曲薄壳混凝土屋面支模体系的空间定位较为复杂，采用传统测量定位难以满足质量要求，施工期间采用BIM技术，利用"Point Layout"插件在向导模型上拾取特征点，获取各特征点的三维坐标，进行双曲屋面的准确定位，科学地指导了现场施工。

3.11 二维码技术的应用（图11）

由于博物馆立面艺术混凝土外饰挂板每块花纹图案均不同，采用传统施工工艺在现场定位安装时需要耗费较多的时间用于板材的查找，为此，BIM工作站技术人员在BIM模型中便对每块板件进行二维编码，工厂制作时将二维码粘贴至对应的板件。材料到场后，卸料员利用手机扫描二维码将板材一次性搬运到安装区域，减少了材料的二次搬运；同时，板材安装时，安装作业人员采用二维码扫描技术进行板材的定位安装。由于艺术混凝土外饰挂板生产厂家位于北京，运输路途较远，运输过程中难免会出现板材的破损，途中如发现板材损坏，便可利用二维码扫描技术，及时将需要重新制作的板材通知工厂进行加工制作，大大减少了施工待工时间。

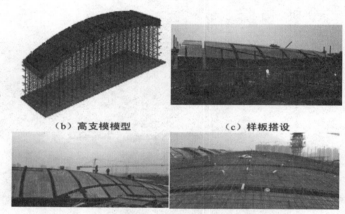

（b）高支模模型　　　　　　　　（c）样板搭设

图 7　双曲面混凝土梁板 BIM 技术应用图

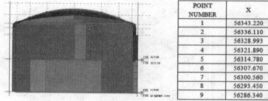

POINT NUMBER	X	Y	Z
1	56343.220	98597.118	17.058
2	56336.110	98592.645	17.856
3	56328.993	98588.167	18.270
4	56321.890	98583.699	18.300
5	56314.780	98579.226	17.946
6	56307.670	98574.753	17.208
7	56300.560	98570.280	16.078
8	56293.450	98565.807	14.552
9	56286.340	98561.334	12.620

（a）选取特征点　　　　　　　　（b）获取坐标

图 8　施工测量

（a）艺术混凝土外饰挂板　　　　　（c）信息扫描结果

图 9　二维码应用技术

4 结语

（1）通过可视化的 3D 施工信息模型，可以实现施工信息的实时查询和信息拓展，便于参与各方通过可视化模型进行会议决策、技术讨论和方案比选，提高了各施工方之间的信息管理和交流效率，增强了管理人员的管理水平和积极性。

（2）通过形象直观的模拟发现施工计划存在的问题，有效缩短工期，优化施工方案，实现既定工期和成本目标。

（3）采用 BIM 技术对施工场地的布置、双曲薄壳混凝土屋面的支模、工程量统计、施工测量、金属屋面板、艺术混凝土外饰板及玻璃幕墙的安装起到了很好指导作用；同时基于 BIM 的机电模型对各管道进行碰撞分析检查，优化了设计；采用 iBan 移动应用技术，使项目管理更加广泛、透明、高效、快捷。通过 BIM 技术的施工应用，显著缩短了工期，节约了成本，获得了较好的社会效益和经济效益。

BIM 技术在支吊架布置中的应用探讨

石 伟 戴 娇

湖南六建机电安装有限责任公司，长沙，410000

摘 要：作为建筑业发展的趋势，BIM 技术的应用在建筑领域不断深化、完善，本文主要从机电安装的支吊架着手，主要总结了 BIM 技术在实体项目的机电安装支吊架领域相关应用，为支吊架的设计和精细化管理做了相应研究，为项目利用 BIM 新技术做好支吊架的布置提供了参考。

关键词：BIM；支吊架；预制加工；绿色施工；管线综合

近年来，随着大型建筑综合体不断涌现，其机电工程的专业也不断增加，管线系统繁多、空间布局复杂，传统的各专业分包单位单独设置支吊架的施工方式存在支吊架大量占用可利用空间，导致部分专业管线安装空间不足，无法按规范合理布设，不仅导致施工难度加大，同时也难以满足安装净空、装饰、节材、环保等要求。

运用 BIM 技术，可以高效、快速、准确地完成支吊架形式设计、布置定位、规格选型及材料统计，并能针对所有支吊架的具体样式，根据精准的制作安装尺寸，可实现集中预制加工，也能解决长期以来支吊架无统一明确的计量方法，工程量无法准确统计计量的顽疾，提高成本管控的效果，同时，通过综合支吊架的应用，合理布置，减少不必要的重复设置，实现安全、快速、合理、节能、节材、绿色施工等目标。

1 BIM 在支吊架布置中应用概述

我们通过精细化建模，并配合厂家再次深化后，进行了预制加工。本文基于在本综合楼项目的 BIM 实际应用，探讨 BIM 在支吊架上的相关应用经验。

支吊架的设置主要需解决的内容包括合理布置适应管综布局的要求，便于加工制作及安装定位，材料清单管理利于成本控制以及符合现场施工人员识图标准且满足施工可行性需求，得以按图施工等。运用 BIM 技术进行支吊架布置时的主要流程如下：

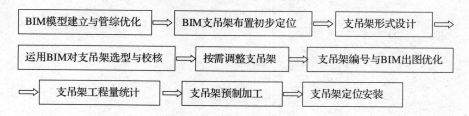

2 应用 BIM 进行支吊架布置的主要内容

2.1 模型建立与管综优化

目前国内运用 BIM 技术进行施工应用主要根据现有的二维图纸，利用 Revit 等建模软件，搭建 3D 模型，而支吊架的设置目的即满足机电管道安装在空间中的布置需求，因此合理优化管综是运用 BIM 技术做好支吊架设置的必要前提条件。

管综优化主要原则：根据综合布管布线相关规范要求进行排布，综合考虑安装过程的可行性，后期运营维护、检修的空间，通过调整管综，充分利用空间，尽量提高管线下方净高，尤其是车库入口、坡道、行车区域以及廊道、设备机房、机电管线井道等部位。管综优化关系整个机电 BIM 的应用效果，它确定了主要管线的安装定位，对支吊架布置，形式设计以及力学校核、规格选型至关重要。

2.2　支吊架布置与基本形式设计

参考现行机电各专业施工验收规范，目前并无规范明确不同专业之间共用支吊架的设置要求，规范中均重点考虑的是单一专业管道设置支吊架的相关要求，因此在空间满足要求的情况下，从安全使用，便于施工的角度考虑，原则上不同专业间的管道不共用支吊架，而当竖向、水平空间受限，多专业分层排布时，在满足一定条件下，应积极考虑采用共用支吊架的形式来进行组合式支吊架布置与设计，运用 BIM 技术在空间上根据管综布局进行合理的共用支架布置，相较于传统的支吊架考量需要经验丰富的人员想象立体布置有质的飞越。

现主要讨论不同专业间管线共用支吊架的情况：

（1）水管与桥架或风管平行布置时，水管外壁与桥架或风管水平净距 a 不大于 50cm 且底标高相同或相互标高差值在允许范围（不超过设置在支吊架上管道抱箍支撑件可调节长度）时，宜考虑共用支吊架，共用支吊架单根横担长度 b 不宜超过 2.5m，减少了竖杆的设置，从而提高了空间利用率，便于安装的同时，节约支吊架用材，具有更好的感观效果，也便于后期运营维护，加大了检修空间，即如图所示：

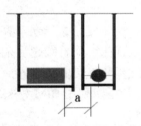

图 1　传统的各专业单独设置支吊架　　　　图 2　运用 BIM 技术，采用共用支架，避免重复设置竖杆

（2）当风管、水管或桥架处于上下层平行布置时，应考虑采用共用支吊架的形式，而非传统的由单专业自行单独设置支吊架，如图所示：

（3）当管道翻弯时，应对翻弯段增设支吊架，运用 BIM 技术，在三维空间查看翻弯处增设支吊架的效果，弥补传统的对翻弯段经常遗漏布置支吊架的情况，同时还能根据支吊架安装空间需求，对管道安装标高及平面位置进行局部调整，管综与支吊架布置之间形成相互调节，协调配合的机制，如图所示：

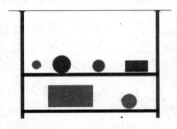

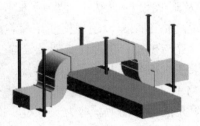

图 3　管线分层排布时共用支吊架 BIM 效果图　　　图 4　管道翻弯处增设支吊架 BIM 效果

（4）传统的在二维图纸布置支吊架时，按规范间距布置后，实际施工时常常出现在管道连接处，风管法兰及管道附件等位置正好设置了支吊架，影响安装，需现场二次拆装调整，运用BIM技术可快速实现将管道按实际制作安装需求分段，便于管道的集中切割预制的同时，可有效的避免支吊架与管箍、法兰的位置重叠，还能结合各专业规范要求的间距标准，准确定位支吊架与管道连接件管箍、法兰等连接处的尺寸间距，使安装质量更符合施工验收标准中对各专业支吊架间距的相关设置要求。

（5）传统布设支吊架时因图纸上阀门、附件均以图例形式表示，无法表现阀门附件的规格尺寸、占用空间等，导致布置时无法满足在阀门附件处两端0.5m位置增设支吊架的要求，按统一间距布置支吊架时，常出现阀门附件并无支吊架增强支撑的情况，达不到施工验收要求，往往需要后期二次增设。运用BIM技术按阀门、附件等的实际尺寸建立模型，并能通过碰撞检测等BIM应用，对管道设备安装空间进行软碰撞，以及对各专业管道系统之间，管道系统与建筑结构等进行硬碰撞分析，甚至对通常安装过程容易忽视的支吊架与喷头间距不符合规范要求，影响喷洒效果等问题快速地进行逐一识别，形成问题报告，以便在施工前及时解决此类问题，避免因此造成浪费、返工、工期延误等一系列问题。

（6）对于重力流管道必须有一定坡度进行安装，而传统的施工过程要准确定位此类管道支吊架并根据坡度变化准确预制支吊架需要很有经验的制安人员花费大量精力并结合现场放线等得以实现，而运用BIM技术，可在三维模型中精准定义管道坡度，在模型中虚拟管道坡降，不仅能有效避免传统的因不能准确计算坡度，导致管道之间相互冲突，甚至出现倒坡的现象，更能精准确定支架安装位置的合理性以及支架制作尺寸，提前根据料单集中加工预制，节能减排，降本增效。

（7）现代建筑的管线基本呈现主管、干线综合密集排布，交错复杂，当众多管线集中又无法像传统施工单专业设置支吊架时，综合组合式支吊架应运而生，而管线越复杂，支吊架形式也跟随变的复杂多样，传统的做法往往就很难适应，通过BIM支吊架布置，可按实际需求合理布置复杂支吊架形式，并快速统计材料用量，同时，还能利用BIM相关应用对结构进行力学校核，满足复杂断面支吊架布置的合理性、实用性。

2.3 支吊架选型与校核

支吊架作为机电管线的安装支撑重要构件，其选型与力学校核涉及到整个系统的安全使用，至关重要。而现有规范标准，主要针对单一管道支架给出简略计算方法，对于综合支吊架以及组合式的支吊架并不适应，这也导致现场施工难以准确计算，以致于在支吊架选型及形式设计时基本凭经验来考

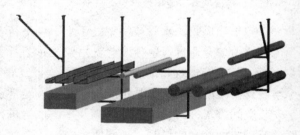

图5 复杂断面组合支吊架三维效果图

虑，往往出现规格不匹配，超规格使用材料的情况，加大施工难度，增加项目成本，同时，因无法准确计算与校核，也存在支架及锚栓受力不均，配置不合理，导致支架结构破坏失稳的情况，后果往往相当严重。

运用BIM技术，可将所有支架形成统一计算体系，根据其不同位置支撑的管线、设备重量，按有限元法进行轴力、剪力、弯矩、挠度等力学性能进行计算与校核，选取相互适应的型钢规格，并出具相应的支吊架设计计算书等，实现高效安全的支吊架设计。

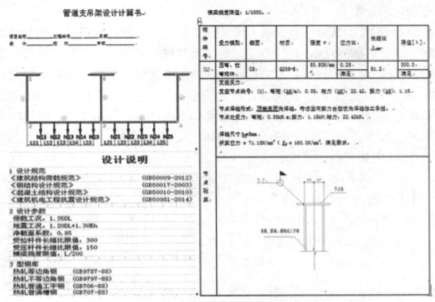

图 6　BIM 自动生成管道支吊架设计计算书

2.4　支吊架编号及出图优化

运用 BIM 进行支吊架精细设计与布置完成，并经校核、调整后，形成统一的模型后，将其应用于实际安装，还需以二维图纸导出交付给现场施工人员，而如何将三维空间模型准确在二维图纸表达是 BIM 落地的一个重要环节。本项目提供思路为在模型中对每一个支吊架按照相同的命名规格进行编号，再在导出平面图对已编号的支吊架用自动编号功能实现快速标注，并根据编号对不同类型的支吊架出具制作安装剖面详图，使详图做法与平面编号形成一一对应关系，将详图装订成册，以便于施工人员对照查看。

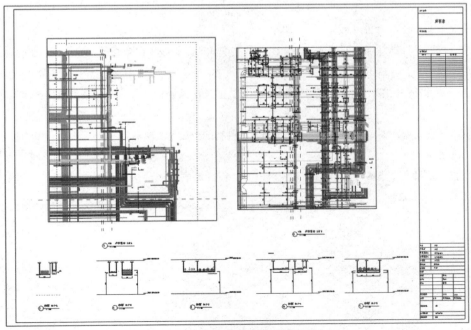

图 7　支吊架布置整体出图效果

2.5　统计支吊架工程量

支吊架工程量的准确统计一直是机电安装的软肋，一方面因清单计价规范与相关定额标准并未提供能准确计量的方法，另一方面，施工验收规范中对于支吊架安装的要求也仅针对单一专业而言，支吊架安装过程，主要依赖于现场加工制作，图纸不能精准体现，导致按照传统的二维图纸计算工程量的方法来统计，其与实际工程量相差甚远，而支吊架作为机电安装的重要组成，其制作安装成本也随着机电专业的不断丰富，逐步增加，已不容小觑。而运用 BIM 建立的与实体完全吻合的三维模型，即能解决这一顽疾，可通过 BIM 支吊架材料清单一键导出，因其内在逻辑为将绘制的支吊架三维模型实际尺寸根据不同型号规格进行分类统计的方法，决定了其导出工程量与实际加工制作安装的工程量完全匹配，因此具有可靠的参考价值。当然，作为一个单一的清单项来作为成本核算还需进一步论证导出的支吊架材料清单与消耗量定额之间的比对关系，此处不做论述。

图 8　支吊架材料清单一键生成功能菜单

3　结语

在国家各层面的大力推广下，BIM 技术作为"建筑业十项新技术"得到广泛应用，其在机电安装中的应用优势尤为突出。通过 BIM 技术应用的不断深化创新，解决了传统施工管理及成本管控过程的众多弊端，减少了因前期图纸问题导致施工过程的返工、浪费，同时，因模型可视化，将所有专业集成于同一模型，通过 BIM 的三维虚拟应用，也一定程度的避免了各专业间无法施工或施工顺序倒置的现象，BIM 模型的可视化、参数化、智能化等特征，更能在多专业间进行净高分析、碰撞检测、精准预留、预制加工、装配式等一系列精细化应用，其势必为项目的品质提升做出巨大贡献，为建筑业的良性发展提供重要保障，为全面实现绿色施工奠定基础。

参考文献

[1]　建筑业十项新技术（2017 版）

[2]　刘玮，柏万林，高慧娣，刘纪才. 基于 BIM 的装配式建筑管线支吊架系统研究应用 [J]. 安徽建筑，2017，24（05）：113-115+137.

[3]　李庆钊，马崇，杜筝，于立达. 管道应力分析及失效支吊架调整对策 [J]. 华北电力技术，2008（07）：9-11.

[4]　蒋贵丰，李建鹏，刘军，严旭. 管道支吊架及埋件智能化设计方法分析 [J]. 内蒙古电力技术，2017，35（05）：85-89.

[5]　张先群，张缘舒. 浅谈城市轨道交通（机电）工程抗震支吊架的应用 [J]. 智能建筑与智慧城市，2016（06）：22-23.

BIM 在市政道路中的应用

雷锦云

湖南建工集团有限公司, 长沙, 410004

摘　要：BIM 技术作为一种蕴含有三维数字化手段的理念与传统的二维设计相较，具有不可比拟的优势，它利用三维模拟技术和碰撞检查技术，可以较好地解决市政道路设计及市政管线设计中的复杂问题。在市政道路项目中运用 BIM 技术，能够优化管线排布，有效减少在施工阶段可能存在的错误损失和返工的可能性，进一步提高施工质量、缩短工期、降低项目成本。

关键词：BIM；市政道路；应用

1　概述

由于城市的发展速度非常快，并且城市的基础设施必须较复杂。例如：水电设备、供暖设备等多种工程建设的线路不相同，所以市政道路施工过程中会遇到各种地下管道设施，并且各种设施的具体位置很难掌握，所以为了避免损坏其他基础设施的线路设备，往往会放慢施工进度，从而影响整个工程的施工进度。

金牛路项目位于常德市，全长 3418m。全程道路采用海绵城市专项设计，道路红线宽度为 60m，设计时速 60Km/h，总投资约 2.04 亿元。金牛路作为全国海绵城市试点城市常德市的市政道路，运用 BIM 技术从设计到施工始终以示范区严格要求，按照"源头减排、管渠传输、排涝除险"的原则，从渗、滞、蓄、净、用、排各个环节综合考虑、统筹研究。

2　BIM 应用保障措施

在金牛路项目上成立 BIM 流动工作站和固定工作站，以"流动站 + 固定站"的模式支持建造过程中的 BIM 实施。应用 CIVIL 3D 软件建立地形、装配道路、管网三维模型；应用 navisworks 软件对雨水管与污水管及涵洞的碰撞检测；应用 SWMM 模型模拟金牛路不同设计重现期，长历时降雨条件下，雨水设施运行与达标情况；应用 3dmax 制作软土路基处理可视化技术交底、展示海绵城市低影响开发系统流程；应用 AutoCAD 2014 查看设计蓝图、二次深化图纸的发布。

3　BIM 应用内容

3.1　基于 BIM 的深化设计

首先对设计院 CAD 图纸进行整理，各专业根据最新建筑图纸对本专业施工图纸进行研讨，同时进行初步二次深化，成果为简洁、信息齐全、满足建模需求的成套 CAD 图纸。根据以往工程经验及经济性原则，各专业进行商讨确定管线排布原则，将修正后的各专业 CAD 图纸导入到 civil 3d 软件中，进行地形、道路、管线等模型建立，提高建模效率。

（1）本工程雨水管、污水管、电力管等管线交错布置，较为复杂，通过 Civil 3d 管网建模，直观展示了管网的三维模型，并在不同降雨量情况下模拟分析管道排水量，优化管线排布，防止形成洪涝。

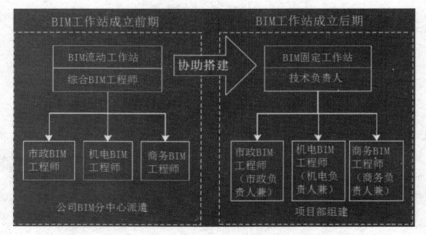

图 1　流动站 + 固定站模式

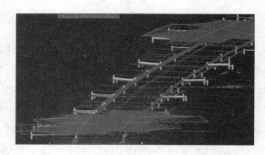

图 2　网管三维模型

（2）由于道路修建过程隔断了原有排水渠道及涵洞，为了保持水系连通，排水顺畅，在道路合理位置设置过水涵洞，为避免设计矛盾，通过 Civil 3D 软件建立涵洞模型，并与原设计进行对比，避免发生碰撞，节约返工时间，降低成本。

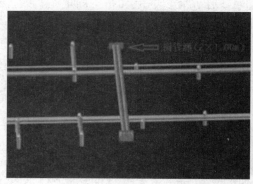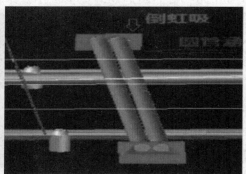

图 3　涵洞模型对比

3.2　基于 BIM 的管线碰撞检测

本工程场区内地下管线交叉分布复杂，迁移及保护难度大。在施工之前依据设计单位及勘测单位提供的设计图纸及原有的地下管线布置图进行管线及道路模型绘制，实施碰撞检查和测试，及时发现和记录图纸问题并反馈图纸问题，提供优化工程设计建议，减少和避免了在施工阶段可能存在的错误损失和返工的可能性，提高施工质量、有效缩短工期。在 Civil 3D 中完成道路雨水管、污水管、给水管、燃气管和电力管等管线的建立后，形成的 Civil 3D 文件导入到 Navisworks，实施碰撞测试（共发现 49 处碰撞点），根据测试结果合理调整管线高程，直至实现零碰撞。解决了雨水管与给水管、雨水管和污水管两大类管道的碰撞问题。

3.3 于 BIM 的海绵城市应用

本工程海绵城市道路设计主要在于道路径流雨水应通过有组织的汇流与转输，经截污等预处理后引入道路红线内、外绿地内，并通过设置在绿地内的以雨水渗透、储存、调节等为主要功能的低影响开发设施进行处理。

3.3.1 雨量动态模拟

图 4　雨量动态模拟图

当降雨量较小低于控制率目标时，路面排水采用生态排水的方式，路面雨水首先汇入道路红线内绿化带，将道路雨水引入道路红线外城市绿地内的低影响开发设施进行消纳。当降雨量较大时超过两年设计重现期雨量甚至达到30 年或者 50 年一遇降雨时，虽短时内仍会有积水产生，通过一段时间的消纳，在 2 年重现期降雨期间通过下沉式绿地滞蓄、透水铺装下渗和雨水管网传输，通过行泄通道疏导雨水，排入市政管网以及周边环形水系，最后汇流入沾天湖水系。总体仍满足海绵城市设计指标要求。

3.3.2 径流目标控制

创建道路地形模型，地形道路模型中蓝色至红色色阶代表地势高低，其中红色为地势最低处故为积水部分，根据模型从而准确划分子汇水区，也有助于划分易积水地段及有蓄容积地段，达到海绵城市径流控制目标。

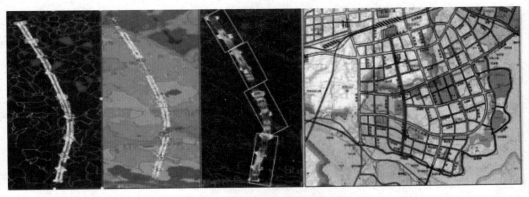

图 5　道路地形模型图

4　总结

（1）在施工之前依据设计单位提供的设计图纸进行道路、地形、管网模型绘制，实施碰撞检查和测试，及时发现和记录图纸问题并反馈图纸问题，提供优化工程设计建议，减少和避免了在施工阶段可能存在的错误损失和返工的可能性，提高施工质量、有效缩短工期。

（2）在三维模型绘制后，利用 3dmaxs 软件进行制作模拟施工以及可视化交底动画，实现对施工管理人员施工全过程三维可视化施工交底，使施工人员充分的了解设计意图与施工细节，避免出现返工等质量安全问题，从而高效、有序的完成施工任务。

（3）通过 SWMM 模型、C3D 等模拟海绵城市环境变化和应对自然灾害等方面具有良好的"弹性"，下雨时吸水、蓄水、渗水、净水，需要时将蓄存的水"释放"并加以利用。进一步验证低影响开发设施的效用以及有助于给排水专业的现场施工，避免施工误差等。

（4）BIM 商务工程师根据设计院提供的道路工程设计图纸，以一区段为例，利用广联达 BIM 市政算量软件完成了道路模型的建立，导出模型工程量，再与项目部提供的工程量进行对比，大大提高了项目部的实际成本管控力度，节约了成本。

参考文献

［1］刘铭，张京，彭勃阳 . BIM 技术在市政工程设计中的应用［J］. 市政技术 .2015（04）.

［2］宁冉 . 探索市政工程的 BIM 之路［J］. 中国建设信息 .2014（10）.

［3］蒲红克 . BIM 技术在城市道路与管道协同规划设计中的应用［J］. 城市道桥与防洪 .2013（11）.

［4］余萌 . BIM 技术在市政道路设计中的应用研究［J］. 四川建材 .2016（02）.

［5］杨阳，林广思 . 海绵城市概念与思想［J］. 南方建筑 .2015（03）.

BIM 技术在企业安全文明施工标准化中的应用

江石康

湖南省第五工程有限公司, 株洲, 412000

摘　要：采用 BIM 技术把安全文明施工标准化在企业内部通过视频、图集、参数化模型、三维场地布置等方式把安全文明施工直观化、形象化，实现企业安全文明施工标准化，并在每个项目上都有统一标准、统一参照。

关键词：安全文明施工标准化；BIM 技术；标准化图集；参数化模型

1　前言

随着社会主义建设的快速发展，人民生活水平不断提高，城市建设越来越文明、卫生、环保、节能、美丽。作为城市建设"窗口"的工程建设施工现场，做好安全文明施工势在必行。施工企业承建项目多且分布区域广，各地区对安全文明施工要求不同、管理人员对安全文明施工的理解不同，导致同一个企业不同项目、不同区域安全文明施工水平差异较大。导致这种差异的原因主要是安全文明施工在施工现场管理人员意识中不够直观、形象。因此采用具有可视化、参数化、协同化等特点的 BIM 技术探索解决企业安全文明施工标准化一致性的问题具有重要意义。

2　BIM 技术在企业安全文明施工标准化应用的流程

首先采用 Autodesk 公司的 Revit 软件对项目安全文明施工过程中需要的标准设施进行参数化模型创建，该标准设施通过 Revit 软件创建出三维参数化模型，Revit 软件中此类模型创建称为"族"的创建。则今后企业中同类型项目均使用该"族"模型作为施工现场安全文明施工设施配置。通过大量的"族"的创建构成一个庞大的"族"库。"族"库中能满足项目安全文明施工过程中需要的设施模型时，即可通过 Revit 软件对施工现场进行三维实体的安全文明设施布置，通过导入 Autodesk 公司的 Navisworks 软件或 Fuzor 软件对进行现场虚拟，优化现场的各功能分区，巡查重大危险源。最后根据公司《安全文明施工标准化管理办法》结合 BIM 三维场地布置对施工现场安全文明施工标准化实施情况进行验收。同时 Revit 软件"族"具有参数化、构件单独属性等特点，结合 Autodesk 公司的 Navisworks 软件、3D Studio Max 软件及 Adobe 公司 Premiere 软件做出安全文明施工视频技术交底等相关视频动画。结合 Coreldraw 软件制作出安全文明施工标准化标准图集等，如图 1 所示。

3　参数化模型创建及应用

施工现场安全文明施工标准化设施模型采用 Revit 软件创建时应考虑经济性、实用性、安全性，同时符合企业文化，根据项目需求分类编码参数化模型，便于使用时能快速找到相应的模型。模型创建过程应分为两种模型创建，在施工现场布置过程中有延空间尺寸变化的应创建参数化模型，如：临边防护栏杆、脚手架等。参数化模型在使用过程中能根据施工现场数据驱动模型变化，而不是一个一成不变单一模型。在现场布置过程中不延空间尺寸变化的应创建非参数化模型，参数化模型虽好但也需要电脑硬件支撑，避免电脑运行效率降低，比如：消防器材、钢筋加工器械等。这些不延空间尺寸变化且自身尺寸相对于固定的设施，建议采用非参数化模型。

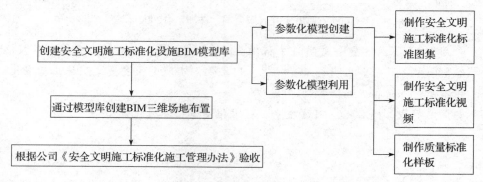

图 1　BIM 企业安全文明施工标准化应用流程

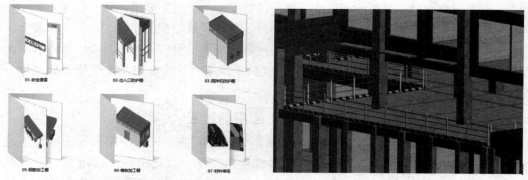

图 2　参数化模型分类编码　　　　　3　参数化模型 - 临边防护栏杆

3.1　参数化模型在工程量上的应用

参数化模型在现场布置过程延空间尺寸变化，因此具有数据不固定性，在现场采购会就面临该采购多少此类标准化产品的困惑？而非参数化模型数据相对固定，各类工程量统计相对简单。因此在参数化模型中实现数据驱动还不行，还要能够统计所需的工程量，就要在参数化模型中设置工程量计算参数，临边防护栏杆是延长度方向布置，在 Revit 软件中在模拟施工现场所有临边位置布置临边防护栏杆后，通过 Revit 软件工程量统计功能能得到项目中临边防护栏杆所需的立杆数量、横杆长度等工程量信息。为项目材料采购提供数据支持。

3.2　参数化模型在制作安全文明施工标准化图集上的应用

纵观各大施工企业都有企业内部的安全文明施工标准化图集，制定安全文明施工标准化图集的意义在于统一企业内部所承建的项目与安全文明施工的一致性。不因项目所在区域和项目管理人员不同导致安全文明施工水平参差不齐、千姿百态。安全文明施工的一致性有利于提升企业形象，提高企业对所承建项目的管理水平。

图 4　临边防护栏杆模型参数设置　　　　　　图 5　临边防护栏杆工程量统计

　　我们在采用 Revit 软件对施工现场进行虚拟安全文明施工的三维场地布置时，得到一个很直观的现场策划效果，但仅仅是起到了现场策划的作用，如何解读现场策划，如何把策划要落到实处，就需要一本非常详细的安全文明施工标准化图集指导我们，图集在 Revit 参数化模型基础上由 Coreldraw 软件排版而成，图集中就应包括安全文明施工设施具体尺寸、规格、颜色、材质等相关信息。以此实现企业所承建的项目在安全文明施工标准化的一致性。

 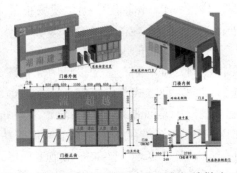

图 6　BIM 三维场地布置门楼效果　　　　　图 7　安全文明施工标准化图集门楼做法

3.3　参数化模型在制作安全文明施工标准化视频上的应用

　　通过 Revit 软件制作 BIM 三维场地布置能直观展示安全文明施工现场策划，结合安全文明施工标准化图集把策划落到实处。但施工现场安全生产施工标准化采用视频交底形式更加合适。视频交底形式能更加直观展示安全生产过程中技术要点。充分利用企业丰富的 Revit 模型库中源模型作为视频素材使用，实现一模多用。其中 2016 年 9 月 26 日湖南省住房和城乡建设厅发布湖南省建筑施工安全生产标准化系列视频，包含文明施工、扣件式钢管脚手架等 17 项安全生产标准化系列视频。其中大部分视频素材均来自参数化 3D 模型。

3.4　参数化模型在制作质量标准化样板上的应用

　　目前较多项目推行质量标准化时采用实体质量标准化样板。实体质量标准化样板最大的缺点就是周转率不高。实体质量标准化样板是根据项目施工工艺采用实体材料制作，一次成型成本高，因每个项目都有自身施工工艺的特点，当项目完工后，可能导致实体质量标准化样板不适用于新项目。采用 Revit 搭建的质量标准化样板模型，能制作出符合任何项目特点的质量标准化样板模型，且不需要在施工现场采用实体材料制作，可通过后期制作成视频交底、VR 体验、二维码交底等方式展示。在工艺、技术要求的展示上比传统实体质量标准化样板更加丰富。

图 8　实体质量标准化样板

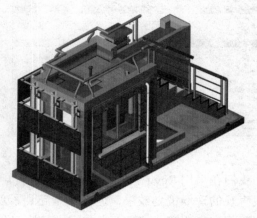
图 9　BIM 参数化模型 - 质量标准化样板

4　BIM 技术在三维场地布置上的应用

应用基本流程：CAD 绘制二维平面布置图→导入 Revit 软件→根据二维平面布置图确定模型摆放位置→ Revit 软件中优化现场布置→导出至 Navisworks 软件、Fuzor 软件或 Lumion 软件进行施工模拟、危险源分析、动画制作等应用。采用 BIM 技术进行现场场地布置前提是需要一个丰富齐全的模型库。

在传统的二维平面布置图设计中，管理人员往往通过工程经验和二维图纸叠加方式制作平面布置图，这种方式不仅繁琐，而且很难对复杂的现场状况考虑周全，堆场是否合理，设备在施工过程中是否便捷，容易导致平面布置不合理，造成施工不便，影响施工进度。而利用 BIM 技术的三维可视化、施工模拟等功能，真实地反映出现场的材料堆场、设备运转、场地布置的状况，合理有效的安排施工现场，保障施工现场在不同施工阶段都有一个整洁有序的施工环境，为创优评奖打造好基础；导出至 Fuzor 软件进行施工模拟，根据不同施工阶段放置相关材料堆场及机械设备运行路线，对比优化平面布置方案；导出至 Navisworks 软件通过漫游功能进行危险源排查，及时发现安全死角；导出至 Lumion 软件则能制作渲染效果好、速度快的三维场地布置视频；BIM 三维场地布置能对现场布置方案合理性做出快速评估，为项目平面布置决策提供科学的支持，有效减少由于布置不合理情况的发生，从而加快施工进度，提高企业经济效益。

5　项目安全文明施工标准化验收

项目安全文明施工标准化应当有策划、有实施、有验收，验收按照公司《安全文明施工标准化施工管理办法》进行，通过 BIM 技术策划的项目安全文明施工标准化与施工现场实际实施情况进行对比，总结 BIM 技术在安全文明施工标准化实施过程中作用及经验，为企业安全文明施工标准化发展提供强有力的技术支持。

图 10 BIM 主体阶段三维场地布置

图 11 人物漫游施工现场排查危险源

6 结语

通过上述参数化模型创建及应用，BIM 三维场地布置创建及应用。在安全文明施工标准化方面已经基本做到图文并茂影像结合的形象化表达，基本解决同一个企业所承建的项目在安全文明施工标准化一致性的问题，实现了企业所承建的项目在安全文明施工标准化实施过程中有标准有依据有参考。

参考文献

[1] 赵进，倪天鹏.BIM 技术在现场安全文明施工中的应用[J].工程建设与设计，2017（9）：142-144.

浅谈 BIM 技术在市中心狭小场地工程项目管理中的应用

王　斌　　谢酉峰

湖南省第四工程有限公司，长沙，410119

摘　要： 我国城市化进程高速发展，城市建设不断扩张，施工单位将遇到越来越多在市区狭小场地施工的情况。BIM 技术是建筑业信息化前沿技术，我司运用 BIM 技术精心策划科学管理，对项目平面部署进行深度优化，合理安排流水施工，提高项目用地使用效率，加强技术管理，践行安全文明施工和绿色施工，对狭小场地施工管理具有推广意义。

关键词： BIM 技术；优化平面布置；优化流水施工；市区狭小场地施工

1　背景

1.1　工程概况

项目位于长沙市东风路以西，体育馆路以南，湖南省长沙市开福区体育馆路省体育场内。本项目规划征地面积 67302.00m²，规划净用地面积 57040.0m²，由一栋 7 层全民健身中心（综合楼）和一栋 2 层综合训练馆以及一层地下室组成。本工程为一类多层公共建筑，总建筑面积 28917.60m²。其中，地下一层，建筑面积 12322.4m²；综合训练馆地上二层，建筑高度为 21.3m，建筑面积 8692m²；全民健身中心地上七层，建筑高度为 30m，建筑面积 7903.2m²。综合训练馆外墙为玻璃幕墙＋干挂白砂岩，屋面采用大跨度网架结构。全民建设中心外墙玻璃幕墙＋干挂白砂岩。

1.2　工程背景

湖南省体育局以增强人民体质、提高健康水平为根本目标，以满足人民群众日益增长的多元化体育健身需求为出发点和落脚点建设本工程。项目建成后将立足于：服务社会，弘扬体育文化，促进人的全面发展；普及健身知识，宣传健康理念；营造以参加体育健身，拥有强健体魄、健全心智为荣的个人发展理念和社会舆论氛围；增强人民群众健身意识，稳步增加参与体育锻炼人数，提高全民健康素质。力争在 2020 年实现每周参加 1 次及以上体育锻炼的人数达到 2900 万，其中经常参加体育锻炼的人数达到 2600 万。该工程是湖南体育事业的一项重大基础设施建设工程。

2　建模理由

随着我国城市化进程的持续发展和城市建设的不断扩张，越来越多的市中心繁华地段新建及旧房改扩建工程需要建设。市中心周边高层建筑鳞次栉比，市政主干道路交错、地下管线复杂，施工区域紧邻城市重要的民生建筑，如：学校、医院、政府办公区。施工单位可用的场地非常狭小，市中心施工现场对安全文明施工水平、绿色施工水平要求高，工期紧张，施工组织在时间、空间上限制条件诸多。如何在有限的空间和时间内，科学管理、精心策划显得尤为重要。

BIM 技术既建筑信息模型技术，是以建筑工程项目各项相关信息数据作为模型的基础，进行建筑模型的建立，通过数字信息仿真模拟建筑物所具有的真实信息。依托其强大的数据管理能力、可视化模拟、自动算量、多维模拟施工功能，是施工管理者对质量、安全、进度、成本控制的一项高科技管理工具，本项目通过利用先进的 BIM 技术提前模拟施工组织方案，进行施工部署的可行性分析，三维模拟施工段的施工顺序，最终保证项目顺利完成。国家大力发展 BIM 技术在建筑领域的应用，住房和城乡建设部、中国建筑业协会鼓励和推动 BIM 技术的落地应用与普及。

本工程是湖南省体育局重点建设项目，是《湖南省全民健身实施计划（2016—2020 年）》中实现提高全民健身场馆面积、健身设施的重要保障工程，受到省政府、建委、及社会各界的瞩目。公司将本项目质量目标设立为芙蓉奖。

BIM 技术的推广和应用将对建筑业的科学发展带来深刻变化。在建筑业信息化、工业化的大趋势下，为提高施工企业核心竞争力，促进企业的技术创新和管理创新，促进项目的集约化和精益化管理，最终实现建筑施工行业向智慧、绿色、精益的方向跨越式发展。湖南省第四工程有限公司大力推进 BIM 技术与项目管理相结合，以本工程为契机，全面运用 BIM 技术，对后续工程的推广应用具有重要的指导意义。

3 项目管理重点与难点

3.1 项目管理重点

（1）安全要求：本工程施工队伍复杂，施工交叉作业多。施工场地布置、构建运输、堆放、吊装等受到很大限制，需要合理协调、统筹管理；杜绝重伤和死亡事故，成为湖南省安全质量标准化示范工程观摩工地；

（2）进度要求：工程施工进度要求紧，因此土建施工、网架结构吊装、幕墙工程、装饰装修工程必须统筹管理穿插作业；

（3）质量要求：一次性验收合格，确保湖南省优质工程、芙蓉奖；

（4）文明施工要求：地下室边线紧邻用地红线，现场北面为体育馆路，东面为东风路，车流密集，人流量大，早晚高峰时段（7:00 ~ 9:00；16:30 ~ 20:00）大型车辆禁止在该时间段行驶。本工程现场北面为体育馆路，东面邻近东风路，南面紧邻省妇幼办公大楼，西面紧临省体育场跑道；

（5）绿色施工要求：实施绿色工地、绿色建筑，最大限度地保证施工现场的良好环境，在保证质量、安全等基本要求的前提下，通过科学管理和技术进步，最大限度地节约资源与减少对环境的负面影响，实现"四节一环保"。

3.2 项目管理难点

（1）项目位于长沙市开福区 CBD 地段，地下室紧邻建筑用地红线，与市政主干道仅数米距离，没有空余的施工场地，平面布置极其困难。仅有一条 4m 宽的直线施工道路，无法形成区域内交通循环路线。业主提出要求原体育场旧址北侧围墙周边栽种的几十年树龄的香樟树以及西侧原有一排挂花树不得移栽，必须保护完好。原本狭窄的施工用地在诸多约束条件下显得更加捉襟见肘。如何精心策划施工用地，在满足施工组织所需的平面布置，施工道路、加工场地、材料堆场、仓储用地、办公临建、生活区临建等刚性用地需求的基础上同时满足安全文明施工要求，并且最大限度保留原有绿化植被，这些都是本工程项目管理难点。

（2）本工程涉及到的分包专业多，包括：土建、土石方、基坑支护、钢结构、给排水、消防、电气、幕墙、建筑智能化、精装修、体育场地设施等专业，作为总承包单位，需要将每一个专业分包工作在狭小的场地范围内纳入总承包管理之中，有效协调整合是项目精细化管理的难点。

（3）本工程地下室南北向 180m，东西向 76m，根据设计图纸的后浇带设置，地下室分为五个区施工。如何科学安排各个施工段地下室底板及顶板的施工顺序，将加工区灵活布置在各个流水段上暂时空闲出来作业面上，是本项目施工管理的难点。

（4）本工程结构较复杂，施工图纸中要求深化设计工作量大，技术管理工作繁重，如：综合训练馆 11.7m 大跨度高支模、幕墙预埋件位置深化及幕墙排版深化、10 项新技术的应用、超长地下室大体积混凝土裂缝控制、大跨度网架屋面高空散拼吊装等，是本项目技术管理的难点。

（5）BIM 技术需要建立多个专业的精细模型，BIM 模型深化工作量巨大，需要多个专业的人员共同配合，并执行统一的建模规范。项目 BIM 团队建立了大量的自建族库，相关参数涉及材料、设备等实际的参数，数据量大，过程繁琐。

4　项目管理策划与创新点

4.1　管理策划

（1）BIM 团队的建立及应用点策划。在湖南建工集团提出的 BIM "固定站 + 流动站"的大体框架下，我司确定了以分公司总工为主管领导，BIM 分中心主任王斌及土建 BIM 工程师、商务 BIM 工程师为主体的 BIM 团队。三人均参加了集团组织的 BIM 技术培训，并获得 BIM 一级建模师的证书，熟练掌握 BIM 软件，有丰富 BIM 与生产结合实施经验，项目部质安、商务、技术、材料等部门派专人与 BIM 团队沟通。公司编制《湖南省体育场改扩建项目 BIM 工作站实施方案》，从组织构架体系、标准制度建设、项目试点、项目应用点、应用竞赛、人员培训、学习交流等七个方面开展相关 BIM 技术工作。

（2）以《湖南省第四工程有限公司安全文明施工标准化图集》为依托，结合项目实际情况有针对性地对进行施工现场安全文明施工进行策划。项目部本着以人为本、落实"文明、安康、求精、创新"的管理方针，加强施工现场安全标准化的管理，切实执行安全生产责任制，明确了各级管理人员相应的安全职责。编制《安全管理规划大纲》《突发事件应急救援预案》《安全文明施工专项施工方案》以及各关键专业作业的安全作业专项方案。对项目安全管理目标的难点、重点进行深入的分析和研究，从"安全、文明、进度、成本"四个方面进行全面策划，以保证安全管理目标的顺利实现。

（3）管理策划目标，为了克服施工过程中各项重难点，项目制定了管理目标并安排了相应的责任人。

表 1　项目策划目标分解表

项目	子项	目标值	责任人
风险控制	专家顾问团	技术省内领先	曾树银
	施工组织设计优化	优化率 27%	刘竹群
	施工方案优化	优化率 30%	刘凯
经济效益	管理办公费	降低 24%	刘小田
	成本降低费	降低 1.5%	刘小田

续表

项目	子项	目标值	责任人
社会效益	工期	压缩合同工期18%	曾树银
	安全	杜绝重伤和死亡事故	赵磊
	质量	芙蓉奖	刘凯
	业主满意度	>95%	刘凯
	项目影响力	接待湖南省建筑业企业观摩	赵磊

4.2　创新点

（1）基于BIM技术的"互联网+"施工管理，构架先进，功能合理，施工过程中实时收集项目运行中产生的数据实现项目数据互联网云端共享，有效提取数据库，形成跨业务、跨岗位的数据协同，获得灵活高效、智能的数据处理能力，在审计、财务、业务经营、物资集中采购等环节为集团的管理和决策提供基础数据。

（2）运用BIM技术实现技术管理与生产优化模式的创新，有利于施工企业建立标准化、精细化、信息化的项目管理模式，有示范作用和推广应用意义。

（3）运用BIM技术与PM（项目管理）的结合，为项目业务开展提供数据支持，使项目的数据生产、数据使用、流程审批、动态统计、决策分析形成完整管理思路，提升项目综合管理能力和管理效率。

5　管理措施实施及风险控制

5.1　城市中心狭窄场地的平面布置优化

针对施工场地狭窄的特点，项目严格按照公司安全文明施工标准图集要求，落实施工现场安全文明施工措施，做好废水、噪声防治措施，减少对周边环境的影响。根据本工程已有环境情况，施工主出入口设置在场地西北角原体育场大门处，在场地东南、东北角各设置一个辅助材料进出口，以减小施工场地非常狭小带来的材料进场困难。根据原有道路和场地，在主入口处布置4m宽单行施工道路。办公区设置于本工程西北角，配置各部门办公室、会议室及业主办公室；工人生活区设置在场地西南角。设有工人宿舍两栋，食堂一栋，厕所浴室一栋，以保障工人的基本生活需求。本工程体量较大且施工工期紧，多个专业队伍进行流水交叉作业，施工场地狭窄。通过BIM技术，立体规划生活区、办公区、钢筋加工区、材料仓库、材料堆场、施工道路、大型机械设备等的布置，减少施工占地、保障现场运输道路畅通、减少了材料的二次转运，节约施工成本。对项目进行BIM三维场地策划，在原有二维场布图纸基础上进行了三维的优化，使施工总体的布置更加科学合理，场地利用率最大化，达到绿色施工"节地"的目的。

5.2　运用BIM技术，精心策划项目流水施工

项目在基坑开挖、支护以及地下室施工期间，工作面占据整个施工现场的90%，是各个施工阶段用地最为紧张的阶段。湖南省体育场改扩建项目三个方向紧邻建筑红线，与市政道路仅一墙之隔，仅有西向一条仅4m宽的直线施工道路通向体育馆路主干道。项目土方开挖及支护采取由南往北依次施工。人工挖孔桩基础混凝土浇筑因场地狭小不能采用泵送浇筑方式，项目部与业主及设计单位协商后规划一条宽约4m，厚200mm的混凝

土施工临时道路，路面标高与地下室底板垫层顶高度一致。人工挖孔桩混凝土浇筑完毕后，该施工便道区域变为地下室混凝土垫层的一部分，即方便了施工又节约了材料。本工程地下室南北向 180m，东西向 76m，根据设计图纸的后浇带设置，将地下室分为五个区施工，由南向北依次划分为 1～5 区，A-F 轴为 1 区，G-J 轴为 2 区，K-P 轴为 3 区，Q-V 轴为 4 区，W-AB 轴为 5 区，根据 5 个区的划分组织流水施工。上部主体结构分别位于地下室一区和三、四区。为了满足工期要求，达到不影响主体结构进度的目的，地下室按照一区、三区、四区、二区、五区的顺序依次施工。为了最大程度地利用周转材料，降低材料周转过程中的搬运，二区地下室底板混凝土浇筑后形成的工作面临时设置为木工加工棚与钢筋加工棚以及材料堆场，待一区上部全民健身中心施工至主体结构五层且三区四区上部综合训练馆主体二层施工完成时再进行二区地下室顶板混凝土浇筑，相应的加工棚移至二区顶板上方。五区底板和顶板在四区支模架拆除后施工。地下室施工工期计划为80 天。

上部主体结构施工划分为三个施工段，全民健身中心为一个施工段，综合训练馆划分为两个施工段，组织流水施工，全民健身中心完成至第五层时插入砌体施工。主体施工工期105 天。40 天完成砌体及抹灰工程及钢结构，90 天完成幕墙及外墙装饰工程，90 天完成装饰装修工程，65 天完成室外管网及道路，总工期 450 天。

5.3　利用 BIM 技术加强技术管理

（1）三维模型的建立

BIM 技术是以模型为基础，据此 BIM 工作站土建、预算、机电、幕墙各专业人员，对项目的结构、建筑、装饰装修、消防、暖通、给排水等专业进行精准建模。并以此为基础开展 BIM 技术与项目生产相结合的应用。项目结构 BIM 模型示意图见图 1、图 2。

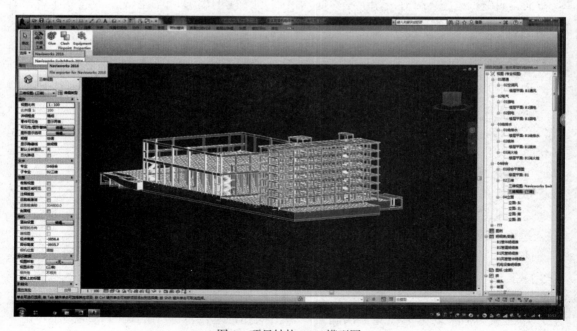

图 1　项目结构 BIM 模型图

图 2 幕墙效果 BIM 模型图

（2）多专业模型的整合及虚拟漫游

首先根据各专业模型制作了虚拟漫游视频，分别制作了，地下室消防泵房虚拟漫游、地下室暖通、消防综合专业虚拟漫游，全民健身中心结构专业漫游。

（3）基于 BIM 的机电深化和管线综合优化

利用 REVIT MEP 对项目机电部分进行建模，利用 NavisWorks 软件对工程模型进行整合，碰撞检测，生成碰撞报告，发现问题，如图 3、图 4 所示。

例如在实际建模过程中，建模人员发现地下室 K 轴与 V 轴处，支吊架布置位置与消防防火卷帘门存在冲突，与设计院沟通后，将支吊架位置更改到墙体端部位置，预留洞口安装。

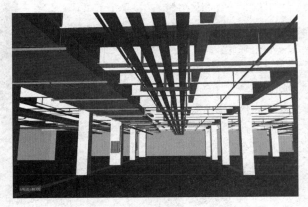

图 3 地下室桥架综合优化 BIM 模型图

（4）基于 BIM 的方案编制和技术交流

运用广联达模架软件对项目支模架进行方案的编制，根据项目实际使用的材料尺寸，设定材料参数，根据模板设计规范，设置荷载参数。综合训练馆首层 11.7m 高支模方案，属于超过一定规模的危险性较大的分部分项工程，项目技术负责人运用 BIM 模架软件对该高支模架的方案进行编制，对高支模架体安全性进行验算，并对 1.5m 高主梁与次梁节点等施工复杂部位，导出三维支模架施工节点图形。对班组进行三维技术交底，使施工班组明确各个不同尺寸梁板下支撑体系的钢管搭配组合，纵横向剪刀撑搭设位置等关键工序要求。

图 4 地下室水泵房 BIM 模型图

（5）基于 BIM 的钢筋下料

项目运用广联达 BIM 云翻样软件，导入已建好的模型，自动生成钢筋下料配料单，生成钢筋排布图指导现场钢筋加工，审核劳务料单，根据料单及翻样数据编制项目材料计划，模拟钢筋加工，实现钢筋精细管理。

（6）基于 BIM 技术的模板智能布置与精细化加工

在本项目中以综合训练馆为案例，在模架工程软件中，建立好综合训练馆结构专业模型，根据 JGJ 162—2011 规范设置安全参数。通过智能布置，软件自行计算生成梁板柱各构件的模板加工尺寸表，与项目木工班组自行计算的配模图核对比较后进行精细化加工，最大程度减少了模板的浪费，提高周转利用率。

（7）基于 BIM 应用的幕墙施工模拟及可视化交底

本项目幕墙分为石材幕墙、竖明横隐构件式玻璃幕墙、全明框构件式玻璃幕墙三种类型。项目整体工期短，施工场地较为狭窄，幕墙与室内装修交叉施工，为保证项目施工文明、有序。在平面部署时将二区地下室顶板作为幕墙施工区域。场地内规划钢材堆放区、铝合金型材堆放区、面板堆放区、加工区。场地均布置在主要道路两侧及塔吊作业半径内，方便调运。所有堆放场地均平整硬化，材料架空有序堆放，并按公司标准化要求挂设材料标识牌。加工区及成品堆放区设置在项目综合训练馆一层室内。运用 BIM 模型对幕墙工序及工艺说明制作动画模拟短片，事前向班组做详细的技术安全交底，如图 5 所示。

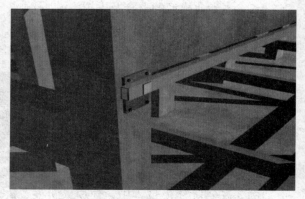

图 5　幕墙预埋件施工三维交底示意图

5.4　科学管理践行安全文明施工、绿色施工

项目为了最大限度践行安全文明施工、绿色施工，公司落实专人编制专项《安全文明施工方案》《绿色施工方案》。根据施工方案对施工过程实施动态管理，以目标值为依据，对绿色施工的效果及采用的新技术、新材料、新工艺每季度自我检查评估，并邀请专家小组对绿色施工方案和实施过程和效果进行点评。项目成立绿色施工管理组织机构，项目经理为第一负责人，层层落实到人。项目在市中心 CBD 地段施工，项目的安全文明施工备受众多市民群众的监督，一个文明美丽的施工环境会给周边的群众带来焕然一新的感觉，改变以往工地脏乱、嘈杂的既有印象。公司高度重视项目的安全文明施工，对项目临近市政道路方向选用了 2.5m 高的围墙，宣扬社会主义核心价值观、以及企业文化的宣传栏。项目将《湖南省第四工程有限公司安全文明施工标准化图集》做法与 BIM 模型相结合，对项目部门楼、宣传栏、企业文化长廊、工具室、加工棚、配电房、二级配电箱等，进行项目的安全文明施工交底，以及实时实况的虚拟漫游。项目开工伊始便对项目原址东侧离项目基坑边缘不足一米范围的一排 30 年树龄的香樟树采取抢救性保护措施，最大程度保护了项目原址原有绿化树木郁郁葱葱的树冠，既美化了项目环境又减少了施工噪音对周边环境的影响。项目采用了多层次的绿化方式，使得施工现场整个施工现场生机勃勃，行人抬头即是绿叶红花，得到了周围群众的一致好评。

6　实施过程检查和监督

项目实行三级管理，目标管理。紧跟集团项目数字化与企业信息化的目标，明确模型为基本载体，信息为业务支撑，应用为核心价值的设计理念，将项目每个阶段实施情况数据上传到集团企业云，使企业高层能对项目进行第一手资料的掌握，及时做出调整与监控。项目管理团队对项目进行定时检查和监督，及时对偏差进行分析，保证既定目标的顺利实现。

7　结语

BIM 技术引领建筑业的信息化变革，丰富了项目管理信息化方法，极大提升了项目管理的效率、全面性。特别在市中心下线车场地施工项目管理中，为项目流水施工提前模拟，项目部场地动态布置，复杂工况危大工程的安全技术交底提供了强大的技术支撑。BIM 技术与项目管理模式的结合可以促进建筑行业良好有序的发展，创造显著的经济效益和社会效益。

参考文献

[1]　王广斌，基于 BIM 的工程项目成本核算理论及实现方法研究 [J]. 科技进步与对策，2009，21-26.

[2]　吴吉明，建筑信息模型系统统（BIM）的本土化策略研究 [J]. 土木建筑工程信息技术，2011（3）.

[3]　尹为强 . 浅析 BM5D 数据模型在钢筋工程中的应用 [J]. 建筑，2010（13）68.

[4]　李亚东，基于 BIM 实施的工程质量管理 [J]. 施工技术，2013.

[5]　宋丹·. 建筑工程质量管理与控制研究 [D]. 重庆：西南大学，2011.

基于 BIM 技术的机电机组模块化预制安装案例与分析

周　泉　　侯雄信

湖南建工集团有限公司，长沙，410004

摘　要： 本文主要阐述了 BIM 技术在预制加工方面的应用情况。通过实地考察的方式，以空调机房为例，深入分析了现阶段 BIM 技术在预制加工方面的具体应用情况。将 BIM 技术运用到预制加工，能够确保构件的准确性，减少损耗；并且可以提高工程质量，有效缩短项目工期。

关键词： BIM；模块化；预制

1　概述

　　传统的机房建设，是由建设单位依据设计方的机房设计，对主体设备进行选型采购，由机电安装专业公司进行图纸深化，而后进行现场安装。此传统施工方式弊端明显，主要有三：一是仅能进行单工种、单作业面作业，生产效率低；二是大量的现场切割、焊接作业，对施工环境有着显著破坏；三是若图纸深度不够，极易造成返工与材料浪费。受限于技术与成本，此方式沿用多年，在 BIM 与预制加工技术日趋成熟的今天，机房作为机电安装最为集中的部位，迎来了生产方式的变革。

　　目前，部分项目选择整体机组进行机房建设。整体机组经由工厂整体预制和调试，空间布局经过优化，充分考虑了后期安装与维护。设备及管道各衔接部分，在出厂前已完成水力平衡调试及压力测试，并经过迭代优化更新，可在现场进行快速安装，节省调试时间，同时与传统现场安装机房相比，其年均运行效率提高 20% 以上，优势明显。

　　基于研发与生产成本考虑，整体机组布局、型号往往仅有几种固定类型，无法充分满足各类型场地、设计及业主需求。基于此现状，模块式预制加工机房应运而生，模块式兼具整体机组安装的便利性与稳定性，并且具有更广泛的适用性。本文将结合西安某公司优秀做法，以空调机房为例对模块式预制加工流程进行阐述。

2　BIM 应用

2.1　CAD 平面图纸优化

　　首先，应与设计院确定最终图纸，在平面上进行初步审图与优化。同一份设计图纸，不同的深化方式和管线布置方案，在观感、质量以及经济效益上有着较为显著的差异，因此 CAD 平面图纸的优化不容忽视，以下为 CAD 平面图优化要点：

　　（1）复核检查系统设计与平面设计是否对应；

　　（2）冷冻水泵与冷却水泵管线应避免交叉，冷冻水机组上部位置保证足够净空，便于检修与吊装运输；

（3）二次泵进行管网分配，系统联通阀较多，应注意正确联通，合理并线、翻弯；

（4）确认管线间距是否合理，提前考虑综合支吊架的位置、形式；

（5）确认机房内其他专业管线的布置，以及附件布置的合理性。

2.2　模型建立与优化

模型以及模型出图作为最终的加工制作依据，需要达到合理的设计深度与精度。模型的优化首先应经由建模团队内部确认，最后由设计院、总包方、预制加工团队三方进行确认。土建施工完毕后，需要进行现场实测实量，以实际尺寸数据对模型进行修改。基础完成后，现场进行二次测量校核，再次调整模型。

其中，模型建立有以下 3 个主要注意事项：

（1）出图细节部分可考虑使用 Rebro、Fabrication 进行辅助深化，特别注意管道与配件之间的连接。

（2）不同专业、不同管径的管道与管道连接件之间的间隙不同，可根据经验预先定义。

（3）通过软件程序完成支架的受力复核验算，并在一定程度上实现选型优化。

2.3　分段出图及预制加工

总包接收确认模型后，由预制加工团队进行模型分段。分段时，需综合考虑规范要求、现场运输条件、安装空间、检修空间等多方面因素，结合工厂加工工艺流程，对模型进行合理分段。若分段构件过大，产品吊装、运输、安装不方便。若分段过细，配件费用将增加，整体稳定性下降，密封以及系统阻力亦会增加。

在实际施工过程中，设备招标往往相对滞后，为满足工期要求，可考虑分阶段预制。例如，对于机房设备，可考虑先进行 1.5m 高度以上管道的预制，此部位变动较少，最终设备确认后，再预制 1.5m 高度以下管段。

基本流程为：预制管段模型并编号——生成管段预制加工图——制作工艺流程卡——加工管段——成品质量检测。

图 1　预制管段模型与成品

2.4　运输安装

由于构件为提前预制装配，可一次运输到位，降低了运输成本，同时现场结合装配图，只需要连接各模块，无焊作业，通过活套法兰校正泵组间安装误差，大大提高了安装效率。

在 1-4 环节中，为监控预制管段状态，可对各管段进行二维码设置。在每项环节加工完成后，通过手持设备扫描，更新该预制构件状态，并可通过扫码进行现场安装三维定位。

基本流程为：模型上传云端管理平台——选择预制管段生成二维码——打印粘贴二维

码——跟踪监控管段安装信息。

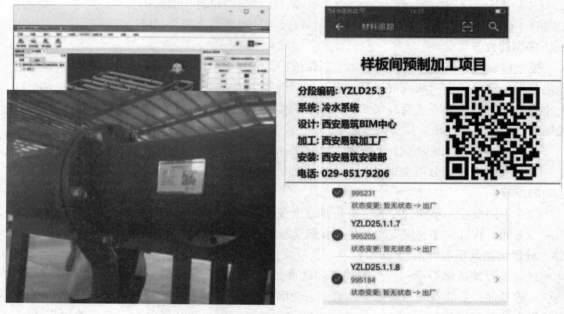

图 2　管段状态监控

　　在各环节中通过设定的账号扫码上传状态后，可监控管道目前的状态以及展示安装部位与方法。

　　与传统施工方式相比，在安全、环保、节能、现场文明方面均有突破改进，同时经由工厂深化设计、预制生产，可实现材料的充分与回收利用，达到材料现场零损耗水平；在提高质量的基础上，工厂预制化平行施工更可节约现场空间与施工时间。

3　总结

　　随着人工成本的增长与运输成本的不断降低，工业化已成为建筑业的发展趋势之一。我国机电安装工业化刚刚起步，许多尝试工业预制加工的企业由于暂未形成规模，无论是设计、还是部件生产，都仍未形成体系化、标准化产品，现场安装仍以手工作业为主，没有吸收工业化的精髓。通过本文案例与分析可知，随着应用的推广与加深，扩大机电安装的预制装配范畴，利用 BIM 技术辅助构件、机组的预制生产，将逐步实现机电安装全工业体系的标准化，为行业带来巨大变革。

参考文献

［1］　基于 BIM 平台的数字模块化建造理论方法［J］．袁烽，孟媛．时代建筑．2013（02）．

［2］　模块化建筑的特点及其可行性研究［J］．田初丰．中小企业管理与科技（中旬刊）．2016（06）．

浅论新农村建设中装配式居住建筑的适用性

冯 海 王志新 胡建华 谢全兵

湖南北山建设集团股份有限公司，长沙，410005

摘 要：在新农村建设大背景下，如何高效高质进行居住建筑的建设，针对不同结构体系进行分析，提供可参考的建议。

关键词：新农村建设；装配式居住建筑；建议

1 引言

1.1 党的十九大关于新农村建设的介绍

党的十九大报告中就"三农"工作提出了实施乡村振兴战略，建设"产业兴旺、生态宜居、乡风文明、治理有效、生活富裕"的新农村。乡村振兴，不仅仅是经济建设层面要振兴，百姓的生活幸福感，获得感，同样要振兴。党的十九大报告指出：我国社会主要矛盾已经转化为人民日益增长的美好生活需要和不平衡不充分的发展之间的矛盾。特别是山区农村，发展不平衡、不充分的问题更为凸显，这就要求我们要把项目、资金等更多地投向民生领域，持续扩大有效供给和优质供给，提升群众的幸福感、获得感。

建设社会主义新农村，是在全面建设小康社会的关键时期、我国总体上经济发展已进入以工促农以城带乡的新阶段、以人为本与构建和谐社会理念深入人心的新形势下，中央作出的又一个重大决策，是统筹城乡发展，实行"工业反哺农业、城市支持农村"方针的具体化。

1.1.1 新农村建设的生活品质提升内涵

生活品质的提升，是人们日常生活的品味和质量的提升。包括：经济生活品质、政治生活品质、社会文化品质、社会生活品质和环境生活品质。由此可见，提升新时代农村居民的居住品质是新农村建设中一项重要的工作。

1.1.2 新农村建设中建设背景及建筑范畴

新农村建设中，一方面对原发展尚好的地区进行生活品质提升，另一方面对原欠发展地区进行定点帮扶、建设。两方面的建设工作都包含经济活动，当经济发展到一定程度将带动居住建筑的品质提升。

原发展尚好的农村地区经济发展到一定阶段，受限于土地资源后将进入集约化生产，提高单位土地的经济产出的同时也寻求增大可利用土地面积，从而实行居民住居聚点，实行高密度住宅工程。

原欠发展地区在政府统一安排下进行产业扶持、异地搬迁、特色发展等多形式工作。在统一的区域规划下进行城镇化建设、提质改造的同时，绿色、环保、可循环的高效建设理念也是践行新农村发展的要求。

2 装配式结构体系简介

2.1 装配式建造的结构体系

装配式建筑，是预先制作构件在现场总装的建造方式下完成的建筑产品。

建筑物的结构分为主体结构及围护结构。梁与板为水平主体结构，墙和柱为竖向主体结构，其余为围护结构。

按照受力结构的材料类型，现阶段装配式建筑所采用的结构体系有：预制钢筋混凝土结构、钢结构、木结构及复合结构。

按照预制构件集成度，存在主体结构与围护结构的集成预制构件、主体结构与围护结构分离预制构件、立面装饰层及功能层（保温、结构轻量化层、空气交流等）与结构集成构件。

装配式建筑采用何种结构体系、预制构件集成形式及连接节点形式，取决于项目建筑物的使用功能、建筑高度、建筑物品质、建筑物立面及造型、构件生产条件、物料组织条件及施工技术水平等。

2.2　装配式钢筋混凝土结构体系

装配式钢筋混凝土结构是指将建筑的部分或全部构件在工厂预制完成，然后运输到施工现场，将构件通过可靠的连接方式组装而建成的钢筋混凝土结构。连接方式主要为干式和湿式两种，而其结构形式可以是框架结构、剪力墙结构、框架 - 剪力墙结构等。干式连接是通过预埋件焊接或锚栓连接、搁置、销栓等方式；湿式连接是钢筋连接，后浇混凝土或灌浆结合为整体。

装配式高层钢筋混凝土主体结构可采用的实施类型有：叠合水平结构构件＋全现浇竖向结构构件、叠合水平结构构件＋叠合竖向结构构件、叠合水平结构构件＋竖向结构中段预制浆锚／边缘现浇构件、预制水平结构构件＋预制竖向结构构件。

以上结构类型，预制构件之间的关键连接节点多为湿作业，存在混凝土浇筑效率较传统低，浆锚节点工艺对操作要求高，外墙拼缝防水保温的稳定性及耐久性要求高，预制构件的转运及吊装需大中型机械设备，竖向构件作业面受限，水泥硬化过程的不可逆等特点。

装配式多层及低层钢筋混凝土结构可采用的实施类型有：预制水平结构构件＋预制竖向结构构件、单元间水平构件与竖向构件一体化集成预制、外饰面、功能附加层与竖向构件集成。

上述结构类型，预制构件之间的关键连接节点的湿作业量少，同时可选干式连接（螺栓、焊接）。单栋建筑的现场物化作业量较高层少。考虑到项目所在地周边综合情况，可适当进行预制构件小型化，游牧式构件生产，提高构件的装饰层、功能层集成度，减小现场总装难度等。

总的来说，装配式钢筋混凝土结构在产业供应链、可模性、耐久性、防水、隔音及从业人员等方面具有普遍的优势。

2.3　装配式钢结构体系

装配式钢结构是指建筑的结构系统由钢（构）件构成的装配式建筑。钢结构是天然的装配式结构，但并非所有的钢结构建筑均是装配式建筑，尤其是算不上好的装配式建筑。那么什么样的钢结构建筑才能算得上是好的装配式建筑呢？必须是钢结构、围护系统、设备与管线系统和内装系统做到和谐统一，才能算得上是装配式钢结构建筑。

因钢结构房屋的主体结构大多数在工厂内使用机械制作，现场通过焊接、螺栓连接及铆钉连接等完成现场总装，在装配式领域具有独特优势。有以下实施类型方式：

重钢主体结构：钢柱＋钢梁＋预制钢筋混凝土板、钢柱＋钢梁＋叠合钢筋混凝土楼板、钢柱＋钢梁＋压型钢板叠合楼板、现浇核心筒＋钢结构（包括钢管混凝土，钢箱混凝土等）。

轻钢主体结构：轻钢龙骨结构、门式刚架轻型结构、集装箱型房等。

围护结构：一体化幕墙型、一体化板材型、一体化墙型、轻钢龙骨墙等。

其中，应用于低层、高层、大跨度及重载的一般为重钢结构，多层居住建筑的多为轻钢结构。

相对而言，钢结构具有自重轻、抗震抗台风性能优良、开间灵活、有效使用空间增加、可工厂批量化生产、建造速度快、绿色施工及可回收的优点，同时也存在连接节点的质量要求高、构件加工精度高、现场总装人员及组织安排要求高、需额外增加保温节能、防火及隔音等构造措施的特点。

2.4 装配式木结构体系

在我国及国外，使用木材进行房屋建造具有悠久历史。国内传统木结构房屋主要对竖向柱、水平梁进行预处理及加工后，通过榫卯节点及有齿节点连接。竖向柱之间布设多道水平梁，外围护墙及内隔墙采用木条板、原木、竹藤编片固定于多道水平梁上，或砌筑砌体。国外木结构房屋多采用销及金属连接件进行连接，部件在工厂进行机械加工后预拼装成单元构件，运送至现场后使用机械进行单元构件总装成整体骨架，然后进行围护墙体及精装施工。

装配式木结构建筑的现场总装为干式作业，其为绿色施工。同时具有自重轻，抗震性能突出，碳排放量最低，使用节能环保，材料可回收、循环及无二次污染、构件可更换的绿色建筑特性。

同时亦存在材料性能离散性大、易燃、易虫害、易腐蚀、围护费用高，建筑物高度受限且国内原材料匮乏等不足。

在我国现阶段边远地区存在现代建材供应匮乏，历史上民众的居住习惯、民族特色及建造人员等因素，存在不少木结构建筑。在新农村大背景下，为改善边远地区民族地区的居住环境，政府进行统一房屋结构设计，民众就地取材建造多层房屋，是提升建筑品质的一条可选择路径。同时，对木结构房屋进行个性化设计、加强构造措施、工厂化批量生产、定制性高档次装修、提升使用品质及附加功能，亦可成为豪华别墅的选择之一。

3　农村建设中传统施工与装配式建造的简单比对

现阶段农村的房屋建设多为"秦砖汉瓦"的建造方式，结构体系多为砖混结构及多层框架结构，存在现场物化劳动量大，人员生产率低下，作业人员不宜大量集中，采购的建材质量参差不齐，施工工艺难受控，实体质量受限作业者而难以保证等问题，一栋三层的独栋建筑的建造需要大约3～4个月的时长，建筑物品质不高，造价难以降低。

相对传统建造方式，装配式建造方式的工期大为减短，现场湿作业物化劳动量及工序减少，减少人为因素对建造质量的影响，建筑品质易于提升。

具体对比分析见表1。

表1　装配式结构特性对比表

序号	特性	传统砖混、框架	装配式钢筋混凝土结构	装配式木结构	装配式轻钢结构
1	造价	略高	较高	最高	高
2	工期	最长	较短	短	最短
3	材料资源	部分材料受限	丰富	缺少	丰富
4	抗震性能	一般（7度）	一般（7度）	很好（9度）	很好（9度）

序号	特性	传统砖混、框架	装配式钢筋混凝土结构	装配式木结构	装配式轻钢结构
5	隔音性能	好	好	较好（需附加层解决）	较好（需附加层解决）
6	保温性能（冷热传导）	较大	较小	最小	最大（需保温、断桥解决）
7	抗压强度	高	最高	最低	较高
8	防火性能	好	好	差（需防火材料包裹）	较差（需防火材料包裹）
9	防腐性能	好	好	差	较好
10	防虫性能	较好	好	差（白蚁）	最好
11	机械要求	中小型	中型以上	中小型	中型以上
12	道路要求	低	高	一般	较高
13	生态循环	差	一般	最好	最好
14	适宜建筑	多层、低层	高层、多层、低层	多层	多层

4　新农村建设中装配式建筑应用的建议

在新时代背景下建设新农村，高效、高品质、绿色环境友好地进行建筑建造是大势所趋。

针对新农村中高、中、低不同收入人群、聚点建设与提质建造不同实施形式、地域特色与共性需求差异，为达到高效、高品质、绿色环境友好的建设效果，宜发挥制度优势，由政府统筹、协调新农村建设中居住建筑类别较易统一设计进行工作，考虑现阶段需求与二次提质改造的需求，降低现场总装难度的条件下形成标准设计图集后大批量推广，并提供相应的扶持、奖励，降低建造成本。

由于个性需求的差异，在推广标准样式满足广大共性需求的同时，亦可充分利用现有装配式厂家的现有产品来满足中高端购买者需求。

考虑到新农村建设与城镇化建设的差异，新农村建设中人员聚集人数少于城镇区域人口规模，新农村建设的居住建筑宜为多层及低层建筑。结合前述结构类型分析，建议新农村的居住建筑的装配式建造宜为钢筋混凝土结构与轻钢结构，在国内资源能满足需求及地域特色的情况下，装配式木结构亦可成为选择之一。

参考文献

［1］ 黄祖辉、张栋梁 - 以提升农民生活品质为轴的新农村建设研究 - 浙江大学学报（人文社会科学版）2008年第 04 期．

外装单元装配式探索与应用

吴正飞　郭志勇　文　丹

中建五局装饰幕墙有限公司, 长沙, 410004

摘　要： 在国务院提出装配式建筑占新建建筑比例要达到 30% 的风口, 作为市场拥有上万亿规模的装配式建筑势不可挡。而作为让建筑"穿上衣服"的重要环节, 外装施工也亟需工业化、装配化, 在这个变革的过程中, 对于外装单元装配式的探索便显得尤为重要和迫切。

关键词： 装配式；外装；bim；绿色；节能

1 外装单元装配式现状

1.1 研究背景

1.1.1 国内基本情况

近年来, 随着我国建筑产业的升级, 从节能、绿色、环保上下功夫, 在装配式建筑密集规划的今天, 仍然有 90% 以上建筑采用传统施工工艺施工, 外装施工工艺同样停留在传统施工工艺的状态, 伴随着社会的发展和装饰行业的激烈竞争, 如果不改变原有的思维模式, 创新发展, 竞争力将大大降低, 不能适应建筑未来发展的需要。数据显示, 2015 年装配式建筑占新建建筑的比例仅为 2% ～ 3%。国务院办公厅关于大力发展装配式建筑的指导意见中提出, 力争用 10 年左右时间, 使装配式建筑占新建建筑的比例达到 30%。按照此数据计算, 每年新开工的装配式建筑面积将达 10 万亿 m^2。

装配式建筑已经不再是一个风口, 它带来的强劲推动力已经撼动了建筑领域。然而装配式建筑, 最终要承载各种功能。其中, 如何通过匹配的装配式装饰成为合格的建筑, 成为了装配式建筑能否真正颠覆建筑业的关键。

在国务院提出装配式建筑占新建建筑比例要达到 30% 的风口, 作为市场拥有上万亿规模的装配式建筑势不可挡。而作为让建筑"穿上衣服"的重要环节, 装修装饰也亟需工业化、装配化。

1.1.2 外装装配式的优点

与传统建筑相比, 装配式装饰主要有以下三个优点：

（1）盖房子像搭积木, 包括外立面构建、工厂一次成型, 减少施工工期；

（2）减少建筑垃圾, 减少建筑现场扬尘, 减少污染；

（3）房间户型与格局灵活多变, 可以创造全周期户型。与传统建筑不同的是, 做装配式就可覆盖居住的全生命周期——部品部件可拆卸、更换, 甚至与其他业主共享, 实现二次利用。

1.2 建筑业发展趋势

建筑业未来的发展呈现以下几个状态：

1.2.1 由粗放式向精细化转变

在建筑行业大力发展的今天, 装饰行业, 其中外装行业, 由粗放式逐渐向精细化转变。

1.2.2 由分散化向系统化转变

向系统思维转变，传统的方式是各司其职，但是也造成了设计和施工中的冲突，装配式建筑的推广和应用，促进了装饰行业以及其他相关行业向系统化迈进。

1.2.3 由传统化向节能环保转变

传统施工方式向绿色、节能、环保、高效迈进，比如保温材料一体化的开发、外围护节能一体板的开发等。

2 外装装配式的探索案例

笔者自 2013 年以来先后负责了三个项目的外装施工，对外装单元装配式的方向进行了一些简单的探索及应用，从华南城的异形面装配式，至仁怀酒都广场大剧院双曲异形金属板幕墙的单元式拼装，到最新的建筑装配式项目新兴工业园，在此探索过程中，循序渐进，从简单到复杂，从局部到全面，从单一到多类，均取得了较好的经验和成果，现就笔者曾负责的几个外装项目中一些装配式探索，进行一些分享和讨论。

图 1　单元板块施工操作通道

2.1 单元装配式在多角度异形幕墙中的应用

在 2014 年重庆华南城项目实施工程中，飘蓬施工面积较大，传统方式均为采用搭设满堂架施工，存在措施费高、施工周期长，且影响地面后续施工工序等问题，故创新采用犀牛建模，根据异形面划分单元板块，在加工车间进行单元板块焊接安装，在现场吊装施工。

图 2　单元板块建模示意图

有如下优点：

（1）龙骨制作与铝板制作可以同步进行；

（2）在现场临时加工车间组装，安全快捷；

（3）采用吊装，效率高。

这是一个比较原始的幕墙装配式探索，各方面的准备和考量都比较粗糙，也是幕墙装配式的一个萌芽和开端。

2.2 单元装配式在曲面异形幕墙中的应用

随着社会经济的发展，建筑幕墙越来越具有多样化，各种复杂的外观造型也随之涌现。金属板幕墙采用双曲渐变，不规则圆弧造型结构越来越多。目前国内对剧院外观的设计越发新颖，且采用异形流线型外幕墙装饰日益增多，此类建筑具有空间大、跨度长、设计新颖独特、施工难度大等特点。笔者 2016 年负责的仁怀酒都广场大剧院金属板幕墙为这类建筑的代表。

图 3　完成后实景图

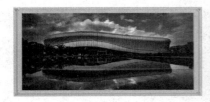

图 4 三维建模图

施工中，工期紧，曲面金属板生产具有周期长、外弧面施工难度大等特点。顶部为网架结构，幕墙顶部埋件支座需要焊接固定到网架球形节点圆盘上面，故幕墙的施工进度受制于网架的施工进度，如果同时在墙面和屋面施工，则工序交叉较多，需等网架结构安装完成才能固定龙骨，这样便大大制约了幕墙施工工期。若采用搭设满堂脚手架的方式，需要搭设四排满堂脚手架，搭设量巨大，而且幕墙为弧形腰带，腰带突出幕墙面约 1.2m，需要多次搭拆，不利于节约工期，而且脚手架措施费昂贵，不利于成本减少。大跨度异形面金属板幕墙施工技术采用 BIM 建模，单元板块工厂化制作，现场吊装施工方式，是确保施工安全和质量、节约施工工期和成本的最佳选择。

图 5 现场单元板块吊装图

将剧院异形双曲外幕墙造型通过 CAD 建立三维模型，并根据单元板块尺寸、重量、轴线等综合因素考虑划分单元板块，根据三维建模转换成二维平、立面控制点放线定位，在车间加工制作单元板块，板块制作完成后采用起重设备吊装到相应位置安装拼接完整。采用建模下单，单元板块安装方便，质量好，观感好，安全快捷。

具有类似的工程实例，此技术难点主要在于幕墙外造型为异形双曲渐变，每块外装饰板尺寸均不一样，龙骨弧度不一样，圆弧造型现场放线难度大，不易把控。采用在车间装配式单元板块制作，并采用现场吊装方式，能够最大限度保障幕墙施工质量、安装精度，大大提高了施工效率，降低了施工人员安全风险，大大降低了施工措施费用。

2.3 单元装配式在装配式建筑结构中的应用

新兴工业园服务中心（图 6）总建筑面积约 9 万 m^2，其中酒店和公寓采用装配式结构体系，除核心筒外所有结构构件均为工厂化预制。主要预制构件包括：预制柱、预制梁、预制叠合板、预制楼梯和预制清水混凝土外挂板，建筑内部采用一体化内装的装配式轻质内墙板。该项目为西南地区首个高层装配式框架核心筒结构体系建筑，西南地区首个装配式公共建筑，首个全过程采用 BIM 技术的装配式建筑项目，是国内目前为止最具代表性的装配式建筑之一。对于门窗幕墙装配式，国内还没有成熟的案例和体系，基于这个项目，将之前积累的一些探索经验加以应用，本项目包含的幕墙、门窗、栏杆、铝板吊顶等外围护结构均进行单元板块装配式探索，进行外装装配式集成的探索。

图 6　新兴工业园效果图

此类项目，由于主体结构为装配式，在进行外装单元装配式的探索中能够较好地将主体装配式结合起来，现场的吊装设备布置能够最大限度满足吊装要求，且梁板柱等预制构件的制作在工厂完成，能够最大限度保障构件精度和现场安装精度，同样能够更好地与外装单元装配式结合。

其中，1-1#楼为酒店公寓，18层，除核心筒外的结构均为构件装配式施工，外围护结构为混凝土外挂板、门窗、栏杆、水泥纤维板、铝单板等。笔者通过结合土建装配式的施工条件，对其中的外装结构进行了装配式的处理。由于本项目在施工阶段实

图 7　安装完成实景图

施了清水混凝土板、穿孔铝板、栏杆、门窗，未实施的有大部分连廊吊顶，均计划采用单元装配式吊装施工，现已实施的如图 7 所示。

3　外装装配式现状

3.1　思想观念限制

外装从业人员基本都在行业工作了几年甚至几十年，对于施工工艺的思维倾向于用传统保守的办法去实施，创新意识不强。

3.2　施工工艺较为落后

大部分施工仍然以传统外装施工工艺为主。个别地方和公司有相关探索，但是还无法形成成熟的体系。

3.3　对传统模式的依赖性严重

建筑装饰的粗放式发展模式已经延续了几十年，从业人员思维模式固定、经验不足、缺乏创新思维导致对传统的施工模式依赖性较大，成为外装装配式发展初期的拦路虎。

3.4　技术管理不足

外装向装配式迈进，需要以项目为载体，由于建筑装配式的发展处于探索阶段，外装装配式更是凤毛麟角；没有项目为载体，相关技术管理经验也就无从获得，导致能够进行装配式技术管理的人员严重不足；受制于建筑行业整体的技术应用，整体建筑系统在没有真正成熟之前，外装装配式作为其中的一个分支，存在缺乏系统经验的短板。

3.5　BIM 技术应用浅

在装修施工现场，单元式构件与各种管道、网架、设备之间的冲突碰撞是经常遇到的棘手问题。在传统二维设计的方式下，建筑、结构、装饰的设计和施工是分别进行的，各处一套图纸。在这种离散式的工作方式下，各构件之间的冲突碰撞是经常出现且不可避免的问题。而应用 BIM 技术，各构件都使用三维实体模型创建，只需要选择检测的模型类别，使用菜单中的"碰撞检查"命令即可进行选择，告知图元的重叠可能导致施工期间的错误。装配式建筑的核心是"集成"，BIM 方法是"集成"的主线；BIM 串联起设计、生产、施工、装修和管理的全过程；整合建筑全产业链，实现全过程、全方位的信息化集成。

4　外装装配式的未来

4.1　装配式墙板的研发

国内装配式外墙板的研发、生产与应用已经取得较大发展。随着复合墙板的不断深入研究、墙板设计理论的完善、墙板节点型式的改进、墙板安装技术的完善、新型材料的使用，将有力地推动复合墙板在工程中的应用。加气混凝土外墙板和挤出成型水泥纤维墙板具有轻质、高强、节能、防火、防水、结构一体化功能，将成为当前和今后推广应用的方向。

4.2　装配式发展的终极目标

外装装配式，乃至建筑装配式的发展终极目标，应该是绿色、节能、环保。门窗、幕墙、栏杆等作为建筑的"外衣"，是未来装配式发展的一个重要组成部分。面对我国建筑业深度融合国际市场的趋势，特别是是"一带一路"的战略中，与国际先进建造方式接轨，提高国际竞争力，采取以工厂生产为主的部品制造取代现场建造方式，提高建筑品质，让人民群众共享科技进步和供给侧改革带来的发展成果，并以此带动居民住房消费，在不断的更新换代中，实现中国的建筑梦。

参考文献

[1]　中国装配式建筑发展报告（2017）[R]．住房和城乡建设部科技与产业化发展中心，2017.

[2]　BIM 的应用现状与发展趋势 [R]．环球 BIM 沙龙，2016..

浅议装配式建筑落地钢管脚手架连墙件的设置

甘　宇　唐　琛

湖南南托建筑股份有限公司，长沙，410007

摘　要： 随着我国国民经济不断增强和建筑科学技术的发展，现阶段装配式建筑所具有良好的环保和社会效益，使其成为我国建筑行业发展的必然趋势；根据以往高层装配式建筑的施工模式，主体结构施工时外部操作平台及围护结构均采用外挂钢结构操作平台，但外挂操作平台存在着一定的安全隐患；粟塘小区装配式结构公租房主体结构施工时外部操作平台经研究分析采用落地式钢管脚手架，为保证架体稳定性将架体的连墙件设计成倒置式钢管连接，保证了工程质量和施工安全，工程项目取得了良好的社会效益。

关键词： 装配式结构；落地式脚手架稳定；连墙件

1　工程概况

由长沙金时房地产开发有限责任公司投资代建的粟塘小区公租房工程，总建筑面积 78515.63m²；21#-27# 共七栋，基础均为人工挖孔桩基础，21# 栋装配式结构十一层，建筑高度 ±0.00 以上 31m，22#-27# 栋装配式结构十八层，建筑高度 ±0.00 以上 49.8m；建筑结构使用年限为 50 年，抗震设防烈度为 6 度。

2　脚手架方案设计

本工程根据以往高层装配式建筑的脚手架施工模式，主体结构施工时外部操作平台及围护结构均采用外挂钢结构操作平台，但外挂操作平台使用到我项目存在以下不足：

（1）根据施工图纸设计制作外挂操作平台需时间较长，延误施工工期；

（2）钢材消耗量大，不能重复利用；

（3）根据以往类似项目的使用经验，其安全保险措施缺乏，在安装和使用过程中有坠落的隐患；

（4）安装过程中需要塔吊配合操作，安装人员安全及安装质量缺乏保障。

鉴于原因，项目部经研究比较决定将外挂钢结构操作平台改为采用落地式钢管脚手架与悬挑式钢管脚手架相结合；工程项目各栋具体脚手架搭设方案如下：21# 栋全高采用落地式，搭设高度为 33.5m；22#-27# 栋第一段为落地式，搭设层数为 1～12 层；从第 13 层楼面开始悬挑，悬挑高度 19.5m。而本项目采用钢管脚手架其难点和重点就是要解决装配式结构情况下保证脚手架稳定的核心—连墙件的设计问题。

2.1　各施工工艺施工顺序

外（四周围护）脚手架搭设——本层围护结构 PC 板吊装——本层结构柱和剪力墙施工——搭设本层楼板支撑架——浇筑梁板混凝土。

2.2　脚手架连墙件专项设计

外脚手架连墙件按两种方式（做法一）主要做法和（做法二）辅助做法进行设计。

2.2.1　做法一（主要做法）

（1）预连接方法是在楼板混凝土浇筑前，在有窗洞的位置，从窗洞处往窗洞顶部梁内插入一根竖向短钢管，将该竖向短钢管置于边梁内约25cm，露出梁底约25cm，并在短钢管内18Cm处打发泡胶5Cm厚（堵塞浇混凝土时流出），待混凝土浇筑完成并终凝后，即可起到刚性连接的作用，如图1所示。

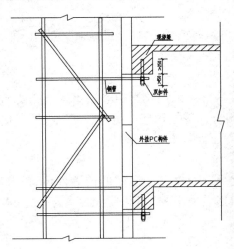 

图1　现场实例

（2）对该做法的连墙件进行受力计算

脚手架连墙件每3跨设置一道，间距4.5m。

连墙件的轴向力计算值应按照下式计算：

$$N_l = N_{lw} + N_o$$

其中　N_{lw}——风荷载产生的连墙件轴向力设计值（kN），应按照下式计算：

$$N_{lw} = 1.4 \times w_k \times A_w$$

w_k——风荷载标准值，$w_k = 0.418\text{kN/m}^2$；

A_w——每个连墙件的覆盖面积内脚手架外侧的迎风面积，$A_w = 2.75 \times 4.5 = 12.375\text{m}^2$；

N_o——连墙件约束脚手架平面外变形所产生的轴向力（kN）；$N_o = 3.000$

经计算得到 $N_{lw} = 7.24\text{kN}$，连墙件轴向力计算值 $N_l = 10.24\text{kN}$

①连墙件强度及稳定性验算：

经计算得到 $N_{lw} = 7.24\text{kN}$，连墙件轴向力计算值 $N_l = 10.24\text{kN}$

根据连墙件杆件强度要求，轴向力设计值 $N_{f1} = 0.85A_c[f]$

根据连墙件杆件稳定性要求，轴向力设计值 $N_{f2} = 0.85\phi A[f]$

连墙件轴向力设计值 $N_f = 0.85\phi A[f]$

其中　ϕ——轴心受压立杆的稳定系数，由长细比 $l/i = 32.00/1.59$ 的结果查表得到 $\phi = 0.95$；

净截面面积 $A_c = 4.24\text{cm}^2$；

毛截面面积 $A = 18.10\text{cm}^2$；$[f] = 205.00\text{N/mm}^2$。

经过计算得到 $N_{f1} = 73.882kN$

$N_{f1} > N_1$，连墙件的设计计算满足强度设计要求！

经过计算得到 $N_{f2} = 299.623kN$

$N_{f2} > N_1$，连墙件的设计计算满足稳定性设计要求！

②连墙件采用双扣件与墙体连接。

由以上计算得到 $N_1 = 10.24kN$，大于扣件抗滑力设计值 8.0kN，但小于双扣件 12.0kN，连墙件可以考虑双扣件。

③效果分析

预连接方法的连墙件优点是起作用早，不用等拆除模板，且刚性好、埋设位置准确，省时省力，节约成本。

2.2.2　做法二（辅助做法）

（1）对于建筑物大转角或不能采用做法一的连墙件，采用化学植筋法植入直径 $\phi14mm$ 二级螺纹钢（预埋端），然后与水平方向钢管焊接组合，按结构楼层每层设置（见图2），下段落地式脚手架水平间距 3 跨，上段悬挑层水平间距 2 跨。其施工工艺：

①根据外架专项施工方案确定各连墙件的位置；

②在外墙 PC 板安装完毕且梁板混凝土浇筑之后，根据已经确定的连墙件位置准确钻孔，钻入 PC 板的深度不少于 8cm，不超过 12cm；然后采用 MYG 树脂胶植入直径为 14mm 的二级螺纹钢；

③所植入的钢筋做拉拔试验，确保受力符合设计要求；

④外侧水平方向钢管与外架内外立杆均用扣件连接，并与已经植入 PC 板内的螺纹钢焊接，焊接长度不少于 120mm。

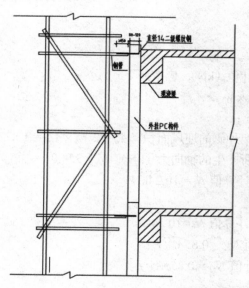

图 2　现场实例

（2）化学植筋施工工艺

待外墙 PC 板安装完毕且梁板混凝土浇筑之后，根据外脚手架连墙件的设置位置，在 PC 板外侧标记好拉接筋的位置（植筋水平标高相对于每层楼面标高低 10cm），用电钻根据标记的位置钻孔，将孔内垃圾、灰尘等清理干净，然后用植筋胶进行植筋，静置 4h 后，即可与外侧小横杆焊接。该胶抗拉伸、剪切强度高，耐老化、耐疲劳性能优良，负载位移特性卓越，通过粘结与锁键作用，达到如同预埋效果。该胶所需钻孔孔径小、竖直孔、水平孔、倒垂孔均可轻松植筋。所植钢筋锚固力值经抗拉拔试验结果确定：一般都大于母材抗拉屈服值。

（3）对该做法的连墙件进行受力计算

脚手架连墙件每 3 跨设置一道，间距 4.5m。

连墙件的轴向力计算值应按照下式计算：

$$N_l = N_{lw} + N_o$$

式中　N_{lw}——风荷载产生的连墙件轴向力设计值（kN），应按照下式计算：

$$N_{lw} = 1.4 \times w_k \times A_w;$$

w_k——风荷载标准值，$w_k = 0.418\text{kN/m}^2$；

A_w——每个连墙件的覆盖面积内脚手架外侧的迎风面积，$A_w = 2.75 \times 4.5 = 12.375\text{m}^2$；

N_o——连墙件约束脚手架平面外变形所产生的轴向力（kN）；$N_o = 3.000$；

经计算得到 $N_{lw} = 7.24\text{kN}$，连墙件轴向力计算值 $N_l = 10.24\text{kN}$。

①连墙件强度及稳定性验算：

经计算得到 $N_{lw} = 7.24\text{kN}$，连墙件轴向力计算值 $N_l = 10.24\text{kN}$；

根据连墙件杆件强度要求，轴向力设计值 $N_{f1} = 0.85A_c[f]$；

根据连墙件杆件稳定性要求，轴向力设计值 $N_{f2} = 0.85\phi A[f]$；

连墙件轴向力设计值 $N_f = 0.85\phi A[f]$。

其中　ϕ——轴心受压立杆的稳定系数，由长细比 $l/i = 32.00/1.59$ 的结果查表得到 $\phi = 0.95$；

净截面面积 $A_c = 4.24\text{cm}^2$；

毛截面面积 $A = 18.10\text{cm}^2$；$[f] = 205.00\text{N/mm}^2$。

经过计算得到 $N_{f1} = 73.882\text{kN}$

$N_{f1} > N_l$，连墙件的设计计算满足强度设计要求！

经过计算得到 $N_{f2} = 299.623\text{kN}$

$N_{f2} > N_l$，连墙件的设计计算满足稳定性设计要求！

②$\phi 14$ 钢筋抗拉强度：$300 \times 7 \times 7 \times 3.14 = 46.16\text{kN}$，大于 10.24kN，满足要求！

③焊缝验算：$N_l \leqslant L_w h_e f_{wt}$

L_w——焊缝长度，$L_w = 120\text{mm}$；

h_e——焊缝计算厚度，$h_e = 0.75s$（s 取 3mm）；

f_{wt}——焊结抗拉强度设计值，取 170MPa。

$L_w h_e f_{wt} = 120 \times 0.75 \times 3 \times 170 = 45.9\text{kN} \geqslant 10.24\text{kN}$，满足要求。

（4）化学植筋焊接钢管施工特点

①待外脚手架落架时，只需将连墙件上平梁面的钢筋切割断并对切口进行防锈处理即可，对结构板不产生破坏，也不会产生因外架连墙件预埋导致结构楼面板上洞口修补现象；

②由于该做法对二次结构施工带来极少的麻烦，同时对主体结构不产生有害因素，给主体结构、施工现场及成本控制都等带来极大的好处；

③在外墙 PC 构件安装过程中不需为连墙件预留洞口，该洞口部位的外墙抹灰、涂料等外墙施工工艺均得以同步进行，不会影响到各道施工工艺的正常运行。

3　结束语

本项目各栋装配式结构施工外脚手架全部采用了落地式钢管脚手架和悬挑式钢管脚手架，连墙件采用倒置式钢管连接和化学植筋焊接钢管连接，保证了架体的承载力和整体稳定性，取得了明显的经济和社会效益，也为本公司此类项目提供了可借鉴的经验。

参考文献

［1］　建筑施工扣式钢管脚手架安全技术规程［S］.JGJ 130—2011.

［2］　钢筋焊接及验收规范［S］.JGJ 18—2012.

［3］　混凝土结构后锚固技术规程［S］.JGJ 145—2013.

浅论装配式钢筋混凝土建筑的现场总装特点

冯　海　王志新　李运广　谢全兵　余文涛

湖南北山建设集团股份有限公司，长沙，410005

摘　要： 比对传统施工的现场，提出装配式钢筋混凝土建筑的建造管理要素

关键词： 装配式；现场；钢混结构

20世纪末中国的人口组成，超过半数为农村人口，其中低学历、低技能的人口占比大。

相对于其他行业而言，传统建筑行业（现浇钢筋混凝土结构）对操作者的学历及技能要求相对低，因此吸纳了大量农村人口就业。而施工现场的组织方式主要是采取劳务承包后的个人包干，其生产组织与传统农村的游牧式低水平生产管理类似，致使劳动成果的质量在很大程度上由操作者的技能水平及职业素养决定，故最终的产品质量控制的难度较大。

相对于传统建筑行业，装配式钢筋混凝土建筑的施工采取大工业生产管理体系方式，设计、生产、总装的一体化的技术工作及管理措施工作前置，现场仅为实施阶段。具体表现为流程、工序、工艺的程序化、参数化；材料、构件、定型工具的使用明确化、固定化；交接、验收环节的流程交付责任化。装配式成为不同于传统建筑的建造方式，为从事传统建筑的人员所不熟悉。本文就"人、机、料、法"及"质量、安全"进行简单分析。

1　人

1.1　管理人员

传统施工中各分项工程施工为劳务分包及专业分包。现场管理人员的日常工作为：施工任务与施工进度布置、所负责区域的物资与设备的统筹、质量与安全的监督。

装配式建筑的施工，现场管理人员要有工序、工艺的技术素养，全流程协调的统筹能力，是设计、制造、总装一体化能力的复合型人才。

1.2　作业人员

传统施工中，熟练作业人员少，主要从事班组的技术支持及生产组织。其余人员在熟练人员的带领下从事低技术含量的简单重复的体力劳动。

装配式建筑的施工，对现场作业人员要求除具有较高的工厂生产和机械化安装技能，还要求作业人员具有工匠意识，能精益求精高质量完成所负责工位的总装精度与实体质量，同时有遵守操作流程、严控工艺参数进行操作的态度。

2　机

2.1　垂直吊运机械的选用

传统建筑施工的垂直吊运机械的布置基本以固定作业点为中心，考虑无障碍的最大覆盖半径及限制起吊物的最大重量。

而装配式建筑的垂直吊运机械的选型、规格及数量则针对建筑物吊装高度、距离预设机械作业点覆盖范围内的最大重量构件的位置及最大作业半径内的构件重量、构件起吊点位

置、项目场地内的交通状况、进度要求及预计构件到场的运输强度等因素经综合权衡考虑后决定。

2.2　运输车辆的选用

传统施工的物资材料，仅商混凝土及预拌砂浆等物资采用专业车辆运输外，其余由第三方组织社会车辆进行散件运输。

装配式建筑建造的构件运输车辆，需考虑项目所在地周边的交通状态、拟定运输路线的通行能力、单次作业面所需构件总量、构件装车顺序、运输车次、项目场地条件等因素来统筹车辆的选型与运输。

2.3　外防护操作架、支撑选用

传统建筑的外架在主体结构期间承担外防护作用，砌体及外墙作业阶段承担操作架及防护作用。

低层及多层装配式建筑在无涉外围结构作业的情况则可不搭设落地架；小高层及高层建筑的外架可选挂架或爬架，但两者都需在设计阶段定型。确定各部件的规格型号、明确预埋件的位置及数量，必要时对构件或局部进行加强，最终以构件形式运输到现场，总装现场无二次更改外架类型的选择机会。否则将出现构件破坏而修补困难的质量事故、附着构件承载能力不够产生重大安全事故。

传统现浇的支撑体系即为模板体系。装配式建筑的支撑体系则包括水平构件的支撑件、竖向构件的临时固定和定型工具式模具的固定。其中水平构件的支撑件在现场工艺的设计阶段即定型，竖向构件的临时固定件及定型模具需提前定制。如在建造实施阶段进行市场租赁或采购时，已严重滞后并可能导致现场停工。

2.4　吊具、吊索的选用

预制构件的吊钉及吊点的规格型号、数量及位置在构件工艺拆分设计阶段已明确。现场实施阶段所用的吊具、吊索的规格、型号及起吊方式亦在现场工艺设计阶段定型完毕，其满足工艺拆分阶段的吊钉、吊点布置要求。在现场构件吊装作业时检查吊具、吊索的完整性，确保使用安全。

3　料

3.1　预制构件

工业品是有不同零部件、构件通过预设的连接工艺而形成整体结构。故预制构件的质量将影响总装精度、后续工序质量控制、最终实体质量及使用感官体验。

预制构件吊装就位前经历制作、养护、拆模、转运、运输及二次转运等过程，由于构件设计缺陷、制作缺陷及保护措施不到位等原因导致出现尺寸偏差超规、预留洞口预埋管线、线盒偏差超过及堵塞、结构裂纹等情况，在构件进场时应进行检查后决定是否接收。同时查阅构件的关于强度的随车质量文件，作为吊装时的重要参考。

3.2　钢筋

因装配式建造的初衷之一即减少现场物化工作量。总装现场的钢筋作业存在：绑扎量少，具体作业部位为半封闭状态；吊运钢筋半成品捆绑不宜按大区域作业面需求量。故钢筋半成品的归集按具体部位的绑扎顺序及用料需提前分析并计划、组织，否则将导致现场操作人员的工效降低及人力的浪费。在此情况下采用传统施工的"人海战术"，所将造成现场更加混乱。

3.3 混凝土

装配式建筑的现浇混凝土部位存在厚度与部位受限，不同于传统施工的全截面尺寸浇筑。因此对预拌混凝土的粗骨料粒径、工艺性及初凝时间的要求高于传统施工所用的混凝土。在预制构件拼装完成临时固定后的整体性不同于传统建筑施工的模板体系，在浇筑方式的选择上非常有限。故混凝土的材料配比设计、浇筑工艺的设计需提前进行并试生产和验证。

3.4 灌浆料

装配式施工中的灌浆料主要用于关键节点的钢筋接头连接和构件接缝的填充密实。其基础性材料为快硬高强水泥，实际水灰比的控制对最终成型实体的强度影响大。加之材料的流动性大，对灌浆机械、空腔密封及操作人员数量要求高。故应选用质量稳定的合格产品及熟练作业人员，并做好成品保护。

3.5 连接件、定制专用工具

在构件工艺拆分设计阶段，竖向墙板根据生产、运输、吊装、建筑物外观等因素进行分解。预制构件之间的临时连接及构件限位、固定作用的支撑件及辅件的布置，在工艺拆分设计图上已明确。在预制构件运输至总装现场时已完成相应洞口及预埋。工艺设计的辅件需提前完成专门定制生产、采购。由于支撑件及辅件规格、型号及数量众多，在无原设计图纸的情况下很难现场制作及附件采购。

3.6 定型模板（模具）

传统全现浇工艺的实施是综合设计图纸与相关策划的情况下，对合适的模板材质及支撑形式的选择类型较多。装配式建筑的现浇或湿作业存在物化量少，作业面受限。在预制构件的支撑件及加固件的影响下，权衡考虑竖向结构与水平结构的浇筑方式选择后，模具的类型方式与加固措施方式的选择有限。在工艺设计完成后，加固预埋件及模板体系已确定，需提前进行订购、制作及购买、配送至项目。

4 法

4.1 吊装

在充分熟悉构件拆分设计工艺图后进行吊装顺序安排及作业指导书编制，完成设备、工具、连接件、辅件、支撑杆、加固件等物料的清单编制。在作业面动工前对预制构件、物料清单的物料到位、机械设备状况、到岗人员的安全教育及技术交底进行复验后，按照经审核完成后的吊装方案进行作业，现场管理人员对吊装作业实施动态调度及实时质量与安全监控。

4.2 模具工艺

在项目工艺设计阶段，根据建筑物结构类型、现场湿作业部位及物化作业量完成模具的选型设计与物料清单编制，不存在传统现场二次模板设计与选择。否则二次模板设计导致与构件原预留不匹配，导致模板加固不能到位。

4.3 钢筋绑扎工艺

根据竖向结构的预制部位不同，钢筋绑扎与竖向构件的吊装需进行事先预判并协调工艺顺序；半成品钢筋进入操作面前需进行专门分类打捆；竖向钢筋、水平钢筋及箍筋的绑扎先后需事先预判并明确先后顺序。

4.4　测量工艺

传统施工中，测量人员提供主控线及标高，剩余竖向结构的定位及尺寸线由班组进行二次细分。装配式建造的现场测量需在现场明确每个竖向预制构件不少于三边的定位线和一条控制线；就位处的标高不少于两个点；构件编号需在现场原位标识；预埋钢筋、预埋件的原位复核；外围构件安装质量的外射测定。

4.5　工序安排

传统建筑施工的作业面敞开，同一作业面钢筋绑扎、模板安装及混凝土浇捣的之间工序衔接简单、成熟。装配式建筑的现场作业面的各工序相互制约，并增加构件吊装工序。构件吊装与钢筋绑扎的先后顺序、竖向现浇与水平现浇一体及分离、局部构件吊装与模具安装、作业面上的吊装宜清场操作等因素影响工序安排及作业。

5　质量

5.1　不同结构类型的关键节点见表 1

表 1　不同结构类型的关键节点表

序号	结构构件类型	关键节点	重点
1	内浇外挂	外挂板端部、构件的叠合现浇部位、构件的拼缝部位	1. 构件外伸钢筋进入叠合梁板钢筋层之间 2. 弯曲形状及锚固长度 3. 构件外伸钢筋的附加连接、固定措施 4. 预制构件叠合面的清理、粗糙度 5. 现浇混凝土的浇捣、养护
2	预制剪力墙、预制柱、梁柱节点构件一体化	灌浆套筒、现浇边缘构件	1. 构件、结构预留外伸钢筋的规格、长度、形状、位置 2. 灌浆料配比、灌浆空腔密封、灌浆充盈质量、成品保护 3. 围护模具的密封 4. 混凝土的针对性适配调整、浇筑质量、养护
3	预制墙板＋预制楼板	构件的拼缝部位	1. 附加钢筋、钢索的规格型号、数量、摆放位置及紧固 2. 围护模具密封 3. 混凝土的针对性适配调整、浇筑质量、养护

5.2　器材

因传统施工的实体质量很大程度依靠作业人员的技能水平及职业素养，装配式建筑"以机械替代人工、以定型工具替代手工散作业"。以定型工具式模具、专用加固体系替代传统中大量的散拼散装作业；专用定位、限位件保证构件空间及平面就位精度替代传统手工校核；以机械规模生产的一体化构件替代传统人工多道工序后的最终成品；专用支撑杆件及配件替代传统模板支撑，物化工作量大量减少。

5.3　人员

传统施工的现场管理主要是对设计图纸的现场实施工艺落地与组织协调。装配式建造现场的管理工作应提前到工艺设计阶段，按项目所在地的实际综合情况及参与人员的技术能力等对构件集成度及实施难度进行综合权衡考虑并完成针对性、合理化的工艺设计。对工艺设计意图的理解后制定实际落地技术措施与组织方式。

6　安全

6.1　构件的吊装

根据工艺拆分后的预制构件，单件的重量大于传统的吊运至作业面的散件重量。现场吊装安全管理的重点是：吊钉、吊点部件的外观质量与成品缺陷检查；构件在吊装时的适时吊点检查；吊具、吊索、吊钩的检查；吊装方式的检查；吊装机械安全状态及安全装置的检查。

6.2　定型模具的吊装

在竖向现浇与水平现浇分离的工艺下，定型工具式模具成为合理选择。定型模具的安装类同预制构件吊装的情况下，现场安全管理工作重点为：定型模具的整体性、连接节点检查；吊点处零部件的检查；吊具、吊索、吊钩的检查；定型模具支撑与预制构件支撑的碰撞检查。

6.3　外操作 / 防护架的安装

小高层及高层装配式建筑的可选外架类型有：挂架和爬架。在现场总装工艺设计阶段根据建筑物外围尺寸、形状及平面构件布置等因素权衡下选型。完成外架设计后，根据现场总装进度计划提前进行定制加工或采购。进场前检查零部件的规格、型号、尺寸及连接节点进行检查；进场构件上预埋件、洞口的尺寸、位置及外观质量进行全数检查；安装就位后及施工过程中对外架本体、构件上预埋件、外架与预埋件连接节点进行检查，必要时进行节点性能检测。

6.4　构件拼装

在现场湿作业连接节点未达到相应强度指标前，现场预制构件仅为临时固定，构件相互未形成整体。在总装过程中的安全事项有：构件之间的连接件及紧固检查；单个构件的支撑检查；单个构件的限位加固的检查；吊装作业中防碰撞就位；吊装构件的防坠落。

6.5　构件运输及现场存放

结合项目所在地的交通状况及场地内情况，完成吊装作业前的构件运输及现场存储准备。充分考虑现场通行道路应考虑车辆最大载重量、转弯半径及坡度；场地内运输车辆的行驶路线及速度；运输车辆上的构件固定；起吊位置与等待车辆安排；构件的现场存放方式及场地加固等因素完成相应部署。

7　结论

综上所述，装配式建筑的现场总装阶段的管理组织方式和工艺、工序的技术措施是在项目建造前的工艺设计阶段完成定型，现场为前置工作的落实阶段，其现场总装难度是前期设计所决定。构件制造的成品质量和与当前工序完成质量直接影响下到工序的实施难度及质量，以设计、生产、总装的一体化是当前装配式建筑的建造实施方式中较为合理的组织方式。

房屋建筑的抗浮设计与施工

虞　奇　陈振邦

湖南省第六工程有限公司，长沙，410015

摘　要： 本文围绕带地下室的房屋建筑的抗浮设计和施工，提出了水浮力的计算、抗浮措施及施工注意事项，以及地下室上浮事故的处理方法，对地下工程的上浮事故的预防和处理具有较普遍的指导意义。

关键词： 水浮力；抗浮设计水位；抗浮桩；抗浮锚杆；地下室上浮事故处理

1　房屋抗浮的基本概念

1.1　带地下室的房屋抗浮应引起足够的重视

在房屋的设计和施工中，经常发生房屋的地下室因抗浮不够而上浮的事故，造成延长工期、增加加固处理费用、影响正常使用等不良影响。我省地下室工程因上浮失稳而漏水破坏的情况屡见不鲜。以下为我省房屋工程建设中，由于地下室上浮造成地下室结构严重破坏的实际工程照片（图1～图6）。

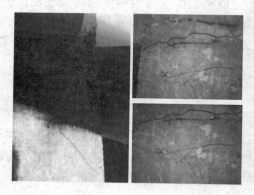

图1　柱顶裂缝

图2　柱底裂缝

图3　地下室顶板竖向和斜向贯通裂缝

图4　地下室底板裂缝

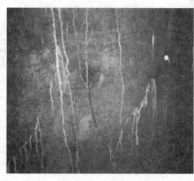

图 5　地下室外围挡土墙竖向和斜向裂缝　　　图 6　地下室底板钻孔后喷水图

我国房屋建筑的勘察、设计的主要规范中对工程抗浮都提出了明确要求。有的尚为强制性条文，相关规范和条文摘录如下：

（1）《混凝土结构设计规范》(GB 50010—2010) 3.1.3 条：

"混凝土结构的承载能力极限状态计算应包括下列内容：

4）必要时当进行结构的顷覆、滑移、抗浮验算"。

（2）《建筑地基基础设计规范》(GB 50007—2011) 5.4.3 条：

"建筑物基础存在浮力作用时，应进行抗浮稳定性验算"。

（3）《建筑桩基技术规范》(JGJ 94—2008) 3.2.1 条：

"桩基设计应具备以下资料：

1. 岩土工程勘察文件；

3）地下水位埋置情况、类型和水位变化幅度及抗浮设计水位"。

（4）《高层建筑混凝土结构技术规程》(JGJ 3—2010) 12.1.4 条：

"……同时应注意施工降水的时间要求，避免停止降水后水位过早上升而引起建筑物上浮等问题"。

12.2.2 条：

"高层建筑地下室设计，应综合考虑上部荷载、岩土侧压力及地下水的不利作用影响。地下室应满足整体抗浮要求"。

（5）《高层建筑岩土工程勘察规程》(JGJ 72—2004) 10.2.3 条：

"勘察报告应包括以下内容：

6. 地下水和地下室抗浮评价。"

（6）《全国民用建筑工程设计技术措施》(2009) [地基与基础] 7.1.1 条：

"1. 建筑物在施工和使用阶段均应符合抗浮稳定性要求。

2. 在建筑物施工阶段，应根据施工期间的抗浮设计水位和抗力荷载进行抗浮验算，必要时采取可靠的降、排水措施满足抗浮稳定要求。

3. 在建筑物使用阶段，应根据设计基准期抗浮设防水位进行抗浮验算"。

值得注意的是，以上关于建筑物抗浮的相关条文均属地勘和设计规范，目前我国的施工规范却难以找到，这也是我们的施工技术人员缺乏对地下建筑抗浮的概念和认识的原因之一，建议今后的施工规范中宜能予以补充。

1.2　浮力的产生和建筑物的抗浮计算

根据物理学的阿基米德定律，作用于地下室底板上的水浮力就等于地下室排开水的重量，也即地下水位以下的地下室空间体积乘水的重力密度。当地下室的自重小于该浮力时，地下室就可能发生上浮，对地下室结构产生严重破坏。同时由于地下室底板以上荷载或结构布置往往是非均匀的，地下室周边的约束情况也往往不同，因此地下室的上浮经常是不均匀上浮。不均匀上浮对地下室结构的破坏更大，加固处理工程量也更大。

1.2.1　水浮力的计算

水浮力一般按下式计算：

$$S = \gamma_\omega V$$

式中　γ_ω——水的重度，可按 10kN/m³ 采用；

　　　　V——建筑物抗浮设计水位下排开水的体积（m³）。

1.2.2　建筑物的抗浮验算

凡有地下室的工程（包括纯地下室、带地下室的裙房和主楼）当设计抗浮水位高于地下室底板标高时均应进行抗浮验算。

抗浮验算包括整体验算和局部抗浮验算。整体验算包括整体抗浮稳定验算和施工期停抽水时间计算。局部抗浮计算为地下室底板（梁、板）在水浮力作用下的内力、配筋计算。

（1）整体抗浮计算

①计算公式：

$$\frac{G}{S} \geq K_W$$

式中　G——建筑物自重和压重之和（kN）；

　　　　S——地下水浮力计算值（kN）（详上节）；

　　　　K_W——抗浮稳定安全系数，一般可取 1.05。

注：1）建筑物自重只计结构梁、板、柱、墙纯自重，且取标准值（分项系数为 1.0）。不含装修重，设备重及楼（屋）面活荷载。

　　2）压重也只计填料（如地下室顶板上的覆土及底板以上压重等）自重，均取标准值（分项系数为1.0）。

②局部抗浮计算

当抗浮设计水位高于地下室底板标高时，所有有地下室的单项工程（包括纯地下室、带地下室的裙房和主楼）均应复核地下室底板在水浮力作用下的强度和配筋。

正常情况下，无论活荷载还是恒荷载均为向下的垂直荷载，上部荷载及地震作用均通过柱（墙）传至基础，底板只承受地下室底层的装修重量、填充墙荷载和车辆荷载，由于底板直接座落于地基土上，只要地基土不为软弱土，底板一般受力不大，均可构造配筋。当为筏板基础时，通过整体计算也可算出在上部垂直和水平荷载下的筏板内力和配筋。但是当地下室有向上的水浮力时，底板受力方向与上述正常计算情况相反，所以应补充复核在向上的水浮力作用工况下底板（包括梁、板）的内力和配筋。

当地下室底层刚度很大（如落地剪力墙较多、柱截面较大、柱距也不太大时）底板在水浮力作用下可按倒楼盖计算。此时只计算均布水浮力（扣除底板自重），将底板看成是支撑在地下室柱（墙）上的楼板，进行结构计算。

当地下室底层刚度不太大（如仅为柱支撑、且柱距较大时），应单独将地下室底层建模，加上水浮力进行有限元计算，以复核底板在水浮力作用下各部位的内力和配筋。

应注意的是，无论用倒楼盖法或有限元法，底板（包括梁）的负弯矩筋在板底，正弯矩筋在板面。此时如为筏板基础时应进行包络设计，配筋应取正常计算和抗浮计算两者的大值配置。

1.2.3 抗浮设计水位的选取

抗浮设计水位是建筑物抗浮的关键数据，抗浮设计水位定得过高，将极大的增加工程成本，过低将带来建筑物的不安全，存在施工和运行中上浮破坏的隐患。

抗浮设防水位一般参照如下情况综合考虑：

（1）工程周边有长期水文观测资料时，根据设计基准期（如未来50年或未来100年）由工程所在地最高水位判断。

（2）无长期观测资料时，可采用丰水期最高稳定水位（不含上层滞水）或勘察期间实测最高水位并结合地形地貌、地下水补给、排泄条件等因素综合确定。

（3）场地有承压水且与潜水有水力联系时，应实测承压水位并考虑其对抗浮设防水位的影响。

（4）当大面积填土面高于原来地面时，应按填土完成后的地下水位变化的情况考虑。

（5）对一、二级阶地，可按勘察期间实测平均水位增加1～3m；对台地可以增加2～4m。雨季勘察时取小值，旱季勘察时取大值。

（6）施工期间的抗浮设防水位可按1～2个水文年度的最高水位确定。

抗浮设计水位原则上应由勘察报告提供，所以凡有地下室的工程，设计和施工单位应要求地勘单位提供确切的抗浮设计水位，作为设计和施工验算的依据。但同时也要依据实际情况分析地勘提供的抗浮水位是否合理。如当地勘提供的抗浮水位高于规划地面时，可向勘测单位提出是否过高，造成不必要的工程浪费；如提供的抗浮水位低于或接近勘测期间勘探点水位时，可质疑是否提得过低，造成结构不安全。

应该指出，由于抗浮水位的确定较为复杂又极为重要，而且只能事后验证，受勘探资料数量及准确性的影响，抗浮水位的准确性各不相同，对重要工程或抗浮设计水位对结构设计及工程费用影响较大时，尚可提请业主作抗浮水位的专项调查，以合理设计及节约造价。

1.3 常用的抗浮措施

当地下室或带地下室裙房整体抗浮不满足要求时，工程设计中根据工程具体情况通常采取以下抗浮措施。

（1）增加压重法（此法可用于抗浮差值相差不大时）

增加地下室压重量的措施很多。例如增加顶板覆土厚度，又如降低底板标高，利用底板上填土设置排水沟，埋设管道等，又如增加地下室各层板厚。如条件允许也可将底板外挑，利用外挑底板上的填土增加自重压力等。

（2）设置抗拔桩或抗浮锚杆

当水浮力较大又无法增加结构配重时，可在底板下设置抗浮锚杆；当基础为桩基时，可设计为抗拔桩，利用抗浮锚杆和抗拔桩平衡水的上浮力。

应当注意的是如果主楼与纯地下室（或裙房）为一个整体未设缝时，当纯地下室（或裙房）设置抗拔桩时，由于纯地下室（或裙房）的沉降将受到较大限制，加大了高层与纯地下室（或裙房）的沉降差，此时设计宜用短桩或采用抗拔锚杆。

此法适用于各种抗浮情况。

（3）浮力消除法

采用疏水、排水措施，使地下水保持在预定的标高之下，减小或消除地下水的浮力，从而达到抗浮的目的。

常用方法是在地下室四周底板下设置截水盲沟，并在适当位置设置集水井和抽水设备，此法要求地下室底板位于弱透水层，且应采取措施确保盲沟不淤塞（如设置砂砾反滤层、铺设土工布等）。并应加以定期监测和维修，保证排水系统的有效运转。

此法适用于地下水较低，且水浮力作用时间不长，出现概率较小时。

（4）综合设计法

即根据工程具体情况，综合采用上述两种或多种抗浮方法，实现建筑物的抗浮稳定。

1.4　有抗浮要求时房屋施工应注意的事项

（1）施工管理人员应加强抗浮和防渗漏意识，认真按设计的抗浮和防渗措施施工。

（2）凡设计有地下室的工程，施工人员均应明确抗浮设计水位，应仔细查看地勘报告对地下水位的描述和结构施工图中的总说明，了解本工程是否需作抗浮设计及抗浮设计水头。

（3）当地下水位较高时，应明确结构设计中提出的施工期停抽水时间要求，应按照设计要求，完成至能停抽水的进度才能停止施工抽水，如中途因故停工或不能及时完成，应征求设计意见，采取相应措施，防止因停抽水而造成地下室上浮破坏。

（4）当地下水位较高时，主楼的地下室应尽量与纯地下室同时施工，因为地下室施工期长，施工地下室期间大多不能停抽水，如果主楼先施工，再施工纯地下室时，施工降水会影响主楼产生附加沉降。且此时的集水井和排水系统多受破坏，难以有效抽排和降低地下水位。

（5）对地下水位较高的工程，应在施工前就布置好排水通道和有组织的降水系统。施工期应严格监测地下水位的变化及抽、排水对周边建筑物、道路、地下管线的影响。即使在地下室施工后，也应适当保留少量集水井，以便在长期使用运行时能观察到地下水位的变化情况，当抗浮失效或地下水位超过设计水位时，也能利用保留的集水井观测水位和作降水处理。

（6）地下室主体验收后应立即回填地下室外墙与基坑侧壁间的回填土。回填土应分层压实，防雨水集中渗透。当填土分层夯实后，回填土与地下室挡墙之间的摩阻力也具有一定的抗浮能力。

2　地下室上浮事故的处理

地下室一旦发生上浮或有上浮趋势时，破坏往往不是局部的，而是大面积的开裂。因此应通过现场分析，找出破坏原因。当确定是抗浮不足造成的破坏时，除对现场构件进行可靠性检测和对现有结构进行加固外，还应区别情况采取可靠的抗浮措施，以防事故再次发生。

（1）如果经核算，在抗浮设计水位下，建筑物本身抗浮稳定，只是由于施工期停抽水造成抗浮不足时，应在加固后利用枯水期或虽在丰水期但采取措施能降低地下水位时（如底板开孔泄压，利用地下室集水井抽排），集中力量将工程尽早完成，并及时覆土，即能保证长期正常运行。

（2）如该上浮部位本身抗浮不足，但相差不大时，优先考虑增加地下室重量，如加厚顶板覆土，利用建筑功能在顶板上增加构造物或其他荷载。如地下室底层层高较大，或留有空地，可在底板上加钢屑混凝土（重力密度 $\geq 30kN/m^3$）面层或永久性局部堆载。如仅局部区域抗浮不够，还可以通过加固处理，加大该区域底板刚度，将上浮力转移至周边抗浮力大的部位。

（3）如抗浮力相差较大或底板本身也局部抗浮不足时，可在底板上钻孔加抗浮锚杆和压力灌浆，并同时在底板上增加钢筋混凝土面层，以保证抗浮锚杆的锚固。

（4）如地下室底板下地基为不透水层或弱透水层，可于地下室周边设置盲沟和集水井，利用集水井抽水释放水浮力。当周边情况不清楚或不适宜设置盲沟时，也可利用原施工用集水井或重新设置集水井，设置永久性泵站，在雨季地下水位较高时控制性抽水，以降低地下水位，减少上浮力至设计容许值。

3　结束语

综上所述，凡带有地下室的工程，地勘均应明确抗浮设计水位，设计、施工和监理均应对地下室的抗浮稳定给予足够的重视。特别是当地下水位较高时，设计应进行整体和局部抗浮计算，明确提出施工期停抽水时间的要求，并作出相应的抗浮设计。施工方和监理方应控制好停抽水时间，防止停抽水造成地下室的上浮；对有高层主楼和共用地下室的小区，主、裙楼地下室和纯地下室宜同时施工，以便于施工期间的抽水、降水。由于地下室为隐蔽工程，一旦返工，对工期、造价影响都很大，对施工图中的各项抗浮措施，施工方应制定好详细的施工方案、进度计划和技术措施，保质保量按时完成。目前我国的抗浮技术和措施都已较为成熟，只要从勘察、设计到施工、监理各方都予以足够重视，就可以杜绝地下室上浮事故的发生。

参考文献

［1］中华人民共和国国家标准 . GB 50010—2010. 混凝土结构设计规范［S］. 北京：中国建筑工业出版社，2011.

［2］中华人民共和国国家标准 . GB 50007—2011. 建筑地基基础设计规范［S］. 北京：中国建筑工业出版社，2012.

［3］中华人民共和国行业标准 . JGJ 94—2008. 建筑桩基技术规范［S］. 北京：中国建筑工业出版社，2008.

［4］中华人民共和国行业标准 . JGJ 3—2010. 高层建筑混凝土结构技术规程［S］. 北京：中国建筑工业出版社，2011.

［5］中华人民共和国行业标准 . JGJ 72—2004. 高层建筑岩土工程勘察规程［S］. 北京：中国建筑工业出版社，2004.

［6］全国民用建筑工程设计技术措施，地基与基础［M］. 北京：中国建筑工业出版社，2009.

基于学校建筑震害的结构抗震设防标准研究

侯　慎　唐国顺

中建五局第三建设有限公司，长沙，410004

摘　要： 受全球地震灾害频发、人口密集化程度提升等因素影响，近年来国内外因地震造成的人员伤亡和经济损失日趋严重，基于此，本文简单分析了学校建筑结构震害，并详细分析了学校建筑结构抗震设防标准，希望由此能够为相关业内人士带来一定启发。

关键词： 学校建筑；抗震设防标准、震害分析

　　强烈地震的发生往往意味着巨大经济损失和人员伤亡出现，由于现阶段的科技水平尚无法提供地震的准确判断和临震预报，这就使得建筑物的抗震设防标准属于防震减灾的关键，由此可见本文围绕学校建筑震害结构抗震设防标准开展研究具备的较高现实意义。

1　学校建筑结构震害分析

　　随着近年来我国教育事业的快速发展，框架结构已经成为我国学校建筑的最为普遍结构形式，考虑到砖木结构、砌体结构的学校建筑较为稀少，本文仅围绕框架结构学校建筑结构震害进行分析。

1.1　框架梁的震害

　　地震发生时框架结构建筑梁端纵向钢筋会产生屈服，垂直裂缝、交叉裂缝很容易因此出现，如垂直裂缝的出现与梁内部钢筋配筋较少、纵向钢筋锚固不足联系紧密，而节点内当梁的主筋锚固不足还很容易在地震中引发锚固破坏，这类脆性破坏必须得到高度关注。

1.2　框架柱的震害

　　柱箍筋直径过细或箍筋间距过稀均可能导致框架柱震害的出现，柱顶出现斜裂缝或交叉裂缝、混凝土被压碎崩落、纵筋压曲属于这类震害的主要表现，设计时未配置柱箍筋、或配置较少较为容易引发这类震害。相较于框架梁的震害，框架柱的震害往往较为严重，这一认知必须得到关注[1]。

1.3　框架梁柱节点的震害

　　框架柱节点也很容易出现震害，节点核心区破坏是这类震害的主要表现，因构造或配筋不合理导致的抗剪强度不足是震害出现的主要原因。此外，核心区箍筋过少、钢筋过密同样会提升框架梁柱节震害现象出现几率，由此带来的结构连续性影响必须得到重视。

1.4　填充墙的震害

　　在笔者的实际调研中发现，地震很容易导致框架结构建筑填充墙的严重破坏，很多时候甚至出现填充墙荡然无存而部分框架结构整体并未倒塌情况，这种情况的出现与填充墙施工未严格遵循规范要求联系紧密，由此带来的填充墙抗剪强度低很容易在地震中造成局部人员伤亡、重大经济损失。

2　学校建筑结构抗震设防标准分析

作为较为特殊的公共建筑，学校建筑存在布局开间较大、横墙较少等特点，这就使得学校建筑的抗震性能弱于普通建筑，而学生较为薄弱的自救意识、较高的密度和流动性也对学校建筑的抗震性能提出了更高挑战，这一挑战的应对便离不开学校建筑抗震设防标准的支持。

2.1　现行标准存在的不足

2016 年版《建筑抗震设计规范》（GB 50011—2010）于 2016 年 8 月 1 日实施，《防震减灾法》也明确指出重大建设工程必须开展地震安全性评价，其中《建筑抗震设计规范》明确规定了"小震不坏、中震可修、大震不倒"的抗震防设目标，而目标的实现必须得到二阶段的抗震设计支持，这里的二阶段抗震设计指的是"第一阶段"对大多数结构进行多遇地震作用下的结构和构件承载力验算和结构弹性变形验算，"第二阶段"对一些规范规定的结构进行罕遇地震下的弹塑性变形验算[2]。

同时，2016 年版《建筑抗震设计规范》还明确了各个地区建筑物三水准地震烈度，而依照地震烈度的不同规范也对建筑结构提出了不同抗震要求，如第三水准烈度状态下需保证建筑结构变形控制在可以接受范围内，并避免发生倒塌破坏，这是由于该烈度下建筑结构很容易出现教的非弹性变形，表 1 为规范给出的设计基本地震加速度与抗震设计烈度关系。

表 1　设计基本地震加速度与抗震设计烈度关系

抗震设防烈度	6	7		8		9
设计地震加速度	0.05g	0.10g	0.15g	0.20g	0.30g	0.40g

作为一种衡量建筑结构抗震安全能力大小的标准，《建筑抗震设计规范》本质上属于一种综合尺度的体现，长期以来的实践也证明了我国现行规范在合理使用建设投资、坚强建筑地震灾害领域存在的优秀表现，但深入分析现行规范不难发现，2016 年版《建筑抗震设计规范》中的学校建筑被划分为乙类建筑，相较于日本等发达国家将学校建筑归类为最为可靠建筑，我国学校建筑的抗震设计要求显然不能满足其使用需要，因此本文认为"大震不倒"的抗震防设目标并不适用于学校建筑，我国应尽早确定"大震可修"、"大震不坏"的终极学校建筑抗震防设目标。

2.2　框架结构学校建筑抗震性能分析

为提升研究的实践价值，本文使用了 SAP2000 软件、静力弹塑性分析方法构建了一个规则的杆系框架结构模型，由此判断该模型结构在 8 度度罕遇地震力作用下的抗震承载能力。

2.2.1　模型建立

本文建立了每层高 3.6m 的 5 层规则框架结构教学楼简易杆系模型，该模型选用 HRB400 作为框架梁、柱的受力主筋，HPB235 作为箍筋，板厚全部取 100mm。楼板采用刚性假定，长期类、特征周期、影响系数最大值分别为Ⅱ类、0.35s、0.16，地震分组为第一组，结构自振周期折减系数、阻尼比分别为 0.7 与 0.05，基本地震加速度为 0.20g、抗震设防烈度为 8 度、抗震等级一级[3]。

2.2.2　数据分析总结

结合模型、SAP2000 软件可得出 ATC-40 能力谱图，由此可得出表 2 所示的模型结构各个工况下的性能点，

表 2　模型结构各个工况下性能点

项目	均匀纵向加载	均均横向加载	振型纵向加载	振型横向加载
V、D	（4828，0.095）	（5740，0.077）	（4280，0.097）	（4240，0.098）
Sa、Sd	（0.284，0.073）	（0.320，0.055）	（0.254，0.071）	（0.253，0.071）
Teff、Beff	（1.014，0.071）	（0.824，0.093）	（1.047，0.089）	（1.055，0.088）

继续分析，可得出各个荷载工况下需求能力 ATC-40 能力表格，可分析出每一步的等效周期、等效阻尼等数据，同时还可以得出顶点位移与基底剪力的关系，需使用 IO、IS、CP 分别表示地震灾害后房屋状态，三者分别代表"立即居住"、"生命安全"、"防止倒塌"，由此可得出模型现性能点大致分布在 IO 与 IS 之间，表 3 为均匀横向加载模式下顶点位移与基底剪力表，结合该表可更直观发现该模型优秀的抗震性能。但值得注意的是，研究模型出现的一定变形破坏在实际情况下同样可能引起人员伤亡和经济损失，因此我国必须尽早提升学校建筑抗震防设目标等级，方可满足学校建筑安全需要。

表 3　均匀横向加载模式下顶点位移与基底剪力表（部分）

Step	Displacemet	BaseForce	AtoB	Btol0	LStoCP	TOttal
	m	KN				
0	0.005694	0.000	808	160	0	968
1	0.009357	535.540	804	164	0	968
2	0.059503	4861.321	572	396	0	968
3	0.068471	5422.581	544	424	0	968
4	0.118647	7407.236	520	444	0	968
5	0.129356	7830.049	520	420	0	968

3　结论

综上所述，我国现行结构抗震设防标准无法完全满足学校建筑安全需要。而在此基础上，本文开展的框架结构学校建筑抗震性能分析也较为直观证明了这一点。因此，在结构抗震设防标准相关研究中，本文内容具备一定参考价值。

参考文献

［1］吴昊，赵世春，许浒，吴刚．基于破坏机制控制的砌体结构教学楼抗震加固设计研究［J］. 土木工程学报，2014，47（03）：12-18+58.

［2］王涛，雷远德，张永群．芦山地震中校舍建筑的震害特点与分析［J］. 地震工程与工程振动，2013，33（03）：36-47.

［3］李英民，罗文文，韩军．钢筋混凝土框架结构强震破坏模式的控制［J］. 土木工程学报，2013，46（05）：85-92.

简说"旧房墙面改造"

苏登高

湖南艺光装饰装潢有限责任公司，株洲，412000

摘　要： 旧房翻新改造占据装饰市场很大份额。而旧房改造因使用年限、建筑材料、场地等因素，大大提升了翻新改造的施工难度。其中旧房墙面改造，因翻新材料种类多样、多工序交叉施工等因素影响难度更大。

关键词： 旧房；墙面改造；凿除；场地维护；抹灰；饰面

1　旧房墙面改造施工的难点

（1）旧房原建筑施工工艺、建筑材料的不确定性；

（2）旧房使用年限及过程缺陷修补；

（3）旧房原墙面拆除及结构维护；

（4）新增墙面饰面材料与旧墙基础的兼容性；

（5）新增墙面饰面工程与旧墙墙面的垂直度、平整度等规范性要求；

（6）与其他工序的交叉施工及与下道工序的衔接；

（7）旧墙改造时的场地维护、安全文明管理。

2　施工过程中针对旧房改造施工难点的应对方法

2.1　项目简介

株洲市妇幼保健院整体搬迁改扩建项目一期六栋楼装饰装修工程，建筑面积约13408m²，其中，门诊大楼的1～7层，装修面积约5435m²；体检中心的1～4层，装修面积约1732m²；生殖中心的1～4层，装修面积约2450m²；儿保中心的1～3层，装修面积约1290m²；急诊中心的1层，装修面积约388m²；办公楼的1-3层，装修面积约2113m²。建安工程估算造价约2000万元。

本工程各施工栋号原为株洲市一医院院区，均为旧房改造施工，为确保项目施工的连续性及施工质量，我公司在进场前安排施工技术人员对场地进行检查，确认旧房改造的拆除内容，针对拆除项，制定施工组织设计及技术方案。

2.2　施工难点的应对与处理

（1）确认各栋号内原始墙面材料（饰面材料及基础）。

进场前，先行组织项目部图纸会审，对各施工栋号墙面施工材料进行确认，研究图纸设计要求及施工工艺，同时核对现场，对需要拆除的墙面施工内容进行标记及确认。经现场核对，本工程各旧房原墙面需拆除的饰面材料包括：墙面砖、铝塑板、仿瓷、木饰面板等。针对原墙面材料，拟定合理的拆除方案。

（2）核对原旧房建筑的结构及维护。

因旧房墙面改造带来的墙体、饰面及基础材料的拆除可能会对原建筑物结构造成影响，因此进场后，我公司及时与项目业主、设计、监理及时协商，针对拆除部位，核对建筑的稳定性，出具拆除专项施工方案。并联系检测单位，对原建筑物进行结构检测，确保拆除工作的安全。如部分拆除工作（墙体拆除、水泥砂浆抹灰层等拆除工作），提前做好减震、除尘工作，对已拆除的施工垃圾，及时清理，以免造成集中荷载，对建筑的结构性造成损害。

减震措施包括：

1）墙体拆除处铺设塑料板、竹跳板等缓震材料；

2）楼板加固，如增设满堂脚手架，顶撑（与楼板软连接）楼板（如图1）。

（3）墙面原材料拆除及施工处理。

1）针对旧墙面仿瓷发霉、开裂、空鼓，墙面瓷片拆除等问题，我公司安排人员对墙面进行凿除，凿至红砖基础。因老旧墙体吸水率过高，在施工前喷水湿润，以免凿除后水泥砂浆抹灰层粉化、开裂及空鼓。

图1　楼板加设顶撑

2）墙面界面剂涂刷。旧墙面基础为水泥砂浆及混凝土墙面的，我公司安排人员对需施工墙面先行洒水湿润处理，对有粘结要求的墙面涂刷界面剂，增加墙体的附着力，确保不出现材料脱落、空鼓等现象，符合设计及国家规范要求。

3）墙体水平、垂直度调整。本工程中，部分墙面施工为墙面石材干挂、木饰面板饰面，为确保旧墙面基础符合后续施工工作要求，我公司安排技术人员对施工部位的墙体进行水平度、垂直度的检测。石材干挂墙面采用钢结构骨架调平，焊接过程全程监督，确保墙体饰面石材的平整性；木饰面材料墙面施工前先行安排人员对需调整墙面进行水泥砂浆抹灰处理或采用阻燃板抽条找平（基层板需做好防潮、防火处理）。

4）墙面防开裂处理。旧墙面仿瓷、墙体涂饰工程施工前，先行对原墙体面层清理，洒水湿润后涂刷界面剂，确保旧墙面的粘结力。基础第一遍腻子施工完毕后满布玻纤网格布，增加饰面材料的结构力。

3　结语

旧房墙面改造需根据现场实际情况及时制定相应的处理方案，满足设计施工方案，更好地服务业主。事先控制能更好地避免施工质量问题带来返工的经济及进度损失，提升企业形象，为公司及社会带来更好的社会及经济效益。

浅谈多元化 GRG 成品在装饰工程中的应用

刘　军

湖南艺光装饰装潢有限责任公司，株洲，412005

摘　要： GRG 材料是一种新型装饰材料，不仅具有防水性能、绿色环保性能及可观赏性能好等的优点，更具有非常出色的抗冲击、声光性能，其造型的随意性更得到建筑大师的追从，因此在当代剧院类公共建筑中得到了越来越多的应用。

关键词： GRG；新型装饰材料；绿色环保

1　引言

随着人们生活水平的日益提高，对文化艺术的追求越来越强烈，为满足人们的这种需求，大中型城市甚至小城市出现了越来越多的文化艺术场所，如：剧场、音乐厅、体育馆等，这类建筑一般具有大空间、大跨度、室内建筑材料声光性能要求高等特点。

剧院类建筑造型新颖、独特，声、光、乐、天桥等设备构造布置复杂，为避让上述构造、设备及该类建筑本身各种功能的要求，使得此类建筑装饰吊顶造型复杂多元化。

出色完成 GRG 的施工，满足剧院类建筑声光、美观、防水、抗冲击等物理、力学、装饰功能的要求对施工单位提出不小的挑战。采用 GRG 实现了蓝图到实物的完美展现，很好地解决了各类曲面造型施工，曲面线条流畅、弧度规准、立体感突出。

2　项目概况

株洲市第二中学新校区图书馆、艺术馆位于株洲市天元区武广片区内，其中图书馆地上 4 层、地下 1 层，艺术馆地上 3 层。工程总造价约 1200 万元，装修面积约 9500m²。

为解决该工程艺术馆三楼观众厅顶部及墙面多曲面、异形装饰，采用 GRG 成品定制安装，取得了很好的经济及装饰效果。

3　GRG 在工程中的应用

GRG 材料是一种新型建筑材料，用其制作的石膏吊顶板具有良好的声光和装饰性能，因石膏板内有玻璃纤维加强，因此还具有非常优异的抗弯、剪及冲击性能，不需要再额外布置轻钢龙骨，而以更灵活、适应复杂造型的丝牙吊杆代替。

（1）通过现场测量，利用计算机辅助设计建立空间模型，设定整体吊顶板的拼装断点，准确下料；结合吊顶平面、立面转折点定出控制点，便于实际测设及施工控制。

（2）利用土建结构设定空间转换层固定点，合理布置丝牙吊杆，使 GRG 吊顶板受力均匀；根据 GRG 吊顶板空间异形形状变化布置吊顶转换层水平杆件，同时利用水平杆件的标高及位置预控制 GRG 板的拼装。

（3）利用全站仪、水准仪测控预设控制点位置，通过该控制点利用光电测量仪校准该排吊顶板的拼装精度。

（4）使用与吊顶板同材质的石膏与抗裂纤维混合填缝剂对吊顶板拼缝进行处理，保证吊顶板接缝处的抗裂性能。

4　GRG 吊顶施工工艺及操作要点

4.1　GRG 石膏板吊顶施工工艺流程

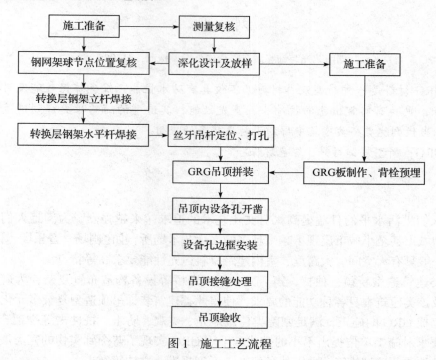

图 1　施工工艺流程

4.2　施工要点

4.2.1　施工准备

在施工前必须积极做好施工准备工作，其主要内容有：

（1）熟悉审查施工图纸和有关的设计资料和设计依据，施工验收规范和有关技术规定。

（2）通过上述对施工图纸的熟悉和现场的复测，将可能存在的问题在各个施工阶段前得到更正，为施工提供一份准确、齐全的图纸。

（3）施工人员在进场前，必须进行技术、安全交底。

（4）建立各项管理制度，如：施工质量检查和验收制度、工程技术档案管理制度、技术责任制度、职工考核制度、安全操作制度等，认真熟悉施工图纸和有关设计资料，严格执行国家行业标准。

4.2.2　测量复核

吊顶施工需在主体结构完工并验收合格后方能进行，因完工后的实际主体结构会因施工误差、温度变形等原因存在一定的偏差，因此需对实际结构位置进行测量复核后续深化设计及放样的精确性。

4.2.3　深化设计及放样

根据复核后构件的实际尺寸，进行深化设计，在正式进行吊顶制作安装前需对悬挂吊顶的钢构架及 GRG 石膏板吊顶进行放样，以指导吊顶制作及确保吊顶安装准确。根据设计方案，将整体吊顶板分格为横向 1225mm 的分块，竖向分格尽量以水平灯槽或者洞口处为断点，以便对拼装位置及标高进行校核。通过计算机辅助建模，针对现场吊顶板造型变化，将整体吊顶板分格为若干排，为便于安装，同排 GRG 分块设计为同尺寸、同形状，生产及运输至施工现场时仅需标注排号即可。同时，在每排中轴线位置设置该排控制点，便于对该排吊顶板进行测控。

因 GRG 吊顶板自重较重，约 45kg/m²，对于直接固定于主体结构的吊顶转换层钢架及 GRG 吊顶板应进行结构荷载计算，并应取得设计单位审核批准方后可施工。施工钢架时应合理布置竖向吊点，布置水平转换层时应结合整体吊顶的形状变化以便于丝牙吊杆吊点的布置。

4.2.4 钢构架安装

（1）主钢架吊点间距，应根据设计要求确定。两端固定的主钢架中间部分应设起拱，起拱高度应按跨度的 1/1000，主钢架安装后应及时校正其位置和标高。

（2）GRG 吊顶主钢架根据图纸要求，并在大型风管底下骨架必须进行型钢加固，应与墙面有牢固的连接。钢结构施工大样如下图所示：

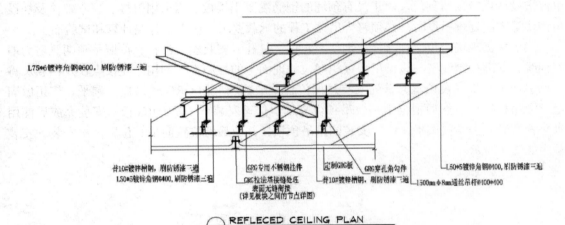

图 2 GRG 吊顶钢结构施工示意图一

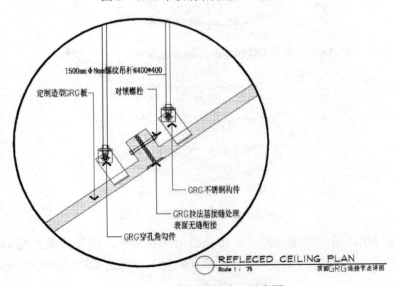

图 3 GRG 吊顶钢结构施工示意图二

（3）对于吊顶内的灯槽、斜撑和剪刀撑等，应根据工程实际情况合理布置。轻型灯具应吊在主龙骨或附加龙骨上，重型灯具或其他重型吊挂物不得与吊顶龙骨连接，应另设悬吊构造。

4.2.5 GRG 吊顶安装

（1）为保证吊顶及墙面大面积的平整度，安装人员必须根据设计图纸要求进行定位放线，确定标高及其准确性，注意 GRG 板位置与管道之间关系，要上下相对应，防止吊顶及墙面位置与各种管道设备的标高相重叠的矛盾通过复测要事先解决这一矛盾。根据施工图进行现场安装，并在平面图内记录每一材料的编号和检验状态标识。

（2）弹线确定 GRG 板的位置使吊顶钢架吊点准确、吊杆垂直，各吊杆受力均衡避免吊顶产生大面积不平整。利用全站仪在吊顶板下结构板面上设置与每一排吊顶板上控制点相对应的控制点。

（3）认真检查吊顶点的预埋情况，对于有附加荷载的重型吊顶（上人吊顶），必须有安全可靠的吊点紧固措施。对于预埋铁件、预埋吊筋或预设焊接钢板等，均应事先由土建施工单位按设计规定预留到位。对于没有预埋的钢筋混凝土楼板，当采用射灯、膨胀螺栓及加设角钢块等方法处理吊点时，必须符合吊顶工程的承载要求，应由设计经计算和试验而定。

（4）根据现场定位，在转换层钢架上定位、打孔、安装丝牙吊杆，按照吊顶两侧剪力墙上轴线、标高控制线及与该排吊顶板相对应的地面上的控制点，利用激光投点仪及钢卷尺将该点引至吊顶板安装位置，首先安装最低位置处中轴线上的 GRG 吊顶板，调平、校正后固定丝牙吊杆螺母。然后根据第一块吊顶板高度、位置安装下一块 GRG 板，安装完成后使用水平管及激光水准仪调平，依次安装同排吊顶板，并由最低位置向最高位置依次安装。安装顺序如图 4 所示。

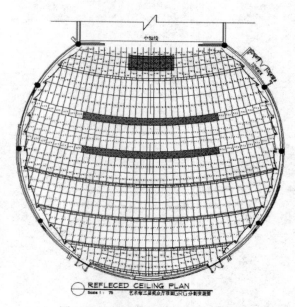

图 4　GRG 吊顶板拼装顺序示意图

（5）要保证 GRG 吊顶的整体刚度，防止以后吊顶变形。应先安装造型 GRG 吊顶，有利于吊顶造型的定位，有利于其与其他吊顶相互固定。吊顶造型均用轻钢材料，以保证造型有足够的刚度。

（6）在安装大面积 GRG 板前，必须待到吊顶上面管道设备完毕后，如吊顶内的通风、水电管道及上人吊顶内的人行或安装通道应安装完毕；消防管道安装并试压完毕后，经有关部门确认，方可进行封吊顶饰面板。吊顶灯具、风口、喷淋、烟感等必须横平竖直，在开孔前应先放线，等整体协调后，再开孔安装。

（7）GRG 板拼缝调整处理：为保证吊顶及墙面造型的面层批嵌开裂，拼缝应根据刚性连接的原则设置，内置木块螺钉连接并分层批嵌处理。批嵌材料采取掺入抗裂纤维的材质与 GRG 吊顶板一致的专用接缝材料。

（8）拼缝处理完成后满刮 GRG 吊顶板专用腻子，打磨处理完成后进行涂料施工，施工完成后检查吊顶板的平整度。

5　GRG 补充质量要求

（1）GRG 材料为新型装饰材料，既具有一般装饰材料的功能，又有良好的力学、声光性能，检测表明：4mm 厚的 GRG 材料，透过 500Hz 23db、100Hz 27db；气干比重 1.75，符合专业声学反射要求。经过良好的造型设计，可构成良好的吸声结构，达到隔声、吸音的作用。多用于剧院类公共建筑，此类建筑具有较大的跨度和独特的建筑造型，屋架结构的稳定性及抗变形能力对 GRG 吊顶发挥正常使用功能至关重要，因此在 GRG 吊顶设计施工时应确保吊顶体系对上部屋架有很好的变形适应性。

（2）相比普通吊顶材料，GRG 产品平面部分的标准厚度为 3.2～8.8mm（特殊要求可以加厚），每平方米质量仅 4.9～9.8kg，能减轻主体建筑重量及构件负载。GRG 产品强度高，断裂荷载大于 1200N，超过国际 JC/T 799—1998（1996）装饰石膏板断裂荷载 118N 的 10 倍。GRG 石膏板具有更好的抗弯、抗拉及抗冲击性能，因此可以无需金属龙骨也可以有较大的跨度，材料进场前应严格控制其质量，并应采取先制作构件试样并送样检测，按设计要求的性能检测合格后方能用于施工安装。

（3）GRG 板是一种有大量微孔结构的板材，在自然环境中，多孔体可以吸收或释放出水分。当室内温度高、湿度小的时候，板材逐渐释放出微孔中的水分；当室内温度低、湿度大的时候它就会吸收空气中的水分。这种释放和呼吸就形成了"呼吸"作用。这种吸湿与释湿的循环变化起到调节室内相对温度的作用，给工作和居住环境创造了一个舒适的小气候。剧院类建筑吊顶上部会布设较多的灯光、音响、给排水、电气等线路设备，吊顶上需留有不同大小、形状的孔洞，现场开凿势必会破坏吊顶材料的受力性能，因此在吊顶施工前应仔细阅读施工图并注意和相关分部工程的配合，综合各分部工程对吊顶构件放样、制作，尽量使孔洞在制作过程预留。

6　结语

GRG 材料为新型装饰材料，既具有一般装饰材料的功能，又有良好的力学、声光性能，多用于较大的跨度和独特的建筑造型。通过现场测量和深化设计，借助计算机辅助设计建立空间模型，实现了异形吊顶的准确下料，也使 GRG 吊顶施工快捷简便，提高了工作效率，取得了良好的经济效益和社会效益。

参考文献

［1］ 吴家华．美术与设计［J］．南京艺术学院学报，2000.

［2］ 李铭陶．抓住奥运机遇，发展新型建材［J］．中国建材，2001.

浅述火灾自动报警设备安装及联动调试技术

刘　毅

湖南天禹设备安装有限公司，株洲，412005

摘　要：笔者结合株洲市湘水湾高层住宅楼工作经验，对火灾自动报警设备安装及联动调试技术进行初步探讨，并总结出火灾自动报警设备安装及联动调试过程中常见问题，为类似项目的应用提供一些参考。

关键词：火灾自动报警设备安装；联动调试；施工技术

1　前言

　　近年来，随着社会经济的发展，城市化进程日益加快，高层建筑大量开发建设，使得人口高度集中。由于高层建筑火灾蔓延速度快、疏散困难、扑救难度大，给城市防灾减灾提出了更高的要求。因此，为了消除高层建筑的火灾隐患，火灾自动报警系统实现了有效排除火灾隐患。但是，如果在消防报警系统电气设备安装过程中没有按照规范要求进行安装调试，那么就无法发挥其强大的功能。因此火灾自动报警设备安装及联动调试也就显得极其重要了。

2　火灾自动报警系统的构成与功能

　　火灾自动报警系统基本可概括为由触发装置、火灾报警装置、火灾警报装置、电源和联动控制装置五大部分组成。

2.1　触发装置

　　在火灾自动报警系统中，设有自动和手动两种触发装置，触发器件包括火灾探测器和手动报警按钮。火灾探测器是火灾自动探测系统的传感部分，能在现场发出火灾报警信号或向控制和指示设备发出现场火灾状态信号的装置；手动报警按钮也是向报警器报告所发生火情的设备，由于它是手动报警，其准确性也更高一些。

2.2　火灾报警装置

　　在火灾自动报警系统中，用以接收、显示和传递火灾报警信号，并能发出控制信号和控制指示设备称为火灾报警装置。火灾报警控制器是火灾自动报警系统的核心设备和控制中心。此外短路隔离器、火灾显示盘和区域报警控制器等同属于功能不完善的火灾报警装置。

2.3　火灾警报装置

　　火灾警报装置指的是发出区别于环境声、光的火灾警报信号装置，声光报警器就是一种最基本的火灾警报装置，它是以声、光的方式向报警区域发出火灾警报信号，以提醒人们安全疏散、灭火救灾。

2.4　电源

　　火灾自动报警系统属于消防用电设备，其电源应当采用消防电源，备用电源一般采用蓄电池组；系统电源除为火灾报警主机供电外，还为与系统相关的消防控制设备等供电。

2.5 联动控制装置

联动控制装置包括各种控制模块、火灾报警联动控制器、自动喷淋灭火系统控制装置、室内消火栓系统控制装置、防烟排烟控制系统控制装置、防火卷帘（门）控制装置、电梯迫降控制装置、指挥疏散系统控制装置等。控制装置接收到来自触发器件的火灾信号或火灾报警控制器的控制信号后，能通过模块自动或手动启动消防设备并显示工作状态。

3 工艺流程图（图1）

4 施工要点

4.1 施工准备

高层住宅消防工程地下室及公共区域部分的工程量比较大，消防工程与装修、空调、电气照明、给排水等专业配合点较多，施工存在一定的难度，施工技术准备尤其重要。在具体施工时，我们应该注意以下几点：

（1）组织专业技术人员熟悉设计施工图，掌握施工图纸的全部内容和设计意图，根据设计图纸防火分区设定、工艺流程、工程特点、质量标准和现场的实际情况编制施工方案。

（2）各类设备机房和公共走廊与地下室上空的管线布置直接影响到安装工艺的观感，是消防机电设备安装工程的重点，应充分考虑美观性，按照合理布局与其检修方便原则，做好综合管线布局深化设计工作。通风空调、给水排水、消防喷淋、电气等各专业的管线进行统一安排，合理布置，避免施工时管道冲突、交叉而影响施工质量、施工效率。

（3）专业技术人员对通风空调、给水排水、消防喷淋、电气专业、装修与土建及其他专业相互联系对照，若发现问题，提前与建设、设计单位协商。

（4）由于地下室、走廊内及设备房的水管、风管、强电管线较多，各个专业之间难免会有交叉冲突现象，本着"小管让大管，弱电让强电的原则"，施工前应和各专业分包单位进行沟通协商，合理布置好天花顶板空间，严格参照设计图纸进行施工。

4.2 系统配管与布线

在具体施工时，我们应该注意以下几点：

4.2.1 钢管敷设

（1）材料进场前应进行外观质量检查，钢管不应有变形和裂缝，管内壁应光滑无毛刺，

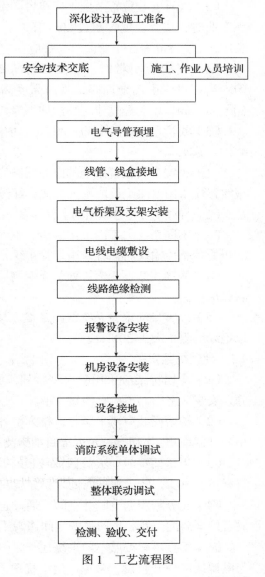

图1 工艺流程图

裁管时应用管材切割机或钢锯，尺寸要精确，无任何缺口和翻边。

（2）弯线管时，电线导管的弯曲半径不应小于电线最小允许弯曲半径。明敷时弯曲半径应不小于管外径的 6 倍，埋于混凝土内时不小于管外径的 10 倍，弯曲处不应有裂缝和明显的弯扁。

（3）线管安装位置及施工应符合图纸与工艺的要求：在以下情况，线管长度每超过 30m 无弯曲时，线管长度每超过 20m 有 1 个弯曲时；线管长度每超过 10m 有 2 个弯曲时；线管长度每超过 8m 有 3 个弯曲时；都应在中间加装接线盒，其位置应便于接线。

（4）当线管明敷时，需要刷防火涂料；管线应排列整齐，固定牢固，管卡间距均匀。当埋设管引出地面时，管口高度高出地面 200mm；当进入落地柜时，高出柜内地面 50～80mm。线管经过建筑物的伸缩缝与沉降缝时，应采用伸缩连接工艺措施。

（5）线管入盒时，外侧应套锁母，内侧装护口。在吊顶内敷设时，盒的内外侧均应套锁母。

4.2.2　系统布线

（1）火灾自动报警系统的电源线路应采用耐火配线；消防联动控制线路、消防通信、警报线路应采用耐热配线或耐火配线；探测器信号传输线可用阻燃配线。

（2）导线的连接必须做到十分可靠。一般应经过接线端子连接，小截面导线绞接后应搪锡。

（3）不同系统、不同电压等级、不同电流类别的线路，不应穿于同一根管内。横向敷设的报警系统传输线路，若采用穿管布线，则不同防火分区的线路不可共管敷设。

（4）从接线盒、线槽等处引至探测器底座盒、控制设备盒、扬声器箱等的线路应加金属软管保护。

（5）火灾自动报警系统线路敷设完毕后，应用 500V 兆欧表测量绝缘电阻，每对回路对地绝缘电阻不大于 20MΩ。

4.3　金属桥架安装

（1）金属桥架应采用防火型桥架，施工时要求内部平整，光滑无毛刺，加工尺寸要准确，安装应坚固，不应有明显变形。

（2）桥架安装应横平竖直，排列整齐，连接板的两端采用铜编织接地线跨接，接地线最小允许截面积不小于 4mm²；金属桥架及支架必须有不少于两处与接地干线相连接。

（3）当桥架穿越防火分区或楼板时，应设置穿墙（楼板）套管。桥架与套管之间用防火材料填塞密实，防火泥抹面处理；穿越建筑沉降缝时，应采用桥架伸缩节进行处理。

（4）充分利用弱电竖井空间，通过合理布置与巧妙处理，把要维护和操作的箱体布置在对着门开启的位置，把门外的空间作为维护和操作空间。

（5）垂直桥架按照不同系统在竖井内进行施工，桥架内应安装防火分隔板，弱电信号线与电源线应分开敷设，避免产生干扰现象。从施工角度出发，还应统一安排各强（弱）电系统在竖井内的管、桥架分布。

（6）桥架支架在金属结构上和混凝土结构的预埋件上，采用焊接固定；而在混凝土顶板上安装时采用膨胀螺栓固定；线管在墙面和顶板预埋时，要做接地保护。支架安装应做到横平竖直，坚固美观，在同一直线上间距既要符合规范要求又要保持均匀协调。

4.4　配电柜（箱）安装

在具体施工时，我们应该注意以下几点：

（1）配电柜（箱）应安装在安全、干燥、易操作的场所，安装配电箱（盘）所需的木砖及铁件等均应预埋。挂式配电箱（盘）应采用金属膨胀螺栓固定。箱体及柜门应接地可靠。

（2）配电柜（箱）上接线整齐，回路标示齐全，进线电缆留有余量，便于检修。导线剥削处不应伤线芯或线芯过长，导线接头应牢固可靠，多股线应涮锡后再压接，不得减少导线股数。

（3）配电柜（箱）的盘面上安装的各种隔离开关及自动开关等，当处于断路状态时，刀片可动部分不应带电。盘面闸具位置应与支路相对应，其下面应装设标识牌，标明线路及容量。接零系统中的零线应在箱体（盘面上）引入线处做好重复接地。

（4）配电箱（盘）安装应牢固、平正，其允许偏差不大于 3mm。配电柜（箱）上电器、仪表应牢固、平正、整洁、间距均匀。铜端子无松动，启闭灵活，零部件齐全。

5 消防用电设备供电线路敷设

消防用电设备的供电线路采用不同的电线电缆时，供电线路的敷设应满足相应的要求。

（1）当线路暗敷设时，要对所穿金属导管进行保护，并要敷设在不燃烧结构内，保护层不应小于 30mm。

（2）当线路明敷设时，应穿金属导管或敷设在封闭式金属线槽内，并采用相应的防火保护措施。

（3）当采用有机绝缘耐火电缆时，在电气竖井或电缆沟内敷设可不穿导管保护，但应与非消防用电电缆隔离。

（4）当采用铜芯铜护套矿物绝缘电缆，可直接在吊顶内敷设。

6 消防用电设备供电线路防火封堵

消防用电设备供电线路要为消防设备持续供电，为防止火灾通过消防供电线路传输，应对消防用电线路采取防火封堵措施。

6.1 电缆竖井防火封堵

电缆竖井采用矿棉板加膨胀型防火堵料组合成膨胀型防火封堵系统，防火封堵系统的耐火极限不应低于楼板的耐火极限，封堵处采用角钢或槽钢托架加固。

6.2 电气配电柜封堵

电气柜孔采用矿棉板加膨胀型防火堵料组合成膨胀型防火封堵，先根据封堵孔洞的大小估算出强度 160kg/m³ 以上矿棉使用量，并根据进线导管或电缆数量裁出适当大小的孔，孔洞底部铺设 50mm 矿棉，并采用膨胀型防火密封胶进行封堵。

6.3 电缆沟及电缆隧道进入室内处的封堵

无机堵料用于电缆沟及电缆隧道进入室内处的封堵。长距离电缆沟每隔 50m 处；电缆穿阻火墙应使用防火灰泥加膨胀型防火堵料组合的阻火墙。阻火墙内部的电缆周围必须采用不小于 13mm 的防火密封胶进行包裹，阻火墙底部应留有两个排水孔。

7 火灾自动报警系统设备安装

火灾自动报警设备应根据设计图纸的要求，对型号、数量、规格、品种、外观等进行检查，并提供国家消防电子产品质量监督检测中心有效的检测检验合格报告，及其他有关安装接线要求的资料，同时与提供设备的单位办理进厂设备检查手续。在具体施工时，我们应该注意以下几点：

7.1　点型火灾探测器安装

（1）探测器至墙壁、梁边的水平距离，不应小于 0.5m；探测器周围水平距离 0.5m 内，不应有遮挡物；探测器至空调送风口最近边的水平距离，不应小于 1.5m；至多孔送风顶棚孔口的水平距离，不应小于 0.5m。

（2）在宽度小于 3m 的走道顶棚上安装探测器时，宜居中布置安装。点型感温火灾探测器的安装间距不应超过 10m，点型感烟火灾探测器安装间距不应超过 15m，探测器至端墙的距离，不应大于探测器安装间距的一半。

（3）探测器宜水平安装，当确实需倾斜安装时，倾斜角不应大于 45°。

7.2　手动火灾报警按钮安装

（1）手动火灾报警按钮应安装在明显和便于操作的部位。当安装在墙上时，其底边距地面高度为 1.3～1.5m 为宜。安装应牢固，不应倾斜。

（2）手动火灾报警按钮的连接导线应留有不小于 150mm 的余量，且在端部应有明显标志。

7.3　控制模块安装

（1）同一报警区域内的模块宜集中安装在金属箱内，模块应安装牢固，并应采取防潮、防腐蚀等措施。隐蔽安装时在安装处应有明显的部位显示和检验孔。

（2）模块的连接导线应留有不小于 150mm 的余量，其端部应有明显标志。

7.4　消防电气控制装置安装

（1）消防电气控制装置安装前应进行功能检查，检查合格后方可安装，外接导线应有明显永久的标志编号。

（2）消防电气控制装置箱体内不同电压等级、不同电流类别的接线端应分开布置，并有明显永久的标志编号，且安装牢固可靠。

7.5　火灾报警控制器安装

设备安装前，屋顶、楼板施工已完毕，不得有渗漏；结束室内地面、门窗、吊顶等安装；有损设备安装的装饰工作全部结束。

（1）落地安装时，其底宜高出地面 0.1～0.2m，一般用槽钢作基础，如有活动地板时使用的槽钢基础应在水泥地面生根固定牢固。

（2）控制设备前操作距离，单列布置时不应小于 1.5m，在有人值班经常工作的一面，控制盘到墙的距离不应小于 3m，盘后维修距离不应小于 1m，控制盘排列长度大于 4m 时，控制盘两端应设置宽度不小于 1m 的通道。

（3）引入火灾报警控制器的电缆或导线整齐，避免交叉，固定牢固。标志编号应正确且与图纸一致，字迹清晰，不易褪色。电缆及导线应留有不小于 200mm 的余量，导线穿管、线槽后，应将管口、槽口封堵。

7.6　消防应急广播扬声器和火灾警报器的安装

消防应急广播扬声器和火灾警报器宜在报警区域内均匀安装，安装牢固可靠，表面不应有破损。火灾光警报装置应安装在安全出口附近明显处，底边距地面高度在 2.2m 以上。

8　消防联动系统调试

在各消防系统、设备、器件分别调试完毕后，即可进行消防联动系统调试

8.1　消防联动试验步骤

（1）先通过模拟火灾信号，检查火灾探测器、手动报警按钮等火灾报警系统工作正常，报警控制器显示的地址编码、名称、类型等参数应准确无误。

（2）通过模拟火灾信号或其他方式，逐个检验消防联动系统（主要有消火栓水灭火系统、自动喷淋灭火系统、防排烟系统、防火卷帘门装置、电源与电梯强切、气体灭火系统等）联动控制逻辑关系的动作对象与顺序，并满足设置要求和消防规范要求，各类反馈信号应指示正常，地址编码显示准确，声光报警音调正常。

8.2　消防联动试验方法

（1）单点检测和控制试验。对于监视模块及监视点，人为动作向主机发出信号，检查主机是否能够接受到，逐点检查每一监视点。对于控制模块，在主机键盘向控制模块发出信号，检查系统动作是否正确。

（2）联动程序检查。报警联动检查：将全部排烟风机、通风机开启，消防泵、喷淋泵、主电源及控制电源送电，防火卷帘门处于正常工作状态。在主机上，按防火分区，每区试验三次，人为使某一区探头报警，检查联动结果及返回信号是否正确。每次试验结束，将系统及设备复位，准备下一次试验。防火阀动作联动检查：人为拉动关闭防火阀，检查联动设备是否正确，对照联动关系表，逐一回路试验，每次试验结束将系统复位，防火阀恢复原开起位置。每次试验结束，如联动不正确，应立即找出原因，纠正后重新进行试验，直到每一回路都符合联动关系。

（3）检测消防控制室建筑设备监控系统传输、显示火灾报警信息的一致性和可靠性。检测与建筑设备监控的接口、建筑设备监控系统对火灾报警的响应及其火灾运行模式，应采用在现场模拟发出火灾报警信号的方式进行。

9　火灾自动报警系统安装中常见问题

9.1　火灾探测器

安装不牢固、松动；安装位置、间距、倾角不符合规范要求；探测器编码与竣工图标识、控制器显示不相对应，不能反映探测器的实际位置。

9.2　手动火灾报警按钮

报警功能不正常；报警按钮编码与竣工图标识、控制器显示不相对应，不能反映探测器的实际位置；安装不牢固、松动。

9.3　火灾报警控制器

柜内配线不符合要求，火灾报警控制器电源与接地形式及隔离器设置不符合要求，控制器基本功能不能全部实现，主、备电源容量、电源电性能试验不合格。

9.4　系统工作和保护接地不符合要求。

9.5　消防专用电话、消防电话插孔和火灾警报装置的设置不符合要求。

9.6　控制中心报警系统

火灾时不能在消防控制室将火灾疏散层的扬声器和公共广播强制转入火灾事故广播状态。

以上问题在消防施工过程中经常遇见，只要严格按照规范要求与安装图集施工就能避免类似问题的发生。

10　结束语

综上所述，在火灾自动报警设备安装过程中，要深刻理解各工程的特点，把握系统的理念，既要全局统一部署，又要局部仔细考虑，相互之间协调好，遵循先进的施工方法和正确的施工流程。只有这样，才能安装调试出电气设备稳定可靠、运行效率高、便于维护的消防机电工程。

参考资料

［1］GB 50166—2007.火灾自动报警系统施工及验收规范［S］.

［2］GB 50016—2006.建筑设计防火规范［S］.

［3］GB 17945—2010.消防应急照明和疏散指示系统［S］.

［4］黎连业.建筑弱电工程设计施工手册［M］.北京：中国电力出版社，2010.4.

［5］海湾火灾报警及消防联动控制系统应用设计说明手册［R］.

110kV 变电站 GIS 设备及变压器安装问题分析

伍红亮

湖南省工业设备安装有限公司，株洲，412000

摘　要：选择在 110kV 变电站安装 GIS 设备和变压器，存在着施工周期不长、后期维护便利、可靠性较高等诸多优势特征。笔者主要在厘清该类设备和变压器安装于 110kV 变电站需要注意的问题前提下，结合实际探讨日后可行的控制措施，希望能够为相关工作人员借鉴。

关键词：110kV 变电站；GIS 设备；安装问题；控制措施

在我国电气制造技术日渐发达完善的背景下，有关借助 GIS 设备和变压器安装途径，进行变电站创新化设计和施工的活动开始广泛分布。为了确保这类变电站日后得以可持续和高效率运行发展，及时探讨其内部 GIS 设备的安装等细节性内容，便显得十分必要。

1　110kV 变电站安装 GIS 设备需要注意的问题

1.1　维持安装环境的清洁状态

想要保证 GIS 设备日后正常运行，就必须预先提供足够清洁的安装环境，因为 110kV 变电站中的设备安装条件不是十分理想，为了避免日后灰尘大量覆盖在设备表面，就必须在正式安装前期进行适当程度的清洁处理，具体方式就是在安装位置洒水并借助拖把清理干净，随后放置 48 小时再安装 GIS 设备及变压器。主要原因就是一般电极铜管加工环节中表层会生毛刺或是携带金属屑，这些因素都会令变压器实验过程中滋生放电现象，因此要保证这部分电极铜管的洁净状态，不允许带有金属屑。

1.2　保证安装过程中的密封性

核心目的就是控制好 GIS 设备自身的绝缘效果。结合实际调查发现，在 110kV 变电站安装 GIS 设备期间，一旦混入 SF6 气体，势必会造成严重的故障，所以安装环节中要做好密封性的检查认证工作。须知决定这类密封性好坏的关键因素，就是罐体的焊接质量和密封圈的制造、安装水平，而为了规避漏气等不良现象的发生，还必须保证及时发现使用过的密封圈并加以更换。

再就是注意安装中的真空效果。这类真空效果可以说是 GIS 和变压器安装环节中的关键性控制因素，主要原因就是气体水分会直接影响 GIS 运行程度，而真空性直接决定着 SF6 含量的合理遏制结果，即在缩减 SF6 内部存在的水分基础上，令罐内其余类型的绝缘体绝缘性能得以减少。需要注意的是，如若不能保证将 SF6 气体稳定在 0 摄氏度以下的环境内，绝缘体表层势必会形成凝露，令 SF6 在电弧作用下生成 HF 等低氟化物，随后直接侵蚀绝缘材料和金属表面，威胁变压器和 GIS 设备的正常运行。

2　110kV 变压器安装工艺的规范要点

2.1　做好基础检查工作

即要求技术人员结合图纸尺寸，进行混凝土基础检验，看其是否能够达到要求，避免其和图纸尺寸出现任何冲突现象。

2.2　维持变压器主体和 GIS 设备连接的紧密性

须知变压器主体质量为 33t，当现场吊车吊装无法就位，同时变压器室内不存在起吊设备时，就必须选择在室外设置有关平台，借此延伸并在基础齐平，而为了令整个工作面更加顺利地展开，还须额外在室内排油坑沿用 10mm 的钢板加以铺垫。确保这一系列准备工作处理完毕之后，则要考虑配合 80t 的吊车，将变压器主体放置于平台滚杠之上，而同时分别在两侧沿用一根 1.5t 的板葫加以缓缓拖拉，保证就位之后，持续配合 4 个 10t 千斤顶顶起变压器主体，力求在全方位调整和检验之后，令 HV 套管的中心和 CB 的三相中心维持在一条直线上，为后续 HV 套管、变压器等连接工作目标顺利贯彻，提供保障。

另外，还应该保证妥善性安装变压器部件。其间第一要务便是散热片的安装，安装过程中需要确保冷却风扇位置的精确性和螺栓连接的紧固性；之后顺势进行主油枕安装，其中主油枕的质量为 1.4t，最高点达到变压器底座的 5.2m，而变压器室内高仅仅为 6m，因此该类工序一直被认定是变压器安装工程中的重点和难点。技术人员须经过持续深入性测量认证，进一步沿用 8t 的汽车吊，因为活动拨杆较短，使得吊车能够逼近于变压器室，顺势极大俯仰角度并提升吊装高度。与此同时，还可以考虑将吊钩去掉，之后借助一个 2t 的倒链加以替换，如此就可以顺利达到吊装范围扩大和主油枕的安装目标。

3　将 GIS 设备及变压器科学合理地安装于 110kV 变电站的控制措施

3.1　针对安装环境进行清洁和通风处理

首先，严格督促安装人员预先穿上正式的工作服和鞋子，禁止任何和安装工作不相关的东西带入工作场地。之后委派专业人员处理工作区域的吸尘事务，同时在 GIS 设备周边临时添加静电除尘器。除此之外，还须及时封堵工作区和其余区域连通的孔洞，并且保证其通风性，特别是在隔离交叉面时要尽量保证应用塑料绝缘物质，这样才能令工作区域条件达到环境规范要求，以切实保障整个安装工程的质量。

其次，安装环节中，要确保将有待于组装的单元加以清扫，确认妥当之后顺势将密封盖打开，并借助吸尘器将隐藏在当中和覆盖在外部的灰尘清除，一旦发现存在毛刺亦或是凸凹的部分，则要快速予以修整，之后再持续地开展密封包装和 GIS 设备、变压器安装工作。

3.2　积极深入地开展 GIS 安装现场试验检测活动

（1）试验环节中参数的确认。持续到安装工作处理完毕之后，安装人员则须依次确认耐压参数。须知针对 GIS 及变压器设备进行试验的回路结构十分繁琐，可以顺势细化出变频电源、励磁变压器、高压电抗器、分压器、避雷器，以及一系列必要的试品等。尤其对于其中的变频电压设备来讲，往往是厂家生产的成套设备，因此在 GIS 实验参数确定之后，涉及 GIS 电容量，会借助高压电抗器的电感量和品质因数加以演算认证，如此一来，有关试品的电容就会因此得以确认。

（2）试验接线方式的选择。有关 GIS 安装试验的回路，主要是由高压电抗器内部不同的连接方式加以决定。如当中的电感量，主要是基于电抗器在试验环节中的串并联方式，以及和 1.05 系数相乘结果决定的。在此基础上，为了更加精确地演算出励磁变压器的二次侧输出相关电压数值，则需要在 GIS 和变压器实验中确定回路的振荡过程之后，分析获取电晕数值、电导与涡流损耗数值，进一步发挥出功损耗在其中的影响作用，并且令计算品质因数的结果大于实际结果。

（3）试验接地的控制。在正式展开 GIS 及变压器试验活动期间，技术人员要保证在沿用专门的无晕引线的前提下，令接地方式满足预设的技术规范标准。尤其是在接地安装现场之中，要保证预先沿用 16 平方毫米的裸铜线作为设备接地地线。至于这部分接地地线的位置则不允许存在任何的环绕、对折现象，否则造成 GIS 击穿放电并产生高压状况的几率将大幅度提升。归结来讲，这部分接地的顺序，就是要严格依照试验设备加以衔接，同时为了避免影响试验的整体效果，还须注意连接过程中要保证接地。现阶段比较常出现的 GIS 及变压器外壳接地方式主要包含两类，分别是单点和多点接地，其中单点接地必须将 GIS 外壳与所有绝缘段联系在一起，不过限于接地线仅有一根，可靠性不是十分理想；而多点接地方式主要限定在 GIS 部分分段位置上，借助相关导体连接外壳来完成接地，因为在 GIS 外壳中包含两个接地点，可以保证全面提升设备的稳定与安全性。

4 结语

综上所述，关于 110kV 变电站 GIS 设备及变压器的安装问题，着实繁琐复杂。笔者在此阐述的仅仅是个人阶段化收集整理的实践经验，必然不够完善。希望日后相关工作人员能够借鉴的同时持续加以改良修缮。长此以往，为我国变电站长期经济性、高效率运行发展，提供不竭的支持服务动力。

参考文献

[1] 杨红.变电站施工中 GIS 设备与变压器的安装技术［J］.中国新技术新产品，2011，33（01）：184-197.

[2] 王尔玺.以 110kV 基建工程探讨 GIS 设备的安装及接地问题［J］.科技资讯，2011，31（08）：120-128.

[3] 荣发兵.某变电站 110kV GIS 电气设备基础处理方案论证［J］.山西建筑，2011，26（06）：77-85.

[4] 马长建.刍议变电站 GIS 设备的安装技术［J］.中国新技术新产品，2012，15（03）：155-159.

[5] 沈辉.在线监测系统在电厂变压器中综合应用浅析［J］.科技创新导报，2017，22（20）：114-123.

加强品牌建设　　树立企业形象

袁小军

湖南省第五工程有限公司，株洲，420000

摘　要：我省建筑企业在广东区域经营承接任务现场状况是规模偏小，缺少承接高精尖的能力，但坚持自己的发展思路，坚持创建自己的品牌特色也能赢得一方市场。我司广东直属分公司坚持制度化建设、安全文明标准化建设，近年在质量创优上作文章，也赢得了属于自己的一片天地。

关键词：制度化建设；安全文明标准化；质量创优

湖南省第五工程有限公司广东直属分公司于 2008 年进入广东省中山市建筑业市场，历经十年，在公司党委领导下，分公司秉承"诚信经营、用户至上"的宗旨，坚持"一流、超越"的质量、职业健康安全和环境管理体系方针，近 10 年来工程创全国 AAA 级安全文明标准化工地 3 项，湖南省建设工程芙蓉奖 3 项，湖南省优质工程 4 项，湖南省绿色施工示范工程 1 项，广东省安全文明标准化工地 5 项，广东省优质结构奖 1 项，中山市安全文明工地10 项，荣获中山市优秀项目经理奖 1 项，分公司诚信排名位居中山市建筑行业前 10 名。

外省市进驻中山市建筑市场的企业高达 600 余家，是什么让一个外省的一级建筑企业在当地能够进入市场后站得住，发展好呢，笔者在分公司任总工程师十余年，通过自己管理项目，总结提炼出一些自己的心得体会可以概括为：加强品牌建设，树立企业形象。在中山市做工程，靠的是企业品牌与实力，真真实实的做工程和管项目，以诚信的责任心去赢得业主的放心，去赢得市场的敲门砖。在进入中山市前期阶段，分公司每年只能承接一些 2 万方的单位工程，但是，通过安全文明标准化和质量创优手段，陆续赢得了一些大业主的项目，每个工程基本都在 15 万方以上，施工高峰期时同时开展施工面积可以达到 35 万方以上。通过做业主的一期工程，陆续承接业主的二期、三期和后期开发工程，与大业主建立了良好的合作关系。十余年来，在管理项目的施工阶段，通过制度化建设、安全文明标准化和质量创优手段，一年一个台阶，树立了企业品牌与社会形象。

1　实施规范化、标准化管理的意义

自 2012 年开始，分公司在学习、实施公司的《分公司管理指南》《项目管理手册》《风险防范手册》《安全质量标准化图集》和各项文件，通过考察当地建筑市场先进的安全文明做法和施工工艺，吸收借鉴并将其融入到分公司的项目管理实践之中，积极推进项目标准化管理，于 2013 年底编制了《中山分公司管理指导书》，涵盖了《分公司管理制度》和《项目施工指导书》分册。

分公司颁布实施的《管理指导书》，以手册为标准具体指导项目的标准化管理，统一了项目管理的程序化、制度化，统一了项目现场实施细则，统一了岗位人员的考核激励制度，有力的推进了分公司对项目管理的标准化，总结为：

（1）通过标准化管理，可以将复杂的问题程序化，模糊问题具体化，分散的问题集成化，成功的方法重复化，实现各阶段项目管理工作的有机衔接，整体提高项目管理水平，为又好又快实施大规模建设任务提供保障。

（2）通过总结项目管理中的成功经验和做法，有利于不断丰富和创新项目管理方法和企业管理水平。

（3）通过对项目管理经验在最大范围内的复制和推广，可以搭建起项目管理的资源共享平台。

（4）通过在每个管理模块内制定相对固定统一的现场管理制度、人员配备标准、现场管理规范和过程控制要求等，可以最大限度地节约管理资源，减少管理成本。

（5）通过推行统一的作业标准和施工工艺，可以有效避免施工过程中的质量通病和安全死角，为建设精品工程和安全工程提供了保障。

（6）通过对项目管理中的各种制约因素进行预前规划和防控。可以有效减少各种风险，避免重蹈覆辙。

（7）通过建立标准的岗位责任制和目标考核机制，便于对员工进行统一的绩效考核。

2　实施标准化管理中的一些具体工作

（1）实施程序化制度，提项目效益；规范标准化管理，创企业品牌

分公司承接的施工任务逐年增加，项目业主由单个增加到多个，对于管理上来讲，提出了更高的要求，以前是一班人围绕一个项目转，那么现在是分公司一班人同时要管理更多的项目。

围绕这一课题，分公司各部门开始制订了本部门的管理制度和办事程序。于2013年底编制了《分公司管理指导书》。《分公司管理指导书》涵盖了《分公司管理制度》和《项目施工指导书》分册。《分公司管理制度》内容包括了：行政管理制度、人事管理、会议制度、管理人员绩效考核制度、工程劳务分包标准合同、工程价款支付制度和财务支付管理制度等；《项目施工指导书》包括了项目部岗位人员责任书、施工工序技术安全交底、工序交接与质量验收、安全文明定型化施工图集、工程月报表和项目质安处罚条例等。

分公司和下属各项目部通过执行《管理指导书》半年，普遍反馈的意见是办事有章可循，节约管理资源，减少管理成本；通过推行统一的作业标准、施工工艺、工序质量验收可以有效避免施工过程中的质量通病，实现各阶段项目管理工作有效连接，整体提高项目管理水平；通过建立标准的岗位责任制和目标考核机制，便于对员工进行统一的绩效考核。

（2）科学管理，以人为本，围绕创"安全文明工地"，实施安全文明定型化

在创"安全文明工地"的过程中，分公司逐渐摸索出一套经验，包括施工现场的安全防护棚、施工通道、施工电梯通道平台和防护门、电梯井洞口防护门、消防水箱、宣传标语、门卫室和会议室布置等方面，各构件采用钢质型材制作，而且各构件尺寸都是一样的模数，例如安全通道和电梯防护棚的长宽尺寸都是4.5m、3.0m，高度一致，各构件可以互换，这样做的好处是构件标准化可以重复利用，材料可以周转使用。我们在2011年开始实施标准化的电梯通道防护门、电梯井口防护门等一批钢制维护设施，已周转使用7年，通过翻新和维护至现在还是比较完好的。

在安全文明管理中，分公司贯彻的宗旨是"科学管理，以人为本"。"以人为本"这一句

话具体到实施过程中可不是一件简单的事情了。例如安全宣传标语的设置，高层建筑的悬挂方式自6楼开始向上竖向悬挂，多层建筑为三层开始横向悬挂。在公司的年中项目检查，公司副总经理到乐意居五期工地时问到我为什么这么做，我回答悬挂方式为自6层开始向上悬挂是因为只要进入工地现场，人的视线平视、稍微仰视对面即可看到安全宣传标语，这样就真正起到了宣传作用。所以，安全管理就是保护人的安全，安全管理也必须是以人为本。

上述案例只是一个具体的小事，从一件小事就能体现"科学管理，以人为本"的意义。分公司通过近年这些安全的管理工作，在安全防护上面，不断进行总结与改进，安全防护设施全部绘制成一套施工图，由分公司下发给各项目部，按标准图统一进行加工实施。公司于2015年修编的《安全质量标准化图集》中采用了我们广东直属分公司的一些做法，这也是对我们工作的高度肯定，我们也感到十分欣慰。

3　加强质量管理，建设放心工程

分公司在历经多年的安全文明标准化建设后，于2016年初提出质量创优，当时正逢承接了中山市的重点工程，中天广场城市商业综合体，建筑面积15.37万方，为当时公司在广东区域体量最大的单位工程，公司领导适时提出做精品工程，做优质工程，工程树立了创广东省优质工程，全国AAA安全文明标准化工地，湖南省绿色施工示范工程的目标，通过项目管理目标策划与工程过程实施，工程于2017年10月竣工验收完成，顺利获得了全国AAA安全文明标准化工地和湖南省绿色施工示范工程等奖项。通过了广东省建筑业协会组织的专家评审为广东省优质结构奖，为申报2018年度广东省优质工程奠定了基础。

总结在质量方面的创优，可以归纳为：

（1）质量管理：以实测实量为核心，在主体结构、装修等分部分项工程，推进以质安科为主管的实测实量工作。所有的合格工程必须依据质安科在钢筋、板模、混凝土、砌体、披灰、铝合金、栏杆等各专项作业的质量实测实量，各工序经质安科现场进行实测实量检测，达到创优质量标准。在实测实量方面，必须计算施工成果的合格率、优良率，质量缺陷的统计数据，反馈给项目部技术、生产和班组去实施改进。

（2）科技技术：围绕创优目标实施新工艺、新方法、新材料的应用推进，以BIM技术在总平面布置、施工技术交底方面为基础，以施工组织设计（施工方案）、作业指导书、技术交底等技术方案的标准化、以质量管理和实测实量数据随机抽查、信息动态监控为基础，推进项目部在主体结构、装饰装修、安装工程的工艺改进，并以此形成了"薄披灰施工工艺""施工废水循环回收利用系统"等施工方法。

4　结束语

规范化、标准化管理是一个庞大的系统工程。我们虽然做了一些工作，也取得了较好的成绩，但管理工作永无止境，项目的安全、质量是一个动态发展变化的状态，重视过程控制是根本，我们将虚心向业界各单位学习，努力使项目管理工作再上一个新的台阶。

转体连续梁称重试验研究

邓余华 文晓峰 余 焕

中建隧道建设有限公司，重庆，401320

摘 要： 通过现场称重试验对汉十高铁连续梁转体称重进行了试验研究，研究结果表明：现场试验过程正常，基本测试出转体梁各项参数，对比称重和配重复称的试验数据可知，配重后中跨侧顶升力突变值 P_1 值为 1104kN，边跨侧突变值 P_2 值为 912kN，中跨侧和边跨侧两者顶升力突变值基本均衡，说明现场的配重确定基本准确，试验为后续主梁顺利转体的实施提供了一定的保证和依据。

关键词： 转体称重；顶升力；配重；偏心受压

1 概述

1.1 工程概况

孝感东特大桥 311 # ~ 314 # 墩为（40 ＋ 64 ＋ 40）m 转体连续梁，该连续梁起讫里程为 DK049+86.080 ~ DK049+231.480，新建线路与既有京广铁路的夹角为 72°。

本桥采用平衡转体施工工艺，312# 主墩转体重量约为 3461t，313# 主墩转体重量约为 3531t，转体角度均为 72°，转动设备采用 40000kN 的球铰，采用 10-Φ_j15.2mm 高强度、低松弛钢绞线作为牵引索，牵引索预埋在上转盘内，每个转动体系预埋 2 束，采用 4 台 QDCL2000-300Q 型连续顶推千斤顶作为牵引动力设备，配备 6 台 YTB 液压泵站（2 台备用）和 2 台 LSDKC-8 型主控台。

桥梁主要参数如下：

（1）设计速度：设计最高运行速度 250m/h；

（2）线路情况：双线，直、曲线，正线间距为 4.6m，最小曲线半径 5500m；

（3）环境类别及作用等级：一般大气条件下无防护措施的地面结构，环境类别为碳化环境，作用等级为 T2；

（4）设计使用年限：正常使用条件下梁体结构设计使用寿命为 100 年；

（5）施工方法：挂篮悬臂浇筑＋转体施工；

（6）养护维修方式：桥上不设人行检查车走行通道。

1.2 称重试验目的

桥梁转体要想顺利、安全、平稳，就必须保证梁体在转动过程中始终处于平稳状态，并且牵引系统能提供充足、稳定的牵引力。

通过转体重心计算偏心距，由于各参数无法全部精确控制获取，会存在实际偏心与理论计算不一致的情况，因此需要在转体之前进行称重试验以了解结构的实际偏心状态，通过称重试验测试转动体的不平衡力矩以及静摩阻系数，从而制定相应的配重方案，并根据实际支承情况计算启动牵引力，确保牵引系统的动力安全系数满足要求。

2 称重方案

2.1 测试仪器选择

为了保证测试结果的精度，选择百分表（量程为 0 ～ 30mm）进行测试，仪器参数见以下图表 1。

表 1 测量设备参数

型号	分辨力	测量力 N	误差 mm
百分表	0.01/.0005″	≤ 2.2	± 0.03
千斤顶	1kN	4000kN	—

2.2 测试仪器布置

称重试验测试仪器布置示意如图 1、图 2 所示。在桥梁转动体两侧对称于桥梁中心线布置 4 台 4000kN 千斤顶，用以在称重试验时对转动体进行顶放，测试试验过程中临时支点的反力值。

如图 3、图 4 所示，在两侧撑脚处位置布置 4 个竖向百分表，记录每级加载时相应的竖向位移。在相邻位置布置 4 个水平向百分表记录每级加载时相应的水平位移，用以综合判断球铰转动的临界状态，合理确定临界力值。

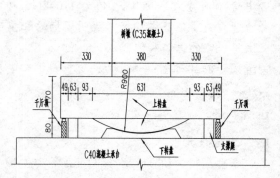

图 1 称重试验仪器布置立面图（cm）

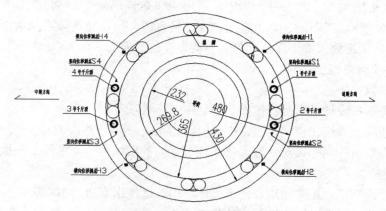

图 2 称重试验仪器布置平面图（cm）

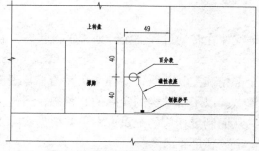

图 3 百分表横向布置大样图（cm）

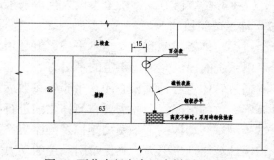

图 4 百分表竖向布置大样图（cm）

2.3 称重方法的确定

在转动体系所有约束解除后，测量转动体系的位移变化情况并观察撑脚是否落地，初步判断摩阻力矩与不平衡力矩的关系，再决定顶升方法。

（1）摩阻力矩 M_z > 转动不平衡力矩 M_g 时力矩：

$$M_g = (P_2L_2 - P_1L_1)/2$$
$$M_z = (P_2L_2 - P_1L_1)/2$$

式中：P_1、P_2——沿纵轴线对称两侧顶推力大小；

L_1、L_2——顶推力对应球铰磨心力臂长度。

（2）摩阻力矩 M_z < 转动不平衡力矩 M_g 时力矩：

当 $M_z < M_g$ 时，体系一般在落架以后，会绕球铰转动，整个体系向重心一侧略微倾斜，直至撑脚与环道接触，这时体系的平衡状态由球铰摩阻力矩、转动体不平衡力矩和撑脚对磨心的力矩共同维持。当撑脚与滑道接触时，此时只能在撑脚落地一侧施加顶推力，可按以下公式进行计算：

$$M_g = (P_2L - PL)/2$$
$$M_z = (P_2L - PL)/2$$

式中：P_2——千斤顶顶推过程中使球铰产生微小转动瞬间的顶力；

P——千斤顶回落过程中球铰产生瞬时转动的顶力；

L——顶推过程固定力臂长度。

通过公式推导最终得到：

磨心铰静摩擦系数： $\mu = M_z/(R \times G)$

转动体偏心距： $e = M_g/G$

式中：R——球铰球面半径；

G——为转体总重量。

3 称重配重数据分析

根据现场试验，给出称重前后配重顶升力的变化如图5和图6所示。

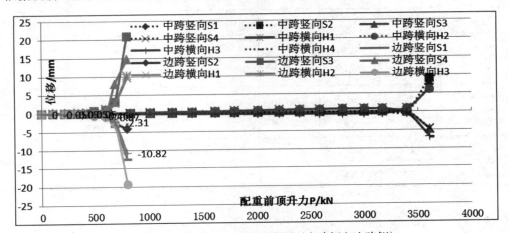

图5 配重前顶升力-位移变化图（中跨侧和边跨侧）

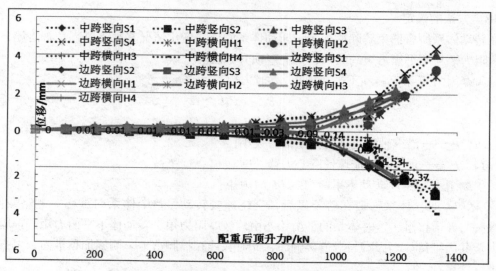

图6　配重后顶升力 - 位移变化图（中跨侧和边跨侧）

注：图中竖向位移值正号为上升，负号为下降。

由以上图表可看出：配重前中跨侧顶升力突变值 P_1 值为3400kN，边跨侧顶升力突变值 P_2 值为680kN，中跨侧和边跨侧两者顶升力突变值差异较大。

经分析计算，配重荷载为192kN，位于边跨28m处。配重后中跨侧顶升力突变值 P_1 值为1104kN，边跨侧突变值 P_2 值为912kN，中跨侧和边跨侧两者顶升力突变值基本均衡，说明现场的配重确定基本准确。

根据以上称重结果计算出相关结果如表2所示。

表2　312# 墩配重前后称重结果数据

参数	配重前	配重后	单位	备注
L_1	3.88	3.88	m	顶推力对应球铰磨心力臂长度
L_2	3.86	3.86	m	顶推力对应球铰磨心力臂长度
P_1	3400	1104	kN	千斤顶顶推过程中使球铰产生微小转动瞬间的中跨顶力
P_2	680	912	kN	千斤顶顶推过程中使球铰产生微小转动瞬间的边跨顶力
G	34610	34760	kN	转体总荷载
R	6.02	6.02	m	球铰球面半径
不平衡力矩 M_g	5242.8	361.4	kN·m	
摩阻力矩 M_z	7881.2	3900.0	kN·m	
偏心距 e	0.151	0.010	m	偏向于中跨侧
摩擦系数 u	3.71%	1.86%		

4　结论

现场试验过程正常，基本测试出转体梁各项参数，对比称重和配重复称的试验数据，现场的配重确定基本准确，试验为后续主梁顺利转体的实施提供了一定的保证和依据。

试验过程中也存在一些问题：

（1）受场地限制，加载在球铰附近实施，影响因数多，准确度相比在悬臂端搭设称重台稍差。

（2）本次试验采用自动设备加载，精度较人工加载装置偏高，位移突变时顶升力确定比较明显。

参考文献

[1]　童江涛.共安大桥跨铁路转体施工技术［J］.交通世界（建养·机械），2012（05）.

[2]　杜瑛.高速公路跨铁路桥 2～50mT 构转体施工方法［J］.黑龙江交通科技，2011（09）.

[3]　郭玉坤.转体施工工艺在宿淮上跨京沪铁路中的应用［J］.上海铁道科技，2011（04）.

[4]　雷俊卿.桥梁转体施工新技术的研究［J］.西安公路交通大学学报，1988（18）：189～192.

浅谈大体积核心筒板混凝土施工温控技术

吕林红

湖南省第五工程有限公司，株洲，420000

摘　要： 随着社会的向前发展，在目前工业与民用建筑施工中，工程的建设规模越来越大，建筑高度越来越高，基础结构形式也日趋复杂。超高层及高层建筑箱型基础或筏板基础都具有较大较厚的钢筋混凝土底板，是工业建筑中超大的设备基础等。因此，大体积混凝土在施工中经常会出现。为了保证大体积混凝土施工质量，对于大体积混凝土施工中温控要求也比较高。本文以株洲武广财富大厦工程地下室筏板基础为背景，通过前期对大体积混凝土的原材料及配合比优化、温差的前期预估计算，选择合理的温控技术和施工工艺，有效地控制大体积温度裂缝，保证大体积混凝土的施工质量。

关键词： 大体积混凝土；温控技术；施工工艺；施工质量

大体积混凝土温度控制技术主要有：高温季节温度控制技术，低温季节的温度控制技术，原材料水泥降低水化热控制、分块浇筑方法的使用、钢筋的配置进行调整，混凝土内部水化热的控制技术等。通过上述的温度控制技术对控制混凝土裂缝的产生有着重要的作用。

1　工程概况

武广财富大厦项目位于株洲市天元区栗雨南路与星之坳路交汇处，项目占地面积 37.6 亩，总建筑面积 16 万 m^3，由一栋 35 层的 5A 甲级写字楼和一栋 10 层四星级酒店构成，最高建筑高度 168m。工程的结构体系为：5A 甲级写字楼为框架 - 核心筒结构体系，所有竖向受力构件均直接落地，无结构转换；五星级酒店为框架 - 剪力墙结构，所有竖向受力构件均直接落地，无结构转换。基础均为筏板基础，核心筒板厚 2400mm，其他部分为 500 ～ 600mm 厚底板；主体结构采用钢筋混凝土结构。

本工程 2400mm 厚底板施工正好处于冬季，大体积混凝土施工主要考虑原材料水泥降低水化热控制、低温季节温度控制、控制混凝土内部温度技术等其他技术，保证大体积混凝土的施工质量。

2　原材料水泥降低水化热措施

2.1　水泥

大体积混凝土易产用低水化热水泥，如矿渣水泥、粉煤灰水泥等。根据实际情况，本工程选用普通硅酸盐水泥（P.O42.5），外掺粉煤灰和矿粉。

2.2　掺入矿粉

混凝土掺加矿粉不仅可以提高混凝土和易性，改善混凝土微观结构，提高混凝土抗渗性，还可延缓水泥水化，推迟凝结时间，降低混凝土早期水化热。

2.3　掺入粉煤灰

混凝土中掺加粉煤灰能减少水泥用量并有效降低水化热。优质粉煤灰的需水量小，可降低混凝土的用水量，还可减少混凝土自身体积收缩，有利于防裂。

2.4　外加剂

缓凝型高效减水剂能有效延缓水化热的释放，降低水化热放热峰值，使混凝土水化热释放趋于平缓，避免中心部位混凝土温度急剧上升导致温差增大。

2.5　骨料

级配良好的骨料，能有效的改善混凝土的抗裂能力，可适当提高粗骨料的粒径。

3　低温季节温度控制措施

湖南地区冬季最低温度一般在0度左右，夜间可能达到零下，为了保证混凝土施工质量，要严格控制混凝土热量损失过快。

3.1　混凝土原材料

在夜间施工温度低于0度时，可在混凝土中添加防冻剂使混凝土在负温条件下硬化。

3.2　控制混凝土入模温度

提高混凝土的入模温度，对原材料（水、砂、石）进行加热，使混凝土在搅拌、运输和浇灌以后，还储备有相当的热量，以使水泥水化放热较快，并加强对混凝土的保温，以保证在温度降到0℃以前使新浇混凝土具有足够的抗冻能力。

3.3　混凝土表面保温

混凝土浇筑完成后（终凝前）应对混凝土进行蓄热保温，控制混凝土表面温度，控制降温速率，减少温度梯度（混凝土浇灌的降温速度不宜大于2℃/d，因混凝土总体降温缓慢，可充分发挥混凝土徐变特性降低温度应力），使混凝土内外温差控制在25℃以内。为达到此目的要及时对混凝土温度进行测量，随时测量内外温差，以调整覆盖保温材料厚度，当内外温差小于25℃时，可逐步撤除保温层。

覆盖保温材料厚度计算：

$$\delta = 0.5h \cdot \lambda_x(T_2 - T_q)K_b/\lambda(T_{max} - T_2)$$

式中　δ——保温材料厚度（m）；

λ_x——所选保温材料导热系数［W/(m·K)］查表得，取0.05（塑料薄膜+棉毯）；

T_2——混凝土表面温度（℃）；

T_q——施工期大气平均温度（℃）；

λ——混凝土导热系数，取2.33W/(m·K)；

T_{max}——计算得混凝土最高温度（℃）；计算时可取$T_2 - T_q = 15 \sim 20$℃，本工程取20℃；$T_{max} = T_2 = 20 \sim 25$℃，本工程取25℃；

K_b——传热系数修正值，取1.3 ～ 2.3，查表得，取2.0。

代入数据得到：$\delta = 0.5h \cdot \lambda_x(T_2 - T_q)K_b/\lambda(T_{max} - T_2) = 0.5 \times 2.4 \times 0.05 \times 20 \times 2/(2.33 \times 25) = 0.041$m

根据计算保温材料的厚度，混凝土养护采用保温薄膜+一层50mm厚棉毯养护。

4　混凝土内部温度控制措施

根据大体积混凝土温度计算，混凝土中心温度最高可达50℃，按规范和设计要求在大体积混凝土浇筑前埋设通水冷却水管，根据测温点测出的上、中、下的温差数据，是否开启冷却水管通水。冷却水管按 1.2（竖直间距、底板厚度的中间位置）×2.0（水平间距）布置，通水流量不小于 18 ~ 20L/min。

4.1　冷却水管

冷却水管选用直径 50 的钢管，钢管接头位置采用焊接连接，钢管安装完后需进行通水试验，不能出渗漏现象。

4.2　管线布置

通水单根水管长度不宜大于 200m。水管应排列有序，并做好标记记录。对进出水管管口妥善保护，防止混凝土或其他异物进入堵塞。

4.3　温度差控制通水

除严格按施工规范和设计要求做好混凝土的浇灌和养护工作外，混凝土初凝后，根据测温点测出混凝土的温差值，为科学养护提供信息，做到信息化施工，根据测温结果及时调整养护方法，控制混凝土内外温差，避免因水化热过大引起混凝土开裂，影响结构的防水性能。应及时启动水冷却系统，应通过调节进水流量及水温，控制进水温度与混凝土最高温度之差，温差宜为 15 ~ 25℃。出水温度与进水温度之差宜为 3 ~ 5℃。降温速率不宜大于 2℃/d，且不宜大于 1℃/4h。在水冷却过程中，应加强混凝土的保温保湿养护。

当混凝土最高温度与表层温度之差不大于 15℃时可暂停水冷却作业。当混凝土最高温度与表层温度之差大于 25℃时，应重新启动水冷却系统。

水冷却降温结束后，应及时用水泥浆对冷却水管进行压浆封堵。

5　其他温控措施

5.1　分块浇筑方法的使用

混凝土内外存在温差是混凝土浇筑所面临的最广泛的问题，尤其在大体积混凝土的施工过程中。为了解决这一问题，在大体积混凝土施工过程中适合采用分块浇筑的方法。分块浇筑大致可以分为两种：竖向分层和水平分段，竖向分层又可细分为分段分层、全面分层和斜面分层三种，每一种都是用于不同的情况，各有千秋。例如在时间充裕的情况下采用分层多次浇筑的方法最为适宜，每两个施工层之间的粘合统一采用施工缝的方法进行处理，又称薄层浇筑方法。此种方法可以将混凝土浇筑过程中产生的水化热尽可能多的释放出来，增加了大体积混凝土的安全系数。在分层浇筑过程中每层之间的间歇时间要格外注意，若过长，则浇筑的上下层的接触面出现不易发现的裂缝，同时也会对工期会产生影响；过短，可能产生下层混凝土散热不完全便被新一层混凝土覆盖，容易造成上层混凝土的沉降，出现裂缝。

5.2　对钢筋的配置进行调整

不同的钢筋配置有着不同的作用。在征得设计单位的同意下，合理调整钢筋的配置，增加分布筋，可以加强温度的传递，降低大体积混凝土内的热量。在此方面普遍采用的是上下皮配筋差异的方法（要保证配筋率不变的前提下），这种方法通过钢筋上下错位的布置方案，减小钢筋直径和间距，降低收缩，迅速释放热量，不易产生裂缝。

6 结束语

通过对大体积混凝土的施工温控技术，保证大体积的施工质量，避免因混凝土温差过大引起混凝土开裂等质量问题。大体积混凝土的施工技术非常复杂，并不是三言两语可以言尽的。想要更好的避免大体积混凝土浇筑过程中出现裂缝，我们要从设计、用料、施工等各个方面进行分析，争取更好地对大体积混凝土的施工进行温差控制。

参考文献

[1] 中华人民共和国住房和城乡建设部.GB/T 51028—2015.大体积混凝土温度测控技术规范［S］.北京：中国计划出版社.

[2] 中华人民共和国住房和城乡建设部.GB 50496—2009.大体积混凝土施工规范［S］.北京：中国计划出版社.

城市桥梁桥面沥青混凝土铺装层早期水破坏原因分析及防治措施

李　智

湖南省第五工程有限公司，株洲，412000

摘　要：通过对长株潭城区桥梁实地调查情况来看，发现沥青混凝土桥面铺装层早期破坏主要有变形类破坏、开裂类破坏和剥落类破坏。其中水破坏造成的沥青铺装层软化、剥落和坑槽较为常见；针对该问题，在多个市政桥梁采取铺装层内排水、优化桥面排水系统，防止因水造成的桥面沥青铺装层早期破坏取得了良好的效果。

关键词：桥面铺装层，早期破坏，铺装层内排水、桥面排水系统、优化

桥面铺装作为桥梁整体结构的一个重要组成部分，其质量的好坏对于桥梁建成后在营运期间行车的安全性、舒适性和美观性都起着至关重要的作用。由于桥面铺装层直接承受行车荷载、梁体变形和环境因素的作用，其变形和应力特征与主梁及桥面板结构型式密切相关，一方面可分散荷载并参与桥面板的受力，另一方面起联结各主梁共同受力的作用；既是桥面保护层又是桥面结构的共同受力层，所以应具有足够的强度和良好的整体性，并具有足够的抗裂、抗冲击、耐磨性能。同时由于桥面铺装在行车荷载、风载、温度应力及桥面板局部变形等综合因素影响下，其受力和变形较一般路面复杂，因此，桥面铺装也是桥梁整体结构中较为薄弱的环节，其破坏的可能性远远超出桥梁的其他部分，一旦桥面铺装出现破坏，将直接对桥梁的使用功能和使用质量产生负面影响。

沥青混凝土桥面铺装层的早期破坏是指沥青桥面在投入使用后 1～3 年左右，所发生的过早的各种形式的破坏。城市高架桥等大型桥梁由于桥梁长、纵坡变化大，桥面排水若处理不好，会造成桥面积水、渗水、漏水，甚至桥面铺装破坏等问题。水是引起沥青桥面破坏的一个重要原因，大气降水和城市环卫洒水渗入沥青面层中后无法排除，在汽车荷载的作用下沥青面层发生破坏。水破坏一般表现为沥青面层的软化和剥落，含水的沥青混合料在行车荷载和温度胀缩的反复作用下，水分逐步侵入沥青与集料的粘结界面，沥青与集料的粘结力逐渐丧失而使路面出现剥落和坑槽。这是由于水分存在不仅降低沥青本身的粘结力，同时也破坏沥青路面中沥青与矿料间的粘聚力，从而加速了剥落现象发生，造成沥青面层水破坏。

1　水渗入铺装层的条件及破坏机理和原因分析

1.1　雨水口或泄水孔设置不合理造成的桥面积水

桥面积水是由于雨水口或泄水孔间距过大和数量不够造成的。特别是在湖南地区，雨量充沛而且瞬间降雨强度大，造成积水来不及排入泄水管中。有些只是在每个墩台位置的桥面低点设置泄水孔，且进水口孔径小，排水能力明显不够，再加上污物堵塞，更是雪上加霜。

1.2　沥青混凝土桥面铺装层都有一定的空隙率，具有透水性，水能够通过不同途径进入沥青混凝土桥面铺装结构层，雨水可以从面层表面细微的孔隙，特别是通过表面的裂缝或从防撞栏杆与沥青面层的衔接处渗入结构层。

1.3　排水设施构造细节处理不当

桥面的泄水管管口高于沥青面层，泄水管管口用混凝土包裹，渗入面层中的水不能从泄水管中排走。桥梁伸缩缝只在桥面低侧设置落水管，铺装层渗入的水会沿着桥梁的纵坡在伸缩缝处汇集流出铺装层表面。

1.4　桥面沥青混凝土铺装层水破坏机理

桥面沥青混凝土铺装层中下部的水可以通过毛细作用向上移动；在毛细作用区以上，水又可以以气态形式向上运动，沥青混凝土桥面铺装中的孔隙会被进入的自由水饱和，孔隙被水饱和后，温度上升会使滞留在混合料孔隙中的水体积膨胀并产生显著的孔隙水压力，由行车荷载产生的孔隙水压力能够破坏沥青与集料的粘结，初期交通荷载可能进一步压实混合料，限制内部排水或大大降低内部排水能力。因此，内部水在周期性运动，并在行车作用下产生相当大的孔隙压力。再加上冬季水的冻胀等因素，会对铺装层产生不利影响，导致沥青混凝土中沥青从集料表面剥离，出现松散和坑槽；尤其是在重交通及超载车辆的作用下，经过一个冻融后就出现了损坏。在沥青混凝土桥面铺装的表面，有时可看到湿斑块，这些湿斑块处常有水渗出，某些湿斑块含有悬浮在水中的细料，这些细料是由行车作用产生的，表现为浅色斑块，多数浅色斑块会转变成富沥青的黑色小块（剥落下的沥青移动到表面），这种小块的当量直径约 20～30cm 不等，表面的沥青层厚可达 2mm 左右，这种小块往往比周围顶面低 1～2mm，它逐渐就会发展成坑洞。

2　桥面沥青混凝土铺装层排水及桥面排水系统优化

2.1　桥面铺装层应有严格的平整度要求，纵坡、横坡符合设计及规范要求，避免桥面积水。

2.2　调整泄水孔设计，使泄水孔既能排表面水又能排进入沥青面层后滞留在界面上的水。泄水孔的标高应低于桥面铺装层表面 10mm。泄水口或雨水井在桥面沥青混凝土铺装前植筋固定，不能用混凝土或水泥砂浆包裹固定，渗入铺装层内的水可以排出。

2.3　与设计单位沟通通过合理计算确定桥面排水管数量，在桥梁伸缩缝两侧设置排水管，铺装层渗入的水会沿着桥梁的纵坡在伸缩缝处排入泄水口。

2.4　可在桥面铺装层横坡下侧做成一条宽 6cm，深 6～8cm 的纵向沟槽，连接一联内各个泄水孔，沟中用碎石填平形成盲沟，以改善全桥的排水功能。

2.5　两侧设置有人行道的城市桥梁，人行道下一般预留供铺设电力电信排管的空间，雨水会由人行道表面下漏，且人行道高出桥面车道面 15～30cm，有路缘石与车道部分隔挡，形成错台；桥面排水设计采用两套独立系统。

3　结语

通过分析城市桥梁桥面沥青混凝土铺装层水渗入的原因和水破坏的机理，对铺装层内的水设置排水通道，优化桥面排水系统，在长株潭地区多个市政桥梁工程中实施，有效防止因水造成的桥面沥青铺装层早期破坏，取得了良好的效果，

参考文献

［1］　中华人民共和国住房和城乡建设部 . CJJ 11—2011. 城市桥梁设计规范［ S ］. 北京：中国建筑工业出版社 .2011.

［2］　中华人民共和国住房和城乡建设部 . CJJ 2—2008. 城市桥梁施工与质量验收规范［ S ］. 北京：中国建筑工业出版社 .2008.

聚孚沥青应力吸收层在预防路面裂缝问题中应用技术研究

张明新　　魏永国

长沙市市政工程有限责任公司，长沙，410000

摘　要： 探索总结针对城市道路路面裂缝处理的新型施工工艺，该工艺采用新型聚孚沥青应力吸收层，在旧路基层处理完成后喷洒聚孚树脂高粘沥青，铺装聚酯浸油加筋布，然后采用胶轮机碾压，最后铺筑沥青混合料的方法，该方法不但能解决传统工艺的不足，而且具有理想应力吸收层功能。

关键词： 聚孚沥青应力吸收法；预防修面裂缝

城市道路裂缝是较为常见的路面病害，不但影响美观，更会加速路面破损，缩短道路寿命。沥青混凝土路面裂缝大体分为三种类型：一是荷载型裂缝，即由于在行车荷载作用下半刚性基层底部产生拉应力大于基层材料的抗拉强度而开裂；二是水稳层或原有水泥混凝土基层存在的裂缝，在温度和应力作用下向上传导至沥青混凝土面层所致；三是沥青混凝土面层本身产生的非荷载型裂缝，以温度裂缝为主的低温收缩裂缝和温度疲劳裂缝。在城市道路旧路改造、"白改黑""黑加黑"工程中有效解决路面反复开裂问题，一直是同行业面对的难题，常规方法如土工布、格栅、同步碎石封层、抗裂贴等，由于受限于各类方案中材料的限制，实际效果总是差强人意。

1　研究路面反射裂缝和疲劳裂缝的意义

一般来说，沥青混凝土路面裂缝大体分为三种类型：第一种是荷载型裂缝，即主要由于行车荷载作用下产生的裂缝。在车辆荷载作用下，半刚性基层底部产生拉应力，如果拉应力大于基层材料的抗拉强度，则基层底部很快开裂，直至影响到沥青面层；第二种是水稳层或原有水泥混凝土基层存在的裂缝，在温度和应力作用下向上传导至沥青混凝土面层所致；第三种是沥青混凝土面层本身产生的非荷载型裂缝，以温度裂缝为主的低温收缩裂缝和温度疲劳裂缝，这种情况常见于温差较大的温带及寒带地区。前两种类型裂缝都是自下而上产生的，前者属于应力疲劳裂缝，后者属于反射裂缝，这两种类型常见于南方大部分地区，分别通过横向裂缝、纵向裂缝、网裂等形式表现出来。

疲劳及反射裂缝出现初期对路面的使用性能影响不大，但很影响路面的美观。但是，由于裂缝最初产生于路面底部，随着雨水或雪水渗入到接缝（或裂缝）两侧的路面结构层中，使得接缝（或裂缝）附近的土基含水量加大，甚至饱和，造成路面结构的承载能力明显降低，在大量行车荷载反复作用下，导致接缝（或裂缝）两侧路面面层的碎裂并出现较大的垂直相对位移并引起路面出现松散、坑洞、唧浆和推移等病害，严重影响到路面的使用性能，加速路面的破坏，缩短路面结构的使用寿命。因此，研究如何预防应力疲劳裂缝和反射裂缝过早产生，对冰冻气候少、温差相对小的南方地区道路建设具有重要的实际意义。

2　预防裂缝解决思路

江苏省地处华东地区，是我国道路建设发展最快、经验最为丰富的省份之一。从 20 世纪 90 年代初至 2005 年前后，该省开始大面积实施"白改黑"工程，为解决裂缝反射问题，曾先后尝试了诸如土工布、格栅、同步碎石封层、抗裂贴等多种方案，但由于受限于各类方案中材料的弊端，实际效果总是差强人意。存在的具体问题如下：

2.1　土工布。长丝烧毛土工布应用最为常见，该材料质感松软，虽从数据上看撕破强力尚可，但受力后极易产生较大形变，对抵抗水平方向的应力裂缝、反射裂缝及温缩裂缝基本无法发挥作用；此外，由于这类土工布浸油性差，且厚度较大，施工时不能被沥青浸透，同时还具有较强的吸水性，遇长期阴雨天气，部分雨水下渗后，其吸收的水分既无法向下渗透，又不易通过蒸发散失，以至在上下相邻的两个结构层之间形成"饱水层"，极易导致路面发生早期水损害。另一类较为常见的土工材料是聚酯玻纤布，该材料最大的问题是水平抗拉强度有余，而垂直受力韧性严重不足，抗撕破强力短板问题突出，受压后极易碎裂成片，其实并不适用于长期承受荷载考验的路面工程。

2.2　土工格栅。土工格栅是一种抗拉强度有一定优势的材料，虽然该材料的应用方式属于满铺，但实际材料覆盖面积比例不到 30%，且其设置在基层与面层之间，与任何一层的结合力均较弱，即不能完全阻挡反射裂缝，也在预防疲劳裂缝表现上乏善可陈。比较突出的问题是工程应用的实际效果，由于其层间结合力差，通常通过钢钉固定于基层，摊铺后往往存在局部结构松散的情况，材料自身的抗拉强度也无法发挥作用。

2.3　同步碎石封层。这是一种较为落后的复合型材料方案的变种，类似于早期建设沥青路面采用的"两油三沙"（层铺法）工艺。由于缺少水平方向抗拉材料，在应对反射裂缝和温缩裂缝方面的能力较为欠缺，且采用了粒径较大的碎石，影响了垂直方向上的应力吸收效果，即便在很多工程实例中采用橡胶沥青作为升级产品，但由于成本原因，其改性剂多选用废旧轮胎研磨后的胶粉制成，这类橡胶沥青存在老化速度快、低温洒布难、高温易焦化等突出问题，给工程质量带来很大风险。

2.4　抗裂贴。较为典型的缝铺方案材料，原型为建筑屋顶防水材料（屋顶防水油毡）。早期的抗裂贴多以加热式为主，须在施工前烤化粘贴面，耗工费时，仅应用于一些极小规模的项目。目前常见的则以自粘式抗裂贴为主，这种背胶式材料由于施工便利、价格低廉，推出后迅速为业内所熟知。但从理论层面和实际应用检验效果观测，这种材料有两个较为严重的弊端，第一个弊端是缝铺的方案方向性问题。显而易见，与满铺方案相比，缝铺方案只针对"看得见"的反射裂缝，对柔性面层和刚性基层直接接触而极易产生的疲劳裂缝隐患采取了"放任发展"的态度，况且刚性基层的裂缝数量不会一成不变，随着道路使用年限越久，基地的裂缝也会随之增加，显然，缝铺方案在这两方面都没有解决能力，是一种治标不治本的短期方案。第二个弊端正是源于自粘式的背胶快速老化问题。由于此类产品的优势即在于其与基层良好的粘附性能，背胶老化后的粘附性丧失也成为了最容易被忽视的问题，在近几年我们接触过一些项目中发现，覆盖面层后的抗裂贴，其背胶在高温作用下迅速老化，甚至完全丧失粘附性，原本应发挥层间结合力的部位在抗裂贴处层层剥离、松散成片，改造后的道路往往在不到一年内大面积出现反射裂缝，情况十分令人担忧。

经过理论研究和实践证明，传统的方案和材料虽受限于某些性能短板无法满足应用要求，但在解决思路上仍有可取之处，因此，在应力吸收层概念的基础上对材料进行升级，即可得出更适用于缓解裂缝反射、预防疲劳裂缝发生的解决方案。即在面层底部加铺一个有效的中间层，且理想的应力吸收层应具有以下四个功能：

（1）水平方向的高模量加筋作用；

（2）垂直方向的应力吸收能力；

（3）强韧的层间结合力；

（4）良好的防水性能。

可见，传统的解决方案中，其材料往往只能顾及某一个至多两个方面的性能，因此，必须选用恰当的施工材料，同时，还要兼顾施工的可操作性，才能达到预期效果。

3　聚孚沥青应力吸收层性能优势

聚孚沥青应力吸收层是一种复合型材料的施工方案，选用了聚孚沥青和聚酯浸油加筋布两种高性能材料。

3.1　聚孚沥青特性。由 82% 基质沥青 +18% 聚孚树脂沥青改性剂调配而成，具有稳定性好、渗透性强、低温黏度高、高温黏度低的特点，是目前唯一专用于洒布的高黏度特种改性沥青。其良好的渗透性和粘附性保证了强韧的结合力，100% 的弹性恢复能力使应力吸收层具备了缓冲性能。同时，由于其可洒布温度区间大，更能够保证低温天气下的施工质量。

3.2　聚酯浸油加筋布特性。具有抗拉强度高、抗撕破强度高、断裂伸长率低的特点，也就是说在发生形变之前就可发挥其强度优势，表现出高模量、高韧性的优势。相比较之下，传统的长丝烧毛土工布的易拉伸变形和玻纤布脆裂易破损等弊端尤其明显。而且，聚酯浸油加筋布还具有可渗透沥青特点，为聚孚沥青渗透后的层间粘结提供了条件。

3.3　聚孚沥青应力吸收层性能。聚孚沥青应力吸收层施工时，须由专业施工队伍现场控制聚孚沥青洒布和聚酯浸油加筋布摊铺进度，保证洒布后的聚孚沥青和聚酯浸油加筋布适度粘结，待上层的沥青混凝土摊铺时，部分聚孚沥青即可浸透加筋布，并与上层沥青混凝土底部牢固粘结，从而使上下两个结构层形成整体，表现出强韧的层间结合力。此时，应力吸收层不仅实现了水平加筋和垂直缓冲的作用，该路面结构还具有两个较为明显的优点：一是在应力吸收层优越的层间结合力作用下，下层结构的上表面和上层结构的下表面都被有效加固，既能够有效防止下层结构的裂缝向上传导产生反射裂缝，又能防止上层结构底部撕裂而过早产生应力疲劳裂缝；二是由于应力吸收层中的聚孚沥青全覆盖洒布，形成了良好的防水层，有效降低了该面层底部发生水损害的概率。

4　聚孚沥青应力吸收层施工技术要点

4.1　施工工序

基层处理（测量弯沉值，根据需要进行换板或注浆处理）– 基层表面清扫处理 – 喷洒聚孚树脂高粘沥青（2L/m²）– 铺装聚酯浸油加筋布（160g/m²）– 人工处理（剪开褶皱，搭接平顺）– 胶轮机碾压 – 铺筑沥青混合料。

铺设应准备一些辅助的工具：卷尺（测量用）、扫帚（清扫土工布表面可能粘附的灰尘）、剪刀或裁纸刀（裁切土工布用）等。

4.1　基层表面清扫

（1）在雨天或工作面潮湿时严禁施工，应等到工作面干燥后进行高粘沥青应力吸收层的铺设施工。

（2）施工前将基层上大于 0.5cm 的缝隙用沥青砂填充，基层上尘土、松散颗粒及杂物等清扫干净。

（3）对于旧路改造施工项目，旧路面上严重裂缝和撕裂路面，应切割挖出后修补。

（4）将路面上尖锐、突兀部位予以铲平，若路面破损、凹陷、破碎严重处应铲除其破碎部位并用沥青料填补和找平，确保工作面的平整度越高越好。

（5）工作面清理完毕后，应禁止车辆和行人在工作面上穿行，当由于客观原因工作面遭到破坏时，应按上述步骤再次进行清理。

4.2　洒布高粘沥青

（1）高黏度改性沥青不便存放，须使用现场改性设备在施工现场进行生产。

（2）高粘沥青现场改性须使用 18% 的聚孚树脂高粘沥青改性剂和 82% 的 70# 基质沥青调配生产。

（3）洒布高粘沥青时，施工环境温度应在 5℃以上，雨天和雨后路面潮湿时不得喷洒高粘沥青，须等路面干燥后方可安排施工。

（4）高粘沥青最佳温度应保持在 170 ～ 185℃（洒布车应按铺设宽度在已划定的线内均速前进，均匀喷洒沥青，不能有露白现象。

（5）在新老路面划线范围内用高粘沥青洒布车洒铺高粘沥青，喷洒的横向范围要比聚酯浸油加筋布宽 5 ～ 10cm。

（6）洒布高粘沥青时要喷洒均匀，计量准确，其用量为 2L/m²，对于拱形路面，顶部喷洒的高粘沥青要多于下边处。

（7）聚酯浸油加筋布的铺装，在高粘沥青撒布结束后开始，间隔时间由现场技术人员依据天气温度、高粘沥青温度等因素判断确定，既要保证浸油布与高粘沥青紧密结合，又须避免浸油过度。

（8）须使用专用高粘沥青洒布车，否则会出现喷洒不均匀或反复堵塞喷孔的情况。

4.3　聚酯浸油加筋布的铺装

（1）聚酯浸油加筋布的铺筑可以用人工摊铺或机器摊铺。

（2）使用牵引车或安装在卡车上的框架来铺装聚酯浸油加筋布时应保持车速平稳均匀，并及时用人工进行调整，以达到铺装平滑的目的。

（3）若铺装时发生褶皱或打折现象（褶皱、打折超过 2.5cm），应当及时用工具刀切开褶皱部位，然后在铺设方向上再搭接起来。

（4）聚酯浸油加筋布铺装施工时，应尽可能铺装成一条直线；当需要转弯时，将聚酯浸油加筋布弯曲处剪开，然后做搭接处理。

（5）聚酯浸油加筋布纵向接缝搭和横向接缝宽度 1 ～ 5cm，纵向接缝搭接方向应当为摊铺沥青混凝土的方向，将后一端压住前一端，接缝应当牢固，横向搭接如图 1 所示，弯道处搭接如图 2 所示。

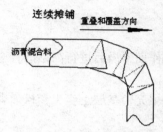
图 1　连续摊铺搭接示意图

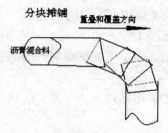
图 2　分块摊铺搭接示意图

（6）在进行聚酯浸油加筋布施工时，现场操作人员应戴好防护手套，并佩戴防护眼罩，以避免被高温高粘沥青烫伤。

（7）施工中对储存过程中对受潮的聚酯浸油加筋布不得直接使用。

（8）铺设聚酯浸油加筋布后，要保持作业面清洁，防止水、汽油、柴油等液体污染，影响其与上层的沥青混合料的粘结。

（9）由于聚酯浸油加筋布具有极高模量，材料有着一定的硬挺度，在铺装完聚酯浸油加筋布后，要求使用胶轮机碾压一到两遍，以保证聚酯浸油加筋布与高粘沥青更好的粘结。

4.4　铺筑沥青混合料面层

建议在铺设好聚酯浸油加筋布后立即摊铺沥青混凝土面层，运输车辆不得在聚酯浸油加筋布上急刹或转弯。如聚酯浸油加筋布后下雨，需等待其晒干后再进行沥青混凝土的摊铺。

4.5　高粘沥青应力吸收层摊铺施工的质量检查与验收

高粘沥青应力吸收层摊铺施工质量及验收：

（1）原材料符合设计要求。

（2）高粘沥青撒布均匀，无露白，每平米撒布量 ≥ 2L（接盘测量）；

（3）聚酯浸油加筋布铺设平整；与高粘沥青层粘结良好，无露白。

注：该"高粘沥青应力吸收层摊铺"应结合规范一并参考。

5　结语

综上所述，在预防反射裂缝的诸多方案中，聚孚沥青应力吸收层可谓集众多优势于一身，是目前最为理想的应力吸收层方案之一。

绿色施工应用阻力及推进策略研究

石小洲　　刘小清

湖南省第一工程有限公司，长沙，410011

摘　要：近年来，我国建筑业飞速发展，但是这种高速发展不仅带来大量的环境污染问题，同时还存在大量的资源能源的浪费。为解决这些问题建设部推出了绿色施工，即在施工过程中加以控制，做到节水、节能、节地、节材和环境保护，但目前的推广存在诸多问题。本文分析了绿色施工推进过程中遇到的问题，并针对问题提出了解决思路，可以为绿色施工的快速推进提供启发。

关键词：绿色施工；发展；策略

1　引言

建筑业在改革开放初期是推动社会经济发展的主要力量，但同时也带来了建筑垃圾、施工扬尘、施工噪音、水污染等问题，在建设过程中资源能源的消耗巨大，其中很多可再生资源并没有合理利用。为了解决这些问题，建设部于 2006 年发布了《绿色建筑评价标准》[1]，2007 年出台了《绿色施工导则》，2011 年发布了《绿色施工评价标准》后又相继发布了《建筑工程绿色施工规范》、《绿色施工示范工程管理办法》试行、《绿色施工示范工程验收评价主要指标》等文件，同时各地省级部门结合了自身实际，也编制了适应各地方发展的地方标准。这一系列政策的出台标志着一场以绿色施工为核心的建设业变革即将到来。

绿色施工是指工程建设中，在保证质量、安全等基本要求的前提下，通过科学管理和技术进步，最大限度地节约资源与减少对环境负面影响的施工活动，实现四节一环保（节能、节地、节水、节材和环境保护）[2]。它是建筑业可持续发展的基石。随着国家大力推进绿色施工，建筑施工企业纷纷响应国家号召，一批批绿色施工示范工程也相继完成。但纵观全局，绿色施工的推进还存在诸多问题。

2　绿色施工推进存在的问题

2.1　缺乏政策激励，企业经济效益的驱动力不足

目前，现有的绿色施工项目大多是合同中有约定必须要实施或者是企业要评奖评优所附带的必要条件。由于我国尚未建立完善的绿色施工奖励机制，而现有绿色施工投入产出效益不明，投入后的成本难以收回，所以多数施工企业普遍缺乏主动进行绿色施工的意愿。例如：绿色施工中对于降尘、噪声、裸土绿化有具体规定，这些规定涉及到设备及材料的购买，如雾炮、噪声监测仪、草皮等，这些设备及材料投入后在经济上无法得到产出，相应的降尘、噪声监测、裸土覆盖又会占用劳动力，造成施工成本的增加，削弱了施工企业对绿色施工的积极性。

2.2　现有绿色施工评价体系存在不足

现有的绿色施工的评价体系主要由《绿色施工评价标准》《绿色施工示范工程验收评价

主要指标》两部分组成，两部标准均给出了具体的评价指标，但一些指标还存在无法计量等问题，如《绿色施工评价标准》中 5.1.2.2 条"对落后的施工方案加以限制或淘汰"，落后的施工方案是什么，体现在哪里，是材料浪费严重还是工期较长，都没有具体的计量数据可供参考。5.1.2.5 条中对"可循环使用和重复利用的材料"也缺乏划分认定，这会导致评价标准存在理解上的误差。一些建筑材料和施工机械是否划归于绿色施工也存在着模糊，在"绿色施工导则"中只给出了导向性的界定，由于施工中所用建筑材料和机械种类繁杂，而新材料和新机械又不断推出，如何评价材料及机械是否符合绿色施工要求，哪些机械是节能环保型的机械，什么样的施工方法是符合绿色施工要求的，这些问题施工人员依据绿色施工导则很难进行判断。

2.3　缺乏绿色施工新技术支撑

目前我国大多数建筑企业仍采用传统的施工技术和工艺，很大一部分原因是绿色施工新技术手段的缺乏。目前国内对于绿色施工新技术的研究较少，现有的绿色施工技术只是工程新技术研究的附属品，其应用结果也没有形成有效一致的总结，没有建立出完整的绿色施工新技术体系，在技术上限制了行业绿色施工的发展。

2.4　从业人员缺乏绿色施工相关知识

目前大多数建筑企业的一线管理人员缺乏绿色施工知识，对绿色施工的概念不甚清楚，很多项目管理者认为绿色施工即文明施工，混淆了两者之间的概念，常常在施工过程中将绿色施工的具体实施变为文明施工的实施；同时多数施工人员对于环境保护和资源节约意识薄弱，导致施工中造成的浪费比比皆是。由于缺乏绿色施工知识，管理人员认为绿色施工新技术必然会增加项目投入而拒绝采用，严重阻碍绿色施工新技术的推广。

2.5　缺乏绿色施工监管体制

目前绿色施工的成效只能通过节点验收的形式进行检查摸底，并没有形成过程监控机制，导致一些工程平时做做样子，检查节点到来前才开始履行绿色施工义务，违背了绿色施工的初衷。

3　绿色施工推进策略

3.1　出台绿色施工激励政策

新领域的开拓总是少不了政策方面的支持。国家应出台相关激励政策，对绿色施工达标企业给予一定的政策激励。例如采取降低税收比例、对绿色环保材料进行财政补贴，在工程招标中将绿色施工业绩作为加分项等政策，通过实际惠利给企业，减少企业施工成本，增加企业对绿色施工的积极性，从而由不愿变为自发的进行绿色施工。

3.2　完善绿色施工监管体制

要让企业重视绿色施工，就得抓过程控制。国家应出台相关政策完善绿色施工监管体制，对绿色施工过程进行监管，对过程不符合要求的限期整改，对整改后还不符合要求的取消该项目绿色施工示范工程的参评资格，同时建立信息系统将绿色施工不良记录纳入到企业级绿色施工黑名单内，对该企业其他工程绿色施工评比相应减分，甚至取消该企业年度评比资格。这里并非是让绿色施工作变为企业受限的负担，而是绿色施工责任与义务的落实。

3.3　建立绿色施工技术体系

绿色施工技术并全新技术，而是对传统施工技术进行改进，使之符合四节一环保要求，符合可持续发展理念。合理有效的绿色施工技术可以节省工期，节约资源和保护环境。应对施工工艺、技术装备等进行深入剖析，从工艺原理、工序衔接、机械设备工作范围、工艺所需时间、材料投入等方面切入，改善施工过程中不合理的工艺程序和作业空间的配置，提高材料和机械的利用率，节省能源消耗，从而将传统的施工技术转变为绿色施工技术。分析对比改造技术前后经济及社会效益情况，对于确可产生良好社会效应和经济效益的改造后施工技术，将其纳入到绿色施工技术体系中。同时，绿色施工技术可以结合国内外其他行业先进技术成熟经验，如太阳能技术、智能化信息管理技术、资源再生利用技术等，从而形成由一系列复合型施工技术组成的绿色施工技术体系，指导绿色施工的开展。

3.4　完善绿色施工动态评价体系

行业要建立健全绿色施工相关的标准，给绿色施工方向性指导。

相关部门需要对绿色施工涉及到的环节进行进一步完善，同时加强绿色施工活动目标的分解，形成完整的绿色施工活动评价体系，从而更好的为施工方绿色施工的开展提供指导。

3.5　深化学习绿色施工知识，提高从业人员绿色施工意识

应加强建筑从业人员绿色施工知识的学习，提高从业人员的绿色施工意识。很多从业人员一听要绿色施工就觉得会增加施工成本，其实不然，绿色施工所涵盖的"四节一环保"即节能、节地、节材、节水和环境保护，节意味着节省开支，而环境保护是四节实施后所附带的社会效应，本质上绿色施工是提倡节约资源，通过技术和管理手段求经济效益和社会效应。同时，社会效益是可以转化为经济效益的，一个良好的社会形象能提升企业的竞争力。管理人员绿色施工知识的缺乏可能导致其在绿色施工的实施中出现管理和技术上的问题，无形中增加了不可控成本，而一个懂绿色施工的管理人员在制定绿色施工实施计划时可以使计划安排的更加科学合理，这也意味着项目在相同条件下更可能获得利益，从而更有利绿色施工的推广。其次，对建筑从业人员的绿色施工知识培训可以使绿色施工的理念贯穿到从业人员中去，有助于提高从业人员的绿色意识，使绿色施工更方便在项目中开展。

3.6　其他一些绿色施工推进的建议

政府也可以出台相关政策约定工程其他参建方的义务，如规定设计方必须将绿色施工准则纳入到施工图纸，并给与绿色施工技术上的建议。投资方在建设合同中应提出绿色施工相应条款的要求，将环境保护责任添加到合同中去等等。

4　结束语

绿色施工是国家可持续发展战略的重要一环，是创建节约型社会的必然要求，是建筑企业提升技术管理水平的良好契机，它是管理、技术、经济、环境综合博弈的结果，需要国家和建筑企业共同来推动。我们应当看到国家对环境治理的决心，积极响应国家号召坚定不移的推进绿色施工，推动建筑业绿色健康发展。

参考文献

［1］李惠玲，李军，钟钦. 新视角下的我国建筑工程绿色施工对策［J］. 沈阳建筑大学学报（社会科学版），2011（3）307-310.

［2］肖绪文. 建筑工程绿色施工的探索 -- 绿色施工综合技术研究成果介绍［C］. 北京：全国建筑业科技进步与技术创新成果经验交流暨表彰大会，2008.

［3］中华人民共和国建设部. 绿色施工导则［Z］2007.

［4］GB/T 50378—2006. 中国建筑科学研究院. 绿色建筑评价标准.［S］. 中国建筑工业出版社，2006.

第二篇

地基基础及处理

复杂液化地基处理的工程应用

余　洋[1]　张新东[2]　王　威

1. 中国建筑第五工程局有限公司，长沙，410004

2. 中交（郑州）投资发展有限公司，郑州，450046

3. 郑州市工程质量监督站，郑州，450046

摘　要： 近年来随着建筑行业的快速发展，建筑行业对建设用地利用率的要求越来越高。不仅事先要选择在地质条件良好的场地上进行建设，有时也不得不在地质条件不良的地基上进行修建。另外，随着行业标准对建筑物安全性、耐久性的要求不断提高以及建筑物使用功能的不断完善，建筑物的自重日益增大，对变形的要求也越来越严。因此，建筑行业对地基处理提出了愈来愈高的要求。所以，我们不仅要善于针对不同的地质条件、不同的结构物，选定最合适的基础形式、尺寸和布置方案，更要善于选取最恰当的地基处理方法。选择最恰当的地基处理方法，对于加快基本建设速度、节约基本建设投资具有重大意义。本文针对高层建筑中的各种地基处理方法进行了分析比较，并结合具体的工程实例，对地基处理施工方案进行了详细分析，提出了相应的分析和应用方法，为建筑工程软土地基处理的施工提供了一定的借鉴和参考。

关键词： 复杂；软土地基；工程应用

为满足社会发展及市场发展的需要，适应经济发展的要求，在城市郊区修建的房屋及对城市老旧房屋的改造逐渐增多，原设计的中底层住宅均无地下室且对地基承载力的要求低。在郊区修建的房屋易碰到复杂地质条件，为节约空间及高效利用建筑空间，设计多层的地下室，要求地基基础提供更大的竖向与水平承载力，同时，要将建筑物的沉降与倾斜控制在允许的范围内，以保证建筑物在风荷载和地震荷载下有足够的稳定性。

1　常见的几种液化地基处理方法

1.1　换填垫层法

换填垫层法是将基础底面以下一定范围内的软弱土层挖去，然后分层填入强度较大的砂、碎石、素土、灰土或其他性能稳定和无侵蚀性的材料，并夯实至要求的密实度。

换填法适于浅层地基处理，处理深度可达 2～3m。根据工程实践表明，采用换填法不仅可以解决工程地基处理问题，而且可就地取材，施工方便，不需特殊的机械设备，并且可缩短工期等。

此种方法原理相对简单，根据实际工程情况，选择垫层种类即可，但多适用于中小型建筑场地，对于道路工程或者换填材料不充足地区并不合适。

1.2　振动沉管砂石桩复合地基

振动沉管砂石桩复合地基利用沉管制桩机械在地基中振动沉管成孔后，在管内投料，边投料边振动沉管形成密实桩体，与原地基组成复合地基。

适用于挤密处理松散砂土、粉土、粉质黏土、素填土、杂填土等地基，以及用于处理可液化地基，用于消除粉细砂及粉土液化时，宜用振动沉管成桩法。

1.3　水泥土搅拌桩复合地基

水泥土搅拌桩是利用水泥或水泥系材料为固化剂，通过特制的深层搅拌机械，在地基深处就地将原位土和固化剂（浆液或粉体）强制搅拌，形成水泥土圆柱体。由于固化剂和其他掺合料与土之间产生一系列物理化学反应，使圆柱体具有一定强度，桩周土得到部分改善，组成具有整体性、水稳性和一定强度的复合地基。

水泥土桩作为复合地基中的竖向增强体时，由于水泥土桩界于柔性桩与刚性桩之间，在软土中主要呈现了桩体的作用，在正常置换率的情况下，桩分担了大部分荷载，桩通过侧阻力和端阻力将荷载传至深层土中，在桩和土共同承担荷载的过程中，土中高应力区增大，从而提高了地基的承载力，复合地基还具有垫层的扩散作用。

水泥土搅拌桩适用于处理正常固结的淤泥、淤泥质土、素填土、黏性土（软塑、可塑）、粉土（稍密、中密）、粉细砂（松散、中密）、中粗砂（松散、稍密）、饱和黄土等土层。

1.4　水泥粉煤灰碎石桩复合地基

水泥粉煤灰碎石桩复合地基是由水泥、粉煤灰、碎石、石屑或砂加水拌合形成的高粘结强度桩（简称 CFG 桩），通过在基底和桩顶之间设置一定厚度的褥垫层以保证桩、土共同承担荷载，使桩、桩间土和褥垫层一起构成复合地基。桩端持力层应选择承载力相对较高的土层。水泥粉煤灰碎石桩复合地基具有承载力提高幅度大，地基变形小、适用范围广等特点。水泥粉煤灰碎石桩复合地基适用于处理黏性土、粉土、砂土和自重固结已完成的素填土地基。

1.5　注浆加固

注浆加固法是工程地基加固最常用的方法之一，利用气压或液压配以填充渗透和挤密等方式，把能凝固的浆液均匀地注入岩土层中，驱走岩石裂隙中或泥土颗粒间的水分和气体，并以其自身填充，待硬化后即可将岩土胶结成一个整体，可以改善持力层受力状态和荷载传递性能，从而使地基得到加固，防止或减少渗透或不均匀沉降。

注浆加固适用于建筑地基的局部加固处理，适用于砂土、粉土、黏性土和人工填土等地基加固。加固材料可选用水泥浆液、硅化浆液和碱液等固化剂。

2　本工程二区 C4-21 地块项目地基处理方案技术经济分析

2.1　工程概况

本项目为龙湖金融中心一区、二区、C4-03 地块项目，其中的二区 C4-21 地块项目的地基情况复杂，龙湖金融中心二区 C4-21 地块项目为地下三层，地上四层，用地面积为 13555.17m²，总建筑面积为 63202.23m²，地下建筑面积为 37240.06m²，地上建筑面积为 25962.17m²，地基勘察过程中发现如下情况：

在商业地块的南区有 2200m² 的中等液化土层，商业北区有 800m² 的中等液化土层，在商业中部区域有 4800m² 的中等液化地基；且部分液化地基周边存在杂填土地基，分别对其进行处理。

2.2　二区 C4-21 地块项目地基处理方案技术经济分析

2.2.1　二区 C4-21 地块北区中等液化地基土层处理

对龙湖金融中心二区 C4-21 地块北区的 800m² 中等液化土层，经土方开挖及地基基础复勘，发现该处土层为非液化土层，但地基承载力小于设计要求的承载力，经过我们分别对地基处理和建筑结构自身这两种不同的技术方案进行技术以及造价方面对比分析，发现地基处理的造价远高于结构自身增强所产生的费用。因此，采取结构自身加强的技术方案即将该范围的筏板基础厚度增加及扩大筏板基础尺寸的方式对该处的地基进行处理。

根据现场施工补充勘察报告，北区西北角土层为非液化土层，故结施 -01.1A 中"碎石桩平面布置图（北区）"取消，因该处持力层地基承载力特征值为 90kPa，地基承载力小于设计要求的承载力，经设计复核对图 1 填充范围的基础底板厚度加厚 200mm，由原来的 500mm 改为 700mm，筏板边缘往外扩大，筏板内配筋不变。

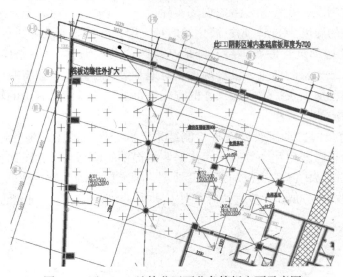

图 1　二区 C4-21 地块北区西北角筏板变更示意图

2.2.2　二区 C4-21 地块中部区域中等液化地基土层处理

对龙湖金融中心二区 C4-21 地块中部区域的 4800m² 中等液化地基，在土方开挖后，经复勘仍为液化地基，其液化深度最大为 3m，且面积较大，因此我们决定对地基进行处理，增强其地基承载力以及减少地基变形。表 1 为常用液化地基处理方案的技术经济对比分析。

表 1　常用液化地基处理方案的技术经济对比分析

方案名称	优缺点
换填垫层法	施工简单，对软土地基处理的效果好，质量容易得到保证，换填深度在 2～3m 以内时，工程成本低
振动沉管砂石桩复合地基	成桩速度快，工程造价较低，处理效果较好，同时兼有排水固结和复合地基的特征
水泥土搅拌桩复合地基	施工技术成熟，工期短，处理效果较好，本地区使用广泛，在各种复合地基处治方案中造价较低，但施工监理难度大，对软弱地基下部搅拌不易均匀，处理深度有限。粉喷桩因不向地基增加水分，更适合于饱和软土，但粉尘污染较大；浆喷桩处理的深度和效果均好于粉喷桩，但造价略高
水泥粉煤灰碎石桩复合地基	施工工期短，处理效果好，质量容易控制，可处理深层软土，但施工工艺复杂，工程造价高
注浆加固	注浆加固对砂砾石、砂卵石地层注浆效果好，注浆固结体强度较高，注浆浆液全部进入地层中，浆液利用率高。易出现串浆及跑浆现象，浆液易流失到加固区域以外的地方

如表 1 中所示，经过多种地基处理方案的对比分析，并结合该区域的土层情况，我们决定采用换填垫层法来对地基进行处理，将液化土层进行开挖，并用级配砂石进行换填，消除该区域的液化。

2.2.3　二区 C4-21 地块南区中等液化地基土层处理

对二区 C4-21 地块南区的 2200m² 中等液化土层，因其埋深达 4 ～ 7m，且在该地块的端部位置进行分布，如果进行全部开挖完后换填，增加的成本较大且地下液化面积不确定，在开挖过程中又无法自由放坡，需增加支护等方面的造价。从表 1 中可见，振动沉管砂石桩的特点是成桩速度快，工程造价较低，处理效果较好，同时兼有排水固结和复合地基的特征，结合本区域的土质情况，并经综合考虑现场实际情况，经对比分析，决定采用振动沉管砂石桩进行处理。该桩的深度为 8m，超过液化的地基土层，满足规范及现场实际情况要求。

在现场施工完振动沉管砂石桩后，经地基检测，发现仍有 138m² 的轻微液化土层，根据处理后的地基承载力检测结果，设计院重新对地基进行计算，采取将剩余部分的轻微液化土层上方的筏板厚度加大及扩大筏板尺寸的方式进行处理，以消除剩余的轻微液化土层的影响。具体的处理方法如下：

根据南区东南角的振动沉管砂石桩检测结果，部分区域的土层液化已消除，局部区域的土层检测结果为轻微液化和中等液化；依据业主提供的检测点布置图和各孔检测结果，经复核，对图 2 填充区域的基础底板加强刚度处理，填充区域的基础筏板的厚度加厚 200mm，由原来的 500mm 改为 700mm，筏板边缘往外扩大了 1500mm，筏板内配筋不变。

筏板边缘往外扩大1500mm

此▨阴影区域内基础底板厚度为700

图 2　二区 C4-21 地块南区东南角筏板变更示意图

通过本工程对于各种地基处理方案的应用，我们从中总结出了一些经验教训，具体如下：

（1）地基处理方案的确定，应根据建筑物上部结构情况、基础形式及建筑场地的地质条件，做出地基处理多种方案，经过严格的技术经济对比分析，确定最佳地基处理方案。

（2）多数建筑工程地质勘查工作非常粗糙，因此在土方开挖过程中，施工管理人员一定要加强将现场的土质情况与地质勘察报告的土质情况进行比较，看差异性是否很大。

（3）一定要掌握地基基础与上部结构共同工作的特点，地基变形产生地基不均匀沉降，引起上部结构附加内力，一般刚度较大的结构，较小的差异沉降，就可引起较大的附加内力，加强上部结构，可以增加结构调整地基变形的能力。同时地基与基础也要适应上部结构的要求，以达到共同工作的目的。孤立地选择地基处理方案，与基础及上部结构不相适应，容易引发工程质量事故，应引以为戒。

3　结束语

综上所述，未来的建筑领域会对建筑地基提出更高的要求，对各类型的建筑地基，选取针对性的处理方案，达到既解决现场施工，又节约工期、保证质量、减少成本投入的目的。在后续的施工过程中会越来越多地碰到复杂地基，且必须经过地基处理后才能进行工程建设，我们要了解更多的地基基础处理方法，并对其大力推广及普及，同时对新型的地基基础处理方法要加强研究，以适应现代化建筑业发展的需要。

参考文献

［1］　中华人民共和国住房和城乡建设部 . 建筑地基处理技术规范［M］. 北京：中国建筑工业出版社，2013（06）.

［2］　谢菊元 . 浅谈软土地基上基础的处理措施［J］. 科学之友，2013（06）.

［3］　樊骅 . 信息化技术在 PC 建筑构件生产过程中的应用［J］. 住宅产业，2014（06）.

［4］　刘正峰 . 地基与基础工程新技术实用手册［M］. 北京：中国建筑工业出版社，2000（10）.

［5］　徐至钧，张亦农 . 强夯和强夯置换法加固地基［M］. 北京：机械工业出版社 2004（03）.

浅析螺旋挤土灌注桩在粉质黏土中的应用及优势

姜先杰　李　想　王　勇　杨　帅　欧阳平

中建五局第三建设有限有限公司，长沙，410004

摘　要： 螺旋挤土灌注桩通过钻头的扩孔作用，将桩头土体挤压到桩周围，提高土层承载力参数，同时桩身螺丝形部分嵌入土体，形成抗剪切力，从而增强螺旋挤土灌注桩的竖向单桩承载力。具有不出土、不产生淤泥等优点，在环保、节能方面优势明显。本文通过介绍螺旋挤土灌注桩在高青医院项目的应用及优势分析，对其在粉质黏土中的应用及推广前景进行展望。

关键词： 螺旋挤土灌注桩；粉质黏土；不出土；不产生淤泥；竖向单桩承载力

1　工程概况

高青医院项目位于淄博市高青县高青新区芦姑路以东、南环路以北。本工程包括 5 层的门诊医技楼、14 层的病房楼、地下室、综合办公楼及感染楼（效果图见图 1）。工程总建筑面积为 156400m²，地下建筑面积为 44800m²。病房楼高 63.7m，门诊医技楼高 23.4m。病房楼主楼部分基础采用桩筏板基础，其余为桩承台＋防水板基础。基坑代表深度 6.55m，局部深度达到 8.35m，属于深基坑。螺旋挤土灌注桩总数为 4594 根，有效桩长 24m，桩径 600mm。

图 1　工程效果图

2　桩基工程特点

（1）本工程土质主要为粉土及粉质黏土，土层参数较低，承载力特征值相应较低。

（2）地下室水位较高，施工前需进行降水。同时螺旋挤土灌注桩为后置钢筋笼，桩基施工前需进行一步土挖除。

（3）整体地下室44800m²，点多面广，施工进度压力大。

3　施工前准备工作

3.1　组织构架

组建强有力的管理构架，明确分工及责任。成立施工领导小组，组长由项目经理担任，副组长由项目总工、生产经理担任，具体组织构架详图2。

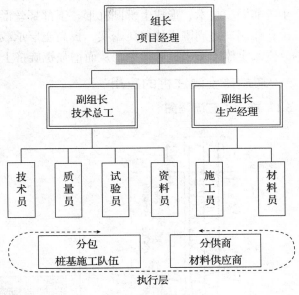

图2　组织构架

3.2　技术准备

（1）编制详细的施工方案，做好整体的施工部署，并对施工员、劳务分别进行交底。

（2）规划场区加工棚、水电源及现场道路位置，做到最优化排版。

3.3　施工准备

（1）桩基施工前，先进行降水及一步土开挖，保证开挖后基层平整度控制在±20cm以内。

（2）主要设备及仪器用表，见表1。

表1　主要设备用表

序号	机械名称	型号	备注
1	螺杆桩机	JZU180	成孔、成桩
2	地泵	HBT80-13-90S	泵送混凝土
3	振动器		下放钢筋笼、振捣混凝土
4	发电机		电力供应
5	电焊机	BX—315	焊接维修制作钢筋笼
6	全站仪	KTS-442	放线，测量
7	水准仪	DZT—2	测桩顶标高
8	混凝土坍落度筒		测混凝土坍落度

（3）主要材料用表，见表2。

表2　主要材料用表

序号	材料名称	型号	备注
1	混凝土	C35	图纸设计
2	钢筋	A8	图纸设计
3	钢筋	A12	图纸设计
4	钢筋	C18	图纸设计
5	钢筋	C22	图纸设计

4　螺旋挤土灌注桩的工艺原理

通过自动控制系统严格控制螺杆桩机钻孔、提钻的速度与旋转圈数的关系，分别采用同步与非同步技术，形成上部圆柱形、下部螺丝形的桩身，如图3所示。桩基施工通过钻头的扩孔作用，将周围土体挤压密实，提高土层承载力参数，增加侧摩阻力。同时桩身螺丝形部分嵌入土体，形成抗剪切力，从而增强螺旋挤土灌注桩的竖向单桩承载力。

5　螺旋挤土灌注桩的应用

5.1　施工工艺流程图

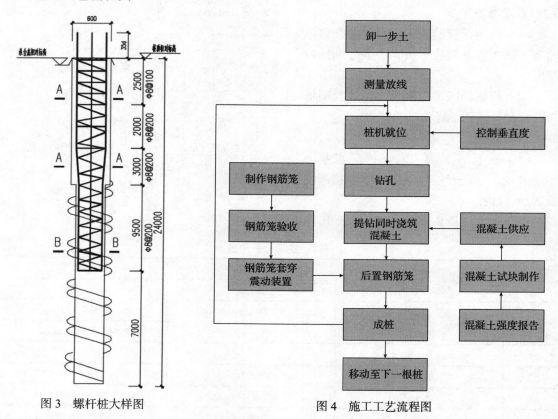

图3　螺杆桩大样图　　　　　　　图4　施工工艺流程图

5.2　施工操作要点

（1）卸一步土

为避免后置钢筋笼时带入夹杂泥土，需进行一步土挖除，确保工作面较桩头设计标高高1～1.5m。

（2）测量放线

以建设单位提交的测量控制基准点为控制点，使用全站仪在场区四周建立闭合导线控制网，测放出螺杆桩桩芯坐标，并做好明显标识，经复核无误并报监理验收后方可施工。

（3）桩机就位

桩基就位前制定合理的施工计划，严格执行"隔一打一"跳打的施工顺序。螺杆桩机就位后及时对中，如图5所示，并进行桩身垂直度偏差复核，确保偏差值小于1%。

（4）钻孔

①钻孔开始时，关闭钻头阀门，向下移动钻杆至钻头触及地面时，启动电机钻进。宜先慢后快，减少钻杆摇晃，同时便于检查钻孔的偏差，及时纠正。在成孔过程中，如发现钻杆摇晃或难钻时，应放慢进尺，否则容易导致钻孔偏斜、位移，甚至使钻杆、钻具损坏。

②钻孔过程中桩机自控系统严格控制钻杆下降速度和旋转速度，使二者匹配。

形成直杆段：螺杆钻杆每下降一个螺距，钻杆旋转二周以上，钻至螺杆桩直线段设计深度。

形成螺纹段：螺杆桩钻杆每下降一个螺距，钻杆旋转一周，钻至螺杆桩螺纹段设计深度。

③钻机过程中，螺杆桩钻头采用正向旋转，在钻机施加扭矩的同时施加竖向压力，螺纹段钻进采用钻具同步技术，在钻头达到设计桩端标高前，钻具不应反转或提升。

（5）提钻同时浇筑混凝土

螺杆桩成孔到达设计标高后，停止钻进，开始泵送混凝土。当钻杆芯管充满混凝土后，螺杆桩桩机反向旋转提升钻杆。通过自控系统严格控制钻杆提升速度和旋转速度，顺着已形成的土体螺纹轨迹钻杆反向旋转，螺杆钻杆旋转的转数和提升速度应保持同步和匹配，匀速控制提管速度，要求螺杆钻杆旋转一圈，钻杆上升一个螺距。与此同时泵送高压的混凝土迅速填充由钻杆同步旋转提升所产生的螺纹段空间。

钻头提升至螺纹段顶端时，停止钻具同步技术，采用钻具非同步技术的正向旋转提钻，按与混凝土泵送量相匹配的提钻速度直至钻头提至孔口。

（6）后置钢筋笼

钢筋笼应提前制作，并安装保护层垫块，如图6所示。

图5　螺杆桩机就位

图6　钢筋笼制作

钻孔同时，将振笼用的钢管在地面水平方向穿入钢筋笼内腔。确认钢管与专用振动装置连接良好，钢筋笼与振动装置用钢丝绳柔性连接。

混凝土浇筑完成后，采用钻机自备吊钩，将钢筋笼竖直吊起，对准桩位中心。利用震动器的震动力将钢筋笼插至设计标高，如图 7 所示。

（7）成桩

后置钢筋笼完成后，应对桩头做好明显标识及保护，防止机械碾压，破坏桩头，影响成桩质量。

6　优势

螺旋挤土灌注桩对比 CFG 桩、管桩、传统方法施工的灌注桩优势明显，主要从技术、成本及环境保护三方面进行描述。

6.1　技术优势

（1）无需泥浆护壁

图 7　后插钢筋笼

传统施工方法的灌注桩在粉质黏土中需进行泥浆护壁，螺旋挤土灌注桩在成孔提钻的同时进行混凝土浇筑，不出土、不产生淤泥，无需进行泥浆护壁，减少泥浆外运产生的费用及对环境的污染。

（2）单桩竖向承载力高

由于成桩过程中，桩身部分土体在挤压到桩周围，对桩间土挤压密实，改变桩间土力学性质，提高了螺旋挤土灌注桩的侧摩阻力，同时桩身螺丝形部分嵌入土体，形成抗剪切力，从而增强螺旋挤土灌注桩的竖向单桩承载力。

（3）成桩质量可控可靠

基于上述特有的成桩机理和自身特性，提钻即浇筑混凝土，能有效避免塌孔、孔底渣土等质量隐患。

6.2　环保优势

（1）节约混凝土原材料

螺旋挤土灌注桩，单桩竖向承载力较相同直径、相同长度的普通灌注桩高，则相同单桩承载力特征值的情况下，螺旋挤土灌注桩混凝土用量少，节约混凝土原材料。

（2）成桩无噪音

螺杆钻机施加扭矩的同时施加竖向力，钻孔或提钻均不产生噪音污染，对比预制管桩有极大的优势。

（3）不出土、不产生淤泥

螺旋挤土灌注桩成桩过程不产生淤泥、不出土，无需弃土场，与普通灌注桩相比，克服了淤泥污染、渣土外运、建筑扬尘等环保不利因素。

6.3　成本优势

螺旋挤土灌注桩成桩功效高，节约人工及机械费用；单方混凝土承载力高，节约混凝土原材料；成桩过程不出土、不产生淤泥，节约渣土车转运费用及环保成本。

与 CFG 桩、管桩、传统方法施工的灌注桩相比，螺旋挤土灌注桩可节约工程造价 6%～15%。

7　前景展望

随着社会进步，国家对环保、节能方面要求越来越严格。桩基作为建筑工程不可或缺的组成部分，传统钻孔灌注桩出土、产生淤泥等现象迫切需要改善。在以粉质黏土为主的地区，螺旋挤土灌注桩具有不出土、不产生淤泥的特点，同时在成本造价上有一定优势，是一种发展前景广阔的桩基。

8　结语

通过在高青医院项目中应用螺旋挤土灌注桩技术，对比传统灌注桩施工，提高了工程质量，降低了安全风险，节约了材料，同时具有不出土、不产生淤泥的特点，解决了大城市中出土、出淤泥的难题。同时，在应用过程中，我们也遇到了桩径最大 650mm、单桩承载力不宜过高、土层不宜过硬（粉质黏土为宜）等缺点，需在今后项目施工中探索解决。

参考文献

［1］ JGJ 94—2008. 建筑桩基技术规范［S］.

［2］ DBJ 14—091—2012. 螺旋挤土灌注桩技术规程［S］.

［3］ 肖光庆 . 双向螺旋挤土灌注桩（SDS）的技术优势与施工问题研究［J］. 探矿工程 . 岩土钻掘工程，2015（3）.

［4］ 刘钟（中冶建筑研究总院有限公司）. 短螺旋挤土灌注桩（SDS 桩）施工新技术［A］· 第九届全国桩基工程学术会议［C］. 2009.

复杂地质条件下的淤积土地基强夯处理技术

张建伟　　孙镇涛　　佟晓亮　　李海灵

（中建五局第三建设有限公司，长沙，410011）

摘　要： 结合延安新区建设某标段大面积淤积土地基处理施工实例，论述了在特殊的工程环境和复杂地质条件下，经过施工方案比选，采用强夯置换来解决淤积土地基处理。根据现场选定的试验段施工实例，分析试验结果，优化验证了其关键施工工艺参数和加固处理效果。实践证明：该技术适合淤积土地基加固，保持高填方填筑体的整体稳定性，为类似工程施工提供技术参考。

关键词： 淤积土；地基处理；强夯置换；技术

1　工程概况

延安新区建设是延安市平山造地、上山建城，拓展城市发展空间，实施"中疏外扩"城市发展战略的重大举措，是湿陷性黄土地区世界上最大的平山造地工程。延安新区一期综合开发工程位于延安新区北区靠近现城区一侧，是新区建设的一期工程，初步规划面积 10.5km²，南北向长度约 5.5km，东西向宽度约 2.0km。场区内地形起伏大，地面高程 955 ～ 1263m，高差 308m。

工程区域分布有较大范围的人工淤积坝拦淤形成的淤积土，淤积时间一般 15 ～ 25 年，时间最短的不足 1 年，最长的约 28 年。总面积约 25m×10⁴m，最大淤积厚度约 14m，一般厚度 7 ～ 10m。自然淤积造地后，地下水位上升，勘察期间的水位深度约 3 ～ 4m。上部 1 ～ 2m 含水量不大，呈可塑，地下水位附近及其下的淤积土多呈软塑～流塑状态，具有结构松散、含水量高，高填方荷载作用下沉降量大、变形稳定时间长以及地基处理难度大的特点，是本工程中面临的显著工程技术难题之一。

2　淤积土地基强夯处理技术

为了有效、合理地解决工程面临的技术难题，保证工程质量、节约工程造价和缩短工期，采取了"动态勘察设计、信息化施工"的方法。尤其是淤地坝区域等冲沟部位的软弱土地基处理、填方区湿陷性黄土地基处理，进行现场动态设计和及时的设计调整，也使整个工程转入动态施工模式，而且工程地处沟谷区、黄土峁梁区，加有湿陷性黄土地区和人工造地区，尤其是人工造地区引起地下水位上升，引起工程性质差异大，存在很多的不确定因素，加大了施工难度。

2.1　地基处理方案的准备

施工前，勘察单位在设计图纸的基础上再次对施工区域内的地质进行详细的调查测绘、勘探，搜集详细的工程勘察资料，有很大的指导意义，是后续施工的保障。

根据延安新区建设的要求、设计意图以及地基处理要求达到的各项技术经济指标，结合工程实际情况，了解其他地区相似工程的地基处理经验和处理后的使用情况，了解、掌握当地地基处理经验和施工条件，结合已有的工程经验，为地基处理方案提供参考和指导。

2.2　地基处理方案的选择

解决淤地坝区域内软弱土体变形问题，主要为控制沉降、减小淤地坝区域内及其与周边区域交界处的不均匀变形。考虑淤地坝相对软弱地基处理的方法主要有换填、强夯、冲压、碎石桩和素土挤密桩等。从技术特点（优点、缺点）、造价、工期、使用经验几个方面对主要地基处理方法进行分析比较，结合场地具体条件对各地基处理方法进行综合评价，见表1。

表 1　地基处理分析评价

处理方法	技术特点		造价（元/m²）	工期	综合评价
	优点	缺点			
换填法	1. 工艺、设备简单，便于操作，施工速度快； 2. 适用于各种地基浅层处理； 3. 场地适应性好，技术可靠性高； 4. 质量可控性好。	1. 增加大量的挖方与填方； 2. 换填深度一般不宜超过3m； 3. 地下水位较高时，不易换填。	210	满足	1. 增加大量的挖方与填方； 2. 工艺、设备简单，便于操作，施工速度快； 3. 场地适应性好，技术可靠性高，有成熟应用经验； 4. 不适用本工程大面积的地基浅层处理。
冲碾法	1. 施工方便、施工期短、施工费用低； 2. 加固深度2～3m时，处理效果较好。	1. 加固深度较小； 2. 地基含水量较高时，一般来说，处理效果不显著。	10	满足	1. 效率高，造价低； 2. 有效处理深度约2～3m，不能满足本工程要求。
强夯法	1. 设备简单、施工期短； 2. 可通过调整夯击能量来处理不同的深度； 3. 适用土类广，处理效果好。	1. 软黏土地基含水量较高时，一般来说处理效果不显著； 2. 含水量较高时需设置垫层。	50	满足	1. 采用碎石垫石强夯，可以解决地基土高含水量问题； 2. 造价适中； 3. 技术可靠，有成熟应用经验； 4. 可作为本工程大面积地基处理。
碎石桩	1. 可以处理较大深度； 2. 可以对地基土进行有效挤密； 3. 在地基土中可形成通畅的排水通道，有利于控制工后沉降。	1. 需要消耗大量的石料； 2. 造价较高； 3. 施工速度较慢。	240	满足	1. 处理效果好； 2. 需要消耗大量的石料； 3. 施工速度较慢； 4. 不适用本工程大面积地基处理。
排水固结法	1. 可处理深部软弱地基； 2. 适用于高含水量的软弱地层。	1. 挤压方式施工容易产生排水板断带。	200	满足	1. 造价较高； 2. 施工中差异沉降大，不利于填筑体的整体稳定。

根据淤泥坝区域软弱地基的具体特点，通过综合对比，强夯法是技术上比较可靠、经济上相对合理的地基处理方法。淤积土地基处理采用强夯方法进行处理。

强夯处理有四种考虑：直接强夯、垫土强夯、垫碎石强夯和强夯置换。直接强夯费用最低、最省事，但受地基土含水量的影响较大；垫土强夯在地基处理的同时还可解决一部分土方填筑；垫碎石强夯处理效果好、技术有保证；强夯置换施工简单、加固效果显著、工期短、使用经济。由于下部土层含水量高，直接强夯有一定的风险性，设置土垫层、铺设碎石垫层的方法是一种预备的调整方案，强夯置换方案则是最后的保证性方案。

2.3 淤积土地基强夯置换处理技术

结合标段的实际情况，确定标段范围地基处理试验段采用强夯置换。根据现场实际情况，强夯击能逐步增加，夯锤中心间距为 4m 和 4.5m 两种。试验段内采用坚硬、级配良好的碎块石，作为夯填材料，材料粒径为不大于 30cm 的碎块石。

2.3.1 试验区的确定

根据设计提供的地质资料分析，以淤积土的深度确定 2 个试验区域，B3-1 区淤泥层厚度为 5.5m，B3-2 区淤泥层厚度为 5.4 ~ 8.7m。

2.3.2 试验参数

因本工程采用强夯碎块石进行软基处理，此种方法是采用地基强度瞬时降低以排开软土，因而点夯可连续施工。强夯前先做 2 个单击试夯点，观察夯点周围的隆起度。

第一遍夯点按正方形布置，第二遍夯点在第一遍夯点之间布置，单点夯击次数依据现场试夯点确定，有可能每个夯点的夯击次数不尽相同，但控制指标必须保证最后两击的平均夯沉量不大于 8cm。最后一遍满夯 d/4 搭接布置，夯能 1000kN·m，对表层的碎块石强夯夯实整平。强夯参数见表 2。

表 2　试验区强夯处理参数

序号	试验区内容及编号	试验区面积（m²）	强夯夯能（kN·m）	夯锤重（t）	落距（m）	夯锤底面直径（m）	夯点布置	碎块石铺设厚度（m）	备注
1	B3-1	832	3000	23.06	13.2	2.5	4.0m 正方形	1.0m	点夯后再铺 0.5m 厚垫层进行满夯
2	B3-2	708.75	3000	23.06	13.2	2.5	4.5m 正方形	1.2m	点夯后再铺 0.5m 厚垫层进行满夯

2.3.3 施工步骤

（1）平整施工场地，测量场地高程，满铺一层碎块石。

（2）标出夯点位置，测量场地标高。

（3）起重机就位后，使夯锤对夯点位置，测校脱钩高度，用脱钩绳定死脱钩位置高度。

（4）测量夯前锤顶标高。

（5）将夯锤起吊到预定高度，待夯锤脱钩自由落下后，放下吊钩再次测量锤顶标高，发现因坑底倾斜造成夯锤倾斜时，应及时将坑底整平。

（6）夯击并逐击记录夯坑深度。当夯坑过深而发生起锤困难时停夯，向坑内填料直至与坑顶平，记录填料数量，如此重复直至满足规定的夯击数及控制标准。当夯点周围软土挤出影响施工时，可随时清理并在夯点周围铺垫碎石，继续施工。

（7）重复步骤 5，按规定的夯点击数和控制标准，完成一个夯点的夯击。

（8）换夯点，重复步骤 3 ~ 6，完成第一次的全部夯击击能。

（9）按照夯点情况，按上述步骤逐次完成全部的夯击次数，遍数和夯后的整平工作，再铺设一层 50cm 厚的碎块石进行满夯，夯实后测量场地高程。

强夯施工中要注意排水，在场坪低洼处开挖集水坑，采用污水泵不停抽水，使孔隙水压力消散，加快土体固结。

2.3.4 单点夯击次数控制指标

（1）最后两击的平均夯沉量不大于 8cm。

（2）夯坑周围地面不应发生过大的隆起。

（3）不因夯坑过深而发生提锤困难。

2.3.5　施工监控

（1）开夯前应检查夯锤重量和落距，以确保单击夯击能量符合设计要求。

（2）在每一遍夯击前，应对夯点放线进行复核，夯完后检查夯坑位置，发现偏差或漏夯应及时纠正。

（3）按设计要求检查每个夯点的夯击数和每击的夯沉量。

（4）夯打过程中注意避免弹簧现象，注意加强排水措施，待孔隙水压力消散后再进行夯打。

2.3.6　夯沉量与夯沉次数的曲线关系

在试验区内随机抽取强夯记录中的部分沉降量数据，计算出每击的夯沉量，见表3和表4。

表3　B3-1试验区夯沉量与夯沉次数数据

击数	1	2	3	4	5	6	7	8	9	10	11	12
平均夯沉量（cm）	83	61	36	53	33	42	41	49	22	17	9	5
累计夯沉量（cm）	83	144	190	243	276	318	359	408	430	447	456	461

表4　B3-2试验区夯沉量与夯沉次数数据

击数	1	2	3	4	5	6	7	8	9	10	11	12
平均夯沉量（cm）	69	58	47	48	28	48	38	55	28	21	7	7
累计夯沉量（cm）	69	127	174	222	250	298	336	394	422	443	450	457

根据表3和表4绘出夯击次数与累计夯沉量关系曲线图，见图1和图2。

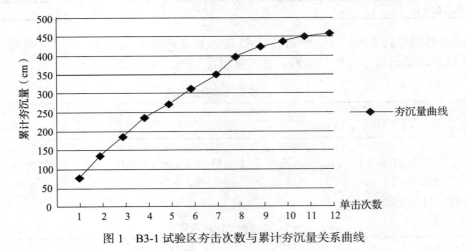

图1　B3-1试验区夯击次数与累计夯沉量关系曲线

2.3.7　试验数据分析

试验区强夯施工结束后，由西北综合勘察设计研究院检测试验中心、延安致宏地基检测有限公司、延安新区（北区）一期场地平整工程质量检测中心试验室联合对B3-1、B3-2试验区做密实度检测、静荷载检测、瑞雷波检测。

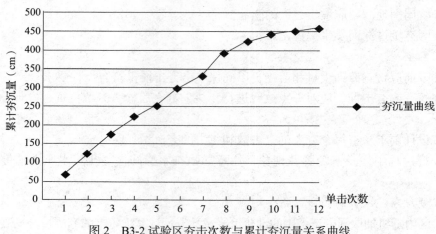

图 2　B3-2 试验区夯击次数与累计夯沉量关系曲线

根据现场实测数据集资料，经分析：

（1）试验点承载力特征值 f_{ak}=220kPa，试验加载的最大承载力 440kPa，当荷载加至设计承载力特征值 220kPa 时的累计沉降量分别为 2.4mm、1.15mm、5.48mm、5.68mm、5.93mm、2.76mm，处理后试验点的地基承载力特征值 220kPa，达到设计要求（不小于 220kPa），具体数据见表 5。

表 5　静载试验成果表

试验点号	B3-1 试验区			B3-2 试验区		
	S1	S2	S3	S1	S2	S3
最大沉降量（mm）	10.16	8.54	13.72	16.66	9.67	9.18
最大回弹量（mm）	7.76	7.39	8.24	10.98	3.74	6.42
回弹率（%）	76.38	86.53	60.06	65.91	38.68	69.93
累计沉降量（mm）	2.4	1.15	5.48	5.68	5.93	2.76

（2）5-2 号点进行 1 次试验，锤击数为 43 击，见表 6；根据《岩土工程类（地基与基础）》中论述分析，地基承载力达到 220kPa，密实度满足 93%，符合设计要求。

表 6　标准贯入试验成果表

点号	深度（m）	实测锤击数（击）	平均值（击）	备注
5-2	27.0-27.3	43	43	淤积土

（3）1 号点 0.00 ～ 10.0m 范围内波速介于 200 ～ 236m/s 之间，2 号点 0.00 ～ 10.0m 范围内波速介于 183 ～ 244m/s 之间，具体波速见表 7。经分析计算，试验点的密实度均不小于 93%，符合设计要求。

表 7　波速测试试验成果表

点号	深度（m）	V_s 波速（m/s）	备注
1	0 ～ 1.5	220	
	1.5 ～ 2.8	200	
	2.8 ～ 6.1	204	
	6.1 ～ 7.8	236	
	7.8 ～ 10.0	219	

续表

点号	深度（m）	V_s 波速（m/s）	备注
2	0～1.6	208	
	1.6～2.6	183	
	2.6～4.6	225	
	4.6～7.5	210	
	7.5～10.0	244	

3 结论

3.1 地基处理效果

强夯置换是淤积土地基处理的有效途经之一，它是利用重锤高落差产生的高冲击能将碎石、片石等性能较好的材料强力挤入地基中，在地基中形成一个一个的粒料墩，粒料墩一般都有较好的透水性，利于土体中超孔隙水压力消散产生固结。墩与墩间土形成复合地基，复合地基不仅置换部分强度大幅度提高，天然土部分由于排水固结作用和挤密作用也使强度有所提高。对软基既有置换作用，又有挤密与混合作用。

在施工过程中，要结合土层的条件，通过试夯确定最后两击的夯沉量控制标准。通过合理地选择施工参数，控制置换率，能有效改善地基的各项物理力学性能，加快软基固结，减小沉降，满足工程对地基承载力的不同要求。

强夯置换法综合了强夯加固和复合地基的优点，且施工设备、工艺简单，适用范围广泛，而且具有速度快、效果显著、经济可靠、节约材料等优点，是一种比较理想的地基处理方式。

然而本工程所处的区域地下水位一般都比较高，经强夯置换处理后的地基在使用过程中，粒料墩间土极易受到地下水的侵蚀，而使其承载力降低。墩间土承载力的降低会减弱其对粒料墩的侧限，粒料墩的承载力也会随之降低。地基承载力的降低是否会使其上部的大面积高填方填筑体产生较大的附加沉降呢？由于目前类似的工程实践较少，还无法得出结论，但从工程实例进行的连续跟踪观测来看，未发现有异常的沉降。

3.2 后期展望

随着科技的日益进步，对复杂环境和地质条件下难度较大的地基处理问题，工程质量要求越来越高，用已有的加固方法或许并不能很好地解决，要探索适合工程实际的处理方法，更好地解决地基处理问题。

强夯处理加固获得了国内外很多专家学者的重视和研究，但是由于地基土性质千差万别，至今没有形成一致的看法和系统的理论，这方面的研究有待进一步深入。强夯加固机理设计参数没有一致的理论指导，都是以现场试夯为基础，在试夯的基础上靠经验确定施工的各项技术参数，然后组织进行正式施工。强夯的设计处在一种高度的经验和定性的水平，强夯参数的定量化研究也有待深入的理论分析、实验研究和工程应用。

参考文献

[1] 苏鑫，韩黎明，魏戈峰，等．延安新区一期综合开发工程项目地基处理与土方工程施工图设计．中国民航机场建设集团公司，2012.6.

[2] JGJ 79—2002.建筑地基处理技术规范［S］．北京：中国建筑工业出版社，2002.

[3] GB 50025—2004.湿陷性黄土地区建筑规范［S］．北京：中国建筑工业出版社，2004.

[3] GB 50021—2001.岩土工程勘察规范［S］．北京：中国建筑工业出版社，2009.

[4] 陈凤奇．强夯法处理软土地基实例分析［R］．合肥工业大学，硕士论文，2009.

高边坡及深基坑支护施工技术

李本鹄　李　荣　胡　栋

中建五局第三建设有限公司，长沙，410000

摘　要： 贵阳市某工程项目占地面积大，边坡较高且临近道路及民房，现场条件复杂，项目部针对此高边坡及深基坑，结合现场实际，分情况对边坡进行合理的设计，并提出了边坡支护施工中应注意的问题。

关键词： 高边坡；支护；抗滑桩；格构预应力；锚索

1　工程概况

　　贵阳市某项目高边坡位于贵阳市云岩区甲秀北路8号，场地地势北高南低。边坡高度约3.0～72.4m，边坡长度约453m，该工程项目占地面积达，边坡较高且临近西二环主干道，坡顶有民房，现场条件复杂。根据实际情况将边坡划分为IJKL段、MN段、NO段。其中，IJKL段边坡坡顶为民房，房屋距离边坡坡脚线最近12m，条形基础，持力层为中风化岩；MNO段坡顶有2～4层民房，条形基础，持力层为中风化岩。边坡具体情况如表1所示。边坡平面布置图详如图1所示。

表1　边坡基本概况

段号	长度	高度	边坡坡度（°）	边坡岩土构成	边坡安全等级
IJKL段	237m	3.0～24.7m	90	中风化岩石	一级
MN段	151m	45.0～71.0m	59	中风化岩石	一级
NO段	65m	59.0～72.4m	63	中风化岩石	一级

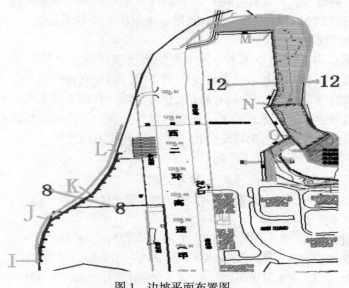

图1　边坡平面布置图

2　工程地质及水文条件

2.1　工程地质条件

根据岩土工程边坡勘察报告，场地上覆土层为第四系素填土（Qml），下伏基岩为三叠系中统杨柳井组（T2yl）白云岩，边坡岩土构成详见图2。

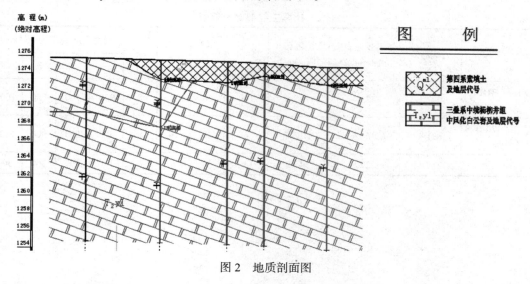

图2　地质剖面图

（1）第四系素填土（Qml）：杂色，由白云碎块、黏土组成，主要分布在场地东南侧IJKL段边坡附近，厚度为0.70～4.20m，平均厚度为2.38m。

（2）三叠系中统杨柳井组（T2yl）中风化白云岩：灰色、青灰色、灰白色、局部砖红色，细晶结构，中厚层状，岩石节理裂隙发育，多被切割成岩块状，钻进较慢，岩芯呈砂砾状及较多碎块状和少许短柱状。属较硬岩（frk=34.7MPa），岩体较完整，岩体基本质量级别为III级。遍布整个场区。地质剖面图见图2所示。

2.2　水文条件

边坡区地下水类型为碳酸盐岩岩溶水，主要贮存于白云岩的岩溶洞隙及风化裂隙中，受降雨影响较大，地下水位埋藏较深，对边坡无不良影响。雨季，在暴雨或持续性降雨情况下，地表水对坡体的稳定性影响较大。

3　边坡支护方案选型及设计

本边坡支护坚持安全、经济、方便施工的设计原则和思路。在掌握边坡工程要求（平面尺寸和深度等）、场地工程和水文地质条件、场地周边环境条件等资料后，进行多种方案的分析、论证与优化，最终确定该边坡的支护方案：其中，IJKL段采用抗滑桩＋锚索支护，MNO段采用格构预应力锚索＋网喷支护。

3.1　抗滑桩＋锚索支护

IJKL段抗滑桩采用Φ1500@3000人工挖孔桩，抗滑桩嵌入场平中风化岩层不小于3m；桩间混凝土板钢筋为（HRB400）Φ14@250双层钢筋，人工挖孔桩施工时预留钢筋连接。现浇C30混凝土，厚200mm；冠梁断面b×h=1500mm×900mm。纵向通长钢筋为24Φ20，箍筋Φ10@200，现浇C30混凝土；泄水孔按水平、垂直间距3m×2m布置在桩间挡板中间，

采用 Φ80PVC 塑料管，长 300mm，15% 外顷。

锚索水平间距 3m，垂直间距 2.5m。锚固段长度 8m。锚孔进入中风化岩层深度不小于 8m。锚索钢绞线为 8×7φ5，直径 D=15.2；锚孔 φ130，入射角 20°；灌注 M30 砂浆。锚索主要参数详见表 2。支护结构 8-8 断面示意图如图 3 所示。

表 2　锚索主要参数一览表

分段名称	锚索轴向拉力标准值（kN）	锚索预应力损失值（kN）	实际需张拉值（kN）	锚孔直径（mm）	倾角（°）	锚索根数	锚固段（m）	锚索施加预应力值（kN）			
								一	二	三	四
IJKL 段 B1-B6 号桩	642.1	323.4	965.5	130	20	8	8	250	500	750	1000
IJKL 段 B70-B78 号桩	831.3	356.4	1187.7	130	20	10	8	300	600	900	1200
MNO 段	215.4	127.8	343.2	130	30	8	6	100	200	300	400

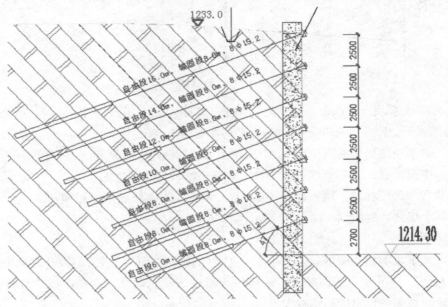

图 3　IJKL 段边坡支护设计 8-8 断面示意图

3.2　格构预应力锚索＋网喷支护

MNO 段锚索按垂直、水平 3.0m×3.0m 间距布置；预应力锚索采用 ASTMA416-87a 标准 1860 级 φ15.24mm 钢绞线。钢绞线为 8×7φ5，直径 D=15.24 锚孔 φ130，入射角 20°，灌注 M30 砂浆。锚孔进入中风化岩层深度不小于 6m。锚固段长度 6m。格构梁按水平、垂直 3.0m×3.0m 布置，纵横交叉于锚杆位置。梁断面 b×h=400mm×400mm。纵向通长钢筋为 10Φ22（HRB400），箍筋 Φ8（HPB300）@200，现浇 C30 混凝土。

网喷加强钢筋为 Φ14（HRB400）@3000 二级钢筋，网片筋为 Φ8@200mm，加强筋及网片钢筋穿过格构梁主筋并绑扎连接。喷射 C25 细石混凝土，喷射厚度 150mm。泄水孔按水平、垂直 3m×3m 布置，采用 Φ80PV 塑料管，长 300mm，15° 外倾。支护结构 12-12 断面示意图如图 4 所示。

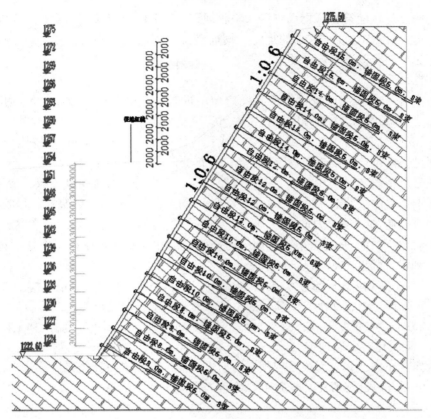

图 4　MNO 段边坡支护设计 12-12 断面示意图

4　施工工序及主要施工要求

4.1　施工工序

4.1.1　抗滑桩＋锚索支护

　　桩位测量→桩开挖→孔桩钢筋制安→浇筑孔桩混凝土→冠梁钢筋制安→浇筑冠梁混凝土→挡板钢筋制安及浇筑混凝土→从上向下第一排锚孔定位测量→锚杆（索）制作安装→锚孔灌浆→锚索张拉、锁定。

4.1.2　格构预应力锚索＋网喷支护

　　土石方开挖→网喷→锚孔定位测量→锚杆（索）制作安装→锚孔灌浆→格构梁制安→锚索张拉、锁定→重复以上工序。

4.2　主要施工要求

　　鉴于边坡临近道路及房屋，岩石边坡开挖爆破施工应采取避免边坡及临近建（构）筑物震害工程措施。爆破震动效应宜通过爆破震动效应监测或试爆试验确定，靠近基坑边 3m 范围开挖严禁采用爆破，锚索成孔前必须先确定有无管线，防止锚索成孔时破坏。

　　鉴于边坡较高，施工前需清除坡面松动石块，并对坡脚线进行复测，满足下部建设用地后方可施工。

4.2.1　抗滑桩施工要求

　　（1）人工挖孔桩需采用间隔成桩的施工顺序，应在混凝土终凝后，再进行相邻桩的成孔施工，相邻排桩跳挖的最小施工净距不得小于 4.5m。

（2）钢筋笼焊接应符合《钢筋焊接及验收规程》JGJ 18—2012 和《混凝土结构工程施工质量验收规范》GB 50204—2015 的规定；钢筋笼搬运和吊装时应防止变形，安放时应对准孔位，确保保护层厚度满足设计要求。

4.2.2 锚索施工要求

（1）锚索施工宜采用工程钻机成孔，避免出现震动效应和气动效应对坡顶房屋造成影响。准确确定中风化岩层，且锚固段置于中风化完整岩层中。

（2）钻孔施工应符合下面的要求：锚索成孔孔位偏差不大于 20mm，偏斜度不大于 2%；钻孔深度超过锚索设计长度 1m，孔径偏差不大于 5mm。

（3）锚索自由段防腐采用除绣、刷沥青船底漆、沥青玻纤布缠裹其层数不少于两层后装入塑料套管中，自由段两端 100 ～ 200mm 长度范围内用黄油充填，外绕扎工程胶布固定。

（4）预应力施加。预应力筋张拉前，应对张拉设备进行校定。张拉应按规定程序进行，在编排张拉程序时，应考虑相邻钻孔预应力筋张拉的相互影响。张拉宜在锚固体强度大于20MPa 并达到设计强度的 80% 后进行。

锚索设计施工张拉力不超过 0.65 倍钢绞线强度标准值，正式张拉前，应取 20% 的设计张拉荷载，对其预拉 1 ～ 2 次，使其各部位接触紧密，钢绞线完全平直。

正式张拉时，宜分级加载，每级加载后恒载 3min 记录位移值，张拉到 1.1 倍设计值，恒载 10min，无变化时可以锁定。

锁定后如在在地下室未回填发现预应力损失，应进行预应力补偿张拉。锚头在地下室剪力墙施工完毕后方可进行剪短，最后用 C30 细石混凝土封闭锚头。

4.2.3 网喷施工要求

（1）喷射作业时应分段进行，同一分段内喷射顺序自下而上，一次喷射厚度不小于 50mm。

（2）钢筋网应在喷射一次混凝土后铺设，钢筋保护层厚度不得小于 25mm。

（3）钢筋上下搭接长度不得小于 300mm。

（4）喷射混凝土终凝 2h 后，应喷水养护，养护时间根据气温确定，一般工程不得少于7d，重要工程不得少于 14d，当气温低于 +5℃时不得喷水养护。

5 结语

深基坑支护结构的设计是确保深基坑工程顺利施工的重要保障。本工程通过全面分析场地的工程地质条件、周边环境和地下结构特点，从安全造价、工期和施工工艺等各方面综合考虑，对边坡进行分段设计，将各种支护措施进行优化组合，提出了抗滑桩＋锚索支护以及格构预应力锚索＋网喷的支护方式，大大降低了对周边建筑物的影响，提升了边坡加固防护的质量。在实际施工期间，还需根据现场实际情况，按照施工工艺步骤进行施工，从而达到预期加固防护的目的。

参考文献

[1] 张淑华. 桩锚复合支护在边坡工程中的应用 [J]. 山西建筑，2010，36（6）：121-122.

[2] 于强. 超大超深基坑及边坡支护施工技术 [J]. 施工技术，2016，45（7）：78-81.

[3] 徐勇，杨挺，王心联. 桩锚支护体系在大型深基坑工程中的应用 [J]. 地下空间与工程学报，2006，2（4）：646-665.

[4] 符剑，王睿. 高边坡与深基坑支护设计整体分析实例 [J]. 施工技术，2009（1）：49-50.

冰雪世界项目百米深坑基坑支护技术

吴 智[1] 曹 平[2] 李池龙[2]

1. 中建五局第三建设有限公司，长沙，410004

2. 湖南湘江新区投资集团有限公司，长沙，410000

摘 要：以地处长沙废弃矿坑之上的冰雪世界项目为研究对象，讨论确定百米深坑周边的基坑支护方法。该项目最终采用的边坡加固方案为：边坡上承受较大荷载处采用锚杆、锚索、格构梁的支护形式；周边有对变形要求较严格的重要建筑物、道路等采用双排桩及桩间锚索的支护形式；无荷载或承受较小荷载以及边坡周边无重要建筑的土质边坡采用喷锚支护形式；无荷载或承受较小荷载以及边坡周边无重要建筑的岩质边坡采用主动拦石网的防护形式。通过以上加固方式，确保本工程建设期及运营期的边坡稳定。由于岩壁陡峭，岩面凹凸不平，极不规则，加固时需考虑搭设附着于岩壁的操作平台；锚索施工前需对边坡坡面进行修整，防止其深处相交；如遇不良地质情况导致的不良钻进现象时，立即停钻，及时进行回填灌浆，待具备钻孔条件后，重新跟管钻进。

关键词：边坡支护；锚杆（索）；格构梁；双排桩；防护网；操作架

冰雪世界项目地处湖南省长沙市岳麓区坪塘镇山塘村~狮峰山地段，坪塘大道东侧、清风南路南侧。本项目位于采石形成的矿坑上，主要由深坑坑壁岩体承受结构竖向荷载和水平作用。采石坑为长直径约500m、短直径约400m的类椭圆形，经人工采石而成，深度达100m。

项目由欢乐雪域和欢乐水寨两个子项目组成。其中，欢乐雪域建筑面积约10万 m²，以阿尔卑斯山为主题，结合众多新奇冰雪游乐设施，配置滑雪、吸雪等多样化娱乐活动，是迄今为止世界最大室内冰雪乐园，也是世界上唯一悬浮于废弃矿坑之上的冰雪乐园；欢乐水寨依托废弃深坑地形，建设7.5万 m²游乐区，利用冰雪世界顶部、地面、崖壁及深坑底部，打造立体化戏水乐园。项目西南侧仁立一高度为近100m的五星级酒店，与坑边距离20m左右。项目西侧临近城市主干道潭州大道（原坪塘大道），后期规划的地铁线路与该道路平行，因此严格控制周边重要建筑物、道路的变形尤为重要。同时整个冰雪世界下部为相互连通的两层地下车库，基坑深度大于5m，且该项目岩壁边坡需承受较大的动静荷载，所以保证边坡的稳定是本项目施工建设及后期运营的基本保证。项目地理位置见图1。

1 工程概况

本工程边坡根据地质情况分为两个竖向界面，12m以下岩质边坡和12m以上土、岩混合边坡，岩性主要为微风化灰岩，上部土岩区存在溶洞填充物，土类为人工填土和粉质黏土。

详细分层自上而下主要描述如下：

（1）人工填土（Q4ml）：主要由黏性土混灰岩碎石、块石及砂卵石等组成，结构松散，具有高压缩性，承载力低，密实度不均匀，工程性状差。

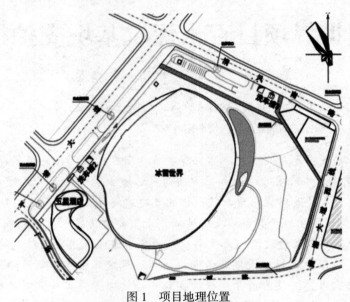

图 1　项目地理位置

Figure 1 Project location

（2）粉质黏土（Q4h）：红黄、褐色及褐红色，一般为硬塑状，局部可塑状、湿。

（3）微风化灰岩（D）：厚层状构造，节理裂隙稍有发育，局部裂隙被方解石细脉充填，溶蚀小孔较多。属坚硬岩，岩体较完整，岩体分类主要为Ⅳ类，岩石质量指标（RQD=80-90）为较好。

（4）岩溶充填物：主要由软可塑状黏性土、或稍密 - 中密状砂、砾石组成，呈半充填或全充填漏水或不漏水。

本工程场地原为采石场，在采石的过程中将覆盖的土层堆填在矿坑的四周，加之冰雪世界在建项目部分土方堆填至该区域，导致拟建场地人工填土厚度很大，最厚达 27.50m。杂填土主要由黏性土混灰岩碎石、块石卵石等组成，硬质物含量一般在 15% ～ 20%，局部达 50% 以上，结构松散，具高压缩性，承载力低，为软弱土，密实度不均，工程性状差。填土对边坡、基坑的支护及防渗将产生不利影响，施工时易产生垮塌，故在施工时应及时采取支护等措施。

2　边坡支护设计

项目岩质边坡在自然状态下整体稳定，土质边坡已暂时做了喷锚支护，但为确保整个项目在设计使用年限内的边坡稳定，需要对周边边坡进行永久加固。本工程边坡为Ⅰ类边坡，工程安全等级为一级，设计基准期同结构设计基准期（50 年），抗震设防烈度为 6 度。边坡支护综合采用桩锚支护、预应力锚索（杆）、喷锚支护、主被动防护网结合等支护方式。

目前，结合场地情况及施工方便，边坡上承受较大荷载处采用锚杆、锚索、格构梁的支护形式；周边有对变形要求较严格的重要建筑物、道路等采用双排桩及桩间锚索的支护形式；无荷载或承受较小荷载以及边坡周边无重要建筑的土质边坡采用喷锚支护形式；无荷载或承受较小荷载以及边坡周边无重要建筑的岩质边坡采用主动拦石网的防护形式[1][2][3][4][5][6][7][8]。

2.1　靠五星级酒店一侧及坪塘大道一侧均采用双排支护桩及桩间锚索支护

矿坑南侧为五星级酒店，高度近100m，建筑及结构设计等级为甲级，对变形要求严格，且与矿坑相隔较近，如边坡不稳定将对建筑使用产生严重影响。矿坑西侧为城市主干道坪塘大道，过往车辆较多，动荷载较大，且规划有长沙市地铁三号线，因此确保支护结构的稳定性，严格控制建、构筑物变形就尤为重要。

考虑到矿坑西侧及南侧填土较厚，深达十多米，因此从结构安全及施工方便考虑，最终采用双排支护桩及桩间锚索的方式进行基坑支护。由于填土性质较差，坑底被动区采用水泥搅拌桩加固，加固宽度为5m。坑底被动土加固区采用双轴水泥土搅拌桩2φ700@1000，坑底以下为5m，宽度为5m，掺灰量为13%。水泥土搅拌桩的搭接宽度为200mm。双排桩前、后排桩桩径均为1.5m，长度22.6m，桩距2m，排距5.0m，前、后排桩桩顶采用冠梁连接，再在横向采用连梁连接，使之形成稳固的抗土刚架结构。外侧桩间采用20cm厚C30钢筋混凝土板挡土，坡顶考虑20kPa的均布荷载。不同的工况、不同项目采用的支护桩支护参数有不同，具体可通过同济启明星等相关软件计算。对于支护桩施工，经过多种方案比选，考虑到工期紧张，且支护桩工程量较大，最终采用旋挖钻孔灌注桩[3]。

2.2　矿坑周边欢乐雪域主体旁土质及岩质边坡加固采用预应力锚索、锚杆及格构梁支护

岩坡加固采用预应力锚索、全长粘结锚杆＋格构梁的加固形式，锚索长度一般不小于20m，其中，锚固段须锚入完整微风化岩体，长度为6m。锚固段岩体应逐孔取芯确认为微风化完整岩体，并经过监理现场确认。

第一排锚索由平台（岩土分界面）向下1.5m开始设置，水平、竖向间距均为3m。钻孔直径为165mm，向下倾斜15度。预应力锚索采用12股Φ15.2的1860级无粘结型环氧涂层预应力钢绞线，浆液为水泥净浆，注浆的水泥浆体强度不小于35MPa。采用一次注浆工艺，宜使用水灰比为0.30～0.42的水泥浆，注浆压力宜为0.5～1MPa，具体的浆液配比及注浆时间、压力等参数通过试验确定。

岩质边坡全长粘结锚杆间距一般为2.5m或3m，钻孔直径为130mm，杆体材料为φ32HRB400钢筋，长度一般为9m，注浆浆液为水泥净浆，注浆的水泥浆体强度不小于35MPa。格构断面尺寸为500mm×500mm，采用C35混凝土浇筑。预应力锚索的轴向拉力标准值为1000kN，张拉锁定值暂定为标准值的1.2倍，具体通过现场试张拉确定，并满足相关规范要求。

预应力锚索及锚杆对于岩层，锚入完整岩石，见岩面以内2m属于破碎岩，不计入锚固长度；对于土层，需锚入密实土层。孔深超过锚索长度500mm，孔深允许偏差±30mm，孔位允许偏差±50mm，孔距允许偏差±100mm。当成孔过程中遇有障碍需调整孔位时，不得损害支护原定的安全程度。

2.3　欢乐水寨悬崖餐厅周边因荷载较小，土质边坡采用多级放坡及喷锚支护的方式进行支护

为满足边坡安全要求及施工方便，土质边坡放坡坡度为1∶1.5，阶宽约3m；挂网喷射混凝土等级为C20，喷射厚度为100mm，双层钢筋网φ6.5@200×200，主体结构施工期间，先进行一道喷锚，确保施工期间边坡稳定，待欢乐雪域及欢乐水寨施工完成后，再进行全范围坡面的喷锚支护施工。

2.4　自稳定岩体采用主动拦石网的方式进行防护

冰雪世界岩质边坡主要为微风化灰岩地质，工程岩体分级为IV级，自稳性较好，经过

人工采石 50 年而成的矿坑在天然状态下保持稳定。因此对于受荷较小的岩质边坡，采用先清除边坡危石然后采用主动拦石网的方式进行支护，既能满足边坡安全，确保施工及运营安全，还能较好地控制成本。

3 边坡支护重难点分析

本工程由于主体结构墩柱均位于坑底或坑壁平台，且结构设计时考虑的是边坡加固后再往边坡或深处岩体加载，因此边坡的稳定决定了整个结构的稳定，边坡支护施工是建设及运营期间极为关键的环节，所以必须针对项目整体的地质情况，制定合理的支护方式及施工方法。本工程边坡支护的施工重点和难点主要有以下几方面[1]：

（1）根据地质勘察报告可知崖壁坡度较陡，部分岩壁接近垂直，坑底最深处距地表约100m，且项目边坡支护工期短，边坡支护与主体墩柱施工交叉作业，故边坡支护施工过程中材料运输与堆放、人员操作、操作平台搭设以及保障作业安全等较为困难。

（2）在崖壁面层爆破形成主体 12m 标高平台后，主体结构范围内边坡支护施工区域的大部分岩壁为微风化灰岩，岩石饱和抗压强度较高，达到 60MPa 左右，岩体致密，溶洞裂隙发育，溶洞填充物为软塑状黏性土及中粗砂，打孔效率低，对打孔机械选择及作业工人素质要求较高。

（3）由于坡面不规则，部分地段存在较多溶沟溶槽，根据中科院武汉岩土所的要求，需先将岩壁溶洞进行处理，确保溶洞内填充物不至于在后期流出对结构产生影响，同时对凸出部分进行修坡，保证锚杆锚索施工的水平及垂直角度满足设计及规范要求，防止部分锚杆锚索可能在深部相交。

4 边坡支护施工

项目边坡支护施工根据现场实际情况、项目进度要求进行详细部署，针对边坡支护重、难点及特殊不良地质处理制定了详细的实施方案。重点从陡峭边坡操作平台及防护架搭设技术、锚索（杆）施工、桩锚支护施工、不规则岩面等不良地质处理等 4 个方面对冰雪世界项目边坡支护施工进行介绍。

根据施工进度要求，施工总体流程为先施工主体结构范围内 12m 平台以下的边坡支护，完成后再施工其他区域的边坡支护工程。

4.1 陡峭边坡操作架搭设

由于边坡底部凹凸不平，为了保证立杆的稳定，需要先对立杆进行定位放线，对位于倾斜岩石部位的立杆使用空压机打凿进行找平并施工立杆地筋，操作架搭设自下而上进行，详细流程如下：立杆地筋施工，垫板铺设，铺完后由脚手架的一侧开始排尺，然后在垫板上摆放标准底座及扫地杆→竖立杆（随即立杆与扫地杆用直角扣件扣紧）→装扫地小横杆→安第一步大横杆→安装第一步小横杆→校正立杆→设第一排拉结点连墙件→安第二步大横杆→第二步小横杆……以此类推（部分立于岩壁立杆需进行植筋处理）。

脚手架立杆基础钻孔 $D = 40mm$，植入 $\Phi 25$ 钢筋，入岩深度 30cm，钻孔注入锚固剂，脚手架拆除时将钢筋隔断，岩体内钢筋留置岩体，外露 50cm 插入钢管内侧，确保立杆水平的稳定；脚手架斜杆基础钻孔 $D = 40mm$，植入 $\Phi 25$ 钢筋，入岩深度 30cm，钻孔注入锚固剂，脚手架拆除时将钢筋隔断，岩体内钢筋留置岩体，外露 50cm 插入钢管内侧，确保立杆水平的稳定；脚手架坡面立杆将坡面形成较小平台钻孔 $D = 40mm$，植入 $\Phi 25$ 钢筋，入岩深度30cm，钻孔注入锚固剂，并采用斜杆将坡面立杆双扣件连接，外露50cm插入钢管内侧，另外加设锚脚，锚脚钻孔 $D=40mm$，植入 $\Phi25$ 钢筋，钻入完整岩层深度0.8m（不良区域进行处理），钻孔注入锚固剂，钢筋一端弯曲后与钢管焊接处理，确保立杆水平的稳定[2]。

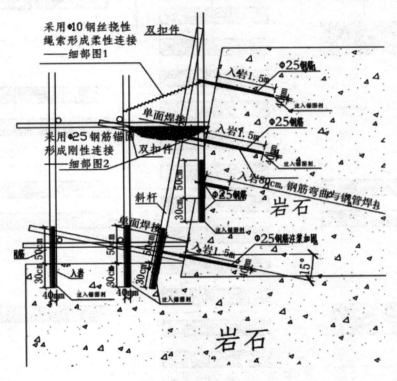

图2 架体与岩壁局部连接大样图

Figure 2 Large sample of the frame and the rock wall

4.2 预应力锚索（杆）施工

本工程预应力锚索采用12根无粘结预应力钢绞线。为拉力型锚索，预应力锚索施工程序如下：

坡面修整、放线定位→操作平台搭设→施作锚孔→锚索体制作及安装→灌浆→钢垫板安装→格构梁施工→张拉→锁定→外锚头保护→封锚。

锚索施工流程如图3。

4.3 桩锚支护施工

在项目西侧支护桩冠梁顶面与道路齐平，北侧地库与南侧五星级酒店支护桩冠梁上采用分级放坡加全长粘结锚管的开挖及支护形式，支护桩入岩 L/3（L为桩长），桩间施工预应力锚索，锚索间距为支护桩间距，锚固长度5～6m并全长注浆，为保证更好的加固效果，桩间全部施工挡土板，同时被动区采用水泥土搅拌桩加固。桩锚支护设计如图4。

根据设计图纸，支护桩施工时重点把控的几项工作是：桩定位放样、钻机施工、钢筋笼制作、钢筋笼的沉放等，确保每项工艺施工满足设计及规范要求，保证加固效果。具体施工工艺流程见图5。

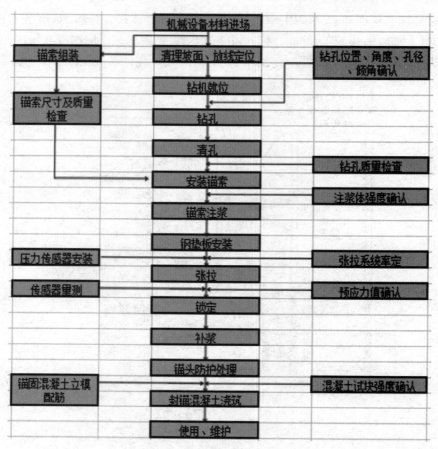

图 3　锚索施工流程图

Figure 3　Flow chart of anchor cable construction

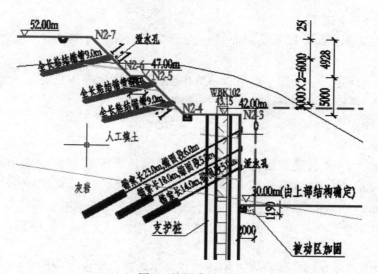

图 4　桩锚支护设计

Figure 4 The design of pile-anchor support

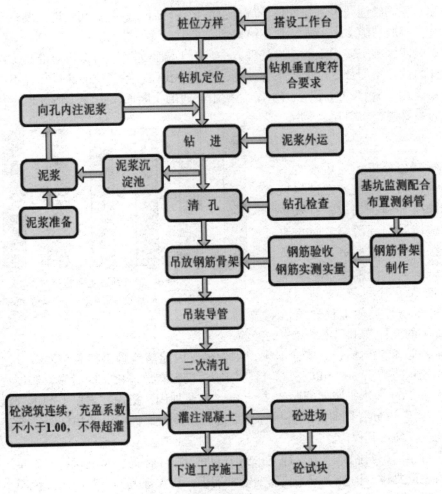

图 5 支护桩施工工艺流程
Figure 5 Construction technology of support pile

支护桩施工期间，最初选用的 280 旋挖机成孔，施工北侧地库和西侧坪塘大道支护桩时，北侧西侧回填土较厚，岩石风化程度较高，项目成孔较容易，施工较快；但项目南侧岩石微风化，岩石强度高，饱和抗压强度达 60MPa 以上，利用 280 旋挖机成孔效率低，每天钻进 3m 不到，且经常磨坏钻杆，因此调整采用 360 旋挖机成孔，每天钻进约 7～10m，施工进度得到保证。

4.4 不规则岩面等不良地质处理

4.4.1 不规则岩面及边坡面修整

对边坡开挖已经揭露的溶洞、溶沟、溶槽等部位，清理填充物、清洗岩面后，采用 C30 混凝土回填；溶蚀空洞较大的，也可回填片石混凝土。对直立溶蚀空洞，应在溶蚀空洞内壁植 Φ25 钢筋，植筋间距不大于 2.5m，锚入岩体和回填体均不少 1m。对超挖形成的内凹，清洗岩面后，采用 C30 混凝土回填；溶蚀空洞较大的，也可回填片石混凝土。

4.4.2 不良地质处理

如遇不良地质情况导致的不良钻进现象时，立即停钻，及时进行回填灌浆、跟管钻进、孔道固结注浆或固结注浆等方式处理，待具备钻孔条件后，重新扫孔钻进。勘察报告显示地质情况复杂，溶洞裂隙多，土岩结合处锚索钻孔采用跟管钻进工艺[9][10][11][12]。

锚索试验四区施工采用跟管钻进处理方法，施工流程如下：将钻机对准孔位点，固定牢固，按设计的钻孔角度及方位进行跟管开孔，跟管的孔径管靴部位的穿过孔径不小于设计内锚段的孔径要求，套管跟进至基岩内 1m，换用普通的全断面钻头继续钻进至终孔深度。其施工过程的主要要点如图 6。

5   结论

通过研究与分析上述边坡支护技术并实施，长沙深坑冰雪世界项目边坡支护已经施工完成，有效防止了边坡整体及局部滑移，防止边坡落石，保证了边坡稳定，为人员的施工提供了安全保障，为后续施工及运营创造了有利条件。同时，也为水泥采石场等类似工程地质情况及边坡类型的支护施工积累了宝贵的经验。

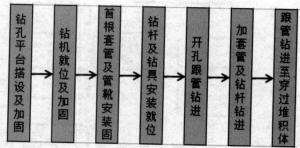

图 6   跟管钻进主要施工过程

Figure 6 The main construction process with the drill into

（1）陡峭边坡架体搭设，安全必须得到保障，因此落地脚手架需与岩石可靠连接，可利用 $\phi 25$ 钢筋锚入岩石 30cm 以上，然后将钢筋与钢管有效连接，同时靠岩壁设置有效连壁件，入岩大于 1.5m，水平竖向间距约 2～3m，注浆加固，搭设在岩壁上的钢管也同样需保证钢筋入岩大于 30cm，同时设置连壁件。通过此搭设方式，项目的锚杆锚索施工期间架体稳定，安全进度均得到保障。

（2）项目北侧、西侧、南侧桩锚支护施工期间及施工完后，每周保持对五星级酒店、坪塘大道等周边重要建、构筑物监测，其变形特别小，均在规范许可范围内。说明本项目桩锚支护效果较好，基坑、边坡稳定，对于类似工程可采用此支护方式。

（3）溶洞等不良地质发育地段，如本项目设计钻孔直径 165mm，钻成孔后因孔被溶洞内填充物堵塞，下索困难，需重新成孔 190mm 直径，跟管钻进，这样就存在两次定额计量的麻烦。但该段存在普遍塌孔现象，因此将施工方案调整，改为一次成孔 190mm，再跟管钻进，对比之前的钻孔方案，该钻孔费用差不多，只是跟管直径稍大，跟管用钢量稍大，同时注浆量较之前多，但该方法可以保证一次成孔，只套用一次定额，总造价与前方案差不多，甚至可能降低，而且新方案减少了施工难度，节省了施工工期。

（4）对于不良地质处理，本项目主要采用以下方法：①对边坡开挖已经揭露的岩溶沟槽、溶洞，先清理完成填充物后，采用混凝土或片石混凝土回填。②节理裂隙发育带和破碎带，采用注浆加固。③锚索钻孔或桩基成孔发现的溶蚀空洞等，应冲洗填充物后，回填混凝土或分次注浆。注浆可以少量多次、反复注浆填充以控制注浆量。④地下水宜疏不宜堵，整个矿坑为地下水排泄区，坡体内部的水应排出。对不良地质发育区域特别加强泄水孔设置，导出坡体内地下水。⑤施工过程中做好钻孔记录，钻进进尺、回水、回渣情况，记录钻孔间的联通情况，钻孔出水与降雨关联情况。其他类似工程可参考使用。

参考文献

［1］ 杨媛鹏，葛乃剑，等.上海世茂深坑酒店边坡支护技术［J］. 施工技术，2015（19）：12-15.

［2］ 陈骏，罗光财，等.复杂岩溶坑壁超长锚索成孔技术研究［J］. 施工技术，2015（S2）：573-575.

［3］ 邵国辉.小湾水电站右岸 600 米高边坡开挖支护施工技术［A］. 水电 2006 国际研讨会论文集［C］. 2006.

［4］ 潘美峰，谢兰青.巴基斯坦杜伯华水电站右岸高边坡开挖施工方案［J］.科技信息，2010（29）： 703-705.

［5］ 孙丽锋.深基坑支护技术研究与工程应用［M］. 安徽理工大学，2013.

［6］ 范迎春.深基坑支护结构选型决策方法的研究与应用［D］. 重庆大学，2005.

［7］ 郑润鑫.岩土锚固技术在深基坑支护工程中的运用探讨［J］. 建筑知识，2017（12）：62-63.

［8］ 魏天乐.双排桩在南京地区基坑支护中的设计应用［J］. 岩土工程技术，2017（04）：200-204.

［9］ 袁学武.楼日新.川藏公路二郎山龙胆溪滑坡整治工程堆积体锚索钻孔跟管钻进工艺技术的应用［J］ 探矿工程（岩土钻掘工程）.2003（S1）：105-108.

［10］ 高小鱼，许水潮.松散堆积体预应力锚索钻孔施工措施［J］. 土工基础，2009（01）：16-18.

［11］ 张杰，周宏.偏心跟管技术在预应力锚索施工中的应用［J］. 探矿工程（岩土钻掘工程）.2006（11）： 35-37.

［12］ 孙昱，赵俊.复杂地质条件下的锚索施工成孔工艺［A］. 湖北省三峡库区地质灾害防治工程论文集［C］. 2005：460-467.

浅谈水下混凝土桩基质量控制及桩身缺陷处理

蔡 敏 刘 维

湖南建工集团有限公司，长沙，410004

摘 要： 由于水下混凝土桩基常在地质条件差、地下水丰富的情况下施工且施工隐蔽性极强，施工过程中必须加强对各作业工序的控制，才能保证桩基础工程质量满足设计及规范要求。本文首先分析水下混凝土桩身质量控制的主要方法，并在此基础上提出了桩身常见质量缺陷的处理措施。

关键词： 水下混凝土桩基；质量控制；桩身缺陷处理

1 引言

为适应我国基础建设的快速发展，水下混凝土桩基作为一种基础形式以其施工简单、适应范围广、造价适中等特点广泛应用于桥梁工程、建筑工程及其他工程领域。但由于水下混凝土桩基的隐蔽性强、施工环节较多、受地下水的影响，需要在有限的时间内快速完成水下混凝土的灌注工作，无法直观地对灌注质量进行控制，自然因素和人为因素的影响较大，很容易出现一些质量缺陷，甚至造成重大质量事故，危及桩基工程的安全。下面根据相关施工规范并结合多年现场施工经验，提出水下混凝土桩基相应的质量控制方法，并对较为常见的质量缺陷提出处理措施。

2 水下混凝土桩基常见的质量通病

水下混凝土桩基主要易出现缩颈、桩身空洞、蜂窝、夹泥夹渣、桩顶混凝土不密实或强度不够等质量缺陷，造成桩基承载力的下降，影响到工程结构的安全。

3 水下混凝土桩基质量控制关键点

3.1 泥浆及沉渣控制

钻机在成孔过程中应保证泥浆面始终不低于护筒底部，以保证孔壁的稳定。护壁用的泥浆应满足护壁要求，若护壁的泥浆胶体率低、砂率大，则不仅护壁性能差，而且因其容重较大，势必产生沉淀速度过快的问题。一般来讲，在黏土或亚黏土中成孔时，可注入清水以原土造浆护壁，控制排渣泥浆的相对密度在 $1.1 \sim 1.2kg/m^3$ 之间；当在砂性土质或较厚的夹砂层中成孔时，应控制泥浆的相对密度在 $1.1 \sim 1.3kg/m^3$ 之间；在砂夹卵石或容易坍孔的土层中成孔时，应控制泥浆的相对密度在 $1.3 \sim 1.5kg/m^3$ 之间。施工过程中，应经常测定泥浆的相对密度、黏度、含砂率和胶体率等指标，确保成孔安全。

成孔深度达到设计标高后，应对孔深、孔径进行检测。因孔底存在沉渣，容易造成孔深测量不准确，所以孔深测量要认真对待。成孔清渣达到要求下放钢筋笼后，应继续排渣，在排渣的过程中应注意保持孔内水头，防止坍孔。二次清孔符合要求后方可灌注水下混凝土，二次清孔后孔底沉渣应符合设计要求，设计无要求时端承型桩的沉渣厚度不应大于

100mm，摩擦型桩的沉渣厚度不应大于300mm，泥浆要求相对密度1.03～1.10kg/m³，黏度17～20Pa·s，砂率<2%，胶体率>98%。清孔排渣工作至关重要，泥浆悬浮颗粒过多，容易形成沉积砂层在灌注混凝土时造成钢筋笼上浮、桩身夹泥夹渣等缺陷。在混凝土灌注前应保持孔内泥浆的循环，防止因长时间等待混凝土的过程中，泥浆内的颗粒杂质下沉，造成孔底沉渣厚度超标。

3.2　混凝土拌制质量

混凝土的质量直接关系到灌注成桩的过程是否顺利、成桩的质量是否满足规范及设计要求，所以对混凝土的控制至关重要。现在主要使用商品混凝土公司提供的混凝土，所以混凝土的质量控制应从选定合格的供应商开始。商品混凝土公司应根据要求进行混凝土配合比试配，确保混凝土的强度、流动性、粘聚性和保水性满足要求，坍落度宜为180～220mm。严格控制好配合比（特别是水胶比）和搅拌时间，掌握好混凝土的和易性和坍落度，防止混凝土在灌注过程中发生离析和堵管，避免桩身蜂窝、空洞甚至断桩。

3.3　水下混凝土灌注控制要点

（1）导管的选择与安装。导管的直径应根据桩基大小选择，直径一般为200～300mm，节长2m、4m。导管内壁应光滑圆顺，不得漏水，导管安装的轴线偏差不宜超过孔深的0.5%，且不宜大于100mm，导管在使用前应进行质量检查，是否存在空洞和裂纹、厚度是否合格，并应进行试拼、试压。

（2）初灌的埋管深度控制。导管底端距孔底一般为300～500mm，混凝土初灌量应进行计算确定，确保初灌时导管首次埋深不小于1.0m。

（3）钢筋笼上浮的控制。①严格按配合比拌制混凝土，防止因混凝土初凝和终凝时间太短，使孔内混凝土过早结块，当混凝土面上升至钢筋笼底部时，结块的混凝土将钢筋笼托起上升。②成孔后至混凝土灌注前严格按要求进行清孔，防止灌注过程中过多悬浮的砂砾沉落到已灌注的混凝土面，形成较密实的砂层，并随混凝土的灌注逐渐升高，托起钢筋笼上浮。③控制好灌注速度，当灌注的混凝土面距离钢筋笼底部1m左右时，应降低灌注速度，当灌注的混凝土面上升到钢筋笼底端4m以上时，提升导管，使导管底端高于钢筋笼骨架底端2m以上，然后恢复灌注速度。④钢筋笼顶端用3根与钢筋笼主筋规格相同的钢筋与钢护筒进行焊接，在一定程度上起到防止钢筋笼上浮的作用。

（4）导管提升和拆除控制。水下混凝土灌注过程中，应有专人负责指挥并负责进行测量。为确保测量的准确性，应采用理论灌入量计算孔内混凝土面和重锤实测孔内混凝土面两种方法同时进行，取两者的低值来控制拔管长度，确保埋管深度不小于2m，为了提高安全性，灌注过程中导管的埋深宜控制在2～6m。

（5）桩顶混凝土质量控制。桩顶混凝土灌注后应高出设计标高0.5～1.0m，并用竹竿等工具检查桩顶灌注混凝土的质量，包括粗骨料的含量、浮浆厚度等，防止桩顶出现沉砂和散落混凝土形成桩顶的假象。对于大体积混凝土的桩，桩顶10m内的混凝土还应适当调整配合比，增大粗骨料含量，减少桩顶浮浆。

4　水下混凝土桩身质量缺陷处理

4.1　桩顶混凝土不密实或者强度不满足要求。采取凿除桩顶混凝土的措施进行接桩。凿除桩顶混凝土的过程中注意保护好钢筋，不符合要求的桩顶混凝土全部凿除后，确保接桩面平整、坚实并进行凿毛处理，在接桩面根据桩径大小采用梅花形布点、钻孔、打植筋胶植入钢筋，接桩面清理、冲洗干净，灌入比原桩基混凝土高一个等级的混凝土进行接桩。

4.2　桩身混凝土蜂窝、空洞。采取钻孔注浆的措施进行处理。根据桩基检测报告显示的缺陷位置和深度，可用钻机钻到质量缺陷下一倍桩径处，一般对称钻取 2 个孔，在钻好的孔内采用高压水进行清洗，从一个孔注入高压水从另一个孔流出，依此反复清洗干净。然后高压注入水泥浆液，从一个孔注入水泥浆液从另一个孔流出，直至流出浓浆后方可停止注入。

4.3　桩身强度不够。采取钻孔插入钢管注浆的措施进行补强。钢管采用无缝地质钢管制作，在钢管上钻一定数量的梅花孔，在桩身钻好的孔内采用高压水进行清洗，将钢管放入桩身清洗干净的孔内。然后在钢管内高压注入水泥浆液，钢管内填充的同时，浆液从钢管钻的孔内流出，填充钢管与桩身的空隙。注浆从底下开始，直至顶部冒出浓浆为止。

4.4　桩底承载力不够。采取钻孔注浆的措施进行补强处理。全部注浆孔钻孔完成后，将带有合金喷射器的组合钻具通过钻机下放至桩底缺陷部位。利用高压注浆泵喷射高压清水对桩底缺陷部位逐孔进行高压切割清洗。每个孔位高压切割清洗需反复多次，通过高压水流使桩身缺陷部位的较弱桩身及桩底沉渣彻底与桩身剥离。高压切割清洗至返出清水方可清洗下一孔位。在高压切割清洗的同时，利用相互连通的孔位采用空压机气举反循环进行清渣。清渣直至无明显浮渣，返出清水为止。分别对孔底缺陷进行注浆，待各孔内返出浓浆为止。

4.5　废桩处理。采取原位重新钻孔灌注或设计变更的措施进行处理。①原位重新钻孔灌注。采用冲击钻对不合格的废桩进行破除，采用磁铁配合进行短钢筋头的排除。原址成孔后按正常工艺进行灌注。②设计变更。请设计单位对桥梁结构进行受力分析、计算，根据受力计算结果在不合格的废桩旁边增加桩基，扩大承台，桩基、承台验收合格后，按原设计正常施工桥梁墩柱。

参考文献

［1］　JTG/T F50—2011.公路桥涵施工技术规范［S］.北京：人民交通出版社出版.
［2］　市政公用工程管理与实务.全国一级建造师执业资格考试用书 2017 年版［M］.北京：中国建筑工业出版社出版.

钢板桩围堰在水中墩承台施工的应用

毛朝霖

湖南省第五工程有限公司，株洲，420000

摘　要： 随着我国交通事业建设步伐的加快，各线桥隧比例加大，在桥梁中跨越河流湖泊的比较多，桩施工完成后，为了给承台施工创造一个干燥的施工条件，水中墩基坑开挖承台的施工技术安全成为现场施工的难题。本文通过渌水二桥水中墩承台施工为实例，详细介绍钢板桩围堰在9#主墩水中大型基础施工中的应用。对同类工程的桥墩施工有一定的借鉴作用。

关键词： 钢板桩围堰；水中承台；施工；应用

1　工程概况

本文以株洲市渌口镇新建跨水大桥为例，新建主墩9#墩位于渌水河河中央，设计主墩承台底标高为28.00m。根据历史资料，渌水河面枯水位一般标高为28.95～29.08m。本项目桥梁采用百年一遇洪水位的设计水位为45.96m，根据进场时2～3月份河水水位为30.0～32.0m，河床底的平均高度为26.3m，正常施工时平均水深为6.0～8.0m，因此承台深基坑的支护为本工程的重难点之一。

9#墩为主墩，基础为群桩基础，下设结构尺寸为15.5m×9.6m×4.0m承台，并设200cm高的C25封底混凝土，承台底设置6根D250cm的钻孔灌注桩（下部结构如图1所示）。

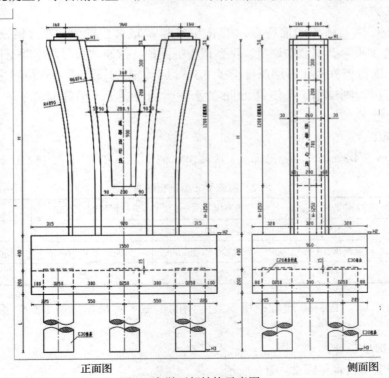

正面图　　　　　　　　　　　　　　　侧面图

图1　主墩下部结构示意图

地质资料：由上至下依次为淤泥质粉质黏土（厚 0 ～ 0.8m）、卵石（厚 1.2 ～ 3.2m）、强风化岩（厚 1.2 ～ 16.2m）。

2　施工方案研究

渌水二桥 9# 墩承台施工为深水承台施工，施工时平均水深为 6.0 ～ 8.0m。结合项目总体施工计划，承台施工时间只有两个月，要求必须在雨季来临前施工完成。

根据 9# 墩承台结构、施工环境、工期和成本等方面综合因素，项目部对双壁钢围堰、钢管桩围堰、钢板桩围堰三个方案进行了研究，分析了各方案的优缺点，具体下表围堰施工方案比选见表 1。

表 1　施工方案比选

施工方案	优点	缺点
双壁钢围堰	1. 结构封闭稳定，整体效果好；2. 防水效果好，安全性高。	1. 工程总量大，材料耗费多；2. 制造安装时间长，不能满足工期要求。
钢管桩围堰	1. 刚度大，能有效抵抗水土侧压力2. 安全性高。	1. 施工投入大，管桩回收量小，材料耗费多；2. 管桩下沉困难；3. 新型围堰，无施工参考经验，风险大。
钢板桩围堰	1. 工艺成熟施工快捷，工期有保证；2. 施工成本小，材料可全部回收。	1. 围堰整体性、防水效果较差；2. 围堰易漏水，存在一定施工风险。

根据三个围堰施工方案的对比分析，双壁钢围堰投入大，工期不能满足要求；钢管桩围堰和钢板桩围堰均存在施工风险，但钢板桩围堰施工工期相对较短，投入较小，故选用钢板桩围堰方案。

3　钢板桩围堰设计

3.1　总体施工方案

根据现场环境及施工场地特点，采取方案为 9# 墩旁边的钢栈桥（钢栈桥顶面高程为 39.5m）作为施工平台。围堰采用拉森Ⅳ型钢板桩围护，依地质资料及作业条件选用 9 ～ 12m 长钢板桩，要求钢板桩入卵石层深度至少 0.5m 以上。根据设计图承台位置进行拉森Ⅳ型钢板桩施工，再进行围檩施工，浇筑 2.0m 的水下封底混凝土，抽除围堰中的水，破除桩头，然后进行承台施工。

3.2　钢板桩施工

3.2.1　拉森Ⅴa型钢板桩参数（见表 2）及施工机械

表 2　拉森Ⅴa型钢板桩参数表

型号及规格	有效宽度 W_1 (mm)	有效高度 H_1 (mm)	腹板厚度 t (mm)	长度 L (m)
拉森Ⅴa型钢板桩 500×220	500	200	24.3	12
	截面面积 A (cm²)	惯性矩 I (cm⁴)	截面模量 W (cm³)	理论质量（kg/m）
	133.8	7960	520	105

钢板桩采用日立 EX450 履带挖机安装专用的机械手和吊车提吊 DZ-60 振动锤同时进行施打。

3.2.2　钢板桩围堰设计

现场围堰围檩布置见图 2、图 3 所示。

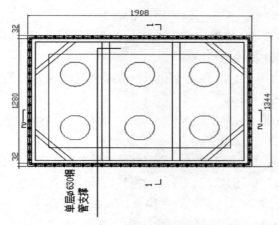

图2　主墩承台拉森钢板桩围护（含围檩、内支撑）平面图（标注尺寸单位：cm）

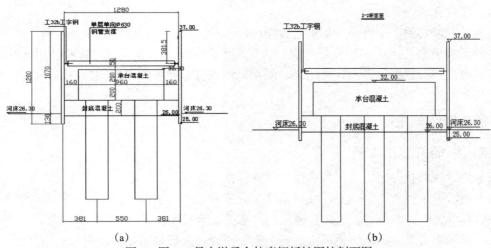

图3　图4 9号主墩承台拉森钢板桩围护剖面图

3.3.3　钢板桩围堰计算

封底混凝土厚度计算：

（1）围堰封底抽水完成后，封底混凝土需承受水头差引起的向上浮力，封底混凝土标号为C25，其容重 γ=24kN/m³，施工时清理基底保证封底混凝土厚度不小于2m，取1.7m有效计算厚度。

封底混凝土所受荷载：

$$q = \gamma_{水} h_{水} - \gamma_{混凝土} h_{混凝土}$$
$$= 10 \times （34 - 28 + 1.7）- 24 \times 1.7 = 36.2 \text{kN/m}^2$$

（2）围堰内抽水桩粘结力计算。

围堰扣除护筒后的投影面积：A=246 – 6×6.2 = 209m²；

封底混凝土重量：$G = 24 \times 209 \times 1.7 = 8527.2 \text{kN}$；

浮力：$F_{浮} = （34 - 28 + 1.7）\times 10 \times 209 = 16093 \text{kN}$；

一个围堰共有6根 $\phi2.8$m 钢护筒，每根钢护筒所承受的粘结力为：

$$（16093 - 8527.2）/（3.14 \times 1.7 \times 2.8 \times 6）= 84 \text{kPa} < 150 \text{kPa}$$

钢护筒底标高为 +25.0m，桩基与钢护筒间粘结力为：

$$（16093 - 8527.2）/（3.14 × 3 × 2.8 × 6）= 48kPa<100kPa$$

（3）低水位施工承台桩粘结力计算

低水位施工承台时，考虑封底混凝土和承台混凝土除去浮力后的重量由封底混凝土与钢护筒的粘结力承受。

承台厚 4m，承台混凝土重量：$G_f = 9.6 × 15.5 × 4 × 25 = 14880kN$；

封底混凝土重量：$G = 24 × 209 × 1.7 = 8527.2kN$；

低水位为 +31.6m，封底混凝土浮力：$F_浮' =（31.6 - 28 + 1.7）× 10 × 209 = 11077kN$；

一个围堰共有 6 根 $\phi2.8m$ 钢护筒，每根钢护筒所承受的粘结力为：

$$（14880+8527.2 - 11077）/（3.14 × 1.7 × 2.8 × 6）= 138kPa<150kPa$$

钢护筒底标高为 +25.0m，桩基与钢护筒间粘结力为：

$$（14880+8527.2 - 11077）/（3.14 × 3 × 2.8 × 6）= 78kPa<100kPa$$

（4）建模计算

钢板桩围堰在整个承台施工周期过程中经历多种工况，在设计过程中，各种工况下围堰所承受的荷载类型、大小必须充分考虑，选择在不同工况下的受力，并依此利用 midas2010 建立计算模型进行分析，得出计算结果，便于对钢板桩、导梁和支撑的材料选择，做到结构安全、经济。

4　钢板桩围堰施工

4.1　钢板桩插打施工准备

（1）主墩的钻孔桩完成后，移走钻机，清理钻孔平台。

（2）对河床进行清理、找平：在桩基施工完成后，对围堰范围内河床进行清理，避免在钢板桩插打位置遇到障碍物；河床清理采用潜水员配合吸泥船进行清理。

（3）在钢板桩堆放场地对钢板桩进行分类、整理，发现缺陷随时调整，选用同种型号的钢板桩，进行弯曲整形、修正、切割、焊接，整理出施工需要的型号（拉森 V a 号钢板桩）、规格（500mm × 200mm × 24.3mm）、数量（12m × 130 根）加 4 个转角钢板桩。整理后在运输和堆放时尽量不使其弯曲变形，避免碰撞，尤其不能将连接锁口碰坏。

钢板桩平面不直的，应尽量使其平直整齐，避免不规则的转角，以便顺利将钢板桩插打入地下，并利于围檩支撑的设置。

（4）振动锤检查：采用 DZ-60 型振动锤，振动锤是打拔钢板桩的关键设备，在打拔前一定要进行专门检查，确保线路畅通，功能正常，振动锤的端电压要达到 380V，而夹板牙齿不能有太多磨损。

4.2　钢板桩插打

钢板桩采用日立 EX450 履带挖机安装专用的机械手和吊车提吊 DZ-60 振动锤同时进行施打。水上钢板桩插打之前，在钻孔桩外侧的钢护筒上焊接牛腿，安装支撑圈梁，作为钢板桩插打时的导向架，以控制钢板桩的平面尺寸和垂直度。第一片钢板桩是钢板桩插打的关键，位置选择在上游左侧处。为了确保每一片钢板桩插打准确，插打前在导向架上设置限位装置，大小比钢板桩每边放大 1cm。插打时，钢板桩桩背紧靠导向架，边插边将吊钩缓慢下放，这时在相互垂直的两个方向用锤球进行观测，以确保钢板桩插正、插直。通过检测确定第一片钢板桩插打合格后，以其为基准，再向两边对称插打钢板桩到设计位置。钢板桩插打从上游端开始，沿两侧向下游端进行，最后在下游端右侧闭合。插打分两阶段进行，先进行预打，形成闭合结构后，再复打到位。由于围堰大，钢板桩数量多，锁口间隔累计增大，施打围堰时，钢板桩容易倾斜，因此，每次打插完 5 片，用短钢筋头将钢板桩点焊固定于内导向框上，减少累积偏斜位移，利于围堰合拢。插打过程中，须遵守"插桩正直，分散即纠，调整合龙"的施工要点。插打顺序见图 4。

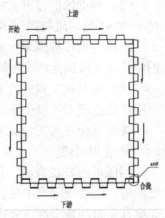

图 4 钢板桩插打顺序示意图

4.3 合拢段施工

钢围堰合拢段位置为钢板桩围堰的转角位置，因转角位置是双向调整，遂较利于合拢。在钢板桩施工至距离转角位置约 3 ～ 4m 距离时，开始计划施工合拢桩位置。精确测量已施工桩距离转角的详细距离，计算是否能顺利合拢。如计算至转角位置距离不能满足整根桩合拢要求，在距离偏差不大时，可采用小范围调整钢板桩施工轴线的方式，将围堰适当放大，以使钢板桩轴线长度发生变化，调整至整根桩合拢。如再无法合拢时，可采用制作异形桩的方式满足合拢要求。

4.4 质量控制

施工时必须严格控制钢板桩支护结构尺寸及安装尺寸，质量控制标准见表 3。

表 3 钢板桩围堰验收标准表

序号	实测项目	允许偏差	检测方法
1	倾斜度	1%	全站仪测量
2	平面扭角	2°	钢尺测量
3	板桩轴线	± 10cm	钢尺测量
4	桩顶标高	± 10cm	全站仪测量

4.5 围堰内支撑设置

经验算，主墩承台的钢板桩围堰共需设置一道水平内支撑，内支撑的设计标高及使用材料见钢围堰设计图 5 所示。

图 5 钢板桩内支撑

（1）内支撑的设置时间。钢板桩围堰合龙后，立即予以设置，以提高钢板桩围堰在抽水过程中的整体受力效应。

（2）内支撑的设置方法。围堰内抽水（抽水时要随时进行堵漏）至该层内支撑的设计标高下 50cm 处，维持围堰内的水面标高，焊接牛腿、安装围图进行该层内支撑的设置。

①先在钢板桩围堰内壁按测定的标高焊接内支撑圈梁的三角支撑，三角支撑采用 10# 槽钢制作，支撑顶面标高相同。

②起吊并水平安放由 40b 工字钢焊接而成的圈梁，并连接固定，圈梁与板桩之间的空隙可用铁块或硬木予以垫塞。

③吊车配合人工安装水平支撑，将水平支撑与圈梁焊接固定，以形成平面桁架结构。

4.6　围堰内吸泥

钢围堰内基础开挖，拟采用水下吸泥。钢板桩插打完成，安装完内支撑后，开始吸泥。吸泥前，先清理围堰中钻孔灌注桩施工时的遗留物。本围堰清基拟采用水下吸泥机进行。吸泥机开动时注意围堰内外水头保持平衡，靠近钢板桩和灌注桩附近的泥较难吸出，可由潜水员用高压水枪冲刷，吸泥至承台底下 2.0m 处。围堰内经过吸泥整平后进行测量，基底标高要符合设计要求，局部高低允许误差为 ±30cm，围堰壁和灌注桩壁不能有淤泥。为了防止污染水体，吸出的泥浆，通过泥浆泵运至指定地方处理。

4.7　围堰封底

由于基底土层较薄，为了防止抽水后钢板桩围堰向内滑移，同时为了防止抽水后基底发生隆起或围堰上浮，须进行水下混凝土封底。

按设计要求进行封底混凝土灌注。灌注封底混凝土前，检查内支撑的状况。

混凝土配合比：本工程围堰封底混凝土的设计强度等级为 C25 水下混凝土，混凝土到现场的坍落度不小于 20cm，初凝时间不小于 20h。根据这三项基本指标，通过多组试验，选择满足要求的配合比。

混凝土供应：封底混凝土需连续施工，单个围堰封底混凝土方量约 490m³，要确保在混凝土初凝前浇筑完成。施工前，混凝土拌合站备足材料，检查好混凝土泵车和运输车辆，同时还需要有备用车辆。

浇筑平台：利用钻孔灌注桩施工平台的钢管桩，顺桥向搭设 56b 工字钢。横桥向再搭设 25b 工字钢作为漏斗承重梁。漏斗安装在平台上，导管需要转移位置时，利用 25T 汽车吊整体起吊安装制定位置。

导管的布置：围堰基坑长 18m，宽 12m。按每根导管控制的半径为 3.5m 计算，沿宽度方向布置 2 根导管，由于采用汽车泵，将不设大储料斗，每根导管配一个料斗。

混凝土浇筑：由于封底厚度较小，只有 2.0m，因此采用全高度斜截面，从围堰的上游向下游推进浇筑。相邻的导管首灌前进行深度测量，导管口至河床距离控制在 20cm。漏斗按照编好的顺序进行开盘，浇筑时及时测量混凝土面的高度变化，根据断面图，对灌注的位置和方量及时调整。

封底混凝土高程控制：测点布置保证每根导管、灌注桩和围堰壁能准确测量动态标高。测锤采用钢板焊接成三角锥形，测绳在使用前在水中浸泡 24h，校核其长度。混凝土浇筑前，沿测点逐点测量初始深度，并在固定位置做出标记，测出平台高程，作为控制封底混凝土高程的依据。为了加强封底混凝土高程的控制，每 10min 对各测点进行监控测量，将各测点数值在相应的施工控制断面图中反映，以较全面掌握浇筑情况。

水下混凝土养护：在混凝土养护期间保证围堰内外的水头高度一致。自然养护时间不少于7d。

等待混凝土达到设计强度的90%以上后，再抽水进行第2道内支撑的施工。围堰内支撑设置完，抽干水后，即可进行桩头的破除、检测。桩检合格后，找平承台地面，就可进行承台的施工。

4.8　围堰抽水堵漏

钢板桩围堰抽水，为确保围图受力均匀，应将钢板桩与围图之间缝隙用硬木楔等塞紧。用8～10台6～10寸水泵抽水，在抽水过程中，应及时用过筛炉渣、木屑、黏土（按比例1∶1∶1）拌合物进行堵漏，漏缝较深时，将炉渣拌合物装入袋内，到水下适当深度处倒炉渣堵漏。

4.9　拉森Ⅳ型钢板桩的拔除

待墩身施工完成后即可拔除钢板桩。拔除钢板桩前，应仔细研究拔桩方法顺序和拔桩时间，否则，由于拔桩的振动影响以及拔桩带土过多，会引起地面沉降和位移，给已施工的地下结构带来危害。

先用打拔桩机夹住钢板桩头部振动1～2min，使钢板桩周围的土松动，产生"液化"，减少土对桩的摩阻力，然后慢慢地往上振拔。拔桩时注意桩机的负荷情况，发现上拔困难或拔不上来时，应停止拔桩，可先行往下施打少许，再往上拔，如此反复可将桩拔出来。

拔桩时应注意事项：

①拔桩起点和顺序：对封闭式钢板桩，拔桩起点应离开角桩5根以上。可根据沉桩时的情况确定拔桩起点，必要时也可用跳拔的方法。拔桩的顺序最好与打桩时相反。

②振打与振拔：拔桩时，可先用振动锤将板桩锁口振活以减小土的粘附，然后边振边拔。对较难拔除的板桩可先将桩沉下100～300mm，再与振动锤交替振打、振拔。

③对引拔阻力较大的钢板桩，采用间歇振动的方法，每次振动15min，振动锤连续不超过1.5h。

5　结语

渌水二桥9#墩承台施工方案采用了钢板桩围堰，充分利用钢板桩围堰的简便、快速的优点，有效地处理了施工遗留物。在设计和施工中充分应用了在安装内支撑的同时进行吸泥施工，承台模板拆除的同时进行内支撑转换，大大缩短了施工工期，节约了成本。该方案的成功实施，积累了钢板桩围堰在此类型水文及地质条件下应用的经验，值得以后类似工程项目借鉴。

浅析旋挖钻孔灌注桩溶洞处理

刘　锐

湖南省机械化施工有限公司，长沙，410000

摘　要：通过对祁阳金沙湾桩基工程的施工，简要介绍旋挖钻孔灌注桩在遇到较复杂的溶洞地质时的一些技术处理措施，提供参考与应用。

关键词：旋挖灌注桩（成孔、灌注）；溶洞处理；技术措施

1　引言

随着城市建设和建筑技术的高速发展，旋挖钻孔灌注桩作为一种基础形式以其适应性强、成本适中、施工速度快等特点广泛应用于房屋建筑、市政桥梁及其他工程领域。旋挖灌注桩无论是在成孔过程还是浇筑过程中基本属于隐蔽工程，影响灌注桩施工质量的因素很多，其中在熔岩高度发育地带遇到溶洞怎么处理就是很重要的一项。若处理不当，就可能会在成孔过程中发生安全事故，在灌注过程中产生质量事故。所以必须要先了解旋挖钻孔灌注桩在溶洞施工钻进过程中和灌注过程中可能出现的各种问题，并根据各类问题制定相应的处理措施，尽量避免发生事故，减少损失，以利于工程的顺利进行。

溶洞的概念：溶洞是由雨水或地下水溶解侵蚀石灰岩等所形成的规则不一、大小不同的溶槽、溶沟或溶洞。溶洞存在于地下，属隐蔽物不能直接被发现或观察到；并且目前的地质勘探技术只能对溶洞的存在及其大概位置做定性的探查，而溶洞的大小和形状无法准确定量。溶洞地域的基岩起伏大，洼地、溶槽、溶沟分布广，有的直接呈串珠状和联通状态。祁阳金沙湾二期 B 区桩基所遇到的可溶性岩石主要是石灰岩，强度在 35 ～ 84MPa 之间，成孔难度大。溶洞内填充物呈流塑或软塑状，为半填充或全填充。

2　旋挖在溶洞施工钻进过程中可能会遇到的问题及处理措施

（1）溶岩发育地区，一个溶洞或多个串联溶洞洞顶和洞底岩层倾斜、岩层厚度不均、基岩面陡倾不平整或者出现"石芽、石笋"等现象，在旋挖钻孔过程中极易发生偏孔、卡钻，甚至难以成孔等问题的处理措施。

遇到此类问题可采取的方法有：在施工过程中必须控制加压力度和进尺深度，采用"磨豆腐"的方法待磨至基岩处于同一平面后再钻穿溶洞，以保证不偏孔（桩身垂直度应不大于1%）、不卡钻；，回填片石（强度 ≥ 30MPa，粒径 15 ～ 50cm）或者回灌混凝土（一般情况下采用 C30，回灌后混凝土强度达到 70% 左右），将其基岩面找平后再进行施工钻进。

（2）溶洞内施工钻进时发生泥浆下沉或地下水冒出的处理措施。

遇到此类问题应提前备好材料，制备优质泥浆。入孔泥浆比重为 1.1 ～ 1.3，黏度为19 ～ 28s。根据地勘资料及超前钻资料，有溶洞的桩基旋挖在施工时要配置专人密切注意桩机地盘水平、岩样和护筒内泥浆面的变化，熟记图纸、资料中标注的溶洞位置。一旦发现泥浆面下降或上升、孔内水位变化较大、泥浆稠度、颜色发生变化时，表明泥浆已在溶洞内流

失或溶洞内有地下水冒出。如果是泥浆面下沉，应迅速用大功率泥浆泵补浆，同时及时提钻移机已防止桩机四周地面塌陷和埋钻；如果是地下水往上冒时应迅速提钻观察孔内情况，再用测绳不定时的测量孔内深度以确定孔内是否由于水压过大导致坍塌；要是地下水压力过大溢出护筒顶应及时移机并及时开挖排水沟。在确定孔内出水位置后可采用安放长钢护筒隔住或者回灌混凝土堵住出水口后方可进行下一步施工。

（3）穿过单个或呈多个溶洞后溶洞内可流塑物太多掏不尽的处理措施。

当旋挖钻通过溶洞后，溶洞内可流塑性填充物太多会一直不停地流向桩底。这时应先尽可能地将孔内流塑物用钻头掏出，再根据孔内流塑物的状态选择性地回填黏度较大的黏土、片石后用钻头在孔内将回填物挤压至溶洞内，直到将溶洞完全堵住。还可以采用回灌混凝土的方式来堵住溶洞。回填（灌）高度必须超过溶洞顶以上2米并待混凝土强度等级达到70%后才能进一步施工。

（4）旋挖在溶洞内钻进时溶洞内有大体积石块流出可能导致卡钻、无法提钻的处理措施。

钻机在对祁阳金沙湾二期B区13#栋58#桩施工时，发现溶洞内流出大体积石块将钻头卡死导致无法提钻的情况。针对此类情况，第一时间旋挖机手一定不能用蛮力提升钻杆，在保证机械安全的情况下多反钻和正钻，尽可能地先将石块再挤回溶洞内提出钻头，此时如果不确定石块位置就不能继续钻进，以防再次卡钻，可以回填片石或回灌混凝土将石块挤压固定在溶洞内或孔底后再继续施工钻进。

（5）溶洞内遇到半边岩或基岩面倾斜导致桩孔偏位的处理措施。

旋挖在对有溶洞的桩孔施工时遇到半边岩或基岩面倾斜导致桩孔偏位时，先用筒钻在偏孔的位置从上往下缓慢地、反复地正转、反转予以修正。如果旋挖自身修正效果不佳时可以回填片石或回灌混凝土至偏孔位置以上2m，并待混凝土强度达到70%后才能进一步施工。

3　在有溶洞的情况下，旋挖成孔后与灌注过程中可能会遇到的问题及处理措施

（1）旋挖成孔达到设计桩底标高后由于本身施工工艺或溶洞内填充物导致孔内泥浆太浓、桩底沉渣达不到设计要求的处理措施。

旋挖在对溶洞入岩施工过程中无论是干钻（只适用于溶洞自身稳定时）还是泥浆护壁都是采用筒钻取芯，有些甚至是把岩石一层层地磨下去。干钻过程中会产生大量的岩石粉末最后存于桩底；同样采用泥浆护壁也会产生大量的水磨粉融入泥浆中导致泥浆太浓。这都会使桩成孔后桩底沉渣达不到设计要求。干钻成孔后根据实际情况在满足人工清底的条件下采取人工下至桩底清渣。不能人工清底的先用清底钻头将桩底沉渣尽可能地清理干净，再用空压机放管送风将桩底粉尘吹至桩底四周，最后再用清底钻头清底直至满足设计要求。泥浆护壁成孔泥浆太浓、沉渣达不到设计要求时，可先下导管至孔底20～50cm，再用清孔器注入新浆一直循环降低泥浆比重至1.1左右，使桩底沉渣始终处于一个悬浮状态；还可以采用气举反循环法将孔底沉渣从导管内溢出，以满足设计要求。

（2）溶洞内灌注混凝土时孔内混凝土面下沉的处理措施。

有溶洞的桩在灌注混凝土时。由于不能清楚地知道溶洞内的实际情况和大小尺寸，往往在浇筑过程中会发生混凝土面缓慢或快速下沉。针对此类情况，首先在灌注前必须强化混凝土生产和运输能力以确保混凝土连续浇筑，储备足够的混凝土量（至少两车）并加大混凝土初灌量；其次，在灌注过程中要及时掌握混凝土面上升或下沉的具体情况；保证导管的埋深

以防下沉过快导致断桩，在掌握溶洞位置的情况下，导管的下口尽量避开混凝土已穿过的溶洞；最后在灌注至设计桩顶并满足超灌高度后，必须在不拆管的条件下观察 20min 左右，如果混凝土面还有下沉则继续灌注，一直到混凝土面没有变化再拔出导管。

（3）溶洞内灌注混凝土时穿孔、混凝土面不上升的处理措施。

同一片地域或不同地域间的溶洞都可能呈联通状态，在溶洞内灌注混凝土时难免会引起桩与桩远距离穿孔、混凝土面不上升等问题。祁阳金沙湾 B 区二期在施工 2# 栋桩基时两桩相距 22m 都发生了穿孔现象。如果是桩与桩远距离穿孔，一定要及时把还没有灌注的那根桩及时回填，保证正在灌注桩的正常浇筑。根据现场实际情况，回填与灌注有必要时要同时进行，以防回填物大量流入正在浇筑的桩内。如果是桩内联通的溶洞太大，浇筑超出设计方量足够多的混凝土后混凝土面仍不上升且不清楚灌入混凝土去向的，应先根据现场实际情况看是否继续浇筑；不能继续浇筑的，一是可采用回填片石等用钻头挤压至溶洞内直到将溶洞挤满堵住再二次施工成孔，二是采用全钢护筒法，用液压振动锤将钢护筒下至溶洞底将溶洞隔离再二次施工成孔。

4　结束语

岩溶地区的施工应坚持预防为主、安全经济、保障到位的原则，全面了解溶洞的分布和填充情况，针对性地制定相应的施工方案和技术措施。对于穿越多层溶洞尤其是穿越呈流塑状填充物的高大溶洞的旋挖钻孔桩施工，目前尚未形成统一工法，有待进一步探索和总结经验，以取得更加规范和有效的施工方法。旋挖桩对于溶洞处理必须因地制宜，对溶洞处理过程中出现的各种问题及时采取有效措施，并加强落实、认真总结。只有这样才能缩短工期，保证施工质量和经济效益的双丰收。

基于 BIM 的地铁深基坑支护与土方挖运仿真模拟

张　静　袁洲力　唐金云　朱智林

湖南省第四工程有限公司，长沙，410119

摘　要： 采用 BIM 技术对长沙市轨道交通 3 号线一期工程 6 标东塘站项目深基坑支护与土方挖运过程进行仿真模拟，运用 BIM 技术建立 Revit 深基坑支护结构模型及土方模型，结合 Navisworks 与 3dmax 软件对施工方案进行模拟，分析施工作业空间关系及设备配置情况，提前发现施工中可能出现的各种问题并做出预防措施，为项目管理决策提供参考依据。

关键词： BIM；深基坑土方挖运；施工模拟

1　引言

　　建筑信息模型（Building Information Modeling）是以建筑工程项目的各项相关信息数据仿真模拟建筑物所具有的真实信息，这里信息不仅是三维几何形状信息，还包含大量的非几何形状信息，如建筑构件的材料、规格、价格和进度等等。它具有可视化、一体化、参数化、仿真性和优化性五大特点。首先，利用 BIM 软件建立模型，解决仿真信息的问题；其次，利用 BIM 软件的可视化性，通过将周边环境、基坑围护结构及土方的 3D 模型与施工进度计划相链接，将三维空间信息与时间信息整合在一个可视的 4D 模型中，从而可以直观、精准地反映整个基坑支护及土方挖运的施工过程，还能够实时追踪当前的施工进度状态，进而分析出影响进度的因素，制定应对措施，以缩短工期、降低成本、确保质量安全。

2　工程概况

2.1　车站概况

　　东塘站位于韶山北路与劳动西路交叉路口以西，是轨道交通 3 号线与规划 7 号线的换乘站。本站为地下三层双柱岛式站台车站，车站站前设置停车线。有效站台宽度为 14m。车站外包总长 258.5m，标准段外包总宽 23.1m，总建筑面积 24024.1m²。地下一层为物业开发，地下二层为车站站厅层，地下三层为站台层。车站基坑深度为 27.0～31.5m，顶板覆土厚度约 3.0～4.2m。车站东端与西端分别连接盾构区间与暗挖区间，两端均为盾构吊出。

2.2　基坑概况

　　本基坑总长 258.5m，标准段宽 23.1m，采取半盖挖顺作法施工。北侧盖板宽度 7.5m，盖板下设置 ϕ609、t=16mmQ345 钢管临时立柱，开挖深度 27～31.5m。

　　基坑北侧围护结构为地下连续墙，17 轴以西地下连续墙厚 1m，17 轴以东地下连续墙厚 0.8m；基坑南侧围护结构为旋挖灌注桩，17 轴以西桩径 1.2m，间距 1.4m，17 轴以东桩径 1m，间距 1.2m，基坑南侧围护桩桩间为三重管高压止水旋喷桩，桩径 1m。

　　基坑采用内支撑结构，17 轴以西设两道混凝土支撑及三道钢支撑，17 轴以东设两道混凝土支撑及两道钢支撑；混凝土支撑尺寸分别为 1000mm×1200mm、800mm×1000mm，主要间距为 9m，钢支撑采用 ϕ609、$t = 16$ 钢管支撑，间距为 3m。

基坑支护安全等级为一级。

2.3　地质条件

东塘站主体基坑范围内的地层自上而下依次为：素填土、冲积粘性土层、卵石、粉质黏土、泥质粉砂岩。局部存在杂填土、砾砂、圆砾、粉砂质泥岩地层。

3　BIM 技术

本工程使用 Autodesk Revit 软件建立 BIM 场地模型、围护与支撑模型、土方模型等，并利用 Autodesk Navisworks Manage 与 3dmax 等软件，将 3D 模型动态化。本工程在基坑土方挖运中，结合基坑的具体地理坐标及施工过程中的各种细节，如挖机与自卸汽车之间、挖机之间、挖机与破碎锤机之间的协调工作、出土口的位置、堆土场的布置、土方开挖的先后顺序、车道的设计等施工环节，与真实施工环境紧密相联系，通过 3D 动态可视化技术直观地展现工程中复杂的空间立体关系，从而提高沟通效率和工作效率。

3.1　施工前数据准备与收集

（1）施工前期，根据设计院提供的围护结构的 CAD 图纸、地勘资料及相关方案信息，建立基坑支护结构的场地模型，该模型包括周边施工环境、基坑内部及周边地质地形条件、地下管线及地基基础等信息。

（2）前期通过 GIS 技术和 GPS 技术，收集了场地平面坐标以及基坑四周控制点的高程的数据。

3.2　基坑挖运仿真步骤

（1）建立 Revit 模型。

（2）制定施工方案。

（3）Navisworks4D 施工模拟制作。

（4）3dmax 设计交底。

3.2.1　三维场地模型建立

（1）通过全站仪测量出的场地平面坐标及控制点的高程文件存为 txt 格式，再利用 Civil 3d 通过读入 dem、csv、txt 等多种格式的坐标或高程文件获取。坐标或高程数据有两种方式可以获取：一种是仪器采集的数据，另一种是其他测绘软件导出的文件，因此丰富了 Civil3D 对原始的二维地形数据进行预处理的功能，帮助项目实现从二维到三维的转换。本项目通过提取地形图得到地形数据，之后将其导入 Revit，建立场地模型。

（2）通过测量的坐标和围护结构的图纸，通过 Revit 建立基坑模型（包括围护结构模型和土方模型），效果如图 1 所示。

（3）通过 Revit 中创建各种施工车辆的模型（挖掘机、液压破碎锤机的族构件较复杂），建好族库后，将这些族文件通过场地构件的方式放置 Revit 场地模型中。

图 1　基坑模型

（4）建立土方模型。以建设单位提供的有效图纸为数据来源，参照国家规范和标准图集、设计及变更，用 Revit 进行模型建立和更新。此研究用 Revit 中的内建模型和体量功能建立了围护结构模型、内支撑模型、土方模型三个模型。围护结构模型北侧为地下连续墙，南侧为钻孔灌注柱。内支撑模型 17 轴以西建立两道混凝土支撑及三道钢支撑，17 轴以东建立两道混凝土支撑及两道钢支撑。土方模型就是在围护结构之内、结构基础以上建立，其体积就是需要开挖的土方量，与实际所挖土方量相等即可，这样可以表现出地形的高低变化趋势从而模拟场地的原始状态。土方模型效果如图 2 所示。

3.2.2　制定施工方案

基坑开挖按"横向分层，纵向分段，横向盆挖，先撑后挖"的原则开挖。基坑分两次放坡开挖，坡度控制不超过 1∶3。纵向分段长度以结构分段为准，根据结构特点，控制在 18～30m 之间，基坑开挖分 9 段。基坑总体 17 轴以西分六层、17 轴以东分五层开挖。本工程基坑放坡开挖，汽车下基坑装土，横向采取盆式开挖方式。施工方案见表 1。

图 2　土方效果图

表 1　施工方案

开挖区段	土石方量 （m³）	机械设备	预计工期（d）
第一层土石方开挖 （17 轴以西）	3873	2 台加藤 820 普通挖机，2 台液压破碎锤机，20 台新型环保汽车	15（含支撑混凝土养护）
第二层土石方开挖 （17 轴以西）	18128	2 台加藤 820 普通挖机，40 台新型环保汽车	18
第三层土石方开挖 （17 轴以西）	16797	2 台加藤 820 普通挖机，40 台新型环保汽车	17
第一层土石方开挖 （17 轴以东）	3518	2 台加藤 820 普通挖机，2 台液压破碎锤机，20 台新型环保汽车	15（含支撑混凝土养护）
第二层土石方开挖 （17 轴以东）	19537	2 台加藤 820 普通挖机，40 台新型环保汽车	20
第一至第三段第四、五、六层基坑土石方开挖	24233	2 台加藤 820 普通挖机，2 台钩机及 2 台液压破碎锤，1 套二氧化碳致裂器破碎设备，40 台新型环保汽车	25
第三层土石方开挖 （17 轴以东）	21290	2 台加藤 820 普通挖机，40 台新型环保汽车	21
第三至第七段第四、五、六土石方开挖	30513	2 台加藤 820 普通挖机，2 台钩机及 2 台液压破碎锤，1 套二氧化碳致裂器破碎设备，40 台新型环保汽车	31
第七、八段第四、五层土石方开挖	17560	5 台普通挖机，30 辆自卸汽车	18
第九段剩余土石方开挖	6894	2 台小挖机，1 台莲花抓斗，30 辆新型环保汽车	7

3.3　制作 Navisworks4D 施工模拟

通过建立 BIM 模型，把施工计划、数据、现场环境、方案等纳入模型之中，运用

Navisworks 软件按不同的时间间隔对施工进度进行工序模拟，形象地反映施工计划和实际进度。由于出土时间安排在夜间进行，因此在地面先选择合适地点堆土。第一次放坡开挖期间，在基坑的南侧地块内设一个面积 1200m² 的堆土场，作为白天开挖土石方堆场。第二次放坡开挖期间，在基坑东南角的三号出入口处设置 1 个长 35m、平均宽 8m、深 2.5m、容积为 700m³、占地面积 280m² 的堆土场，利用三号出入口的围护桩作为渣土坑护壁结构. 白天开挖土石方运至临时渣土坑存放，夜间外运，及时覆盖土堆控制扬尘。

　　Navisworks 模拟施工技术路线分为以下五步：①将 BIM 模型进行材质赋予；②制定 Project 计划；③将 Project 计划文件与 BIM 场地模型、围护与支撑模型、土方模型进行链接；④制定构件运动路径；⑤设置动画视点并输出施工模拟动画。如图 3 所示。

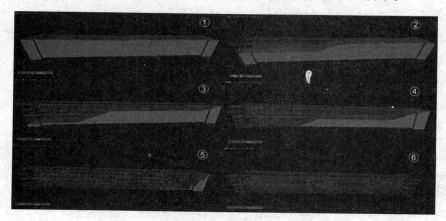

图 3　4D 进度模拟

3.4　3 dmax 设计交底

　　由于出土时间在夜间进行，使用 3dmax 进行土方开挖施工方案模拟，在挖土机挖臂各个节点位置录入动作关键帧并将单个节点相互关联，完成挖土机挖土模拟动画制作，通过 3dmax 过程设计可优化土方施工方案，根据挖掘机开挖情况，对运送车辆进行合理调度，实现土方开挖量和运出量的精准匹配，提高施工效率，既可避免土方运送不及时导致挖掘机暂时停工，也可避免卡车数量过多造成施工道路拥挤等情况。如图 4、图 5 所示。

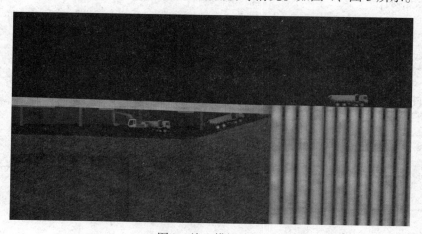

图 4　施工模拟动画

图 5　土方挖运施工模拟动画展示

4　结语

　　随着 BIM 技术的迅速发展，可视化仿真技术在超大难工程项目的运用越来越广泛，作用也越来越明显。在地铁深基坑施工过程中，通过运用基坑支护及土方挖运仿真模拟技术，以动画的形式逼真地演示了工程的动态施工过程，以图形的形式直观地展现了仿真过程所生成的数据和信息，替代了抽象的文字或表格的表达形式，这对施工人员准确地理解基坑支护设计意图和掌握土方挖运施工信息有极大的帮助。通过在本项目中建立 Revit 模型，结合 Navisworks 模拟施工分析，通过 3dmax 设计交底形成三维动画，清晰体现深基坑支护及土方挖运的过程，使得施工模拟更加真实地反映项目现场的情况，为项目管理提供决策参考依据，以达到缩短工期、降低成本、确保质量安全的目的。

参考文献

[1] 吴清平，时伟，邹玉娜，等.超大深基坑的施工全过程模拟与分析研究［J］.工程建设,2013,45（5）：20-24.

[2] 祁兵.基于 BIM 的基坑挖运施工过程仿真模拟［J］.建筑设计管理，2014，12,（214）.

[3] 彭曙光. BIM 技术在基坑工程设计中的应用［J］重庆科技学院学报：自然科学版，2012，I4（53：129—131.

[4] 张建平，林睦瑞，等. BIM 在工程施工中的应用［J］.施工技术，2012，41（371）：10-17.

采用软件分析辅助碾压式土石围堰施工技术

李志雄

湖南省第四工程有限公司，长沙，410119

摘　要：本文以穿紫河中段景观工程围堰为例，介绍了在土石围堰施工中引入软件辅助分析的施工技术方法，能够在施工中优化设计、节省资源。在市政基础设施桥梁围堰施工中取得比较理想的效果，具有十分珍贵的参考价值，可为同类工程施工提供一定的参考。
关键词：土石围堰；软件；辅助；施工

1　前言

在经济高速发展而能源紧缺的当代经济社会，为了最大限度地获得可利用资源，投资方往往要求施工方满足投资需要，采用经济、可靠、便捷的施工方法。随着我国水利水电施工技术的发展，围堰技术获得了前所未有的进步。特别是土石围堰的施工技术[1]得到国内外的高度认可。土石围堰具有就地取材、对围堰基底地质条件要求低、适应基础变形强、结构简单、节约材料、易于施工等优点而被广泛推广使用。本着既保证安全质量性能，又节约材料的原则，在围堰施工中引入软件 Geoslope 辅助分析围堰的稳定性，按《碾压式土石坝设计规范》（SL274-2011）中不计条块间作用力的瑞典圆弧法分析[2]碾压式土石围堰的稳定性，可以很好地辅助土石围堰施工，进行优化设计，节省资源。

2　原理分析

设计计算时首先假设围堰坡或堰坡连同部分堰基土体沿某一圆柱面滑动。圆柱面在堰体横剖面图上宜为圆弧。通常取单位堰长按平面问题计算。假设不同的圆心和半径画出一系列圆弧，对每一圆弧上的土体进行力的分析，分别求出各力对圆心的力矩。设 $\sum M_{\mathrm{r}}$ 为圆弧面上抗滑力产生的抗滑力矩总

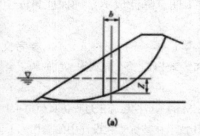

图1　圆弧滑动条分法示意图

和，$\sum M_{\mathrm{g}}$ 为滑裂土体上的荷载对圆心的力矩代数和。将计算结果代入公式即得该滑动面的安全系数：

$$k = \frac{抗滑力矩}{滑动力矩} = \frac{\sum \{[(W \pm V)\cos\partial - ubsec\partial - Q\sin\partial]\tan\varphi' + c'sec\partial\}}{\sum[(W \pm V)\cos\partial + M_{\mathrm{c}}/R]} \tag{1}$$

式中，W 为土条重量；Q、V 分别为水平和垂直惯性力；u 为作用于土条底面的孔隙压力；∂ 为条块重力线与通过此条块底面中点的半径之间的夹角；b 为土条宽度；c'、φ' 为土条底面有效应力抗剪强度指标；M_{c} 为水平地震惯性力对圆心的力矩；R 为圆心半径。

根据现场施工环境、地质地形情况，利用 Geoslope 软件辅助分析，确定最佳安全系数，最佳安全系数应大于《水电工程围堰设计导则》（NB/T 35006—2013）表 6.3.1 中查找确定的

围堰的抗滑稳定安全系数。按确定的最佳安全系数进行施工，施工过程中加强监测，要求压实度满足《碾压式土石坝设计规范》（SL 274—2011）的要求，抗滑稳定安全系数满足《水电工程围堰设计导则》（NB/T 35006—2013）的要求。

3 工程应用

为了便于直观了解 Geoslope 软件辅助围堰施工，以常德穿紫河中段景观工程围堰为例。根据《水电工程围堰设计导则》（NB/T 35006—2013），围堰级别按 5 级确定，并根据《导则》中表 6.3.1 确定围堰的抗滑稳定安全系数为 1.05（若采用滑楔法，假定滑楔之间作用力平行于坡面和滑底斜面的平均坡度，确定围堰抗滑稳定安全系数为 1.15）。采用 Geoslope 软件分析不同坡度的围堰安全系数的大小，从中取出满足施工规范的最适宜的安全系数，确定围堰的施工坡度。

3.1 分析验算

3.1.1 围堰稳定性验算

以常德穿紫河中段景观工程围堰为例，围堰两侧边坡坡度值取 1：2.5，计算简图如下：

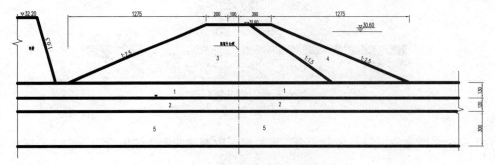

图 2 穿紫河中段景观工程围堰示意图

计算简图中，数据所表示的不同土体的土力学参数指标见表 1（根据各单位工程地质情况及工程要求进行设计计算）：

表 1 土力学参数指标表

区号	土性	饱和重度（kN/m³）	凝聚力（kPa）	内摩擦角（°）	渗透系数（cm/s）
1	粉质黏土	18.2	35	16	$1 \times 10-2$
2	粉土	18.5	8	7	$5.0 \times 10-3$
3	石渣料	19	10	25	$6.0 \times 10-2$
4	黏土	20	40	12	$3.2 \times 10-6$
5	淤泥质土夹砂	18.7	30	14.6	$2 \times 10-2$

3.1.2 计算工况

施工完成后围堰正常运行状态，临水面水深按常水位 +0.4m 考虑（考虑到河床底标高的不确定性），即 4.6m 计；围堰内侧为抽干状态，无水，水深按 0.0m 计。

3.1.3 验算结果

采用 Geoslope-2007 进行计算。背水面计算结果如下：

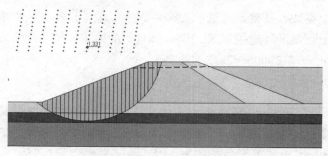

图 3　背水面稳定性分析计算结果图

最小安全系数 $K = 1.331$。

临水面计算结果如下：

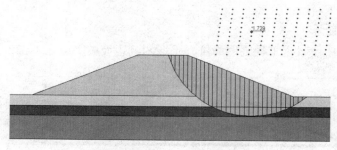

图 4　临水面稳定性分析计算结果图

最小安全系数 $K = 1.729$。

由于安全系数远超过规范规定，为节省材料，取围堰两侧边坡坡度为 $1:2$，再进行验算。

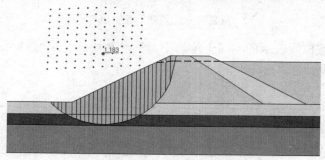

图 5　修正后背水面稳定性分析计算结果图

背水面最小安全系数 $K = 1.183$。

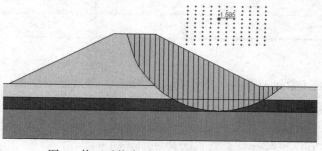

图 6　修正后临水面稳定性分析计算结果图

临水面最小安全系数 $K = 1.585$。

坡度取值 1：2 符合施工规范的稳定性要求，且能够满足本工程的施工要求。

3.2　围堰施工

碾压式土石围堰防排防渗加固[3]的原理是在上游不使或少使来水渗入堰体或堰基，并使渗入堰体或堰基的水在下游通畅排出，但不带走堰体或堰基的土粒和不改变堰体或堰基的变形和强度。主要填筑堰心的材料采用碎石作为芯墙稳固，碎石或块石最大粒径不大于 20cm，临水面采用黏土填筑用于挡水并及时修坡。

4　施工注意事项

（1）回填的石渣必须满足设计和施工规范要求，碎石、块石粒径不大于 20cm，有机物含量不大于 8%，含泥量不小于 50%，严禁回填耕表土、淤泥、淤泥质土、建筑垃圾或掺有耕表土、淤泥、淤泥质土、建筑垃圾。

（2）回填时应从低洼处开始，当分段填筑时，接缝处应做成 1：1.5 的斜坡形，上下层错缝搭接距离不小于 1.0m。

（3）回填时应分层压实，每层虚铺厚度不大于 40cm，并用 10 吨、12 吨压路机碾压密实，保证回填土的压实系数不小于 0.90。

（4）为保证边缘部位的压实质量，宽填 0.2m 填土后要求边坡整平拍实，并蛙式打夯机夯打密实。

5　结论

利用软件分析计算，确定符合规范和施工设计要求的最佳的安全系数以及对应的围堰坡度，可以降低围堰的造价成本，施工工期短，经济效益明显，符合节能要求，也利于确定围堰的稳定性。

参考文献

[1]　邓亚德. 土石围堰施工技术探析 [J]. 企业科技与发展，2011（13）：70-72.

[2]　甘晓红. 瑞典圆弧法坝体稳定性分析在尾矿库工程中的应用 [J]. 城市建设理论研究，2012（36）.

[3]　王利. 深厚层无碾压土石围堰防渗施工技术的研究与应用 [J]. 价值工程，2015（17）：141-145.

复杂地质条件下人工挖孔桩高压旋喷注浆施工技术

张明亮[1] 刘 虎[2] 江 波[2]

1. 湖南建工集团有限公司，长沙，410004；
2. 湖南省第六工程有限公司，长沙，410015

摘 要： 湖南广播电视台节目生产基地项目地质条件异常复杂，软弱夹层、流砂分布较广且不具规律性，为减小人工挖孔桩开挖过程中的安全隐患，需在开挖前对软弱夹层、流砂进行加固处理。本文对高压旋喷注浆施工技术进行了探讨，通过实际工程应用，取得了良好的综合效益，对类似工程的施工具有一定的指导意义和应用价值。

关键词： 复杂地质；人工挖孔桩；高压旋喷注浆；施工技术

高压旋喷注浆工艺兴起于二十世纪七十年代，八九十年代在全国得到全面发展和应用。大量实践证明高压旋喷注浆工艺对处理淤泥、淤泥质土、黏性土（流塑、软塑和可塑）、粉土、砂土、黄土、人工填土和碎石土等有良好的效果，我国已将其列入现行的地基与基础施工相关规范[1-4]。高压旋喷注浆是利用钻机把带有喷嘴的注浆管钻至土层的预定位置或先钻孔后将注浆管放至预定位置，以高压使浆液或水从喷嘴中射出，边旋转边喷射的浆液，使土体与浆液搅拌混合形成一固结体。施工采用单独喷出水泥浆的工艺，称为单管法；施工采用同时喷出高压空气与水泥浆的工艺，称为二管法；施工采用同时喷出高压水、高压空气及水泥浆的工艺，称为三管法[2]。随着工程建设的需要，高压旋喷注浆加固技术得到了较好的应用与推广[5-12]。

1 工程背景

1.1 工程介绍

湖南广电节目生产基地项目位于长沙市开福区东部，南伴海底世界，西靠湖南国际会展中心，北依世界之窗，是湖南文化名片金鹰影视文化城的重要组成部分（图1）。工程占地约100亩，建筑面积约22万 m²，上部结构为钢框架，局部采用混凝土框架，下部为钢筋混凝土框架结构。工程结构沿中央主轴南北两侧共布置了7个

图1 工程效果图

建筑单体（图2），下设整体地下室，地下室层数为1～4层。本工程采用人工挖孔桩，施工总桩数为955根，桩径在1.1～1.7m之间，桩长设计为不小于6.5m且 D_1（扩大头直径）大于2m时桩长不小于 $3D_1$。桩身及护壁混凝土为C35、C40，持力层为中风化泥质粉砂岩。实际桩长须依据施工勘察报告逐一确定，结合已有桩长数据，部分桩长超过16m，个别桩长甚至长达28.91m。

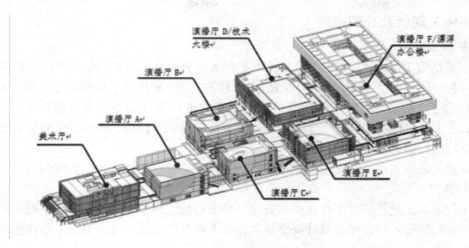

图 2 工程单体布置图

1.2 地质状况

根据施工勘察（超前钻）结果，工程场地内目前埋藏地层主要为下伏基岩为白垩系神皇山组泥质粉砂岩和砾岩。基坑开挖至设计底标高后，面层可见有 3 条软弱夹层带分布（图 3），场内存在较多软弱夹层（粉细砂、粉质黏土），其中有一根桩穿越夹层累积厚度达到 19.1m。

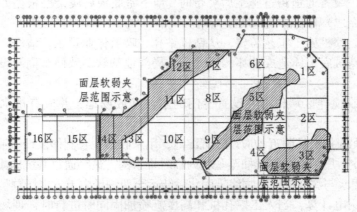

图 3 软弱夹层范围分布及施工分区布置示意图

图 4 技术论证会

2 桩基施工现状及处理措施

2.1 桩基施工现状

（1）根据施工勘察（超前钻）结果，本工程大部分钻孔钻至持力层（中风化泥质粉砂岩⑨层）时遇到软弱夹层（粉细砂、粉质黏土）。软弱夹层（粉细砂、粉质黏土）厚度不一，最大深度达到了 19.1m。同时在前期试桩和塔吊基础桩开挖过程中已发生涌砂（泥）及流砂（泥）情况，且人工挖孔桩施工处于春夏季，春夏季基坑内水位高，透水层位置地下水位已明显高于基坑底标高，地下水较丰富。

（2）由于软弱夹层（粉细砂、粉质黏土）的存在，人工挖孔桩最长达 28.91m。

2.2 处理措施

为了保证人工挖孔桩施工作业人身安全及护壁质量，必须对软弱夹层的单根人工挖孔桩四周先行进行加固处理，经与设计院及技术专家人员多次论证后选择单桩二重管法高压旋喷注浆加固工艺。

3 施工场地布置

本工程地下室根据后浇带位置划分为 16 块相对独立的施工区域（图 3），高压旋喷注浆加固的场地布置除应满足生产及文明施工的要求外，还应对以下几个方面进行了着重考虑：

（1）当车辆、设备通道跨过施工后浇带时（地下室底板后浇带已根据方案设置为基坑内临时排水并开挖完成）需要铺设钢质路基箱。

（2）因高压旋喷桩施工工艺需要，从钻机钻孔、喷射作业冒浆、清洗、机械移位等工序均不可避免地对基坑底土体造成破坏，因此造成局部地基软弱致使车辆及设备无法通行处须铺钢质路基箱。

（3）在水泥浆搅拌区域，需要设置专门的水泥堆放场地，并应有排水、防水、防潮等措施。

（4）每个水泥搅拌区域附近均应设置沉淀池，用来收集泥浆制作及设备清洗过程中产生的污水，污水经沉淀后用污水泵将其抽至基坑内临时排水沟，最终通过基坑内集水井抽排至基坑外排水系统，水泥浆与泥浆的混合物终凝固化后转运至西侧场内土方堆场翻晒晾干后外运。

（5）经施工用电计算，当人工挖孔桩和高压旋喷加固同时进行时，现场的用电会出现超负荷的情况，此时需要考虑在现场增设 1 台功率为 500kW 的柴油发电机，供两套高压旋喷钻机机组使用。

4 高压旋喷注浆施工工艺

4.1 高压旋喷注浆设计

根据工程软弱夹层的厚度及分布、雨季地下水水位已高于基坑底且水压较大等实际情况，对位于软弱夹层地质条件下（表 1）的人工挖孔桩四周环形均匀布置高压旋喷注浆孔，固化软弱夹层，降低涌砂、塌孔发生概率，确保人工挖孔桩施工作业安全与护壁质量。

表 1　需高压旋喷加固的软弱夹层

序号	软弱夹层描述
1	面层厚度超过 5m 的粉质黏土
2	面层厚度超过 4m 的粉细砂

续表

序号	软弱夹层描述
3	非面层夹层厚度超过 2m 的粉质黏土
4	非面层厚度超过 2m 的粉细砂
5	非面层粉质黏土与粉细砂连续厚度超过 2m

考虑本工程软弱夹层以粉细砂为主，部分为粉质黏土（含沙量高），经设计院结构师验算及多次专家论证后，本工程高压旋喷注浆孔直径设为 $\phi600mm$，同一人工挖孔桩四周环形均匀布置的各高压旋喷注浆孔中心距人工挖孔桩边 100mm，中心弧形间距 371～398mm 不等，理论旋喷搭接长度为 205～234mm 不等。根据软弱夹层区域人工挖孔桩四种桩径（1.7m、1.4m、1.3m、1.1m），分别设计四种布置形式（图 5）。

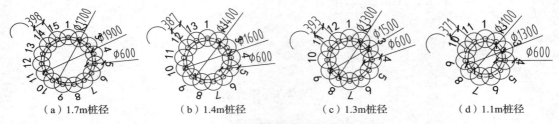

（a）1.7m桩径　　　　（b）1.4m桩径　　　　（c）1.3m桩径　　　　（d）1.1m桩径

图 5　不同桩径高压旋喷注浆孔布置

根据图 5 精确定位高压旋喷注浆孔，其中 1# 注浆孔均布置在位于相应人工挖孔桩的正北方向，确定 1# 注浆孔位置后，以顺时针方向依次布置其他注浆孔并按序编号。

4.2　高压旋喷注浆施工流程

高压旋喷注浆系利用高压泵将水泥浆液通过钻杆端头的特制喷头，以高速水平喷入土体，借助液体的冲击力切削土层，同时钻杆一面以一定的速度旋转，一面低速徐徐提升，使土体与水泥浆充分旋喷混合凝固，形成具有一定强度的圆柱固结体（即旋喷桩），从而使地基得到加固（图 6、图 7）。

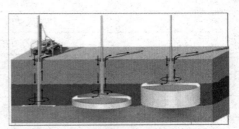

图 6　高压旋喷注浆工作示意图

本工程高压旋喷注浆施工采用二重管法（图 8），经设计院结构工程师、项目部及技术专家设计论证后确定的高压旋喷注浆技术参数见表 2。高压旋喷桩喷射成孔（直径 $\phi600mm$）每延米水泥用量约 350kg，施工现场照片见图 9。此外，根据现场钻孔实际地质情况及类似工程施工经验，若施工过程中遇地下水处于流动状态且水压过高，将导致旋喷桩不易成型，影响旋喷注浆成桩质量，这时可适时掺加 2%～4% 的水玻璃（模

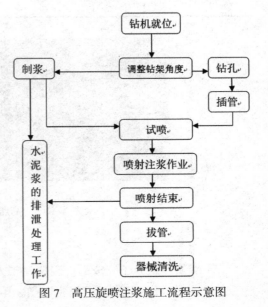

图 7　高压旋喷注浆施工流程示意图

数为 2.3 ～ 3.4，波美度为 20-30°Be′)，加快旋喷桩的凝结以保证注浆质量。

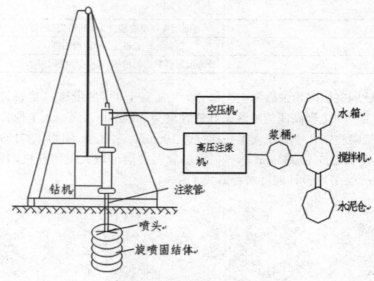

图 8　二重管法工作示意图

表 2　高压旋喷注浆技术参数

序号	项目	参数
1	旋喷固结体直径	600mm
2	旋喷提升速度	12 ～ 15cm/min
3	回转速度	10 ～ 15r/min
4	水泥浆液流压力	25 ～ 28MPa
5	水泥浆液流量	60L/min
6	空气压力	≥ 0.7MPa
7	水灰比	0.8

（a）钻孔　　　　　　　　　（b）注浆
图 9　高压旋喷注浆施工现场

5　施工效果

　　高压旋喷注浆施工完成后，对应每根人工挖孔桩形成了单桩止水帷幕，通过人工挖孔桩施工，验证了高压旋喷注浆加固工艺的可行性，见图 10。对复杂地质条件下的软弱夹层采用高压旋喷注浆加固处理见效快、经济合理，不仅有效保证了人工挖孔桩工程的施工作业安全，也为今后类似工程的施工积累了宝贵的技术经验。

(a) 护壁成孔质量　　　　　　　　　(b) 注浆体开挖

图 10　高压旋喷注浆实施效果

6　结论

本文结合实际工程的复杂地质条件，因地制宜在人工挖孔桩开挖前对软弱夹层采用高压旋喷注浆进行加固处理，取得了较好的经济效益与社会效益，有效保证了人工挖孔桩工程的施工作业安全与人工挖孔桩的质量，施工经验可为工程技术人员处理类似工程提供参考。

参考文献

[1] GB 51004—2015.建筑地基基础工程施工规范［S］.北京：中国计划出版社，2015.

[2] GB 50202—2002.建筑地基基础工程施工质量验收规范［S］.北京：中国计划出版社，2002.

[3] JGJ 79—2012.建筑地基处理技术规范［S］.北京：中国建筑工业出版社，2002.

[4] JGJ 94—2008.建筑桩基技术规范［S］.北京：中国建筑工业出版社，2008.

[5] 王晓明.高压旋喷注浆在人工挖孔桩工程中的应用［J］.经济技术协作信息，2008（06）：111-111.

[6] 鲍伏波.某大厦人工挖孔桩高压旋喷注浆补强加固［J］.矿产勘察，2007，10（2）：49-50.

[7] 贾炳仁.人工挖孔桩的高压旋喷注浆处理［J］.矿业研究与开发，1994（4）：32-35.

[8] 满宁宁，苏国活，白蓉，姚传勤，马海彬.旋喷注浆法地基基础加固技术在建筑工程中的应用［J］.四川建材，2017，43（03）：64-65.

[9] 热米拉·塔什珀拉提.旋喷注浆法在某工程中的应用［A］.建筑科技与管理学术交流会论文集［C］.建筑科技与管理组委会：，2012：2.

[10] 杨雅芳，王正军.旋喷注浆技术在粉质粘性土地层加固中的应用［J］.西部探矿工程，2005（06）：43-44.

[11] 张霞，向中富，何柳.高压旋喷注浆技术在大孔径挖孔桩施工中的应用［J］.重庆交通学院学报，2005（01）：68-70+76.

[12] 齐广超.高压旋喷法处理软弱地基应用技术研究［D］.大连理工大学，2002.

某工程人工挖孔桩水磨钻成孔施工探讨

陈　攀

湖南省第六工程有限公司，长沙，410015

摘　要： 人工挖孔桩施工方便、施工速度较快，在公路、民用建筑中得到广泛应用。当人工挖孔桩施工过程中遇到坚硬岩层时，采用普通风镐施工颇为困难，且施工效率低下，此时采用水磨钻成孔可大大提高施工效率。本文以某工程为例，探讨了水磨钻成孔的施工工艺及操作要点，并介绍其施工重点、难点。

关键词： 水磨钻成孔；人工挖孔桩

1　工程概况

安化县吉祥佳苑小区工程位于湖南省益阳市安化县东坪镇，总建筑面积约 41588.58m²，由两栋高层住宅、商业裙楼及地下车库组成，建筑高度 95.9m，基础采用人工挖孔桩，共计 235 根桩。工程场地内地质状况如下：第一层为人工填土，平均厚度 7.05m；第二层为粉质黏土，平均厚度 0.99m；第三层为强风化炭质页岩，平均厚度 4.07m；第四层为中风化炭质页岩，在拟建场地内全区域分布，最大揭露厚度 13.90m。根据设计要求，本工程桩端持力层为中风化炭质页岩，该持力层桩端阻力特征值为 8600kPa，基础端部全截面进入持力层 1000mm。

2　水磨钻成孔施工的选择

基于上述工程地质条件，采用普通人工挖孔桩施工工艺施工至中风化碳质页岩层时便行不通，此时，可采用水磨钻成孔或爆破成孔的方法将人工挖孔桩挖至设计标高，再进行后续的下放钢筋笼、浇筑混凝土等工艺。然而，本工程南侧有一个加油站，东西两侧有未进行支护的高边坡，边坡高约 3 ~ 20m，距离基坑边线距离为 1.5 ~ 4.0m，因此桩基础成孔时遇到中风化碳质页岩不能采用爆破的方法，只能采用水磨钻成孔的方法进行成孔。

3　水磨钻成孔施工工艺流程及操作要点

3.1　工艺流程

井口整平 → 搭设操作架 → 孔内通风 → 孔内排水 → 孔内岩面凿平 → 钻头位置放线 → 水磨钻设备安装 → 水磨钻钻孔 → 水磨钻岩芯取出 → 重复钻孔取芯直至成孔。

3.2　水磨钻成孔施工操作要点

（1）井口整平

在水磨钻施工前，对每个井口进行整平和夯实，以便确保操作架的搭设空间。

（2）搭设操作架

搭设操作架，需保证操作架的牢固、可靠，并满足以下要求：①确保提升卷扬机的安装位置；②提升卷扬机的安装后有施工人员上下孔洞和出料的通道；③操作架满足提升卷扬机起吊 2t 的要求。

（3）孔内通风

从 10m 起应安装鼓风机、通风管。有人在孔内施工时，必须用鼓风机不间断通过通风管向孔内送入新鲜空气。

（4）孔内排水

利用砖砌井圈截住大基坑内表层水流入桩孔内；桩孔内成孔过程，桩内排水采用 1 台口径 40mm 的 QW40-15-30-2.2 污水泵进行抽排至坑底 $\phi300$、PVC 排水管排入集水井后抽排出基坑。

（5）孔内岩面凿平

为了保证水磨钻施工面的操作要求，水磨钻安装前必须先采用风镐将岩层面凿平。

（6）钻头位置放线

为了保证桩身定位中线、截面尺寸、标高满足设计要求，桩身垂直度偏差在规范允许范围之内。在每节水磨钻施工前必须先在凿平的岩面放线，放线定位详见图 1。

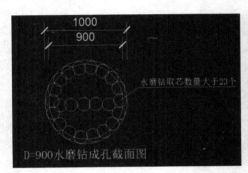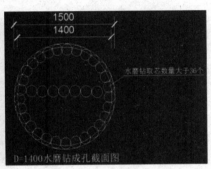

图 1　水磨钻成孔截面图

（7）水磨钻设备安装

水磨钻设备的安装根据钻头位置放线，调整好角度固定设备，具体做法详见图 2。

（8）水磨钻钻孔

水磨钻安装固定后，施工人员在孔外通过遥控器控制电动千斤顶推动钻机向下钻孔，水磨钻钻头长度为 800mm，电动千斤顶推动距离为 750mm，当电动千斤顶推动距离到 700mm 施工人员即可截断孔内设备电源，下井将岩芯取出并重新安装定位水磨钻机。重复操作直至该节钻孔完成。

（9）水磨钻岩芯取出

岩芯取出后采用人工搬运至 1-22 至 1-29 与 A-F 轴相交区域堆放，待达到一定数量后，通过机械外运至卸土区。注：井口 2m 范围内不得堆放岩芯，堆放岩芯不得高出井口。

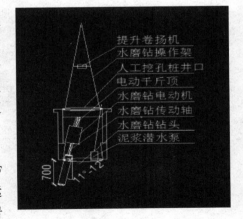

图 2　水磨钻设备安装示意图

4　水磨钻成孔施工重点和难点分析

（1）根据水磨钻成孔施工方法，在施工过程中，抽水、送风、照明、钻孔、吊装过程都需要施工用电，而用电过程就有可能出现漏电现象，为杜绝漏电伤人的情况发生。为此，要求所有现场用电线必须采用绝缘良好、未破皮的电缆线，各级配电箱漏电保护装置齐全，工作可靠，施工照明采用 24V 的电压。从而确保施工用电机具不漏电或发生漏电时漏电保护装置能有效的工作保护。施工人员进入孔内必须截断孔内所有设备电源，确保孔内、孔外两套供电系统。

（2）除安全用电是重点外，水磨钻成孔在施工过程中，由于存在操作面小、挖孔深度深、地下水位有可能过高、地下出现有害气体、天气环境恶劣、机械伤害等因素，将严重影响挖孔桩施工人员的生命安全。因此，施工过程中如何保障施工人员的生命安全，是重点，也是难点。

第三篇

绿色施工技术与施工组织

异形悬挑中庭桁架屋面整体提升技术

汤浪洪　　周亚坤

中建五局工业设备安装有限公司，长沙，410004

摘　要： 针对异形悬挑中庭桁架屋面特点，将桁架屋面分为"支座单元"和"提升单元"，利用桁架"支座单元"作为钢桁架屋面的提升支座，通过安装在"支座单元"的提升架实现对中庭桁架屋面的整体提升，解决因中庭横向悬挑构件障碍无法对支撑在混凝土结构柱上的桁架屋面进行提升的施工难题，提出了相应的质量控制措施，取得了良好的实施效果，填补了异形悬挑中庭钢屋架整体提升技术空白。

关键词： 异形悬挑中庭；钢桁架屋面；整体提升；支座单元；提升单元

1　前言

随着社会的高速发展和人民对美好生活的向往，城市的经济圈涌现出大量的大型购物商场，为了满足商场采光及为购物者提供更为开阔的视野和购物环境，建筑物中部设置有采光中庭，中庭的回马廊采用悬挑走廊，来带给用户最大的空间体验感，而钢结构桁架屋面拥有材料环保、造型丰富、承重优良等优点，被广泛地应用在中庭屋顶。

2　项目简介

珠海富盈商务度假中心项目以珠海著名景点"三叠泉"为源，建设集高档五星级酒店、公寓式酒店及配套商场于一体的大型综合项目。其1号楼和2号楼设计了回马廊中庭，为提高中庭马廊的空间体验感，楼层的回马廊采用悬挑板结构，整个回马廊视野无立柱遮挡，视野非常开阔，屋面采用平面形式为扇形的钢桁架结构屋顶，钢桁架屋面支座支撑在悬挑中庭支座端的立柱上（图1）。

3　重难点分析

中庭钢结构安装难点有以下几个方面：

（1）采用汽车吊吊装，中庭钢结构由于距离建筑物边缘较远，汽车吊无法满足吊装要求；

（2）利用总承包塔吊，塔吊选型如果考虑大型钢构件的吊装，土建结构施工阶段塔

图1　扇形钢桁架屋顶

吊配置过高，加大了大型设备的投入成本；如果选用起重量较小的塔吊吊装钢构散件，需要在中庭搭设高大的胎架，采用胎架施工成本较高，而且在胎架上焊接型钢梁，大量焊接作业在高空胎架平台施工，型材零星吊装，人员上下平台作业不便，同时存在较大的安全隐患，高空作业施工质量控制难度大；

（3）采用滑移施工，则对中庭屋顶的作业环境和条件要求高，桁架的支座端需要有宽敞的作业面，而且滑移施工只适合规矩的矩形钢结构屋面安装，对于非规则的采光顶，由于采光的跨度是变化的，则无法进行滑移；

（4）采用桁架整体提升工艺，由于中庭为悬挑回马廊，钢桁架屋面支座支撑在悬挑中庭支座端的立柱上，也就是说桁架的宽度大于中庭通廊间的宽度，同时由于悬挑楼板力学性能低，无法支撑钢结构提升系统及提升的拉力，所以无法采用传统的整钢结构整体提升，将桁架提升支座上后直接安装固定。

传统施工方案由于存在一些缺点，无法优质高效地完成异形悬挑中庭桁架屋面钢结构的安装，需要立足现场条件，进行技术攻关，对传统技术进行优化或者革新。

4　实现异形悬挑中庭钢桁架整体提升的思路

4.1　研发思路

通过文献检索对传统方法进行对比，并对其进行成本测算，大型汽车吊吊装、总包塔吊吊装胎架安装成本高，比整体提升和滑移施工方案成本高60%以上，异形屋顶又无法采用滑移施工，通过头脑风暴法，项目课题组建立假说，拟定首选对传统的钢结构桁架整体提升工艺进行革新。

要实现钢结构的整体提升，必须解决中庭悬挑结构影响钢结构整体提升和提升系统支撑支座的两大难题，课题组需解决以下五个方面的难题：

（1）为解决建筑中庭的混凝土水平构件等横向障碍使桁架无法向上吊装，将桁架分为三段，2个"支座单元"和1个"提升单元"，支座端悬挑长度超过混凝土水平构件等横向障碍，满足桁架跨中段整体提升要求；

（2）为让悬挑的"支座单元"满足提升支座的力学需求，将"支座单元"的末端用多道型钢构件作为牵引，来抵消悬挑"支座单元"来作为提升支座的反作用力；

（3）为实现悬挑的"支座单元"提升支座功能，需要对支座端进行优化，将"液压提升器"安装在"支座单元"悬挑端部，实现垂直往上提升功能，同时需保证单元桁架为完整的结构单元，结构单元桁架能很好地为"液压提升器"提供支撑点；

（4）桁架"提升单元"整体提升，对桁架提升支点集中力较大，需对"提升单元"吊点处桁架进行加强，防止吊装过程中桁架产生变形；

（5）实现整个钢桁架屋架的提升，势必带来了大量的对口点，需提前对2个"支座单元"和1个"提升单元"进行预拼装，才能保证在屋顶对口的精准性。

4.2　方案模拟论证

为确保方案的可实现性，项目用CAD软件进行吊装模拟，通过模拟，以确定吊装控制的要点和吊装需要的步骤。

以1号楼屋面桁架为例，其安装流程如下：

步骤1：将结构两侧支座单元安装到位，搭设提升支座，在地面拼装提升单元（图2）；

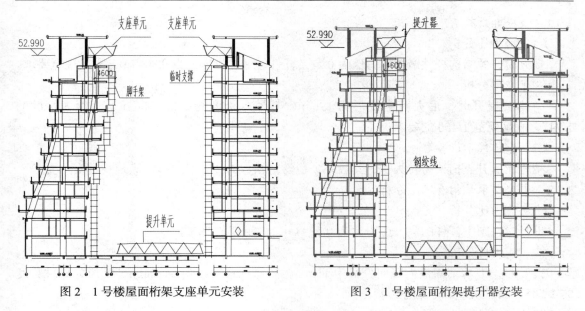

图 2　1 号楼屋面桁架支座单元安装　　　　　图 3　1 号楼屋面桁架提升器安装

步骤 2：在支座单元上弦杆处安装提升架及提升器，调试液压提升系统，将结构整体提升 150mm，暂停提升，静置 12 小时（图 3）；

步骤 3：将提升单元进行整体提升到位，将上下弦杆对口，斜腹杆安装完成后拆除上下吊点处加固杆（图 4）；

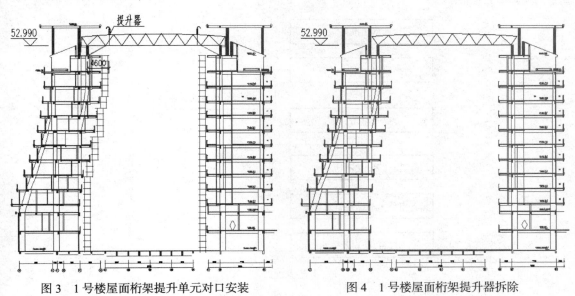

图 3　1 号楼屋面桁架提升单元对口安装　　　图 4　1 号楼屋面桁架提升器拆除

步骤 4：液压提升器卸载，拆除提升设备及临时支撑，完成屋面结构安装。

从上述模拟可以看出，通过研究"提升支座和提升架"建立大跨度钢桁架屋面整体提升系统，即可解决建筑中庭由于混凝土横向构件障碍，无法对支撑在混凝土结构上的桁架梁进行提升，钢桁架高空散拼散装作业危险，安装精度、质量不易控制的难题。

4.3　异形悬挑中庭钢桁架整体提升力学分析

课题组对本提升过程采用空间有限元程序 MIDAS/Gen 仿真分析，从以下几个方面进行：

4.3.1　被提升结构有限元分析

（1）应力比分析

提升时，原结构杆件最大应力比为 0.21，杆件的最大应力比为 0.80<1.0，满足规范要求。

（2）变形分析

结构被提升时，最大跨中变形为 19mm，其吊点跨度约为 18000mm，变形为跨度的 1/947，满足规范 1/400 的要求。

（3）整体稳定性验算

结构无提升点桁架扭转失稳，其最小失稳安全系数为 23，大于 1，满足稳定安全要求。

4.3.2　中庭支承结构有限元分析

（1）应力比分析

提升时，图中杆件的最大应力比为 0.62<1.0，满足规范要求。

（2）应力比分析

提升时，支承结构最大竖向位移为 11mm，其悬挑跨度约为 6430mm，变形为悬挑跨度的 1/585，满足 1/200 的规范要求。

（3）整体稳定性验算

结构在中间提升平台处最先失稳，其最小失稳安全系数为 40，大于 1，满足稳定安全要求。

5　异形悬挑中庭桁架屋面整体提升技术

5.1　施工工艺流程

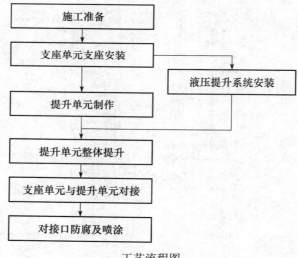

工艺流程图

5.2　操作要点

5.2.1　施工准备

对现场场地清理、对中庭现场有降板的部位搭设平台。

制作桁架拼装胎架施工，拼装胎架控制桁架上下弦杆位置，胎架底部支撑构件为 HN400×200 的热轧型钢，定位杆件为 20# 槽钢，加固三角筋板为 16×300×200，所有胎架材料材质为 Q345B。

拼装胎架各部件精度为 ±1mm，控制了胎架精度才能保证桁架制作精度，才能保证"支座单元"与"提升单元"弦杆对接精度。

5.2.2　支座单元安装

（1）支座单元制作

结合工程现场施工塔吊的布置起重能力与支座单元构件拼装完成后吊点与塔吊的中心距离，支座单元地面拼装时设置三个拼装胎架，支座单元拼装时，按照支座单元拼装平面示意图将胎架布置好，采用水准仪测量胎架标高并将胎架调整水平。再将定位槽钢根据设计标高固定在胎架上便可安装支座单元桁架。先安装下弦杆，再安装两根上弦杆，最后安装斜腹杆、水平腹杆。待支座单元所有构件拼装完成（不含超重后安装杆件）后，再进行焊接，杆件焊接时应安排两个焊工对称焊接，严格控制焊接变形。支座单元构件拼装焊接完成后必须采用专用工具测量桁架断面三角形的数据并记录保存，为提升单元构件拼装提供拼装依据。

（2）支座单元安装

支座单元安装前，先搭设安装用操作脚手架，操作架搭设完成后经共同验收合格后方可吊装支座单元。支座单元吊装采用四点吊装，构件吊装至柱顶标高500mm时，塔吊应缓缓下降，操作人员应扶住构件，将支座单元下弦支座处一字型孔与支座对齐，最后再缓缓落钩待构件就位，构件就位后，塔吊吊钩不能松钩，构件重力必须由塔吊承担，迅速组织测量人员测量构件上下弦标高及轴线位置，确认无误后将桁架下弦与柱顶支座及加固支撑焊接牢固，焊接安装先安装下弦杆，再安装两根上弦杆，最后安装斜腹杆、水平腹杆及外围构件。

"支座单元"采用抱箍的形式与混凝土梁柱连接，抱箍形式如下所示：

抱箍采用4根型钢制成，材质Q345B，由于抱箍需穿楼板，因此在抱箍安装前应将该处楼板打穿，待整体提升构件安装完成后拆除抱箍再吊洞的方法恢复楼板洞口。

5.2.3　液压提升系统安装

为实现悬挑的"支座单元"提升支座功能，在桁架的上弦杆上焊接"提升平台"，"提升平台"底座为双拼型钢，在双拼型钢中间位置开圆洞，在圆洞上方安装"液压提升器"，"液压提升器"的钢丝绳穿过双拼型钢中间圆洞，实现垂直提升正下方构件的目的。

液压提升平台是在双拼型钢底座上焊接三角导向架，由钢管焊接2组三角形支架，2组支架采用短管连接，短管上设转向滑轮，液压提升器的钢丝绳穿越"三角导向架"顶端横杆上的转向滑轮，再通过设置在楼层转向滑轮组，将牵引钢丝绳导向至动力牵引点。

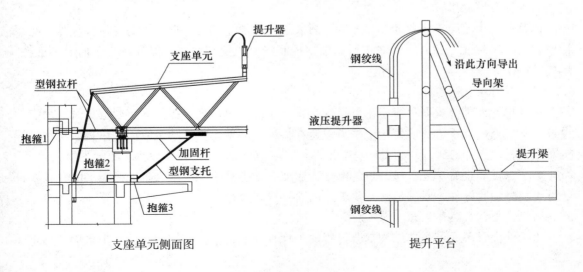

支座单元侧面图　　　　　　　　　　提升平台

5.2.4　提升单元制作

（1）提升单元拼装胎架布置

要保证"支座单元"与"提升单元"对接的精准性，就必须保证在中庭地面制作拼装的"提升单元"定位的准确度，即需要在"支座单元"构件安装位置投影面的正下方中庭地面上拼装成整体"提升单元"。

采用全站仪将钢桁架轴线位置施放到中庭地面，采用铅垂仪将"支座单元"的桁架上下弦杆悬挑端部位置投射到中庭地面的钢桁架轴线位置上。

考虑构件自身重量，根据桁架轴线布置胎架，胎架与轴线垂直，间距设置为 6m，以某中庭为例，主桁架共设置 23 副拼装胎架，布置如下图：

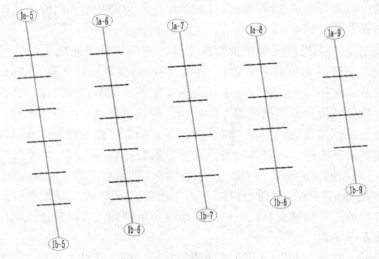

拼装胎架布置图

根据施工现场现塔吊起重能力与提升预装段分段考虑，所有构件均加工成半成品和散件，在现场拼装胎架上组拼，待拼装完成后再整体提升。如果部分构件重量可能超塔吊起重量，现场施工塔吊无法满足水平运输，汽车吊卸车后放置在 10 吨卷扬机轨道式移动小车上，水平运输至拼装现场。

（2）提升单元拼装

提升单元支座与支座单元制作相同，拼装过程中测量"提升单元"各点实际尺寸，与设计值和"支座单元"核对，及时进行调整，控制各点位置和尺寸，保证提升对口的精准性，焊接并探伤完成后等待提升工作。

（3）提升单元吊点

提升单元在整体提升过程中主要承受自重产生的垂直荷载。提升吊点根据提升上吊点的设置，下吊点分别垂直对应每一上吊点设置在待提升的单元弦杆的上表面。吊具采用钢板焊接而成，材质为 Q235，吊具与提升单元焊缝为二级熔透焊缝，开孔板要求底面平整。

为了保证"提升单元"吊装点的刚度，需要对"提升单元"吊点附近进行加固，在弦杆处设置临时加固杆件，以满足提升要求。加固杆材质为 Q345B。

5.2.5　提升单元及整体提升

为确保提升单元及主体结构提升过程的平稳、安全，根据结构的特性，拟采用"吊点油压均衡，结构姿态调整，位移同步控制，分级卸载就位"的同步提升和卸载落位控制策略。

（1）结构离地检查

提升单元离开拼装胎架约150mm后，利用液压提升系统设备锁定，空中停留12小时作全面检查（包括吊点结构，承重体系和提升设备等），并将检查结果以书面形式报告现场总指挥部。各项检查正常无误，再进行正式提升。如检查发现问题，将提升单元放回拼装胎架上，调整吊点结构，承重体系和提升设备等问题，待问题解决后重复上道工序。

（2）姿态检测调整

用测量仪器检测各吊点的离地距离，计算出各吊点相对高差。通过液压提升系统设备调整各吊点高度，使提升单元达到设计姿态。

（3）整体同步提升

以调整后的各吊点高度为新的起始位置，复位位移传感器。在整体提升过程中，保持该姿态直至提升到设计标高附近。

（4）提升过程调整

在提升过程中，因为空中姿态调整和后装杆件安装等需要进行高度微调。在微调开始前，将计算机同步控制系统由自动模式切换成手动模式。根据需要，对整个液压提升系统中各个吊点的液压提升器进行同步微动（上升或下降），或者对单台液压提升器进行微动调整。微动即点动，调整精度可以达到毫米级，完全可以满足结构安装的精度需要。

（5）在首层将整个桁架屋顶连成一个整体，同步启动每个支座上的"提升支座"，将整个屋面桁架从一层楼板提升到设计标高，在"支座单元"与"提升单元"对接处设施工吊篮，将"支座单元"与"提升单元"连成整体，再将临时加固构件进行拆除后，对支架油漆进行修补，完成屋架工程。

5.2.6　支座单元与提升单元对接

提升单元提升至距离设计标高约200mm时，暂停提升，并测量六个有吊点及四个无吊点部位的位置偏差是否与理论偏差相符，测量并计算出偏差量；将有吊点的点根据最大偏差量微调使无吊点的结构精确提升到达设计位置，并连接加固；液压提升系统设备暂停工作，保持提升单元的空中姿态，后装杆件安装，使提升单元结构形成整体稳定受力体系；采用同种施工方法，下降提升器，将剩余三个无吊点及六个有吊点的桁架结构提升到达设计位置。液压提升系统设备同步减压，至钢绞线完全松弛；拆除液压提升系统设备及相关临时措施，完成提升单元的整体提升安装。

5.2.7　对接口防腐及喷涂

在将临时加固构件进行拆除后，对拆除临时加固件和对接口进行除锈和防腐油漆涂刷，钢结构构件须涂刷超薄型防火涂料以满足《建筑设计防火规范》（GB 50016—2006）二级耐火等级要求。

6　结束语

项目技术人员根据工程特点，研发了"提升支座和提升架"，解决了异形悬挑中庭横向悬挑构件障碍工况下桁架整体提升的技术难题，避免了大型设备费用高，高空拼装对接的安全、质量难控制弊端，"异形悬挑中庭桁架屋面整体提升技术"成功实施，为钢结构整体提升技术提供了新的思路，填补了异形悬挑中庭钢屋架整体提升技术空白，经济、社会效益显著。

BIM 技术在钢结构施工中的应用

壮真才

湖南省第六工程有限公司，长沙，410004

摘　要：钢结构工程项目施工现场应用基于 BIM 的管理信息技术，细化工作指标，进行 QC 小组质量攻关、质量安全培训和知识竞赛等一系列举措，从细微入手，精细过程管理，从而提高施工质量、缩短工期、节约成本，提升项目综合管理水平。

关键词：BIM 技术；精细过程管控；提升综合管理

1　前言

随着建筑业信息化管理水平不断提高，BIM 技术已成为促进传统行业转型升级，提升项目综合管理水平，增加企业核心竞争力的强有力技术手段，是提高建设信息化水平，推进绿色建筑和智慧城市建设的基础性技术之一。

钢结构建筑有着"绿色建筑"的美誉，在超高层建筑、大跨度空间结构、大型工业厂房和物流仓储、装配式建筑等领域被大量采用。随着钢结构施工信息化、标准化、精细化管理结合程度不断提高和钢结构 BIM 平台功能不断拓展，以钢结构三维立体模型为基础，进一步加入材料信息、构件制作信息、构件物流信息、构件安装信息以及工程进度、施工质量、安全文明施工、合同管理、成本控制、绿色施工、资料等信息，以可视化方式，实现钢结构工程数字化管理。

2　BIM 技术的实施

BIM 技术要发挥它的作用，首要就是实现它在项目的落地。随着住房城乡建设部《2006—2020 年国家信息化发展战略》《住房城乡建设部关于推进建筑信息化模型应用的指导意见》和湖南省人民政府办公厅《关于开展建筑信息模型应用工作的指导意见》等一系列国家、省有关政策的出台，项目施工强调科技进步和管理创新相结合，普及和深化 BIM 技术在施工中的应用，推动 BIM 技术应用成果化，从而为项目管理提供了精细的管控手段，为企业提升核心竞争力增添了技术保障。BIM 技术在项目实施主要分为三个阶段：准备阶段、实施阶段和总结阶段。

2.1　准备阶段

项目部建立 BIM 技术固定工作站，组建 BIM 技术团队，明确团队成员工作分工及岗位职责，制定 BIM 工作计划和实施方案，确定各阶段性应用成果目标与要求，制定团队成员激励机制及培训学习方法；提供资金、设备保障，为项目 BIM 工作开展创造包括软硬件条件、工作场地环境条件；建立 BIM 策划会议制度、BIM 信息管理制度、BIM 技术管理办法等管理制度，力求 BIM 技术工作高效、紧密开展。

2.2　实施阶段

实施 BIM 模型的建立与维护、碰撞检查、图纸会审、技术安全可视化交底、钢结构深化设计、复杂节点的优化、安全防护动态演示监控、钢结构吊装专项动漫演示、材料分区精确计算统计、成本控制等任务，建筑信息数据的整合分析，基于分析结果得出的管理意见。

2.3　总结阶段

通过总结项目 BIM 技术运用过程的应用经验，建立项目级的 BIM 应用标准体系。

3　BIM 技术在钢结构施工管理的应用

应用 BIM 技术在钢结构施工管理的核心价值之一就是利用多种软件工具、多途径地解决工程施工管理信息共享问题。工程管理人员可以从建立的三维模型中提取各自需要的信息，既能指导实际工作又能将相应工作的成果更新到模型中，使工程技术人员对各种建筑信息做出正确理解和高效共享，从而起到提升项目管理水平、缩短管理链条、提高效率、降低建造成本的作用。

3.1　模型建立与维护、碰撞检查、图纸会审

技术人员利用 BIM 技术建立临建、土建、钢结构 Tekla、水电管线排布三维立体模型，模型应用软件进行硬碰撞、间隙碰撞、单专业碰撞和建筑、结构、机电设备等各专业在施工阶段的综合碰撞检查、分析和模拟，出具碰撞报告，提出最合理的整改方案，对出现碰撞的地方与设计院基于模型进行沟通，解决各专业碰撞问题，完成施工优化设计，完善施工模型，提升施工各专业的合理性、准确性和可校核性。

通过建模人员建立模型时记录的图纸问题，及多专业综合碰撞检查报告，整理形成图纸会审记录。利用 BIM 技术辅助图纸会审，突破传统图纸会审工作的局限性，大幅度提升了审图效率和质量，提前发现多专业综合不易发现的图纸问题。

模型维护：根据模型提前对构件节点进行优化，并进行样板施工和审核，及时校正模型与实体的差别。根据建立的模型在现场进行样板施工，施工完毕后组织各方人员进行样板审核，并与模型进行对比，核对无误后进行现场交底，并推广实施。现场施工时，跟踪检查，设计变更后及时校正模型，保证模型与工程实体一致，保证竣工图的完整性和竣工结算的及时性。

3.2　可视化的技术、安全交底和动画演示

基于施工 BIM 模型，结合施工工序、工艺等要求，进行施工过程的可视化模拟，并对方案进行分析和优化，提高方案审核的准确性，实现施工方案的可视化交底。通过 BIM 软件对各专项施工方案、关键工序或复杂工艺有针对性的进行三维可视化技术、安全交底，能更清晰、更直观展现符合项目特点的施工方法、工艺流程、质量标准和规范、安全质量标准化的要求。利用 BIM 技术将构件制作、安装过程以三维动画形式模拟演示，验证钢结构吊装专项施工方案的合理性和可行性，从而选择最优的吊装专项方案和起重吊装参数，提高了钢结构安装施工效率和安全性，质量、进度控制更有效。

3.3　钢结构深化设计、数字化加工

钢结构深化设计是以设计院的施工图、计算书及其他相关资料为依据，依托专业深化设计软件平台，建立三维实体模型，计算节点坐标定位调整值，对钢结构 Tekla 模型进行加工深化设计和标准化编号，并生成结构安装布置图、零件加工图、构件拼装图、报表清单。钢结构深化设计与 BIM 技术相结合，实现了模型信息化共享，由传统的"放样出图"延伸到施工全过程。

生产管理系统内预设加工设备参数、加工工艺路径及工时定额，工艺人员只需将工艺清单数据与预设在生产管理系统的工艺路径自动匹配，并根据车间反馈所形成的工位负载，快速形成下料切割和钻孔等工艺路线，创建工作指令，下达到车间各工位进行数字化加工。

3.4 二维码技术应用

利用二维码技术，可对公司、工程项目进行系统宣介；对项目危险源进行识别；对劳务人员入场教育，辅助施工方案、作业指导书等技术安全交底，掌握施工设备维护保养和管理；加强钢结构构件的管理。

将钢结构构件材料信息、加工信息、运输安装信息和制作安装实测实量检验结果生成二维码，方便项目管理人员、监理、业主等人员随时知晓包括施工质量、施工时间、安装部位等信息。施工人员只需用手机扫描二维码，即可读取所需的所有信息，给构件的科学堆放、安装就位提供了可靠的技术支持，减少了二次搬运，提高了工作效率、节省了工程成本。

3.5 场地布置

基于 BIM 模型 + 无人机帮助对施工各阶段的场地地形、既有设施、周边环境、施工区域、临时道路及设施、加工区域、材料堆场、临水临电、施工机械、安全文明施工设施等进行规划布置和分析优化，实现场地布置科学合理。将场地布置模型、结构建筑模型导入 Revit 模拟日照等环境因素进行虚拟漫游，可浏览项目施工、办公、生活等环境。

动态演示基础、主体、装饰各阶段三维现场布置情况，验证现场布置的合理性；设置的循环道路是否满足大型运输车辆和起重设备高效有序的进、出场；构件现场摆放和临时堆放是否对周围结构安全及后续施工工作面造成影响，通过动态模拟，提前排除不合理因素，提高了材料、构件的运输效率。

3.6 安全防护

建立符合规范要求的参数化安全防护族，根据现场施工进度，提前在模型中需要防护的地方布设安全防护栏杆、安全网或安全生命线，利用共享参数与明细表统计钢管、扣件、安全网、安全生命绳等工程量，以辅助现场进行安全管理。保证工程施工至这一阶段和部位时，安全防护设施同步施工完毕。

运用 BIM 技术，实现危险源的可视标记、定位、查询分析。安全围栏、标识牌、遮拦网等需要进行安全防护和警示的地方在模型中进行标记，提醒现场施工人员安全施工。

由于现场布置会因多变的实际环境而变化，因此在模型上也应同步作出调整，并在模型上评估对后续施工造成的影响，便于现场及时调整。

3.7 质量、安全协同管理

基于施工 BIM 模型，对工程质量、安全关键控制点进行模拟仿真以及方案优化。利用移动设备对现场工程质量、安全进行检查与验收，实现质量、安全管理的动态跟踪与记录。

利用移动设备，即时采集图片、视频信息，并能自动上传到 BIM 施工现场管理平台，责任人员在移动端即时得到整改通知、整改回复的提醒，实现质量管理任务在线分配、处理过程及时跟踪的闭环管理等的要求，实现质量、安全问题可视化、相互联动、可追溯。

3.8 进度管理

通过计划进度模型（通过 Project 等相关软件编制进度文件生成进度模型）和实际进度模型的动态链接，进行计划进度和实际进度的对比，找出差异，分析原因，BIM4D 进度管理直观的实现对项目进度的虚拟控制与优化。

3.9　成本控制管理

工程量统计：BIM 模型是一个富含工程信息的数据库，建立高精度的 BIM 模型可快速实现对各分项工程量进行统计分析，出具材料、构件清单，作为定货、备料、供料、组织运输的依据，大大减少了繁琐的人工操作和潜在错误，方便对工程实体实行按构件、区域等随时工程量的统计，可实现分阶段、分区材料采购管理。材料员参照模型提供的某一部位材料清单，进行限额领料，跟踪材料使用情况，保证材料准确使用在相应位置，精确核算材料的实际损耗率。

材料、设备管理：基于施工 BIM 模型，动态分配各种施工资源和设备，输出相应的材料、设备需求信息，并与材料、设备实际消耗信息进行比对，实现施工过程中材料、设备的有效控制。

多算对比：通过对比 BIM 模型量、预算量、实际量，找出偏差，分析偏差原因，采取纠偏措施，变最终控制为过程控制。利用 BIM 软件出具阶段工程量更贴近于工程实际，从而严格了施工过程人工、材料、机械的成本管控。

3.10　资料管理

将项目实施过程技术资料、安全资料、变更资料、图纸文件、洽商签证等各种资料上传到云平台，项目管理人员按权限获取相关信息，使项目资料更具及时共享性和后期可追溯性。

BIM 技术不仅集成了建筑物完整信息，同时还提供了三维施工交流环境。与传统模式下项目各方人员从图纸堆中找到有效信息后再进行交流相比，效率大大提高。BIM 技术已成为一个便于施工现场各方交流的沟通平台，可以让项目各方方便地协调项目方案，及时排除风险隐患，降低由于设计协调造成的成本增加，提高施工现场沟通效率。

基于施工 BIM 模型，将竣工验收信息添加到模型，并按照竣工要求进行修正，进而形成竣工 BIM 模型，作为竣工资料的重要参考依据。

4　BIM 技术应用效果评价

4.1　BIM 技术应用见成效

（1）通过对技术人员定岗定人 BIM 技术分步培训和应用推广，逐步将 BIM 技术融入项目过程精细化管理，最终实现标准化、流程化的 BIM 平台协同管理。

（2）视频监控：现场布设视频监控，通过系统可控制现场摄像机，访问现场视频，远程查看施工质量、进度和安全。

（3）人员管理：在大门出入口安装门禁设备，记录和统计人员进出情况，加强施工人员管理。

（4）环境实时监控：安装环境监控系统，与建设行政主管部门和环保部门联网，全天候监控和采集施工现场噪声、$PM_{2.5}$、PM_{10} 动态数据。

（5）二维码技术管控：利用二维码技术，可对公司、工程项目进行系统宣介，对项目危险源进行识别，劳务人员入场教育，施工方案、作业指导等技术交底，施工设备维护保养和管理，钢构件管理等。

（6）手机端：开发手机 App、无限访问现场视频、温度、噪声、$PM_{2.5}$、PM_{10}、物流管理、安装进度和人员管理等。

4.2 过程精细管理创实效

（1）重策划，技术先行：提前编制有针对性的专项施工方案，每一专项方案高标准编写，严要求审核，详细的可视化交底。

（2）严制度、高标准施工：实行"样板引路""实测实量"制度，所有分项工程、专业工序均实行"先样板、预验收后交底、再大面积施工、跟踪实测实量、质量三检"的工作程序。

（3）严细节、动态调整：将细节控制贯穿策划、实施全过程，并在实施、检查过程中动态调整，确保质量细部处理一次成优，安全隐患消除在萌芽。

（4）全员参与，责任到人：过程全员参与，目标分解，责任到人，使每个管理人员和作业人员都意识到日常工作与工程质量、安全、进度、现场文明和绿色施工息息相关。

我们先后在泰富重工港口矿山成套设备核心零部件生产制造基地办公楼钢结构工程、湖南高星物流园加工产业集群加工中心工程、弘广物流智能仓储配送中心建设项目和湖南高星物流园大客户加工仓储专区工程等项目建立 BIM 技术固定工作站，从钢结构深化设计、钢结构数字化加工、二维码管控、图纸会审、技术安全可视化交底、吊装方案的模拟、质量安全管理和成本控制等方面全面应用 BIM 技术，锻炼和培养了一批优秀的青年管理人员，为钢结构工程施工积累了宝贵的施工经验，极大地提高了管理团队的施工管理水平，得到了建设单位、监理、设计院、安全质量监督站的高度好评。

5 结语

通过 BIM 技术在钢结构工程施工中的应用，项目经理部先后完成了现场平面布置、土建、钢结构、综合管线模型的建立、碰撞检查、钢结构深化设计、复杂节点的优化、安全防护动态演示监控、钢结构吊装专项动漫演示、材料分区精确计算统计、成本控制等任务，在工程质量、施工安全、工期、成本控制等方面借力 BIM 技术，进行精细化的过程管控，打造了精品工程的建设，取得了较好的经济收益和社会效益。同时将继续研究和总结基于 BIM 技术在钢结构工程施工管理各方面的应用，采用更多、更新的科技手段，精细管理，严控过程，提升项目综合管控水平，提高建筑施工的核心竞争力。

参考文献

［1］ 建筑业 10 项新技术，2017 版［M］.

［2］ 湖南省建筑工程信息模型施工应用指南［R］.

［3］ 中国建设行业施工 BIM 应用分析报告（2017）［R］.

BDF 钢网箱空心楼盖在南湖建安项目上的应用

戴宏湘 伍灿良

湖南省第六工程有限公司，长沙，410015

摘 要：BDF 钢网箱克服了空心楼盖其他成孔技术存在的缺陷，保证了工程施工质量，减少了施工费用，降低了工程造价，可全面替代现有现浇空心楼盖的各类成孔材料。以南湖建安项目 BDF 钢网箱空心楼盖的应用为背景，介绍了其施工工艺流程及施工操作要点。

关键词：BDF 钢网箱；空心楼盖

1 工程概况

南湖建安项目为钢筋混凝土框架结构，建筑层数为地下两层，地上五层，建筑层高分别为 3.4m、5.5m，首层建筑层高为 5.5m，二层～五层层高为 4.5m，建筑总高度为 23.95m。为有效减轻地基上部建筑物的自重，提高地下室及露天屋面板的防水性能，获得良好的建筑隔音效果，提高其适用性，在该工程楼板施工中采用 BDF 钢网箱空心楼盖施工技术。

2 BDF 钢网箱空心楼盖的原理及特点

2.1 BDF 钢网箱空心楼盖的技术原理

BDF 钢网箱虽为镂空外形，但浇筑混凝土时可达到不漏浆。BDF 钢网箱空心楼盖是将一定数量的 BDF 钢网箱箱体按照一定规则放置于现浇混凝土中形成空心内模，钢网箱构件与构件之间按密肋梁的尺寸留设，与现场混凝土整体浇筑成型，从而形成空心楼板。

图 1 BDF 钢网箱

图 2 BDF 钢网箱空心楼盖

2.2 BDF 钢网箱空心楼盖的优势

（1）降低造价

采用 BDF 钢网箱空心楼盖，减少了楼板的钢筋用量，较普通钢筋混凝土实心楼板节约

1/3 左右的钢筋用量。此外 BDF 钢网箱空心楼盖只有框架梁和肋，没有框架次梁，只需在框架梁处支梁模，其余部位都是平铺模板，加快了支模速度，模板损耗极低，增加了模板的周转次数，降低了施工成本。

（2）房间无须吊顶

此种楼盖底面由于完全平整，无须吊顶。从而提高了净空高度，更重要的是减少了吊顶更新等经常性开支。

（3）抗震性能好

采用本技术的楼板与同跨度的一般实心平板相比，自重减轻 50% ～ 70%，结构牢固，经多次测试抗震性能更好。

（4）大跨度大开间

采用 BDF 钢网箱空心楼盖结构体系能很好地解决建筑大跨度问题，是目前大跨度最经济、最方便、最安全的技术方案，目前这种技术如结合预应力技术最大跨度可以达到 43m，常用跨度 6 ～ 18m，本工程最大跨度为 8.5m。

（5）隔热、保温性能好

封闭空腔结构减少了热量的传递，使隔热、保温性能得到显著提高，对于采用空调的建筑来说，大大降低了空调费用。在北方地区应用，建筑节能效果尤为显著。

（6）隔音效果优良

该楼盖的封闭空腔技术大大减少了楼层噪声的传递，克服了上下楼层间的撞击噪音干扰。

（7）防火性能好

BDF 钢网箱本身已具备较强的防火性能，又在 BDF 钢网箱 XPS 板内外表面喷涂防火界面砂浆后，经水平燃烧性能及电焊作业试验测试发现，其氧指数超过 40，电焊火花落在喷涂防火界面剂的 XPS 板上时 30s 内熄灭。加之在 BDF 钢网箱 XPS 板表面还有抹面层和饰面层，使得系统防火性能显著提高，结合防火隔离带作用，其构造防火性能等效于 A 级。

3　施工工艺流程及施工操作要点

3.1　施工工艺流程

施工准备→测量放线→支模→绑扎框架梁钢筋→清扫模板→弹线定位→绑扎密肋梁钢筋→GBF 钢网箱安装→管盒预埋→板面钢筋→检查验收→铺设混凝土浇灌道→养护混凝土→拆模。

3.2　施工操作要点

（1）楼板模板支设

模板支撑系统必须先进行设计，应根据 BDF 钢网箱空心楼盖的暗梁（或明梁）、密肋梁、现浇板、BDF 钢网箱的重量及平面具体位置作恒载取值，一般 BDF 钢网箱楼盖空心率达 20% ～ 70%，设计模板时荷载作适当折减，钢网箱的质量在 8 ～ 20kg 之间，充分考虑施工荷载后，进行模板的竖向、侧向承载和稳定性计算，对于地上有架空层的应进行上层支撑架立杆对下层楼板竖向冲切验算。模板应按设计要求进行起拱，如设计未作规定时，起拱高度宜为跨度的 0.1% ～ 0.3%。

（2）BDF 钢网箱安装

根据 BDF 钢网箱平面图施工，BDF 钢网箱到现场后应进行资料和现场验收，按规格型号分类，严禁人员攀爬、踩踏。BDF 钢网箱安装前先对钢筋骨架区格进行调整、对线，保证

BDF 钢网箱之间及梁、墙、柱之间的间距符合 BDF 钢网箱尺寸要求。若局部出现偏差，应对钢筋骨架进行调整。

（3）楼板面筋安装

楼板面筋不应在支座处断开，宜在板支座以四分之一跨度搭接。板面钢筋与 BDF 钢网箱之间的保护层厚度应采用保护块垫好，在浇筑混凝土前应将杂物等及时清扫干净。

（4）浇筑混凝土

①隐蔽验收

钢筋绑扎、BDF 钢网箱安装等工序完成后，组织相关人员进行三检和隐蔽检查收，重点加强对抗浮点设置的检查，验收合格后，进入混凝土浇筑工序。

②混凝土浇筑

现浇混凝土空心楼盖结构浇筑用混凝土，其坍落度应比普通实心楼盖稍大，可取 18 ～ 20cm，不宜小于 16cm；粗骨料粒径宜选择不超过 30mm。混凝土浇筑时，输送混凝土的泵管布设时，尽可能从框架暗梁上架设，混凝土浇筑时，应铺设架空马道，严禁将施工机具直接放到 BDF 钢网箱上。

BDF 钢网箱属于吸水较大的材料，在混凝土浇筑前应先洒水润湿（冬季不应洒水）。浇筑沿楼板跨度方向从一侧开始，顺序依次进往要避免混凝土在同一位置堆积过高损坏 BDF 钢网箱。布料尽量均匀，应分 2 批次布料，先布肋梁中间部位，待振捣完且 BDF 钢网箱底部混凝土密实后再布 BDF 钢网箱上部混凝土。

振捣棒沿肋梁位置顺浇筑方向依次振捣，比实心楼盖应适当加大振捣时间和振捣点数量，振捣同时观察空心 BDF 钢网箱四周，直至不再有气泡冒出，表示 BDF 钢网箱底部混凝土已密实，振捣棒应避免直接触碰空心 BDF 钢网箱。

当楼板厚度大于 500mm 时，楼板混凝土浇筑和振动宜分层进行，首次浇筑宜为板厚的 3/5，待混凝土振捣密实后，再进行第二次浇筑捣实，第二次振捣时振动器插入第一层中不宜大于 50mm，第二层混凝土浇筑振捣应在第一层混凝土初凝前进行。

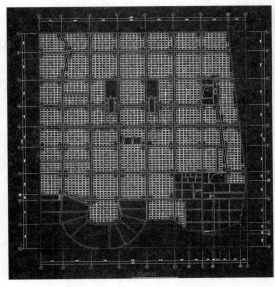

图 3　BDF 钢网箱平面布置图　　　　　图 4　BDF 钢网箱空心楼盖混凝土浇筑

浇筑过程中如遇空心 BDF 钢网箱损坏，必须及时处理。可用聚苯板、尼龙编织袋等轻质物品塞入损坏处封堵严密，注意不要使后塞物品露出 BDF 钢网箱表面，造成混凝土夹渣。

（5）养护、拆模

混凝土的养护和拆模与实心楼盖相同，夏季采用浇水养护，冬季可用塑料布和草帘进行覆盖保温养护。

4　结语

BDF 钢网箱可全面替代现有现浇空心楼盖的各类成孔材料，克服了现有空心楼盖成孔技术存在的垂直抗浮、水平位移、隔离垫块、空心材料破损、自重大、施工繁琐、达不到防火要求、钢筋保护层不足、制作艰难、运载受限、性价比低、浇筑难度大等诸多问题，保证工程施工质量，减少施工费用，降低工程造价。该技术促进了空心楼盖产业的转型升级，符合国家"节能省地型建筑"和建筑采用"新技术、新工艺、新设备、新材料、新产品"的建设产业政策的要求。

路堑边坡绿化的施工技术

刘华光　邓志光　胡国华

湖南望新建设集团股份有限公司，长沙，410000

摘　要： 边坡是高速公路破坏最严重的地方，由于有些边坡较陡，雨水的冲刷会造成边坡水土的大量流失。因此，边坡绿化其首要功能是生态防护，保护路基，稳定边坡，恢复边坡的自然生态。公路边坡防护大体上可分为两类，即工程防护和植物防护。工程防护多为钢筋、水泥组成的刚性防护；植物防护则为柔性防护，工程防护是植被防护的基础，两类防护形式是相互支持相互渗透的，只有将两者有机结合，才能起到永久防护、美观耐用的目的，而且能大幅降低工程造价。

关键词： 公路；护坡；绿化；新技术

随着我国社会经济的迅速增长，高速公路已成为国民经济以及现代生活的重要交通枢纽。2006 年末我国高速公路总里程已达到 4.53 万 km，2010 年将达到 6.5 万 km。高速公路绿化是国土绿化的重要组成部分，是公路建设中不可缺少的主要内容。公路绿化的首要任务是提高公路的服务功能，绿化要达到稳定路基、保护路面、诱导交通、保障行车安全、减轻噪音、保护环境与自然相协调等目的，同时有利于行车安全，为司乘人员诱导视线、减轻眼睛疲劳，从而减少交通事故的发生。

1　边坡绿化布置原则

边坡植物防护的主要目的是固土护坡、防止冲刷，兼有美化环境的功能。一般应选择干旱、瘠薄、根系发达、覆盖度好、易于成活、便于管理、兼顾景观效果的草本或木本植物。边坡以种植草本地被为主，根据不同地段的实际情况，采用丛植、列植等绿化模式，尽量做到乔、灌、花、草搭配，形成不同景观的植物群落。

边坡生态防护植物配置技术原则是采用以水土保持为主，兼具生态景观效果边坡防护要考虑对整个植被进行逐步恢复，应以林草植物为主进行生态模式配置，有利于固土护坡，防止水土流失，改善高速公路边坡景观和行车效果，有利行车安全。以适应生态学理论为依据，尊重自然、正视自然、保护自然、恢复自然，兼顾生态效益、经济效益和社会效益，以达到四季常绿并可体现有当地特色的景观效果；同时在选择植物种类时要坚持生物多样性，多科属结合，乔、灌、草结合，营建乔、灌、草结合的多树种、多结构、多功能的复层生态景观群落，有效增加绿量和绿叶面积，挖掘单位面积上的潜在生态力，提高叶面积指数，整个绿化沿线注意立体空间上的线条变化和节奏感。但应在考虑气候、土壤、立地类型的基础上，优先选择耐干旱、耐瘠薄、抗污染、观赏性强的树种及草坪地被植物，既能适应当地土地条件，又能满足公路绿化的要求，达到功能、艺术、科学的统一。

在路堑边坡（上边坡）应考虑采用不同草种或草灌混栽技术，一年生草本（或越年生）与多年生草本搭配，再混栽一定比例的灌木或小型乔木。起初一年生草本迅速生长，固土护坡、防止冲刷效果明显。以后多年生草本和灌木或小型乔木成为优势种，固土护坡及景观功能进一步加强。路堤边坡（下边坡）宜选用多年生、耐寒、耐旱、耐瘠薄、生长势健壮、再生能力强的草种。

2　边坡绿化植物选择

边坡绿化主要目的是防止流水冲刷、风蚀、保护路基、降低噪音、吸收有害气体、创造优美的行车环境。路堤边坡的绿化，由于土质和保水性能很差，应尽量不破坏自然地形地貌和植被，采用抗逆性强、根系发达、易于成活、便于管理、兼顾景观效果的多年生草本或木本植物。

目前用于护坡的主要植物材料乔木种有：紫穗槐、美国地锦、荆条、沙地柏、柠条、柽柳、垂叶榕等；藤本植物：长春藤、藤本月季、爬墙虎、紫藤、扶芳藤等；杜鹃等灌木种；天堂草、狗牙根、假俭、锦鸡儿、金钟、小冠花等多年生草本植物。

3　边坡绿化植物养护

公路边坡的植物定居后，在其群落结构中，仍是以草本植物为主，灌木属于从属的位置，因为草本植物早期生长速度非常快，而且耐贫瘠，这样可以尽快恢复边坡的植被覆盖，控制土壤流失，美化路容。但是这样的植物群落结构非常的不稳定，如果措施跟不上，草本植物过度发育，群落中的灌木很快就会因为营养、阳光、水分和其他资源不足而被草本植物"吃掉"，另一方面一旦草本植物把土壤中的营养消耗到一定程度，很可能出现大面积的衰退，并且重新回到裸地的状态。这种现象已经在以往的高速公路植被恢复建设中已经是屡见不鲜。未雨绸缪，制定合理养护管理措施，促进植物群落向目标群落转化，是公路边坡绿化的重要内容，主要养护措施包括肥水管理措施、补栽措施、其他辅助管理措施等。

3.1　肥水管理措施

制定肥水管理计划，在施肥这个环节，针对植物群落的不同发育时期，采用不同的肥料配比，抑制草本的生长，促进木本植物的发育，从而达到逐步以木本植物为主的植物群落；水分是植被能否存活的另一个重要的原因，植物在不同的生长发育时期对水的需求量有很大差异，不同植物对水分的需求量也不同，通过对水的管理可以实现对群落的调控。其中包括喷水养护和追施肥料等措施。喷水养护分前、中、后期水分管理，前期喷灌水养护为 60 天，中期靠自然雨水养护，若遇干旱，每月喷水 2 ～ 3 次；后期养护每月喷水 2 次；追施肥料，为满足草本植物氮磷钾等营养需求，维持草苗正常生长，需在苗高 8 ～ 10cm 时进行第一次追肥，追肥分春肥（3 ～ 4 月）和冬肥（10 ～ 11 月）两次，另外，还可依据实际情况进行叶面追肥，如用 0.1% 的磷酸二氢钾或 0.3% 的尿素液喷施。

3.2　补栽措施

培育稳定边坡植物群落，由于公路的养护资金非常有限，培养稳定的群落，充分发挥自然力在其中所起的作用，逐步减少养护费用。其中一个主要的措施是增加群落中的多样性。一个群落中如有多个物种，而且各物种的数量较均匀，则该群落具有高的多样性；如果一个群落中物种少，而且各物种的数量不均匀，则该群落的多样性较低。一般认为群落的结构越复杂，多样性越高，群落也越为稳定；在植被建植的早期，由于恶劣的立地环境，仅有少量植物可以在边坡上定居，群落的多样性指数很低，其稳定性和恢复力都很弱，需要大量的人工辅助措施才能确保群落不退化，在后期随着小气候条件、土壤条件和其他条件的完善，需要在未来群落的不同发展时期，适当加入一些本地的其他植物，提高群落多样性和群落的稳定性。

3.3　其他辅助管理措施

其他辅助管理措施，如修剪、间苗、疏枝以及采用化学药剂等多种措施控制边坡群落的演替方向。包括防治病虫害和防除杂草等措施，防治病虫害是出苗后随时观察有无病虫害，不同草本植物所发生的病害和虫害是不一样的，一经发现，需及时喷洒针对性农药。防病害可用 59% 多菌灵可湿性粉剂 1000 倍液，甲基托布津 800 ～ 1000 倍液等；防虫害一般可用敌百虫 800 倍液、氧化乐果、三氯杀螨醇 1000 ～ 1500 倍液等高效低毒农药；防除杂草，杂草主要与主栽草类争光、争水、争肥，且有碍草坪景观，防治方法为播种前土壤使用草甘膦、卡可基酸除灭，草苗播出前使用地散灵、恶灵草、环己隆等灭除杂草种子发芽，杂草生长已高出主草丛，可采取人工拔除。

4　边坡植被恢复

公路在建设过程中，尽管采取多种避让措施，特别在靠近山地的区域，但还是不可避免地破坏了相当大面积的天然植被和人工植被，使之成为裸露的坡面；另外公路建设中产生了大量的坡面也从另一个方面增加了裸地的面积，选择适宜的手段，恢复边坡的植被覆盖，减少土壤流失，巩固路基，是公路景观中一个不可或缺的重要环节。边坡在路域可绿化的面积中所占的比例最大，最适宜创造一个具有地带性特点的植物群落，应用植被恢复的理论体系建立公路边坡绿化植被恢复体系，力图建立一个利用当地物种资源，撒播与管理，逐步恢复的公路边坡植被恢复理论体系，并加强相关步骤的推广试验研究，其恢复理论目前国内还没有成熟，有待研究。

5　新技术应用及推广

近十多年来，人们开发出了多种既能起到良好边坡防护作用，又能改善工程环境体现自然环境美的边坡植物防护新技术，与传统的坡面工程防护措施共同形成了边坡工程植物防护体系。目前已根据不同的边坡土质条件，创造出人工种草护坡、平铺草皮护坡、液压喷播植草护坡、土工网植草护坡、OH 液植草护坡、行栽香根草护坡、蜂巢式网格植草护坡、客土植生植物护坡、喷混植生植物护坡、岩石边坡喷混植生植物护坡。客土喷播、三维网植草等不同边坡植物防护技术。另外值得一提的是沪蓉西高速公路湖北宜（昌）长（阳）段采用了"布鲁特"岩石边坡生态防护技术，摒弃了以往单纯的以边坡土壤为植物生长的唯一载体，转变成以土壤改良剂改良坡脚、坡顶的土壤，为植物生长提供稳定的基质；同时，通过安装、固定在坡面的罩面网，强制绿化边坡，固定坡面的石块，为后期的攀援植物的生长提供支架，为最终实现自然的人工生态恢复提供了保障。大多数公路绿化根据各路段条件的不同，采用的是多种方式相结合，如广梧高速公路（马安～河口段）采用了挂镀锌铁丝网（或土工格栅网）喷混植生、挂三维网植草、直接喷草植生、客土喷播植草等 4 种形式综合整治的绿化方案，总体采取挂网客土喷播进行绿化，注重藤、灌、草的相互搭配，确保立体绿化的效果，从而达到绿化防护和景观建设的目的。在未来还将有很多新技术应运而生，这些新技术将为高速公路边坡绿化布置的合理性与生态效应的发挥达到理想水平。

6　展望

　　高速公路边坡绿化主要起到护坡、稳定路基、减少水土流失和丰富路域景观的目的，在以往的设计中多采用大面积的满铺浆砌片石的方法进行防护，这样不仅不美观，而且与自然环境也不协调，设计时应将美观、环保和防护功能结合起来，多采用植草种花和衬砌护坡，如确实要做护面墙护坡的，也宜做成窗格式，在窗格内植草、种花，总的来说公路边坡设计绿化布置时千篇一律，没有创新点。主要缺乏对边坡植被恢复的研究和高速公路边坡植被恢复体系的建立，今后应加强此方面的研究，不盲目种草、种树，要尽量考虑本地物种，慎重选择先锋物种，避免外来物种入侵；加强对新技术的研究，工程措施与植物措施相结合，达到社会效益、经济效益和生态效益的统一。

参考文献

［1］　边坡绿化与生态防护技术［M］. 北京：中国林业出版社，2009-10-01.

［2］　植被混凝土边坡绿化技术［OB/OL］. 百度百科. 2003-02-18.

［3］　湖南望新建设集团股份有限公司龙洲路项目经理部. 龙洲路新建工程（湘江七桥—S333）［R］. 2017年10月.

论喀斯特地区建筑物桩基施工方法

杨文清

上海建工二建集团有限公司，上海，200080

摘　要： 在湖南的西南及其连接的广西地区，喀斯特地貌比较多，且溶岩较发育。本文主要介绍在永州市区高层建筑的地基处理方式以及施工中实际处理的方法。

关键词： 喀斯特地区；高层建筑基础；溶岩地区地基施工；桩基检测

1　引言

地下流水经过长期的冲刷和剥蚀，会对坚硬的石灰岩产生不规律的侵蚀，地下溶岩发育不规律。通常一个地区会产生很多不一样的溶岩发育情况，为设计成桩基础的建筑物施工带来困难。溶洞的大小、裂缝的走向、串联溶洞的出现以及密集型溶岩小溶洞发育，给施工技术人员的现场操作带来了不可小视的难度。能否处理好这样的地基，对于施工进度、工程造价、建筑物的安全性起着至关重要的决定因素。

2　应用案例

宏一·珊瑚海楼盘处于市区较中心位置，整个建筑物海拔标高98m，地下一层及地上共33层，总建筑面积11万 m^2。整体设计采用框剪结构，地基基础采用桩基础，桩基础的施工视深度以及地下溶洞发育情况采取不同的施工方法。桩基础桩径为0.9～1.2m，总计1100余根桩。根据地质勘探报告，该地区地质状况整体稳定，整个喀斯特地貌走向为湖南永州-广西桂林一线，溶岩表面有1～10m不等的覆盖层，覆盖层下的石灰岩表发育情况不规则，溶洞、溶槽、串联溶洞不规律的交替。石灰岩强度高，平均在60kPa以上，颜色为纯灰，灰白相间，有成线状以及粒状的白色结晶物，基岩厚度超过5m的可作为建筑物基础持力层，桩基础设计为嵌入灰岩1m，有条件扩孔的桩基要扩孔，不能扩孔的桩基采用增加一倍嵌入深度视为达到设计要求。

3　施工分析

（1）通过全站仪定位，对桩基础首先采用的是人工挖孔，钢筋混凝土护壁。在人工挖孔的时候随时监测施工桩基以及周边桩基的孔内情况，观察渗水以及地质构造。

（2）地质构造稳定的桩基：一种构造是覆盖层-覆盖层和石灰岩交接-灰岩构造。整个灰岩开挖使用的是风炮加爆破的方法，达到设计深度之后采用爆破扩孔。通过本项目的统计该种情况的桩基础占比例不到10%。另外一种就是伴随开挖的进行有溶洞出现，并且溶洞内有细腻的淤泥，流动性比较强，针对这样的淤泥采取人工掏泥。不是贯穿性溶槽的淤泥一般清理简单，清理之后用浆砌片石嵌补好。待砌体有一定强度方继续开挖。并且，已经嵌补好的桩基再次进行爆破要注意缩减装药量，多次爆破，以维护桩基壁的稳定性。

（3）地质构造复杂有串联溶洞的桩基础在开挖的时候一定要注意人身安全，风炮钻进以及爆破之后一定要用钢筋探孔，以防人落入串联溶洞下部。在打通进入下部溶洞的顶盖时要用探孔棍敲探下部溶洞的情况，大小、走向、是否有内填物。查探清楚之后方继续开挖，如果人无法下落到溶洞底部施工，可以采取在内壁增加短钢筋支撑作为踩踏之用。以此类推，两到三个串联溶洞以及三个以上的处理方法类似，超过规范要求的16m则不再采取人工开挖，内壁情况不稳定，溶洞过大，使得嵌补量过大的溶洞亦不采用人工继续开挖。

（4）遇有贯穿性溶槽的桩基，通常有大量内填物，有涌水、涌泥浆的情况出现。人工清理速度如果无法大于涌动速度则考虑和周边桩基联合开挖，摸清楚溶槽走向，找到根源。开挖完周边桩基，清理并嵌补好周边桩基的溶槽，最后再来开挖本桩基。并且所有涌浆必须清理干净，嵌补好，保证砌体达到强度方可继续开挖。

（5）遇单个溶洞大、串联溶洞多人工无法继续、贯穿性溶槽比较大的、有地下河流的桩基础时，考虑到地质情况，属于灰岩地区，岩石质地坚硬，我单位采用的是冲孔钻机钻进。用片石稳定钻机平台，在钻进的过程中，遇到漏浆，钻头探到溶洞的情况下用泥结碎石回填复打。回填位置超过溶洞、溶槽1m。待泥结碎石将空洞全部嵌挤饱满，继续钻进，直到设计标高。遇到卡钻情况的，使用水下爆破，水下爆破之后轻微提动钻机钻头，千万不可硬拔，以免钻锤掉入。宏一·珊瑚海住宅项目位于城市区域，冲孔钻机要面临的最大问题有两个：①施工场地狭小。整个施工都是在建筑物基坑内完成，一旦遇见多个问题桩基，施工进度必然受阻。要解决这个问题的方法有两个：第一个方法：增加施工时间，第二个方法：在桩基础施工前进行勘探，探出有问题的桩基础首先进行冲击钻施工。

②泥浆的排放问题。通常我们在进行桥梁工程施工的同时，施工场地宽阔，开挖泥浆池比较方便。但是本工程，即使开挖了泥浆池，面对单个桩基础的大量泥浆存放以及外运是非常棘手的问题。工程中我们创造性的采用的一种新方法处理泥浆：人工硬化。通过试验，测定泥浆参兑水泥硬化的比例大概是1：0.2～0.3，每一立方米泥浆采用2～3包水泥。在5～8h之内基本上能达到一定强度（该强度及挖机能进行装载的强度）。通过汽车进行弃运。此方法的实施，大大加快了排浆速度，为桩基础施工赢得了时间。

（6）桩基混凝土浇筑。桩基础成孔之后，考虑到该地区地质的复杂性，我们采用每孔必探的形式进行桩底勘探，一般根据规范在桩下5m或者3倍桩径内无溶洞溶槽存在即可视为合格地质。满足设计要求。对于无水桩基，采用输送泵进行浇筑。有水桩基采用水下灌注混凝土施工工艺进行浇筑。该地区的混凝土浇筑存在的最大问题就是有较大溶洞以及贯穿性溶槽存在的桩基浇筑。该类桩基由于之间有相通的嵌填物，由于混凝土浇筑产生的压力可能导致周边桩基跨孔，或者嵌填物跨入本桩。为保证桩基础相互之间的桩基壁受力均衡，我们采用了多个相邻桩基同时浇筑，每一个桩基础浇筑1m，相互之间一来应力平衡，二来可以利用浇筑的时间间隔使得每个浇筑的桩基混凝土有一点的强度，增加其稳定性，也减轻对桩基壁的压力。在该片地区这样的浇筑方法取得了良好的施工效果，大大减少了相互桩基之间的跨孔串孔现象。

（7）浇筑混凝土。串孔垮孔桩基的处理一般是在混凝土初凝之前。采用人工掏挖清理，在处理好溶洞溶槽嵌填物之后继续浇筑。水下混凝土浇筑的同时由专人监督检查混凝土浇筑上升高度，一旦异常，如果突然增高，要考虑泥结碎石嵌填的溶洞溶槽内的嵌填物是否垮入本孔中，根据测量浇筑高度以及对表层混凝土用探棍插入探孔。①泥结碎石跨入混凝土桩体中；②泥结碎石嵌填物垮入桩顶。垮入桩体的桩基已经不能作为合格桩基，必须弃桩拔管，待混凝土强度达到重新冲孔成桩浇筑。垮入桩基混凝土顶部的视量的大小，量大有可能导致混凝土无法正常顶升，则必须弃桩重钻。如果量小，则继续浇筑。最后增加浇筑高度。

（8）混凝土浇筑之后，采用常规方法进行开挖破桩。

4 结论

（1）通过对该地区1100根桩基础的施工，总体得出的结论如下：在覆盖层下灰岩表面的3～10m溶岩发育情况复杂。采取每桩必探是非常必要的，因为通常情况下钻机每移动一米都会有不一样的地质情况出现。有勘探正好的溶槽边缘，移动0.5m；有个别桩基就是深达几米甚至十几米的溶槽；有勘探钻头正好钻在石笋上的情况，造成斜钻；甚至避开了溶洞。无法正常勘测到桩底溶洞。通过每桩必探，我们能详细的了解地下情况，提前勘探对合理安排施工非常有利。

（2）桩基础混凝土的浇筑经验告诉我们：贯穿性溶洞溶槽的处理一定要慎重仔细的考虑相互之间的压力情况。采取同时施工、同时浇筑可以大大减少桩基施工的风险，对保证安全，节约时间，减少造价作用重大。

（3）通过以上的施工工艺，在抽查出现桩基底有溶槽溶洞的情况，我们采用注浆解决。首先在已经成桩的桩基开两个钻孔，一个作为清水注入口，一个作为泥浆出口。待清洗出来的泥浆变希直至流出清水，即判定该桩基底部已经清洗干净。采用注浆机压住水泥浆填充至出口冒浓浆视为合格。

参考文献

［1］ GB 51004—2015.建筑地基基础工程施工规范［S］.
［2］ GB 50202—2013.建筑地基基础工程施工质量验收规范［S］.

暖通空调施工中 BIM 技术的应用分析

熊进财　文　武

湖南天禹设备安装有限公司，株洲，412005

摘　要： 对于 BIM 技术在暖通空调施工中的应用情况，进行了科学妥善的分析，并详细介绍 BIM 暖通空调模型特点，如管线分布更加的合理、实现动态控制、系统检测更加方便快捷等，希望能够给相关工作人员提供一定的参考与帮助。

关键词： 暖通空调；BIM 技术

在暖通空调施工中，运用先进的 BIM 技术特别重要，能够帮助暖通空调施工人员全面了解空调安装程序，有效缩短施工周期，进一步提升暖通空调安装施工质量。鉴于此，本文主要分析 BIM 技术在暖通空调施工中的具体应用流程，从而保证暖通空调设备能够更加安全的运行。

1　暖通空调施工中应用 BIM 技术的重要意义

将 BIM 技术合理应用到暖通空调施工当中，能够保证暖通空调设计方案更加科学，提升暖通空调施工人员的工作效率。由于暖通空调内部运行结构比较复杂，通过科学运用 BIM 技术，能够帮助暖通空调施工人员进一步了解空调内部结构，保证空调中的各项管线安全运行，有利于提升暖通空调的施工质量。根据相关研究表明，在暖通空调施工过程中，运用先进的 BIM 技术，能够保证施工过程中的各项问题得到有效解决。

暖通空调施工人员在运用 BIM 技术的过程中，需要明确暖通空调内部线路的运行特点，并结合暖通空调施工现场情况，不断改进原有的线路运行方案，保证暖通空调中的各条线路更加安全地运行。由于暖通空调的运行速率比较大，施工人员要结合 BIM 模型的运行特点，合理调整暖通空调运行速率，保证暖通空调更加安全、稳定地 运行。在暖通空调施工过程当中，通过合理运用 BIM 技术，能够为施工人员提供更加完善的施工方案，有效提升暖通空调的运行质量[1]。

2　BIM 暖通空调模型特点

2.1　管线分布合理

由于暖通空调内部的运行管线数量比较繁多，在一定程度上增加了暖通空调的施工难度，影响暖通空调施工质量。为了保证暖通空调内部设备与管线的稳定运行，设计人员可以利用 BIM 技术，构建更加合理的 BIM 暖通空调模型，降低暖通空调施工难度，保证暖通空调内部系统结构更加完整。

2.2　实现动态控制

BIM 暖通空调模型能够有效实现动态控制，由于暖通空调内部各个区域管线的运行速度不同，相关工作人员可以构建更加先进的 BIM 暖通空调的模型，保证暖通空调内部区域管线得到更加科学的分布，让施工人员能够更加全面细致的了解暖通空调管线的运行状态，并进行科学的调整，保证暖通空调施工质量。另外，BIM 暖通空调模型具有良好的调节作用，保证暖通空调各项运行参数更加准确，帮助暖通空调设计与施工人员进一步了解空调内部管线运行特点[2]。

2.3　系统检测方便

对于暖通空调施工人员来说，施工完毕后，需要进行科学检测，并结合 BIM 暖通空调模型的运行现状，在指定位置设置基准点，进一步提升暖通空调的施工质量。在检测暖通空调的过程中，通过合理运用 BIM 技术，能够帮助检测人员全方面了解暖通空调内部结构特点，针对运行速度比较慢的暖通空调，要找到问题原因，并结合暖通空调内部线路运行情况，采取相应的调整方案，为暖通空调提供一个稳定的运行环境[3]。

3　BIM 技术在暖通空调施工中的具体应用

3.1　准备阶段

在暖通空调施工准备阶段，相关工作人员要科学选择软件，常用的软件主要分为两种，分别是 MagiCAD 与 RevitMEP，由于暖通空调中的运行管线数量比较多，设计人员要结合暖通空调的运行特点，选择相应的设计软件。例如，在布置暖通空调内部管线的过程当中，工作人员可以运用 MagiCAD 软件，绘制暖通空调运行路线，并结合暖通空调中各个区域管线的运行速度，进行有效的调整，从而保证暖通空调的整体施工质量。

除此之外，暖通空调工程中的相关工作人员还要做好材料采购工作，保证暖通空调管线的运行质量，构建更加合理的 BIM 暖通空调模型。了解暖通空调设计方案中的内容，保证暖通空调管线的稳定运行。在一些大型暖通空调工程中，由于施工规模比较大，如果施工材料不过关，很容易影响暖通空调的整体运行效率，因此，暖通空调材料采购人员需要做好材料采购工作，保证暖通空调的总体运行质量[4]。

3.2　施工阶段

在暖通空调施工阶段，相关工作人员人员可以运用先进的 BIM 技术进行施工，主要分为以下几个环节：模型构建、风管系统模型构建、水系统模型构建、检查等。在构建暖通空调模型的过程中，工作人员需要提前进行暖通系统分析，保证暖通空调设计方案得到有效优化。由于暖通空调的运行具有一定的特殊性，运行需要一定的能源，如果施工不合理、不科学会增加能源的损耗，相关工作人员可以利用暖通空调内部系统的负载值计算，并进行科学评估，并制定冷负荷报告与热负荷报告，从根本上保证暖通空调模型得到有效构建。

在构建风管系统模型的过程当中，相关工作人员需要提前构建 HAVC 系统库，保证暖通空调中的风管运行速率在规定范围之内，由于暖通空调中的风管数量比较多，在布置风管的过程当中，工作人员可以运用先进的 BIM 技术，构建 BIM 暖通空调模型，保证暖通空调中的风管得到有效控制。为了保证暖通空调中的风管系统更加安全的运行，工作人员还要准确计算管道的压损率，如果风管的压损率比较大，则需要重新构建 BIM 模型。由于暖通空调中的风管直径比较大，会占据一定的空间，为了保证风管的施工质量，相关工作人员要结合风管的直径，构建合理的 BIM 暖通空调模型[5]。

另外，在构建暖通空调内部水系统的过程当中，相关工作人员要结合冷负荷报告与热负荷报告，构建更加科学的三维模型，保证暖通空调内部的热水网管与冷水网管的稳定运行，提高暖通空调内部网管的运行质量。在城市建设工程当中，由于水管道的长度比较大，在一定程度上增加了暖通空调水系统建模难度，为了防止暖通空调中的水系统稳定运行，工作人员要做好水系统防交叉工作，合理确定水系统的安装位置，减少水管之间的交叉。

3.3 竣工阶段

在暖通空调竣工验收阶段，相关工作人员要做好各个管道的复核工作，防止暖通空调内部运行管道出现碰撞，有效提升暖通空调内部管道的运行质量。例如，在对暖通空调内部管道进行校核时，工作人员要提前进行空间检测，有效提升暖通空调内部管线的运行质量，保证管道校核数据更加精确。在绘制 BIM 综合图的过程当中，工作人员需要结合暖通空调内部管线的运行情况，进行科学绘制，有效保证暖通空调的施工质量[6]。

为了更好的提升暖通空调内部管线的运行速率，相关工作人员还要将各项数据进行科学汇总，真正实现数据共享。通过构建合理的 BIM 暖通空调模型，能够帮助暖通空调安装人员进一步了解空调内部水系统的运行情况，有效降低暖通空调的能源损耗。对于暖通空调施工人员来说，要结合 BIM 暖通空调模型的运行情况，合理调整暖通空调的运行速率，如果暖通空调的运行速率过慢，会增加能源的损耗，如果暖通空调的运行速率过快，则会影响内部管线的运行质量。

4 结束语

总的来说，通过详细介绍 BIM 技术在暖通空调施工中应用要点，能够不断提升暖通空调的运行质量与效率。暖通空调施工人员在实际工作当中，要结合 BIM 暖通模型的运行情况，合理调整暖通空调的运行速度，从而保证 BIM 技术在暖通空调施工中得到更好的应用。

参考文献

[1] 徐仙德. BIM 技术在暖通空调设计中的应用初探 [J]. 建材与装饰，2017，（13）：94-95.
[2] 骆俊丽. BIM 技术在暖通空调设计中的运用与相关问题阐述 [J]. 四川建材，2016，（07）：197-198.
[3] 李国帅. 暖通空调设计中 BIM 技术的应用探讨 [J]. 住宅与房地产，2016，（21）：157.
[4] 张大镇. BIM 技术在暖通空调设计应用中的现状分析 [J]. 发电与空调，2016，（02）：62-65.
[5] 陈歆儒，胡安军，熊威，张俊成. 关于暖通空调施工中 BIM 技术的应用 [J]. 山西建筑，2015，（11）：127-128.
[6] 董大纲，蔡悠笛，张杰，李德英. BIM 技术在暖通空调设计中的应用初探 [J]. 暖通空调，2016，（12）：105-109.

武汉市某码头阀室平台钢抱箍承力支撑施工技术

余喜兵　段　锐　王　杰

湖南天鹰建设有限公司，常德，415000

摘　要：本文介绍了武汉市某码头阀室平台利用钢抱箍作为其底模板的承力支撑。施工时正值长江丰水期，平台下方地面已被江水淹没，故常规满堂支架已不可行。拆除底模支撑系统时，在阀室平台上部的两端各安置一个手拉葫芦卸落底模。此技术简单可行且拆除方便，大大降低了施工成本，加快了施工进度。

关键词：钢抱箍；承力支撑；手拉葫芦

1　工程概况

武汉市某码头主体工程位于长江中游，阳逻水道与牧鹅洲水道交接处右岸一侧的白浒山港区，武汉阳逻大桥下游 6.5km 处，地理位置为东经 114°30′，北纬 30°35′，距离核心厂区约 10km。

本工程阀室平台下面 ϕ1000mm 立柱共 12 根，4 个排架，每排 3 根。阀室平台为高桩墩式结构，上部结构均为现浇钢筋混凝土实体柱，基础采用 12 根 ϕ1000mm 钻孔灌注桩；阀室平台的尺寸为 20m×15m×2m。

阀室平台施工时正值长江丰水期，平台下方地面已被江水淹没。

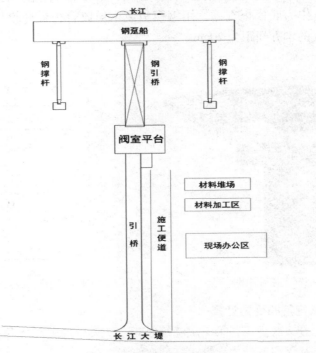

图 1　总平面布置简图

2 承力支撑方案的选择

项目部针对此阶段情况，初步选用了 3 种方案进行了比较。

2.1 满堂支架法

该方法在工程建设中被广泛采用，脚手架的搬运和搭拆、砂袋预压、模板支立等工序均可采用人工完成，不需要大型起重设备。但是支架搭设及预压周期较长，支架的不均匀沉降影响平台底部线形，不利于提高工程进度和质量；并且对地基承载力要求较高。

2.2 立柱穿孔式支架法

此方法是在立柱的合适位置预留孔洞，待混凝土强度达到 70% 后穿入型钢作为支撑点，在其上安装工字钢托梁，其上摆放方木形成底模平台。该方法克服了支架法对桥下软弱地基的不适应性，且不需要进行堆载预压，加快了施工进度。但是平台施工完成后需要对立柱预留孔洞进行修补，影响立柱外观。

2.3 钢抱箍法

此方法不受地基条件的影响，施工工序较为简单；抱箍、型钢等材料可以循环利用，节约成本；不需砂筒等落架设备，平台施工完后，松动抱箍螺栓将抱箍下落 10 ～ 20cm，即可拆除模板；不受墩柱高度的影响；能保证立柱的外观质量。

以上 3 种方案，经过综合比较与论证，最终确定采用钢抱箍法作为阀室平台的底部承力支撑的方案。

3 钢抱箍方案的设计

3.1 钢抱箍的平面布置

用 10cm×10cm 方木夹桩作为夹桩抱箍的支撑，在抱箍牛腿上每边摆放 1 根 I36a 的工字钢作为主梁，然后在主梁上与其垂直的方向铺设［20a 槽钢作为次梁，次梁上方再铺设 10cm×10cm 的木方作为底模板支撑，用钢模板或木质胶合板做底模板。［20a 槽钢间距为 60cm，10cm×10cm 的木方间距为 20cm。

图 2　钢抱箍支撑效果图

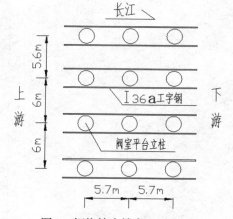

图 3　钢抱箍支撑布置平面图

3.2 主梁、次梁及钢抱箍的受力计算

阀室平台混凝土分 2 次浇筑，第 1 次浇筑 0.5m，7 天后再进行余下 1.5m 浇筑；所以主梁、次梁及钢抱箍受力计算时高度取值为 0.5m。

（1）主梁的计算

I36a 的工字钢相关参数：W_X=875cm³，A=76.3cm²，I_x=15760cm⁴，

荷载：

$$q=B \times H \times \gamma=6 \times 0.5 \times 24=72（kN/m）$$

最大弯矩：

$$M_{max}=rql^2/8=1.2 \times 72 \times 5.7^2/8=350.89（kN \cdot m）$$

最大剪力：

$$Q_{max}=rql/2=1.2 \times 72 \times 5.7/2=246.24（kN）$$

其中：r——可变荷载的分项系数，取 1.2。

应力验算：

$$\sigma=M_{max}/W_x=350.89/（875 \times 2）=200.5<[\sigma]=215（MPa）$$

抗剪验算：

$$\tau=Q_{max}/A=246.24/（76.3 \times 2）=16.14<[\tau]=125（MPa）$$

挠度验算：

$$f=5ql^4/384EI=5 \times 72 \times 5.7^4/（384 \times 2.1 \times 10^5 \times 15760 \times 2）=1.5（cm）$$
$$<L/250=2.28（cm）$$

通过验算主梁受力满足要求。

（2）次梁的计算

[20a 的槽钢相关参数：W_X=178cm³，A=28.8cm³，I_x=1780.4cm⁴，

荷载：

$$q=B \times H \times \gamma=1 \times 0.5 \times 24=12（kN/m）$$

最大弯矩：

$$M_{max}=rql^2/8=1.2 \times 12 \times 5^2/8=45（kN \cdot m）$$

最大剪力：

$$Q_{max}=rql/2=1.2 \times 12 \times 5/2=36（kN）$$

每米铺设 1.67 根 [20a 的槽钢，即间距为 60cm。

应力验算：

$$\sigma=M_{max}/W_x=45/（178 \times 1.67）=151.39<[\sigma]=215（MPa）$$

抗剪验算：

$$\tau=Q_{max}/A=36/（28.8 \times 1.67）=7.48<[\tau]=125（MPa）$$

挠度验算：

$$f=5ql^4/384EI=5 \times 12 \times 5^4/（384 \times 2.1 \times 10^5 \times 1780.4 \times 1.67）=1.56（cm）$$
$$<L/250=2（cm）$$

通过验算次梁受力满足要求。

（3）钢抱箍的计算

钢抱箍承重荷载为 G，安装时螺栓的紧固力为 W，则有 $G=W \times \mu$：

式中，μ——摩擦系数，0.3 ～ 0.35，取 0.3。

$$G=6 \times 5.7 \times 0.5 \times 24=410.4（kN）$$
$$W=G/\mu=410/0.3=1368（kN）$$

钢抱箍对墩柱混凝土的压力：

$$\sigma_a = 1.25W/A = 1.36 < 0.7[\sigma] = 14.1（MPa）$$

式中，$[\sigma]$——混凝土轴心抗压强度，C30 混凝土取 20.1（MPa）；

A——接触面积，钢抱箍高度为 40cm，立柱直径 1m，故 $A = 3.14 \times 1 \times 0.4 = 1.256m^2$。

螺栓拉力和数量：

使用 8.8 级高强螺栓，螺栓直径为 24mm，

螺栓设计拉力 $N_f = A_e \times f_{bt} \times n$

式中，A_e——螺栓有效面积；

f_{bt}——8.8 级高强螺栓抗拉强度容许值，为 640MPa；

$A_e \times f_{bt}$——高强螺栓的预拉力值，按《简明施工计算手册》查得 8.8 级直径为 24mm 的高强螺栓的设计预拉应力值为 155kN。

则需要螺栓数量：

$$n = kW/（A_e \cdot f_{bt}）= 2.0 \times 1368/155 = 17.65 \approx 18$$

式中，k——安全系数，$1.75 \sim 2.0$，取 2.0。

通过计算，每个钢抱箍至少要上 18 个高强螺栓，施工现场的钢抱箍每个可上 24 个螺栓，为了安全起见，施工时将钢抱箍的螺栓全部上满。

3.3 临时栈桥的搭设

平台施工前从江边的地面处搭设一道栈桥至阀室平台上方作为临时施工便道，作为人员行走和材料运输的通道，便道宽 2m，采用轮扣式满堂支架。栈桥搭设前进行地基处理，铺一层砖渣提高地面的抗压强度，再铺矿渣整平夯实，然后摆放 5cm × 20cm 的木板分散地基应力；支架布置间距为 90cm × 90cm，横杆垂直方向间距为 1.2m，并设置扫地杆和纵、横向剪刀撑，增强支架的稳定性；支架搭设完成后在上方满铺木板，并将其与支架用铁丝绑扎牢固；栈桥两侧设置栏杆和安全网。

3.4 底模拆除

如图 4 及图 5 所示，拆除底模支撑系统时，在阀室平台上部的两端各安置一个手拉葫芦，手拉葫芦的顶端挂在预埋的 Φ25 的钢筋上，底部各吊一根 [25 的槽钢，槽钢与主梁 I36a 的工字钢垂直，将两根主梁托起。然后慢慢地逐个松动抱箍的高强螺栓，使抱箍下降一定的高度，为拆除工字钢和木方留出空间，再将高强螺栓紧固至一定的程度，保证抱箍至少能承受工字钢和木方的自重。最后将底模、木方、槽钢和工字钢依次取出。

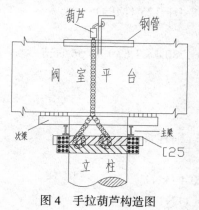

图 4　手拉葫芦构造图　　　　　　　　　图 5　手拉葫芦布置图

4 结论

钢抱箍法在目前工程建设中较为普遍，能做到位置准确，安拆方便，机动灵活的特点，节约了大量人力、材料。落地支架需 5 天完成的任务，用此法 3 个小时即完成，大大缩短了工期；并且施工中没有出现混凝土浇注振捣所引起的卡箍下移、拖架弯曲变形，解决了落地支架在施工中因自重变化地基沉陷、底板变形问题；与立柱穿孔式盖梁支架相比，减少了立柱混凝土局部损坏，立柱主筋的错位弯曲。

参考文献

［1］ 龙驭球，包世华. 结构力学（Ⅰ）. 北京：高等教育出版社，2006.

［2］ 刘鸿文主编. 材料力学（Ⅰ）(第五版). 北京：高等教育出版社，2014.

［3］ 董中亚，刘艳深，郭雪. 钢抱箍结构的力学分析与计算［J］. 水运工程，2010，06：19-26.

浅谈铝合金窗凹槽嵌樘防渗漏施工技术

张　永

湖南省第五工程有限公司，株洲，420000

摘　要：伴随着我国城市化的高速发展，框架结构与填充墙围护结构的高层建筑不断涌现，而建筑外墙铝合金窗窗框周边渗漏现场比较显著，为了解决这个渗漏疑难问题，若在安装铝合金窗窗框前，窗洞口内抹灰先预留第一次凹槽用于安装铝合金窗框；通过第一次凹槽直接用固定片和射钉准确地将窗框安装在主体结构预埋混凝土件上，窗框四周与主体结构之间的缝隙采用聚氨酯泡沫剂填充饱满；再对固定片进行防腐后，第一次凹槽剩余部分采用防水砂浆填充，使窗框嵌入抹灰层以下形成嵌樘；防水砂浆填充时应在窗框边预留第二个凹槽，目的是将硅酮耐候密封胶嵌填在凹槽中，使窗框与主体结构形成弹性密封连接，再在窗洞内外200mm范围刷两遍防水涂料，再第一次填充硅酮密封胶，外墙涂料完成后，再用硅酮耐候密封胶第二次填充封口收边。从而通过凹槽与嵌樘相结合的方式达到建筑外墙铝合金窗窗框周边防渗漏的效果，运用前景广阔。

关键词：铝合金窗；凹槽；嵌樘；防渗漏；硅酮耐候密封胶

伴随着我国城市化的高速发展，一栋栋高楼大厦像雨后春笋一样屹立于城市中心，给城市生活增添了不少繁荣景象。众所周知，窗户是人们居住房屋的必不可少的建筑构件，是建筑房屋室内与室外进行气流交换的通道，是人们享受日照阳光和紫外线沐浴的窗口，所以窗户对人们的生活非常重要，铝合金窗户被广泛应用于工业与民用建筑中，但铝合金窗窗框周边渗水现象十分普遍，对居民正常生活影响很大，按照铝合金窗常规安装方法，安装时间是在窗洞口一次性粉刷完后，窗框固定件透过抹灰层固定在砌体预埋混凝土件上，位置不能十分精准，抹灰层与窗框的间隙采用聚氨酯泡沫剂填充，再用硅酮耐候密封胶打在窗框与窗洞装饰面层表面。这种方法窗框周边易分离开裂产生渗漏，导致房屋内墙体潮湿发霉、家具腐烂等问题，有的甚至严重影响房屋使用。一旦出现渗漏，常规的处理办法是直接在外墙面上刷防水透明液，高空作业不仅安全系数低、维修费用高、防治效果差、而且影响建筑美观。针对以上问题，经过实践证明可以采用"建筑外墙铝合金窗凹槽嵌樘防渗漏施工技术"解决。该技术原理是通过窗洞口四周抹灰层预留两次凹槽、窗框嵌樘相结合以及采用多道防水的方式达到防渗漏的目的。

1　技术工艺原理及特点

在安装铝合金窗窗框前，窗洞口内抹灰先预留第一次凹槽用于安装铝合金窗框（第一次凹槽宽度为窗框厚度两侧各加宽30mm，凹槽深度为粉刷层的厚度，但窗顶室内抹灰层暂不粉刷）；通过第一次凹槽直接用固定片和射钉准确地将窗框安装在主体结构预埋混凝土件上，窗框四周与主体结构之间的缝隙采用聚氨酯泡沫剂填充饱满；再对固定片进行防腐后，第一次凹槽剩余部分采用防水砂浆填充，填充厚度应高于窗框底边5mm，使窗框嵌入抹灰层以下形成嵌樘；防水砂浆填充时应在窗框边预留第二个凹槽（第二个凹槽宽度为5mm，凹槽深度为防水砂浆层的厚度），目的是将硅酮耐候密封胶嵌填在凹槽中，使窗框与主体结构形成弹性密封连接，再在窗洞内外 200mm 范围刷两遍防水涂料，再第一次填充硅酮密封胶，外墙涂料完成后，再用第二次硅酮耐候密封胶填充封口收边。然后进行窗户性能检测和经质量验收合格后投入使用。

预留第一次凹槽有利于窗框固定片准确地安装在主体结构预埋混凝土构件上，提高了窗框稳定性；不需要等待窗洞内全部粉刷完，窗框安装可提前加工制作，外墙抹灰与窗框安装作业可以搭接施工，加快外墙装饰施工进度；通过预留两次凹槽的方式与多道防水相结合，使铝合金窗与主体结构之间形成弹性密封连接防止雨水渗漏，大大提高铝合金窗抗变形能力和耐久性的特点。

2 工艺流程和操作要点

2.1 施工工艺流程

窗洞口预留预埋施工→窗洞放线抹灰、预留第一次凹槽→窗框安装→窗框缝隙填充→第一次凹槽填充、预留第二次凹槽→窗框外侧刷防水涂料→密封胶嵌填凹槽→装饰面层、密封收边→试验和验收。

2.2 施工操作要点

2.2.1 窗洞口预留预埋施工

严格按建筑设计图纸进行主体结构施工，砌体结构施工时按照设计要求预留窗洞口尺寸每个方向扩大 20mm，确保粉刷完窗洞口的尺寸，并根据固定片间距设计要求预埋混凝土构件及预埋窗框等电位接地线，窗台压顶按照规范设计要求进行现浇，并且深入墙内 400mm，并且内高外低，做成 10% 的排水坡度；主体结构完成后，经监理、设计、建设等单位验收合格后进入装饰装修工程。如图 1 所示。

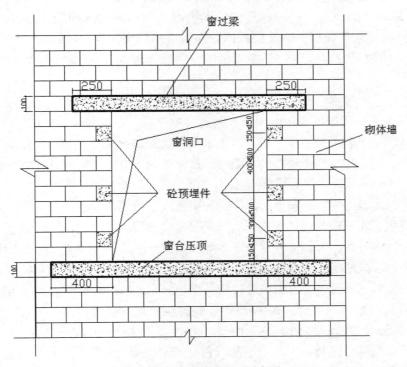

图 1 窗洞口预留预埋示意图

2.2.2　窗框放线抹灰、预留第一次凹槽

内外墙抹灰施工前，首先在外立面测量放线，并在窗台内引水平方向 50mm 标高控制线，窗外两侧按设计尺寸安装钢丝线，作为窗洞口定位垂直方向控制线，铝合金窗根据控制线进行测量窗户尺寸，形成下料单，再报厂家进行加工制作，分批次运至施工现场，经监理单位或建设单位验收合格后进行安装。按居中安装和铝合金窗窗框宽度的设计要求，内外墙抹灰同时进行，在窗洞内抹灰时预留第一次凹槽用于安装窗框，凹槽宽度等于 120mm(30+窗框宽 60+30=120)、凹槽深度为 20mm（抹灰层厚度）。为了保证凹槽位置的准确性，抹灰时应严格按照控制线测量定位，抹灰时采用杉木条和水平尺控制凹槽的垂直度和平直度，确保第一次凹槽按要求预留到位。

2.2.3　窗框安装

窗框运到施工现场后，经检查验收合格后，按照窗洞口四周的控制线，将固定片用射钉对准主体结构的预埋混凝土件把窗框固定在凹槽内，然后再用水平尺检查窗框的垂直度和水平度确保窗框安装质量，再将等电位线连接到主体结构的等电位体上，完成窗框安装。

2.2.4　窗框缝隙填充

窗框安装完成后，在窗框与主体结构之间的间隙用木条夹住采用聚氨酯泡沫剂进行多次填充，直到填充饱满为止，等聚氨酯泡沫剂干燥硬化后，再将窗框边外露的的多余聚氨酯泡沫剂用刀片切割掉，即完成窗框缝隙填充。

2.2.5　第一个凹槽填充，预留第二个凹槽

窗框间隙填充后，先将固定片进行防腐处理；窗框两侧第一次凹槽剩余部分，采用内掺防水剂的水泥砂浆填充，表面应平整、密实和无裂缝，窗框外侧填充时使窗框嵌入抹灰层表面以下 5mm，形成窗框嵌樘；且在窗框边四周预留第二次凹槽是通过泡沫胶带贴在窗框四周，防水砂浆硬化后，泡沫胶带拆除即形成第二次凹槽，目的用于填充硅酮耐候密封胶，第二个凹槽尺寸应规则、干净无污染，凹槽宽度为 5mm，凹槽深度为防水砂浆层厚度。

2.2.6　窗框外边涂膜防水涂料

窗框内外第二次凹槽内采用硅酮耐候密封胶填充后，在窗洞内侧及窗洞口外 200mm 范围的区域内抹灰层上，进行防水处理，首先采用基层处理剂处理一遍，主要是为了堵塞抹灰层内毛细孔隙，再采用水性渗透型防水涂料，从纵横两个方向涂刷两遍形成不透水膜。实现多道防水，防止雨水渗漏。

2.2.7 窗外完成涂膜防水后，窗框的保护膜和第二次凹槽填充泡沫胶带清理彻底，再用硅酮耐候密封胶嵌填，使窗框与周边形成密封处理和弹性连接。然后对窗外侧进行淋水试验，有渗漏处须进行防渗处理，直到无渗漏为止，淋水试验合格后，方可进入后续工作。

2.2.8 装饰面层、硅酮耐候密封胶收边，淋水试验合格，确定窗户无渗漏后，窗洞内进入面层施工，外墙涂料施工时，应对窗框进行成品保护，完成后再对窗框边外侧角进行第二次硅酮耐候密封胶封口形成圆弧边；（涂料面层硅酮耐候密封胶收边示意见图 2）外墙面砖施工时，窗顶应做成宽度和高度为 10mm×10mm 滴水线，窗框与外墙面砖粘贴时，应采用五厘板隔开，面砖粘贴完应进行第二次硅酮耐候密封胶封口形成圆弧边，最后对瓷砖进行勾缝、清洗；安装窗扇等。即完成铝合金窗凹槽嵌樘防漏水全部作业施工工序。

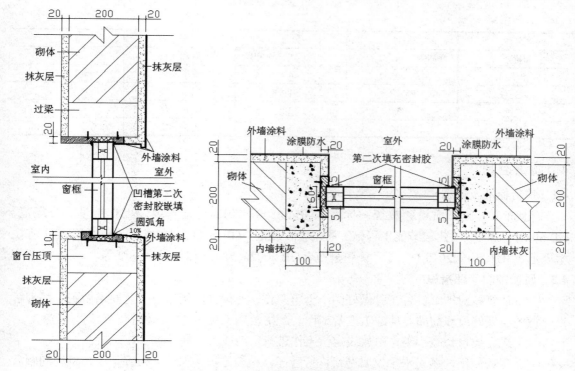

图2　涂料面层硅酮耐候密封胶收边示意图

2.2.9　试验和验收

窗户安装完后，应进行抗风压性、水密性和气密性检测，再进行质量验收，合格后方可投入使用。

3　材料与机具

（1）铝合金门窗的规格、型号应符合设计要求，五金配件配备齐全，并具有出厂合格证、材质检验报告书并加盖厂家印章。进入现场须经监理或建设单位见证取样，并送检测机构检测，验收合格后方可投入使用。

（2）防腐材料、填缝材料、密封材料、防锈漆、水泥、砂、固定片等应符合设计要求和有关标准的规定。

（3）进场前应对铝合金门窗进行验收检查，不合格者不准进场。运到现场的铝合金门窗应分型号、规格堆放整齐，并存放于仓库内。搬运时轻拿轻放，严禁扔摔。

（3）窗框涂膜防水采用耐候性能优良的水泥聚合物防水涂料。

（5）外墙铝合金窗制作安装的主要检测设备和安装机具，进场必须标定验收合格方可使用，严格进行管理、检校维护、保养并做好记录，发现问题后立即将仪器设备进行检修，主要设备机具见下表1：

表1　设备和仪器清单

名称	型号	数量	用途	精度
激光水平仪	LS632	2	水平、垂直定位	±0.5mm/5m
水准仪	S3E	1	标高测量	0.3mm
钢卷尺	50m	2	距离测量	3mm

名称	型号	数量	用途	精度
钢卷尺	5m	5	距离测量	1mm
水平尺	DL700300	4	窗框安装	± 0.75mm
风速仪	FYF-1	1	窗框安装	
线锤	500g	2	测量定位	
射钉枪	CN70	2	窗框固定	

4 质量控制

4.1 执行标准及依据

《建筑工程施工质量验收统一标准》GB 50300—2013、《建筑装修工程质量验收规范》GB 50210—2014、《建筑节能工程施工质量验收规范》GB 50411—2014、《铝合金门窗工程技术规范》(JGJ 214—2010)、《工程测量规范》GB 50026—2016 以及设计图纸等。

4.2 质量控制管理措施

（1）认真核对图纸、各工种做好图纸会审工作，对设计图纸以及工艺要求做到全面理解设计意图；做好放线前的各项施工准备工作，严格按施工程序施工，做到先策划，后施工。

（2）成立质量检查小组，对放线定位工作进行定期或不定期检查工作。

（3）现场使用的激光水平仪要严格进行管理、检校维护、保养并做好记录，发现问题后立即将仪器设备送检。

（4）各种材料必须按品种、规格、批量、进场日期、检验报告、使用部位及数量进行登记。

4.3 质量控制技术措施

（1）定位放线：由专业测量员、施工员与各班组等有关人员一道进行，在施工场地不受影响的位置设置纵横向控制线及高程控制点，经校对无误后，长期保护，作为基准点使用。以基准点为基础，依据设计图纸，用激光水平仪、线锤、钢卷尺和水准仪进行测量定位，反复复核，使位置偏差控制在允许范围内。

（2）外围护结构应严格控制门窗预留洞口，外围护填充墙门窗洞口应留置砌筑混凝土实心砖，设计时应明确门窗与墙体之间采用嵌缝材料及密封要求。窗下口应做混凝土压顶100厚，窗台应做 10% 排水坡度。

（3）外墙面找平层至少要求两遍成活，并且喷水雾养护不少于 3d，3d 之后再检查找平层抹灰质量，在粘贴外墙砖之前，先将基层空鼓、裂缝处理好，确保找平层的施工质量。

（4）预留第一次凹槽质量控制标准满足以下要求见表2：

表 2　预留第一次凹槽尺寸允许偏差

序号	项目	允许偏差（mm）	检验方法
1	凹槽宽度	10	用垂直检测尺检查
2	凹槽直线度	5	用 1m 水平尺和塞尺检查
3	凹槽轴线	5	5m 钢卷尺
4	凹槽表面平整度	3	用 1m 水平尺和塞尺检查

（5）外墙砖接缝宽度不应小于 5mm，不得采用密缝粘贴。缝深不宜大于 3mm，也可采用平缝。外墙砖勾缝应饱满、密实、无裂缝，选用具有抗渗性能和收缩率小的勾缝剂或用低碱水泥掺细砂来勾缝。

（6）外窗制作前必须对洞口尺寸逐一校核，保证门窗框与墙体间隙准确；组合外窗的拼樘料应采用套插或搭接连接，并应深入上下基层不应少于 5mm。拼接时应带胶拼接，外缝采用酮密封胶密封。

（7）外窗固定安装：窗下框应采用固定片法安装固定，使用射钉枪固定安装在混凝土构件上，严禁直接固定在砖墙上，表面应刷防锈漆，确保固定片被装饰抹灰层覆盖保护。严禁用长脚膨胀螺栓穿透型材固定门窗框。固定片宜为镀锌铁片，镀锌铁片厚度不小于 1.5mm；固定点间距：转角处 180mm，框边处不大于 300mm。窗侧面及顶面打孔后工艺孔冒安装前应用密封胶封严。

（8）窗框与墙体间隙采用单组分、湿气固化聚氨酯泡沫填缝剂具有弹性密封剂。具有粘结、防水、耐热胀冷缩、隔热、隔音甚至阻燃等优良性能。在正常使用条件下，其服务寿命不低于 10 年，在 –10 ～ 80℃的温度范围内固化泡沫体均应保持良好的弹性和粘结力。

（9）防水砂浆填充第一次凹槽时必须清理凹槽内的杂物，并在窗框用 5mm 厚泡沫胶带隔开，泡沫胶带应高于窗框边 5mm，防水砂浆填充时才能保证高于窗框 5mm；形成第二次凹槽允许偏差如下表 3：

表 3　预留第二次凹槽尺寸允许偏差

序号	项目	允许偏差（mm）	检验方法
1	第二次凹槽宽度	3	用垂直检测尺检查
2	第二次凹槽直线度	2	用 1m 水平尺和塞尺检查
3	第二次凹槽深度	2	5m 钢卷尺和塞尺检查
4	第二次凹槽表面平整度	2	用 1m 水平尺和塞尺检查

（10）凹槽内采用硅酮结构耐候密封胶应具有良好的粘性，一定弹性模量，适当的位移能力，耐久性和建筑物外观的保护功能。填充凹槽时应清理凹槽的杂物、油脂，窗框保护膜必须彻底清楚干净，这直接关系到铝合金窗是否出现漏水问题，必须严格控制。

（11）淋水试验：目前，国内对外墙窗淋水检验的有关参数没有规定，根据一些参考资料，淋水检验时水压不低于 0.3MPa；喷头与窗的距离不大于 150mm，连续淋水时间每扇窗不少于 30 分钟。持续淋水检验时应在屋面最顶层安装淋水管网，使水自顶层顺墙往下流，淋水时间不少于 2 小时；淋水可采取东西山墙必检、其余外墙面采取抽检，抽样检验数量不少于外墙面面积的 10%。

（12）铝合金窗表面应洁净、平整、光滑、色泽一致，无锈蚀。大面应无划痕、碰伤。漆膜或保护层应连接铝合金窗扇的橡胶密封压条应安装完好，不得脱槽。有排水孔的金属门窗，排水孔应畅通，位置和数量应符合规范要求。

（13）铝合金窗安装质量验收应符合国家标准《建筑工程施工质量验收统一标准》（GB 50300）和《建筑装饰装修工程质量验收规范》（GB 50210）及《建筑节能工程施工质量验收规范》（GB 50411）。铝合金窗安装质量允许偏差和检验方法见下表 4：

表4　铝合金门窗安装的允许偏差和检验方法

项次	项目		允许偏差（mm）	检验方法
1	门窗槽口宽度、高度	≤1500mm	1.5	用钢尺检查
		>1500mm	2	
2	门窗槽口对角线长度差	≤2000mm	3	用钢尺检查
		>2000mm	4	
3	门窗框的正、侧面垂直度		2.5	用垂直检测尺检查
4	门窗横框的水平度		2	用1m水平尺和塞尺检查
5	门窗横框标高		5	用钢尺检查
6	门窗竖向偏离中心		5	用钢尺检查
7	双层门窗内外框间距		4	用钢尺检查
8	推拉门窗扇与框搭接量		1.5	用钢直尺检查

5　安全措施

5.1　执行标准

《建筑施工安全检查标准》JGJ 59—2011、《建筑机械使用安全技术规程》JGJ 33—2012、《施工现场临时用电安全技术规范》JGJ 46—2005、《建筑施工高处作业安全技术规范》JGJ 80—2016和有关地方标准。

5.2　安全措施

（1）各工种上岗前应进行安全技术交底，严格遵守安全操作规程，并持证上岗，佩戴好劳动保护用品。

（2）严格按照施工操作要点作业，按质量措施进行控制，防止各类事故的发生。

（3）六级以上大风、大雨、大雪等恶劣天气，禁止作业。

（4）高空作业过程中，应遵守操作规程，严防机械伤害。

（5）操作工人必须佩戴口罩，避免清理基层扬尘危害。

（6）在施工现场设置警戒线，并有专人看护，在主要通道及入口处要有醒目的警示标语。

（7）对用电设备，采用专箱专锁，设漏电保护，以防触电。

6　环保措施

（1）执行《建筑施工现场环境与卫生标准》JGJ 146—2013。

（2）实行环保目标责任制：把环保指标以责任书的形式层层分解到有关班组和个人，建立环保自我监控体系。

（3）在施工现场组织施工过程中，严格执行国家、地区、行业和企业有关环保的法律法规和规章制度。

（4）各种施工材料、机具要分类有序堆放整齐，余料注意定期回收，废料和包装带及时清理，定点设垃圾箱，保持施工现场的清洁。

（5）采取有效措施控制人为噪声、粉尘的污染，并同当地环保部门加强联系。

7 结语

该建筑外墙铝合金窗凹槽嵌樘防渗漏施工技术特别适用于建筑外墙铝合金窗防渗漏处理。我公司通过在长沙市芙蓉生态新城二号安置小区和三号安置小区等项目使用该施工技术，铝合金窗没有渗漏现象，赢得了广大业主的高度赞誉。取得了良好的社会效益。该施工工序简便易操作，投入成本较低，可节约大量维修材料和维修人工费用，根据工程规模大小和外窗漏水的严重程度，所获取的经济效益不可估量。不改变原有窗户设计内部结构，通过窗户与主体之间的弹性连接，注重每一道施工工序严格控制，施工安全风险小，安全生产效益高。铝合金窗安装所需施工设备简单，不需大型机械设备，投入人力物力较少仍然可以工厂集中加工制作不受影响，质量误差较小，安装成本几乎不增加。与外墙装饰，形成搭接流水施工，可加快外脚手架拆除进度。以较小的投入，能解决窗户渗漏疑难问题，避免了后期的返工时间和费用，节约大量的人力和材料成本。在施工过程中噪声低，无废弃物排放，对环境基本不造成影响。该项技术具有施工绿色环保、安全、快速、经济、可靠的优点，可在同类工程中推广应用。

参考文献

［1］ 方忠明，王红娟，杜国龙. 住宅工程铝合金窗防渗漏施工技术［J］. 浙江建筑，2015（9）：45-46.

［2］ 曾凡秋. 住宅工程铝合金窗防渗漏施工技术研究［J］. 价值工程，2016，35（17）：139-140.

［3］ 王龙. 浅谈铝合金门窗防渗漏施工技术［J］. 工程技术：引文版，016（1）：00076-00076.

［4］ 贺龙松. 住宅建筑带钢副框铝合金门窗防渗漏施工技术［J］. 施工技术，2007（s1）：324-325.

［5］ 周显和. 外塑钢门窗安装防渗漏施工技术研究［J］. 门窗，2017（6）：10-11.

工民建施工中墙体裂缝的分析与防治措施

龙　峰

湖南省第五工程有限公司，株洲，420000

摘　要：随着社会经济和科学技术的不断发展以及建筑施工使用质量的不断提升，对住房的各项功能和使用方法都提出较高要求，工业与民用建筑施工过程中有许多不可避免的问题发生，例如墙体裂缝问题等，若不及时解决，将会给建筑后期使用及整体施工质量带来不良影响。因此需要采用符合常理，且又有科学性的维修和改造结构，以及变牢固的方法来提升房屋持久性，解决墙体裂缝问题，延长房屋的使用期限。基于此，本文针对如何解决建筑施工过程中出现的墙体裂缝问题进行分析，并提出了相应的防治措施。

关键词：工业与民用建筑；墙体裂缝；防治措施

　　随着我国科学技术水平和经济建设力度的提升，国民生活质量不断提高，目前各城市中人口基数不断增加，对建筑房屋的要求也逐日增长，房屋建造过程中因为种种原因，导致房屋的建造时候的强度，持久性，刚强度等一些方面都不能实现预期标准，出现许多问题。例如房屋墙体裂缝问题。为解决此类问题继续发生，提高房屋建造使用质量，必须提出合理的解决措施，应用一些合理的，有科学依据的方法，使维修更牢固，来实现人们想要的房屋的持久性和更加安全性的理想，来满足人们对于房屋节能环保，合理使用，增强建筑结构使用期限。建筑提升质量的办法多种多样，本文结合多方面来对一些房屋结构改造、墙体裂缝防治等技术进行了分析总结。

1　导致房屋墙体裂缝出现的原因

1.1　技术水平低下

　　在我国历来的工民建筑施工过程中，总结了许多的房屋整体建设经验。但是由于我国建筑建设指标的使用时间跨度比较长，加之经济建设水平的不断提升，国民经济的快速发展导致房屋建筑工作难以满足日益增长的居民需要，因此不能及时进行信息技术等的更新。再加上，在我国社会近十年的快速发展的大背景下，城市现代化建设的脚步也日益加快，其中工民建建设的发展也迈向了一个新的台阶。因此，先前总结的经验在现代现代建设中的使用已然非常吃力。同时因为对房屋墙体勘测的相关仪器设备老旧以及其由于规范欠缺从而不能对工程质量进行控制，导致技术指标虽然处于合格状态，但其功能的使用却不能满足工程项目的建设要求，最终使得墙体施工后期及使用过程中出现裂缝。

1.2　材料品质不合格

　　在工民建的施工建设过程中，建筑施工材料的品质是与其施工质量息息相关的，因此材料的品质的好坏就成为了建筑房屋墙体是否产生裂缝的关键性因素。在选用材料时，选择频率较高的时收缩性较小的材料。同时也应注意建筑中使用的混凝土具有感湿性，这是检验材料性能的主要指标。而在对材料的品质进行检验时，应着重注意建筑用料的比例配制，比例过低或是过高都不利于提高墙体的坚实程度。

1.3　施工方式的选择

为了避免混凝土面出现裂缝的现象，在具体的工民建建设过程中必须对施工工艺和施工方式的操作过程进行严格的监管，以及对工艺的严格执行。工民建建设因其与其他类型的基础设施同步建设的特殊性，所以在大多数情况下会出现工期时间过紧，不能及时完成任务的情况，有的施工单位为了能过如期完成建设任务，甚至会选择将施工环节进行倒排，在以上几种情况的影响下，部分施工单位会选择将施工工序进行简化或者直接省略，这种做法将会对工民建建设的质量带来直接的影响。

1.4　温度变化

在墙体裂缝已经初级形成的情况下，由于天气状况的影响，一旦出现雨水天气，就会对墙体造成危害。部分雨水会渗透到裂缝中，导致材料与材料之间的黏着力下降，致使裂缝逐渐扩大导致网状裂缝的形成，如不及时处理，后期使用将会出现严重问题。

房屋墙体出现裂缝的问题几乎在每个地区都有发生，无论在哪一个地区，经有关资料调查研究发现，裂缝的形成都与墙体所受温度有关。由于天气以及气候条件的变化从而促进了裂缝现象的发生。墙体自身的抗压以及收缩都会受到不同程度条件的限制。在建筑工程的实际操作中，由于施工方式力度过大或是方法选取不得当，就会导致裂缝的产生。而当外界的温度环境发生变化时，墙体自身的性质就会随着温度的变化而产生变化，根据热胀冷缩原理，墙体内部与外部就会形成温差，从而导致裂缝的形成。

3　建筑墙体裂缝的处理及防治措施

3.1　材料的选取

首先是墙体施工材料的选取，在选取时应该确保其具有抗水冲刷性能好、受温差影响小、抗拉性能好等特点。施工材料是由多种材料配置而成，其中水泥、砂子、石灰等的用量比例是十分重要的，在选取合适的材料的同时，更应该注重材料的配置的例，才能达到预期的目标，增加墙体的使用年限及耐受程度。

3.2　加强施工设计，提高细节问题处理效率

为了降低工民建施工中墙体裂缝出现的概率，设计人员应结合工程的实际概况，从多个方面入手加强其施工设计，确保项目施工质量可靠性。具体表现在：（1）设计人员应结合工民建施工及行业技术规范要求，制定出科学的设计方案，给予工程施工科学指导；（2）强化设计人员责任意识，注重他们专业设计能力的针对性培养，促使工民建施工设计中存在的细节问题得以高效处理；（3）落实工民建施工设计工作时，设计人员应注重实地考察，确保测量结果准确性，加强现场测量问题处理，保持工民建良好的施工设计水平。

3.3　建设施工措施的加强

首先应该合理组织施工。在施工时应该尽可能做到质量控制，如果条件不允许，可以采用多台机器共同进行作业的施工形式，要在混合料温度适当的情况下进行墙面的涂抹。其次对施工进行严格的管理，将伸缩性材料进行填充，这么做是为了避免由于温度发生变化而引起后期裂缝的产生。同时，施工过程中，施工人员的专业性技术也是十分重要的，专业的团队，专业的操作也是降低混凝土面产生裂缝的重要措施。水利施工工程更应该注重人才的选拔和人才的培养，避免一些技术能力水平较差或责任心较差的施工人员进入到现场施工中来。

3.4 做好墙体裂缝的处理

首先是对于一些墙体内部基层完好，只有面层出现龟状的裂缝的部位进行处理。用切割机将出现裂缝的墙面进行割离（正方形的形式），利用小型机械将切割线以内的混凝土面层进行拆除，之后将表面仍然残留的碎渣清理干净，将新的混合材料涂抹在裂缝处。其次科学地使用建筑施工材料也是处理裂缝的一种方式。水泥的强度应尽量同混合材料的强度保持一致，严禁过大的强度产生于水泥之中，细度越低的水泥对混合材料及墙体质量的影响越低。材料的制作工艺标准应该作为配置比例的重要确定因素。最后要做好墙体及房屋建筑整体的后期养护工作，避免出现问题不能及时处理的现象发生，为居民提供安全、放心的工作生活环境。

4　总结

随着科学技术水平的不断提升，工民建技术和能力水平能够也有所提高，相关部门必须做好管控工作，并综合考虑人为的，自然破坏的，设计因素等，对墙体施工工作认真分析，并进行科学评价。根据建筑科技的发展，使用一些新材料和新技术，因此，未来工民建工程建设中应注重各种防治措施的有效制定与实施，促使工程施工中墙体裂缝能够得到有效处理，全面提升工民建筑整体水平。

参考文献

［1］李迎利，郑嘉明，贺悦. 浅谈建筑结构加固技术的应用与发展［J］. 科技信息（科学教研），2007，（30）.

［2］童昌旭. 浅谈各种建筑结构的加固技术［J］. 民营科技，2007，（07）.

［3］谢春志，谢春安. 分析工民建施工中墙体裂缝的防治措施田. 绿色环保建材，2016（02）.

［4］刘丽. 试析工民建施工中墙体裂缝的防治措施田. 科技创新与应用，2014（09）.

某雨水箱涵出水口涵闸工程临时围堰施工方法

刘华光　邓志光　胡国华

湖南望新建设集团股份有限公司，长沙，410000

摘　要： 围堰是指在水利工程建设中，为建造永久性水利设施，修建的临时性围护结构。其作用是防止水和土进入建筑物的修建位置，以便在围堰内排水，开挖基坑，修筑建筑物。一般主要用于水工建筑中，除作为正式建筑物的一部分外，围堰一般在用完后拆除。围堰高度高于施工期内可能出现的最高水位。文章主要通过某雨水箱涵出水口涵闸工程临时围堰，论述了围堰填筑的重要意义及其具体施工过程中的注意事项，以期能够对相关工程施工提供参考。

关键词： 水利工程；工程施工；围堰填筑

1　工程概况

本工程为高排口箱涵，由箱涵段长 107m、消能工段长 117m、岸坡护砌、下河踏步等组成，其中：

（1）箱涵：箱涵渐变段长 42m，上接 1 孔 ×2.8m×2.8m 雨水箱涵，渐变到 4 孔 ×3.0m×2.0m 雨水箱涵，并设置 1m 深配水池；箱涵段长 65m，结构为 4 孔 ×3.0m×2.0m 雨水箱涵，采用 C30 钢筋混凝土结构。

（2）消能工：消力池斜坡段长 64.79m，宽 15m 采用 C30 钢筋混凝土底板，两侧为 C20 混凝土挡墙；消力池段长 22m，采用 C30 钢筋混凝土底板，底板高程为 25.00m，两侧为 C20 混凝土挡墙；海漫段长 20m，宽 26m，为干砌石；抛石段宽 10m，沿海漫四周布置。

（3）岸坡护砌：上游 10m 岸坡护砌，坡比为 1：2.0，36.00 高程以上采用草皮护坡，以下采用干砌石护坡，30.00 高程处设置混凝土脚槽，以下采用抛石护脚；下游 50 岸坡护砌，坡比为 1：2.5，36.00 高程处设置 2m 宽亲水平台，以上采用草皮护坡，以下采用干砌石护坡，30.00m 高程处设置混凝土脚槽，以下采用抛石护脚。

（4）下河踏步：宽 5.0m，沿消力池斜坡段两侧设置。

其中：消能工斜坡段长 64.79m，消能工段长 22m，海漫段长 20m，基础开挖底标高为 20.7m，低于浏阳河现状水位，设计采用土石围堰，待消能工斜坡段施工完成 30.00m 标高位后挖除围堰，恢复河道原貌，当地每年 4 月到 6 月为丰水期，河床内流水较大。

2　围堰方案

2.1　围堰方式

从河岸南北两侧同时用土石以 U 字形填成临时施工围堰，堰体围好后，将堰内围起部分水抽干，清除里面淤泥，设置临时集水沟集水井，用水泵及时排除渗水废水，施工消能工、海漫段。

2.2　围堰尺寸

围堰长为 263.12m，设计堰顶标高 33.69m，填土高度 7.69m，上口填土宽度为 4m，底宽 27.1m，内外两侧坡度均为 1∶1.5，填土 31423.29m³，迎水面沙袋护坡至 33.19m。围堰存留期为 3 个月。

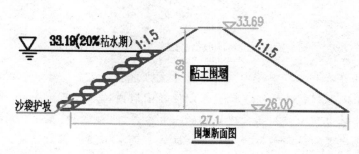

围堰断面图

2.3　轴线及高程控制

对围堰各控制点进行坐标计算，在现场对填土围堰轴线及高程控制采用设置方向标、临时拟定点等，保证轴线及高程正确。

3　围堰填筑施工中的几点注意事项

3.1　加强围堰防渗工程质量管理

由于围堰基础防渗属于隐蔽工程的范畴，其质量的控制除了遵循一般质量的控制程序和方法外，尚须遵循各隐蔽工程特有的质量管理程序和手段方法。

（1）建立和完善质量管理体系，规范和完善质量控制和处置程序，完善质量检查和检验标准，以及提供合理的完备的检测手段和方法。

（2）加强预控措施。水电建设工程质量控制分事前、事中和事后检测三个阶段，围堰基础防渗工程作为隐蔽工程，质量具有不可预知性，事中控制手段有限，而事后控制大多采用检测手段进行质量复核，出现问题影响巨大，因而，必须加强质量预控措施，为工程质量打好基础。

（3）加强和完善施工工序的控制。围堰基础防渗无论采用何种防渗方案，其施工一般可分为若干个工序进行，只有控制了工序的质量，才能取得良好的施工质量，确保工程质量，在这些工序之中，可分为主要工序和次要工序，主要工序是控制的重点。

3.2　质量预控措施

围堰基础防渗工程质量预控措施包括工程质量影响因素的分析和确定，施工条件包括水文地质条件的调查和研究，施工技术方案措施的制定、质量教育和施工培训、施工材料质量的控制、施工机械质量的控制。

（1）工程质量影响因素的分析和确定。在确定了采取施工技术方案后，有必要对影响施工质量和工程质量的各因素进行分析，以确定各因素影响的大小，从人、机、料、法、环等方面进行，各层次因素采用专家会议或调查确定，分析方法可采用因果分析法，绘制因果图，通过分析确定主要的影响因素。

（2）施工条件的调查和研究。施工条件中，对于围堰基础防渗工程来说，对工程实施影响最大的是围堰地基条件及围堰规模和结构，地质条件与预测的符合程度也决定了防渗方案实施的成败，对施工质量和工程质量影响最大，在施工前，根据设计提供的地质资料进行研究，并进行先导孔勘探复核，以取得较为详尽且接近于实际情况的资料，为正确选择防渗形式和编制施工方案打下基础。

（3）完善施工技术方案。防渗方案即防渗形式决定了防渗工程的固有属性，决定了其固有的质量标准。合理的工艺施工技术方案是实现工程质量达到要求的重要手段和保证，一要通过调查和广泛详尽资料参考研究，并进行工艺性试验，以制定正确的施工方案，二是通过质量信息反馈完善方案。

（4）材料控制和施工机械控制。材料是直接构成工程实体的物质，直接影响到工程质量，因此，必须加强原材料质量控制；施工机械设备、设施、器具等施工生产手段的配置及其性能对施工质量、安全、进度和成本有重大影响，因此，必须保证其达到施工方案要求的性能和完好情况。

3.3　工序分解和质量管理

对于围堰基础防渗工程来说，无论采用何种防渗方案（防渗形式），其实际施工过程，均由多个工序组成，最终的施工质量是由所有工序的施工质量所构成，控制和保证各工序施工质量是保证工程施工质量的关键。

工序分解根据围堰防渗工程所采用的具体方案而定，不同的方案对应不同的施工工艺，具体的施工工艺流程确定了工艺组成，工序的划分一般参照国家相关标准和规范的规定进行确定，标准和规范没明确的，参照类似工程经验进行确定；一般来说，围堰基础防渗施工工序众多，应该找出几个主要的、对最终质量影响较大的工序进行重点控制，主要工序按照因果分析法并结合规范和标准要求及相关工程的经验进行确定。工序的质量通过一系列量化的标准进行管理和控制，这些量化的标准由以下途径进行确定：一是在能够通过计算得出的，由计算确定；二是规范和标准里有规定的，直接参照规范和标准的规定；三是上述两点都难以得到，参照类似工程经验确定。

3.4　加强特殊情况的处理能力

围堰基础防渗工程具有工期短任务重的特点，同时，围堰防渗工程不确定因素多，风险大，主要的风险是围堰基础工程地质的变化，直接影响施工技术措施的有效性，进而影响到施工质量。而施工过程由记录和检查检测资料体现的质量信息能如实地反映各施工阶段施工技术措施实施的有效和可靠程度，在施工过程中，必须加强施工过程中质量信息传递和反馈的管理，具体来说，加快质量信息传递和反馈的时效性，以便及时调整施工技术措施，确保施工质量以及工程的进度要求。

4　结语

围堰基础施工属于隐蔽工程范畴，其工程施工情况较为特殊，有必要对围堰施工全程的施工质量进行控制，施工质量的管理除满足一般管理的要求外，尚需遵循隐蔽工程质量管理的要求，围堰基础防渗工程质量管理应通过建立和健全质量保证体系，明确分工和职责，建立和完善各种质量管理制度，为施工质量提供制度保证；围堰基础防渗工程质量管理的重点包括预控措施、工序管理及特殊情况处理，有针对性地提出预控措施并落实；工序质量是施工质量保证的前提，对施工措施进行分解，确定主次，采取相应的管理和控制手段，围堰防渗工程地质条件不确定性大，对施工质量影响大，加强该类问题的质量小组攻关活动，是保证施工质量的关键。

参考文献

［1］ 崔春雨．浅议中小型水利工程常规围堰的设计及施工［J］．东北水利水电，2009，（03）．

［2］ 杜永江．大型冲灌袋在软土地基围堰工程中的应用［J］．珠江现代建设，2007，（06）．

［3］ 钟振云．深水基础围堰施工方案比选［J］．铁道建筑，2009，（02）．

［4］ 雨水箱涵出水口涵闸工程临时围堰施工方案．湖南望新建设集团股份有限公司项目经理部，2017年12月

汽轮机主汽门关闭时间过长的原因分析及处理措施

付　淳

湖南省工业设备安装有限公司，株洲，412000

摘　要： 针对 25MW 汽轮发电机组在调试过程中出现的主汽门关闭时间过长问题，通过主汽门自动关闭器解体检查和调整试验分析，关闭时间过长的原因主要是活塞关到位定位尺寸偏差导致的，并据此制定了合理的处理措施，为类似机组问题的分析和处理提供了可供借鉴的技术参考。

关键词： 汽轮机主汽门；控制原理；处理措施

1　前言

　　根据厂家技术要求和运行规程规定，汽轮机保安装置动作，主汽门关闭后汽轮机最大转速不得超过 3330 ～ 3360r/min，因此对汽轮机主汽门关闭时间有严格规定，厂家技术要求规定不能超过 1s。现场主汽门动作试验 2s 关闭时间太长，会造成即使保护装置动作后连锁主汽门关闭，2s 内已经有超过规定的蒸汽量进入汽轮机，将会造成危险的超速事故，因此汽轮机主汽门 2s 关闭是汽轮机重大安全隐患，是绝对不允许的，必须彻底消除后才能启机。

2　主汽门控制原理和结构解析

2.1　主汽门自动关闭器及启动挂闸装置原理

　　主汽门自动关闭器及启动挂闸装置功能原理图如下，启动挂闸装置由壳体、启动滑阀和挂闸滑阀及两个电磁阀等组成。挂闸电磁阀得电建立复位油对前轴承座内危急遮断油门进行

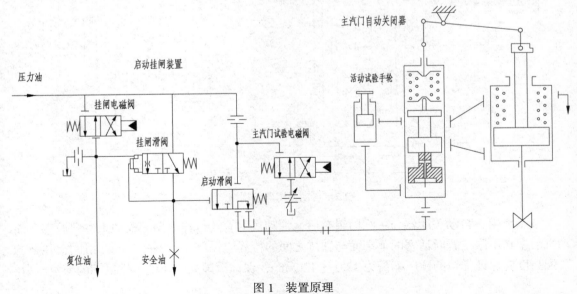

图 1　装置原理

复位，同时在安全油压失去后对挂闸滑阀进行复位；挂闸滑阀在复位油压下，压力油经过挂闸滑阀节流孔建立起安全油，同时安全油将挂闸滑阀压下，在复位油消失后保持挂闸滑阀位置不变。安全油建立后压下启动滑阀建立启动油打开主汽门自动关闭器，此时主汽门缓慢打开。在停机时安全油压泄掉，通过启动滑阀切断启动油，并泄掉自动关闭器油缸中的油，使主汽门快速关闭（时间要求小于 1s）。主汽门试验电磁阀正常不带电，得电时接通去启动油路的压力油至回油，降低启动油压并缓慢关闭主汽门自动关闭器，通过调整可调节流孔的大小可以改变主汽门自动关闭器的关闭速度，同时可用于做主汽门严密性试验或活动试验，另外自动关闭器上的活动试验手轮也可活动主汽门。

2.2　主汽门自动关闭器结构和技术要求

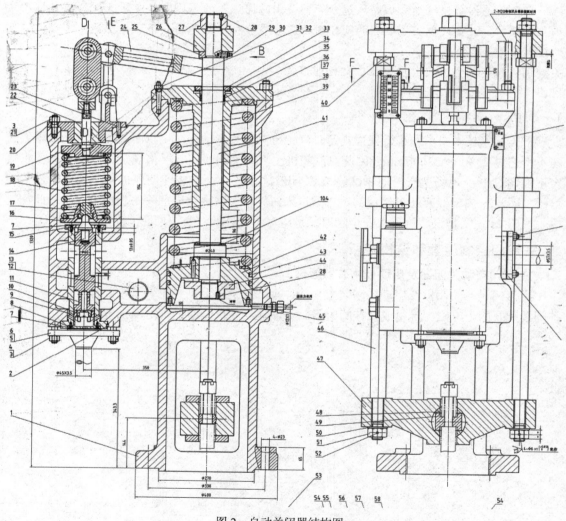

图 2　自动关闭器结构图

技术要求：自动关闭器与主汽门组合后，油动机的有效行程根据相配的主汽门而定，油动机活塞在下限位置时活塞的下端面与缸体之间的行程应保证在 10 ± 2.5mm。滑阀上弹簧的装配高度应保证弹簧的预压缩量为 12.0～12.2mm，保证滑阀关闭速度提供足够的弹簧压力。

3　问题分析和处理

在润滑油、控制油循环冲洗完成，油质合格（NAS6级），开始进行主汽门快速关闭试验：

启动高压交流电动油泵，检查系统无漏油现象，检查系统油压在0.9MPa左右检查调速油压、润滑油压和主油泵进口油压基本上在正常范围。

将保安系统复位，开启主汽门，保安油压建立，检查主汽门开启，手拍手动危急遮断装置，主汽门应迅速关闭，保安油直接降低到零且维持零值。

3.1　问题分析与处理①

挂闸后，主汽门未正常开启，检查压力油和启动油压力正常，考虑新机组安装完成后放置时间长可能会有卡涩，用杠杆对自动关闭器连杆开启方向加适当力矩，主汽门开始缓慢向开启方向动作。打闸、复位多次试验，主汽门开启卡涩的问题消除没有再出现。

3.2　问题分析与处理②

手拍手动危急遮断装置，主汽门关闭时间过长>2.5s，保安油直接快速降低到零且维持零值，但启动挂闸装置到自动关闭器的启动油油压降低速度较慢，按设计检查油路无问题。与厂家沟通后，处理意见为加大自动关闭器滑阀底部启动油接口处的节流孔，处理后启动油油压降低速度正常，但主汽门关闭时间仍大于1.5s。处理过程如下（图3、图4）：

（1）原节流孔孔径大小为6mm；

（2）按厂家要求节流孔扩孔至16mm。

图3　原节流孔

图4　扩孔后节流孔

主汽门关闭时间长问题，按设计检查油管路正确无误，并用内窥镜检查了油管内部，无异物、焊瘤、堵塞的情况，基本排除油系统的影响因素，开始检查自动关闭器设备本体问题。

3.3　问题分析与处理③

解体检查自动关闭器的缸体和活塞，发现活塞下端面未按图纸加工倒角，可能影响关闭过程中排油流量，与厂家确认后，现场处理增加倒角，处理完成后主汽门关闭速度没有加快。处理过程如图5所示。

3.4　问题分析与处理④

解体检查自动关闭器的弹簧，弹簧预压缩量测量后与图纸一致，厂家建议增加钢垫增加弹簧压缩量，加大活塞下压力，按厂家要求处理完成后，主汽门关闭时间仍>1.5s。处理过程如下：

图 5　用角磨机加工活塞下端面倒角

（1）解体检查缸体、活塞和弹簧预压缩量（图6、图7）

图 6　缸体检查

图 7　缸内检查

（2）增加弹簧钢垫（图8、图9）

图 8　钢垫

图 7　钢垫安装

3.5　问题分析与处理⑤

排除了弹簧力不足的因素之后，重新分析自动关闭器关闭动作，整个关闭行程中，前段关闭速度很快，主要是最后 2cm 的行程关闭缓慢，故主要分析活塞最后 2cm 行程的动作，重新测量油动机活塞在下限位置时活塞的下端面与缸体之间的行程，厂家技术要求保证在 10±2.5mm，实际测量行程过小，按厂家处理意见，重新调整连杆调整垫片后，主汽门关闭时间长问题解决，调试单位做主汽门快速关闭试验录播，主汽门关闭时间为 0.56s，问题解决。

处理过程如下：调整垫片厚度，将活塞行程提高

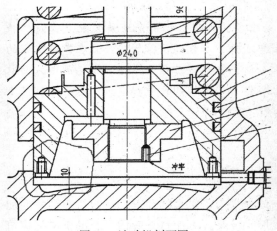

图 10　油动机剖面图

图 11　油机活塞垫片加厚

4　总结

该 25MW 汽轮机的主汽门关闭时间长故障问题，主要原因是活塞行程关到位定位尺寸偏差导致的。该自动关闭器在厂家装配过程中，油动机活塞在下限位置时活塞的下端面与缸体之间的行程达不到厂家技术要求，与厂家沟通并制定了合理的处理措施，处理后关闭时间为 0.56s，大大小于厂家技术要求的 1s，顺利的解决了主汽门关闭时间长的问题。

目前，该 25WM 汽轮发电机组已经整套启动，汽轮机 3000r/min 冲转一次成功，最大瓦振 6.9μm，汽机振动值达到优良标准，机组运行稳定。

建筑工程注浆技术施工工艺与施工技术应用

陈述之

湖南省第五工程有限公司，株洲，420000

摘　要： 在建筑工程施工中，注浆施工方法有着重要的作用，特别是随着装配式建筑的推广，注浆技术的使用更广。由于注浆施工有着简单操作，有效到位等优势，且在建筑工程的施工中经常使用。本文通过对注浆技术的研究和分析，在建筑工程主体施工中的运用方面取得了新的进展，进而为建筑工程的注浆施工技术提供可参考性的意见和建议，在一定程度上促进了建筑工程的顺利施工。

关键词： 建筑工程；注浆施工技术；分析

1　引言

随着建筑业的发展，人们对建筑工程技术与质量提出了更高的要求，建筑行业竞争的加剧，促使以注浆技术为代表的建筑方式的迅速发展。注浆技术的科学应用，有助于增强建筑的安全系数，提高工程的建筑效率和质量，促进建筑使用期限的延长。

2　建筑工程中注浆技术概要

2.1　建筑工程中注浆技术的优势

建筑工程广泛使用注浆技术是具有科学性的，经过建筑人员长期实践总结出注浆技术有以下三个优点：①注浆技术具有防水性能：由于此技术在应用时，是向混凝土裂缝里注入浆液进行的，因此具有粘结力强、牢固且填充密实的特点。特别对于老化、有蚀变形、有孔洞的混凝土，此技术具有较强力的粘结效果；②施工工作简单：施工人员在进行注浆作业时的设备较为轻巧，施工作业较为容易，且施工工艺非常简单，因此即使在环境复杂的施工地区，此技术也带有很强的适应性；③注浆技术性能良好：此技术所用的材料一般具有较强的粘贴性和综合力学性能，在混凝土注浆的补强材料上进行使用时也是没有问题的，除此之外，此技术还有建造出的建筑耐老化、污染小的优点。

2.2　注浆技术的概述

在我国的现代建筑的施工中，注浆施工方式是其中最为常见的一种施工技术，对于现代的建筑施工有着重要的影响。所谓的注浆技术就是将比例配制好的浆液通过专门的注浆设备注入到需要的部位之中，将空隙进行紧密连合，进而提高建筑的密实性，进而起到防水加固的作用。在现代建筑的施工中，其施工技术在施工中应用较广，同时，注浆技术在其施工中也具有以下优势：第一，其施工较为简便。在注浆施工中，核心施工是将配置好的浆液通过专门的施工设备进行注入，不需要进行繁杂的其他程序，进而使得施工工艺较为简单，便于操作，对于施工现场的适应性较强；第二，具有较好的防水性能。在注浆技术的施工中，通过注浆技术使得需要注浆部位之间的裂缝变得密实，对于一些老化、蜂窝以及蚀变性的混凝土，其防水性能较强；第三，在其他方面，注浆技术在应用的过程中，可以采用具有良好的综合力学性能的浆液，其粘结性好，材料的抗腐蚀性和老化性好，同时也具有绿色无污染的优势，进而使得注浆技术在建筑施工中可以较为普遍的使用。

3　建筑工程中注浆技术的应用

3.1　墙体施工中注浆技术的应用

在现代建筑施工中，注浆施工工艺的应用是其中的重要组成部分。由于建筑的墙体稳定性会受到建筑物四周因素等影响，如果再加上温度的影响，会使得建筑的墙体出现墙体的膨胀和变形的问题，进而影响建筑的质量。在这样的状况下，需要加强对注浆施工技术的应用。我们可以采用注浆技术，对开裂或者膨胀变形的部位将进行钻孔灌注施工，根据建筑的情况对其浆液的比例配置进行设计，对墙体进行注浆，保证墙体的整体性，同时在选择材料时要选择质量较好的材料，从而提高其施工质量。当墙体出现渗漏时，可以对墙面进行一些布孔，然后对墙体进行浆液的灌注，并将灌注压力控制在施工要求的范围内，进而保障墙体的防渗漏，在墙体的施工中，注浆技术可以保障墙体的防渗漏。

3.2　建筑工程注浆技术在地下室的应用

在建筑工程的病害中，楼层建筑的病害主要是渗漏和裂缝，对地下室而言更是如此。在地下室的结构中，经常可以见到墙体的开裂和地表的漏水和积水。地下室属于隐蔽性建筑，在楼层建筑中很容易被忽视，但是地下室质量的好坏很大程度上影响着整体楼层的稳定性和安全性。在地下室注浆的步骤上，应该首先查找地下室内出现的裂缝，再在合适的位置进行钻孔。钻孔过程中一定要注意钻孔深度，不可钻得太深以影响结构的整体性，也不可钻得太浅影响灌浆的加固作用。在钻孔深度上，通常不得超过混凝土板材的厚度。钻孔做好以后，要进行清洁处理，并安装注浆嘴，进行高压注浆的施工。在高压注浆过程中，一定要控制好注浆的压力，根据相关标准要求，压力应保持由小变大的方式，逐步进行注浆。注浆完成后要对施工层做静置处理，确定没有漏浆现象后再进行下一步的施工。对于一次注浆中可能出现的漏灌和少灌现象要及时检查并进行二次注浆，注浆修复完成后应对现场进行清理，验收合格后方可撤离施工现场。

3.3　在厨房等易渗漏部位注浆技术的应用

我们知道，房屋在使用时较容易发生渗漏情况的位置是厨房和卫生间等部位，因此施工人员更应注意此类位置注浆技术的使用。由于防水层失去效果，厨房等处的水会顺着地砖的砖缝的灰沙渗漏，产生墙面发潮或"出汗"现象。为解决这个问题，施工人员首先要用环氧灌注技术将渗水管路切断，以此有效防止水通过灰沙的毛细作用发生渗漏；其次，工人需要在混凝土地板和砖墙中间凿开一个小型槽，依据砖缝走向进行孔洞的布置，并设置距离为200～300cm之间，以便日后通过环氧砂浆技术处理此问题。

3.4　混凝土结构施工中注浆技术的应用

在混凝土结构的施工中，注浆技术的应用对于预防混凝土结构出现裂缝有着重要的作用。在进行混凝土结构施工中，可以针对建筑的混凝土结构进行注浆施工技术的运用。在进行建筑的混凝土结构施工中，要对混凝土质量有影响的关键部位进行一些孔位设计，并对孔位的施工进行严格的监控，进而保证整个建筑的质量。目前国家在大力推进装配式结构的推广，注浆技术在装配式建筑的施工中，使用更广，针对不同的建筑混凝土结构，可以对混凝土的搅拌时间和混凝土材料的选择要做出不同的设计，进而使得浆液的粘结度达到施工的要求，保障建筑构件良好的连接加固效果，从而提高建筑混凝结构的质量。

4　结束语

总而言之，在我国的建筑施工中，注浆技术由于其自身的技术优势和特点，使得在建筑施工的过程中占有重要的地位。因此，在建筑的施工过程中，通过对注浆技术施工的方法运用进行探讨，进而保障建筑工程的安全施工。在建筑工程的施工中，在墙体施工、室内施工、混凝土结构施工等方面都可以运用注浆的施工技术，进而提高施工技术和施工效率，但是在施工的过程中，也要从施工工艺提升上预防墙体施工裂缝、渗漏以及漏水等问题，进而保障整个建筑的施工质量和施工水平，促进建筑行业施工技术的提高，促进施工质量的提升。

参考文献

[1] 刘雷. 房屋建筑工程中关于地基基础施工技术的研究 [J]. 建材与装饰，2017（50）：51-52.

[2] 陈江鸿. 浅析建筑工程注浆技术的应用与施工工艺 [J]. 江西建材，2017（18）：96-97.

[3] 杨政，陆俊涛，赵文豪. 建筑工程施工中注浆技术要点分析 [J]. 技术与市场，2017，24（02）：36-37.

[4] 徐晓春. 建筑土木工程中注浆技术的应用与施工工艺的探究 [J]. 科技风，2016（24）：76.

[5] 崔岩. 关于建筑工程施工中注浆技术的要点探讨 [J]. 黑龙江科技信息，2016（27）：240.

钢箱梁桥——钢-STC轻型组合结构桥面施工技术

魏永国　张明新

长沙市市政工程有限责任公司, 长沙, 410000

摘　要: 本技术运用超高韧性混凝土STC层作为钢桥面铺装,通过改变传统的刚桥面铺装(钢面板上直接铺设环氧沥青混泥土层)的方式,采用在钢面板上打磨除锈、焊接栓钉、安装钢筋网片、施工STC层、湿养STC高温蒸养等施工工艺,使钢桥面铺装层形成超高性能轻型组合桥面新体系。将钢桥面转变成组合桥面,从而极大提高桥面刚度,减小面板和纵横肋在轮载下的应力,大幅提高钢桥面的抗疲劳寿命,解决了综合性桥面疲劳开裂和铺装损坏的难题。

关键词: 钢-STC;组合结构;抗疲劳寿命

1　技术背景

(1)正交异性钢桥面自1948年在德国首创采用,具有构件质量轻、施工周期短等特点,60年来这种轻型的钢桥面已成为钢桥、尤其是特大型桥梁的首选桥面型式。

(2)正交异性钢桥面存在两个难题:

一是钢桥面铺装极易损坏,二是面板与纵肋、横隔间易出现疲劳开裂。许多钢结构桥梁在通车不到两年时间铺装即出现严重的开裂、局部臃包、车辙等结构性病害,整体上大部分桥面铺装的使用年限不超过其设计服役期的一半,这已成为钢桥面的通病。

导致上述病害的主要原因有:一是钢桥面板的局部刚度不足;二是钢桥面夏季钢板的温度可达到70℃,高温和超载双重作用导致沥青铺装和钢桥面板出现早期病害。

(3)通过探讨,决定运用超高韧性混凝土STC层作为钢桥面铺装的基层。通过总结,形成了一套完整的钢箱梁桥——钢-STC轻型组合结构桥面施工技术,创造的经济和社会效益显著,综合解决了钢桥面疲劳裂纹和铺装易损坏的难题。

2　技术特点

(1)施工快捷组织合理、薄层超高韧性混凝土、耐久性好、施工效率高、施工周期短。

(2)结构取材方便、质量容易控制措施完善。

(3)解决了钢桥面疲劳开裂和铺装损坏的难题。

(4)具有薄层、轻质、高强、耐久等特点,该技术社会效益巨大,综合优势明显,应用前景广泛。

(5)同比常用的钢桥面铺装材料及工艺,减少后期维修成本、减低能耗,大大提高钢桥面铺装寿命,经济效益、环保效益显著。

3　适应范围

本施工技术的关键,通过在正交异性钢面板上设置薄层超高韧性混凝土STC层能综合解决钢桥面疲劳开裂和铺装损坏的难题。组合桥面较薄,不会增加桥面系总厚度。

　　超高韧性混凝土不仅能大大提高钢桥梁本身结构使用寿命，在钢桥面后期维护保养中能大大降低成本。能长久提供通行车辆以舒适的行车环境。通过总结，推广应用，形成了一套完整的钢箱梁 - 钢 -STC 轻型组合结构桥面施工技术，创造的经济和社会效益显著。

　　本技术适应于梁式桥、斜拉桥、悬索桥等多种类型的钢结构桥的市政道路、高速公路等桥面铺装层的施工。

4　工艺原理

　　STC 材料的超高性能混泥土由级配石英细砂、水泥、石英粉、硅灰、高效减水剂及钢钎维等组成，通过提高组分细度和活性，使材料内部缺陷（孔隙与微裂缝）减至最少，获得由其组分材料所决定的最大强度及优异耐久性，钢钎维阻碍混凝土内部微裂缝的扩展，能使混凝土表现出良好塑性特征，具备超高抗拉韧性。STC 混凝土强度高，刚度大，韧性韧性好（开裂前应变 1500με，极限应变达到 7000με），并且在 STC 施工中通过高温蒸养消除 STC 早期收缩和徐变，提高 STC 混凝土包括在各种工况下的抗裂能力。STC 优异的抗裂、防渗性能保证了组合钢桥面板耐久性。

5　工艺流程和操作要点

5.1　施工工艺流程

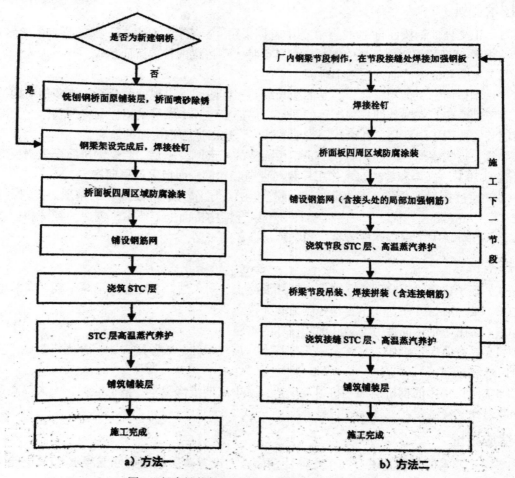

图 1　超高性能轻型组合桥面结构施工工艺流程图

5.2　施工操作要点

5.2.1　施工准备

（1）梁面标高复测

梁面标高复测在每幅施工开始时进行，按二等水准精度进行 STC 层范围梁面标高测量，保证测量精度，按 5m 一个横断面进行梁面标高复测，每个横断面测 5 ～ 11 个点。对于梁面局部标高变化较大处要增加测点，准确体现梁面标高变化情况，对应上述测点，在同一断面上，测量摊铺轨道支承面支承中心点标高。以上测量数据作为调整梁面局部标高、轨道和振动整平梁标高、STC 层顶面局部标高依据，以保证 STC 层浇筑厚度满足设计要求。

（2）梁面清理、除锈

梁面清理、除锈在每次施工开始时进行。利用氧割设备、铁砂布、手磨机、高压风机、高压水枪等设备和工具清理 STC 层范围钢梁面上的浮锈、浮渣，对桥面进行冲洗。在施工过程中仔细检查，确保梁面平整、洁净。

5.2.2　栓钉焊接

栓钉焊接可紧接每次施工的桥面清理进行。具体包括以下工作：准备工作：做好原材料检验及班前焊接工艺试验等工作。

（1）定位：按照设计图纸，用墨线示出栓钉在梁面板位置，要求定位标志准确、清晰可见。注意栓钉布置应错开 U 肋、横隔板的腹板和钢箱梁焊缝位置。

（2）焊接：栓钉焊接采用螺柱焊机焊接工艺。焊接前，先检查钢板面是否平整、洁净，如不符合要求，需清理梁面，用手磨机清除焊点位置的防腐涂装物、锈蚀物、附结杂物，并使焊接面平整。焊接时应按要求控制好焊接时间，保证焊接面饱满、焊透和牢靠连接，避免焊接面不全，熔透等情况。栓钉的垂直度精度、焊缝质量等质量事项，通过使焊接面平整，及通过采用正确的焊接方法等方式使之达到要求。

5.2.3　防腐层涂装

防腐层涂装在每次施工的栓钉焊接工作完成后进行。

（1）STC 层钢箱梁面四周 50cm 范围内的防腐采用环氧富锌涂层，喷涂作业采用高压无气喷涂法，局部补涂可采用刷涂法。

（2）施工过程中应对漆膜表面、漆膜厚度、抗拉拔强度进行检测与控制。其中油漆表面色泽均匀、漆膜无流挂、针孔、气泡、裂纹等缺陷。其界面拉拔强度应大于 7.0MPa。漆膜厚度共测 20 个点，保证 95% 部位均满足设计要求。

（3）漆膜厚度可通过试验和过程检验加以控制。正式喷涂前，根据使用要求，确定喷嘴与喷涂面距离，调整、确定喷涂扇面角度，确定喷枪运行方向和速度，按这些确定好的参数和方式进行试验，确定达到要求厚度所需喷涂的遍数。在正式喷涂时，按试验得到的经验、方法进行喷涂作业。在喷涂过程中，采用漆膜测厚仪，或插丝和量尺进行测厚，厚度不够则进行补涂。通过上述方式可保证漆膜厚度满足设计要求。

5.2.4　STC 层边界接缝处理

（1）护栏边界接缝处理主要是钢筋网横向钢筋预留接头的设置。预留钢筋采用与横向钢筋相同钢筋，按间距 15cm 布置。预留钢筋与横向钢筋采用平面搭接方式，焊接长度为 10 倍钢筋植筋。预留钢筋深入护栏长度为 35 倍钢筋直径。

（2）伸缩缝混凝土端面处接缝主要是对钢筋连接的处理。STC 层纵向钢筋与混凝土端面上的预埋钢筋或所植钢筋间采用平面搭接焊接方式。纵向钢筋可在设计位置作适当调整，应能使其和预埋钢筋贴合平顺，方便搭接焊接。如有个别情况需在混凝土端面植筋，植筋应在纵向钢筋绑扎定位后进行，应能使其和纵向钢筋贴合平顺，方便搭接焊接。混凝土端面钢筋连接施工情况见图片 8。钢筋连接前，须利用电动风炮对接缝面进行凿毛处理，凿毛面在凿毛后利用高压风机清理干净。凿毛面在浇筑 STC 前洒水湿润。

5.2.5 钢筋网铺设

钢筋网铺设可在每次施工的栓钉安装完成后进行。

（1）钢筋网在护栏处设置挡模，挡模上设置缺口以便设置伸入护栏内的预留钢筋。

（2）钢筋网按设计尺寸绑扎、铺设，通过准确放样、标记控制钢筋位置、间距；通过在钢筋网下设置短钢筋头支垫控制钢筋网底、顶面保护层距离。

5.2.6 STC 浇筑及湿养

（1）浇筑施工总体方式

跨劳动路立交桥每幅均以智能布料机、高频振动整平梁、工作台车等设备为主完成 STC 浇筑，这些摊铺、浇筑设备均在轨道上运行。

跨香樟路立交桥较窄的一幅浇筑方式同上述跨劳动路立交桥方式，先行完成浇筑；其较宽的一幅此后浇筑，须采用前后错开同时浇筑方式。前铺筑面采用智能布料机、高频振动整平梁、工作台车等设备进行 STC 摊铺、浇筑。后铺筑面在前铺筑面后，与其相隔 5m 同时铺筑，采用混凝土泵送车、三角形振动梁、高频平板振动器、移动式平台等常规设备进行摊铺、铺筑。其中三角形振动梁、移动式平台也须设置滑移轨道。前铺筑面的轨道，一侧直接利用先浇筑幅轨道，另一侧利用后铺筑面的滑移轨道作为支撑，其轨道放置在滑移轨道上。随前铺筑面前移，逐步拆除其轨道，为后铺筑面施工提供所需条件。后铺筑面前行后，其后的滑移轨道也被拆除，以便对轨道处 STC 进行人工补振和抹平。

每次浇筑利用未浇梁面或已浇 STC 层顶面作为施工通道和设备安置场地进行施工，主要包括 STC 干混料配制和供应、STC 搅拌和输送、STC 摊铺和湿润养护。

STC 干混料在专门工厂配制，并按标准定量装袋，再将其运至现场指定地点。STC 搅拌在现场进行，利用主桥边跨梁面建立搅拌站，通过吊车将袋装干混料卸入高速搅拌机，加水进行搅拌。混凝土运输由地泵送至泵车，再由泵车送至智能布料机料斗内。STC 摊铺包括布料、高频振动整平、抹面等工作，由相应设备和人工完成。STC 湿养紧随摊铺进行，包括洒水湿润和铺专用保湿养护膜等工作，由人员在工作台车上完成。

（2）设施、设备布置

STC 层混凝土浇筑使用搅拌、输送、摊铺等大型设备和一些相应配套设施。

搅拌系统布置在与钢箱梁相接的混凝土梁跨范围，包括高速搅拌机、堆料场、吊车等设备和设施，输送系统包括地泵、泵管和泵送车。地泵布置在搅拌机附近，泵管从地泵接出，沿浇筑幅边的另一幅梁面或已浇 STC 层顶面至泵车料斗处。泵车停放在在布料机附近，将混凝土送至布料机料斗内，泵送车随布料机前移而逐步向前改变停放位置，地泵泵管通过逐步拆除管节适应泵送车位置的向前改变。

为控制摊铺厚度，摊铺轨道线形应随梁面线形变化。因此，轨道布置时，轨道标高依据前述梁面标高测量值调整。所依据的梁面标高应是相应断面大多数点标高。对于标高值偏离较大局部位置，将在浇筑过程中通过人工补料或布料机手动控制进行 STC 层厚度精确调整。轨道可以分次进行安装、布置，周转利用。

STC 浇筑必须连续进行，不得发生中断事故。为此，必须保证浇筑设备能正常使用，不允许因设备故障造成 STC 浇筑质量事故。为确保万无一失，除保证使用质量及加强现场维修、修复工作外，对各设备使用均制定相应的备用措施。对搅拌设备，搅拌站至少采用两台搅拌机设备；对输送设备，采用叉车或混凝土输送车运送 STC 方案作为备用措施；对布料设备，可采用混凝土泵送车直接布料方案作为备用措施；对于振动整平设备，采用平板振动器振动方案作为备用措施。

在每次相应施工开始前，须完成设备、设施维修、保养、安装、调试等各项准备工作。

（3）STC 搅拌

① STC 配制

本次施工 STC 采用标号为 STC22。其强度等级技术指标是：

抗弯拉强度标准值 f_{td}：22MPa；

立方体抗压强度标准值 f_{cuk}：120MPa；

轴心抗压强度标准值 f_{ck}：77.4MPa；

本次施工设计配合比为：干混料 2200kg；水 198kg；标准用水量范围为干混料重量的 8.5% ～ 9.5%。STC 试配主要施工工作性能指标为：

坍落度：180 ～ 280mm；

初凝时间：6h；

终凝时间：48h；

立方体抗压强度（热养护 48h） 146.8MPa；

抗折强度（热养护 48h） 23.2MPa。

STC 在搅拌站通过干混料和水的配制、搅拌形成浇筑用混凝土。干混料在生产过程中的配合比通过生产设备计量系统加以控制，计量系统经严格标定确保精度。现场搅拌配合比通过搅拌机控制系统加以控制。

② STC 搅拌

搅拌站配置 2 台 1m³ 高速搅拌机。每台生产能力为 6m³/h（0.6m³/ 盘，搅拌时间 6min/盘），2 台生产能力偏安全按 10m³/h 考虑。搅拌机将袋装干混料中干混料与水按配合比和设定时间进行搅拌。

每次搅拌，袋装干混料必须整袋投料，因为袋装干混料经转运，材料组分各部位会发生改变，如果分次投料，则会使 STC 配合比发生改变。搅拌机控制系统控制配合比和搅拌时间，保证 STC 配合比正确、混合料均匀及工作性能达到要求。

（4）STC 输送

搅拌后的 STC 由地泵通过泵管泵送至泵送车内，再由泵车将 STC 送入智能布料机料斗内。为保证输送顺畅、顺利，必须保证设备的完好性。并且在施工过程中，配备必要的检修、维修人员，使过程中可能出现的故障能得到及时排除。

（5）STC 摊铺

均匀、合理布料是保证 STC 振动效果、平整度及作业效率达到要求的重要环节。布料的松铺系数应根据 STC 坍落度和梁面横坡大小确定。STC 的坍落度应控制在 180 ～ 250mm

范围，松铺系数为 1.1 ～ 1.2 范围。

智能布料机通过预先设定相关参数可保证其按松铺系数均匀布料。在施工前，做好相关准备工作，保证设备的完好性。在施工过程中，严格按正确方式操作，保证布料机正常运转，从而保证布料施工质量达到相关要求。对于混凝土泵送车布料方式，可采用人工调配方式保证布料质量达到相关要求。

使用高频振动整平梁、高频平板振动器、三角形振动梁对 STC 进行振捣和整平。STC层厚度通过正确设置轨道，及调整振动整平梁上下位置进行控制。对于局部需调整平面标高的位置可以通过人工补料或减料，并通过平板振捣器和手执振动器进行振动及人工抹平实现标高调整。局部调整位置的厚度通过布设厚度标志杆进行控制。

振动整平梁、平板振动器通过高频振动方式保证 STC 均匀、密实。振动整平梁通过使其刚度和振动面平整性满足相关要求，从而保证 STC 表面平整。

（6）保湿养护

通过保湿养护促进 STC 中化学反应的进行，并完成其部分收缩变形，减少其后期收缩变形。为实现 STC 致密性、高强性、高韧性创造有利条件。

养护方式为喷洒水、覆盖节水保湿养护膜。养护过程保证混凝土表面充分湿润但不积水。注意喷洒水时，喷射方向不能朝向混凝土面。保湿膜有凹凸物的一面朝下。保湿膜间搭接时，不留空隙，保证全覆盖。为防脱离，在保湿膜的周边须压一定重量的物体对其进行固定，注意压物体时，不损坏 STC 层表面。

养护工作在振动整平及局部调整完成后进行，其工作过程是：高压水枪喷射 - 保湿膜覆盖 - 喷洒水保湿。

（7）高温蒸汽养护

高温蒸汽养护在每次施工的 STC 浇筑完成后进行。通过高温蒸汽养护消除后期 STC 层的收缩变形，是提早消除后期收缩变形，实现 STC 致密性、高强性、高韧性的有效措施。

STC 终凝后（摊铺后 48h），揭除节水保湿膜，搭设蒸汽养护保温棚。保温棚由轻便型镀锌管支架支撑，由两层帆布夹一层保温板保温。保温棚周围采取密封措施。蒸汽由 4 台蒸汽锅炉提供。蒸汽通过蒸汽管道进入保温棚，在保温棚内的管道均匀布置在 STC 面上，保证供汽均匀。蒸养过程中，通过设置于保温棚内的温度和湿度传感器测量温度和湿度，根据测量数据进行蒸汽量的调控，保证蒸养温度和湿度满足蒸养要求。

养护期间温度控制按要求进行。升温阶段：升温 6 ～ 8h，以 10 ～ 15℃ /h 的升温速度升温至 90℃；恒温阶段：保持 90℃的温度 48h；降温阶段：以不大于 10℃ /h 的降温速度降温至常温。

（8）STC 层表面刻槽

STC 层表面刻槽在每次施工的高温蒸养完成后进行。表面刻槽可加强 STC 层与面层SMA13 的粘结效果。表面刻槽工作采用刻槽机进行，根据设计尺寸调整刻槽参数，按操作要求和设计尺寸完成刻槽作业，保证刻槽质量达到相应要求。

6　材料与设备

6.1　主要机械设备

主要机械设备见表 1。

表1　主要机械设备

序号	名称	规格、型号	用途	数量	备注
1	配电箱	NM1-250S/3300×1+DZ1 5LE-100/3N901×3	施工供电	4个	已有
2	集装箱	6m×3m×2.7m	现场办公、器材保管	2个	已有
3	螺柱式焊机	RST-2500-3 额定功率110kW	栓钉施工	6台	已有
4	手磨机	额定功率0.72kW	栓钉施工	4台	已有
5	墨线器具		栓钉施工	1套	已有
6	锤子		栓钉焊接检验	3只	已有
7	空压机	HW20012 2.15m³/min	清理工作、混凝土施工	1台	已有
8	高压风机	YX-11D-1 0.25kW	栓钉施工、凿毛后清理	2台	
9	高压无气喷涂机	NEW71/77-S	环氧富锌漆涂装	1台	
10	油漆刷子		环氧富锌漆局部补涂	2把	
11	电焊机	BX1-400A交流弧电焊机	钢筋及其他结构安装	4台	
12	钢筋调直机	GTQ4-12额定功率7.5kW	钢筋制作	1台	
13	砂轮机	Y100L-2额定功率3kW	钢筋加工	1台	
14	电动风炮	Mod.802额定功率0.98kW	接缝处理	2台	
15	吊车	16T	STC干混料运输、轨道施工	2台	
16	吊车	25T	设备进场、转场	1台	
17	STC高速搅拌机	效率6m³/h 额定功率48kW 自重8T	STC生产	2台	
18	混凝土泵车	效率12m³/h	STC输送	1台	
19	叉车	3T	STC搅拌	2台	
20	智能布料机	最大工作跨径12.79m 额定功率23kW 自重13T	STC浇筑	1台	
21	高频整平机	最大工作跨径12.07m 额定功率17kW 自重4T	STC浇筑	1台	
22	移动工作台	最大工作跨径12.07m 额定功率3kW 自重4T	STC抹平、养护	1台	
23	锅炉	LSS0.5-0.09-Y/Q 蒸汽量效率0.5T/h	STC蒸养	4台	
24	蒸气养护支架	4m×2m×0.18m×260块	STC蒸养	1套	
25	铁锹		STC浇筑	3只	
26	抹子		STC浇筑	3只	

续表

序号	名称	规格、型号	用途	数量	备注
27	水枪		STC 浇筑	3 只	
28	喷水壶		STC 浇筑	5 只	
29	发电机	100kW	应急备用	1 台	
30	平板振动器	1.5kW	应急备用	4 台	
31	三角振动梁	2m 长 ×6 块	应急备用	1 台	
32	STC 运料斗	容积 0.6m³	应急备用	2 只	

6.2　施工所需主要材料（表 2）

表 2　主要材料表

序号	名称	规格	数量
1	STC 干混料		824t
2	ϕ10mm 钢筋	HRB400	247t
3	栓钉	13 × 35mm	33.27 万个
4	环氧富锌漆		152kg
5	电缆	50mm²	50m
6	电缆	70mm²	100m
7	钢轨	24kg/m	420m
8	保水养护膜		7800m²
9	养护保温被		2500m²
11	钢挡模	5mm 厚钢板	0.6t

7　质量控制

工程质量控制标准：

（1）栓钉焊接允许偏差及检验规定见表 3。

表 3　栓钉焊接允许偏差及检验规定

项次	检验项目	允许偏差	检验方法和频率
1	栓钉焊后高度	≤ 2mm	钢尺测量。检查 1%，且不少于 10 个
2	栓钉倾角	≤ 5°	钢尺及量角器测量。检查 1%，且不少于 10 个
3	栓钉间距	≤ 10mm	钢尺测量。检查 1%，且不少于 10 个

检验数量：同一工程、同一规格、同一焊接工艺的栓钉焊接接头，每 5000 个为一批，不足 5000 个也按一批记。每批抽样比例不小于已焊栓钉总数的 1%，且不少于 10 个。

抽样检查的结果当不合格率小于 2% 时，该批验收应定为合格；不合格率大于 5% 时，该批验收应定为不合格；不合格率为 2% ～ 5% 时，应加倍检查。当所有抽检栓钉中不合格率不大于 3% 时，该批验收应定为合格；大于 3% 时，该批验收定为不合格。当批量验收不合格时，应对该批余下的栓钉全数进行检查。

（2）桥面防腐施工检验项目及规定见表4。

表4　桥面防腐施工检验项目及规定

项次	检验项目	要求	检验方法和频率
1	漆膜厚度	满足设计要求	干膜测厚仪检验，每100m² 检验1处
2	粘结强度	≥ 7MPa	拉拔仪检验，每100m² 检验1处

质量控制关键点是防腐层喷涂的厚度及宽度控制。具体控制措施有：

喷涂施工前，进行小范围试验段喷涂，按照厚度、宽度要求对喷涂容器熟练或者改良，定量进行喷涂。

（3）钢筋网铺设允许偏差及检验规定见表5。

表5　钢筋网铺设允许偏差及检验规定

项次	检验项目	允许偏差	检验方法和频率
1	钢筋直径	≤ 0.2mm	游标卡尺测量，每100m² 检验1处
2	钢筋搭接长度	≤ 10mm	钢尺测量，每100m² 检验1处
3	垫块高度	≤ 2mm	游标卡尺测量，每100m² 检验1处
4	钢筋网高度	≤ 3mm	钢尺测量，每100m² 检验1处
5	钢筋网间距	≤ 10mm	钢尺或游标卡尺测量，每100m² 检验1处

（4）STC性能实测项目表见表6。

表6　性能实测项目表

项次	检查项目	检测方法和频率	性能要求
1	抗压强度	100mm × 100mm × 100mm 立方体试件抗压试验，每40m³ 检测1组	$f_{cu,\ m} - 1.1 \cdot S_{f_{cu}} \geq f_{cu,\ k}$ $f_{cu,\ min} \geq 0.95 \cdot f_{cu,\ k}$
2	抗弯拉强度	100mm × 100mm × 400mm 棱柱体试件抗弯拉试验，每40m³ 检测1组	$f_{f,\ m} \geq 1.05 f_{fk}$ $f_{f,\ min} \geq 0.95 \cdot f_{fk}$
3	弹性模量	100mm × 100mm × 300mm 棱柱体试件轴压试验，每40m³ 检测1组	按设计要求
4	坍落度	水泥混凝土坍落度试验标准方法，每40m³ 检测1次	≥ 180mm

（5）STC层摊铺施工实测项目表见表7。

表7　STC层摊铺施工实测项目表

项次	检查项目	允许偏差	检测方法和频率
1	混凝土总层厚	≤ 3mm	摊铺过程中，将直钢丝插入到STC的底部，以直尺测量钢丝的浸润深度，每40m² 检测1处
2	净保护层厚度	≤ 2mm	摊铺过程中，将直钢丝插入到栓钉顶部，以直尺测量钢丝的浸润深度，每40m² 检测1处
3	桥面纵、横坡	≤ 0.15%	水准仪、皮尺测量，每40m² 检测1处
4	平整度	≤ 3mm	3m铝合金直尺，每40m² 检测1处

（1）模板高度和安装位置应符合设计规定；

（2）摊铺机性能应满足其摊铺宽度、摊铺高度、摊铺速度等施工要求；

（3）原材料质量应符合规范的规定；

（4）摊铺前，应进行试拌，确定搅拌时间。并应对强度、弹性模量、坍落度等进行检验，且应满足现行国家标准及设计要求；

（5）摊铺前，应通过试验或施工经验确定松铺厚度、摊铺速度；

（6）摊铺过程中，应按设计要求检验摊铺厚度，并应及时调整；

（7）摊铺时，布料应均匀，振捣应充分，确保铺装密实，表面平整；

（8）摊铺完，应及时覆盖塑料养生薄膜，并应洒水保湿养生。

（6）STC层高温蒸汽养护实测项目表见表8。

表8　STC层高温蒸汽养护实测项目表

项次	检查项目	规定值或允许偏差	检测方法和频率
1	养护膜内温度	+5℃	温度传感器，每小时检查2次
2	养护膜内湿度	+5%	湿度传感器，每小时检查2次
3	养护时间	+1h	计时器，每小时检查2次

8　效益分析

8.1　社会效益

随着城市交通发展，由于原有桥梁、地铁站、匝道以及管线等布置，主干道的"高架化、快速化、跨径大型化"是必然选择。钢箱梁具有梁高小，减少整个立交高度，构件轻、运输及起吊方便，多箱单室模块化施工难度小，周期短，交通影响小。钢箱梁的应用将日益广泛。钢桥面铺装极易损坏、钢结构出现疲劳破坏难题，在大交通量主干道进行桥梁维修导致道路反复封闭直接影响社会正常秩序。而STC作为新技术、新材料、新工艺，应用对项目可确保工程建设质量，提高项目建设水平，降低后期运营成本、保障交通顺畅，社会效益显著。

8.2　经济效益

STC单价2300元/m^2，其中STC与主结构同寿命，沥青磨耗层寿命8年，100年内需更换12次沥青磨耗层，每使用周期内维护费用20元/m^2，更换沥青磨耗层单价为100元/m^2，全周期寿命使用成本C_1=（2300+20）+（100+20）×12=3760元/m^2。浇筑式沥青钢桥面铺装的市场价格约为1300元/m^2，平均寿命8年，10年内需更换12次，其中每使用周期内维护费用160元/m^2，每次清除旧钢桥面200元/m^2，全周期寿命成本C_2=（1300+160）×（1+12）+200×12=21380元/m^2。

采用STC初始投资较浇筑式沥青增加1000元/m^2，全寿命周期成本则可节省17600元/m^2。平均每年节省投资约200～300万元，同时消除钢结构疲劳开裂风险。STC社会经济效益巨大，综合优势明显。

百米废弃矿坑生态修复与利用关键技术研究

罗桂军　罗光财　谢爱荣　赵俊逸

中建五局土木工程有限公司, 长沙, 410004

摘　要：以长沙冰雪世界项目为载体, 结合采矿废弃地的地形特点, 充分利用原有地势基础上通过百米矿坑生态修复和公共建筑景观改造设计, 赋予景观美学再造、局部生态系统修复与重建及经济价值再生。通过分析采矿废弃地的景观特征和环境影响, 采用生态恢复与重建的各种工程与生物措施, 实现自然资源的可持续利用, 对区域生态系统健康、地方经济可持续发展具有十分重要的意义, 对于我国实现"社会的可持续发展"具有重大的意义。

关键词：冰雪世界；生态修复；矿坑；景观改造

1　前言

在较长的人类采矿史中, 留下了难以数计的矿坑 (场), 大多数矿区生态环境破坏严重, 主要产生于露天采矿场 (包括内、外排土场)、开采塌陷地矿山固体废弃排弃场 (如尾矿池、煤矸石山) 和选矿、烧结厂, 它属于人为破坏, 一般可分为景观破坏和生态破坏, 破坏了生物生存条件, 减少生物呈, 降低环境的总适宜性, 对人和动植物产生不利影响[1-3]。早在 20 世纪初, 一些西方工业发达国家就开始了探索"矿区生态环境修复", 取得一系列的成功经验[4, 5], 如波兰的小城维利奇卡古盐矿博物馆列为最高级世界文化遗产, 利用古矿坑遗迹资源改造成艺术馆, 魅力独特, 每年吸引国内外游客 150 万人；英国"伊甸园", 自称为"通往植物和人的世界的大门", 园区尽显矿区原风貌格局, 融入自然的建筑, 园林植被和生态景观植被的自然衔接, 每年吸引 75 万名游客。

"生态恢复"也称为生态重建、生态恢复重建, 美国生态重建学会将生态重建 (恢复) 定义为：将人类所破坏的生态系统恢复成具生物多样性和动态平衡的本地生态系统, 其实是将人为破坏的区域环境恢复或重建成为一个现地自然界相和谐的生态系统[6, 7]。近年来, 我国在矿山地质治理项目加大了投入, 根据矿区不同的特点, 通过对废弃矿坑 (场) 的进一步开发, 开拓为考古、科学研究、文化教育、旅游等再利用的新途径, 创造了新的经济价值和社会效益, 有利于资源的节约与保护, 实现可持续发展[8-11]。但在废弃矿坑 (场) 资源的综合利用方面, 还在一定的局限性, 文化与商业元素结合尚需进一步探索。本文以长沙冰雪世界为载体, 探索百米矿坑的生态修复与利用的新技术, 在景观改造设计植入文化与商业元素, 充分实现自然资源的可持续利用。

2　项目概况

2.1　矿坑原始地貌情况

矿坑位于长沙市岳麓区坪塘镇山塘村, 原为是长沙新生水泥厂, 历时 50 多年开采遗留下来的, 深约 100m, 长 440m, 宽 350m, 上口面积 18 万 m², 其平面面积约为 15 万 m²。

矿坑坑底西高东底、凹凸不平，大致有三个标高，最低标高为 –41m、坑口标高为 53m，坑壁坡度在 80 ～ 90° 之间。

　　矿坑经由 50 多年采矿爆破，坑壁岩体松动，整体地形地貌无规则，犬牙交错。岩体多为贯穿性裂隙，溶洞之间相互串联，填充及半填充型溶洞分布密集，见溶率达 90% 以上，岩体为顺层、裂隙极其发育。

图 1　矿坑原始地貌图

2.2　项目景观设计理念

　　项目以原有百米矿坑为景观设计中心，创造性地将区域内湖泊、深坑资源有机利用，以欢乐广场、欢乐天街、欢乐丛林、欢乐水寨、和欢乐雪域五大核心项目构建出一座湘江欢乐城，是湖南省首个世界级特大创新型综合旅游项目。

图 2　湘江欢乐城设计平面图

图3 冰雪世界设计形象图

欢乐水寨与欢乐雪域简称为"冰雪世界"、是湘江欢乐城最核心的工程，它以深坑地形为依托，打造世界唯一的冰雪与水结合的游乐项目。冰雪世界由屋顶水乐园、上区水乐园、室内雪乐园、下区水乐园、消防桥组成，室内总建筑面积7.9万㎡，总高95m。室内雪乐园和室外水乐园同为水主题，以水的不同形态（冰、雪、水、浪）充分演绎水主题的无限魅力。为保留并体现原有地势地貌，建筑设计采用地景式的谦逊手法，将冰雪乐园主体建筑隐藏于地面以下悬浮于矿坑之上，整体建筑形象宛若从矿坑崖壁生长出来一般，生动流畅的线条犹如贯通崖壁的水幕，建构出与自然遗产有机融合的人文奇观。

3 百米废弃矿坑生态修复关键技术

冰雪世界主体结构由下部混凝土墙柱支撑、中部混凝土结构平台，上部钢结构屋盖组成。下部支撑体系由48根独立墩柱和18道剪力墙组成，柱最大高度达到60m。中部16m标高平台总面积近3万㎡，平台中一端有2600㎡通过环梁搭在岩壁上。主体结构施工前，必须先对百米矿坑进局部改造和加固处理。针对陡峭复杂岩溶地质矿坑岩壁，项目开展了大量的研究工作：综合运用了模糊数学和层次分析法构建了矿坑加固施工风险评估体系；综合运用了损伤力学、有限元理论等多种数值分析方法相结合分析爆破开挖损伤范围和矿坑的稳定性；综合运用了材料力学、结构力学、数值分析方法等研发适应高频超大水平推力的超高陡峭矿坑岩壁施工平台；运用多种信息技术监测了深孔爆破震动波形、连岩件的应力、长锚索成孔质量以及岩溶地质长锚索成孔技术研究。

通过理论研究结合实际施工的方法成功解决了超高陡峭复杂岩溶地质矿坑岩壁加固难题，并形成了五项关键技术。

3.1 陡峭矿坑岩壁微扰动综合爆破施工技术

针对本工程地质复杂，采用了微扰动综合爆破施工方案，即大型岩体采用深孔爆破、边坡采用预裂光面爆破、基础平台采用浅孔爆破与静态爆破组合施工，静态爆破破碎与机械破碎结合处理环梁平台基岩面。

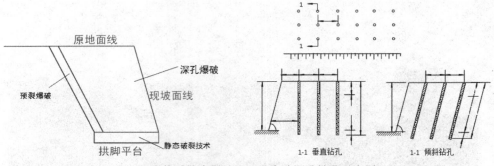

图 4　微扰动综合爆破施工及台阶深孔钻孔示意图

（1）深孔控制爆破设计方案：用于主爆孔，采用垂直深孔和倾斜深孔两种钻孔形式。采用纵向台阶法，分层（多层）布孔；由上至下分层、孔外逐孔接力微差、孔内分段微差，复式非电起爆网路。

（2）预裂爆破设计方案：用于边坡开挖，预裂爆破炮孔距设计开挖边界 1m 布置，炮孔倾斜角度应与设计边坡坡度一致，炮孔底设置在同一高程上；预裂孔和主爆孔之间设 1 排缓冲孔；预裂爆破超前主爆炸不少于 75ms。

（3）浅孔爆破设计方案：用于基础平台的岩面开挖，对于斜坡地形爆破开挖深度小于 3m 地段及永久边坡的肩台、排水沟等，采用浅孔控制爆破技术设计方案。

（4）静态破裂设计方案：用于平台基础和边坡在先进行上台阶主爆孔、缓冲孔及预裂孔的爆破施工后，预留 1m 厚度边坡保护层进行静态破裂施工。

3.2　陡峭岩壁高频超大水平推力组合式施工平台技术

岩壁长锚索施工平台单体搭设高度达 50m，施工水平动载大，高频反复作用于施工平台，对于脚手架的稳定性以及脚手架与岩壁的连接存在极大考验。通过数值模拟分析超高陡峭岩壁脚手架稳定性，研究施工荷载作用下脚手架力学响应特点，设计施工动荷载作用下刚性和柔性连岩件组合受力方式和最优布设方式，形成一种高频超大水平推力组合式施工平台。

在对施工作业平台整体稳定性分析中：充分考虑钻机水平和竖向作用于施工平台受力情况，将高频超大水平推力组合式施工平台分解为大型脚手架平台和抵抗水平推力的连岩件两大部分。采用 MIDAS CIVIL 进行施工平台建模分析，用梁单元模拟立杆、横杆、剪刀撑和斜撑，将空间立体杆件结构简化为平面网状结构进行计，并设计了刚性和柔性连岩件综合抵抗水平推力，分析施工动荷载作用下超高陡峭岩壁高频超大水平推力组合式施工平台高频超大水平推力组合式施工平台脚手架和连岩件的力学行为。

3.3　复杂岩溶地质超长锚索预处理逐级跟管成孔施工技术

本工程锚索最长达到 65m，预应力锚索采用 12 股 ϕ15.2 的 1860 级无粘结环氧涂层预应力钢绞线，轴向拉力为 1000kN。在架体平台上施工、对平台振动大，加上岩溶、裂隙、砾石等复杂地质情况，难钻进、塌孔、卡孔、偏孔成为技术难点。

经过多次试验，项目开发了预处理逐级跟管成孔施工技术，具体做法如下：一是根据不同地质情况采用单、双液浆进行水平、竖向预注浆处理，提前对溶洞、溶槽进行填充；二是

采用自扶正 ϕ190 大直径特制钻头进行钻进，过程中保证钻头受力平衡，满足后续跟管钻进实施；三是当坍孔严重无法成孔且套管无法跟进时，进行二次孔内注浆固结处理后继续跟管钻进。

3.4　基于模糊层次分析法矿坑加固施工安全风险评估技术

通过研究矿坑修复的特点、以施工阶段为重点，从安全风险管理的不同角度，确定了 6 个一级风险指标，即工程环境风险、组织与管理风险、技术风险、施工作业风险、现场管理风险、以及其他风险，并向下细分为 20 个二级指标，建立矿坑工程安全风险评估指标体系树状图。

采用专家打分法估计风险发生的可能性和产生的后果，参照国际岩土工程师协会推荐的风险等级评定矿坑工程施工风险水平，并提出相应的措施。风险等级一共划分为五个等级，每个等级都有相应的数值来量化。见表 10。

表 10　风险等级和处理措施

风险等级	风险值	处理措施与建议
一	1—4	日常管理即可，不需要采取相应风险处理措施
二	5—8	加强日常管理，需要采取一定的处理措施
三	9—12	应当重视，需要采取风险防范、监测措施
四	13—16	应当引起高度重视，立即采取风险处理措施，响应应急预案
五	17—25	应当立即停止施工，启动应急预案并采取控制措施

采取打分法对矿坑修复工程施工风险事件打分，返回并进行统计分析。确定风险因素权重，对矿坑工程施工风险进行模糊评估。

根据最大隶属度原则，得出安全风险评估结论：工程环境风险为四级，工程管理风险为二级，技术风险为二级，施工作业风险为四级，现场保护风险为三级，其他因素风险为二级。针对重大风险，制订安全风险应对办法，编制矿坑分项工程施工安全作业指导书及施工风险处置应急方案。

3.5　深陡峭异形曲面矿坑全过程多元信息化技术应用

（1）三维扫描成像技术：利用三维激光扫描技术获取的空间点云数据，快速建立三维可视化模型，准确掌握现场地形地貌，解决矿坑地形复杂、坡面曲线形态极不规则难以准确绘图问题，为深化设计提供支撑。

（2）BIM 技术：利用三维激光扫描成果，通过 BIM 技术建立了矿坑原始地貌模型；通过 BIM 技术建立锚杆和锚索模型，并进行碰撞检查、生成报告；通过 BIM 技术进行三维定位测量，确定锚杆锚索端部的空间坐标、便于放样；在 BIM 图形当中加入时间维度，更形象进行进度管理。

（3）超前地质雷达扫描技术：为较准确地预报出矿坑边坡前方不良地质情况，在锚索施工前、采用地质雷达对岩体进行扫描探测，为精准采取施工措施提供了依据。

（4）成孔测斜检测技术：钻孔过程中、采用滑动式测斜仪进行检测，保证成孔角度符合设计要求。最终检测数据成果以表格和图形形式输出，指导后续施工。

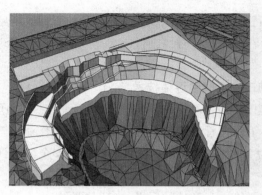

图 5　BIM 技术建模和成孔测斜检测

4　废弃矿坑生态恢复技术

4.1　坑底淤泥固化技术

坑底的淤泥及边坡施工中落入坑底的渣土共约 11 万 m^3。为方便冰雪世界的基础施工，对坑底的淤泥需要进行无害化处理，同时为坑底基础施工提供材料堆放和加工场地。结合混凝土挡土墙将坑底进行功能分区，将淤泥集中在坑内非施工区采用组合固化剂（水泥、生石灰、废石膏及粉煤灰）进行固化处理，形成材料堆放和加工场地。固化剂的掺入比控制在 10% ～ 15%，固化剂组分为水泥、生石灰、废石膏及粉煤灰，其中，水泥和生石灰起固化作用，废石膏用作减水剂，粉煤灰作为骨料，各组分的配合比（质量比）为：4 : 1 : 0.4 : 0.25。

4.2　水资源处理与利用技术

一是充分利用裂隙水。在矿坑周边崖壁近渗水点附近设置集水槽和水泵平台、收集矿坑渗水，并加压至冰雪世界地下一层水处理机房的原水池，并经过处理后达标后用于水乐园水体工艺补水、以及水乐园能源中心的冷却塔补水。

二是冰雪世界冷凝热回收。由于雪乐园需要常年供冷，而水乐园全年有热水需求。为此，项目回收制冷机组冷凝热、用于加热水乐园游乐用水，极大的降低了水乐园热水负荷，同时提高制冷机组效率，减少冷却水消耗，降低区域热岛强度。使冰雪世界热量基本达到平衡，节约运行成本。

4.3　陡峭岩壁植被恢复技术

针对大于 60° 的高陡岩石边坡，采用植被混凝土生态护坡绿化技术。针对较缓边坡采用客土喷植法工艺复绿。在混凝土格构梁的边坡段，在格构梁内种植灌木和藤生植物复绿。

4.4　原场地保护与利用技术

一方面本项目总体设计时利用独特的地形高差条件，在原坑内修建滑雪场和 75m 的，即节约建设坡度结构的相关费用，充分利了矿坑场地，建筑物与自然遗产有机融合。

另一方面在主体建筑底部及南侧留出集中绿地和水体景观，达到生态修复和水土保持的目的，形成和谐整体氛围。坑底水景可实现微环境修复和水体自循环、收集雨水和降低场地径流，创造性的将废弃场地再利用、生态修复和水体自循环技术结合起来，充分体现基地特色和地势特点。同时充分利用陡峭岩体，清理危石后直接作为景观体，与建筑物共同形成生态景观。

图 6　室内滑水场和水乐园示意图

5　结束语

　　废弃矿坑（场）地类型多样，应根据实际情况，有机地将生态恢复与景观工程设计相结合进行处理，重新达到利用和变废为宝的目标。湘江欢乐城项目集工矿棚户区改造、新型城镇化生态城区建设于一体，既是社会广泛关注的民生项目，同时也汇聚生态修复、绿色建造、经济节能于一身，在设计与施工过程中，充分融入文化与商业元素，采用生态恢复与重建的各种工程与生物措施，实现自然资源的可持续利用，对于废弃矿坑（场）综合治理有着重要借鉴意义。

参考文献

［1］ 周树. 矿山废弃地复垦与绿化［M］. 北京：中国林业出版社，1995：1-13.

［2］ 杨修，高林. 德兴铜矿矿山废弃地植被恢复与重建研究［J］. 生态学报，2001，21（11）：1932-1940.

［3］ 徐嵩林. 采矿当地生态重建和恢复生态学［J］. 科技导报，1994（3）：49-51.

［4］ 孙青丽. 20 世纪西方工业废弃地景观改造的思想［J］. 安徽建筑，2006（6）：47-48.

［5］ 崔庆伟. 美国斯特恩矿坑公园的景观改造再利用研究［J］. 中国园林，2014（3）：74-79.

［6］ 刘海龙. 采矿废弃地的生态恢复与可持续景观设计［J］. 生态学报，2004（2）：323-329.

［7］ Song S Q, Zhou Y Z. Mining Wasteland and its Ecological Restoration and Reconstruction［J］. Conservation and Utilization of Mineral Resources. 2001,（5）: 43～49.

［8］ 王永生，郑敏. 废弃矿坑综合利用［J］. 矿业纵横，2012：65-67.

［9］ 翁奕城，王世福，周可斌. 城市废弃采石场改造利用与生态设计——以广州番禺区六大连湖主题公园为例［J］. 华中建筑，2012（6）：113-116.

［10］ 辰植. 矿坑花园从采石场到奇迹花园［J］. 生命世界，2014（8）：14-19.

［11］ 张肖彦，矿山生态恢复存在的问题及对策［J］. 工业技术，2005，［1］：28-28.

通涵加长施工方法研究

朱清水

湖南省第二工程有限公司，长沙，410015

摘　要：老路提质改造升级项目，无论是国内还是国外，都越来越多。本文介绍的通涵加长施工方法，对于提高改建工程的施工质量，加快工程进度，有效降低安全风险，节约工程成本有着实际意义。

关键词：通涵；加长；钢筋；模板；混凝土

1　工程概况

近20年来，湖南省在公路等基础设施建设方面取得了巨大的成就，高速公路和二级以上公路通车里程跃居全国前列。然而，由于通车年代已久，交通压力大，现有的公路已经不能满足经济快速发展的要求，越来越多的改扩建工程进入人们的视野。在国际工程中，考虑到资源节约问题，对现有道路的提质改造工程也比新建道路工程数量上要多。为提高改建工程的施工质量，加快工程进度，我公司在斯里兰卡C11项目成立了课题组进行科技攻关，对涵洞加长施工的研究获得了初步成功，有效降低了安全风险，加快了施工进度，节约了工程成本，取得了良好的经济效益和社会效益，按此方法施工可增强旧涵洞加长的整体强度和稳定性，消除公路拓宽衔接不良，减少不均匀沉降。可提高路面抗变形能力，减少路面的纵横向反射裂缝。

2　工艺原理

在进行旧涵洞加长施工时，首先将对涵洞的实际情况进行调查，根据设计图纸对涵洞的质量及安全性进行总体评估，确保旧涵洞可以利用及确定衔接位置再进行涵洞长施工，先对原有涵洞进行保护性开挖，对接长部分的涵洞基础采取层叠式土工格栅或土工布处理，减少不均匀的沉降。采取多种压实方法和基础处理方法相结合，然后在清理接长的截面上凿毛并钻孔布置加强钢筋，装模浇筑混凝土，然后在连接处涂复合材料防水。

3　施工工艺流程及施工方法

3.1　施工工艺流程

3.2　操作要点

（1）复核导线点坐标，水准点高程。根据设计图纸，结合现场实际情况，对通道进行测量放样，确定破除及加长的具体位置。

同时以导线控制网为依据，进行通道轴线测量保证新、旧通道的良好衔接。在水准基点复测合格的前提下，利用往返测量将水准点引至通道施工地点附近一稳固处，经复核符合精度要求后，作为通道施工标高控制点，施工中对通道基础进行沉降观测。

（2）在施工中采用围挡进行封闭，设置警示标志标牌，挖除覆土，破除八字墙采用人工和风镐进行凿除，破除作业中严格控制破除位置，避免施工对老通道进行破坏，影响其质量及安全。

基坑开挖至设计标高后在基坑底四周设集水坑，集水坑处设置水泵，以便及时排走基坑积水，确保基底土不被水浸泡，基础混凝土施工前使用碎石填筑集水坑并夯实。基坑开挖至设计基底后使用轻型动力触探对基底承载力进行试验，检测的数量及部位要符合规范要求。承载力不满足要求的，根据实际情况确定处理方案，保证通道基础的承载力及稳定。

（3）模板均采用专业模板厂生产的组装式钢模和少许木模。面板采用钢板制作，模板面板应尽量减少焊接缝。面板水平加劲采用槽钢横竖加劲。加筋与面板之间采用间断焊缝，每段焊缝长度为 5cm，焊缝厚度不小于 6mm，面板采用刨光处理。在老涵洞涵身裸露截面上凿毛，用钻机每隔 30cm 钻一个孔，放入长 30cm 的 22 号钢筋，保证新旧涵洞的整体性和稳定性。浇筑混凝土前对支撑板面进行检查，清除模板内污物，在模板内面涂刷脱模剂。模板采用对拉螺杆紧固螺杆外套 PVC 塑料管以便于在浇筑混凝土后拆模。

（4）接长段台身混凝土施工时，在新旧通道衔接处设置沉降缝，避免不均匀沉降。节与节之间沉降缝贯通，沉降缝施工完成后即可施工防水层。

通道混凝土浇筑前应对支架、模板进行检查并做好记录，符合设计要求后方能浇筑，模板内的杂物、积水应清理干净。模板如有缝隙应填塞严密，混凝土浇筑前应检查混凝土的均匀性和坍落度。基底为非粘性土或干土时，应将其润湿，基面为岩石时应加以润湿，铺一层厚 20～30mm 的水泥砂浆（水泥:砂浆 1:2），然后与水泥砂浆凝结前浇筑第一层混凝土，混凝土接缝处先垫一层水泥浆后再浇筑混凝土。混凝土严格按照配合比报告准确计量，集中拌和。混凝土配料拌制时，计量衡器应通过检定并保持准确，对骨料的含水率应该经常进行检查，以调整骨料和水的用量，同时混凝土搅拌时间应该不低于该设备出厂说明书规定的最短时间。混凝土应该拌和均匀，颜色一致，不得有离析和泌水现象。混凝土的振捣采用插入式振动器进行。

（5）在台身混凝土强度达到 70% 时，在涵台身间铺设满堂支架，按照盖板规定尺寸制作模具铺设盖板底模。并按设计留盖板预拱度。在盖板底模上直接进行钢筋绑扎与固定，钢筋的表面应洁净，使用前应将表面油渍、漆皮清理干净。钢筋应平直、无局部弯折，成盘的钢筋和弯曲的钢筋均应调直，钢筋的弯制和未端的弯钩应符合设计要求。用 I 级钢筋制作的箍筋其未端应做成弯钩，弯钩的弯曲直径应大于受力主筋的直径且不小于箍筋直径的 2.5 倍，弯钩平直部分长度一般不小于箍筋直径的 5 倍，钢筋接头一般采用焊接，其焊接长度双面满足不小于 5d、单面焊接不得小于 10d。在钢筋骨架与模板垫好混凝土块以保证混凝土保护层的厚度。钢筋绑扎工序完成后认真检查钢筋骨架，报验后浇筑盖板混凝土并填写混凝土施工记录。在浇筑完混凝土 12h 后应进行养护，保持混凝土表面湿润以扩散混凝土内部的水化热温度，不使混凝土烧坏。施工人员随时注意检查混凝土的养护环境，混凝土的养护好坏直接关系到混凝土强度，故混凝土的养护工作尤为重要。待混凝土达到设计强度的 85% 时才可拆除模板。

（6）通道（基础和墙身）沉降缝处两端竖直、平整，上下不得交错，沉降缝缝宽1～2cm。填缝料应具有弹性和不透水性，并应填塞密实。沉降缝按设计每隔4～6m分段设置，并根据设计和规范要求对沉降缝的接缝进行处理。通涵迎水面采用膨胀止水条＋改性沥青热油＋聚酯胎自粘式SBS改性沥青卷材进行迎水面防水，通涵背水面采用膨胀止水条＋硅酮结构胶进行背水面堵水，墙面防水涂料采用滚涂二遍聚氨酯防水胶。

（7）混凝土强度达到设计强度80%后可进行台背回填，回填采用5%石灰土，在通道两侧对称分层填筑，在靠路基填土一侧按1：2的坡度开挖向上形成台阶状。台背回填原材料必须选用5%石灰土，不得用含有草皮、树根、垃圾、有机物及废弃混凝土块等回填，填料的最大粒径不得超过50mm。

台背回填必须分层填筑，压实度应比一般路堤提高1%，其压实度从回填基底至路床顶面不小于96%。台背回填必须做到全方位压实，应配备足够碾压机具和用于角落的小型压实设备。控制填筑速度，防止路堤失稳。

4　材料及机具设备

4.1　主要材料

主要材料见表1。

表1　主要材料表

序号	材料名称	规格	备注
1	土		经试验合格的土
2	土工格栅	60kN/m	符合有关要求
3	混凝土	C30	符合有关要求
4	钢筋	按图纸	符合有关要求

4.2　主要设备及机具

主要设备及机具见表2。

表2　主要设备及机具表

序号	机具名称	规格	单位	数量	备注
1	挖机	PC220	台	1	
2	小型夯机	小松	台	1	
3	混凝土站	50m³/h	个	1	
4	混凝土罐车	6m³	台	3	
5	钢模板	组合	套	1	
6	钢筋加工设备		套	1	
7	发电机	50kW	台	1	
8	自卸汽车	25T	台	4	
9	压路机	YZ-18	台	1	
10	插入式振捣器	DY500	台	2	
11	全站仪	2″	台	1	
12	水准仪	SDL30	台	1	

5　质量控制

5.1　资料标准

本施工应严格按照《公路路基施工技术规范》（JTG/TF 10—2006），《公路桥涵施工技术规范》（JTG/TF 50—2011）和《公路工程质量检验评定标准》（JTGF 80/1—2012）执行。

5.2　质量措施

（1）对加长通道进行安全、质量勘查，上报业主及监理单位对加长通道的安全、质量进行复查，确保旧通道整体稳定及安全。

（2）通过对原材料的管理，严格控制钢筋、水泥、碎石、砂、片石等原材料的质量和外加剂的使用，确保钢筋混凝土的施工质量。

（3）通道台背回填使用设计5%石灰土进行填筑施工，两侧台背回填分层对称进行，防止偏压。

6　结束语

在倡导环境友好资源节约的大背景下，通涵加长技术的运用将会越来越普遍，成熟的通涵加长施工技术不仅可以缩短施工工期，而且可以节约投资，确保了工程质量和工程进度，具有很好的经济效益，在老路提质改造过程中有很大的实际意义。

住宅卫生间门槛防渗施工方法探讨

孟 佳 唐国顺

中建五局第三建设有限公司，长沙，410004

摘　要： 住宅装修及使用过程中，卫生间渗漏问题频发，尤其是住宅卫生间门槛渗水问题尤为严重。由于毛细效应，卫生间生活用水通过门槛石粘结材料渗到外部功能房间，造成客厅或者起居室地面装饰材料渗水，临卫生间的客厅墙面返潮，进而导致墙面装饰材料起皮、脱落，严重影响观感质量及使用功能。

通过对住宅卫生间临近房间渗水产生机理和防治措施研究探讨，提出了采用"挡水斜坡＋防水砂浆湿贴"的住宅卫生间门槛防渗施工技术，即卫生间地面一次防水施工时，防水层在卫生间门洞处向外延伸，一次防水保护层门槛位置做成斜坡，坡向卫生间。二次防水及保护层同样在门槛处做斜坡，坡向卫生间。卫生间地砖铺贴时，预留门槛石位置后贴，最后采用防水砂浆湿贴，门槛石完成面比卫生间地面完成面高2cm，更好地起到防渗效果，提升建筑工程品质。

关键词： 住宅卫生间；门槛防渗；挡水斜坡；湿贴

1　背景

住宅卫生间门槛渗水至临近功能房间，已越来越被人们重视，由于渗水造成房间部分使用功能受限且严重影响观感质量，入住后整改维修困难，整改周期长，二次整改效果不理想等原因，住宅卫生间门槛的防渗措施也越来越受施工单位重视。

2　卫生间门槛渗漏原因分析

2.1　门槛石粘结材料不符合要求

住宅室内贴砖采用的找平层及粘结层材料透水性强，若门槛石的粘结材料也采用透水性强的材料，势必会造成卫生间生活用水通过粘结材料渗到外部功能房间，造成客厅或者起居室地面装饰材料渗水，临卫生间的客厅墙面返潮。

2.2　门槛石下部无挡水斜坡

常规铺贴卫生间门槛石时，均摊铺粘结材料直接贴砖，无挡水斜坡。若在铺贴门槛石时，施做挡水斜坡，在一定程度上可更好阻挡生活用水向外部渗透。

2.3　卫生间防水施工不到位

一般施做卫生间防水时，防水层在卫生间门洞处未向外延伸，待卫生间面砖及门窗安装完成后，生活用水会通过门框或窗框渗到外部，造成墙面返潮。

2.4　卫生间地面贴砖坡度过小

考虑到卫生间使用过程中，尤其是洗浴时，地面短时间内会汇聚较多水量，若地面坡度不足，水无法及时从地漏排出，也会造成生活用水渗到外部功能房间。

3　卫生间门槛渗水防治需要解决的问题及措施

3.1　需要解决的问题

卫生间门槛防渗基本采用的原理是防排结合，卫生间地面坡度相应增加，防水层施工到位基本可以减少因渗水造成的墙面返潮、装饰层脱落等现象，但是门槛石铺贴时均未采用挡水斜坡＋防水砂浆湿贴的工艺，因此，如何施做挡水斜坡是重点需要解决的问题。

3.2　解决措施

卫生间地面一次防水施工时，防水层在卫生间门洞处向外延伸，防水保护层门槛位置做成斜坡，坡向卫生间。卫生间地砖铺贴时，预留门槛石位置后贴，最后采用防水砂浆湿贴，门槛石完成面比卫生间地面完成面高2cm。

通过上述工艺措施，可将卫生间生活用水阻挡在卫生间范围内，通过地面坡度及时通过地漏引排，最大限度减少卫生间积水量，降低渗水概率。

4　卫生间门槛防渗施工

4.1　工艺原理

在铺贴卫生间门槛石时，采用"挡水斜坡＋防水砂浆湿贴"的住宅卫生间门槛防渗施工技术，即卫生间地面一次防水施工时，防水层在卫生间门洞处向外延伸100mm，一次防水保护层门槛位置做成斜坡，坡向卫生间，斜坡顶部保护层厚度15mm。二次防水及保护层同样在门槛处做斜坡，坡向卫生间，二次防水保护层完成后，坡顶高度35mm左右。卫生间地砖铺贴时，预留门槛石位置后贴，最后采用采用防水剂掺量1%的1：2.5防水砂浆湿贴，门槛石完成面比卫生间地面完成面高2cm，更好地起到防渗效果。

4.2　施工工艺流程

卫生间门槛防渗施工工艺流程见图1。

4.3　操作要点

4.3.1　卫生间一次防水

卫生间防水材料一般为防水涂膜，厚度2mm。防水施工前，基层干净平整，防水涂膜多遍成活，防水层在卫生间门洞处向外延伸100mm。

4.3.2　防水保护层

卫生间一次防水施工完成后24h，需进行蓄水试验，蓄水时间24h，无渗水、漏水情况，可排干卫生间水。待卫生间地面干燥后，施工防水保护层。防水保护层厚度10mm，在门槛位置，保护层做成斜坡状，坡向卫生间，坡顶保护层厚度15mm。

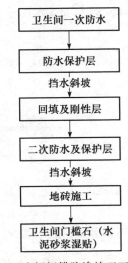

图1　卫生间门槛防渗施工工艺流程

4.3.3　卫生间回填及刚性层

卫生间一次防水保护层施工完成后，进行卫生间回填施工。回填材料一般为体积比1：1：6水泥、砂、陶粒或其他设计要求的轻质材料。注意回填过程中保护好门槛处的挡水斜坡不被破坏，若有破坏，及时修复。回填完成后，及时施工细石混凝土刚性层。

4.3.4 二次防水施工及保护层

刚性层施工完成后，进行二次防水施工。二次防水在门洞处同样向外延伸 100mm（做至挡水斜坡顶部），二次防水施工完成后（图2），采用 1:3 水泥砂浆施工防水保护层，保护层厚度 10mm，在门洞位置同样做成挡水斜坡，挡水斜坡完成后坡顶总高度 35mm 左右。

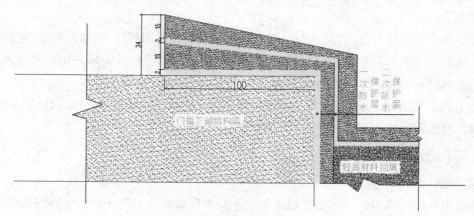

图2 防水完成后剖面示意图

4.3.5 地砖施工

刚性层施工完成后，着手卫生间及卫生间外部房间的地砖施工。贴砖过程中注意保护挡水斜坡不被破坏。预留门槛位置后贴。

4.3.6 卫生间门槛石铺贴

卫生间及卫生间外部房间的地砖施工完成后，清理门槛石位置渣子及垃圾，采用防水剂掺量为 1% 的 1:2.5 水泥砂浆湿贴门槛石。门槛石完成面比卫生间地面完成面高 2cm（图3）。

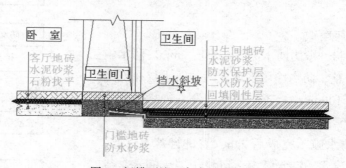

图3 门槛石施工完成后示意图

5 应用情况及推广意义

卫生间门槛防渗施工方法已成功在数个公租房项目实施，较好地解决了卫生间生活用水从门槛位置向相邻房间渗透问题，提高了工程质量，提升了工程品质，减少了后期维修成本，取得了良好的经济和社会效益。

卫生间门槛防渗施工方法，从工艺技术措施方面解决了水从卫生间门槛向外渗透问题，施工操作简单、施工效率高，满足绿色环保、节能低碳的要求，是卫生间门槛渗水控制的有效措施，是一种具有推广意义的施工技术措施。

参考文献

[1] 贾杨.卫生间门槛石防水结构和施工方法［R］.

[2] 薛维波.一种卫生间门槛石止水带装置［R］.

[3] 杨小海.卫生间门槛止水带防渗结构［R］.

复杂地质条件下注浆加固二次破碎小型盾构顶管施工技术

孙志勇　　戴习东　　刘　毅　　熊　锋　　段银平

湖南省第三工程有限公司，湘潭，411101

摘　要：当前，地下管道施工顶管作业越来越多，顶管同时穿越砂砾、岩层等复杂地层的情况时有发生，采用常规顶管作业方法很难施工，本文介绍了一种采用先注浆加固砂砾层，后二次破碎的小型盾构顶管施工工艺，能有效确保顶管施工简便、快捷。

关键词：复杂地质；二次破碎；小型盾构；顶管

当前，地下管道施工顶管作业越来越多，顶管同时穿越砂砾、岩层等复杂地层的情况时有发生，采用常规顶管作业方法很难施工。我司在湘潭市三水厂水源迁改工程取水管道顶管施工过程中，管道穿越砂砾层及风化岩层，采用常规顶管施工方法不能正常顶进作业，后采用先注浆固结砂砾层，与风化岩层形成整体，再采用小型特制超硬质合金刀头盾构机钻进、破碎注浆固结体及岩层，并在盾构机内将盾构产生的块体二次破碎形成小颗粒渣土以便通过管道顺利排出，盾构成孔一段、顶进一段，直至管道完成顶管作业。采用该工艺施工，项目顶管作业顺利进行，并取得了良好的经济效益、社会效益和环保效益。

1　工程概况

湘潭市三水厂水源迁改工程，位于湘潭三大桥西侧、滨江路南侧，湘潭市三大桥上游约200m处。顶管作业段遇卵石、强风化粉砂质泥岩等两种复杂地质条件，顶管长度120m，管材钢筋混凝土管，管径1600mm，施工难度大，施工质量要求高，本工程采用"复杂地质条件下注浆加固二次破碎小型盾构顶管施工技术"，于2016年7月开工，2016年9月竣工。

2　工艺原理

顶管管道穿越砂砾层、风化岩层或混合层时，采用先注浆固结砂砾层，与风化岩层形成整体，再采用小型特制超硬质合金刀头盾构机钻进、破碎注浆固结体及岩层，并将盾构产生的块体在盾构机内二次破碎形成小颗粒渣土，通过泥浆泵管道顺利排出，盾构成孔一段、管道顶进一段，循环作业，直至顶管施工完毕。

3　施工工艺流程及施工方法

3.1　施工工艺流程

施工准备（测量放线）→工作井、接收井→盾构及顶管设备安装（设备进场）→原有地质注浆加固→盾构钻进、破碎（管道出渣）→管道顶进施工→机头出洞、洞口后期处理。

3.2　施工方法

3.2.1　施工准备

（1）做好材料进场、机具设备、劳动力及资金等准备工作。

（2）测量放线：测量是使顶管机沿设计轴线顶进，保证顶管机顶进方向精确度的前提和基础。为保证本工程的测量精度，施工前首先完成对业主所给测区导线网与水准网及其他控制点的检核。在顶管机上配备激光导向系统指导顶管机顶进，以降低人工测量的误差和劳动强度，加快施工进度。同时采用全站仪对顶管轴线进行测量控制。施工时严格贯彻三级测量复核制度，确保顶管按设计方向顶进。

3.2.2　工作井、接收井

按设计要求做好工作井及接收井的施工，采用沉井施工方法。

3.2.3　盾构、顶管设备安装

做好洞口止水装置安装、后靠墙的安装、在轴线定好后既可安装导轨以及后顶，并进行盾构、顶管设备等安装，最后进行始发井内洞口的凿除。

3.2.4　原有地质注浆加固

（1）顶管管道穿越砂砾层、风化岩层或混合层时，采用先注浆固结砂砾层，与风化岩层形成整体。

（2）注浆施工工艺流程为：放线定孔→钻孔→下管→注浆→封孔→移孔→补孔注浆。

（3）注浆方式：采用自上而下循环钻探灌法，注浆循序先四周后中间、采用跳孔分序施工，逐渐加密的原则。

（4）注浆压力：一般土层控制在 0.1 ～ 0.3MPa，卵石土层控制在 0.1 ～ 0.2MPa。

（5）注浆速度：注浆流量控制 10 ～ 15/min 以内，或根据现场动态确定。

（6）终止注浆标准：分段注浆时，土层及卵石土层采用 0.1 ～ 0.3MPa 压力闭浆 30min 可达到分段注浆结束标准。当注浆压力大于设计压力，且吸浆量小于 2L/min 稳定时间 30min 可终止注浆。

3.2.5　盾构钻进、破碎

采用小型特制超硬质合金刀头盾构机钻进、破碎注浆固结体及岩层，并将盾构产生的块体在盾构机内二次破碎形成小颗粒渣土，通过泥浆泵管道顺利排出，盾构成孔一段、管道顶进一段，循环作业，直至顶管施工完毕。

3.2.6　管道顶进施工

（1）工作坑内设备安装完毕，经检查各部处于良好状态，即可进行顶进。

（2）顶管出洞：顶管出洞是指顶管机和第一节管子从工作井中破出洞口封门进入土中，开始正常顶管前的过程，是顶管中的关键工序，也是容易发生事故的工序。故一般在顶管洞口设置密封结构。顶管洞口密封结构的作用是阻止在顶管过程中泥水从管节与洞之间的间隙流入工作井内，同时也起定位作用。根据管道中心线与井壁预留洞孔的位置，制作一个钢结构的内套环，套环内圈设有橡胶止水带环，套环安装在井内预留洞孔与管节之间，外围焊接在孔的预埋钢板上，内圈橡胶紧贴管节。

（3）为防止地下水土涌入井，顶管出洞前可采取以下措施，内侧安装止水钢环，制井时应对洞口外侧土体进行注浆加固，必要时在洞外打入钢板桩。

（4）顶管机头在井管内床就位，调试完毕，作好出洞的一切准备后，便可割除钢封门，将机头穿进橡胶密封圈顶入土中，同时在机头与洞口的缝隙中注满膨润土泥浆，以润滑管道，支护土体。出洞操作速度要快，以防出洞口外土体坍塌。

（5）顶管出洞对操作者要求很高，这是因为出洞时顶管机未被土体包裹，处于自由状态，而使顶头出洞的主千斤顶顶力是巨大的，因此，控制操作哪怕出现少量不均匀或土质不均匀，使各千斤顶的行程不等，也足以使顶头和第一节管子偏离设计轴线。此时的土体难以对机头产生较大反力，难以对机头起到导向约束作用，故此时产生的偏差很难纠正，甚至是纠不过来的。因此，出洞顶进时一定要十分小心，用激光经纬仪随时测量监控，保证顶头和第一节管子位置正确。

（6）为防止管线出现偏斜，应采取以下几点措施：

①工具管要严格调零，将工具管调整成一条直线，此时仪表所反映的角度应该为零，调零后将纠偏油缸锁住。

②防止工具管出洞后下跌，工具管出洞后，由于支撑面较小，工具管易出现下跌，为此须在工具管下的井壁上加设支撑，同时将工具管与前几节管之间连接，加强整体性。

③注意测量与纠偏。工具管出洞后，发现下跌时立即采取主顶油缸进行纠偏。

④工具管出洞前，可预先设定一个初始角，以弥补工具管下跌。

⑤顶管机下方两侧设有止退插销，顶管机出洞后，当千斤顶松开时应插入上退插销，防止顶管机被土压力推回。

（7）顶管进洞：顶管进洞是指一段管道顶完，顶管机破封门进入接收井，并作好顶管机后一节管与进洞口的密封连接的过程。顶管进洞前应做好以下几方面的工作：

①检查工具管的位置，在接收井钢封门内侧画出工具管的位置。

②工具管接触到钢封门前刀盘应停止切削。

③拆除钢封门内侧的槽钢，沿工具管的位置割除钢封门。

④及时封堵首管与接收井之间的空隙。

（8）膨润土泥浆减阻及置换

①减阻注浆：减阻注浆管节分为 A 型和 B 型两种，A 型管 4 孔出浆，B 型管 3 孔出浆。施工过程中 A 型管、B 型管间隔布置。机头及其后 10 节管每节管都设有注浆孔，其后每 2 节标准管加设 1 节带有注浆孔的管节。

②将膨润土泥浆注入管道的外周，使管道外壁形成泥浆套，减少管道外壁与周围土层之间的摩擦阻力，膨润土泥浆是在地面泥浆站拌制好，然后通过注浆管向管道内泵送。注浆主管采用 ϕ50mm 钢管，从泥浆站直通机头，主管沿线每间隔 3m（即每节管节）设一个三通或四通连接注浆支管，每条支管采用 ϕ25mm 橡胶管，沿顶管横断面弧形布置，支管上设 3～4 个三通连接管壁上预留的注浆孔。顶管过程中，应专人交替打开注浆孔阀门，不断地向管外壁注浆。机头尾端要紧随管道顶进同步压浆，后方各注浆点位必须跟踪补浆。

③压浆数量和压力：一般压浆量是管道外周环形空隙的 1.5～2.0 倍，压注压力根据埋设深度和土的天然重度而定，拟用指标为 1.5rH，r 为土的重度，H 为土的覆盖深度，不同的地质条件，灌浆压力不同，施工过程中区别对待。

（9）管道内辅助设施

①通风设施

由于管道顶进距离长，埋置深度深，管道内的空气不新鲜，加上土、岩体中可能会产生有害气体，因此，必须设置供气系统。通风设施用一台送风机（送风量 3m³/min），将新鲜空气送入管道最前端，并将管道最前端的空气排出，以此进行空气循环。施工前，通风时间应不少于半个小时，并用仪器检测管道中的有毒气体及氧气含量，达到要求后才能进人操作。

②电力设施

在顶管过程中，主要的电源为动力用电和照明用电。潮湿洞内使用 12V 照明电源，动力电缆应挂在洞壁上。

a. 动力用电

由于管道内的电机采用 380V 动力电，因此，进入管道的动力电必须做到二级保护和接地保护措施，动力电采用五芯电缆，电源线设置在操作人员不易接触处，并在电源线外增设护套，保证用电安全。

b. 照明用电

由于管道内的空气湿度较大，因此，采用 12V 低压照明电，低压电须通过变压器降压，灯具采用防水防爆灯具。

3.2.7 机头出洞、洞口后期处理

（1）出洞措施：在出洞地基加固采用压密注浆法进行（即逆作法注浆法）。

（2）为使顶管出洞口不发生水土流失，导致工程受损，应在出洞口安装可靠的止水装置，采用双道橡胶法兰。

4 质量控制

（1）顶进轴线的控制：顶管机在正常顶进施工过程中，必须密切注意顶进轴线的控制。在每节管节顶进结束后，必须进行机头的姿态测量，并做到随偏随纠，且纠偏量不宜过大，以避免土体出现较大的扰动及管节间出现张角。

（2）机头下井前对全套机械设备进行彻底检查，保证其顶进时具有良好的性能。

（3）严格控制顶进机的施工参数，防止超、欠挖。

（4）顶进机顶进的纠偏量越小，对土体的扰动也越小。因此在顶进过程中应严格控制顶进机顶进的纠偏量，尽量减小对正面土体的扰动。

（5）施工过程中顶进速度不宜过快，一般控制在 0.5cm/min 左右，尽量做到均衡施工，避免在途中有较长时间的耽搁。

（6）在穿越过程中，必须保证持续、均匀压浆，使出现的空隙能被迅速填充，保证管道上部土体的稳定。

5 安全措施

（1）加强安全生产的宣传教育和学习国家、省市有关安全生产的《规定》《条例》和《安全生产操作规程》，并要求职工在施工中严格遵守有关文件的规定。

（2）工程施工之前，结合顶进机施工的特点，对顶进机进、出洞，封门凿除，顶进机顶进施工、拌浆、吊装等作业均须实施安全技术交底，经相关操作人员签证认可，并保持记录。

（3）工程实施时，严格按照经公司总工程师和项目监理审定的施工组织设计和安全生产措施的要求进行施工，操作工人必须严守岗位履行职责，遵守安全生产操作规程，特种作业人员应经培训，持证上岗，各级安全员要深入施工现场，督促操作工人和指挥人员遵守操作规程，制止违章操作、无证操作、违章指挥和违章施工。

（4）作业和特殊作业前，先要落实防护设施，正确使用攀登工具，安全带或特殊防护用品，防止发生人身安全事故。

（5）严格执行动火作业审批制度，一、二、三级动火作业未经批准不得动火，动火点与氧气、乙炔的间距要符合规定要求，临时设施区要规定配足消防器材。

（6）施工作业人员经常检查吊车的吊绳。

（7）严禁吊臂下吊装时站人，沉井内吊装时禁止井下站人。吊车作业时安排专人指挥吊装作业。

（8）每月一次全面安全检查，由工地各级负责人与有关业务人员实施。班组每天进行上岗安全检查、上岗安全交底、上岗安全记录。

6　环保措施

（1）教育作业人员自觉爱护现场环境，组织文明施工。

（2）施工场地划分环卫包干区，指定专人负责，做到及时清理场地。

（3）加强场地内地下水资源的保护，不得随意排放受污染的未经处理的水进入地面。

7　结语

复杂地质条件下顶管施工难度大，采用注浆加固二次破碎小型盾构顶管施工方法，便于盾构、顶进作业不会出现坍塌，既确保了安全，也保证了顶进质量；且盾构初次破碎及盾构后的二次破碎，渣土通过泥浆泵管道直接排出至运输车内，操作简便，有利于环境保护及文明施工。

随着管道顶进技术的不断进步，通过研究不同地质条件下的顶管施工工艺，将不断积累复杂地质条件下的顶管施工技术，为我国的顶管技术创新做出贡献。

参考文献

［1］　GB 50268—2008. 给水排水管道工程施工及验收规范［S］. 北京：中国建筑工业出版社，2008.

［2］　JGJ 33—2012. 建筑机械使用安全技术规程［S］. 北京：中国建筑工业出版社，2012.

［3］　李明华. 复杂地质条件下长距离顶管施工技术探讨［J］. 铁道建筑，2010［4］：107-110.

预制 T 梁钢筋骨架定位模具施工技术

王　山　成　伟　孙志勇　龙　云　冯松青

湖南省第三工程有限公司，湘潭，411101

摘　要： 传统预制 T 梁钢筋骨架安装是直接在 T 梁台座上进行钢筋骨架制安、不能大规模生产 T 梁钢筋骨架，且现场钢筋钢筋骨架安装与设计图纸、规范的要求存在较大偏差，工效较低。本文介绍了一种预制 T 梁钢筋骨架定位模具，不仅及时发现钢筋骨架制安过程中的问题，而且能成批量生产、制安钢筋骨架，降低钢筋骨架制安偏差，节省材料、提高工效。
关键词： 预制 T 梁；钢筋骨架；定位；安装模具

　　传统预制 T 梁钢筋骨架安装是直接在 T 梁台座上进行钢筋骨架制安、不能大规模生产 T 梁钢筋骨架，且现场钢筋钢筋骨架安装与设计图纸、规范的要求存在较大偏差，既不能提前发现根据设计图纸骨架制安是否存在问题，也不能节省钢筋材料，工效较低。预制 T 梁钢筋骨架定位模具施工主要是利用模具对 T 梁钢筋骨架进行标准化制作与安装，提高钢筋骨架制安质量。

　　我公司通过在湘潭市河东风光带二期项目龚家浸大桥、冯家浸大桥、湘潭市滨江路八标竹埠港桥及湘潭县芙蓉大道跨线桥等多个桥梁工程中施工应用此施工工艺，均取得了很好的效果。现将该施工工艺总结如下。

1　D 工程概况

　　湘江河东风光带二期项目位于湖南省湘潭市，本项目南起湘黔铁路桥，北至沪昆高速公路桥，全长 7.275km，工程包括道路、桥梁、涵洞、排水、亮化、交通、景观绿化等项目内容。其中龚家浸桥全长 437m，桥梁标准宽度 28.2m，上部结构采用预应力混凝土 T 梁 + 等高截面直腹板连续箱梁结构型式；冯家浸桥梁桥梁全长 200m，标准宽度 27m，上部结构采用预应力混凝土（后张）简支 T 梁。两座桥梁共计共计 280 榀预应力混凝土 T 梁通过梁场集中化生产，生产过程中采用预制 T 梁钢筋骨架定位模具施工技术。预制 T 梁于 2017 年 3 月开始标准化集中生产，现已全部施工完毕。

2　工艺原理

　　预制 T 梁钢筋骨架定位模具主要由 T 梁腹板钢筋骨架模具、T 梁翼缘板钢筋骨架模具、骨架吊装桁架、桁架支墩、钢筋骨架半成品平台五大部分组成。施工过程中，利用腹板钢筋骨架模具翼缘板钢筋骨架模具同时对 T 梁腹板和翼缘板钢筋骨架进行制安，吊装桁架将钢筋骨架吊装至模板上，再进行腹板骨架钢筋与翼缘板骨架钢筋连接，形成预制 T 梁钢筋骨架。

　　预制 T 梁钢筋骨架定位模具能在定位模具生产过程中发现设计图纸钢筋骨架与预应力管道波纹管是否存在冲突等问题。能提前发现设计图纸的骨架钢筋是否在制安过程中能够操作、及时修改骨架钢筋形状及尺寸。

3 施工工艺流程及施工方法

3.1 施工工艺流程

施工准备→T梁腹板及翼缘板模具制安→检验钢筋型号及制安问题→骨架吊装桁架及桁架支墩制作→钢筋骨架制安→吊装腹板钢筋骨架→T梁模板安装→吊装翼缘板骨架钢筋与腹缘板骨架钢筋连接。

3.2 施工方法

3.2.1 施工准备

技术人员熟悉好施工图纸，做好人员、材料及设备等准备工作。

3.2.2 T梁腹板及翼缘板模具制安

根据设计图纸T梁钢筋骨架要求制作T梁腹板及翼缘板钢筋骨架模具，单个模具由支撑架、角钢及定位片组成，定位片根据钢筋大小设置两个，确保两个定位片正好卡住单根钢筋且能够松动，定位片与定位片间距根据设计图纸钢筋间距设置，做到标准尺寸间距，并对每单根钢筋位置进行编号以便和半成品钢筋对应。

3.2.3 检验钢筋型号及制安问题

骨架制作完成后根据钢筋型号及间距检验是否存在骨架安装问题，模具长度、宽度根据T梁钢筋骨架长度和宽度确定，并单侧延伸50～100cm。

3.2.4 骨架吊装桁架及桁架支墩制作

制作吊装桁架及桁架支墩：采用工字钢制作，吊装桁架根据单片T梁骨架钢筋长度、宽度、重量进行力学分析，确保吊装桁架在吊装过程中桁架及钢筋骨架的稳定性。桁架支墩根据吊装桁架荷载制安，确保吊装桁架在吊装前与钢筋骨架连接时能够保证桁架稳定。

3.2.5 钢筋骨架制安

钢筋骨架半成品平台设置在模具一侧，平台长度与模具长度相同。平台根据钢筋型号分隔，并与模具钢筋型号编的号相对应，安装钢筋过程中直接将半成品钢筋与模具的编号进行对应安装即可。

3.2.6 吊装腹板钢筋骨架

吊装桁架将腹板钢筋骨架吊装至预制T梁台座。

3.2.7 T梁模板安装

腹板骨架吊装完毕后，进行T梁腹板模板安装。

3.2.8 吊装翼缘板骨架钢筋、与腹缘板骨架钢筋连接

吊装桁架将翼缘板钢筋骨架吊装至模板上，再进行腹板骨架钢筋与翼缘板骨架钢筋连接，形成预制T梁钢筋骨架。

4 施工质量控制

（1）根据设计图纸钢筋骨架尺寸制作相应模具；

（2）模具定位片根据钢筋大小、型号、间距设置。

（3）吊装桁架及桁架支墩确保钢筋骨架在桁架与骨架连接时段及钢筋吊装过程中骨架不松散、稳定。

（4）桁架及桁架支墩制作，应符合《钢结构焊接规范》GB 50661—2011要求。

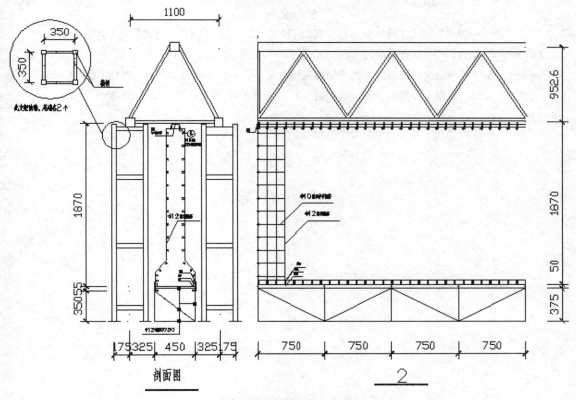

图 1　预制 T 梁钢筋骨架定位模具示意图

5　安全措施

（1）严格执行操作规程，加强设备及施工机械检查，加强作业人员安全教育，做好安全防护。

（2）吊装桁架作业时应派专人指挥和制定相应的安全技术措施，并在地面划定吊装作业范围区，设置警戒线。

（3）预制 T 梁钢筋骨架组合模具需根据骨架钢筋荷载选用稳定模具支架，确保模具在钢筋骨架安装及吊装前模具的稳定性。

6　环保措施

（1）预制 T 梁钢筋骨架组合模具与钢筋制作形成一条完整封闭工艺流水线，并有效的保护半成品钢筋骨架，节约钢筋材料，控制周边环境的噪声污染

（2）施工过程的垃圾必须清理干净，每次施工后的残料、塑料包装不得随地乱扔、乱倒，污染环境，严格做到工完场清。

7　结语

预制 T 梁钢筋骨架定位模具制作简单，可以在现场进行根据 T 梁尺寸现场制作，造价低。利用预制 T 梁钢筋骨架定位模具能够按设计图纸要求间距、型号成批量生产、制安钢筋骨架，降低钢筋骨架制安偏差。能节省材料成本幅度在 8% ～ 10%、节约人工、提高工效20%，在桥梁预制 T 梁施工中，可广泛应用。

参考文献

[1] CJJ 2—2008．城市桥梁工程施工质量验收规范 [S]．北京：中国建筑工业出版社，2016．

[2] GB 50661—2011．钢结构焊接规范 [S]．北京：中国标准出版社，2012．

[3] 毛选龙．基于可移动模架的预制 T 梁钢筋绑扎技术 [J]．科技创新与生产力．2015 [8]：83-85．

[4] 安春英．预应力混凝土 T 梁的预制过程控制 [J]．森林工程．2011，27 [2]：56-60．

堤防工程加固逆作法注浆施工技术

孙志勇　戴习东　刘　毅　熊　锋　肖　恋

湖南省第三工程有限公司，湘潭，411101

摘　要： 当前，随着自然气候环境的变化，水利堤防工程加固处理需求越来越多，注浆为常用的加固方法。本文介绍了堤防工程逆作法注浆加固施工工艺，自上往下、自外向内分层压密注浆，能有效提高堤防工程注浆质量和注浆土体的安全稳定性。

关键词： 堤防；加固；逆作法；注浆

当前，随着自然气候环境的变化，水利堤防工程加固需求越来越多，注浆为常用的加固方法，通常的堤防加固方法中有钻探灌浆加固、劈裂灌浆等，其主要采用常规的从下往上，从内向外的注浆方式。我司在湘潭市三水厂水源迁改工程和长沙雨花污水处理厂厂外配套管网及泵站施工工程（四标段）的堤防加固施工中，采用了一种区别于传统注浆方法的从上至下、由外至里的逆作法分层注浆施工方法，既能保证施工过程中不出现管涌，又能加快注浆、提高内部注浆压力，保证注浆从上至下、由外至里层层密实，工程质量、安全及文明施工方面与传统注浆方法相比有明显提升。

1　工程概况

湘潭市三水厂水源迁改工程，位于湘潭三大桥西侧、滨江路南侧，湘潭市三大桥上游约200m处。顶管作业堤防工程段遇卵石、强风化粉砂质泥岩等两种复杂地质条件，为确保顶管作业安全，在堤防工程顶管区域段采用"堤防工程加固逆作法施工技术"，该加固注浆作业于2016年5月开工，2016年7月完工。

2　工艺原理

堤防工程加固逆作法注浆施工，是采取从上至下分段钻孔、分段注浆、分段固结、交替向下循环作业，同时从外围向内部集中，先形成加固土体的固结包围圈，避免注浆过程中出现返浆或管涌，再在固结包围圈内提高压力完成所有注浆，从而达到注浆层层密实、形成整体固结防渗体的效果。

3　施工工艺流程及施工方法

3.1　施工工艺流程

施工准备（放线定孔）→第一层钻孔、下管（设备进场）→第一层注浆→第二层钻孔、下管→第二层注浆→第三层……钻孔、下管→第三层……注浆。

3.2　施工方法

3.2.1　施工准备

（1）做好材料进场、机具设备、劳动力及资金等准备工作。

（2）放线定孔：组织测量人员进行放线定孔。

3.2.2　钻孔

采用多功能钻机钻孔，孔径 110mm，泥浆护壁钻进。注浆孔为正三角形布置，采用分层钻孔，先钻第一层土层，待第一层注浆完成后，再进行第二层土层的钻孔，待第二层注浆完成后……，如此循环直至钻孔至设计深度层。

3.2.3　下管

将 $\phi32$PVC 注浆管插入钻孔井置于钻孔中间，注浆管壁上设置注浆孔，安放注浆管类同钻孔分层施工。

封口处理：采用水泥砂浆（掺 3% 的速凝剂）封堵孔口，防止注浆时浆液窜至地表。

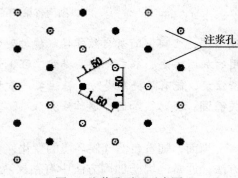

图 1　注浆孔平面示意图

3.2.4　注浆

（1）浆液的配置

以普通硅酸盐水泥（P·O 42.5），注浆浆液的浓度应由稀到浓，逐级变换。注浆浆液水灰比可采用 1∶0.8 至 1∶1.2 逐步调整，开灌比 1∶0.6。

（2）固化注浆浆液变换

当注浆压力保持不变，注入率持续减少时，或当注入率不变而压力持续升高时，不得改变水灰比。当某一级浆液的注入量已达 300L 以上或灌注时间已达 1h，而注浆压力和注入率均无改变或改变不显著时，应改浓一级。当注入率大于 30L/min 时，可根据具体情况越级变浓。

（3）注浆顺序

先四周后中间，先堤防迎水面后堤内，采用跳孔分序施工，逐渐加密的注浆原则。

（4）注浆方式

采用自上而下循环钻探灌法（逆作法注浆方法），并分段后退式注浆，即钻孔钻至第一层土层深度（分层厚度根据土层构造及注浆压力等确定）后置入注浆管，对第一层土层进行注浆，再钻孔至第二层土层深度后置入注浆管，对第二层土层进行注浆，如此循环第三层钻孔、下管、注浆……直至满足设计要求。同时保证每一层土层注浆间隔时间控制在 5 ～ 6 小时内完成，并在注浆孔上都设置止浆装置。

（5）注浆扩散半径

注浆扩散半径是一个非常重要的参数，不仅影响注浆的工程质量，而且影响工程的造价，通过计算和类似工程的经验，确定注浆渗透半径为 1.50 ～ 2.00m，水泥浆体将地基土体劈裂，充填如裂隙和孔隙中形成水泥土混合结石体。

（6）注浆压力

一般土层控制在 0.1 ～ 0.3MPa，卵石土层控制在 0.1 ～ 0.2MPa。

（7）注浆速度

注浆流量控制 10 ～ 15L/min 以内，或根据现场动态确定。

（8）终止注浆标准

分层分段逆作法注浆时，土层及卵石土层采用 0.1 ～ 0.3MPa 压力闭浆 30 分钟可达到分段注浆结束标准。注浆充盈系数在 1.1 ～ 1.3 之间。当注浆压力大于设计压力，且吸浆量

<2L/min 稳定时间 30min 可终止注浆。

4　质量控制

（1）施工前一定要做工艺试验，针对浆液比例、浓度、不同土层找到压力与注浆量的关系。

（2）注浆开始时应做好充分的准备工作，包括机械器具、仪表、管路、注浆材料、水电等检查及必要的试验。其中压力表和流量测定器应是必备的仪表，注浆一经开始应连续进行，避免中断。

（3）施工过程中应如实和准确记录施工情况，包括注浆深度、压力、注浆量、浆液配比、浆材质保书等，宜采用自动流量和压力记录仪，对资料及时进行整理分析，以便指导注浆工程的顺利进行。

（4）浆体必须经过搅拌均匀后才能开始注浆，并应在注浆过程中不断缓慢搅拌，搅拌时间小于浆液初凝时间。

（5）浆液沿注浆孔管壁冒出地面时，在地表孔口用水泥、水玻璃混合料封密管壁与地表土孔隙，并间隔一段时间后再进行下一个深度的注浆。

（6）浆液在凝固后，其体积不应有较大的收缩率，一般应小于等于千分之三体积量。

（7）当浆液从已注好的注浆孔上冒（串）时应采用跳孔施工。

（8）注浆中发生地面冒浆现象应立即停止注浆，查明注浆原因。如系注浆孔封闭效果欠佳，可待浆液凝固后重复注浆；如系地层灌注不进，应结束注浆。

（9）注浆结束时应及时拔管，清除机具内的残留浆液，拔管后在土中所留的孔洞，应用水泥砂浆封堵。

（10）注浆完成后按照设计图纸要求对注浆效果进行检验。

5　安全措施

（1）加强安全生产的宣传教育和学习国家、省市有关安全生产的《规定》《条例》和《安全生产操作规程》，并要求职工在施工中严格遵守有关文件的规定。

（2）工程实施时，严格按照经审批后的施工组织设计和安全生产措施的要求进行施工，操作工人必须严守岗位履行职责，遵守安全生产操作规程，特种作业人员应经培训，持证上岗，各级安全员要深入施工现场，督促操作工人和指挥人员遵守操作规程，制止违章操作、无证操作、违章指挥和违章施工。

（3）在连接注浆胶管和注浆管之前，应放掉卸压阀内的高压空气，以免连接过程中，柱塞在高压空气作用下移动，导致浆液喷到作业人员身上，引起伤人事故。

（4）当注浆泵、注浆管和吸浆管出现堵塞时，必须及时进行清理。清理前，应关紧注浆泵上的进气球阀，并打开注浆泵上的卸压阀，放掉泵内的高压空气，并保证注浆泵上的压力表值为零。

（5）当一个注浆孔注满后，关闭注浆泵，换注下一注浆孔。操作程序是：关注浆泵→关注浆管上的球阀→开混合器上的卸压阀→卸下注浆胶管并接到下一注浆管上→开注浆泵注浆。务必按程序操作，以免注浆胶管内浆液喷射伤人。

（6）每次注浆结束或因故需停止注浆 10min 以上时，均需清洗注浆管路。

（7）及时处理突然停气事。故由于停电或空压机出现故障引起停气时，应尽快做好处理工作。处理程序如下：①关紧注浆泵上的进气球阀，并打开注浆泵上的卸压阀，放掉泵内的高压空气，保证注浆泵上的压力表值为零。②打开混合器上的卸压阀，接上水龙头，打开水管阀门，当注浆胶管（连接注浆管端）出清水时，关闭水管阀门。③卸下两根出浆管，清洗干净。④将水管对着混合器的进口，清洗混合器的两个进口。⑤取下注浆泵上的进浆阀和出浆阀，用清水清洗干净，再用清水将吸浆泵清洗干净。⑥清洗吸浆管，保证吸浆管的畅通。

6 环保措施

（1）教育作业人员自觉爱护现场环境，组织文明施工。

（2）确保设备的清洁美观，各种材料进入现场按指定位置堆放整齐，不影响现场正常施工，不堵塞施工通道和安全通道，材料规格标识清楚，材料堆放场要有专人看管。

（3）辅设各种管路、线路要安全、合理、规范、有序，做到整齐美观；对风、水和供浆管路经常检查，防止风、水和供浆管"跑、冒、滴、漏"的现象。

（4）施工现场管理要规范、干净整洁，做到无积水、无淤泥、无杂物；各种设备运转正常，做到"工完、料净、场地清"；对施工、生活垃圾入箱集中堆放，并及时清理出场，防止出现乱弃渣、乱搭建现象。

（5）施工面所用钻具、工具等，在用完后及时收回，集中放置，不得随意丢放。

（6）施工用电的动力线和照明线分开架设，不随意爬地或绑扎成捆。

（7）加强施工现场管理，设二次警戒，严禁非施工人员进入施工现场；施工人员佩证上岗，严禁脱岗、串岗、睡岗和空岗。

（8）加强地下水资源的保护，不得排放有污染的未经处理的水进入土层。现场严禁打井取地下水。

7 结语

堤防工程通过采用加固逆作法注浆施工，从上往下、从外至内分层压密注浆的方式，避免了先下层或内部注浆时出现管涌和返浆现象，有效保证注浆过程中堤防安全、保护地表和地下环境，能提高内部注浆压力，使土体孔隙注浆更加密实，有效提高堤防抗渗性能及整体注浆质量；且施工操作简便，提高了注浆工效，缩短了工期，节约施工成本。

参考文献

［1］ JGJ/T 211—2010. 建筑工程水泥 - 水玻璃双液注浆技术规程［S］. 北京：中国建筑工业出版社，2010.

［2］ SL 260—2014. 堤防工程施工规范［S］. 北京：中国水利水电出版社，2014.

［3］ DL/T 5200—2004. 水电水利工程高压喷射灌浆技术规范［S］. 北京：中国电力出版社，2004.

浅析地下室顶板上装配式建筑构件临时运输轨道加固

甘 宇

湖南南托建筑股份有限公司，长沙，410007

摘 要： 装配式建筑已经成为我国建筑业发展的大趋势，装配式构件由工厂制作后运输至施工现场吊装，满载装配式构件的汽车重量大，对运输轨道的承载能力要求高，而部分建筑在施工过程中，因场地限制及吊装设备限制，运输道路需要使用前期已经完成的地下室顶板，这就要对该部位地下室顶板进行加固，确保地下室结构及构件运输安全，本文以粟塘小区公租房21～27号建安工程为例，对地下室顶板临时运输道路加固进行探讨。

关键词： 装配式构件；地下室顶板；施工道路；加固

1 工程概况

由长沙金时房地产开发有限责任公司投资代建的粟塘小区25～27号公租房工程，三栋建筑为"一字形"排列，地下人防部分为钢筋混凝土结构，地上部分为装配式结构，本建筑群北向为两趟高压线（分别为10kV和220kV），距离建筑物较近，东向和西向为已建经济适用房小区，以上各方位均不利于装配式构件的吊装，经我公司人员现场踏勘及与设计单位沟通，采用在已建人防地下室顶板上设置施工道路（顶板已经覆土厚度为0.75m，水泥道路厚度为0.25m），为保证车辆通行及构件堆放对顶板结构无影响，需采用扣件式钢管脚手架对顶板进行加固。

2 顶板加固方案设计

2.1 加固范围

（1）装配式构件运输道路。

（2）临时行车道路宽度为5000mm，为保证地下室顶板结构安全，在临时行车道路两侧搭设防护栏杆，防止车辆行驶超出加固范围。

2.2 荷载取值

依据远大公司提供吊装流程及构件重量，最重构件拖车为70吨。

2.3 材料

木方采用50mm×70mm；加固支架采用扣件式钢管脚手架，钢管ϕ48mm×3.0mm。

2.4 加固支架搭设方案

加固范围内所有立杆纵横距均为500mm；水平杆步距1100mm，每根立杆底部应设置专用底座。脚手架立杆必须设置纵、横向扫地杆。纵向扫地杆应采用直角扣件固定在距底座上皮不大于200mm处的立杆上。横向扫地杆亦采用直角扣件固定在紧靠纵向扫地杆下方的立杆上。钢管立杆顶部采用可调节U型托，且其螺杆伸出钢管顶部的使用长度不大于200mm，安装时应保证上下同心，U型托上部增设50mm×70mm木方以分散上部荷载。

剪刀撑：在竖向须沿长度连续设置剪刀撑。剪刀撑的斜杆与水平面交角在 45° ～ 60° 之间，跨越立杆的根数在 5 ～ 7 根之间，斜杆应与脚手架基本构架杆件可靠连接，即将一根斜杆扣在立杆上，另一根斜杆扣在小横杆伸出部分上，这样可以避免两根斜杆相交时，把钢管别弯。剪刀撑斜杆的接长须采用搭接，搭接长度 1m，设置 3 个旋转扣件，旋转扣件距管头100mm 以上。

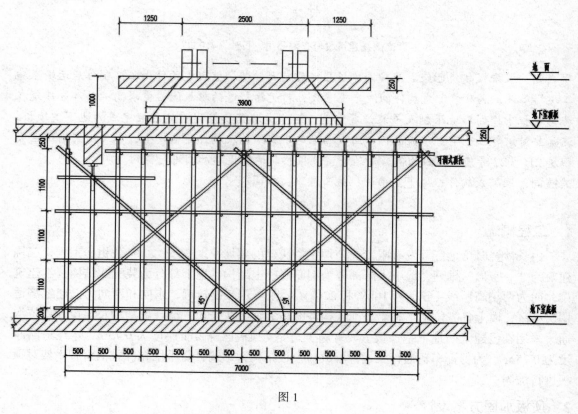

图 1

3　地下室顶板车道加固方案结构验算

3.1　装配式构件拖车作用下楼面等效均布荷载的确定。

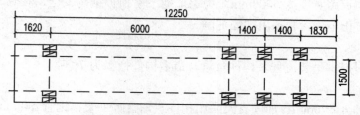

图 2　装配式构件拖车车轮荷载平面尺寸

按《全国民用建筑工程设计措施》结构（结构体系）附录 F.2 中关于汽车活荷载作用下地下室顶板受力分析，按后车轮作用在跨中考虑，后轮均作用在一个共同的平面上，单个轮胎着地尺寸为 0.6m×0.2m，后车轮作用荷载取 70t，前车轮作用荷载不计（偏安全考虑）。

按《全国民用建筑工程设计措施》结构（结构体系）附录 F.2 中表 F.2，覆土深度大于0.70m 时，车轮压动力系数取值为 1.0。

受力分析图如图 3 所示：

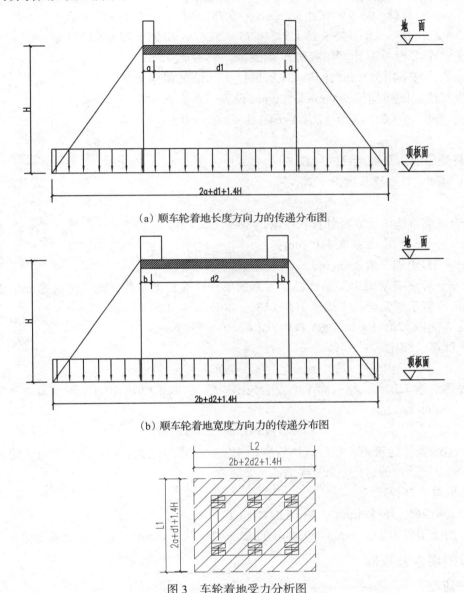

（a）顺车轮着地长度方向力的传递分布图

（b）顺车轮着地宽度方向力的传递分布图

图 3　车轮着地受力分析图

图中：a——轮胎着地宽度，单个轮胎宽取 0.2m，双轮胎间距为 0.1m；

　　　b——轮胎着地长度的 1/2，轮胎着地长度取 0.6m；

　　　d_1——两轮胎轴之间轮胎净距；取 2.0m；

　　　d_2——两轮胎轴之间的间距；取 1.4m；

　　　H——覆土深度，本工程覆土深度为 0.75m，水泥道路厚度为 0.25m；

　　　$L_1 = 2a + d_1 + 1.4H = （0.2 \times 2 + 0.1）\times 2 + 1.5 + 1.4 \times （0.75 + 0.25）= 3.9（m）$；

　　　$L_2 = 2b + 2d_2 + 1.4H = （0.6/2）\times 2 + 1.4 \times 2 + 1.4 \times （0.75 + 0.25）= 4.8（m）$；

　　　有效荷载面积 $S_底 = L_1 \times L_2 = 3.9 \times 4.8 = 18.72（m^2）$。

由于地下室顶板厚度为 0.25m，临时混凝土道路厚度为 0.25m，上覆层厚度为 0.75m，

土重度取 20kN/m³

$$Q=70×9.8+0.25×25×S_{底}+0.75×20×S_{底}+0.25×25×S_{底}$$

$$q=Q/S_{底}=（70×9.8+0.25×25×S_{底}+0.75×20×S_{底}+0.25×25×S_{路}）/S_{底}=64.15（kN）$$

偏于安全考虑，不计算梁板的承载能力，只考虑支撑钢管的承载能力，按 64.15kN/m² 计算。现场根据实际情况顶撑架体的立杆纵、横向间距均按 500mm×500mm 设置，水平杆步距为 1100mm，每根立杆的实际承载力 N=64.15kN×0.5×0.5＝16.04（kN）

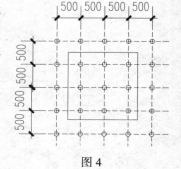

图 4

3.2　立杆受压应力及稳定性的计算

（1）顶部立杆计算长度按下式计算：

$$l_0=kμ(h+2a)$$

式中：k——满堂脚手架立杆计算长度附加系数，取 k=1；

　　　　h——步距，本方案取 1100mm；

　　　　a——自由端，取 250mm；

　　　　$μ$——考虑满堂脚手架整体稳定因素的单杆计算长度系数，查《建筑施工扣件式钢管脚手架安全技术规范》（JGJ 130—2011），$μ$=1.619。

由此 $l_0=kμ(h+2a)=1×1.6198×(1100+2×250)=2591.68$

（2）计算长细比

$$λ=l_0/i$$

查《建筑施工扣件式钢管脚手架安全技术规范》（JGJ 130—2011）附录 B，钢管回转半径查表 i=15.9mm。

$$λ=l_0/i=2591.68/15.9=163.0$$

按 $λ$=163 查《建筑施工扣件式钢管脚手架安全技术规范》（JGJ 130—2011）附录 A（表 A.0.6），轴心受压杆的稳定系数 $φ$=0.265。

（3）验算立杆稳定性

已知 $φ$=0.265，A=424mm²，N=16.04kN

立杆的受压应力为：$σ=N/φA=16040/0.265×424=142.76mm²<205N/mm²$ 满足要求。

4　支撑架搭设及拆除

4.1　工艺流程

放线→摆设纵横扫地杆→逐根树立立杆并随即与扫地杆扣紧→安第一步纵向水平杆并与立杆扣紧→安第一步横向水平杆与各立杆扣紧→安第二步纵向水平杆→安第二步横向水平杆→安第三四步纵横向水平杆→加设剪刀撑。

4.2　构造要求

（1）扣件规格必须与钢管外径相同。螺栓拧紧扭力距不应小于 40N·m；且不应大于 65N·m；在主节点处固定横向平杆、纵向平杆、剪刀撑、横向斜撑等用的直角扣件、旋转扣件的中心点的相互距离不应大于 150mm。对接扣件开口朝上或朝内，各杆件端头伸出扣件盖板边缘的长度不应小于 100mm。立杆上下交叉使用顶托抵紧上部梁板。

（2）杆件之间的斜交节点采用旋转扣件。对于平杆、立杆、斜杆交汇的节点，其旋转扣件轴心距平立杆交汇点应≤150mm。

（3）杆件接长采用对接扣件。立杆的对接，错开布置，相邻立杆接头不得在同步内，错开距离≥500mm，立杆接头与中心接点之间不大于600mm。

4.3　钢管加固支撑完成的检查内容：

（1）杆件的设置和连接，支撑等的构造是否符合要求；

（2）底座是否松动，立杆是否悬空；

（3）扣件螺栓是否松动；

（4）顶托是否顶紧。

5　支撑架的使用、保养与拆除

5.1　支撑架的使用

（1）支撑架搭设完，应经业主、监理、施工方共同检查验收合格后，方能投入使用。

（2）支撑架使用中应定专人定期查看以下项目：扣件的设置和连接，支撑等的构造是否符合要求，扣件螺栓是否松动，脚手架是否变形，并做详细书面记录。

（3）严禁随意拆除支撑架杆件和进行危及架子的作业。

5.2　支撑架的保养

（1）检查扣件是否有松动的同时，应对扣件的旋转面及螺丝丝口上油一次。

（2）每天检查一次架体的变形情况，架体是否固定牢靠，发现问题及时加固修复。

5.3　支撑架的拆除

（1）脚手架拆除前应全面检查脚手架道扣件连接、支撑体系等是否符合要求。

（2）架体拆除时应分划作业区，周围设围栏或竖立警戒标志，设专人指挥，严禁非作业人员入内。

（3）拆除的作业人员，必须戴安全帽，穿软底鞋。

（4）拆除顺序应遵循由上而下、先搭后拆、后搭先拆的原则，即先拆剪刀撑、斜撑、后拆横杆、立杆等，并按一步一清的原则依次进行，要严禁上下同时进行拆除作业，需分段拆除。

（5）拆下的扣件和配件及时运至地面，严禁乱堆乱放，必须做到工完场清。

6　监督和检测要求

（1）现场派专人对进出车辆进行指挥，控制车总重量不超过70t的才能上车库顶板，严禁超载。

（2）在进行PC板吊装时，运输车辆较多，现场配设调度一人，确保地库顶板上的道路，只能停一辆PC运输车。划分运输车停放区域。

（3）每周对车库顶板面、板底、框架梁、支撑系统进行监测。发现结构异常就立刻对顶板进行卸荷，并请有资质单位对其进行检测，问题严重时必须进行补强，并不再使用该地方作为施工场地。

（4）投入使用后安全员及栋号负责人每天进行一次现场检查支撑架体的变形情况，发现问题在第一时间内向项目负责人通报，并采取可靠的加固应对措施进行加固处理。

7　安全保证措施

（1）支撑架搭设人员必须是经过国家《特种作业人员安全技术管理规则》考核合格的专业架子工，上岗人员应定期体检，体检和考核合格者持证上岗。

（2）安装和拆除支撑时应严格按操作规程施工，操作人员应配戴安全帽、系安全带、穿防滑鞋。安全帽和安全带应定期检查，不合格者严禁使用。

（3）脚手架的构配件质量与搭设质量，应按《建筑施工扣件钢管脚手架安全技术规范》规定进行检查验收，合格后方准使用。

（4）作业人员必须熟练掌握本工种的安全操作技术、技能，操作过程中应严格遵守劳动纪律，服从领导和安全检查人员的指挥，且工作中应思想集中和专心操作。

（5）所用材料进场后必须验收合格后方能使用，脚手架钢管质量应符合现行国家标准《碳素钢结构》（GB 700—2006）中 Q235-A 级钢的规定；钢管壁厚不少于 3mm，钢管表面应平直光滑，不应有裂纹、分层、压痕、划道和硬弯，新用的钢管要有出厂合格证。钢管脚手架的搭设使用可锻铸造扣件，应符合规范要求，由有扣件生产许可证的生产厂家提供，无裂纹、气孔、缩松、砂眼等锻造缺陷，扣件的规格应与钢管相匹配，贴和面应平整，活动部位灵活，夹紧钢管时开口处最小距离不小于 5mm。钢管螺栓拧紧力矩达 65N·m 时不得破坏。扣件按现行国家标准规定抽样检测。安装前应对所用部件进行认真检查，不符合要求者不得使用。

8　结束语

该项目已经顺利完工，对临时车道部位的顶板结构进行了全面检查，未发现一处裂纹，充分说明通过对顶板的加固，保证了顶板的承载能力，对类似项目有一定的借鉴意义。

参考文献

［1］ JGJ 130—2011. 建筑施工扣式钢管脚手架安全技术规程［S］.
［2］ 全国民用建筑工程设计措施／结构／结构体系［M］. 2009 版.
［3］ GB 5009—2012. 建筑结构荷载规范［S］.

整节全预制综合管廊预应力安装施工技术

曹　强　戴习东　孙志勇　莫端泉　刘　毅

1. 湖南省第三工程有限公司，湘潭，411100

2. 湖南恒运建筑科技发展有限公司，湘潭，411100

摘　要： 随着我国社会经济的不断发展和城市现代化建设的持续深入，在住宅产业化、海绵城市、地下综合管廊等城市建设新政策、新理念、新技术、新产品的推动下，建筑行业转型升级、创新发展的步伐不断加快。整节全预制综合管廊预应力安装施工技术是指在明挖施工条件下，将工厂预制的单仓、双仓和多仓整节段管廊运至现场进行吊装，构件拼缝主防水采用单圈胶条止水、相邻箱体间采用预应力张拉连接锁紧的一种快速绿色施工技术。本技术明显提高综合管廊施工质量，大大改善施工环境，显著加快施工进度。该技术工艺合理，技术先进，安全可靠。

关键词： 整节全预制；预应力张拉连接；单圈胶条止水；地下综合管廊

整节全预制综合管廊预应力安装施工技术工序简单、安装快捷，张拉质量可控。管节之间经过预应力张拉后，在小变形范围内不会影响管廊的工作性能，可抗基槽局部沉降、抵消部分应力和减少构件应力裂缝、分解冻融、减少地震损害等不利因素，确保管廊运维质量和安全。适用于明挖法施工的新建、扩建的地下城市综合管廊工程。我公司通过湘潭市岳塘经开区路网地下综合管廊工程等的施工实践，不断优化施工工艺、总结施工经验而形成本施工技术。

1　工程概况

湘潭市岳塘经开区路网地下综合管廊工程，位于湘潭岳塘经开区荷塘城铁站东面、岳塘商贸城西面。本工程全线为单仓管廊，位于道路绿化带下，将道路范围内规划的电力（10kV）、通信、给水3类管线纳入管廊内敷设，断面尺寸（净空）3.0m×2.8m，设计里程约4km。为此外管廊配套设置排水、通风、供配电以及消防等设施。

本工程2016年8月开工，于2017年11月完工。由于采用了该施工技术，项目部文明施工得到很大程度地提高，项目安全隐患大大下降，极大地缩短了项目施工工期，保证了工程质量，获得了良好的社会效益和环保效益。

2　工艺原理

（1）采用建筑工业化施工模式，在工厂模具化、标准化、机械化、成批量、流水线生产整节段的全预制混凝土管廊，采用附壁式高频振动器＋振动棒辅助振捣方式、配置高性能蒸汽养护系统对构件进行养护，实现全过程的绿色环保和自动化生产。生产废弃物少，砂、石和水能回收循环再利用，一改传统全现浇和叠合式局部现浇模式，降低生产成本和其他成本，大大缩短了生产工期。

（2）管节接口采用企口型，可抗管节平移，增加整体性和拼缝密封性。管节之间采用相邻箱体式连接（每两节一张拉），构件间有纵向约束锁紧装置（钢绞线预应力张拉）。

（3）管节拼缝主防水采用单圈腻子胶条止水，通过预应力张拉控制管廊拼缝缝宽5～8mm，从而达到管廊工作面压缩胶圈密封止水。

（4）管节采用现场整节吊装，工序简洁，无交叉作业，前面安装管廊，后面即可外包防水和回填土，可流水作业，无需等待混凝土养护时间，能快速恢复交通，大大缩短项目施工工期。现场设备和操作人员投入较少，机械化施工程度高，施工快、噪音低、减少扰民、绿色环保，提高工效。

3　施工工艺流程及施工方法

3.1　施工工艺流程（图1）

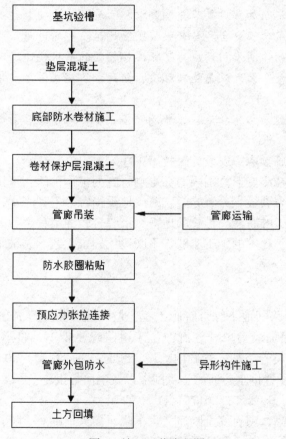

图1　施工工艺流程图

3.2　施工方法

3.2.1　构件生产

1）钢筋笼成型

（1）采用数控机械进行钢筋调直、下料、弯曲；

（2）采用气保焊机焊接成钢筋网片；

（3）将网片移至钢筋笼模台，再焊接拼装成钢筋笼；

（4）验收、合格，运至堆场。

2）钢模拼装

（1）钢模清理、涂脱模剂等常规保养；

（2）采用桁车将钢筋笼吊入钢模内，放置混凝土垫块；

（3）钢模合模、锁扣、放置预埋件；

（4）撑开内模、安装底模、紧固锁扣、紧固顶部拉杆；

（5）验收、合格，进入下一工序。

3）构件成型

（1）砂石进料，搅拌混凝土；

（2）下料至飞行料斗，运至指定生产车间，再翻倒入布料机；

（3）布料机移动至钢模上方，进行混凝土浇筑；

（4）采用附壁式高频振动器＋振动棒插入式振捣，顶面收光、平整。

4）构件养护

（1）蒸汽养护，升温 h，加温至 60～75℃；

（2）恒温 2h，温度保持在 60～75℃，不能超过 80℃；

（3）降温 2h，拆除蒸汽罩。

5）产品检验

（1）松紧固螺杆、卸预埋螺栓；

（2）拆底模、缩内模、开正门和侧门；

（3）构件脱模，桁车吊运至待检区；

（4）外观检验，湿水养护，混凝土强度回弹、验收、合格，运至堆场。

3.2.2　安装施工

1）基槽施工

（1）按照施工图纸对基槽开挖进行测量放线；

（2）挖土机开挖沟槽、设置排水沟、边开挖边支护，基槽预留 150mm 厚土方，采用人工修整；

（3）基坑验槽并测试地基承载力，承载力达不到设计要求时须做基础加固补强处理；

（4）浇筑混凝土垫层，垫层 10m 长度内平整度偏差不大于 5mm，同一段连续安装预制构件的垫层坡度要一致、严禁出现倒顺坡度，垫层变坡须调整到现浇段处理；

（5）按设计要求铺设底部的防水卷材，控制卷材搭接宽度，做好外露卷材成品保护；

（6）卷材混凝土保护层施工，混凝土平整度偏差不大于 5mm。

2）管廊运输

（1）出厂顺序：严格按照管廊排布图和现场安装顺序进行装车，减少施工现场的二次转运成本，提高安装进度；

（2）运输路线：实地考察运输、备用路线，注意沿线的禁运、限行、限高，提前做好路线规划，保证运输畅通，避免因运输跟不上而导致不必要的工期延误；

（3）运输车辆：每个安装队配备 4 台半挂车（每台车运 2 节）或 8 台后八轮车（每台运 1 节），保障运输能力。

3）管廊吊装

（1）根据设计图纸、路基的特点编制详细且有针对性的技术交底书，根据设计图合理的安排好管廊的排布顺序并画出装配示意图；

（2）在混凝土保护层上划线标示吊装起始点和两侧边线位置；

（3）从基槽较低向较高的地方顺序铺设，管廊承口朝向铺设方向；

（4）用汽车吊进行吊运，采用4点吊法或6点吊法，将弓形卸扣锁扣到管廊吊环上，并从运输车上起吊管廊、旋转汽车吊、将构件轻放在基槽混凝土保护层上，避免剧烈碰撞；

（5）一个吊车班组4个人，2个司机、1个指挥、1个卸车挂钩，产品尽量对正、靠拢，方便张拉。

4）防水胶圈粘贴

（1）管廊拼缝主防水采用腻子胶条防水，首先清理管廊承口、插口连接面，并在承口凹槽涂满胶水，将胶条满圈粘贴在凹槽内，并检查胶条粘贴牢固性和完整性；

（2）胶圈接口采用50mm长的坡面对接，再用专用胶条贴片包裹加强，防止因接口自然收缩或安装移位产生缝隙而引起管节拼缝渗漏；

（3）管廊内、外侧拼缝采用防水材料灌缝。

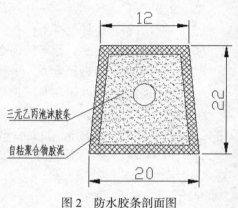

图2　防水胶条剖面图

5）预应力张拉连接

（1）检查使用的张拉器材及钢绞线是否无误，清理张拉槽，并检查有无异物；

（2）采用相邻箱体式（每2节一张拉）连接方式，采用无粘结防腐钢绞线进行张拉，预应力孔洞不用灌浆处理；

（3）将钢绞线头部两端塑料皮剥出合适的长度，穿入管廊四角的张拉孔，同时穿好8套锚具、垫片、夹片，用锤子将起始管廊的四套夹片钉入锚具并锁紧端头锚具，在钢绞线的另一端（铺设的前进方向），将千斤顶套在第二根管廊伸出的两根钢绞线上；

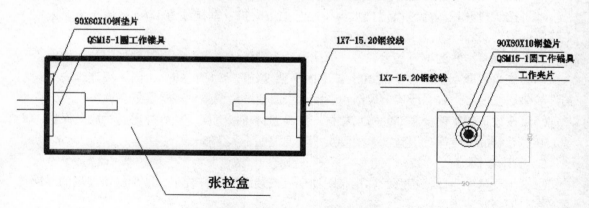

图3　预应力张拉连接示意图

（4）预应力张拉采用张拉力单控法，分3次张拉控制，每台油泵配2个千斤顶，先同时张拉下部2个角，再同时张拉上部2个角，注意管廊移动合拢是否均匀；

初始应力采用20%（约370MPa、50kN、5t），千斤顶约10MPa；

最小控制应力50%（约930MPa、130kN、13t），千斤顶约27MPa；

最大控制应力70%（约1300MPa、180kN、18t），千斤顶约40MPa。

（5）严格控制管廊张拉后的拼缝宽度 5～8mm，确保压缩胶圈止水；

（6）张拉到位后，将另一端的夹片锚具打紧，检查两端锚具是否夹紧、预应力张拉值、缝宽无误后，回油、拆千斤顶，再切断剩余的钢绞线；

（7）继续下设管廊、插入钢绞线，并在张拉盒内安装钢板垫片、锚具、夹片，重复上述（3）～（7）步骤，直到施工完成；

（8）张拉过程中严格控制管廊偏位现象和拼缝缝宽，采用木垫片调节偏位、铁垫片调节缝宽。

图 4　预制管廊拼装连接示意图

6）转弯及异形结构管廊施工

（1）管廊局部的转弯及异形结构采用现浇混凝土施工，批量标准化的异形构件仍可采用工厂化预制产品；

（2）现浇与预制构件不需要预应力张拉连接。采用专用连接件连接，连接件止水带采用 3mm 厚、300mm 宽钢板带，连接件钢筋与现浇构件钢筋采用单面焊接连接；

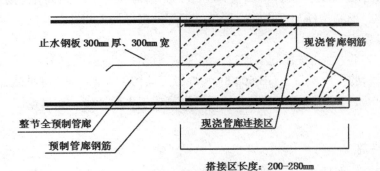

图 5　现浇与预制管廊连接示意图

7）管廊外防水及土方回填

（1）管廊外侧再按设计要求外包卷材防水；

（2）管廊基坑土方回填应采用黏土或砾砂分层对称回填，不得采用粒径大于 200mm 以上的石块及含有腐植质的土。不得单侧回填，以免对管廊本体施加偏心荷载而产生移位、开裂；

（3）严禁用铲土机从高处往下回填，巨大冲击力将对管廊结构产生破坏，回填厚度不大于 250mm、并分层夯实，压实系数要满足设计要求；

（4）管廊顶部第一层回填碾压时，应采用小于 15 吨非振动空载碾压机。

8）成品保护

（1）厂区管廊成品经验收合格后，转运至合格成品堆放区。

（2）严格按照运输方案进行成品保护，杜绝一切安全事故，对可能导致破损的部位，应采取临时防护措施。管廊局部破损的，应按照修补方案及时进行修补，并做好修补记录，经验收合格后方可进行下道工序的施工。

（3）施工现场临时堆放构件时，须采用单层堆放、场地平整、基础牢固，且不影响其他工序施工。

（4）严禁在已安装好的管廊上方做施工便道，安装完工后应及时组织质量验收，合格后交付后续施工。

4　施工质量控制

（1）质量实行三级管理：以公司总工、生产副总、生产技术科组成一级管理体系，以厂区车间主任和专职质量员组成二级管理体系，以项目现场负责人、施工员、吊装班组长、班组技术骨干组成三级管理体系。

（2）从两个方面来抓：一方面保证管廊构件的出厂质量。预制构件脱模观感质量合格率达到95%以上，优良率达到85%以上；预制构件出厂合格率达到100%，优良率达到85%以上。另一方面从吊装班组抓起，保证吊装安全和现场施工质量，做到不合格部位不移交下道工序施工，项目产品安装工程质量合格率达到100%。

（3）严把生产自检关：原材料验收及复检关，钢筋笼自检关，合模自检关，试块检验关，成品质量自检关和出厂合格证发放关。构件合格章内容有构件编号、生产日期、操作班组等，建立管廊构件生产质量追溯系统。

（4）严把技术交底关：认真审阅设计图纸，熟悉施工工艺，对防水胶条粘贴、吊装合拢、预应力张拉、预制构件与现浇管廊接口的细部处理等均要有针对性的技术交底，编制切实合理的施工专项方案。

（5）严把施工验收关：按照国家现行标准《城市综合管廊工程技术规范》GB 50838、《建筑工程施工质量验收统一标准》GB 50300、《混凝土结构工程施工质量验收规范》GB 50204、《市政道路施工与验收规范》CJJ 1规定等相关规范、规程进行施工质量控制，并进行过程检验、验收。

5　施工安全措施

（1）运输安全：车辆底板上需垫木板或胶垫，管廊之间夹木方或胶垫，并采用钢丝绳拉紧，防止运输过程中构件碰撞或整体倾覆。

（2）吊装安全：严格执行操作规程，加强设备及施工机械日常维护保养；加强作业人员安全教育，做好自身安全保护和现场安全防护；吊装作业应派专人指挥和制定有针对性的安全技术措施，并划定作业范围区，设置警戒线，吊运区域下方严禁站人。

（3）预应力张拉安全：标定、校正千斤顶和压力表，做好油泵保养；油泵加压过程中，在张拉机和锚具的前后直线区域内严禁站人；控制最大张拉应力，谨防钢绞线拉断、弹射伤人。

6　环保措施

（1）自行研发全自动砂石分离系统，对厂区建筑砂、石做到分离回收再利用，冲洗用水循环使用。

（2）工地出入口设置自动冲洗洗车设备，不带泥上路。购置移动雾炮设备，防止扬尘。

（3）减少施工现场现浇混凝土量，预埋件等均在厂内完成，现场机械、设备、人员投入少，废渣废水排放、扰民等大大减少。

7　结语

本施工技术将管廊主体结构成型由项目现场转入工厂车间，减少了质量不稳定因素，管廊混凝土强度稳定、构件外观美观，质量有了显著提高；预应力张拉连接工艺简单，设备、人员投入大幅度降低，极大改善现场施工环境，项目文明施工程度显著提升，现场安全文明措施费用大幅度下降；吊装工序简洁、施工进度快，极大地缩短施工工期；施工产生的振动、噪音、粉尘等公害也得到了很大程度的降低。

本施工技术因安装进度快、干扰因素少、场地易于布置、有利于文明施工，确保居民生命、财产安全，社会效益和环境效益明显。较现浇和叠合式管廊综合成本降低幅度在 10% ～ 20%，提高工效达 50% 以上。

参考文献

［1］刘文清，闫红缨，姜洪斌. 预制装配整体式混凝土综合管廊及施工工法 CN201510476551. X［P］. 北京：知识产权出版社，2015.

［2］揭海荣. 城市综合管廊预制拼装施工技术［J］. 低温建筑技术，2016，38（3）：86-88.

［3］蒋星进. 浅谈厦门翔安南部新城综合管廊预制拼装施工技术［J］. 江西建材，2017，（9）：89-90.

［4］杨文光. 城市综合管廊预制拼装的施工方法［J］. 成都建材与装饰，2017，（31）：237-238.

［5］姜圣公，姜春民，姜春华. 一种预制拼装综合管廊地基精准快速拼装工艺 CN201611024917. 0［P］. 北京：知识产权出版社，2017.

［6］孙学明. 预制装配式上下拼装综合管廊 CN201621281673. X［P］. 北京：知识产权出版社，2017.

［7］温厉军. 一种拆分构件预制式综合管廊及其施工方法 CN201611024746.1［P］. 北京：知识产权出版社，2017.

［8］杨剑，王恒栋. 一种预制装配式单舱市政综合管廊及其施工方法 CN201510178577. 6［P］. 北京：知识产权出版社，2015.

小直径钢筋预留预埋在超高层施工中的应用

吴掌平　宁志强　谭　俊　李　玮　唐润佳

中建五局第三建设有限公司，长沙，410004

摘　要： 超高层建筑施工中，由于受到施工组织及施工工艺的影响，钢筋预留预埋成了困扰工程建设者一个普遍问题。依托世茂广场工程实际，从传统做法、关键工艺、效益分析等几个方面，系统介绍了小直径钢筋预留预埋新工艺，经现场应用后，效果良好。

关键词： 小直径钢筋；预留预埋；高层建筑

1　前言

近年来，随着我国经济快速可持续的发展，超高层建筑如雨后春笋般拔地而起。超高层建筑是指 40 层以上，高度 100m 以上的建筑物，其常见的结构形式包括：钢筋混凝土框架 - 核心筒结构、钢筋混凝土框架 - 剪力墙结构、钢框架 - 钢筋混凝土核心筒结构、钢框架 - 支撑结构、混合结构、巨型结构等。而在超高层施工中，由于受到施工组织及施工工艺的影响，钢筋预留预埋成了超高层施工的一个普遍问题，比如钢框架 - 钢筋混凝土核心筒结构，核心筒领先钢框架施工，外围楼承板搭接钢筋须随核心筒的施工提前预留预埋，再比如采用水平结构后支的模板体系要求水平结构的钢筋须提前预留预埋，就传统钢筋预留预埋而言，主要采用在墙体保护层内预埋或后期植筋的方式。根据混凝土结构后锚固技术规程[1]，化学植筋后锚固连接技术主要适用于以普通混凝土为基材的后锚固连接的施工，主要用于旧房屋改造和结构加固[2]，不宜在新建工程中应用，且设计院也明确采用化学植筋的方式不能满足受力要求。而采用保护层内预埋钢筋的方式，受墙体混凝土强度的影响，混凝土强度越大，后期打凿难度越大且费时耗工，同时打凿会产生大量建筑垃圾，不符合绿色环保理念。

针对上述钢筋预留预埋施工难题，本文针对钢框架 - 核心筒施工中楼承板钢筋预留预埋，以长沙世茂广场项目为背景，攻坚克难，研发总结出一种既能保证钢筋连接质量又能避免产生大量建筑垃圾的小直径钢筋预留预埋新方法，为后续类似工程施工提供良好的借鉴作用。

2　工程概况

长沙世茂广场总承包工程位于长沙市芙蓉区五一路与芙蓉路交叉口西南角，由 75 层塔楼及 5 层裙楼组成，总建筑面积约 23 万 m^2，其中地下 5.1 万 m^2，地上 17.9 万 m^2，地下四层，地下室为框架 - 剪力墙结构，地上裙楼 5 层，塔楼 75 层，主体结构为钢管混凝土框架 + 钢筋混凝土核心筒 +3 道伸臂桁架（加强层）结构的混合结构体系，建筑总高度约 348.5m。

本工程塔楼核心筒领先外框钢筋桁架楼承板 8 ～ 12 层施工，钢筋桁架楼承板附加筋作为楼承板与剪力墙连接的受力钢筋沿剪力墙四周布置，为了保证楼承板钢筋连接质量，附加筋（直径 $d \leqslant 12$ 且可易于弯折的小直径钢筋）必须随核心筒的施工提前预留预埋。

3　关键施工工艺及技术

针对上述小直径钢筋预留预埋在超高层施工中的问题，本文所要解决的关键技术问题是提供一种操作简便，工艺先进、安全可靠、绿色环保，降本增效显著的施工工艺，其步骤为：U 型槽定做→U 型槽固定→"7"字弯钩小直径钢筋预留预埋→U 型槽的封闭，合模浇筑混凝土→退模扳出"7"字弯钩小直径钢筋进行绑扎搭接，具体如下：

3.1 U 型槽定做

参见图 1，根据设计图纸及构造要求，采用 2mm 厚白铁皮定做 U 型槽 1，U 型槽 1 的腹板高度 d 超出小直径预埋钢筋间距 e 上、下各 20mm，U 型槽 1 的翼缘宽度 f 为混凝土结构墙、柱外侧纵筋保护层厚度。U 型槽 1 按小直径预埋钢筋的大小及设计间距钻槽孔 7，槽孔 7 直径与小直径钢筋一致避免浇筑混凝土时浆料渗入。

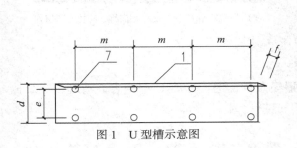

图 1 U 型槽示意图

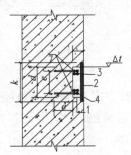

图 2 "7"字弯钩钢筋插入 U 型槽剖面图

3.2 U 型槽固定

参见图 2，钢筋绑扎完成验收合格后，利用废钢筋焊接作为定位筋，采用吊锤线拉通作为通过结构控制线引出的 U 型槽 1 外边控制线，采用水平激光仪和钢卷尺做好 U 型槽 1 标高定位 Δt。

依据定位线及标高位置采用钢扎丝分段固定好 U 型槽 1，采用废钢筋用作临时加固避免钢筋表面凹凸不平影响 U 型槽 1 定位。

3.3 "7"字弯钩小直径钢筋预留预埋

参见图 2、图 3，小直径钢筋 3、4 按其锚固长度与预留长度弯折成"7"字弯钩钢筋，锚固端通过 U 型槽槽孔插入混凝土结构中，预留端埋设于 U 型槽内。

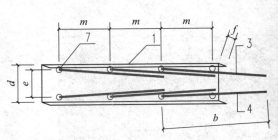
（a）"7"字弯钩钢筋插入 U 型槽剖面图

（b）U 型槽内插入"7"字弯钩钢筋

图 3 "7"字弯钩钢筋预埋

3.4 U 型槽封闭，合模浇筑混凝土

参见图 2、图 4，小直径钢筋预埋完毕后在 U 型槽外表面粘贴 15mm 厚单面自粘海绵 2，单面自粘海绵的宽度 k 超出 U 型槽腹板高上、下各 20mm，并采用钢扎丝按 200（mm 间距将 U 型槽与单面自粘海绵绑扎牢固防止浇筑混凝土时浆料渗入，合模后模板紧压单面自粘

海绵，U 型槽紧贴模板防止 U 型槽表面被混凝土遮盖。

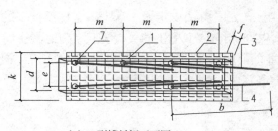

（a）U 型槽封闭正面图　　　　　　　　　（b）U 型槽外贴 15 厚单面自粘海绵，防止浆料渗入

图 4　U 型槽封闭

3.5　退模扳出"7"字弯钩小直径钢筋进行绑扎搭接

参见图五，混凝土结构浇筑完毕，达到退模条件，退模后将 U 型槽表面清理干净，撕掉单面自粘海绵，扳出小直径钢筋与后绑扎钢筋进行绑扎搭接即可。

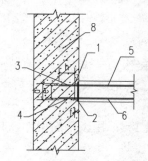

（a）钢筋扳直后剖面图　　　　　　　　（b）撕掉海绵后，扳出的钢筋

（c）扳出预埋钢筋后与楼承板钢筋绑扎搭接

图 5　扳出"7"字弯钩钢筋及绑扎

4　效益分析

（1）社会效益

采用上述技术方案的小直径钢筋预留预埋操作简单、工艺先进、安全可靠、省时高效。U型槽内无浆料渗入，U型槽表面未被混凝土遮盖，预埋效果好，避免后期花费大量人力物力进行打凿，不产生建筑垃圾，绿色环保。该方法得到了业主、设计及监理等单位的称赞，吸引众多单位前来学习，非常适合在同类型建筑中推广应用，为社会创造了良好的社会效益。

（2）经济效益

以世茂项目为依托进行以下经济数据分析：

钢筋预留 预埋方法	方法一：剪力墙保护层内 预留"7"字弯钩小直径钢筋	方法二：后期植筋	方法三：U型槽内 预埋"7"字钢筋
钢筋预留预埋内容及效果	由于剪力墙为C60混凝土，后期打凿费时耗工，打凿人工费用为71（工时）×250×75（层）=133.13万，且钢筋焊接量大。	外剪力墙周长100m，D10钢筋植筋费用6.1元/根，每层植筋费用为：1000×6.1=6100元；植筋抗拔试验1200元/组。总费用为0.73×75（层）=54.75万，且植筋抗拔合格率不高，质量没保证	白铁皮6元/m，单面自粘海绵3.1元/m，钢筋工工时4，预埋总费用为：［100×（6+3.1）+4×220］×75（层）=13.425万。此法钢筋预留牢固，技术可靠，效果理想

通过经济数据对比分析：预留"7"字弯钩小直径钢筋，打凿费用约133万元；后期植筋费用约54万元；预埋U型槽人工材料费用约13万元，相比后期植筋技术创效至少达41万元。

5　结束语

为了保证钢筋连接质量，创新性地采用U型槽预埋"7"字弯钩小直径钢筋的方法，该方法在世茂超高层施工中应用效果良好，社会效益和经济效益显著，为今后超高层建筑施工中的钢筋预留预埋提供很好的方法，可供类似工程参考借鉴。

参考文献

［1］　中华人民共和国建设部. JGJ 145—2004.混凝土结构后锚固技术规程［S］.北京：中国建筑工业出版社，2005.

［2］　左献军.植筋后锚固技术在结构加固改造工程中的应用［J］.科技创新导报，2011（13）：97.

隧道综合管廊管道安装关键技术研究

汤浪洪　钟　勇　侯志强　彭懿龙　杨　志　彭海涛

中建五局工业设备安装有限公司，长沙，410000

摘　要：本文以太古供热项目隧道综合管廊为例，系统地介绍了在复杂工况下的"特长隧道内管道运输"、"狭窄空间内管道吊装及大直径管道组对"、"隧道内双层大直径管道焊接"、"大直径管道非探伤焊口质量检测"、"热力管道的断桥隔热，伸缩控制"等创新技术的综合运用，破解了国内首例世界最长的长输供热工程的技术难题。

关键词：长隧管道运输；狭长空间管道布设；管廊焊接基站；焊口无损压力测试；管道导向伸缩

1　研究背景

古交兴能电厂至太原供热主管线及中继能源站工程（简称太古供热项目隧道工程）是集供热电力、通讯、给排水等各种工程管线于一体的隧道综合管廊。因热源远离需求城市，项目采用大温差输送技术，突破了常规换热器的换热温度极限，实现了对电厂更多余热的收集及其热能的输送，也对改善供热期间城市的空气质量起到极大作用，其生态与低碳战略作用备受各界青睐。

太古供热项目"最难啃的骨头"的1#（1432m）和2#（2435m）隧道内综合管廊采用双供双回供热方式，需敷设4根直径为DN1400的螺旋缝埋弧焊供热管道，每根管线的流量达到每小时1.5万吨。其中，单根管节长度12.5m，重约8t，设计压力2.5MPa，供水管道设计温度130℃，回水管道设计温度50℃（最终运行温度为30℃），供热管道敷设方式采用架空敷设，管道外有保温层和镀锌铁皮保护（图1）。为隧道综合管廊管道安装技术研究提供了较为典型的平台和载体。

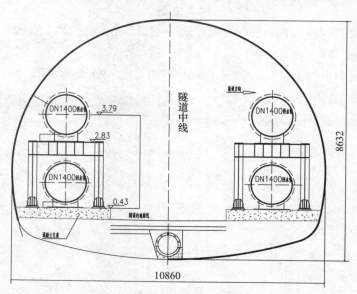

图1　隧道管廊管道布置情况

2　技术重难点分析

太古供热工程属超大规模、超长距离的项目，供热温度从热源厂至太原只有5℃损耗，是目前国内施工难度、技术最复杂的供热工程。存在长隧管道运输、狭长空间管道布设、管廊大直径管道焊接、超长大直径管道压力测试、管道导向伸缩等一系列难题。

2.1　复杂工况环境

供热隧道断面为10.25m×7.25m，度长达2.5km，坡度为2.5%，有效作业空间宽度仅5.5m，隧道左右两侧上下各并行敷设两根直径为1.4m的供热管道，需要解决了长距离输送、地形高差、狭窄空间内管道吊装和布管的复杂工况难题。

2.2　特长隧道内管道运输

由于隧道空间狭长，运输大直径管道存在调头困难，并且在隧道内地势情况起伏、多有水平转弯，运输效率低下，不利于管道卸车等。同时狭窄空间内如果采用手动工具施工存在较大的安全隐患。

2.3　狭窄空间内管道吊装及大直径管道组对

管道管径大、自重大、数量多，在圆弧形隧道净高受限的条件中还需分两层布置，采用常规的吊装工艺无法实现管道的吊装就位。采用常规的管道组对技术，施工效率低，施工难度大，很难保证管道组对质量。

2.4　隧道内双层大直径管道焊接

隧道内对流风强、风力大、风速快，气体保护焊的保护气体或熔渣被吹偏流，极易导致焊接层氧化或者焊口出现气孔。管道焊接时，在隧道的径向产生炫光会造成光污染，不利于施工管理人员的职业健康；当行走人员行走时用手遮挡炫光，存在较大安全隐患；焊接作业成套设备现场布置使用合规性不强，焊接爬高作业存在安全隐患。

2.5　大直径管道非探伤焊口质量检测

设计要求对50%焊口进行无损探伤检，管道连通后再进行整体水压试验。考虑到长输大直径管道水压试验用水量大，且山区取水难度大、成本高，一旦整体水压试验出现局部渗漏再重新进行水压试验，将造成大量水资源浪费和成本的增加，影响整体供热节点。

2.6　热力管道的断桥隔热，伸缩控制

大直径热力管道隔热、伸缩，隧道内补偿器设置及固定形式，埋地管道预伸缩等关键技术尚需进行系统地研究。

3　关键技术方案实施

3.1　研制双头鞍式板车，破解长隧管道运输难题

特长隧道内大直径管道运输，采用型钢制作了平板车，满足隧道起伏和水平转向运输需求，采用设备实现双向牵引，牵引速度≥15km/h。在平板车上设置2道鞍式支座，管道安置在鞍座上用扎带绑扎牢固，鞍式支座支撑面设橡胶垫，有效防止了管道保温层受损。

平板车高度为600mm，适用于隧道内运输，由于平板无侧帮，管道底部有鞍式支座，用汽车

图2　双头鞍式板车运输管道

吊装货和用叉车卸货均非常便捷（图 2）。

平板车运输采用装载机推进，动力强劲爬坡能力强，铰接牵引头推动平板车转向便捷，运输平稳快捷，管道卸货后，将双头鞍式板车停靠在隧道边，装载机掉头后连接平板车另一端牵引头，将平板车推出隧道，实现隧道内掉头，整个运输过程中未出现任何管道保温套管破损或变形的现象。

3.2　探索抬吊组对技术，实现狭长空间管道布设

回水管中心安装高度 1.74m，供水管中心安装高度 4.19m，需要在狭窄空间内将其运输至隧道内的管道安装设计位置。由于空间受限，无法采用常规起重设备进行管道吊装，项目立足现有条件，在施工方法上进行创新，提出了"双叉车同步抬吊技术"；叉车叉脚抬吊管道过程中，叉车需要转弯，急起急停，这样在叉脚上的管道会出现晃动甚至从叉脚上掉落，为保证叉车行走过程中确保管道的稳定，设计了"一种顶升管道用的卡扣鞍式叉托"，鞍式叉托与叉车叉板螺栓锁紧，鞍式叉托弧形面的高度满足管道布管过程中稳定和平稳顶升。

鉴于隧道空间有限，采用 CAD 进行了抬吊模拟，通过模拟管双头隧道大管径管道运输车和叉车站位，确定了叉车行走路线，完善各设备交叉配合方案，保证了方案实施的可行性。

图 3　双叉车同步抬吊技术

双叉车同步抬吊管道（图 3），将管道放置在液压顶升管道组对装置上的鞍式顶托上，通过千斤顶液压顶升管道，无极调整管道的标高。

供水支撑采用墩式支墩，液压千斤顶放置在支墩上部，千斤顶上部设鞍式顶托，避免因回顶力过于集中而对管道保温层产生变形和损坏。回水支墩采用门式支墩，液压千斤顶放置在支墩下部，操作人员无需高空作业即可完成管道标高的调整，同时在门式支墩的的立柱上设斜撑，提高门式支墩的稳定性（图 4）。

图 4　管道支墩的无级调节高度

为提高管道组对精度，基于"三个不在一条直线上的点确定唯一外接圆"原理，将两段管道进行组对，提高组对效率并有效保证了管道组对时的平整度；管道内部设置牵引点，控制焊缝宽度；为保证螺旋缝埋弧焊管相邻管壁的平整度，在千斤顶底部焊接一个加长臂，对因螺旋焊管不成规则圆的管口不平整，或者焊口错位的时候进行微调，调节直至管道对口处无错口后≤2mm，使用氩弧焊丝对管口进行焊接（图5）。

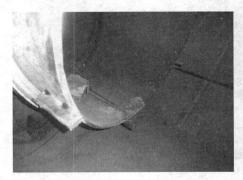 

图 5　管道组对精度控制

3.3　研发管廊焊接基站，消除隧道强对流风影响

为消除隧道强对流风对焊接施工的影响，设计了适合管廊施工的可移动的封闭式的焊接基站，将电焊机、焊接用机具、焊接用材料、配电箱，进行"一机、一箱、一闸、一漏"综合管理。整个焊接工作站按分体式设计（图6），各部件连接采用轮扣式连接，设计出了行走装置和高度升降调整装置。在完成一个焊口焊接后，顶升装置将焊接基站顶棚顶起，避免了顶棚灰胶轮在波纹保温套管上行走的阻力，推动焊接工作站在隧道内沿管道方向平稳行走。

当遇到支架的混凝土支墩时，顶升装置将焊接基站顶棚落下，焊接基站顶棚和下部框架分体，人工将顶棚在上层供水管道上往前推动，跨过混凝土支墩部位。卸扣各部件轮扣式连接点，将下部框架分体，往前推动跨过支墩部位，重新将焊接基站连接（图7）。

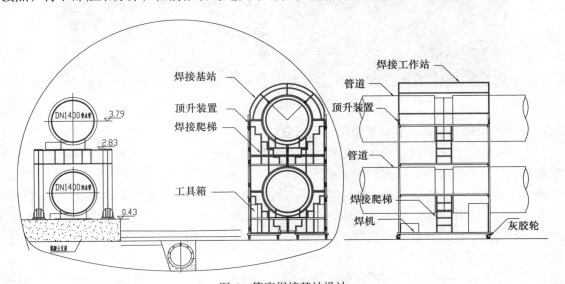

图 6　管廊焊接基站设计

焊接工作站内设焊接爬梯兼有登高和平台的功能，外部设防火棚，顶部设排烟孔，为隧道内施工营造工厂里一般的焊接环境和作业条件。

图 7　管廊焊接基站

3.4　创新单口试压技术，实现焊口无损压力测试

按照设计要求探伤率为 50%，管道贯通后进行整体水压试验，隧道内取水难度大，成本高，为确保试验成功率，探伤 50% 以外的焊缝采用在焊缝外侧进行单口水压检测。

管道焊缝外侧设置半封闭橡胶圈，橡胶圈在密封紧固件作用下与管道接口端内壁紧闭，使两管道接口位置形成一个较小的密闭空间，只需要少量的水即可检验管道接口的密闭性试验，操作工艺简单、实用；放松密封紧固即可进行下一个焊缝的水压检测。每个装置装卸为 30min，单口试压时间为 2h，一个班组配置 4～6 个单口试压装置进行流水作业（图 8）。

图 8　管道外侧单口试压技术

3.5　妙用导向伸缩技术，确保管道系统运行安全

为保证隧道内大直径管道在外界和内部介质温度变化下有序伸缩，对整条管道的热胀冷缩量及其补偿进行计算，隧道内供水管道每间隔约 350m 设置一个供水固定支架，回水管道每隔 525m 设置一个回水固定支架，支架均与外护套管焊接，外护套管和内穿的 DN1400 供会水管分别焊接 12 块和 8 块 1400mm×140mm×20mm 厚勒筋，中间填充聚乙烯保温材料，并在固定支架水流侧设置有轴向型波纹补偿器，既起到了导向伸缩和固定的作用，又能有效地降低热能损耗（图 9）。

架空供水管道滑动支座采用预制绝热支座，底板连接位置考虑了管道运行过程中的伸缩情况，特在支座侧面增设了挡板，确保管道运行时管道位移在允许范围内。

图 9　管道固定支座和滑动支座

　　管道出隧道后，隧道外供水管线长度大于 300m 需覆土预热，预热温度 65+2℃。预热前需：直埋部分管道与隧道口大拉杆补偿器、隧道内管道与大拉杆补偿器连接完毕。预热可从补偿器井处构成预热电流回路。当管道电预热温度稳定在 65±2℃，且补偿器伸长量经测量合格后焊接补偿器中缝。

　　预热开始前，应在预热段的始端和末端分别焊接预热所用的螺栓，DN1400mm 供水钢管的整个圆周分别均匀地倒立焊接 15 个 M16×50mm 的通螺纹螺栓。连接好发电机到设备的动力电源电缆，设备到管道及管道末端短接电缆。预热到达目标温度，先恒温 65℃ 保持3h，待伸长量稳定后，方能进行下道工序（图 10）。

图 10　埋地部分预伸缩

4　效益及推广意义

4.1　技术经济效益分析

　　经济效益：本工程是国内首例隧道内热力管道，解决了受限空间下管道运输、吊装、组对、焊接、有序导向伸缩的工程难点，保证了施工质量，提高了施工效率，预计成本降低率达 60%。

　　社会效益：通过隧道综合管廊管道安装关键技术研究，将填补"隧道综合管廊、地下综合管理、地铁区间隧道等低净空环境内管道运输、安装、导向伸缩技术"领域的空白，实现该领域安装领域的技术跨越，推动了行业的技术进步和提升企业的核心竞争力。

　　环境效益：隧道综合管廊管道安装关键技术研究，降低材料损耗，减少水资源的浪费，实现了节能减排，提高施工效率，缩短工期，施工工序更流畅，实现绿色施工。

4.2　推广应用前景分析

本课题为解决隧道综合管廊建造的关键难题。提高施工工效，绿色低碳，符合当前国家的战略发展目标，其产业化具有广阔的发展空间。

5　结语

随着城镇化建设的推进，隧道综合管廊、地下综合管理、地铁区间隧道等基础设施的大直径管道安装数量将会持续增加，太古供热项目是国内首例隧道内大直径热力管道，针对隧道综合管廊的特点研究一套新的施工工艺，解决了受限空间下管道吊装及组对的工程难点，提高施工工效，绿色低碳，符合国家的战略发展目标，为地下综合管廊大直径管道安装在安装行业总结了宝贵经验。同时也为企业的业务板块，提高技术优势，培养素质高、能力强的技术人才提供了有力的支持。

浅谈世界最大"四羊方尊"造型幕墙施工技术

王　欢　李　荣

中建五局第三建设有限公司，长沙，410004

摘　要：基于贵州省仁怀市酒都广场科技馆工程实例，运用泥塑定样及玻璃钢制模技术、不锈钢锻造工艺技术，高精度组装吊装技术、无缝焊接技术、着色工艺技术等，使科技馆的建筑外立面"四羊方尊"造型得以完美实现，通过艺术及文化的展示，将建筑作品升级为艺术品。

关键词：四羊方尊；泥塑定样及玻璃钢制模；不锈钢锻造；无缝焊接

贵州省仁怀市被誉为"中国酒都"，是国酒茅台的故乡，有着悠久的酿酒历史，酒文化深远，而"四羊方尊"是中国古老的盛酒礼器，将四羊方尊造型通过建筑的形式展现是远古历史与现代文明碰撞出的火花。建造出世界最大的"四羊方尊"作为地标建筑，从材料、工艺、施工等方面都有很高的要求，本文以贵州省仁怀市酒都广场科技馆工程为例，浅谈"四羊方尊"造型幕墙施工技术。

1　工程概况

仁怀市酒都广场工程科技馆总建筑面积 5351.36m²，地上 10 层，建筑高度为 47.80m，主体为混凝土框架结构，顶层为悬挑钢结构，建筑外立面为仿青铜"四羊方尊"造型金属幕墙。"四羊方尊"高 42.3m，每边边长为 35.3m，其中"四羊方尊"的羊头、羊身为不锈钢材质，其余部位为铝镁板材质。

2　施工技术介绍

2.1　施工工序

软件建 3D 模型→泥塑定样→玻璃钢制模→按比例扩大放样→不锈钢板切割锻造→组装吊装→无缝焊接→打磨修补→喷漆着色。

图1　科技馆"四羊方尊"造型

2.2　施工工艺

整个"四羊方尊"是以幕墙的结构形式体现的，分为两大部位，一部分为常规的干挂铝镁板金属幕墙，另一部分为不锈钢羊头羊身大型整体组装吊装式幕墙。不管在制作工艺还是在施工工艺上，羊头羊身为整个"四羊方尊"的重点部位，本文重点讲述羊头羊身的工厂制作工艺及现场安装工艺。

2.3　泥塑定样及玻璃钢制模技术

以建筑物的结构尺寸为基础，根据四羊方尊原型的尺寸比例，运用 3DMAX 软件进行建模，1∶1 制作"四羊方尊"3D 模型，3D 模型确定了"四羊方尊"的基本造型。再根据

3D 模型按比例的缩小图，由专业雕塑师根据尺寸比例制作泥塑样品。泥塑以黄泥为原材料，1∶10 制作泥塑样品，多位专业的雕塑师共同反复多次对泥塑的艺术造型进行推敲修改后最终定样。

因泥质制品干燥后易损坏，过程中还需湿水及薄膜覆盖避免失水过快导致泥塑过早损坏，但泥塑仍只有 3 ～ 4d 的保存期，并且泥塑样品尺寸较大且为异形，不便用于制作放样，需将泥塑模型翻为玻璃钢模型。

玻璃钢模型制作流程：

（1）在已经定样的泥塑模型上连续插 100mm×100mm×2mm 的钢片，将泥塑外表面分隔成尺寸约 500mm×500mm 左右的小块，根据模型中不同部位的造型，分块的大小不一，造型复杂的部位分块尺寸变小。

（2）在泥塑表面加入了棕液的石膏，加入棕液可以增加石膏的强度，石膏敷设厚度约 30mm，石膏经养护干燥后，取下钢片，小心取下石膏板，石膏板必须保证完整不损坏。

（3）将取下的石膏板内壁的泥土清理干净后刷一道脱模剂，将树脂作为玻璃钢模型的原材料，在石膏板的内壁上分遍涂刷树脂，涂刷过程中也分遍贴纤维，增加树脂的强度，树脂的涂刷总厚度在 6 ～ 8mm 左右，在涂刷树脂的过程中，在石膏板内壁上增加 L50 角钢作为内支撑，角钢嵌入树脂中，使角钢与树脂粘结牢固。

（4）待树脂凝固产生强度后，将表面的石膏板敲碎，单块的玻璃钢模型形成，再通过背部的角钢焊接，"四羊方尊"整体模型正式形成。玻璃钢模型具有强度高、重量轻、易保存、易搬运等特点，更利于雕塑作品制作放样。

2.4　不锈钢锻造工艺技术

整体模型制成后，针对羊头羊身部分，专业的雕塑制作工人开始在模型上进行尺寸拆分，并按比例放大至实际尺寸，确定羊头及羊身的面层材质 3mm 厚不锈钢原材料每个单块的实际尺寸。通过激光切割，将原材料按需要的尺寸切割成单块。因平面钢板要锻造成弧形等各种异形，故切割的钢板尺寸需考虑锻造后的形状的影响，放样的工人需对整体模型及拆分后的单块进行精确的测量，测量后把已拆分的每个单块的曲面尺寸换算成平面尺寸，进而确定原材料钢板切割的尺寸。

不锈钢锻造技术为纯人工制作工艺，是雕塑制作的一项重要工艺技术，掌握在少数技艺娴熟的工匠手中。工匠通过模型放样放大后的尺寸，利用专用的敲打工具对钢板进行手工敲制，一块不锈钢板原材料需经过成千上万次的反复敲打锻造成模型的形状，敲制过程中还需雕塑师们监工，随时对敲制过程中的缺陷进行纠偏以达到既定的造型艺术效果。

2.5　吊装组装及无缝焊接技术

整个羊头及羊身分四面，每一面都在施工现场地面加工场地上单独施工成型，最后吊装就位后组装成整体。考虑施工起吊的重量、高度、可操作性等因素，每个单面又对半分为两大块进行现场制作。羊身及羊头内部钢骨架通过 3D 建模及受力计算后放样制作，经过放样及锻造工艺制作出的单块面层半成品，利用不锈钢无缝焊接技术，在钢骨架上将小块的羊身面层焊接成整块。

不锈钢板的无缝焊接为二氧化碳气体保护电弧焊的焊接方式，不损伤钢板本身的内部元素，钢板在焊接过程中不会变形，焊接后通过打磨能够消除焊缝痕迹，保证了作品的整体性。

羊头羊身在地面加工完成后，怎样保证精确地整体吊装安装也很关键。四面都安装合拢后不允许有丝毫错位，否则四羊方尊的完整性会遭到严重的破坏，影响整个作品呈现的效果。施工中运用空间测量技术，先在 3D 模型中取出关键的定位控制点并在实物上相应位置做好标记，运用双控的方式，同时控制结构上的预埋件的定位和羊头羊身上做标记点的定位。通过定位双控的方式，运用空间测量，使每一面都精准对接，达到整体浑然天成。

3　结语

泥塑定样及玻璃钢制模技术是雕塑师智慧的结晶，是整个"四羊方尊"造型能够实现其艺术性的基础及根本，该工艺使雕塑艺术从雕塑界到工程界推广应用。不锈钢锻造工艺及无缝焊接技术成熟地将普通的工程材料升级为当代工程艺术品。整个工艺流程完美地将世界最大"四羊方尊"展示在世人面前。

参考文献

［1］ 丁明明.对不锈钢锻造工艺问题的探讨［J］.工程技术（全文版），2017 年第 09 月 02 卷.

［2］ 秦川.浅析凤翔泥塑对现代设计的启示［J］.江南大学学报：人文社会科学版，2005 年第 3 期.

［3］ 刘晓燕，张丽娟.大型建筑异形幕墙施工技术浅谈［J］.工程技术（引文版），2016 年第 11 月 10 卷.

浅谈城市综合管廊拉森钢板桩选型与施工

谭　健[1]　王　孟[1]　邓　丹[1]　姚湘平[2]

1. 中国建筑第五工程局有限公司，长沙，410000；

2. 东莞市广渠建筑工程有限公司，东莞，523000

摘　要： 在城市综合管廊施工过程中，根据工程实践及力学验算，提出在基坑开挖深度条件下采用拉森钢板桩支护形式下钢板桩型号选择的建议。最优的拉森钢板桩选型在保证基坑可靠性的前提下，可减少工程投资，加快综合管廊整体施工进度，对工程提供一定的借鉴意义。

关键词： 综合管廊；拉森钢板桩；基坑开挖深度

1　城市综合管廊基坑支护研究现状

1.1　国内基坑支护基本情况

　　随着支护技术在安全、经济、工期等方面要求的提高和支护技术的不断发展，在实际工程中采用的支护结构形式也越来越多。基坑支护工程中的常用支护形式有：各种成桩工艺的悬臂护坡桩或地下连续墙、护坡桩或地下连续墙与锚杆组成的桩墙-锚杆结构、护坡桩或地下连续墙与钢筋混凝土或钢材支撑组成的桩墙-内支撑结构、环形内支撑桩墙结构、土钉与喷射混凝土组成的土钉墙、土钉墙与搅拌桩或旋喷桩组成的复合土钉墙、土钉墙与微型桩组成的复合土钉墙、搅拌桩或旋喷桩形成的水泥土重力挡墙、逆作拱墙、双排护坡桩、钢板桩支护、SMW工法的搅拌桩支护、逆作或半逆作法施工的地下结构支护、各种支护结构基坑内软土加固、土体冻结法等。在实际工程中已采用的单独或组合支护形式目前已不下十几种。

　　虽然具体的支护形式很多，但按照支护结构受力特点划分可归并为桩墙结构（排桩或地下连续墙）、土钉墙结构、重力式结构（水泥土墙）、拱墙结构几种基本类型 [1]。

1.2　城市综合管廊基坑支护发展形式

　　建设城市地下综合管廊是我国城市建设发展的必然趋势，但对于地下综合管廊施工，由于存在管廊埋深深度大、地下水丰富以及城市区域化施工临边作业多等问题，对于综合管廊基坑开挖及支护带来很大的难度。随着各种基坑支护体系的普及推广和迅猛发展，结合工程地质与水文地质条件、地下室的要求、基坑开挖深度、降排水条件、周边环境和周边荷载、施工季节、支护结构使用期限等因素，不断研究小区域化施工、周期短、可周转且安全性高的基坑综合支护体系，对于提高临河靠海等地下水位高的深基坑施工安全性及施工效率具有相当的实用价值和经济意义。

1.3　拉森钢板桩支护的由来及其特点

　　由于城市地下管廊埋深深度大、地下水丰富以及城市区域化施工临边作业，容易造成基坑土方坍塌、基槽大面积积水以及施工场地受限等诸多问题，因此需要解决管廊基坑支护设备的施工简易性、提高周转利用率的能力，支护系统可靠性、闭水性，支护系统施工工艺等方面的技术问题。而拉森钢板桩支护系统因其特点，很好地解决了管廊基坑支护多方面问题。以下将对钢板桩的由来及特点做简短介绍：

1.3.1　拉森钢板桩的由来

"拉森"板桩是知名而享誉土木工程领域已久的建筑材料。应用于各种条件下的护土结构，其应用领域以及优势已经（在专业领域）得到不断证明和证实。

1902 年，德国国家主工程师 Tryggve Larssen 先生在不来梅开发制作了世界上第一块 U 型剖面铆凸互锁的钢制板桩。

1914 年，两边都能连锁的板桩问世了。这个（改进）一直被世界绝大多数的板桩（制造商）沿用至今。最为古老的拉森 U 型板桩被 Giken Kochi 公司安放在总部展示以纪念 U 型板桩的发展历史。每块 U 型板桩的两边的"U 型突出"设计可以用来连锁相邻的板桩。

互锁结构可以（在板桩互锁时）形成一个水密结构从而增加板桩结构的强度。它可广泛应用于围堰和泥土支撑等工程领域。

1.3.2　拉森钢板桩的特点

（1）高质量（高强度，轻型，隔水性良好）；

（2）施工简单，工期缩短、耐久性良好，寿命 50 年以上；

（3）建设费用便宜、互换性良好，可重复使用 58 次之多；

（4）施工具有显著的环保效果，大量减少了取土量和混凝土的使用量，有效地保护了土地资源；

（5）救灾抢险的时效性较强，如防洪、防塌方、防塌陷、防流沙等；

（6）处理并解决挖掘过程中的一系列问题；

（7）对于建设任务而言，能够降低对空间的要求；

（8）使用钢板桩能够提供必要的安全性而且时效性较强；

（9）使用钢板桩可以不受天气条件的制约；

（10）使用钢板桩材料，能够简化检查性材料和系统材料的复杂性；

1.3.3　拉森钢板桩的用途

拉森钢板桩的用途非常广泛，在永久性结构建筑上，可用于码头、卸货场、堤防护岸、护墙、挡土墙、防波堤、导流堤、船坞、闸门等；在临时性构筑物上，可用于封山、临时扩岸、断流、建桥围堰、大型管道铺设临时沟渠开挖的挡土、挡水、挡沙等；在抗洪抢险上，可用于防洪、防塌陷、防流沙等。

拉森钢板桩围堰施工适用于浅水低桩承台并且水深 4m 以上，河床覆盖层较厚的砂类土、碎石土和半干性，钢板桩围堰作为封水、挡土结构，在浅水区基础工程施工中应用较多，也适用黏土、风化岩层等基础工程。

2　城市综合管廊拉森钢板桩支护选型

2.1　选型基本因素

支护结构选型时，应综合考虑下列因素：

（1）基坑深度；

（2）土的性状及地下水条件；

（3）基坑周边环境对基坑变形的承受能力及支护结构一旦失效可能产生的后果；

（4）主体地下结构及其基础形式、基坑平面尺寸及形状；

（5）支护结构施工工艺的可行性；

（6）施工场地条件及施工季节；

（7）经济指标、环保性能和施工工期。

2.2　设计资料

以儋州海花岛某项目综合管廊为例，以基坑实际开挖情况选取最不利工况进行钢板桩的力学验算。基坑开挖平均深度 5m，设置一道支撑，支撑标高距桩顶 1.5m，坑内、外土的天然容重加权平均值 r_1、r_2 均为：$18kN/m^3$；内摩擦角 ϕ 取 $20°$；粘聚力 C 为 24kPa

2.3　拉森钢板桩技术参数表（表 1）

表 1　拉森钢板桩技术参数

型号	尺寸规格 Dimensions			单根钢板桩 Per plie				单根每米壁宽 Per 1m of pile wall width			
	宽度 w	高度 h	厚度 t	截面积	理论重量	惯性矩	截面模数	截面积	理论重量	惯性矩	截面模数
Type	（mm）	（mm）	（mm）	（cm²）	（kg/m）	（cm⁴）	（cm³）	（cm²/m）	（kg/m²）	（cm⁴/m）	（cm⁴/m）
SP-Ⅱ	400	100	10.5	61.18	48	1240	152	153	120	8740	874
SP-Ⅲ	400	125	13	76.42	60	2220	223	191	150	16800	1340
SP-Ⅳ	400	170	15.5	96.99	76.1	4670	362	242.5	190	38600	2270
SP-ⅤL	500	200	24.3	133.8	105	7960	520	267.6	210	6300	3150
SP-ⅥL	500	225	27.6	153	120	11400	680	306	240	8600	3820
SP-Ⅱw	600	130	10.3	78.7	61.8	2110	203	131.2	103	13000	1000
SP-Ⅲw	600	180	13.4	103.9	81.6	5220	376	173.2	136	32400	1800
SP-Ⅳw	600	210	18	135.3	106	8630	539	225.5	177	56700	2700

2.3.1　拉森钢板桩体受力情况

拉森钢板桩施工完成后进行土方开挖，主要受到以下几种因素影响：

（1）侧向土压力、水压力；

（2）基坑边缘车辆及其他方面造成的静荷载及活荷载；

（3）基坑土质情况不同照成的粘聚力。

2.3.2　简化计算模型

由于本次研究主要围绕拉森钢板桩型号及桩长选择，通过研究主要受力情况作为建立计算模型，如图 1 所示。

2.4　钢板桩入土深度计算

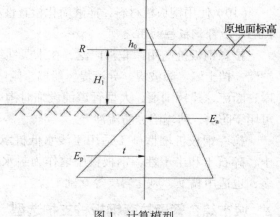

图 1　计算模型

2.4.1　车辆荷载转换

墙背后填土表面常有车辆荷载作用，使土体中产生附加的竖向应力，从而产生附加的侧向压力。在土压力计算时，对于作用于墙背后填土表面的车辆荷载可以近似地按均布荷载来考虑，并将其换算为与墙后填土相同的均布土层。根据《公路路基设计规范》（JTG D30—2004）5.4.2 第 11 条规定[2]：车辆荷载作用在挡土墙墙背填土上所引起的附加土体侧压力，可按下式换算成等代均布土层厚度 h_0 计算：

$$h_0 = q/\gamma$$

式中：h_0——换算土层厚度（m）；

q——车辆荷载附加荷载强度，取$q = \dfrac{20\text{kN}}{\text{m}^2}$；

γ——土方容重（kN/m³），取$\gamma = \dfrac{18\text{kN}}{\text{m}^3}$。

上部水体荷载换算成土体荷载高度：

$$h_0 = \frac{q}{\gamma} = 20 \div 18 = 1.1\text{m}$$

2.4.2　内力计算

根据《简明施工计算手册》中国建筑工业出版社，P284 页 (5-89、5-90) 公式[3] 得：

$$K_\text{p} = tg^2 \left(45 + \frac{20}{2} \right) = 2.04$$

2.4.3　入土深度验算

主动土压力系数，被动土压力系数从上可知：$K_\text{a} = 0.49$，$K_\text{p} = 2.04$。

根据入土深度计算简图，由下静力平衡条件有：

$$\Sigma N = 0 \quad R + E_\text{p} - E_\text{a} = 0$$
$$\Sigma M = 0 \quad E_\text{a}l_1 - E_\text{p}l_2 = 0$$

式中　R——支撑力；

l_2——被动土压力合力 E_p 至支撑的距离，即 $l_2 = H_1 + 2/3t$；

l_1——主动土压力合力 E_a 至支撑的距离。

被动土压力 $E_\text{p} = 1/2\gamma t2^{K_\text{p}}$

主动土压力 $E_\text{a} = 1/2\gamma [t + H_1 + h_0]^2 K_\text{a}$

代入上式得到最小入土深度 t 的方程：

$$t^3 + 4.72t^2 - 28.8t - 52.02 = 0$$

求解的最小入土深度 $t = 4.43\text{m}$。

2.4.4　强度验算

根据以上基槽开挖深度、入土深度，最优选择 12mSP- Ⅲ型，并进行以下强度验算；

由静力平衡条件：

$$\Sigma N = 0 \quad R + E_\text{p} - E_\text{a} = 0$$

有

$$R = E_\text{a} - E_\text{p}$$
$$E_\text{p} = 1/2\gamma t2^{K_\text{p}} = 18.36t2 = 360\text{kN}$$
$$E_\text{a} = 1/2\gamma [t + H_1 + h_0]^2 K_\text{a} = 4.41 (t + 6.1) 2 = 464.4\text{kN}$$

求得 $R = 104.4\text{kN}$

剪力为零的点距支撑点的距离 h

则：

$$\gamma k K_\text{p} h = R + \gamma K_\text{a} h$$

取 $k = 1.4$，得 $h = 2.45\text{m}$。

$$M = 104.4 \times 2.45 = 255.78\text{kN} \cdot \text{m}$$

则 $\sigma = \dfrac{M}{w} = \dfrac{255.78}{1340} = 190.8\text{MPa} < 200\text{MPa}$，完全满足要求；

$\tau = \dfrac{R}{A} = \dfrac{104.4}{76.42} = 13.6\text{MPa} < 110\text{MPa}$，完全满足要求；

根据以上基槽开挖深度、入土深度及拉森钢板桩技术参数可知最优选择 12mSP- Ⅲ 型。

2.5　拉森钢板桩具体型号选择

2.5.1　基槽开挖深度与桩体受力情况关系

根据以上验算，分别计算不同基槽开挖深度下的拉森钢板桩的受力情况，结合拉森钢板桩技术参数表 1，确定选择类型，具体详见表 2。

2.5.2　数据分析

由拉森钢板桩选型表 2 中可知，在基坑开挖深度在 2 ～ 6m 时，单支撑体系下均能找到相对适用的拉森钢板桩类型。当基槽深度达 6m 以上时，最小截面模数远大于所用拉森钢板桩截面模数及拉森钢板桩所受的弯矩超过设计最大弯矩，拉森钢板桩将产生倾覆并出现质量安全事故。

由于该验算采用了单支撑体系施工，且并未考虑水压力及基坑土质情况，故在现场施工时，应结合现场实际情况对局部采用双支撑、三支撑体系或基坑底部设置传力带，以保证支撑体系稳定性。

表 2　拉森钢板桩选型

基槽开挖深度 H_1(m)	最小桩体入土深度 t(m)	支撑力 R(kN)	最大弯矩支撑距离 h(m)	最大弯矩 M(kNm)	容许应力下最小截面模数 w(cm⁴/m)	容许应力下最小截面积 A(cm²/m)	拉森钢板桩选型推荐	桩长（m）
2	2.15	36.75	0.86	31.71	158.53	3.34	SP- Ⅱ	6
3	2.93	60.37	1.42	85.59	427.93	5.49	SP- Ⅱ	9
4	3.70	90.16	2.12	190.88	954.40	8.20	SP- Ⅲ	9
5	4.43	104.40	2.45	662.71	1943.78	11.70	SP- Ⅳ	12
6	5.23	168.00	3.94	662.71	3313.54	15.27	SP- Ⅳ L	15
6.5	5.62	191.20	4.49	858.38	4291.89	17.38	-	-
7	6.00	215.98	5.07	1095.36	6891.17	22.02	-	-

3　拉森钢板桩施工

3.1　钢板桩施工的一般要求

（1）钢板桩的设置要符合设计要求，便于管道施工，尤其是在主体边缘外留有支模、拆模的余地。

（2）基槽护壁钢板桩的平面布置形状应尽量平直整齐，避免不规则的转角，以便标准钢板桩的利用和支撑设置。各周边尺寸尽量符合板桩模数。

（3）在整个管廊施工期间，挖土、吊运、扎钢筋、支模板、浇筑混凝土、回填等施工作业，严禁碰撞支撑，禁止任意拆除支撑，禁止在支撑上任意切割、电焊，也不应在支撑上搁置重物。

3.2　钢板桩施工的顺序

施工准备、原材料报验→测量定位→施打拉森钢板→土方开挖→围檩支撑施工→综合管廊垫层施工→综合管廊主体施工→实测实量隐蔽验收→回填中粗沙并钢板桩拔除。

3.3 板桩施打

（1）板桩用吊机带振锤施打，施打前一定要熟悉地下管线、构筑物的情况，认真放出准确的支护桩中线。

（2）打桩前，对板桩逐根检查，剔除连接锁口锈蚀、变形严重的普通板桩，不合格者待修整后才可使用。

（3）打桩前，在板桩的锁口内涂油脂，以方便打入拔出。

（4）在插打过程中随时测量监控每块桩的斜度不超过 2%，当偏斜过大不能用拉齐方法调正时，拔起重打。

（5）板桩施打采用屏风式打入法施工。屏风式打入法不易使板桩发生屈曲、扭转、倾斜和墙面凹凸，打入精度高，易于实现封闭合拢。施工时，将 10 ~ 20 根板桩成排插入导架内，使它呈屏风状，然后再施打。通常将屏风墙两端的一组板桩打至设计标高或一定深度，并严格控制垂直度，用电焊固定在围檩上，然后在中间按顺序分 1/3 或 1/2 板桩高度打入。

屏风式打入法的施工顺序有正向顺序、逆向顺序、往复顺序、中分顺序、中和顺序和复合顺序。施打顺序对板桩垂直度、位移、轴线方向的伸缩、板桩墙的凹凸及打桩效率有直接影响。因此，施打顺序是板桩施工工艺的关键之一。其选择原则是：当屏风墙两端已打设的板桩呈逆向倾斜时，应采用正向顺序施打；反之，用逆向顺序施打；当屏风墙两端板桩保持垂直状况时，可采用往复顺序施打；当板桩墙长度很长时，可用复合顺序施打。

（6）密扣且保证开挖后入土不小于 2m，保证板桩顺利合拢；特别是工作井的四个角要使用转角板桩，若没有此类板桩，则用旧轮胎或烂布塞缝等辅助措施密封。

（7）打入桩后，及时进行桩体的闭水性检查，对漏水处进行焊接修补，每天派专人进行检查桩体。

3.4 施工中要注意的有关要求

施打拉森钢板桩施工关系到施工止水和安全，是本工程施工最关键的工序之一，在施工中要注意以下施工有关要求：

（1）拉森钢板桩采用履带式挖土机（带震动锤机）施打。

（2）打桩前，对钢板桩逐根检查，剔除连接锁口锈蚀、变形严重的钢板桩，不合格者待修整后才可使用。

（3）打桩前，在钢板桩的锁口内涂油脂，以方便打入拔出。

（4）在插打过程中随时测量监控每块桩的斜度不超过 2%，当偏斜过大不能用拉齐方法调正时，拔起重打。施工中应根据具体情况变化施打顺序，采用一种或多种施打顺序，逐步将板桩打至设计标高。钢板桩打设公差标准项目允许公差：板桩轴线偏差 ±10cm、桩顶标高 ±10cm、板桩垂直度 ±2%。

（5）密扣且保证开挖后入土不小于设计入土宽度，保证钢板桩顺利合拢；特别是工作井的四个角要使用转角钢板桩，若没有此类钢板桩用旧轮胎或烂布塞缝等辅助措施密封。

（6）打入桩后，及时进行桩体的闭水性检查，对漏水处进行焊接修补，每天派专人进行检查桩体。

4　在建工程实例

4.1　项目施工情况

　　海花岛综合管廊开挖深度 3 ～ 5m，设计基坑要求管廊全程采用拉森钢板桩采取 SP- Ⅳ型 12m 桩支护。项目结合现场实际情况，在基坑深度 3 ～ 4m 处采取拉森钢板桩采取 SP- Ⅲ型 9m 桩进行支护，在满足基坑支护的前提下，为项目在拉森钢板桩施工方面创造了经济效益。

（a）拉森钢板桩施工　　　　（b）基坑水下混凝土浇筑　　　（c）拉森钢板桩施工及支护完成

（d）管廊钢筋工程施工　　　　（e）管廊模板支设　　　　（f）管廊主体结构完成

（e）侧壁分层回填夯实　　　（f）支撑拆除及钢板桩拔除

图 2　拉森钢板桩施工过程

4.2　经济情况分析

表 3　拉森钢板桩型号及施工费用

型号	尺寸规格					单根每米壁宽			
	宽度 w	高度 h	厚度 t	截面积	理论质量	桩体长度	质量	单价	每米施工单价
	mm	mm	mm	cm²/m	kg/m²	m	kg/m	元 / 吨	元 /m
SP- Ⅲ	400	125	13	191	150	9	1350	380	513
SP- Ⅳ	400	170	15.5	242.5	190	12	2280	380	866.4

根据以上数据可知选用 SP- Ⅲ型 9m 拉森钢板桩每米可节约 353.4 元，由于基坑为双向支护，故每延米钢板桩将节约 706.8 元。

5　结束语

城市地下管线综合管廊设置于地面下可容纳包括电力、电信、供水、煤气、交通信号、闭路电视等两种以上的公共设施管线，并拥有完备的排水、照明、通讯、监控等设施功能的地下箱涵隧道。它是为避免马路重复开挖，减少城市视觉污染，保护城市市容环境，提高城市能源供给，确保城市安全运转而产生的新兴市政基础设施。建设地下综合管廊是我国城市建设的发展的必然趋势，但对于地下综合管廊施工，由于存在管廊埋深深度大、地下水丰富、水位高、城市区域化施工范围小以及临边作业多等问题，故对于提高地下管道施工安全性及施工效率具有相当的实用价值和经济意义。

拉森钢板桩的正确选型不仅能保证工程施工安全，并且能够提升施工效率，能在施工区域小、周期短、地下水丰富的情况下，安全、有效的完成基坑支护和开挖，将会极大的节省人力、物力，加快城市施工进度，确保进度可控。

参考文献

［1］　JGJ 120—2012. 建筑基坑支护技术规程［S］. 北京：中国建筑工业出版社，2012.

［2］　JTG D30—2004. 公路路基设计规范［S］. 北京：人民交通出版社出版，2004.

［3］　简明施工计算手册（第 3 版）［M］. 北京：中国建筑工业出版社，2004.

临地铁溶洞发育地区全套筒全回转钻机应用

陈　伟　李　荣　胡　栋　唐国顺

中建五局第三建设有限公司，长沙，410004

摘　要： 通过溶洞发育地区 360 度全套筒全回转钻进机械旋挖桩在贵阳恒大金阳新世界项目 2E 地块 1 标段的成功应用，证明采用该技术能够有效地处理集孤石、溶洞发育、软弱下卧层等复杂地质为一体的复杂情况下桩基施工问题，在提高端承桩施工质量、机械孔成孔效率、节约工期、降低安全风险、减少对周边在建工程影响等方面取得了良好的效果。

关键词： 孤石；溶洞发育；超深桩；地铁施工；全套筒全回转钻机

1　工程概况

贵阳恒大新世界项目 2E 地块 1 标段工程，总建筑面积 14 万 m^2，含 6 栋高层，其中 10# 楼基础为 117 根端承灌注桩，桩长 26.62 ～ 74.1m 不等，其中机械桩型号为 1.2m、1.5m 及 1.8m 等型号。

需使用全套筒全回转的桩列表

序号	桩编号	桩型号	地勘标高	深度	桩径	溶洞个数
1	ZH10-84	ZH9a	1253.26	34.44m	1800mm	3
2	ZH10-86	ZH9a	1240.49	47.21m	1800mm	2
3	ZH10-70	ZH9c	1237	48.8m	1800mm	3
4	ZH10-77	ZH6a	1237.1	48.55m	2000mm	3
5	ZH10-X-6	ZH3a	1232.8	50.65m	1200mm	3

2　特殊地质及外部情况

经地勘勘察，场区位于黔北台隆遵义断拱贵阳复查构造变形区，场地附近无断层通过，溶洞成串状发育。10# 楼地址情况复杂，中间岩层顶板下溶洞处于竖向与横向强发育状态，基本横向溶洞全贯通，竖向溶洞深度最大。

如图 1 所示地勘柱状图所示，ZK10-86 号桩存在至少 2 个溶洞，其中一个溶洞纵向发育至少 10m。

场区与贵阳市轨道交通 2 号线一期土标项目工程相邻，最近处仅有 10m 左右，曾有桩浇筑时因混凝土经溶洞流失至地铁"涵道"底板，起拱最大 800 ～ 1000mm。

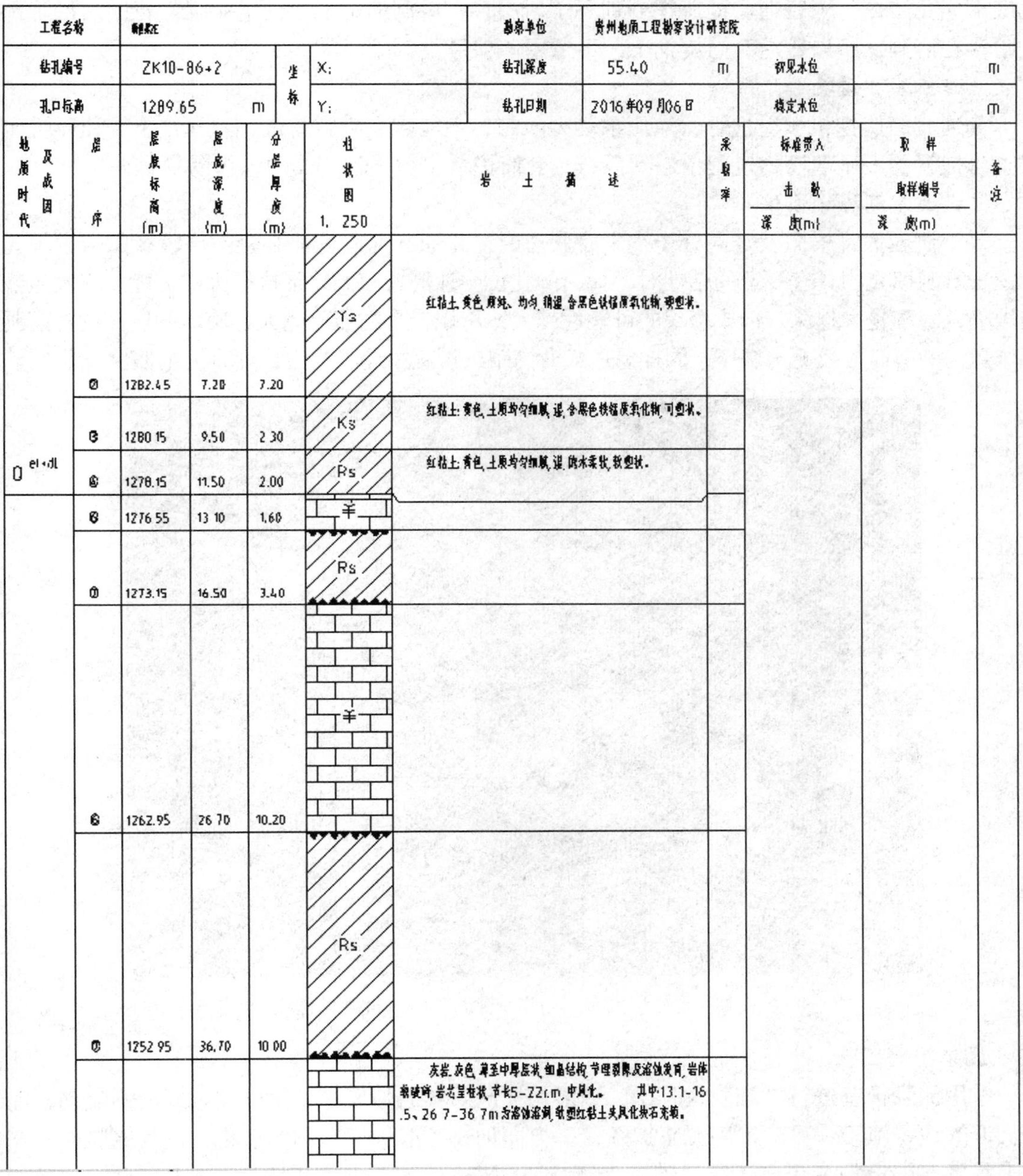

工程名称	制梁区				勘察单位	贵州地质工程勘察设计研究院				
钻孔编号	ZK10-86+2	坐标	X:		钻孔深度	55.40	m	初见水位		m
孔口标高	1289.65	m	Y:		钻孔日期	2016年09月06日		稳定水位		m

地质时代及成因	层序	层底标高(m)	层底深度(m)	分层厚度(m)	柱状图 1:250	岩 土 描 述	采取率	标准贯入 击数 深度(m)	取样 取样编号 深度(m)	备注
Q^{el+dl}	①	1282.45	7.20	7.20	Ys	红粘土 黄色 稍纯、均匀，稍湿，含黑色铁锰质氧化物，硬塑状。				
	②	1280.15	9.50	2.30	Ks	红粘土 黄色 土质均匀细腻、湿，含黑色铁锰质氧化物，可塑状。				
	③	1278.15	11.50	2.00	Rs	红粘土 黄色 土质均匀细腻 湿，饱水柔软 软塑状。				
	④	1276.55	13.10	1.60						
	⑤	1273.15	16.50	3.40	Rs					
	⑥	1262.95	26.70	10.20						
	⑦	1252.95	36.70	10.00	Rs	灰岩，灰色，厚至中厚层状，细晶结构，节理裂隙及溶蚀发育，岩体较破碎，岩芯呈短柱状，节长5~22cm，中风化。　其中13.1-16.5、26.7-36.7m为溶蚀溶洞，软塑红粘土夹风化块石充填。				

图 1　ZK10-86 号桩地勘柱状图

3 普通工艺问题

3.1 普通套筒旋挖

3.1.1 遇岩层套筒不能跟进

普通套筒旋挖机械受抱管器液压泵动力限制（通俗说套筒旋挖的套筒不具有扭矩力，不具备自主旋进），钢套筒跟进遇岩层就无法继续跟进，当岩层下部存在溶洞时，岩层下部开挖实际只是无套筒的普通旋挖，当掏空部分溶洞填充物，易造成填充物向孔位挤压，导致桩孔底部塌孔严重。因普通套筒旋挖处理不了岩层存在溶洞的情况，而溶洞强发育的岩层下部常常存在溶洞，所以普通套筒旋挖工艺不适用该项目。

3.1.2　遇孤石亦偏孔

普通套筒旋挖机械受抱管器液压泵动力限制，不能自主旋转挖进，只能往下挤压压进土层。当抱管器下压套筒的过程中遇到孤石，套筒极易出现不均匀受力，极易导致偏位。

3.1.3　遇大溶洞垮塌亦偏孔

当溶洞较大，横向及竖向处于强发育状态时，普通套筒旋挖势必会掏出较多的溶洞填充物，若溶洞填充物具有一定的粘性时，掏出的孔位会让周边溶洞物形成较大的势能，亦发生溶洞塌陷，溶洞越大越深，造成垮塌的可能性越大，垮塌带来的能量越大，垮塌的填充物对溶洞区域悬空的套筒形成侧向挤压，同样易造成套筒跟进过程中偏心受力，导致桩基偏位（图2）。

图2　受溶洞大面积塌陷及孤石影响，桩基偏位

3.2　泥浆护壁工艺

采用泥浆护壁进行桩施工过程中，因溶洞横向及竖向强发育，护壁泥浆经溶洞流动，涌入临近的地铁施工项目。采用泥浆护壁，一方面加速了溶洞填充物的液化，使得原竖向及横向串状发育的溶洞变更成了"通道"，导致桩基混凝土浇筑过程中混凝土流失严重。因反压混凝土通过溶洞流失至地铁隧道的"护壁"处，挤压护壁及底板，导致隧道墙壁多处出现裂缝变形，拱部出现沉降，影响隧道施工安全。

3.3　普通工艺问题

采用泥浆护壁的各种桩工艺及普通套筒旋挖工艺，均不能有效地处理临近地铁溶洞强发育的特殊情况，开挖成孔效率低，常出现塌孔塌陷，普通的方法毛石回填反复进行不见成效。大多数桩工艺通过反压进行处理溶洞，当溶洞较多较大时，反压的次数就会越多，现场反复施工就会弱化了土质条件，导致表面土层淤泥化，极易出现大面积的塌陷，增加了机械施工的安全风险。

3.4　普通工艺效率对比

桩施工工艺	成孔质量、效率	进度	成本	特殊地质处理情况
普通旋挖桩	易垮孔，遇地下水及溶洞情况基本需要反压 3 次，孔斜率不易控制。	10m/ 台班	650 元 /m	遇孤石易偏孔。遇溶洞易垮孔，需反压才能处理。
套筒旋挖桩	成孔效率较高，遇孤石地质情况，孔斜率不易控制。	10m/ 台班	1350 元 /m	钻孔时因套筒跟进，能处理一部分溶洞情况，套筒不能跟进到岩层，若桩需穿下卧层，落到下部持力层，在软弱下卧层处易垮孔。
回旋钻	成孔效率高，能克服孤石及溶洞等不良地质情况。	15m/ 台班	480 元 /m	采用泥浆护壁钻进时受溶洞影响小。能穿孤石，孔斜率能有效控制。
冲孔桩	成孔效率高，能克服孤石及溶洞等不良地质情况。	15m/ 台班	1m 以下：440 元 /m，1 ~ 1.5m：450 元 /m³，1.5m 以上 430 元 /m	采用泥浆护壁钻进时受溶洞影响小。受孤石影响小。对岩层扰动大。

4　全套筒全回转钻机施工工艺

如前文所述，因临近地铁，采用泥浆护壁的各种桩工艺均不能保证泥浆的流失和混凝土的流失对地铁的影响；干作业成孔的桩工艺也必须解决混凝土浇筑时混凝土的流失，就必须使用套筒跟进，还必须解决岩层下溶洞垮塌问题，就必须使用能够旋进岩层的套筒。

全套筒全回转钻机是能驱动钢套管进行 360° 回转，并将钢套筒压入和拔出的施工机械。该新型机械由护壁驱动器、钢套管，配有专用钻头实现对岩层的破碎实现钢套筒跟进岩层，结合旋挖机联合进行抓取土施工。

结合该项目的临近地铁溶洞强发育的特点，采用全套筒全回转钻机施工，埋设一次性钢套筒，钢套筒不拔出，以解决混凝土浇筑过程中混凝土流失影响地铁的问题。

4.1　工艺流程（图 3）

桩基施工场区泥浆外运，块石换填，场地平整→桩位放线定位→安放路基板→360 度全回转钻机就位→下第一节外壁钢套筒→回转钻进→旋挖机就位，旋挖机（冲抓斗）跟进掏渣取土→接外壁钢套筒，回转钻进→重复旋挖取土、接外壁钢套筒、

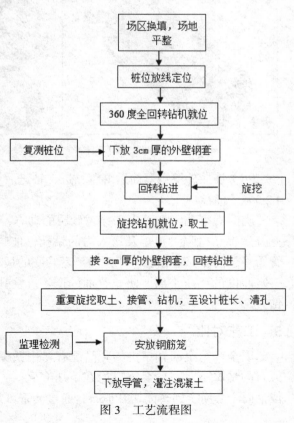

图 3　工艺流程图

钻进至设计桩底标高→清孔→安置钢筋笼→下导管→浇灌桩身混凝土至桩顶→振捣桩头→清理桩头浮浆，校正钢筋笼→搭设承台钢筋绑扎、就位的施工架子→承台钢筋绑扎→塔吊预埋件、防雷→隐蔽验收→承台基础混凝土（混凝土试块制作）→混凝土养护→基础验收。

4.2 工艺要点

4.2.1 移机对位

定好桩位后将路基板吊到桩位上，复查桩位无偏差后，全回转钻机就位，吊车一侧吊装反力架，并用履带式吊机抵住，并根据施工所需压力，扭矩的不同钻机两侧可以加放小于20t 的配重，防止套筒旋进过程中产生的反作用力将机械挪位。

4.2.2 钻进取土

（1）钻机回转钻进的同时观察扭矩、压力及垂直度的情况，并做记录。当钻进至全回转钻机平台上端留有 1 ～ 2m 外壁钢套筒时，吊装旋挖钻机作业平台，用旋挖钻机取土作业。

（2）测量取土深度，当外壁钢套筒内留有 1 ～ 2m 土未取时，停止取土，处理外壁钢套筒接口，准备接下一节外壁钢套筒。套筒口要进行除锈，涂抹油脂，并加一层保鲜膜，便于拆装。

（3）吊装标准节外壁钢套筒及套管进行连接，保养过的连接螺栓要对称均匀加力并紧固。

套筒标准节常规长度为 3m、6m 的规格附以 1mm、2mm、4m 的规格进行调整。套筒标准节的上下两端焊有连接环（图 4），连接环上设有定位销和锚环通过连接销进行连接（图 5）。

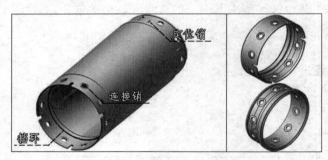
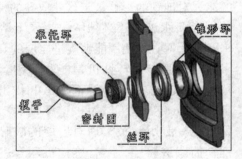

图 4 标准套筒节大样图　　　　　　　图 5　连接销大样图

（4）连接外壁钢套筒后继续钻进，钻进后用旋挖钻机取土作业，往复以上的操作过程。

4.2.3 管涌控制

随时观察孔内地下水和穿越砂层的动态，按少取土多压进的原则操作，做到套管超前，充分发挥钻机强大扭矩及压入力的钻孔性能特点。依据套管的最大切割下压能力，做到套管始终超前，抓土在后，抓土面离套管底的最小距离应保持在 2 倍桩直径以上，使孔内留足一定厚度的反压土层，防止管涌的产生。往孔内灌水，直灌到相当于承压水头的高度后再钻进。

5　工艺对比

因全套筒全回转钻机的套筒配有专用钻头结合传动装置，能实现 360°的转向，在遇到孤石的情况下，一般套筒旋挖在下压套管时，因不均匀受力会导致套筒偏向，导致桩孔偏位，而全套筒全回转能切开孤石，通过套管可强制导向防止偏孔，确保桩位不受孤石影响。

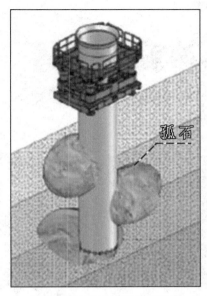

图6 全套筒全回转穿透孤石

图7 全套筒全回转穿透溶洞

普通工艺采用泥浆护壁静压工艺施工，当钻进至无填充且容积较大的溶洞或贯穿发育的溶洞时，泥浆瞬间流失，桩上部失去泥浆压强及护壁，在土质松散时就会造成塌孔，同时没有孔壁导向时容易造成偏孔。而全套筒全回转钻机配备套筒能强制导向，能有效防止塌孔偏孔。该项目溶洞串状发育至地铁施工位置，开挖及浇筑阶段都不拔出套筒，避免了采用泥浆护壁时泥浆经溶洞流失至地铁施工项目位置对地铁施工造成影响，避免了混凝土浇筑时混凝土挤压溶洞填充物进而对地铁隧道的护壁造成挤压。

6 结语

全套筒全回转跟进不拔出的施工工艺，由于外壁钢套筒能有效穿过溶洞、孤石、岩层完全跟进至持力层岩层，开挖及浇筑过程都不拔出，桩孔与周边土体完全隔绝，在成孔后，吊装钢筋笼的过程中，不会与周边土体接触，孔壁不会掉渣、溶洞不会塌孔至桩底，桩底沉渣较少，能有效成孔且有质量保证，能快速且有效地处理临地铁溶洞强发育地质条件下的桩基施工。

参考文献

［1］盾安全套管全回转钻机培训资料（徐州盾安重工机械制造有限公司）［R］.

［2］古正斌，王迪威，王晖.全护筒旋挖桩施工技术总结［R］.施工技术，2017，09.

［3］徐建宁.全回转套管钻机工法［R］.

大型钢箱梁高位落梁施工技术

赵春林　甘　泉　黄　虎　喻海鑫　陈学永

中建五局第三建设有限公司，长沙，410000

摘　要： 以采用顶推法施工的未来科技城长潭西跨线桥为工程背景，详细介绍了落梁方案、落梁前的准备及落梁过程，提出了落梁控制原则，利用步履机实现了1300吨钢箱梁整体落梁3.5m，对钢箱梁高位落梁施工具有重要的指导价值。
关键词： 顶推；落梁；施工控制

1　工程概况

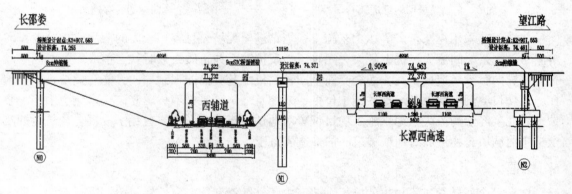

图1　桥梁立面图

桥梁全长100m，宽36m。上部结构为2m×50m等截面连续钢箱梁，两跨分别跨越长潭西高速及西辅道。下部结构为花瓶墩配桩基础，桥台采用轻型桥台、扶壁式桥台配桩基础。钢箱梁分左右两幅，每幅宽度18m，主桥总宽36m。单幅钢箱梁为单箱室结构，横向设有2%横坡。

2　落梁施工方案

顶推施工中的落梁是指在连续梁顶推到位，拆除导梁，将主梁顶起，拆除顶推时临时墩装置，然后将主梁均匀地降落并安放在永久支座上的过程。采用顶推法施工的桥梁，落梁控制是一个影响到全桥施工控制成败的关键环节。

3　卸载点选取及设备布置

本项目中，卸载点全部布置在临时墩上，根据结构受力，每个支墩上布置的千斤顶数量和型号相同，0# 支墩上分别布置2台500t步履机，1# 桥墩上布置2台500t步履机、、2# 桥墩上布置2台500t步履机，额定顶升能力3000t。单幅钢箱梁自重1300t。

卸载千斤顶支撑位置位于钢箱梁桥腹板中心线位置。

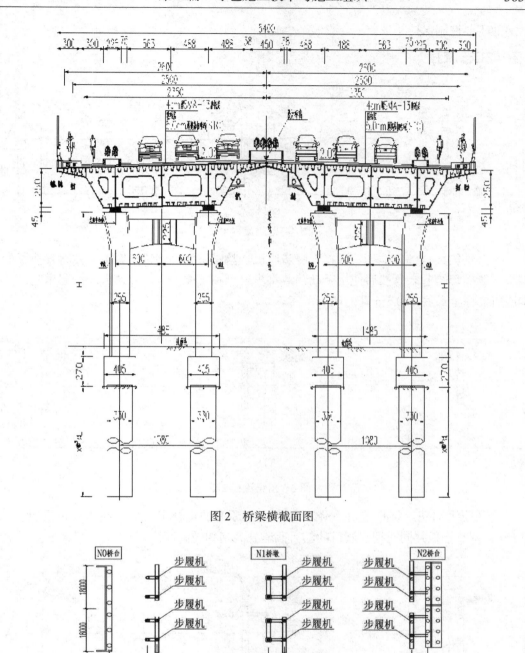

图 2　桥梁横截面图

图 3　步履机布置图

4　落梁前的准备

（1）落梁过程中由于需要不断更换、安装梁底垫板、千斤顶等钢结构物件，而且重量都较大，人力无法搬动，需要在梁底设置吊环，利用倒链进行重物的安装及拆除。

（2）顶推与落梁过程中千斤顶与梁底接触面之间设置橡胶垫，分配钢箱梁传递的集中力，保证钢箱梁底板均匀受力。

（3）各个墩顶的顶推、落梁设备均采用 1 套液压油泵，以保证各个设备的同步性，各个墩之间油压差控制保持一致。

5　落梁工艺流程

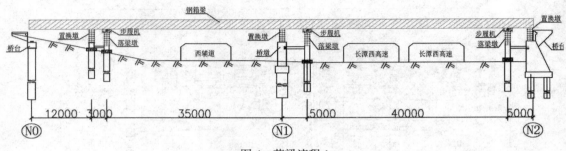

图 4　落梁流程 1

（1）将钢箱梁全部顶推到位后；下降步履机让整座桥梁搁到置换墩上，并将置换墩的顶面钢板与梁底焊接起来，然后使用手动葫芦将步履机和支撑上部 7 节调节筒一起吊起，并撤出步履机支撑上最底部 0.5m 高的调节钢筒。

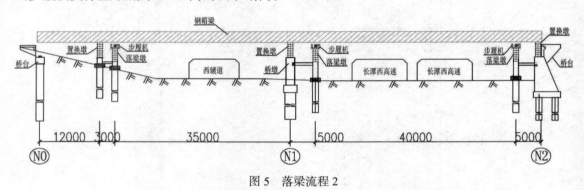

图 5　落梁流程 2

（3）利用手动葫芦将步履机下降 0.5m，落到原有的钢柱上，然后在步履机滑箱上垫 5 层 0.1m 高调节钢板并同时把步履机的前后搁墩升高到相同高度。

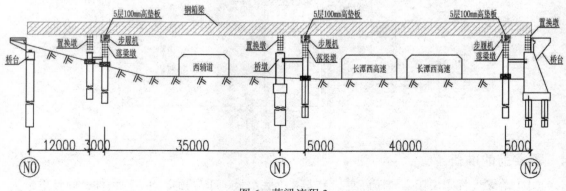

图 6　落梁流程 3

（4）利用步履机顶起整个桥梁，置换墩腾空，然后撤出置换墩最底部 0.5m 调节钢筒，就利用步履机和前后搁墩间调节每次下降 0.1m，重复 5 次，共计下降 0.5m，将梁体重新搁到置换墩上，使步履机腾空。

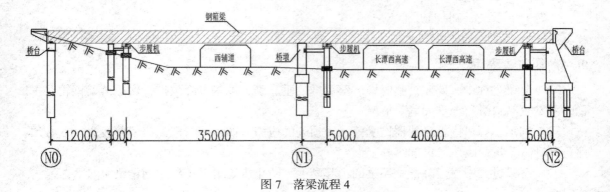

图 7 落梁流程 4

（5）重复以上步骤，直到将钢梁落在支座上。

6 落梁横向滑移控制

由于桥面排水要求，一般桥梁会设计 2% 左右的横坡，钢箱梁的顶推落梁有如下 2 种可选方案。

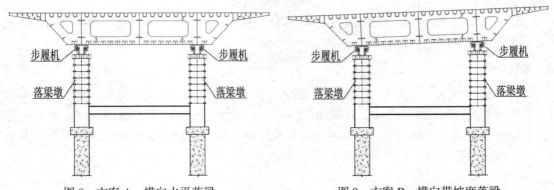

图 8 方案 A：横向水平落梁　　　　图 9 方案 B：横向带坡度落梁

相比与方案 B，方案 A 中，为了避免钢箱梁横向坡度下滑力可能产生的滑移倾覆危险，通过将横向临时墩标高调平，同时改善倾斜产生的局部接触受力不均。

7 落梁纠偏

限位钢管与落梁法兰净空 100mm，卸载过程中通过观察钢管与法兰间的距离，可得到桥的水平偏移情况。每卸载 1 个法兰高度（500mm）进行一次测量，若水平偏移达到 100mm，则进行水平纠偏。

8 支座中心线与钢箱梁纵向对位关系

考虑到温度对桥梁纵向伸缩的影响，落梁应安排在温度比较稳定的时间段内进行，在箱梁底面接触支座上板之前必须根据现场实时温度，调整活动支座上下板座纵桥向中心线错开的距离，以保证支座满足设计及使用要求。其计算公式如下：

$$D=\alpha(T-T_0)L$$

式中：D——活动支座纵向中心线错开的距离（m）；

α——线膨胀系数，钢结构取 1.0×10^5；

L——梁跨间距，该活动支座距离固定支座的纵向间距；

T——支座定位时温度（℃）；

T_0——支座设计温度（℃）。

9　落梁注意事项

（1）落梁过程中，要监控临时墩、落梁墩的垂直度，地基沉降数据，保证落梁钢箱梁平稳，不发生倾斜滑移等重大危险情况。

（2）利用步履机内力传感器监测落梁墩顶处的应力，如出现与理论值偏差较大时，必须停止顶升，分析原因后，再继续施工。

（3）落梁过程中尽量降低钢箱梁的顶起高度，防止步履机失压导致钢箱梁突然下落撞击临时墩。

（4）步履机的竖向千斤顶的顶起要同步、均匀，用位移传感器测量钢箱梁的顶起的位移，当钢箱梁与置换墩、垫板的脱开间隙达到20mm，法兰、垫板能够调敲出来时，停止加压操作，迅速将法兰、垫板取出。

（5）钢箱梁落到最后一截法兰时，将支座移动，按设计位置准确就位，确保支座中心线与钢箱梁支座加劲板中心线对齐，然后将钢箱梁落梁就位。

（6）支座全部受力以后，将支座上、下部分分别与梁底、锲形调节钢板焊接牢固，清除残渣，涂上防锈油漆，即完成整个落梁过程。

10　结束语

长潭西跨线桥大桥钢箱梁顶宽18m，最大落梁高度3.5m，施工受高速公路运行影响很大，由于该桥钢箱梁长度100m，且纵向设置有1%纵坡，另外加上跨间预拱度，落梁过程中钢箱梁存在较大的滑移晃动，充分利用步履机三向千斤顶纠偏，既保证了施工安全，又节约了施工成本费用，在同类工程中具有示范意义。

参考文献

［1］郭宏伟. 箱梁高位拼架落梁就位施工技术［J］. 铁道标准设计，2004（9）：76.

［2］冶树平. 公路钢箱梁高位落梁施工技术探讨［J］. 科技与企业，2014（15）：231.

［3］马劲松. 桥梁施工中高位落梁施工技术及安全质量措施［J］. 上海铁道科技，2011，（3）：83-85.

百米深坑复杂地形下独立大截面斜柱施工技术

陈泽湘 刘 彪 吴 智 赵金国 郭朋鑫

中建五局第三建设有限公司，长沙，410004

摘 要：结合百米深坑中的矿坑生态修复利用工程——冰雪世界工程独立斜柱施工的实际情况，具体介绍了冰雪世界复杂地形条件下独立斜柱的施工工艺，并提出了施工过程中应注意的事项，证明了该项技术的实用性及优越性，值得今后类似建筑工程提供参考。

关键词：独立斜柱；测量定位；钢筋安装；模板安装；混凝土浇筑

1 工程概况

冰雪世界工程位于长沙市岳麓区坪塘镇山塘村—狮峰山地段，坪塘大道东侧、清风南路南侧，主体结构依附于百米矿坑，矿坑由湖南省新生水泥厂采石而成。矿坑坑口呈不规则类椭圆形，长轴约为 440m，短轴约为 350m，深度达 100m，如图 1 所示。矿坑上宽下窄，坡度较陡，坡角约为 80°～90°，坑口面积约为180000m²，竖向采用 58 根大型墩柱作为承重结构，其中包含 3 根独立斜柱，斜长分别为：34.356m、34.356m 和 36.664m；倾斜角分别为81.63°、81.63° 和 78.99°；截面尺寸分别为2.5m×2.5m、2.5m×2.5m 及 3.5×3.5m。在如此复杂的施工环境之下，斜柱施工中的放线定位、架体搭设、钢筋绑扎、模板施工及混凝土浇筑都存在一定的难度。

图 1 冰雪世界矿坑地貌图

2 模板设计

对于一般房建项目而言，模板施工常采用木模及铝模施工工艺。然而，冰雪世界的 3 根斜柱紧邻岩壁，且高度超过 43m，现场没有足够的空间搭设支模架；为在有限的空间内保证施工过程中斜柱模板体系稳定，我们决定突破房建施工领域的范畴，选择借鉴桥梁施工中的"翻模"施工工艺，模板本身增设"锚固段"（如图 2 所示），利用已施工墩柱维持施工段的模板系统稳定。

2.1 模板结构设计

如图 3、图 4 所示，斜柱模板采用定制钢模板。面板采用 6mm 厚钢板，面板高度 4700mm，每次墩柱浇筑 4500mm，钢模下嵌 200mm；次龙骨（水平向）采用80mm×40mm×6mm 方钢（80mm 宽边垂直于面板），外侧方钢离上下口模板边 100mm，方钢间距 250mm；主龙骨采用 2 根 16 槽钢（2 片槽钢净间距 50mm），主龙骨间距 800mm；对

拉螺杆采用 Φ25 精轧螺纹杆，螺杆竖向间距 800mm（共设 6 道）、水平间距同主背楞。为保证模板侧向稳定，主背楞向下延伸 4300mm（以保证锚固段：自由段 =1∶1），锚固段利用对拉螺杆锁住，间距同模板对拉螺杆间距，如图 5 所示。每个对拉位置设置 2 组垫板，垫板采用 1 段 180mm 长工字钢和一块钢板（180×50×6mm）（如图 6 所示）。同时，在自身稳定体系外，另在近地面设置钢管斜撑，水平 3 道，间距同主背楞；竖向 4 道，间距分别为 500mm、1000mm、1500mm。

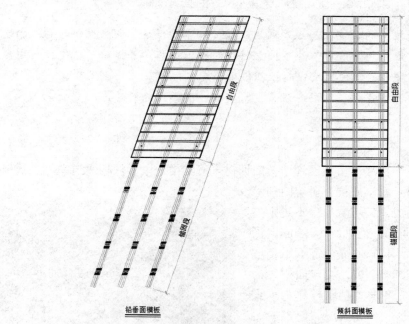

图 2　模板体系简图

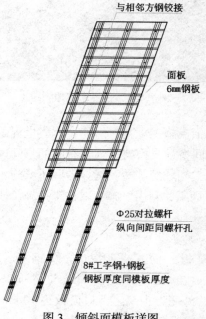

图 3　倾斜面模板详图

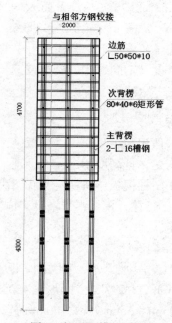

图 4　铅垂面模板详图

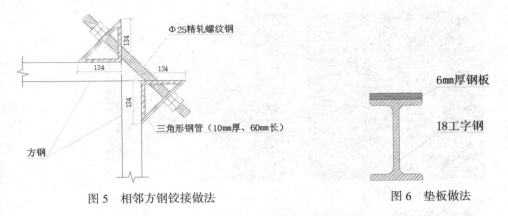

图 5 相邻方钢铰接做法　　　　　图 6 垫板做法

2.2 模板设计验算

2.2.1 荷载及荷载组合

恒载包括模板各构件自重和浇筑混凝土的自重。

活载主要考虑新浇筑混凝土作用于模板的侧压力，取为 $F=0.22\gamma_c t_0 \beta_1 \beta_2 v^{\frac{1}{2}}$ 与 $F=\gamma_c H$ 的较小值，式中参数见《建筑结构荷载规范》[2]。经计算，侧压力取为 50kN/m²。

采用 Midas gen 设计软件，选择荷载组合形式（D 表示恒载，L 表示活载），输入相应参数（图 7）。

	号	名称	激活	类型	说明
▶	1	gLCB1	激活	相加	1.35D + 1.4(0.7)L
	2	gLCB2	激活	相加	1.2D + 1.4L
	3	gLCB3	激活	相加	1.0D + 1.4L
	4	LCB5	激活	相加	1.35D + 1.4(0.7)L
*					

荷载组合列表

图 7 Midas gen 中荷载工况组合

2.2.2 计算结果

通过 Midas gen 软件计算，得出模板及对拉螺杆相应的位移云图和应力云图，如图 8（a）～（h）所示。工况 GLBC1 中的位移值最大为 6.7mm，小于 3L/1000；工况 GLBC2 时对拉螺杆最大拉应力为 154.8N/mm²，小于 290N/mm²；GLBC1 时对拉螺杆的最大拉应力 6.7N/mm²；GLBC1 时次背楞的最大拉应力 113.1N/mm²，小于 210N/mm²；工况 GLBC1 时次背楞的最大位移 6.7mm，小于 3L/1000；工况 GLBC1 时主背楞的最大压应力为 181.4N/mm²，小于 290N/mm²；工况 GLBC1 时主背楞的最大位移 6.7mm，小于 3L/1000；工况 GLBC1 时主背楞的最大拉应力为 123.7N/mm²，小于 290N/mm²。

模板体系的位移云图和应力云图表明，模板体系中的面板、对拉螺杆、主次背楞均能满足承载力和变形要求。

3 施工工艺流程

施工工序流程为：施工准备及首次标高、轴线定位→斜柱插筋定位、安装→（墩柱施工）操作架搭设→标高、轴线的二次定位→第一段墩柱施工（高度为 4.5m，采用木模板）→钢模部分第一节（4.5m 高）钢筋安装→钢模安装→第一节混凝土浇筑→分段循环向上施工至柱顶。

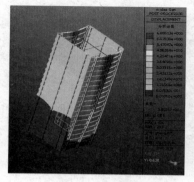

（a）工况 GLBC1 的位移云图

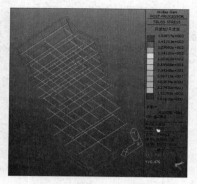

（b）工况 GLBC2 时对拉螺杆最大拉应力

（c）GLBC1 时对拉螺杆的最大拉应力

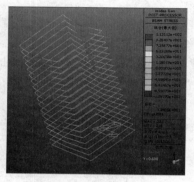

（d）GLBC1 时次背楞的最大拉应力

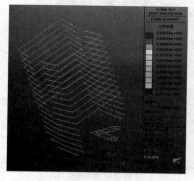

（e）工况 GLBC1 时次背楞的最大位移

（f）工况 GLBC1 时主背楞的最大压应力

（g）工况 GLBC1 时主背楞的最大位移

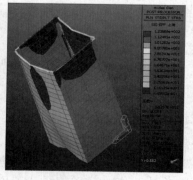

（h）工况 GLBC1 时主背楞的最大拉应力

图 8　各工况下模板体系的位移云图和应力云图

3.1 施工准备及首次标高、轴线定位

依照设计图纸，3 根斜柱主筋均伸入下部深基础底（深度分别为 8m、10m、15m），因此，斜柱的现场放线需分两次进行：第一次放线——用于下部基础施工时，定位斜柱插筋；第二次放线——斜柱线形放样，为斜柱钢筋、模板安装提供依据。

由于斜柱下部基础深，将分 2 至 3 层进行浇筑，在浇筑基础第一层混凝土前，需采用外部支撑，辅助斜柱插筋定位及防止插筋受到压力而偏位。可按照图 9、图 10 所示做法，借助基础施工阶段搭设的操作架，进行钢筋定位。

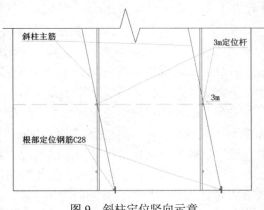

图 9 斜柱定位竖向示意

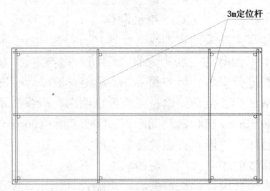

图 10 斜柱定位平面示意

3.1.1 斜柱主筋根部定位

如图 9 所示，采用全站仪放样，配合线锤吊线的方式，放出作为斜柱插筋根据的 4 个角点，并在角点处植入钢筋作好标记；定位桩间再按 500mm 间距加密，最后在定位桩上焊接横向连系杆。

3.1.2 基础底面以上 3m 位置处斜柱主筋定位

如图 10 所示，计算出斜柱主筋在基础面上 3m 位置的平面坐标后，搭设钢管辅助架，与基础用支撑架进行合并。结合 2 个水平面（根部和 3m 处）的定位后，即可确保插筋线形与位置。

3.2 二次定位、斜柱第一段施工

基础施工完成之后，即可开始斜柱第一段的施工。第一段斜柱的定位利用三角函数计算出控制点的笛卡尔坐标，再以控制点为基准，搭设定位辅助架，进行斜柱线形定位。

如图 11 所示，利用钢管、扣件搭设一个定位辅助架，立杆之间的排距均为 0.5m，根据斜柱倾斜角计算出 3 道横杆间的竖向间距并进行固定。而后设置 3 道定位钢管，以定位钢管为参照，进行钢筋安装及模板加固。

第一段柱模加固的次龙骨采用木方，间距为 150mm；主龙骨采用双钢管，间距≯400mm；对拉螺杆采用 M16 对拉螺杆，横向间距≯450mm，纵向间距

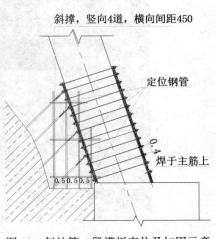

图 11 斜柱第一段模板定位及加固示意

同主龙骨。为防止模板向下倾斜，在斜柱近地面设置钢管斜撑，竖向设置 4 道、横向间距 450mm；斜柱 2 个铅垂面则竖向设置 2 道（分别设在第 3 道、第 8 道龙骨处），横向 2 道（离柱边 400mm，对称设置）。

3.3　钢筋安装

对轴线控制线、柱边线定位复核完成，混凝土施工缝已凿去表面浮浆并清理干净，用界面剂进行处理之后，即可开始钢筋绑扎。具体工艺流程为：钢筋修整、清理→安装定位箍筋→连接竖向受力筋→标识箍筋间距→（自下而上逐个）绑扎箍筋→设置钢筋限位箍筋及保护层垫块→验收。每段钢筋安装前，利用 CAD 计算出 2 个定位箍筋尺寸与三维坐标，计算出坐标后，用 C16 钢筋制作 2 个定位箍筋，并安装定位点主筋，主筋与定位箍筋点焊固定。墩身主筋采用直螺纹套筒连接，每截面接头百分率为 50%，相邻接头截面相距 35d。考虑到本工程墩柱主筋为大直径钢筋，每米重达 10 kg，为便于工人操作，所有墩柱主筋按 3m 定长进行安装，竖向每隔 3m 采用直螺纹套筒进行连接。套筒进场前，须检查连接套筒出厂合格证和连接套筒原材料质量证明书，确保质量符合要求。在柱的对角钢筋上用粉笔自混凝土面 50mm 起画箍筋间距线，箍筋间距 100mm（加密区间距 100mm，非加密区间距 200mm）。当间距线排到直螺纹套筒上时，应采用上下加密方法尽量减少箍筋设置在套筒上的情况。箍筋按前述方法逐个现场加工、安装，安装完后，专人检查尺寸并校正。箍筋加密间距及高度应符合设计及规范要求，根据设计图纸，本工程有大量柱为全高加密，箍筋间距为 100mm，施工时要特别注意设计图纸的柱子编号，防止箍筋绑错。对非全高加密的柱，箍筋加密高度应不小于柱长边尺寸及 1/6 柱净高的最大值。当箍筋排到套筒接头处时，应对套筒上下的箍筋进行局部调整（调整间应小于箍筋设计间距），使箍筋完全错开套筒，以充分满足保护层要求。由于斜柱配筋率高，且倾斜向上，钢筋安装过程中，应随时检查钢筋倾斜角度与线性，及时纠正偏差。

3.4　模板施工

模板组装采用塔吊进行吊装，吊装及加固后的效果如图 12 所示。

图 12　冰雪世界独立斜柱现场图

3.5　混凝土浇筑及养护

混凝土采用拌合站集中拌合、塔吊吊运、分层一次浇筑，使用插入式振捣器振捣混凝土的施工方法。

3.5.1　混凝土浇筑

模板安装完成并验收通过后，即可浇筑混凝土。为使混凝土的浇筑时不产生离析，坍落度应控制在 160 ～ 180mm 内。浇筑要分层均匀下料，层厚控制在 400mm 左右。在振捣过程中，插入振捣棒时稍快，提出时略慢，振捣棒应垂直或略有倾斜地插入混凝土中，倾斜适度，否则会减小插入深度而影响振捣效果，并边提边振，以免在混凝土中留下空洞。振捣时间一般控制在 30s 以上，捣固适度，当混凝土表面停止沉落或振捣时不再出现显著气泡或振动器周围无气泡冒出时，即混凝土已振捣密实。

混凝土的浇筑要保持连续进行，若因故必须间断，且间断时间超过了初凝时间，则需按二次灌注的要求，对施工缝进行如下处理：凿除接缝处混凝土表面的水泥砂浆和松弱层，手工钻凿毛，凿成 1 ～ 2cm 深蚂蟥状密条纹，凿除时混凝土强度要达到 2.5MPa 以上。在浇筑新混凝土前用水将旧混凝土表面冲洗干净并充分湿润，但不能留有积水，并在水平缝的接面上铺一层 5cm 厚的同级水泥砂浆。

3.5.2　养护

混凝土的浇筑连续进行，各工序紧凑协调，施工中要尽量集中和缩小工作面，严格控制浇筑顺序。混凝土浇筑完 8 ～ 12 小时内应开始浇水养护，采用花洒喷水养护，浇水次数以保持混凝土表面湿润状态为宜，混凝土养护不少于 14 昼夜。

4　结语

如此复杂的施工环境之下，斜柱施工中的放线定位、架体搭设、钢筋绑扎、模板施工及混凝土浇筑都存在一定的难度。本施工技术方案结合实际工况，不仅对于施工过程中的重、难点进行了有效指导与控制，而且从施工材料、建设周期、安全性能方面都显得较为优越，既能保证工程实体质量，又能取得良好的经济效益和实用价值。充分体现出绿色施工的"高效、节能、环保"的理念。

参考文献

［1］　GB 50010—2010.混凝土结构设计规范［R］.北京：中国建筑工业出版社，2010.
［2］　中华人民共和国住房和城乡建设部.建筑结构荷载规范［S］.北京：中国建筑工业出版社，2012.

安阳市职工文化体育中心
型钢混凝土结构快速施工关键技术研究

王　维　　韩晓冬　　牛增聪　　刘洪延

中国建筑第五工程局有限公司，长沙，410000

摘　要：安阳市职工文化体育中心为型钢混凝土与钢筋混凝土混合结构，共5层，内部分布大跨大空间，型钢混凝土柱的数量较少，吨位大，分布较为特殊，核心型钢的吊装对施工的可行性、安全性、经济性有较大的影响。通过对几种不同施工方案进行对比分析，确定了较为经济的型钢一次吊装的方案，并采用BIM等先进技术，对该方案的工艺流程进行了梳理，并重点对吊装路线，吊装安全性等施工保证措施进行了校核，使安阳职工文体中心施工得以顺利进行。

关键词：混合结构；型钢混凝土；施工；一次性吊装；BIM

1　工程概况

　　安阳市体育中心总建筑面积45580.67m²，建筑高度23.8m，地上四层地下一层，结构形式复杂，为型钢混凝土与钢筋混凝土混合结构，如图1所示。由于其单层结构面积较大，而型钢混凝土柱的数量不多，且分布较为分散，共有型钢混凝土柱25根，最大高度达35.55m，钢柱最大重量40.236t，若按传统的方法施工，钢柱进行分段吊装[1]，需至少选用QTZ7035塔吊大型塔吊3台，塔吊利用率过低。该建筑的结构特点为型钢柱之间无型钢梁连接，给一次吊装创造了条件，在对结构特点及施工工况进行综合分析之后，提出将型钢混凝土结构部分的型钢经过二次设计一次性安装到位的新方案，并选用较小型号的塔吊承担一般施工任务，不但缩短了总工期，并在多方面节省了费用。

图1　安阳市体育中心效果图

2　施工方案选型

　　本文对传统方案和拟采用方案的优劣进行了全面的对比分析：

　　方案I为传统方案，如图2所示，用大型塔吊进行吊装，对塔吊的位置有较为严格的要求，对塔吊起重吨位也提高较多，对施工场地布置不利，塔吊拆装也较为困难，浪费严重。

方案 II 为拟采用方案，如图 3 所示，钢柱采用吊车一次就位，其余工程采用四台较小型号塔吊。

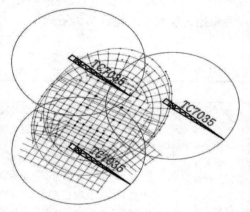　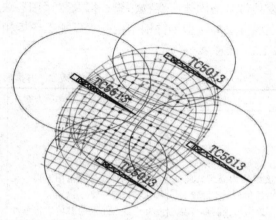

图 2　方案 I（1∶500）（图中标黑柱为型钢柱所在位置）　图 3　方案 II（1∶500）（图中标黑柱为型钢柱所在位置）

2.1　方案比选

2.1.1　经济效果对比分析

（1）直接经济对比表

表 1　方案直接经济对比表

方案序号	方案	设备型号	数量（台）	使用时间	机械费（万元）	措施费（万元）	人工费（万元）	合计（万元）
方案 1	原方案	TC7035	3	8（月）	227.7	10	19.36	244.36
方案 2	优化方案	TC5013	2	7（月）	56.7	15	8.8	75.5
		TC5613	2	5（月）				
		汽车吊	2	5 台班				

注：1）优化方案钢构柱采用汽车吊在筏板阶段整体吊，减少了 4 次层间的现场拼接工作，可缩短总工期约 40 天，节约费用 168.86 万元。

2）机械费 =（塔吊进出场费 + 塔吊基础费 + 塔吊月租金 × 使用时间）× 塔吊数量 + 汽车吊台班费 × 台班数。

$$227.7 = （10 + 3.5 + 7.8 \times 8）\times 3$$
$$56.7 = （2 + 1 + 1.3 \times 7）\times 2 + （2.5 + 1.5 + 1.5 \times 5）\times 2 + （1.3 + 0.6）\times 5$$

3）措施费包含：塔吊基础拆除费、吊装作业面安全防护费（临边、防火等）、临时加固费（缆风绳、系杆等）。

4）人工费：此处仅指钢构安装工人费用，按 16 人班组考虑、工人平均工费 220 元 / 天，第一节柱吊装工期按 15 天考虑，其余按 10 天考虑，原方案需占用工期 55 天，优化方案占用工期 15 天，考虑有部分柱需要现场拼接后再吊装，人工费按 25 工期计算。

（2）间接经济效益

①设备用电量大幅降低、有利于节能环保，综合节约电能使用费用 3 万元。

②项目施工期间的每日固定开支（管理成本、设备租赁费、周转材料使用费等）按 2.5 万元考虑，理论节约总工期 40 天，按保守 30 天考虑，可节约项目成本 75.5 万元。

由此可见，采用方案 2 节约直接施工费用达 168.86 万元，在施工时塔吊的额外运行功率大大降低，减少电费，对节约能源也有较大贡献；由于钢柱的安装比较集中，资源调度也较为集中，节约了施工工期 30 天。

2.1.2 节能、环保效益

型钢柱钢结构一次吊装的施工技术，减少了现场焊接带来的弧光污染，以及焊渣等焊件废品带来的固体废弃物污染，以及焊接用乙炔等气体漏气带来的有害气体污染隐患。相较于现场分层焊接型钢柱钢结构，工厂加工环境相对较为稳定，也具有一定的节能效果。

2.1.3 质量控制

表 2　方案质量控制对比表

方案 1（传统方案）	方案 2（优化后一次吊装方案）	对比分析
1. 分段焊接所有焊接缝均为立焊，施工及质量控制难度较大。 2. 分段控制垂直度	1. 大量焊接在工厂集中操作，焊接质量更有保证。 2. 现场拼接焊缝采用平焊，现场焊缝只有一处。 3. 一次性吊装时整体进行垂直度控制	1. 分段立焊缝由于使用电流小，熔透效果差，由于铁水受引力作用，只能横向上一层一层堆积，其成形后焊缝观感质量差；一次吊装平焊缝电流可调到最大，其熔透质量高，成形面观感质量好。 2. 分段焊接现场焊缝多，焊接条件、环境要求高且焊缝质量控制难度高；一次性吊装仅有型钢柱较长无法一次运输时在现场拼接一次，现场焊接缝极少，方便钢柱的整体焊接质量控制[2]。 3. 对比分段吊装，一次性吊装施工整体垂直度易于控制。

综上所述，优化后的方案（方案 2）在工期、经济效益、社会效益、节能环保效益及质量控制方面都有极大的优势，如果方案可行，即可以付诸实施，下文对方案的可行性进行论述。

2.2　方案分析

对一次吊装方案的可行性分析，需考虑如下因素：

2.2.1 汽车吊吨位及数量的选择

十字形型钢柱单体最大重量为 40.236t，现场采用一台 300t 吊车配合使用一台 100t 吊车即可实现型钢柱的一次吊装，其中 300t 吊车主要负责构件的起重和水平移位，100t 吊车配合 300t 吊车将所安装的构件由水平方向摆放改变为垂直方向的变向。

2.2.2 吊车运行路线选择

为保证型钢柱吊装路线，吊装前，对吊装路线进行深入研究论证。为保证吊装路线的合理性，减少型钢柱的传递吊装次数，对于无法绕开的基础墙、柱钢筋，采取此部分基础暂不施工，留置施工缝进行后浇，并按照规范及方案做好结构和防水施工。吊装完成后，再行施工此部位的基础钢筋及混凝土。

建立该施工阶段的 BIM 模型，并对吊车的运行路线进行演示及碰撞分析，提前避免了承台插筋、转弯角度过小等不利因素对吊车运行的影响。

对钢柱起吊时最不利工况下的变形进行了验算，验算结果表明，钢柱的变形微小，满足钢结构规范变形要求，并对吊耳及吊耳的焊缝强度进行校核。

2.2.3 揽风绳的选用及临时支撑

对钢柱进行整体吊装时，采用预先埋进底板的锚栓与 Φ16 钢丝绳及倒链临时加固，安装完毕在绝对标高 10m 位置处加设 45° 型钢斜支撑辅助加固，每柱用三个支撑点，待土建专业施工到二层时进行拆除[3]。

2.2.4　施工保证措施探讨

（1）避风

在拆除拉线后，地面一层的混凝土养护期间，为防止风力造成自由钢柱端晃动而导致的裂缝或其他问题，施工时需注意天气因素，避免在风力大于 3 级时进行混凝土浇筑施工[4]。

（2）调差

首次安装时，保证钢材的安装精度在 ±2mm 之间，在柱顶端安装带法兰交叉拉杆，每层施工时进行位置检查，若发生微小移位进行微调。

3　结论

（1）安阳文体中心特殊的结构形式给型钢一次吊装施工提供了条件，具有特殊性。

（2）本文提出的施工方法有较为明显的经济收益，并且有效的节约工期和能源。

（3）BIM 技术对施工综合工况进行了推演，在保证施工的顺利进行起到了重要作用。

综上所述，基于安阳体育中心特殊结构形式提出的型钢混凝土结构一次性吊装施工方法，节约了工期，经济效益明显，并减少能源使用，是一项对各项先进技术综合应用较为突出的施工方法。

参考文献

［1］唐伟耀. 高层建筑型钢混凝土结构施工关键技术的研究［J］. 建筑施工，2007，35：11.

［2］孙吉会，张永山，崔俊章. 型钢混凝土结构施工工艺研究［J］. 青岛理工大学学报，2008，29（4）：120-123.

［3］沈曾勃，任学军，蒋学茂. 高层型钢钢筋混凝土结构二次设计施工技术［J］. 建筑技术，2007，38（5）：335-338.

［4］戴学渊. 型钢混凝土结构的深化设计和施工［J］. 福建建筑，2013，05.

厨卫间结构地面直埋止水套管
施工工艺及重难点研究

马少盼　宋印章　杨得成

中国建筑第五工程局有限公司，长沙，264200

摘　要： 随着经济社会的发展，厨卫间使用功能逐步增加，相应的穿地管道随之增多，传统的预留孔洞后期吊模封堵的施工方法很难保证厨卫间地面的封堵质量，严重降低管道根部抗渗漏能力，为后期使用埋下隐患，将预留洞口改进为直埋止水套管，可省去吊模封堵的工序，能明显提高厨卫间地面的抗渗漏能力，然施工精度需要大大提高，本文意在经济、工艺等方面分析对比两种工艺，并对直埋止水套管施工的重难点及相应对策进行分析，以提高此项工程的工艺水平。

关键词： 厨卫间；穿地管道；直埋止水套管；抗渗漏

1　预留孔洞与直埋套管工艺的比较

1.1　工艺程序比较

直埋止水套管相比传统的预留孔洞省去了穿地管道与结构地面之间的吊模封堵工序，厨卫间地面的防水层直接铺设在了一次浇筑的结构地面上，上返至套管侧面，而不是像传统预留管洞工艺那样管根部位的防水层是铺设在了二次吊模封堵的地面上，增强了管根部位的抗渗漏能力。

1.2　经济性、技术性、可行性优势对比（表1）

表1　两种施工工艺经济、技术以及可行性对比

	直埋止水套管	传统留洞吊模
施工成本控制	主要是止水套管材料成本 De110 的 2.5（国标 4.5）元、De50 的 1.5（国标 2.5）元。	主要是人工费，与直埋止水套管相比增加了拆套管、凿毛、清理、吊模、洒水湿润、浇灌、拆模、清理铁丝、刷堵漏灵、蓄水试验、二次浇灌、处理吊模质量通病（蜂窝麻面）等工序的人工费用和吊板、铁丝的材料费用，综合施工成本每个洞口封堵费用在 6 至 8 元之间。
施工质量管控	预留精度要求高，工序简单，施工周期短，质量通病少且易于控制，易于现场质量管控。	工序繁杂，多道工序为隐蔽施工，施工周期长，劳务偷工严重，现场质量控制难度大，质量通病普遍，是业主质量评比失分的主要重点、难点之一。
工序交接	后期施工易于向土建地面、防水施工提供工作面，加快施工进度。	数量众多，工序繁杂，施工周期长，提供工作面时间长，影响总体进度。
使用维修成本及投诉	有效解决了卫生间管根渗漏问题，达到结构地面及防水两个层面的防渗漏保证，投诉少。	厨卫间防水破损漏水后，50% 的吊模管根会渗漏，小业主投诉、索赔，对企业、社会影响差。

综上所知，直埋止水套管在成本、质量管控、工序交接以及后期使用隐患等方面均优于传统预留孔洞，然施工精准度要求增高。

2　采用厨卫间结构地面直埋止水套管施工难点分析

2.1　施工组织方面的难点

摒弃传统留洞吊洞工艺，采用结构地面直埋止水套管，劳务队伍难接受。主要表现为两点，第一点是对新工艺不了解，不信任，对新工艺经济效益不清楚，担心会增加施工成本，第二点是施工精度增高，担心承担责任，并且成本保护责任加大。

2.2　技术控制方面的难点

采用结构地面直埋止水套管，比传统留洞吊洞施工工艺对套管预留位置精度要求高，一旦位置出现偏差，则止水套管作废，而且还要重新打洞，废材料、废人工，并且采用直埋式止水套管会增加新的质量通病，比如管口不严易灌浆等。

3　采用厨卫间结构地面直埋止水套管工艺主要难点解决对策

（1）施工组织方面的难点，找出直埋止水套管工艺的优势。带领施工队伍负责人市场考察直埋止水套管（主要为 De110 的 2.5 元、De50 的 1.5 元）价格及质量，实际情况为直埋止水套管价格便宜，质量有保证；与传统留洞吊洞施工工艺相比，套管安装固定更方便，节省了拆套管、凿毛、清理、吊模、浇灌、拆模、清理铁丝、刷堵漏灵、蓄水试验、二次浇灌、处理吊模质量通病等工序的人工费用和材料费用（洞口封堵综合费用每个在 6 至 8 元之间）和有效杜绝管根漏水——降低后期维修费用及避免业主投诉等，加强宣贯和沟通，意识到使用止水套管比传统留洞吊洞施工工艺节省的人工费及后期维修费用远远超过购买止水套管的材料费用，并且可以省去后期的修补麻烦，得到劳务公司支持，使结构地面直埋止水套管得以顺利应用。

（2）技术方面的难点，突出表现在套管预埋定位的精准度方面。根据现有的设计方案，厨卫间管道的布设主要有以下两种方式，一是主管道立管统一设置在管道井，厨卫间穿地管道只有横向支管；二是在厨卫间设置了立管主管道，主管道立管需要穿厨卫间地面。两种不同的设计方案对厨卫间止水套管的预埋精度要求不一样，两种不同的设计方案套管定位分别有以下做法：

针对主管道立管统一设置在管道井，厨卫间穿地管道只有横向支管的情况，预埋止水套管定位的精准度要求并非十分严格，可采用如下方法定位：

首先，从图纸层面细化施工图纸，利用 CAD 软件将土建结构梁板平面图纸与水电安装平面图纸合二为一，利用厨卫间周围结构梁边、剪力墙边、柱边等一次混凝土结构作为参照物，结合业主提供的书面签字确认的卫生器具样式型号及安装规范要求，直接在图纸上标注卫生间排水管的定位坐标尺寸并出定位预留图。

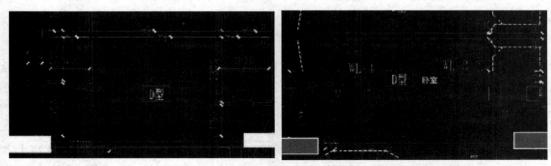

（a）结构梁板定二次结构墙体定位图　　　　（b）结构梁板定排水点位定位图

图 1　土建与安装图纸定位排水点示意

　　其次，严把过程监督和验收，现场施工顶板铺设完成后，结合主体结构的梁、墙等位置，配合定位图与墙梁的尺寸关系确定出预埋套管的中心位置，并安装固定套管，安装完成后再次进行复核，合格后，报相关方验收，验收通过后方可进行混凝土浇筑施工。加大施工成型后的复核校对管理，针对多高层建筑，每施工 2～3 层则进行一次上下层的垂直定位校对管理，以防盲目施工造成大面积技术事故。

（a）依据尺寸关系求中心点　　　　　　　（b）定位中心点

图 2　根据墙梁等尺寸关系定位套管中心位置

（a）固定止水套管并复核　　　　　　　（b）支管安装后效果

图 3　固定复核套管位置及安装后效果

　　针对主管道立管设置在厨卫间，主管道立管需要穿厨卫间地面的情况，预埋止水套管定位的精准度要求十分严格，偏差较大将影响主管道的安装，达不到规范要求，可采用如下方法定位：

　　首层套管的定位和埋设仍需按照上述方法进行，并且加大复核力度，确保首层套管定位准确无误，首层混凝土浇筑完成后，使用扁铁制定十字架，并用卡箍或者焊接等方式将十字架固定于套管上部，确保十字架交点为套管中心点，并用钢钉嵌固标记，上层套管位置定位时利用红外定位仪，将首层套管的中心至二层垂直投射，在二层平板上得到一个点，即为二层套管圆心，用铁钉从模板底部垂直钉穿，即可在上层板面朝上一面找到对应套管中心，从而精准确定套管位置，如此连续投影即可准确垂直定位套管位置。

（a）扁铁十字架固定在首层套管　　　　（b）利用激光投线仪垂直投影

图 4　套管中心垂直投影

（3）针对新技术产生的新的质量通病的难点，加强过程质量管控，对出现的质量通病及时采取纠偏、整改措施。调查分析主要的质量通病有：套管管口没有封堵严密，易灌入混凝土浆。解决办法是管口必须封三层及以上的胶带。混凝土地面偏薄处，止水套管高出结构地面，非常容易损坏；解决办法是在套管口周围抹灰保护（类似电工套管口的成品保护）等。

4　厨卫间结构地面直埋止水套管工艺的应用总结

厨卫间直埋止水套管较传统预留孔洞施工工艺有其独特的优势，本文从新工艺的施工难点和对策入手，结合实际的工程经验将新技术的优势总结为：经济上节约、技术上可行、新技术质量通病容易消除、能显著提高管道根部的抗渗漏能力。在今后的工程中还需进一步验证和实践，以便更好的改善此工艺，本文所阐述的应用适用于众多住宅、公建等厨卫间穿地管道。

主要参考文献

［1］　陈德广. 对建筑给排水施工技术要点的探究［J］. 建筑科学，2009（14）：110.

［2］　王宁. 建筑给排水施工要点分析［J］. 中华民居，2011.

滨海体育场馆腐蚀机理和防腐技术探究

朱敬锋[1]　　陈佑童[1]　　徐洪鑫[2]　　何来胜[1]　　朱仲文[1]

1. 中国建筑第五工程局有限公司，长沙，410004

2. 青岛高新区投资开发集团有限公司，青岛，266114

摘　要：通过对滨海滩涂地区地下水及土壤成分研究，对滨海环境水质、土质的腐蚀性进行客观评价，总结构筑物的腐蚀特征并分析腐蚀性介质在建筑结构中的腐蚀原理，从设计优化、组成优化、施工管理等方面提出一系列结构防腐方法及措施，增强钢筋混凝土结构抗腐蚀性能，以达到增强结构耐久性的目的。

关键词：滨海环境；钢筋混凝土；腐蚀机理；防腐措施；耐久性

1　引言

随着沿海城市发达程度不断提高，以及瞰海设计、临海消费理念的不断发展，滨海体育场馆、图书馆、公园、跨海大桥等服务设施大量增加。而滨海复杂环境所特有的腐蚀性地质、水质以及空气等会对结构造成极大破坏，使结构耐久性遭受严峻考验，进而影响建筑结构的使用寿命和安全。结合工程实践，通过探究腐蚀机理，提出一系列针对性的防腐蚀措施，对降低滨海地区复杂环境因素对建筑造成的伤害、提高结构耐久性、延长使用寿命等具有重要参考价值，对筑造百年工程、利国利民工程具有重要的实际意义。

2　工程概况

根据《青岛市民健身中心项目岩土工程勘察报告》，青岛市民健身中心工程场区地貌单元为滨海浅滩，后经填海改造形成现状较平坦的地形，地处沿海湿润季风气候区，年平均受台风侵袭或受台风外围影响达 13 次，年平均相对湿度 75%，最大湿度 92%。工程总建筑面积约 21.8 万 m^2，包括 6 万人体场一座、1.5 万人体育馆一座、地下人防工程以及观海平台等。

3　滨海环境分析评价

3.1　地下水腐蚀性评价

该工程地下水类型主要为孔隙潜水，地下水稳定水位埋深 0.22 ～ 2.85m，埋深较浅，稳定水位高于建筑基底标高。为查明场区地下水对建筑的腐蚀性，通过自钻孔内取水试样，对水质进行分析及腐蚀性评价，详见表 1、表 2。

表 1　地下水对混凝土结构的腐蚀性评价

孔号	环境类型	指标	SO_4^{2-} （mg/L）	Mg^{2+} （mg/L）	NH_4^{+} （mg/L）	OH^- （mg/L）	矿化度 （mg/L）
A92	II	含量	6789.52	3903.07	5 ～ 10	0.00	80886.32
		等级	强	中等	微	微	强
A98	II	含量	6912.48	2819.04	5 ～ 10	0.00	82097.48
		等级	强	弱	微	微	强

续表

孔号	环境类型	指标	SO_4^{2-} (mg/L)	Mg^{2+} (mg/L)	NH_4^+ (mg/L)	OH^- (mg/L)	矿化度 (mg/L)
A185	Ⅱ	含量	5619.51	1895.40	0.5～1.0	0.00	52658.31
A185	Ⅱ	等级	强	微	微	微	中
B22	Ⅱ	含量	5744.39	1958.58	1.0～2.0	0.00	49229.125
B22	Ⅱ	等级	强	微	微	微	弱
B116	Ⅱ	含量	5869.27	2053.35	1.0～2.0	0.00	45195.345
B116	Ⅱ	等级	强	弱	微	微	弱
C36	Ⅱ	含量	5619.51	2053.35	1.0～2.0	0.00	49700.125
C36	Ⅱ	等级	强	弱	微	微	弱
C45	Ⅱ	含量	5744.39	1926.99	1.0～2.0	0.00	52972.65
C45	Ⅱ	等级	强	微	微	微	中
D15	Ⅱ	含量	2247.80	94.77	5～10	16.84	26569.43
D15	Ⅱ	等级	中	微	微	微	弱
D52	Ⅱ	含量	5744.39	2084.94	2～5	0.00	51558.895
D52	Ⅱ	等级	强	弱	微	微	中

表2 地下水对钢筋混凝土结构中钢筋的腐蚀性评价

孔号	浸水状态	水中的 Cl^- 含量（mg/L）	腐蚀等级
A92	干湿交替	45031.78	强
A92	长期浸水	45031.78	专门研究
A98	干湿交替	45218.42	强
A98	长期浸水	45218.42	专门研究
A185	干湿交替	27909.43	强
A185	长期浸水	27909.43	专门研究
B22	干湿交替	25742.73	强
B22	长期浸水	25742.73	专门研究
B116	干湿交替	26262.78	强
B116	长期浸水	26262.78	专门研究
C36	干湿交替	26175.93	强
C36	长期浸水	26175.93	专门研究
C45	干湿交替	27996.28	强
C45	长期浸水	27996.28	专门研究
D15	干湿交替	14301.59	强
D15	长期浸水	14301.59	弱
D52	干湿交替	27216.03	强
D52	长期浸水	27216.03	专门研究

依据《岩土工程勘察规范》（GB 50021—2001）（2009 年版）的相关规定，按最不利组合综合判定：场区地下水在干湿交替及无干湿交替作用下对混凝土结构均具有强腐蚀性；场区地下水对钢筋混凝土结构中的钢筋，在干湿交替情况下具有强腐蚀性，在长期浸水情况下其腐蚀性还需要专门研究。

3.2 场地土腐蚀性评价

基坑开挖深度范围内地下水位以上土层主要为填土，成分以砖石碎屑、黏性土为主，地下水位以下为淤泥和淤泥质黏土。为查明其对建筑材料的腐蚀性，自 A34、A107、A201、B26、B50、C16、D33、D59 号孔内各取填土试样一件，土质分析结果及腐蚀性评价，详见表 3、表 4。

表 3 场地土对混凝土结构的腐蚀性评价

孔号	取样深度（m）	指标（单位）		SO_4^{2-}（mg/kg）	Mg^{2+}（mg/kg）	pH 值
A34	0.3～0.4	含量		1162.10	408.41	8.56
		腐蚀等级	Ⅱ类环境	弱	微	/
			A 类渗透性	/	/	微
		综合评定		弱腐蚀		
A107	0.2～0.3	含量		881.80	350.06	8.59
		腐蚀等级	Ⅱ类环境	弱	微	/
			A 类渗透性	/	/	微
		综合评定		弱腐蚀		
A201	0.2～0.3	含量		1056.66	81.97	8.68
		腐蚀等级	Ⅱ类环境	弱	微	/
			A 类渗透性	/	/	微
		综合评定		弱腐蚀		
B26	1.1～1.2	含量		300.19	43.76	8.31
		腐蚀等级	Ⅱ类环境	微	微	/
			A 类渗透性	/	/	微
		综合评定		微腐蚀		
B50	0.8～0.9	含量		120.08	8.46	8.53
		腐蚀等级	Ⅱ类环境	微	微	/
			A 类渗透性	/	/	微
		综合评定		微腐蚀		
C16	1.2～1.3	含量		252.16	35.59	8.83
		腐蚀等级	Ⅱ类环境	微	微	/
			A 类渗透性	/	/	微
		综合评定		微腐蚀		
D33	0.4～0.5	含量		528.33	66.51	9.15
		腐蚀等级	Ⅱ类环境	弱	微	/
			A 类渗透性	/	/	微
		综合评定		弱腐蚀		

续表

孔号	取样深度（m）	指标（单位）		SO_4^{2-} (mg/kg)	Mg^{2+} (mg/kg)	pH 值
D59	0.5～0.6	含量		1133.02	93.35	8.77
		腐蚀等级	Ⅱ类环境	弱	微	/
			A 类渗透性	/	/	微
			综合评定	弱腐蚀		

表 4　场地土对钢筋混凝土结构中钢筋的腐蚀性评价

孔号	取样深度（m）	Cl^- 含量（mg/kg）	腐蚀等级
A34	0.3～0.4	1026.50	中等
A107	0.2～0.3	1099.50	中等
A201	0.2～0.3	797.63	中等
B26	1.1～1.2	290.69	微
B50	0.8～0.9	53.17	微
C16	1.2～1.3	150.66	微
D33	0.4～0.5	223.34	微
D59	0.5～0.6	1240.75	中等

依据《岩土工程勘察规范》（GB 50021—2001）（2009 年版）的相关规定，按最不利组合综合判定：场地土对混凝土结构具有弱腐蚀性，对钢筋混凝土结构中的钢筋具有中等腐蚀性。

4　滨海地质环境下钢筋混凝土结构腐蚀机理分析

钢筋混凝土破坏常常是由化学侵蚀、电化学腐蚀或化学、物理和机械荷载的共同作用引起，可分为碳化、Cl^- 侵蚀、盐类侵蚀等，还有其他如碱骨料反应、冻融破坏、机械撞击及磨损、等均会造成沿海混凝土结构的耐久性损伤[1]。

钢筋混凝土的腐蚀通常呈现出多种因素共同作用的特点，腐蚀机理较为复杂。腐蚀介质主要分为酸、碱、盐三大类，但腐蚀机理各异，酸性介质可在破坏混凝土保护层的同时进一步破坏钢筋钝化膜以造成钢筋锈蚀，碱性介质在干湿交替环境作用下造成结晶破坏，而盐类介质则会侵入结构内部发生反应造成破坏。但三者都是通过混凝土结构中的毛细孔隙或裂缝侵入结构内部而发生腐蚀破坏，导致混凝土酥松、开裂、剥落或钢筋锈蚀。这些毛细孔隙作为腐蚀介质侵入结构内部的通道，大多因水泥完全水化反应后剩余的自由水气化蒸发从混凝土中析出形成，为腐蚀介质的侵入提供了便利条件。众所周知，水灰比越大，剩余自由水就越多，水分蒸发后留下的孔隙就越多，因此严格控制水灰比对减少孔隙数量至关重要。

滨海盐碱滩涂地区，地下水、空气中腐蚀性介质含量较高，建筑物结构更易遭受外部腐蚀性破坏。根据钢筋混凝土中遭受腐蚀的受体不同，将其分为混凝土腐蚀和钢筋腐蚀两部分，分别对其腐蚀机理进行阐述。

4.1　混凝土的腐蚀机理分析

根据表 1、表 3 中对水质、土质进行的分析评价可以看出，造成混凝土腐蚀性损伤的主要影响因素为 SO_4^{2-} 和 Mg^{2+}，即硫酸盐腐蚀（膨胀型）和镁盐腐蚀（分解型）。

Mg^{2+} 可与混凝土中的 $Ca(OH)_2$ 发生化学反应，形成无胶凝性的 $Mg(OH)_2$ 析出，导致混凝土强度降低、粉化破坏。此过程反应如下：

$$Mg^{2+}+Ca(OH)_2=Ca^{2+}+Mg(OH)_2 \downarrow \qquad\qquad (1)$$

土壤、地下水等外部环境中的 SO_4^{2-} 沿混凝土中的孔隙扩散、迁移进入混凝土内部，与硬化水泥浆体中的水化产物发生反应生成 $CaSO_2$，当达到一定条件时即会析出石膏。此过程反应如下：

$$Ca(OH)_2+SO_4^{2-}+2H_2O=CaSO_2 \cdot 2H_2O+2OH^- \qquad\qquad (2)$$

反应过程中，溶液中的 $Ca(OH)_2$ 逐渐转变成石膏，液相 $Ca(OH)_2$ 浓度也不断下降，固相体积不断增大，当结构处于干湿交替变化环境中时，石膏会在混凝土孔隙内沉积、结晶，造成体积膨胀，使混凝土开裂。

另外，液相中的 $CaSO_4$ 也会与水化铝酸钙发生反应，生成三硫型水化铝酸三钙（钙矾石）：

$$4CaO \cdot Al_2O_3 \cdot 12H_2O+3CaSO_4+20H_2O=3CaO \cdot Al_2O_3 \cdot 3CaSO_4 \cdot 31H_2O+Ca(OH)_2 \quad (3)$$

反应生成的钙矾石在适宜条件下能产生猛烈的体积膨胀，其体积较原体积增大 1.5 倍以上，在混凝土内产生应力膨胀，当膨胀内应力超过混凝土的抗拉强度时，会造成已硬化的混凝土逐渐膨胀、开裂[2]。

镁盐和硫酸盐之所以会对混凝土产生破坏，主要是因为其 SO_4^{2-} 和 Mg^{2+} 凭借混凝土中存在的孔隙或裂缝扩散进入结构内部，与结构内孔隙液中固有的 $Ca(OH)_2$ 发生发应，生成 $Mg(OH)_2$ 析出造成粉化或生成石膏 $CaSO_2 \cdot 2H_2O$ 结晶膨胀，同时由于反应消耗大量 $Ca(OH)_2$ 导致水泥水化物维持稳定的碱性环境遭到破坏，最终导致混凝土结构受到损伤破坏。考虑到外部环境的复杂性及腐蚀介质的共存性，除需注意 SO_4^{2-} 和 Mg^{2+} 的腐蚀影响外，往往还要注意 Cl^- 对硫酸盐侵蚀的影响，以及冻融破坏、热胀冷缩、磨损等物理作用会促进裂缝的产生，加速混凝土的腐蚀破坏。

4.2　钢筋的腐蚀机理分析

钢筋混凝土中的钢筋存在两种护体，一是具有一定厚度的混凝土保护层，二是钢筋表面形成的钝化膜（钢筋表面的钝化膜一般只有几纳米厚，是由铁元素的不同氧化物形成的[3]），两者相互影响、共同作用形成钢筋的保护系统，钢筋的腐蚀就是两道保护遭受破坏形成的。

造成锈蚀的因素多种多样，但其对钢筋破坏规律有相似性，即环境因素使钝化膜赖以稳定存在的强碱性环境（pH>11.5，水泥水化作用使得混凝土内部呈强碱性，pH 可达 13 左右）遭受破坏，pH 降低使钝化膜被破坏而造成钢筋锈蚀，锈蚀产物所带来的膨胀压力致使混凝土沿钢筋发生顺筋开裂，使钢筋与外部环境形成更大的接触面，从而失去保护层的保护作用，导致腐蚀进一步加强，循环往复，最终导致结构破坏。

因此，钢筋的腐蚀是因保护层和钝化膜被破坏，进而受环境因素影响发生侵蚀反应造成的。最常见的侵蚀反应主要分为碳化反应和氯离子侵蚀两种，下面逐一对两种不同的反应机理进行研究和分析。

（1）碳化反应腐蚀机理

混凝土的碳化是指在一定湿度条件下，空气中的 CO_2 等酸性气体溶于混凝土孔隙液中生产碳酸 H_2CO_3，碳酸再与液相的 $Ca(OH)_2$ 作用，生成 $CaCO_3$ 和 H_2O 并沿混凝土孔隙由表及里逐渐发展的过程。其反应过程如下：

$$CO_2+H_2O=H_2CO_3 \tag{4}$$

$$Ca(OH)_2+H_2CO_3=CaCO_3+2H_2O \tag{5}$$

$Ca(OH)_2$ 为混凝土高碱性的根源，而碳酸钙呈酸性，此消彼长会使混凝土的 pH 值降低，呈中性化趋势发展，完全碳化后其 pH 值约为 8.4 左右。而研究表明，当混凝土 pH>11.5 时，钢筋表面形成致密钝化膜，保护钢筋不被腐蚀；当混凝土 9.88<pH<11.5 时，钝化膜呈不稳定状态，随 pH 值降低会逐渐溶解、破裂，钢筋开始腐蚀；当混凝土 pH<9.88 时，钝化膜无法形成，钢筋不受保护易腐蚀。因此，碳化作用到达一定程度后，即可造成钢筋腐蚀，进而带来一系列的损害。

混凝土的碳化改变了混凝土的化学成分和组织结构，对混凝土的化学性能和物理力学性能有一定的影响。对于素混凝土来说，碳化反应生成的 $CaCO_3$ 反而还有增加混凝土结构硬度的效果。但对于钢筋混凝土来说，碳化反应会使混凝土的碱度降低，造成钢筋钝化膜保护作用被破坏，致使钢筋易受其他侵蚀介质影响发生腐蚀。

混凝土的碳化受环境因素、材料因素、施工因素的影响较大。环境因素包括湿度、CO_2 气体浓度等，干燥或饱和水条件下碳化反应几乎终止，空气湿度处于 40%～90% 间时有利于促进碳化；材料因素包括水灰比、强度等级、外加剂、水泥品类及用量等；施工因素包括混凝土的过度振捣、混凝土注水、养护不当等。可见，从以上三类因素进行改善，有助于减小碳化作用对钢筋腐蚀的影响。

（2）氯离子侵蚀反应机理

由表 2、表 4 可以看出，滨海环境的地下水、场地土中富含的 Cl^- 离子对钢筋具有强、中等腐蚀性，是造成钢筋腐蚀的主要因素。氯离子侵蚀可分为两种情况，一是氯离子侵蚀降低 pH 值破坏钢筋钝化膜，促进碳化反应及其他腐蚀反应；二是氯离子与钢筋中的金属元素发生电化学反应造成钢筋腐蚀。

氯离子通过扩散渗透至钢筋周围与 $Ca(OH)_2$ 反应，积累到一定浓度时，界面处混凝土孔隙液的 pH 值会逐步下降，达到一定程度后（$Cl^-/OH^->0.6$[4]），钢筋表面会脱钝形成点蚀[5]，即钝化膜局部被破坏，随氯离子浓度增加，钝化膜破坏面积会逐步扩大。

从外部环境渗入的氯离子与金属元素发生反应形成腐蚀电池，电池在阳极发生金属元素的溶解，其反应为：

$$Fe=Fe^{2+}+2e^- \text{（阳极反应）} \tag{6}$$

混凝土孔隙液中的氯离子会迁移到阳极，与 Fe^{2+} 的发生反应生成 $FeCl_2$，可溶性的 $FeCl_2$ 在孔隙液中扩散并与阴极的 OH^- 反应生成 $Fe(OH)_2$ 沉淀，并释放出 Cl^-，不断带走 Fe^{2+} 使阳极区 Fe^{2+} 浓度减小而进一步促进阳极铁的溶解，在一定的氧气条件下，$Fe(OH)_2$ 会进一步氧化生成 $Fe(OH)_3$，会进一步生成 Fe_2O_3（铁锈），相关反应如下：

$$Fe^{2+}+2Cl^-=FeCl_2 \tag{7}$$

$$2H_2O+O_2+4e^-=4OH^- \text{（阴极反应）} \tag{8}$$

$$FeCl_2+2OH^-=Fe(OH)_2 \downarrow +2Cl^- \tag{9}$$

$$4Fe(OH)_2+2H_2O+O_2=4Fe(OH)_3 \tag{10}$$

$$2Fe(OH)_3+nH_2O=Fe_2O_3 \cdot nH_2O \text{（铁锈）} +3H_2O \tag{11}$$

以上一系列的反应导致钢筋腐蚀生成铁锈，锈蚀产物体积膨胀是原钢筋体积的 3～4 倍[6]，使得钢筋与混凝土保护层界面形成巨大膨胀应力，进而导致混凝土开裂，外部氧气、腐蚀介质会大量进入钢筋表面，致使钢筋锈蚀速度加快，最终导致钢筋混凝土结构破坏。

5 滨海环境钢筋混凝土防腐措施

根据对滨海环境地质、水质的勘察研究和取样分析，结合长期以来关于钢筋混凝土腐蚀机理方面的研究以及工程实际应用效果，总结发现，通过合理科学的措施提高自身抗腐蚀性能、阻止腐蚀介质与混凝土或钢筋接触是实现结构防腐的两大途径。通常预制方桩上部、现浇承台、基础地梁及钢骨柱底部处等部位易处于干湿交替环境，根据滨海环境钢筋混凝土腐蚀机理，从设计措施、施工措施、配合比优化等方面对防腐措施进行分类总结。

5.1 设计措施

在经济条件满足情况下，设计时尽量选用高密实度和抗渗性的混凝土，改善混凝土孔隙结构，提高自身防护能力，主要方法包括提高混凝土强度等级、提高抗渗等级、提高裂缝控制等级、选用高性能混凝土等，可减小混凝土孔隙率，降低介质侵入速率，起到延缓腐蚀的效果。在提高混凝土自身密实度的同时，设计时应预留一定的腐蚀余量，通过延长或阻隔腐蚀介质的侵入时间和路径达到防护的效果，主要包括增加保护层厚度、设置涂层类防护（包括钢筋涂层、混凝土涂层）、增加憎水浸渍类防护、设隔绝层或隔离层、进行灰土换填等表面辅助措施，此类措施在结构表面形成一道防护屏障，可有效将腐蚀介质阻隔在结构外侧，一定程度上弥补了混凝土孔隙和裂缝缺陷。具体做法如下：

桩基应选用防腐蚀型预制高强混凝土方桩，抗渗等级不应低于 S10，钢筋的混凝土保护层厚度不应小于 55mm。桩顶 5m 高度范围内采用环氧沥青或聚氨酯沥青涂层，厚度不小于 500um。接桩采用焊接法，桩头应避开软土层，接头应涂刷腐蚀耐磨涂层，有条件时也可采用热收缩聚乙烯套膜保护。

承台地梁垫层可采用 100 厚沥青混凝土，或采用 150 厚碎石灌沥青或 100 厚聚合物水泥混凝土。承台表面防护可采聚合物水泥砂浆，厚度不小于 10mm；也可采用环氧沥青或聚氨酯沥青涂层，厚度不小于 0.5mm。基础梁表面防护可采聚合物水泥砂浆，厚度不小于 15mm；也可采用环氧沥青、聚氨酯沥青涂层，厚度不小于 1mm。

通过灰土换填和高压旋喷桩地基固化，提高地基承载力并将腐蚀地质与建筑结构进行阻隔，起到一定防腐效果。

5.2 施工措施

施工过程中由于操作不当、管理不到位产生的裂缝、蜂窝等会对钢筋混凝土的耐久性产生很大影响，下面通过一定的施工措施来规避因此带来的腐蚀影响。

加强混凝土控裂措施：温度控制、湿度控制、抗裂纤维等。加强温度控制，对混凝土内部温度进行实时监控，降低水化温升和内外温差，防止温度裂缝产生。加强湿度控制，混凝土拆模后及时采取养护措施，保证水泥得到充分水化，防止早期裂缝的产生。养护剂对环氧树脂涂层和硅烷浸渍有不利影响，需合理选用。

加强混凝土缺陷控制：浇筑过程中，加强混凝土的振捣管理，混凝土浇筑应连续进行，保证混凝土的均匀性和密实度，防止漏振、超振，避免蜂窝麻面、孔洞、露筋、冷缝、夹渣等缺陷。对已出现的表面缺陷及时进行修复处理，避免侵蚀介质渗入直接对钢筋造成腐蚀。

加强施工管理：严格按配合比进行混凝土生产、施工，严格控制混凝土坍落度。做好施工现场降排水，防止盐水聚集结晶而导致盐胀。

5.3 优化混凝土组分

通过优化混凝土的粗骨料、胶凝材料及外加剂等组分，以及调整水灰比，来改善混凝土的内部结构，减少毛细连通孔道，增强密实性，增强抗渗性能，以达到防腐的目的。

掺入一级粉煤灰，混凝土腐蚀受氢氧化钙和水化铝酸三钙的影响大，可通过掺入粉煤灰等活性矿物质掺合料降低氢氧化钙的含量，可以较好的提高混凝土腐蚀的能力，同时粉煤灰还可以有效减少水化热、热能膨胀性，对减少温度裂缝有利。但要注意的是，粉煤灰会延缓混凝土强度增长速度，需严格按配合比进行使用。

使用混凝土抗硫酸盐防腐剂，可有效降低侵入混凝土中硫酸根离子浓度并细化毛细孔的孔径，抑制氢氧化钙从水泥石中析出的速度，使混凝土具有抗盐类离子侵蚀、抗冻融循环破坏及高抗渗透等良好性能。

添加复合阻锈防腐蚀剂，可在钢筋表面形成一层保护膜对钢筋混凝土结构进行保护。

混凝土的砂、石应致密，可采用花岗石、石英石，不得采用有碱骨料反应的活性骨料，不得采用海砂。拌合用水宜采用当地自来水，不得采用海水、当地地下水和地表水。

控制水灰比和水泥含量，在保证和易性前提下尽量减少水的用量并控制水泥用量，同时加入适量高效减水剂来降低单位用水量，能有效提高混凝土密实度，并可以降低混凝土后期因塑性变形而产生收缩裂缝的可能，以增强混凝土抗腐蚀的性能。

6 结语

滨海滩涂地区钢筋混凝土结构遭受复杂环境腐蚀是长久以来备受关注的课题，其影响因素的复杂性和多样性，给课题的研究和防腐措施的制定带来很大难度，一直以来与其相关的研究从未停止。以青岛市民健身中心体育场馆工程实例为研究载体，通过对其周围环境地质、水质分析评价，筛选主要影响因素，探究腐蚀机理，总结提出了一系列有针对性、切实有效的防腐措施，对类似工程的防腐施工具有较高的参考价值。

参考文献

［1］ 田砾，刘丽娟，赵铁军，等. 沿海混凝土结构耐久性问题研究现状与对策［J］. 工程设计与建设，2005（3）：58-66

［2］ 刘晓敏，宋光铃，林海潮，等. 混凝土中钢筋腐蚀破坏的研究概况［J］. 材料保护，1996，29（6）：16

［3］ 袁迎曙. 混凝土内钢筋锈蚀层发展和锈蚀量分布模型研究［J］. 土木工程学报，2007，7（40）：5-10

［4］ AngstU，ElsenerB. Chloride induced reinforcement corro-sion: Rate imiting step of early pitting orrosiont［J］. Electro-chim Acta，2011，56（17）：5877

［5］ Abd EI Haleem S M，Abd EI Wanees S，Abd EI Aal E E，etal. Environmental factors affecting the corrosion behavior of reinforcing stee Ⅱ. Role of some anions in the initiation and inhibition of pitting corrosion of steel in $Ca(OH)_2$ solutions［J］. Corros Sci，2010，52（2）：292

［6］ 施锦杰. 混凝土中钢筋锈蚀研究现状与热点问题分析［J］. 硅酸盐学报，2010，38（9）.

阿尔及利亚南北高速公路隧道优化设计与施工

陆文逸　　唐恩宽

中国建筑第五工程局有限公司，长沙，410001

摘　要： 国际市场的高速公路项目均采取设计＋建造的 EPC 合同模式，较之国内普遍的施工总承包，在设计和管理上有着本质的区别。本文以阿尔及利亚南北高速公路隧道优化设计为例，就如何使设计管理与承包商施工工艺、资源配置、专业特点相匹配，在工程质量、成本控制、进度管理、风险防范上实现有效统一，并对一个优秀的 EPC 工程总承包商的范例进行了系统分析和总结，具有一定的指导意义。

关键词： 高速公路；国际工程；隧道；设计优化

1　项目简介

阿尔及利亚南北高速公路是从地中海直达中非腹地，贯穿阿尔及利亚南北的交通大动脉，项目 APD 定义为 RN1 号国道拓宽改造工程，线路起点为 BLIDA 省 CHIFFA 镇，终点 MEDEA 省 BERROUAGHIA 市，全长 53km。布线原则依据原 RN1 号国道线形，略微调整，执行法国 ARP 规范，设计时速为 80km/h，主要为双向四车道，局部为双向六车道。

原 APD 设计，平面曲线半径指标低，安全标准低，车道少。而 MEDEA 城市发展规划要求该公路为 2025 年单向交通流达到 31466 ～ 35284 辆 /d，在 APA 设计中采用 ICTAAL 高速公路设计标准，设计车速为 90 ～ 110km/h，为双向六车道。隧道总长由原先的 3km 增加至 4.8km。

2　线路及出入口位置设计优化

原 APD 设计方案依据 RN1 号国道线形，以长桥梁和 3 座短隧道形式穿越希法河谷，桥梁布置在河道内，路线经过国家一级自然保护区，3 座隧道除 T1 隧道进口外，其余 5 个进出口和多处桥梁处于保护区内。

T1 隧道出口与 T2 隧道进口位于猴山上方，将严重破坏生态及文物，两隧间钢构施工困难，出洞既桥，洞口无作业面。

T2 隧道出口洞口处陵峭山崖上，距 1 号国道高差 28m，距 1 号国道较近，1 号国道紧挨 Chiffa 河谷，交通流量非常大，T2 出口至 T2 进口段场地窄小，车调头困难，在此要设桥，交叉作业多，六面受限。

4 个隧道出入口临近国道，场地小，车流急，出洞石碴多，进洞材料多。RN1 现状为双车道，交通十分拥堵，地势险峻，安全风险大，无法满足业主要求不能断流的施工要求。

新建道路需避免影响希法河谷内的 RN1 国道的交通。APA 设计变更为 4802m/2 座，单洞长 9604m，无桥梁，减小了对 RN1 国道的干扰（图 1 ～图 10）。

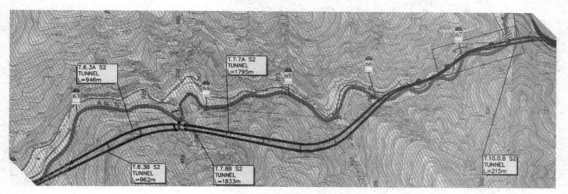

图1　APD 设计穿越希法河谷总体方案

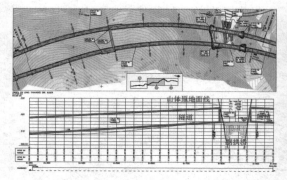

图2　APD 方案 T1 隧道出口 T2 进口平纵断面示意图

图3　APD 方案 T1 隧道出口 T2 隧道进口实景图

图4　APD 方案 T1 出口与 T2 进口效果图

图5　APD 方案 T2 隧道出口平立面图

图6　APD 方案 T2 隧道出口实景图

图7　APD 设计 T2 出口至 T3 进口间高架大跨度桥效果图

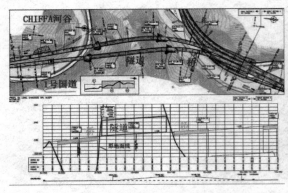 

图 8　APD 设计 T3 隧道平立面图　　　　　图 9　APD 设计 T3 隧道进口实景图

APA 路线方案以 2 隧道方案通过保护区，对保护区内的动植物影响小，从而很好地避免了对保护区的影响。

APD 设计的 2 隧道方案各洞口均远离既有 RN1 国道，降低了安全风险以及因交通干扰造成的工期不可控的风险。

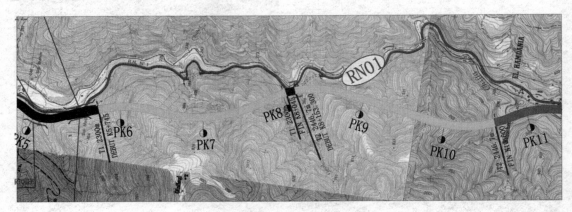

图 10　APA 设计调整后线路图

3　隧道建筑限界及净空断面设计

由于建设标准的提高，隧道建筑限界也发生变化，净空断面需重新设计。

3.1　隧道建筑限界及净空断面设计考虑的因素

隧道建筑限界及净空断面的设计需综合考虑建设标准、使用功能、经济合理。

隧道技术标准为双向六车道高速公路隧道，设计车速 90km/h，使用功能以建设标准为依据，最大限度满足道路使用者的需要，而经济合理则要求隧道建造没有必要额外增加造价。

除了考虑以上因素之外，还需要考虑几何尺寸对结构受力的合理性，它不但影响使用功能也决定经济合理性。

3.2　隧道建筑限界（图 11、图 12）

CCTP 中 B5 条款规定隧道是双向三车道（2×3）高速公路隧道，路面宽度 11.50m。

CCTP 就隧道断面的几何设计没有别的详细的规定。在此基础上，隧道净宽 13m，限高 5.25m。

3.3　净空断面

人行道：人行道宽度采用 0.75m 距路面高度 0.25m，人行道净空限高 2.0m，满足行人通行的需要。

路缘带：右侧路缘带（BDD）和左侧路缘带（BDG）均为 0.5m。

路面超高：在考虑曲线超高情况下，路线整体横向路面横坡为 2.5%。

限界高度如下：

土建：行驶宽度范围内，净高为 5.25m，右侧路缘带（BDD）和左侧路缘带（BDG）的净高取 4.75m，满足法国高速公路隧道的最低要求，并能节省隧道造价；R_c 建筑安全高度为 0.05 到 0.10m。

设备：设置在限界之外，同时提高 0.10m 的 R_p 保护高度（通风，照明，管线道路，车道指示器）。

安全高度（$R_c + R_p$）取 0.3m。

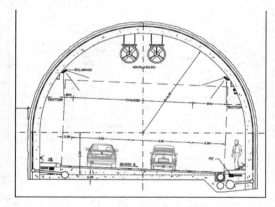

图 11　APD 设计隧道建筑界限

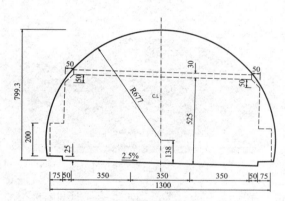

图 12　隧道建筑限界（单位：cm）

表 1　设计参数对比表

项目	单位	APD	APA	备注
建设标准		RN1 国道改造	高速公路	
设计时速	km/h	80	90	
车道数	个	2×2	2×3	
右侧路缘带宽度	m	2.0	0.5	
左侧路缘带宽度	m	0.5	0.5	
人行道宽度	m	1.0	0.75	
净宽	m	12.0	13.0	
净高	m	5.25	5.25	
断面形式		直墙式（单心圆 R600cm 半圆 + 直墙）	曲墙式（单心圆 R677cm）	
净空面积	m²	83	90	

APA 设计由 APD 设计 2 车道变为 3 车道，净空面积仅比 APD 增加 8.4%，既满足功能要求，又尽可能的节省了造价（表 2）。

4　施工组织中的设计优化

4.1　洞口防护及进洞方案（图13、图14）

这里以 T2 隧道南口为例，简要进行阐述。

T2 隧道南洞口由于线路的限制，选择在一不稳定的滑坡体上，坡体的岩质为黏质砾石，岩体破碎，施工防护不当易产生坍塌、滑坡等地质灾害。洞口防护采用四级防护，整体挖方超过 2 万方，设置两级合计 34 组框架梁，315 根锚索合计 11577m，25m 抗滑桩 30 根，作为主要防护形式，配合土钉墙、锚杆、地表注浆、喷射混凝土对滑坡体进行预加固，并采用坡脚反压回填的方式稳固坡体。边坡防护工程累计土钉墙锚杆 1000m 左右，普通锚杆 1500 余米，喷射混凝土近 800m³。

整体防护工程量巨大，工艺复杂，场地狭小，各工作面交叉作业，安全隐患大，施工组织难度大。

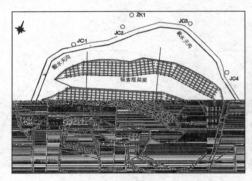 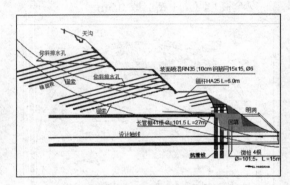

图 13　T2 隧道南口坡面防护平面示意图　　　图 14　T2 隧道南口坡面防护剖面示意图

锚索最初设计为 OVM 系统，但国内标准对业主和监理来说不熟悉，难以通过审批（表 2），从国内组织资源进场，从采购、海运、清关，需要半年之久。为此，锚索选用欧洲成熟的 DSI 系统，该系统相较 OVM 系统对业主和监理来说更熟悉，容易通过审批，资源组织也更容易。

表 2　OVM 锚索体系与 DSI 锚索体系对比表

项目	OVM	DSI	备注
标准	国内标准	欧洲标准	
通过审批难易程度	难	容易	
资源组织	采购、海运、清关，总时间约半年	当地有代理商可直接供货	
材料价格	低	高	
钻孔孔径	130mm	160mm	
施工设备	现有钻孔设备可满足最大孔径 130mm 钻孔要求	代理商可提供设备，但满足不了大规模施工工期要求	

但 DSI 锚索体系要求锚索孔孔径为 160mm，而自有的钻孔设备钻孔最大直径 130mm，从国内采购钻孔设备的周期长，DSI 供应商的设备满足不了大体量锚索钻孔的工期要求，缩小孔径，将钻孔孔径由 160mm 调整为 130mm，是一种可行的解决办法。

用自有钻机采用 130mm 孔径钻孔装索注浆后进行试验，通过试验对锚索有效性进行验证，试验结果证明 130mm 的孔径注浆后完全满足张拉力的要求。这一项改进，扭转了洞口锚索防护的被动局面。

按照惯例，边坡防护应该是逐级刷坡，逐级防护。四级防护，按照刷一级，防护一级来施工，两级的锚索框架梁、一级抗滑桩、一级长锚杆和地表注浆，洞口的防护工程，预计工期 2 年，满足不了合同工期要求。阿国季节分为雨季和旱季，雨季往往持续三四个月，雨季施工的安全风险大大增加。

采用平行流水作业，多级开挖，先采用挂网喷锚的方式来稳固坡面，防止雨水侵蚀，后续防护多平台平行作业的方式，以节约工期，避免雨季边坡防护作业的安全风险是可行的。

为保证安全可控，在边坡上设置了多种监测装置，包括地表位移及沉降观测、深孔位移观测、深孔地下水位观测等，观测结果显示，无论是地表沉降和内部位移均在受控范围内。

通过观测结果指导施工，即保证了安全，又缩短了工期，成功地在雨季来临之前完成了洞口防护，规避了雨季施工风险，并将工期提前的半年。

4.2 围岩判定与开挖支护方式的选择

参照欧洲规范，隧道围岩通过 RMR 值的判定来选择不同的支护方式。与国内公路隧道的 BQ 围岩分级存在差异。用 RMR 值的判定选择不同的支护方式，在实际的操作中存在一定的局限性。

RMR 值按照岩石强度、岩石完整性、结构面间距、结构面间距特征、地下水等方面赋予不同的分值，对围岩的好坏进行量化，最后根据结构面与隧道轴线方向关系修正，形成一个分值。总共有 9 个分项和 1 个修正项，总分为 100 分，分数越高，代表围岩越好（表 3）。

表 3　RMR 值的判定指标与权重表

指标	权重	备注
完整岩石强度	15	集中荷载强度系数、单轴抗压强度
岩石质量 RQD	20	
结构面间距	20	
结构面不连续长度	6	
不连续结构面间距	6	
不连续结构面粗糙程度	6	非常粗糙、粗糙、微粗糙、光滑、擦痕迹
不连续结构面孔隙填料	6	硬填料、软填料、无填料
不连续结构面风化程度	6	无风化、轻度风化、强风化、分解
地下水	15	整体干燥、潮湿、湿、滴水、流水
修正系数	−60	不连续结构面的位置与隧道轴线方向的关系

围岩等级按照每 20 分（<21、21～40、41～60、>60）一档分为 V、IV、III、II 四个级别（表 4），每个级别里又按照 10 分一档分为两个小级别。根据不同的围岩级别，选用不同的开挖和支护参数。

表 4　围岩分级与支护参数表

RMR 分值	<11	11～21	21～30	31～40	41～60	>61
地质评价	非常差	很差	差	较差	一般	好
支护类型	V1	V2	IV1	IV2	III	II

RMR 值判定和围岩分级的方式在实际操作中有其局限性。

RMR 值判定的分项有 9 项，加上修正系数（表 5），共计 10 个分项。不同的人进行判定，每个分项之间的差异 1～2 分的话，最终结果会有 10 多分的差距。而 10 多分的差距，就带来了采用何种支护形式的差异。在这方面，业主顾问、监理和承包商很难达成一致意见。

表 5　不连续结构面方向修正系数表

走向及倾斜方向		很好	好	一般	差	极差
分值	拱部	0	−2	−5	−10	−12
	拱脚	0	−2	−7	−15	−25
	侧墙	0	−5	−25	−50	−60

隧道内地质变化频繁，如果每一个循环都完全按照 RMR 值去选择支护参数，会造成支护参数频繁变换，支护方式的不延续性，不能确保支护的有效。RMR 值跨度过大，会带来开挖方式和工序的频繁转换。

另外，RMR 值的高低与采用何种方式开挖关联，RMR 值小于 20，不适于爆破开挖，也不尽合理。RMR 值中岩石强度与完整性的取值只占约 35% 的权重，而结构面的修正系数又占据了 12% 的比例。岩石强度和完整性的占比约在 23%～35% 之间。在岩石强度较高，局部完整性较好的情况下，可能出现 RMR 值偏低的情况，而这种情况下，采用机械开挖极为困难，RMR 值并不能完全作为评判采用机械开挖和爆破开挖的依据。

因此在实际施工过程中，RMR 取值应适当保守；在 RMR 值判定结果频繁变化的情况下，取小值，采用保守的支护形式，围岩状况持续稳定后再调整支护参数；在围岩局部破碎但岩石强度高的情况下，采用松动爆破的开挖方式来提升施工进度。

4.3　初期支护参数优化

欧洲隧道施工超前支护习惯以大型机械配合长管棚和中管棚，而国内除了洞口段和断层破碎带以外主要以 42mm 直径的超前小导管为主，这也是与承包商的设备及施工工艺相匹配的。

关于钢管的长度，初步设计有 6m 和 4m 两种方案，6m 的小导管与 4m 的小导管相比，其纵向间距要大一些，而小导管加长后，小导管的刚度却不足，超长部分效果不理想，小型风动凿岩机，使用直径 50mm 的钻头钻孔，孔深过长，功效降低。为此，小导管长度统一确定为 4m，钢管长度在进货时定制，避免了材料的浪费。

钢支撑初步设计时采用了型钢和格栅钢架两种形式，格栅钢架相比型钢，加工难度大，且焊接质量不易把控，在后来图纸刷新时，取消了格栅钢架。型钢均采用欧标的 HEB 型钢，与国内的工字钢相比，等长的型钢要重得多，Ⅴ级、Ⅳ1 级、Ⅳ2 级围岩分别采用的 HEB220、HEB180、HEB140 重量分别相当于国标的 I36C、I32A、I22A 工字钢。

施工图纸在拱架分节上，一般不会考虑的现场的适用性，拱架分节也有很多值得优化的地方（图 15～图 18）。

台阶的划分基本上决定了型钢的划分，而上台阶需要给予机械操作足够的空间，但是要确保安全台阶划分应该合理（表 6、表 7）。

进场的型钢定长为 12m，如果拱架划分不合理，会产生大量的边角料。

拱架分节需要综合考虑台阶划分的安全性、机械的操作空间、拱架安装的方便性、型钢加工的边角料的浪费等各方面进行优化。

经过多次调整，反复对比，拱架的分节综合考虑了上述各种因素，取得的一个很好的平衡，也避免了边角料的产生。

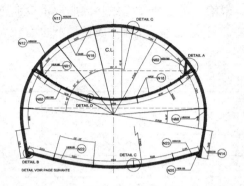

图 15　EXE 设计 0 版 V 1 级拱架设计图

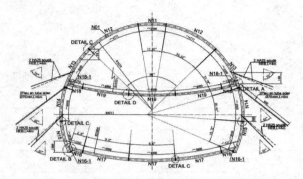

图 16　EXE 设计最终版 V 1 级拱架设计图

表 6　V 1 拱架台阶划分及拱架分解优化前后对比表

项目	优化前	优化后	备注
台阶划分	中台阶偏小，下台阶偏大	三台阶划分更为合理	
型钢超耗率	型钢长度 12m，按照图纸尺寸分节，超耗率达 35.3%	型钢超耗率降低至 2%	
机械操作空间	临时仰拱弧度过大，上台阶不便于机械周转，垫碴后有效高度不足	上台阶为机械灵活运转提供了更多空间	

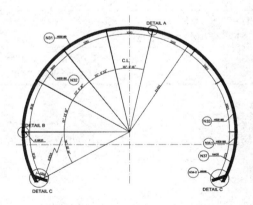

图 17　EXE 设计 0 版 Ⅳ 1 级拱架设计图

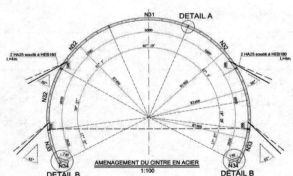

图 18　EXE 设计最终版 Ⅳ 1 级拱架设计图

表 7　Ⅳ 1 拱架台阶划分及拱架分解优化前后对比表

项目	优化前	优化后	备注
台阶划分	下台阶偏大	台阶划分更为合理，加大上台阶，便于大断面爆破开挖，且方便地质条件变差的情况下，快速转换成三台阶	
型钢超耗率	型钢长度 12m，按照尺寸图纸尺寸分节，超耗率达 20%	型钢超耗率降低至 2%	

4.4 二次衬砌设计优化

原设计二衬纵向钢筋在每组二衬之间有搭接，关于纵向钢筋是否搭接，搭接与不搭接对结构的影响，国内外一直存在不同意见。二衬设计在受力计算时仅考虑环向受力，并要求在围岩突变处设置沉降缝，对纵向钢筋是否连续并没有强制要求。就施工来说，纵向钢筋增加了挡头模板的安装难度，并且漏浆、跑模问题难以根治，留下质量隐患。因此取消纵向连接筋在施工缝之间连接，既减少了钢筋及周材的消耗，对施工进度及施工质量控制也有较大的提升（表8）。

表8 二衬钢筋优化前后对比

项目	优化前	优化后	备注
施工缝处理	纵向钢筋连续	纵向钢筋在施工缝处断开	
钢筋消耗	每组11m纵向钢筋搭接1m	无搭接	
挡头木模板消耗	周转10次	一次性投入，至工程结束	
功效	钢筋绑扎、止水带安装，挡头模板安装耗时长	每组二衬减少3个工日	

每一模的二衬长度进行了优化，由原设计每组10m调整为12m，实际施工中，10m与12m每组施工时间几乎相当，台车加长后，对进度提升显著，且有利于保证二衬与掌子面之间的安全步距（表9）。

表9 二衬长度优化前后对比表

项目	优化前	优化后	备注
每组二衬长度	10m	12m	
钢筋超耗	钢筋定长12m，产生大量2m长边角料无法消耗	没有废料产生	
台车加工成本		用钢量增加，总体成本增加10%	
功效提升	100m/月	120m/月	每组增加2个工日，每组循环时间相同，浇筑长度增加20%

5 结语

基于阿尔及利亚南北高速公路隧道设计优化与施工的实例，可为类似市场的高速公路隧道设计与施工提供参考。

参考文献

［1］ 中交第一勘察设计院. 南北高速公路隧道建筑限界及净空断面设计报告［R］. 2013. 09.
［2］ 中交第一勘察设计院. 南北高速公路T2隧道设计图纸. 2014. 3，0版.
［3］ 中交第一勘察设计院. 南北高速公路T2隧道设计图纸. 2015. 4，D版.
［4］ 师伟，史彦文，韩长岭，曹校勇. RMR围岩分级法与中国公路隧道围岩分级方法对比［J］. 中外公路，2009，［4］：383-386.

OKS结构保温板现场安装方法

彭　伟

中国建筑第五工程局有限公司，长沙，410004

摘　要： 本文介绍了永清国瑞生态城2号地2组团项目在工程实施过程中，应用了OKS结构保温一体化施工技术，该方法使外墙保温施工与主体结构施工融为一个整体，最大限度地避免了传统外墙保温施工出现的保温脱落的现象，同时采用此方法施工，能够有效地节约施工工期，并且降低施工成本，具有一定的推广价值。

关键词： OKS；保温一体化；连接件

永清国瑞生态城2号地2组团项目位于河北省廊坊市永清县韩村镇迎宾路和兴泰路交叉口东南，距高速入口6km，具有良好的交通便利条件。本工程总建筑面积42万m^2，是综合住宅、商业、车库为一体的住宅小区，工程包含24栋住宅楼、3个商业楼和1个地下车库，其中18层高层住宅共计3栋，20层高层住宅共计10栋，11层多层住宅3栋，9层多层住宅6栋，6层洋房2栋，住宅为剪力墙结构，为缩短工程工期并且保证施工质量，住宅外墙保温采用OKS结构保温一体化施工工艺。

1　设计概况

永清国瑞生态城2号地2组团项目主楼外墙采用OKS结构保温一体化，住宅楼为剪力墙结构，设计标准层层高为2.85m。

OKS结构保温板兼做外墙的外侧模板，与主体结构施工同时进行安装，浇筑完外墙混凝土后使保温板与主体墙体结合成一个整体。使用OKS结构保温一体化技术专用连接件替代传统保温钉，在主体结构施工时与主体外墙浇筑在一起，避免传统保温钉施工由于在主体墙上钻孔导致渗漏的隐患。

2　施工工艺特点

OKS结构保温一体化能够满足传统的保温性能外，还具备以下特点：

（1）作为外墙的外侧模板，与混凝土结构浇筑成整体，有效地避免保温板的脱落。

（2）OKS结构保温板强度与外贴的聚苯板相比，具有良好的强度，不容易产生变形，因此在控制外立面垂直平整度方面，具有显著的效果。

（3）由于OKS结构模板在主体阶段开始施工，不需要为后期粘贴保温板而配置吊篮或操作平台，同时，不需要配置粘贴保温板的劳动力，因此在机械和人工上都有所节约。

（4）工程采用AB型OKS结构保温板，组成材料为岩棉和挤塑板，因此采用OKS结构保温板作为外墙的保温材料，具有良好的防火性能。

（5）采用OKS结构保温一体化，避免了后贴保温板的工序，不需要后期在外墙上安装保温钉，因此，最大限度的降低了由于保温钉导致的外墙渗漏隐患的概率。

3　施工工艺流程

OKS 配模裁板→墙体钢筋绑扎→OKS 保温板安置及连接件固定→空调洞的预留→方钢龙骨及墙体模板固定→顶板模板支设及钢筋绑扎→检查验收→浇筑混凝土→拆模→板缝处理。

3.1　配模裁板

（1）按照施工蓝图进行绘制 OKS 保温板配模图，在图中标识出每块 OKS 保温板材裁板后的尺寸，如一块保温板裁成 150mm×2400mm 和 450mm×2400mm，在配模设计阶段减少 OKS 保温板材的损耗，如图 1 所示。

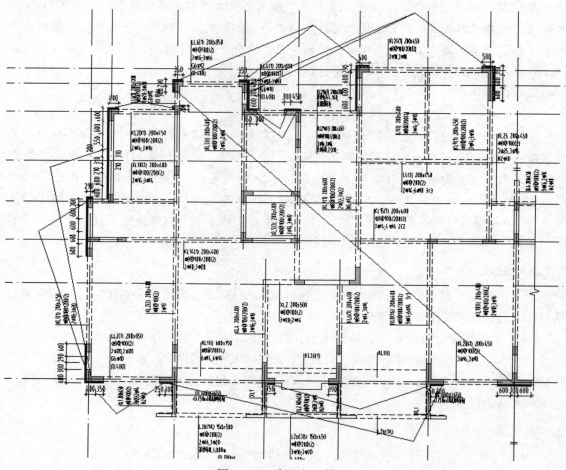

图 1　OKS 保温板配模图

（2）采用 OKS 结构保温一体化专用切割机，按照配模图进行裁板，将成品保温板和原材料进行分类摆放，便于施工的管理。同时在成品保温板上进行编号，安装保温板时按照编号进行放置。

（3）小于 150mm 宽的 OKS 保温板材不允许用于施工，应按照废料进行处理，在 OKS 保温板材加工区设置专用废料池，将 OKS 保温板废料进行统一回收到废料池内，定期进行清理，避免 OKS 保温板废料随意处理造成现场的污染。

3.2　保温板连接件固定

（1）在外墙墙体钢筋绑扎完成后，按照配模图和成品 OKS 板材上的编号进行放置保温板，将 OKS 专用连接件穿在保温板上预留孔上，每平米放置连接件不小于 5 个。

（2）采用绑扎丝将连接件与墙体钢筋绑扎在一起，用于 OKS 保温板临时固定，如图 2 所示。

图 2　连接件与墙体钢筋进行连接

（3）连接件放置完成后，突出保温板的长度不小于 5cm，保证连接件在混凝土内部的有效锚固长度。

（4）在墙体转角处，需要在距离墙体阴阳角处设置连接件，避免 OKS 保温板材在转角处由于膨胀或收缩造成阴阳角部位开裂，如图 3、图 4 所示。

（5）门窗洞口处 OKS 板材放置连接件时，需要进行加密处理，按照间距 450mm 一个连接件原则进行布置。

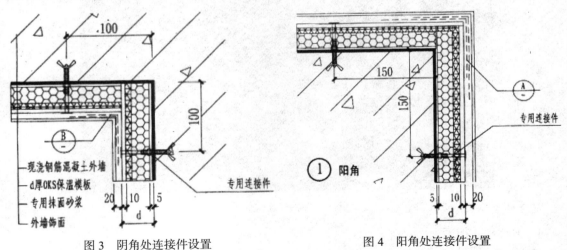

图 3　阴角处连接件设置　　　　　图 4　阳角处连接件设置

3.3　保温板加固

（1）OKS 保温板兼做外墙的外摸板，放置完保温板后，使用方钢龙骨作为次楞进行加固，方钢龙骨高度按照施工蓝图设计层高进行定制，放置方钢龙骨时，采用铅丝对方钢龙骨与墙体钢筋进行绑扎，用于临时的固定，如图 5 所示。

图 5　方钢龙骨临时固定

（2）OKS 保温板使用对拉螺栓及双钢管作为主楞进行加固，双钢管间距不得大于450mm。次楞方钢骨架之间间距不得大于 200mm。如图 6 所示。

图 6　外模架加固体系

（3）转角处加固

在 OKS 保温板加固过程中，在转角部位为薄弱点，往往忽略转角部位的加固从而造成浇筑混凝土过程中跑模、涨模等情况的发生，因此在 OKS 保温板转角部位应进行特殊处理，从而保证施工的质量要求。

在 OKS 保温板转角部位增设同方钢龙骨厚度的方木龙骨，增加阴阳角的刚度，如图 7所示。

图 7 OKS 保温板在阴阳角处的加固措施

（4）在拼缝部位的加固：

在外墙混凝土浇筑施工时，外墙 OKS 保温板间的竖向拼缝为薄弱环节，拼缝位置受到混凝土集中荷载，容易造成 OKS 板材拼缝位置的变形，导致外墙结构的尺寸偏差，因此需要在 OKS 板缝位置增设方木龙骨，增强 OKS 保温板拼缝的刚度。

（5）空调孔预埋

由于 OKS 成品保温板材，在施工作业面上不容易进行开孔，因此空调孔采用预埋的形式进行施工，将空调孔位置预埋 Φ50 的 PVC 管，向外侧找坡，并用绑扎丝在墙体钢筋上进行固定，四周设置定位钢筋，放置在混凝土浇筑过程中，由于混凝土冲击荷载导致空调孔预埋管偏位。

4 工程质量控制要点

（1）裁板要求

根据现场施工蓝图进行分析，绘制相应的配模图，经过系统的分析，优化每块板材切割后的尺寸，规定成品 OKS 保温板在实体中的放置位置，从而达到减少损耗的目的。特别注意在主体结构悬挑板位置的 OKS 保温板材的配置，模数要求不同于墙面的尺寸。

由于小于 150mm 宽度的 OKS 保温板材刚度不能满足现场施工的要求，因此此种板材应作为废料进行处理，不能作为外墙保温板材，防止由于 OKS 保温板材刚度不够，导致外墙混凝土浇筑时产生跑模、涨模情况的产生。

（2）专用连接件质量控制

对进场的专用连接件进行复试，满足抗拉承载力不小于 0.60kN 的允许使用。

检查连接件放置过程中是否按照要求施工，保证连接件在混凝土结构内长度不小于 50mm，并且专用连接件与墙体钢筋进行了有效的绑扎固定。

为增加 OKS 保温板与主体结构的拉结力，仔细检查外墙 OKS 保温板材上的连接件的数量，特别在门窗洞口处的连接件应进行增强处理，少于要求数量的，应进行补充，复查合格后再同意进行下一道工序的施工。

（3）垂直平整度

采用 OKS 结构保温一体化技术形式，OKS 保温板材与主体结构同时施工，同时 OKS

保温板材外侧为轻质保温砂浆结构，不能像传统外贴保温板形式，饰面施工前使用钢丝刷进行局部找平，因此在 OKS 保温板与主体结构施工时，因严格要求外墙结构尺寸的偏差，才能在装修阶段直接进行外立面饰面层的施工，从而达到节省施工工期的目的。

在外墙支模体系支设完成后，对外墙 OKS 保温系统进行垂直平整的检测，采用线坠掉垂直度，按照主体结构模板的要求进行整改，根据测量结果，松紧对拉螺栓，达到控制墙体垂直的要求。

（4）拼缝的控制

在 OKS 保温板拼接施工时，控制拼缝的宽度，对于大于 5mm 的拼缝，需要粘贴海绵条，防止墙体混凝土浇筑过程中漏浆现象的发生。

在主体施工阶段，施工外架拆除前，应对墙体 OKS 保温板拼缝进行挂网摸抗裂砂浆处理，防止主体施工与外墙装修间隔过长，雨水等进到板缝中，造成 OKS 保温板材遇水变形、开裂、空鼓等情况。

参考文献

［1］ DB13（J）/T 209—2016. OKS 复合保温模板系统应用技术规程［R］.

［2］ GB 50411—2007. 建筑节能工程质量验收规范［R］.

BDF 钢网箱密肋空心楼盖系统施工应用

马　锋

湖南标迪夫节能科技有限公司，长沙，415000

摘　要： 密肋空心楼盖系统是满足建筑的大开间、大跨度、大荷载，同时又要达到无明梁或宽扁梁以及灵活分隔的水平结构体系，良好的经济性能和使用性能使密肋空心楼盖系统越来越被更多的建筑采用，同时也出现了很多类型的免拆内模，这些内模在应用中均需要做抗浮处理，且抗浮措施对质量控制影响很大。BDF 钢网箱成功地解决了空心楼盖成孔内模上浮和飘移问题，同时克服了其他免拆内模存在的问题，且对微小裂纹有抑制作用，科技和建设部门权威认定，BDF 钢网箱密肋空心楼盖系统为国际领先水平，超出了国际先进水平，被国内外广为推崇。

关键词： BDF 钢网箱；密肋空心楼盖；抗浮措施；免拆内模；裂纹抑制

1　前言

　　生活与空间紧密相关，空间与建筑相互依存。随着社会经济的发展和人们物质生活水平的不断提高，各类建筑朝着多样化方向发展，而传统建筑结构大多为框架梁、板方案，因而极大制约了建筑物的净空高度，降低了其使用功能。如何实现为满足建筑的大开间、大跨度、大荷载，同时又要达到无明梁或宽扁梁以及灵活分隔的水平结构体系，是长期困扰建筑界的难题。密肋空心楼盖系统的问世有效地解决了上述难题，而钢网箱研发成功，为密肋空心楼盖系统提供了一种性能可靠、质量稳定的内模形式。

　　BDF 钢网箱现浇密肋空心楼盖系统是将钢网箱依照图纸设计安置在楼板中，有效解决非抽芯成孔而形成的密肋空心楼盖系统。BDF 钢网箱密肋空心楼盖系统采用配筋板带与密肋梁结合，并在板的腹部设置更为轻便的 BDF 钢网箱内模，使顶板、底板与密肋梁间形成封闭箱体，做到梁板底面一平，梁板组合受力，可获得较大的抗扭、抗剪刚度，且 BDF 钢网箱内模具有施工效率更高、施工成本更低的优势。采用专利技术制作钢网箱而实现非抽芯成孔的密肋空心楼盖系统，可节约混凝土用量，减轻建筑结构自重，降低工程造价，减少地震作用；还可较方便地实现隔断灵活，增大使用面积；在保证使用净空高度的条件下，可降低结构层高，对于有高度限制的地段可增加 10% 的楼层数，埋置钢网箱筑成的密肋空心楼盖系统符合国家"节能省地型建筑"和建筑"四新"的建设产业政策的要求，具有良好的经济效益和社会效益。

　　经过理论分析、试验研究以及对以往众多工程实践经验的总结，采用钢网箱成孔的密肋空心楼盖系统已有成熟的设计方法及施工工艺；而 CECS175：2004《密肋空心楼盖系统技术规程》和 05SG343《现浇空心楼盖标准图集》的颁布施行，为密肋空心楼盖系统体系提供了法规依据，必将在我国得到广泛的推广与应用。

2　施工特点

　　密肋空心楼盖系统是以钢网箱作为内模，在钢筋混凝土的相互作用下形成密肋空心楼盖系统，并着重解决钢网箱制安、抗浮措施、安装预留预埋等关键技术问题，该体系可改善使用功能，拓展实用空间；综合造价降低，施工工期缩短；具有成熟的设计技术，可行的施工方法；隔间隔热，保温环保；免吊顶装饰，减少消防隐患；钢度大、变形小，提高抗震性。

3　BDF 钢网箱的特点

表 1　BDF 钢网箱的特点

序号	对比内容	BDF 带肋钢网箱	水泥制品（蜂巢芯）	再生塑料箱（筒）	聚苯泡沫箱（筒）	复合材料箱（筒）	发泡水泥块（石膏）
1	抗浮措施	不需要	必须抗浮处理	必须抗浮处理	必须抗浮处理	必须抗浮处理	必须抗浮处理
2	填充体固定	不需要	需要	必须要	必须要	必须要	需要
3	填充体与钢筋之间隔离	自带隔离加劲肋	需要	必须要	必须要	必须要	需要
4	填充体的位移固定	不需要固定	需要固定	必须要固定	必须要固定	必须要固定	需要固定
5	填充体的支撑或垫块	不需要	不需要	需要	需要	需要	需要
6	破损率	零破损	破损率很难把握	破损率很难把握	轻微缺损	轻微缺损	破损率较小
7	相溶性对温度裂纹的抑制作用	良好	小	无	无	无	小
8	防火性能	防火等级高	防火等级高	防火等级低	防火等级低	防火等级低	防火等级高
9	毒性	无	无	有毒气	有毒气	有毒气	无
10	填充体自重	轻	笨重	轻	轻	较轻	较重（笨重）
11	施工难易	简便	繁琐	繁琐	繁琐	繁琐	繁琐
12	产能和质量	全机械化生产产能高，质量好	人工生产，产能和质量难保	全机械化生产产能高	容重达不到国家标准要求表观密度 ≥ 15kg	质量不可控	人工生产，产能和质量难保
13	长途运载能力 /现场短运安置	运载能力大 /安置方便	运载能力小 /安置不便	运载能力大 /安置方便	运载能力小 /安置方便	运载能力小 /安置方便	运载能力小 /安置不便
14	堆放场地 /现场装配	堆场小 /需现场装配	堆场大 /成品到位	堆场小 /需现场装配	堆场大 /成品到位	堆场大 /成品到位	堆场大 /成品到位
15	吸水率	零	15% 以上	零	10%（由于密度小导致）	10%（由于密度小导致）	3% 以上（25% 以上）

4　适用范围

本施工适用于大跨度、大荷载、大空间的各类多层、高层现浇混凝土上空心楼盖结构，特别适用于学校、商场、写字楼办公楼、地下停车场及民用或工用建筑中。

5　工艺原理

BDF 钢网箱采用密目式薄壁镀锌钢网片，工厂定型加工半成品，现场组拼焊接成型。在梁板钢筋绑扎施工同时，将钢网箱内模安装在板筋之内，在浇筑过程中适当振捣，做到底板密实而箱体内腔腻而不漏，使顶板、底板与密肋梁间形成封闭箱体，从而梁板底面一平，组合受力。

在密肋空心楼盖系统中，按设计要求绑扎宽扁梁（暗梁）和肋梁钢筋，然后绑扎肋筋，安放钢网箱，绑扎面筋，绑扎面筋和肋筋交叉点，无需进行抗浮处理即可浇筑商品混凝土，达到用钢网箱来实现非抽芯成孔的密肋空心楼盖系统。钢网箱直接和上下面筋和肋梁箍筋接触，由于钢网箱表面有波浪型网状体，水泥浆会和波浪网体形成 15～20mm 左右的钢网与水泥浆的组合保护层。达到了钢筋隔离作用，同时钢网作为额外结构补强，有利于结构安全，在变截面处容易产生应力集中的地方有钢网加强，控制了微裂缝发展，增强了结构防水性能。

6　工艺流程及操作要点

6.1　工艺流程

BDF 钢网箱密肋空心楼盖系统施工工艺流程图见图 1。

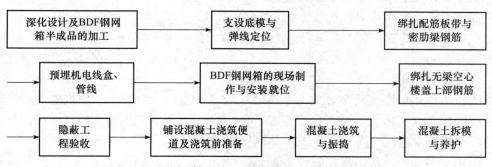

图 1　BDF 钢网箱密肋空心楼盖系统施工工艺流程图

6.2　操作要点

6.2.1　深化设计及 BDF 钢网箱半成品的加工

（1）深化设计

根据设计图纸中的空心模盒平面布置图，进行 BDF 钢网箱的平面排版。排版按由四周向中部进行，根据实际尺寸在板的跨中设置非标板块（图 2），从而通过排版深化设计确定钢网箱规格及数量。

BDF 钢网箱顶面受力抗压荷载为 1000N、侧面受力抗压荷载为 800N；结构预埋的机电线盒、管线设计布置在配筋板带或密肋梁之内；后期安装所需的管线支吊架埋件设计布置在配筋板带或密肋梁底部。

BDF 钢网箱抗浮力通过箱体本身网孔结构和施工工艺实现，相应措施为上部钢筋至少一根穿过肋梁，并将密肋梁钢筋与底模连同支撑龙骨间设置相应的抗浮措施；混凝土分层浇筑一次成型、混凝土坍落度的控制。

（2）BDF 钢网箱半成品的加工

BDF 钢网箱在后方加工场内进行半成品的加工，采用自动化生产设备，以镀锌薄板为原料，通过快速冲切、压制张拉、定位切割、定尺压痕等工序完成箱体网片的加工。

6.2.2　支设无梁空心楼板底模与弹线定位

根据审批完成的施工方案及设计图纸搭设模板支撑体系，模板安装从一侧进行，后安装的模板必须与先安装的模板顶紧，板缝侧边加设专用海绵胶条，保证结合严密不漏浆。模板安装完毕后，应涂抹水性脱模剂便于无损拆摸，保证混凝土成型质量。模板支设时按纵横向最大跨度的 3‰ 起拱。

在模板支好以后，现场测放出宽扁梁与密肋梁定位线，保证配筋板带、密肋梁、BDF钢网箱安装位置准确，且将放出的线用区别于模板颜色的油漆弹线，以保证所放线清晰牢固，方便施工。各部件位置示意图详见 BDF钢网箱局部布置图图 2。

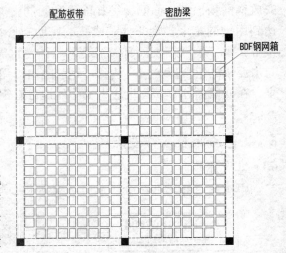

图 2　BDF 钢网箱局部布置图

6.2.3　绑扎配筋板带与密肋梁钢筋

根据测放出的配筋板带与密肋梁定位线，摆放配筋板带与密肋梁钢筋。为保证密肋梁截面尺寸，预先通常采用直径 10mm 钢筋按照密肋梁截面内净尺寸焊好井字形支撑马凳，沿密肋梁纵向每隔 2m 设置。绑扎完毕后，拉线检查并调整好密肋梁的位置、保证顺直。

6.2.4　预埋机电线盒、管线

根据机电施工图纸，结合 BDF 钢网箱无梁空心楼盖技术特点，预埋机电线盒、管线应布置在配筋板带或密肋梁上，防止因楼板底部过薄导致的开裂或脱落。管线转弯处的转弯半径不得小于规范要求，管线不可穿 BDF 钢网箱设置。

6.2.5　BDF 钢网箱的现场制作与安装就位

（1）BDF 钢网箱的现场制作

施工现场准备约 200 ～ 300 平方米的组装场所和临时电源，准备对应的简易装配工装模具、焊接工具或扎丝工具。在装配工装模具上将已压痕的网板折弯成型、内部放置对应规格的支撑部件，两端放置对应规格的封堵网板，上部折弯闭合。用扎丝或电焊固定可能活动部位，完成成品组装。

BDF 钢网箱的现场制作控制标准，详见表 2：

表 2　现场制作控制标准

检查类别	项目	允许偏差（mm）
外观质量	垂直面带肋钢网体两端头 V 形钢带	V 形钢带包边完整、牢靠
	带肋钢网体折合后与内部支撑骨架衔接密实	局部 ≤ 8
尺寸偏差	边长	0，−15
	高度	0，−8
	镀锌薄板原材厚度 ≥ 0.35mm	± 0.04
	内部支撑骨架高度	± 10
	内部支撑骨架直径 ≥ 3.0mm	± 0.2
	肋间距 100mm	± 5
	带肋钢网体搭接量 ≥ 50mm	0，+20

注：引用湖南省立信建材实业有限公司《BDF 带肋钢网镂构件》Q/OUKF008-2016（企业标准）

（2）BDF 钢网箱的安装就位

在配筋板带与密肋梁钢筋绑扎完成后，进行 BDF 钢网箱的安装。按照箱体的布置图，将加工好的 BDF 钢网箱体安装在已经绑扎好的钢筋格中，在安装时要随时检查箱体有无破损，如果发现破损及时用同材料镀锌网片修补。BDF 钢网箱体用与楼板混凝土同强度的混凝土垫块垫起来，保证 BDF 钢网箱体与底模（或底部受力钢筋）留有设计图纸中规定的混凝土最小保护层厚度。

电线盒、管线集中部位可换用小尺寸 BDF 钢网箱避让；当预留预埋设施无法与其避让时，应根据实际空间大小特殊制作此部位的钢网箱。安放后，应注意成品保护，不可踩踏箱体。

6.2.6　绑扎无梁空心楼盖上部钢筋

依照施工图绑扎板面钢筋，然后用成品带绑丝的混凝土垫块绑住板上铁底面钢筋，上铁底面钢筋与箱体中间自然形成间隙，待浇筑混凝土时箱体自然上浮顶住垫块，以求保证楼盖上下保护层。顶层钢筋绑扎完成后，混凝土浇筑前，再对箱体进行一次检查，对有位置松动或偏移的箱体进行处理。如有因施工人员在施工时不慎损坏的箱体，及时进行更换或现场修复，避免混凝土灌入箱体内。

完成后效果详见 BDF 钢网箱无梁空心楼盖断面图图 3。

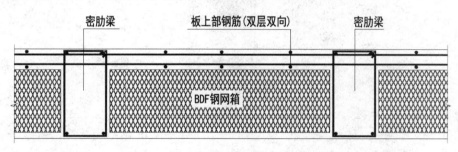

图 3　BDF 钢网箱无梁空心楼盖断面图

6.2.7　隐蔽工程验收

以上工序完成后由项目技术人员通知建设、监理及相关部门领导参加验收，重点检查抗浮点设置，BDF 钢网箱位置是否有松动或偏移，经各方人员验收合格后，方可进入混凝土浇筑工序。

6.2.8　铺设混凝土浇筑便道及浇筑前准备

搭设施工便道、架设混凝土输送管：BDF 钢网箱本身有一定的强度，但频繁踩踏也容易造成损坏，尤其加完顶部垫块后，受力集中，易损坏。施工中，应用脚手板在配筋板带或肋梁上搭设施工便道，方便施工人员操作、通行，并保护 BDF 钢网箱和楼板钢筋成品，施工机具、材料等不得放置在 BDF 钢网箱上，施工人员不得踩踏 BDF 钢网箱。

混凝土输送泵管不应直接架在楼板钢筋上，应在密肋梁位置垫脚手板及木方将泵管架高，具体做法详见图 4；布料机等安放位置应提前安排好，布料机支腿处应在密肋梁内设置不小于 Φ16 钢筋马凳进行局部加强处理，不得直接压在 BDF 钢网箱上，具体做法详见图 5。

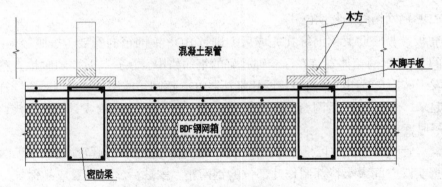

图 4　混凝土泵管架设节点图

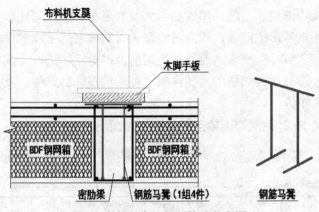

图 5　布料机支腿加固构造节点图

6.2.9　混凝土浇筑与振捣

混凝土浇筑顺序为：配筋板带→柱位置→密肋梁→BDF 钢网箱体底部赶浆→大面积浇筑空心楼盖面层混凝土。

（1）BDF 钢网箱无梁空心楼盖使用的混凝土，其坍落度应比普通实心楼盖稍大，可取 180～200mm，不宜小于 160mm；粗骨料粒径宜选择不超过 30mm。

（2）混凝土浇筑沿楼板跨度方向从一侧开始，要避免在同一位置堆积过高混凝土损坏 BDF 钢网箱。布料尽量均匀，应分 2 批次布料，先布密肋梁中间部位，待振捣完且 BDF 钢网箱底部混凝土密实后再布 BDF 钢网箱上部混凝土。

（3）混凝土振捣时，根据板肋宽度的不同，选用不同的振捣棒，振捣棒的直径小于板肋宽度 20～40mm。振捣时除了按照施工规范规定操作外，还需注意板底、板肋必须振捣密实，绝对禁止将振捣棒停留在 BDF 钢网箱上不断地振捣，避免将 BDF 钢网箱振破漏浆。

（4）振捣棒沿密肋梁位置顺浇筑方向依次振捣，比实心楼盖应适当加大振捣时间和振捣点数量，振捣同时观察空心 BDF 钢网箱四周，直至不再有气泡冒出，表示 BDF 钢网箱底部混凝土已密实；振捣棒应避免直接触碰空心 BDF 钢网箱。

6.2.10　混凝土拆模与养护

（1）混凝土浇筑完毕后，应按施工技术方案及时采取有效的养护措施，并应符合下列规定：

①应在浇筑完毕后的 12 小时以内对混凝土加以覆盖塑料薄膜并保湿养护。

②浇水养护时间：对采用硅酸盐水泥、普通硅酸盐水泥或矿渣硅酸盐水泥拌制的混凝土，不得少于 7d；对掺用缓凝型外加剂或有抗渗要求的混凝土，不得少于 14d。

③浇水次数应能保持混凝土处于湿润状态，混凝土养护用水应与拌制用水相同。

④采用塑料薄膜覆盖养护的混凝土，其敞露的全部表面应覆盖严密，并应保持塑料薄膜内有凝结水。

⑤混凝土强度达到 $1.2N/mm^2$ 前，不得在其上踩踏或安装模板及支架。

⑥混凝土最佳强度在 28 天后，在此期间应保证相应湿度，不宜进行敲打等剧烈的振动，以免造成开裂。

（2）混凝土达到设计要求强度后方可拆除模板，当设计无要求时应符合规范中要求的底模及支架拆除时的混凝土强度要求，严禁过早拆模，具体详见表3：

表3

构件类型	构件跨度（m）	达到设计的混凝土立方体抗压强度标准值的百分率（%）
板	≤ 2	≥ 50%
	>2，≤ 8	≥ 75%
	>8	≥ 100%
梁、拱、壳	≤ 8	≥ 75%
	>8	≥ 100%
悬臂构件		≥ 100%

7　效益分析

7.1　提高空间利用率、降低自重荷载、降低工程造价

（1）BDF 钢网箱密肋空心楼盖系统，结构因不设置梁，板面负载直接由板传至柱，具有结构简单、传力路径简捷，净空利用率高，造型美观，有利于通风，便于布置管线和施工的优点。

（2）BDF 钢网箱与常规的水泥制 BDF 空心模盒相比，自重大幅减轻，其大大降低结构自重荷载，从而降低配筋率，减小梁板截面尺寸，降低工程造价。

7.2　降低施工难度、加快施工进度

（1）BDF 钢网箱密肋空心楼盖系统，梁板底面一平，施工模板支设、钢筋绑扎便利，施工难度小，施工效率高。

（2）BDF 钢网箱是由优质镀锌卷板冲压网片、镀锌钢骨架，半成品发货，到场焊接组拼而成，因此普通 9m 长货车即可装载 4000～6000 组，运输成本低，供货效率高。

（3）BDF 钢网箱半成品到货，现场组拼仅需很小的施工场地，且单个模盒自身质量仅在 6～10kg 之间，无需机械配合，倒运方便快捷，安装效率高。

（4）BDF 钢网箱较常规的水泥制 BDF 空心模盒加工周期大幅缩短，工期优势强；常规的水泥制 BDF 空心模盒需提前 25～30 天订货，订货周期长，制作需要场地大、养护周期长、养护要求高、运输批次多，且运输过程中极易破损；而 BDF 钢网箱仅需提前 4～7 天

订货，具有很高的供货迅捷性及灵活性，加工过程无需养护，运输批数少，运输破损率为零，特别适合赶工期情况下快速供货。

（5）与常规的水泥制 BDF 空心模盒相比，每万平方米施工面积，最少可节约工期 35天，同时大幅节约了相应施工措施成本。

7.3　节约材料，减少用工，提高经济效益

（1）BDF 钢网箱密肋空心楼盖系统，梁板底面一平，降低了配模难度，支模速度快，模板损耗率低。

（2）BDF 钢网箱自重较轻，现场倒运灵活，无需塔吊等大型机械配合，减少机械占用率及工人用工数量，机械占用可减少 90%、人工投入可减少 60%。

（3）施工破损率低，加工好的成品可多层叠放，场地占用小，周转灵活。

7.4　提高工序质量

（1）BDF 钢网箱体透气性高，底板混凝土浇筑密实、成型质量好，后续施工抹灰及装修施工质量有保证。

（2）采用 BDF 钢网箱密肋空心楼盖系统，可以有效抑制楼盖微裂纹产生，其箱体本身可达零破损。

（3）BDF 钢网箱生产制作工业化程度高、楼盖的钢筋混凝土与 BDF 钢网箱握裹力强、相融性好，施工浇筑时产生浮力小和位移可控。

7.5　综合经济指标对比分析

7.5.1　抗浮成本低

BDF 钢网箱施工中抗浮简便，抗浮成本极低，而水泥箱、聚苯块、塑料箱、塑料管、石膏箱等传统芯模在施工阶段，需设置抗浮钢筋或其他抗浮措施，与前者相比，需增加人工、材料等抗浮费用每平方米 8 元以上。

7.5.2　运输成本大幅降低

BDF 钢网箱自重轻，且为半成品发货，单车装货量可为传统芯模的 20 倍以上，两者相比，前者节约运输成本在每平方米 5 元以上（运输路程越远，该数值越大）。

7.5.3　节约用工成本

BDF 钢网箱自重极轻，安装施工方便快捷，劳动强度低，与水泥箱体、石膏箱体相比较，前者可节约人工费用在每平方米 12 元以上。

7.5.4　降低施工阶段产品破损成本

在施工阶段，芯模在运输、安装及混凝土浇筑过程中，BDF 钢网箱基本可达到破损为零；而水泥箱、聚苯块、塑料箱、塑料管、石膏箱等传统芯模均会有不同程度破损，破损率在 5% ~ 17% 左右，按每个芯模的单价计算，后者成本每平方增加 5 元左右。

合计以上综合经济对比分析，BDF 钢网箱与水泥箱、聚苯块、塑料箱、塑料管、石膏箱等传统芯模相比较，每平方米节约施工成本在 30 元以上。

7.6　降低能耗、低碳环保

我国水泥窑炉设备技术及制造水平相对较低，行业内大多数水泥制 BDF 空心模盒生产企业采用的生产技术、工艺比较落后，生产设备简陋，资源利用率低，使用能耗高、排污量大。

8　分析结论

　　BDF 钢网箱已实现工业化、标准化、规模化生产，其生产过程较常规的水泥制 BDF 空心模盒对自然资源消耗少，生产过程中的能耗及对环境的污染大大降低，施工过程中产生的建筑垃圾排放基本为零，其充分满足了建筑行业发展所倡导的低碳、环保、节能、减排的要求。BDF 钢网箱成功地解决了空心楼盖成孔内模上浮和飘移问题，同时克服了其他免拆内模存在的问题，且对微小裂纹有抑制作用，科技和建设部门权威认定，BDF 钢网箱密肋空心楼盖系统为国际领先水平，超出了国际先进水平，被国内外广为推崇。施工现场照片见图6～图15。

图 6　支设无梁空心楼板底模

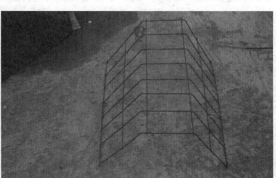

图 7　BDF 钢网箱内部支撑骨架

图 8　BDF 钢网箱现场组拼制作

图 9　BDF 钢网箱制作完成效果

图 10　BDF 钢网箱抽样复检报告

图 11　可多层叠放、场地占用小

图 12　顶层钢筋绑扎完成

图 13　样板浇筑完成后的侧面剖切漏浆检查

图 14　拆模后施工效果展示

图 15　拆模后施工效果展示

参考文献

［1］Q/OUKF008-2016（企业标准）. BDF 带肋钢网镂构件［S］. 湖南省立信建材实业有限公司.

［2］BDF 钢网箱空心楼盖体系施工质量控制标准（企业标准）［S］. 广西标迪夫科技有限公司.

［3］钢网箱现浇混凝土空腔楼盖系统（BDF）. 建科评（2015）045 号，住房和城乡建设部科技发展促进中心.

［4］JCT 952—2014. 现浇混凝土空心楼盖系统用填充体［S］. 中华人民共和国工业和信息化部.

［5］05SG343. 现浇混凝土空心楼盖［S］. 中国建筑标准设计研究院.

［6］CECS 175—2004. 现浇混凝土空心楼盖结构技术规程［S］. 中国建筑标准设计研究院.

［7］湖南省土木建筑学会，杨承愬，李光中. 现代建筑科技与工程实践［M］. 国防科技大学出版社.

［8］抗震工程学——理论与实践［M］. 中国建筑工业出版社.

浅谈 BIM 技术在医院类建筑装饰施工中的应用

武　鑫　王成千

中建五局装饰幕墙有限公司，湖南长沙，410004

摘　要： 发展科学技术是我们这个时代的主题之一，其中信息化技术的发展更是突飞猛进、日新月异，已经成为我们生产生活中不可缺少的一部分。BIM 建筑信息模型的建立正在引领建筑行业进行一次信息化变革，BIM 模型的出现与应用颠覆了建筑设计模式、工程造价模式及项目建设的各个阶段，它是由一个三维的立体模型建模，涵盖了所有工程的信息，让施工人员能先看到建成后的样子，然后根据各自施工专业所需，从模型中抽取不同的信息。BIM 技术运用在装饰施工中，可以实现工程量的准确统计以及材料的精准下料、可视化技术交底、虚拟现实展示、可视化碰撞检测图纸问题等等，能够极大地提高工程施工效率、加快施工进度、减少了错漏风险及返工量、能有效节约预控成本、提高人性化设计、实现技术创新和创效。

关键词： BIM；医院类建筑；装饰施工；应用

1　引言

医院是我国公共卫生体系的重要组成部分，是为广大人民群众提供医疗保健服务的主要场所，为医患人员创造现代化的医疗空间环境和高质量的医疗护理，其越来越受医疗机构和政府部门的重视。由于医院建筑特殊功能要求，其室内装饰装修工程与常见的公建工程存在着较大的区别，一般就医患者因患各种疾病体质比较虚弱，精神状态不佳，较正常健康人群对室内环境更加敏感，不论从装饰材料的选择、无障碍化设计以及使用性能多角度，同时也要满足每个功能分区的特殊属性，为医务人员提供安全的、良好的、符合各项人体工程学设计的诊疗工作环境。探索 BIM 技术在医院类建筑装修装饰中的应用，能降低能源消耗，洁环境，展现现代化建设成果，是适应发展趋势的有益探索。以此课题作为 BIM 技术应用的可行性研究，为医院类工程技术人员提供更先进、直观的技术经验，对当下社会主义社会建设有着积极的意义。

2　医院类装饰施工的特点

医疗建筑的发展速度非常快，科技及信息化的进步将使医院建筑向综合发展，随着医学科学的不断先进、医学模式的转变以及人民群众对医疗卫生服务需求的不断增长，医院的功能已逐渐从单纯的诊疗护理病人向疾病的预防、保健和康复发展，从单纯的生物医学模式向生物 - 心理 - 社会医学模式转变。空间逐步完善，规模也将大大增加。医院是一个专业技术强、科技含量高、部门繁多、流程交错、各类人员密集、庞大的、复杂的系统，有医疗、护理、行政、后勤、信息、医学工程等部门。医院提供的服务形式包括门诊、急诊、住院以及避难场所等。由于服务功能较多，公共区域广，人员密集度大，使用频率高，建筑装饰面容易出现磕碰、污染、损坏等现象，所以空间的布局、材料的选用以及施工工艺的要求更高。地面、墙面及顶面的装饰面层上标识及导向系统种类繁多，消防、暖通、照明和排风系统分布广泛，强电、弱电、给排水及医疗砌体纵横交错。

　　医院类项目装饰装修中的造型多样、复杂，以及材料的多样性、多种性、特殊性等，为了达到美观、安全、实用的艺术效果，装饰工程往往需要大量的材料，存在很多复杂的构造，且对于这些构配件来说，安装精度要求高，将各种装饰材料进行科学而有序的组合，并使其能够牢固又美观的固定到被装饰的实体上，医院装饰施工面临的问题就是如何更好更快地实现这一过程，因此，施工的技术手段就显得尤为重要。

3　BIM 技术在医院类建筑装饰施工中的应用

　　BIM 技术所创建的三维模型能够很清晰明了地反映医院项目施工过程中的细节和现场情况。通过这项技术，可预先解决施工中的大部分问题，从而大幅降低施工过程中的错误和返工率。进场前期利用 BIM 模型对现场进行临设布置，能够准确模拟现场，便于安全交底，还可以根据三维模型快速导出临时设施工程量。从三维模型中生成各种医用门窗表、材料表以及各种综合表格。要统计某间隔墙的面积、体积，或者装饰构件的数量价格、厂家信息也十分方便。基于 BIM 模型的算量方式精准可控，很少出现少算、漏算等情况，使用 BIM 技术下料算量都很便捷。项目管理人员很容易利用它来进行工程概预算，为控制装修报价或投标报价提供了精确的数据依据，保证了实际成本的差异率在可控的范围内。利用它生成采购清单等能够保证采购数量的准确性，对控制成本具有重要的现实意义。

　　由于医院类项目工程分为门诊楼与病房楼两大块，占地面积大且室内房间多，精准的放线很重要。在 BIM 技术应用下可通过全站仪进行现场三维空间取点放点，精确地将三维模型中的点位坐标与施工现场的位置进行转换。全站仪放线精准度高，工作面广，从根本上解决了图纸与现场尺寸的匹配问题（精确到 mm 级），对于高大空间及复杂造型空间有很好的应用。不但提升了施工精度，也改变了传统的流水施工模式，将工期大大缩短，是目前我们运用 BIM 技术的核心内容。

　　医院类建筑室内装修三维实体模型都由符合装修构造的面层、基层、龙骨和各种配件构成，这些内部构造信息都被记录在 BIM 软件中，因此 BIM 技术可以直接从三维模型生成完成施工所需要的施工图、详图。由于生成的各种图纸都是来源于同一模型，所有的图纸、图表都是互关联的，避免了不同视图之间出现的不一致现象。如果需要对设计进行更改，无论在哪一张视图上改动，相关联的图纸、图表上也跟着发生了关联变更，这种关联变更是实时的。

　　在建筑 BIM 的基础上构建装饰装修三维模型，使用 BIM 技术可以直观的了解石材、地砖、墙砖、天花的排版，使其整体观感更好。由于医院类项目工程材料的抗菌特殊性以及装饰技术的复杂性和多样性，使得医用类材料损耗较大。而优良的医用材料能保障医院室内环境清洁，相应的成本高。而 BIM 技术的应用可有效地降低资源的浪费，节约能源。医院是公共建筑，其建成后供众人长期使用，开关、灯具、病床以及各类医用器材的具体点位的布置十分重要，既要满足良好的观感性，还要保证实用性和使用时的便捷性。而 BIM 技术的应用可直观布置所适合的点位，可有效避免由于点位布置不当而降低利用率或二次重新装修的风险。借助 BIM 技术对施工质量进行检测，也有着传统靠尺、水平尺等局部人工检测的手段不可比拟的优势，其检测结果更加全面、客观。同时，复杂图形精确定位技术的成熟，使得设计美观，有了控制手段以及检验标准。

在医院类装饰装修中，危险源的避免也是尤为重要。残疾人厕位需独立设置，且专用空间为最大。楼梯应设双导线扶手，以方便成人和儿童。楼梯应有起止步盲人指示。电梯门及轿箱需考虑轮椅、担架车的撞击防护。在医院患病者中，儿童老人占比重较大，安全防护、医用扶手等保护病人受伤的设备较多。实物碰撞、触电、坠落等问题几乎无处不在，而 BIM 技术的应用下，可发现存在危险的物品、设备、结构等的具体位置，从而提前避免危险源的存在。

在医院类装饰装修的施工过程中，装饰装修所用构件、器材、设备多且杂，与其他主体结构、消防管道、基础设备之间的冲突是经常遇到且难以提前避免的。以往传统的使用二维设计方式下，结构主体、基础设备、装饰装修等要分别进行设计、施工，且各自拥有一套图纸。由于在这种离散性的工作方式下，各种构件之间的冲突是经常出现且提前无法避免。而在 BIM 技术的应用下，各构件都可以使用三维实体模型创建，从而根据相关模型的选择，来检查并扫描三维模型以识别重叠或相互冲突的图元，并生成冲突报告，得知由重叠图元所导致的冲突所在，可有效避免冲突问题，且对于人员的施工经验要求也有所降低，更有利于现场施工。

医用类装饰装修工程由于病人修养疗伤的特殊性，故而十分关注各方面细节。目前要求医院实现控制智能化，包括空调、计算机站、局域网、多媒体、远程医疗系统、总控制室、电梯、五气、呼叫对讲、综合布线、安全监控、消防、通讯、有线电视、垃圾及水处理系统等。从系统选择、管道布置、管材及配件统筹考虑防疫要求，保证水质，防止交叉感染。采用非手动开关。污水分类收集、处理与回用。对病员而言，照明不应过于明亮，也不宜过于黯淡。应避免灯具的眩光。光色最好选择显色性好且略偏暖色的等等。采光、灯光、新风、换气、抗菌、饰面等细节对于病人而言，都至关重要。优秀的设计是良好效果的前提，不管在医院类建筑设计阶段还是深化设计阶段，BIM 技术都支持设计师生动而便捷地表现出这些细节。可运用 BIM 软件中的渲染命令，对病房内的装饰装修进行渲染，达到照片级的真实感图像，达到仿真的效果。

4　结语

将 BIM 技术应用在医院类项目装饰装修中，实现了参数化建模，记录装饰装修设计中的各项数据，能快速对各个构件进行深入分析，生成各种施工图表，大大减少了繁琐的人工操作和替在错误，实现了工程量信息与设计方案的完全统一。并且根据统计结果可以很好地掌握后期材料用量，对控制成本具有重要的现实意义。但由于 BIM 是最近几年才推出的新技术，尚未得到广泛的推广普及，而医院类装饰装修其特殊性以及设计需要用到造型各异、种类繁多、材质不一的各种装饰构件、器材、设备等族库的缺失，使 BIM 技术在室内装修的应用比较困难。如果只使用现有族库进行医院类项目的装饰装修设计，将对设计师的设计产生非常大的限制；如果设计师要使用 BIM 进行随心所欲的装饰装修设计，则需要花费大量的时间进行族库的建设，反而降低了设计效率。不过相信随着 BIM 逐步推广，使用者越来越多，将会有更多的医院类装饰装饰相应的族库进行共享平台，从而弥补这个空白。

参考文献

［1］ 刘伟恩. 建筑工程技术与设计 ［J］. 2015（33）.

［2］ 蒲红克. BIM 技术在施工企业材料信息化管理的应用 ［J］. 施工技术，2014，43（3），

［3］ 李享. BIM 技术在装饰施工过程中的应用初探 ［J］. 2015（105），

［4］ 赵雪锋，李月，郑晓磊. 全国现代结构工程学术研讨会 ［C］. 2016.

黄土地区多层卵石复杂地质环境下长桩基关键施工技术探讨

彭云涌　罗桂军　丁　晟

中建五局土木工程有限公司，长沙，410000

摘　要： 以黄土地区的河南三门峡国道310南移新建工程中的青龙涧河特大桥、桥南大桥等桥梁工程为例，对于位于湿陷性黄土多层卵石复杂地质环境下的桩基进行施工技术研究，以总结在施工长桩基过程中的种种技术措施，及该环境下长桩基的机械选择及施工技术要点，可以有效提高同类地质条件下桩基的施工效率。

关键词： 桥梁工程；黄土地区；多层卵石；长桩基

1　工程概况

国道310南移新建工程项目起点自三门峡市陕州区菜园乡接出，途经菜园乡、南梁村、营前村、南沟村、后关村等村落，终点至陕州区后关村。起讫桩号为K77+968～K87+642，全长9.7km，包括青龙涧特大桥、三门峡南服务区、南沟村分离式立交、小官村天桥、桥南大桥、周家窑隧道、若干涵洞等工程。

全线各类桩基共计725根，设计均为摩擦桩，桩基混凝土为C30。

1.1　不良地质

项目区位于三门峡市境内。路线经过地区地貌类型复杂，三门峡市总体地势东南高，西北低，形成了以山地和丘陵的主要地貌类型。本项目地质条件大致为：

拟建工程影响深度内地层主要由① -1（黄土状）粉质黏土、① -5卵石、①黄土状粉土、②黄土状粉土、② -1（黄土状）粉质黏土、② -3细砂、② -5卵石。本工程土层干燥，在勘测深度内未见地下水，地下水位埋藏深，且随地形变化，富水性差。

根据地勘资料，地层内基本都有多层卵石夹层，最大的夹层有20m厚，卵石粒径最大的有1.1m。

1.2　特殊岩土

项目范围内特殊性岩土主要为黄土状粉土，具湿陷性，湿陷等级Ⅱ级，类型为自重湿陷，湿陷厚约20m。

1.3　地勘结论

（1）桥区特殊性岩土主要为黄土状粉质黏土，具湿陷性，需要处理。

（2）摩擦桩桩基础，对上部湿陷性黄土计算考虑相应折减。

（3）受地形和湿陷性岩土影响，桩基础施工时应加强现场监测和验证，保证桩体进入有效持力层。

（4）桥位存在钙质结核，局部富集胶结，建议根据场地实际地质情况选择合适的桩基成孔施工工艺及施工机具，以免造成不必要的损失。

1.4　水文气象情况

本项目沿线所处区域属于暖温带半干旱内陆性气候区，昼夜温差大。

本项目所在区为降水少量区，年平均降水量在 414.1 ～ 702.5mm 之间。

路线主要河流为青龙涧河，水源主要来源为大气降水。因此水量明显的随季节变化，旱季流量很小，雨季流量很大，最大流量是最小流量的上千倍。

2　工程特点分析

2.1　本工程桩基施工特点

本工程实施的桩基工程桩径为 1.8m 和 1.6m，最大深度为 93m，大桥主墩为群桩基础，桩基数量 35 根，深度为 83m。由于项目桩基位于湿陷性黄土地区，气候较干旱，缺水，该区域地质具有多层卵石夹层，最大卵石夹层厚达 20m，最大卵石粒径有 1.1m，复杂的地质条件使得桩基施工无法按照正常的桩基础护壁法进行施工，施工进度较为缓慢，施工质量难以保证，施工安全得不到保障。随着我国"一带一路"战略的兴起，将有越来越多的特大桥穿越地质条件复杂的湿陷性黄土地区，所以，很有必要进行该类地质条件下桩基础施工技术的研究，以解决困扰在湿陷性黄土地区多层卵石地质条件下桩基施工的难题。

2.2　桩基础施工过程中的控制难点

本桩基础施工技术关键是：通过对于黄土地区多层卵石复杂地质条件下深桩基施工关键技术的研究，提高桩基施工时对多层卵石地质层的处理效率，提高该环境下的桩基础施工的成桩质量，获得较好的经济效益。

3　关键施工技术

3.1　确定钻孔施工工艺

本桥梁桩基最初试桩时，采用冲击钻成孔工艺，它适用于碎石土、砂土、粘性土及风化岩层等，可以满足各种地质情况下施工的需求，但由于本项目桩基桩径大、桩身长，冲击钻施工存在施工进度较为缓慢、施工能耗较大、冲击钻成孔冲孔系数大和易偏孔等问题，不能满足本项目的工期、质量、经济性等要求，所以需要对钻孔工艺再度进行优化，

根据现场的实际情况，经过考察各类钻孔工艺，拟采用旋挖钻进行施工，经过技术经济对比分析见表 1

表 1　成孔方案对比

施工方案	优点	缺点
冲击钻	施工适应性好，可以施工各种地质	对场地要求高，需要多个泥浆池，施工功率大，施工时间长，冲孔系数大，综合费用较高
旋挖钻	对场地要求不是很高，不需要大量清水换浆清孔，充盈系数容易控制，施工方便，工期短，对孔准确不偏移	前期投入大，自重大，对场地承载力有要求，孔壁护壁差，成孔后需尽快灌注，需要机械配合出土

经过从工期、质量、安全、经济等方面综合对比，本项目最终确定采用旋挖钻施工。

针对本工程的桩基的桩径较大、桩身较长，以及现场多层卵石地质情况，一般的旋挖钻无法完成钻孔工作，因此通过比选，最终选择了徐工 XRS1050 旋挖钻机，该钻机有多种钻杆选择，可分别针对土层和卵石层作业，提高了施工效率，满足本项目施工要求。

3.2　钻机钻孔优化

在旋挖钻钻孔过程中，由于旋挖钻施工不易形成泥皮，护壁性相对较差，在施工前期以及经过卵石层区域时，容易缩径、塌孔等问题，严重塌孔时，需要重新用土、石填塞孔洞，再次钻进。本项目采用以下措施解决：

（1）开钻前埋设护筒，护筒长度根据实际情况而定，采用挖掘机开挖埋设。用挖掘机将护筒深度范围内的土体挖除，挖掘机用钢丝绳将护筒吊放至孔内，采用撬棍调整钢护筒平面位置，使护筒中心与桩位中心重合。护筒就位后，用黏土对称回填护筒与周边土体之间的空隙，且对护筒位置进行复测，保证桩位不出现偏差。护筒埋设好后直接开孔钻进。

（2）钻进到卵石层地质情况时，开始配制泥浆，泥浆采用水、膨润土混合而制，并参入一定量的纯碱和纤维素。泥浆配制好后，用水泵泵入孔内，待稳定后，旋挖钻均匀缓慢地钻进，此时受泥浆护壁的作用，在卵石层钻进时，可以有效减缓其缩径塌孔的问题。根据我项目试验数据，卵石层钻进时的泥浆浓度控制在 1.25 ～ 1.35 之间为宜。

3.3　混凝土灌桩施工优化

本项目地处黄土地区，受此环境的影响，附近出场的地材含泥量较高，为了保障施工质量，各类地材进场之前进行清洗以符合含泥量要求。

因钻孔时泥浆比重较大，普通的清孔难以保证其清孔质量，一般存在沉渣厚度过大、泥浆比重过大等问题，我项目采用气举反循环清孔的施工工艺，可以将灌桩前的泥浆比重控制在 1.10 ～ 1.15 之间，沉渣厚度不大于 30cm 的规范要求。

本项目所在地昼夜温差大，受此影响，在夜间混凝土灌注时，混凝土稳定性较差，容易离析。为了保障夜间混凝土灌桩施工的质量，我项目采取了以下措施：

（1）当夜间温度小于 5℃时，提前采取冬季施工措施，混凝土搅拌站的水池采取保温措施及蒸汽加热设施，提高混凝土的拌合水温，提高混凝土的出场温度。同时，混凝土罐车采用保温棉包裹，保障混凝土在运输过程中温度不会快速流失而导致离析（图 1、图 2）。

图 1　水池保温及蒸汽加热设施　　　　　　　图 2　罐车保温棉保温

（2）联系外加剂厂家，通过与外加剂厂家沟通，提高外加剂中的保坍剂的用量，可以保证夜间混凝土的稳定性。

通过采取以上措施后，混凝土出场质量稳定，满足现场的灌桩需求。

3.4　声测管的保护

由于本项目桩基桩长较长，在混凝土灌注施工完成后，项目部自行进行桩检时发现，有部分的桩存在堵管现象，虽然经过通管后得以贯通，但还是影响了本项目的桩检效率，影响了施工工期。经过项目会议讨论分析，认为是在声测管安放时，未与钢筋笼固定好，在混凝土浇筑过程中，受混凝土挤压，接头位置存在变形，从而导致声测管出现堵管现象，无法正常桩检。因此，我项目采取了以下措施以解决该问题：

（1）声测管采用钢筋场集中加工，声测管接头位置采用 U 型卡固定，经过 U 型卡固定后的声测管不会在下放后因混凝土挤压而产生变形。

（2）桩基混凝土浇筑完成后，待混凝土初凝后，对声测管进行通管，如若声测管存在堵管的问题，尽早发现尽早处理。

（3）声测管口离原地面高出 0.5m，端口用橡胶盖套好，采用扎丝绑扎牢靠。

采取以上措施后，项目的声测管堵管问题得以有效解决。

4　结论

以上关键施工技术是在本项目青龙涧河特大桥桩基施工中经过摸索、讨论、试验、总结而形成的。在实际施工过程中，有较好的成效，使得本项目的长桩基顺利的穿越黄土地区多层卵石复杂地质，其施工工期、质量安全及经济性都有了充足的保障。目前施工完成的桩基，经过超声波试验检测，桩基质量合格，为一类桩。本项目桩基础施工过程中总结形成的经验方法和施工参数，将为黄土地区多卵石层复杂地质条件下的长桩基提供摸索和经验，可以极大提高同类环境下桩基施工的工作效率，本文总结的几项施工关键技术具有较好的推广价值。

第四篇

建筑经济与
工程项目管理

BIM 技术在项目施工管理中的应用探索

王新槐

长沙市市政工程有限责任公司，长沙，410008

摘　要： 近年来，国内建筑业传统管理效率低、协作沟通不畅、资源浪费严重，急切需求一种新型的管理方式来解决这些问题，BIM 技术应运而生。本文通过探索 BIM 技术在我公司项目施工管理中的各种应用，以提升公司项目施工管理水平。

关键词： BIM 技术；施工管理；探索应用

随着我国经济发展，工程建设规模逐年加大，工程的复杂程度也逐步加深，传统的施工管理模式，急切需要革新，以适应目前的施工管理需求。如何提升项目施工过程中管理水平，应对施工工期紧，项目参与方较多，项目协调难度大等问题，成为当前项目管理者需要思考的问题。在这种情景下，引进 BIM 技术，通过应用 BIM 模式创新，利用数字化技术把项目施工过程中的各部分主体统一起来进行管理，充分整合并利用项目施工过程中涉及到的信息，借助协同、共享以及模拟等手段来提高施工项目的建设质量、降低成本、缩短工期，提升项目施工管理水平。

1　BIM 技术的概念及特点

BIM 可以理解为 Building Information Model，是设施的物理和功能特性的一种数字化表达。它从设施的声明周期开始就作为其形成可靠的决策基础信息的共享知识资源，也可理解为 Building Information Modeling，是一个建立设施电子模型的行为，其目标为可视化、工程分析、冲突分析、规范标准检查、工程造价、竣工的产品、预算编制和许多其他用途。BIM 技术是一项应用于建筑全生命周期的 3D 数字化技术，是数字技术在建筑工程中的直接应用。它以一个贯穿其生命周期都通用的数据格式，创建、收集该建筑所有相关的信息并建立起信息协调的信息化模型作为项目决策的基础和共享信息的资源。BIM 的涉及领域日益广泛，目前在设计、建造、运维等数字化管理工作中逐渐被大量应用。

2　BIM 技术在项目施工管理中的具体应用

2.1　项目简介

双河湾农民安置小区建设项目（一期）位于长沙市开福区车站北路，项目总建筑面积278785.53m²，地下室面积约 45000m²，建筑最大高度 95.45m，工程投资估算 6.47 亿元，由十栋高层住宅、两栋商业楼、一栋幼儿园和地下车库组成。公司 BIM 中心在项目部设立BIM 工作站，负责项目 BIM 技术应用及推广。

2.2　全专业建模、图纸会审

项目 BIM 工作站在施工前根据图纸建立全专业 BIM 模型，将施工图电子档导入 Revit进行三维建模，利用模型开展辅助图纸会审，将图纸问题报告反馈给设计院，提前发现错、漏等问题，与设计沟通，避免后期变更。同时整合各专业模型，进行碰撞检查，发现图纸中的错、漏、碰、缺等问题，生成图纸问题报告。

2.3 三维场地布置

利用 BIM 虚拟优化施工场地布置，合理规划施工现场中临时用房、各生产操作区域、材料堆放、大型设备的位置。解决场地狭小、塔吊覆盖范围不足等问题，同时节约现场施工用地、确保通道顺畅。

2.4 虚拟漫游管线优化

结合 BIM 模型进行地下室漫游交底，提前使班组熟悉管线走向、洞口位置及内部构造。通过软件分析各个专业之间空间碰撞问题，保证功能的情况下优化管线走向、上下排序、管线之间的净距、管线与建筑地面净距。避免各专业管线冲突引起的返工，节省施工成本，缩短施工周期。

2.5 孔洞预留

根据管线深化设计方案，对结构预留孔洞精确定位。输出预留孔洞报告，结合预留洞口平面图，指导施工班组现场实际预留，避免了少留、错留造成后期成本、工期损失，结构预埋留洞图可实现三维可视化，精确定位每个洞口，减少后期凿补，保证主体结构施工质量。

2.6 施工进度模拟

通过 Naviswork 模拟实际施工生产，模拟实际施工过程中可能面临的问题，并从模拟中检讨进度计划是否需要调整。运用施工模拟对比施工计划与实际施工进度，对进度落后的原因进行分析，有效快速地解决问题，使得整个工程项目质量、工期、成本等得到保证。

2.7 砌体排布优化

在结构模型的基础上对砌筑墙体进行深化排砖设计，按照砌筑标准对建筑物标准层内墙开展砌体排布建模，将完整的砌块合理的分为多种规格的"半砖"，导出精确到块数的材料表用于现场集中加工，减少材料的浪费和损耗。生成平面排砖图指导现场砌筑施工。对墙体出具详细的排砖图、配料表，标注砌筑技术参数，建立质量验收档案。

2.8 工程量统计

在 BIM 模型中快速提取结合现场实际施工情况，按施工流水段划分的混凝土量和现场实际浇筑混凝土量比对，分析差量原因，提出解决措施。据此审核材料采购清单，防止材料多报、漏报、错报现象的发生。

2.9 模板脚手架设计

采用 BIM 软件设计模板、支架、外架，根据规范进行抗弯、抗剪以及挠度等方面的验算，自动快速出具外架支撑专项施工方案，并生成施工详图及节点图。快速自动生成专项施工方案书、计算书、模板拼图、模板材料统计表，架体施工详图、节点图。

2.10 BIM+ 互联网

质量安全问题，责任重于泰山。建筑质量问题却始是在不可避免的行业通病，问题表述不清、责任不明、反馈不及时等情况往往使问题严重化。项目利用 BIM"互联网＋"的优势，将手机 BIM 移动端应用到项目质量、安全管理之中，很好地解决了质量、安全问题的连续性和痕迹性，达到多维度、快速、实时解决问题的效果，使项目管理轻量化。将精细化模型保存为移动端文件，在现场施工遇到复杂节点造型时，项目管理人员可以在手机或平板电脑上直接查看精细化模型，能够更直观的看到复杂节点造型等信息，从而指导现场施工。

2.11　消防疏散模拟

使用模拟仿真软件，通过对导入的 BIM 模型进行人员疏散的研究分析，测算逃生安全时间，逃生时楼梯间的人流量，规划出最佳的逃生路径，为项目管理人员和消防救援人员合理分配人力物力提供有效依据。

2.12　设计变更管理

项目的精细化模型全部制作完成后，可以将图纸设计变更通过软件在三维中设计变更的部位进行标记，并添加设计变更的一些信息，方便项目人员进行施工查看，同时可以导出清单。在施工的不同阶段，通过共享 BIM 模型，并对模型文件中设计变更的数据进行关联和更新，能够实现对设计变更的有效管理和动态控制。

3　BIM 技术应用存在的问题

（1）BIM 技术目前在国内发展迅速，各建筑企业都在学习和积极推广应用，作为一门新兴的数字技术，需要大家具有较好的计算机能力，掌握 BIM 三维建模技术和信息共享等技术，而目前大多数企业还采用传统的施工管理技术，需要不断的学习和开展管理、技术更新。

（2）BIM 技术应用与项目管理结合深度较低，目前的技术应用停留在简单层面，不能深层次跟项目的日常管理工作打通，不能便捷高效地替代传统的管理工作，技术与管理的融合仍然是 BIM 技术应用的一大难题。

（3）目前设计院仍按照传统 CAD 图纸出图，施工单位开展 BIM 技术应用需要先建立模型，而图纸错误及变更问题，也会给建模工作增加较大的工作量。模型建立和修改时间周期过长，浪费较多的时间和人力。

（4）项目 BIM 技术应用，目前仍由 BIM 技术工程师在现场开展工作，项目其他的管理人员对 BIM 技术研究及参与不够，未来需要项目各类管理人员共同参与、协作，才能有效推进 BIM 技术在项目管理工作中的发展。

（5）BIM 技术需要建筑行业各方共同参与协作，目前，BIM 应用主要集中在施工、设计单位，建设、监理及运维单位还未广泛采用 BIM 技术，未来建筑行业内各单位都需要积极参与进来，才能形成 BIM 技术良性发展，才能将 BIM 技术应用得更深，更好得为建筑行业服务。

4　结语

BIM 技术在建筑项目管理中的应用，冲击了我国建筑业的传统管理模式，对许多项目难题提供了便捷的解决方案，在国内建筑行业掀起了一场翻天覆地的技术改革。BIM 技术具有 3D 立体化、操作可视化、信息共享化等卓越特点，将 BIM 技术应用于建筑项目管理，可以大幅提升项目的造价、进度、质量管理效率，促进产业革新。

BIM 技术目前在国内发展火热，但相比国外发达国家建筑行业 BIM 技术水平，还很落后，需要我们不断学习，结合我国建筑行业实际情况，开展技术革新。随着国家有关 BIM 政策相继出台，各地 BIM 政策落地，建设主管部门的引导与支持，BIM 技术未来发展空间更为广阔，势必会成为建筑行业发展的风向标。作为建筑领域的单位，在建筑新技术发展和革新的关键时期，我们需要深入研究和学习 BIM 技术，及时调整公司发展战略，重视公司

BIM 技术发展，提前做好人力、技术准备，积极和鼓励 BIM 在项目施工中推广和应用，不断积累 BIM 技术同现场管理相结合的经验，以适应未来建筑行业发展。

参考文献

［1］ 周春波. BIM 技术在建筑施工中的应用研究［J］. 青岛理工大学学报. 2013，34（1）.

［2］ 姚明球，王军丽. 国内 BIM 应用现状如何［J］. 施工企业管理. 2013（12）.

［3］ 高雅莉. BIM 技术在建筑工程项目中的应用［J］. 城市建筑. 2017（8）.

精细化施工在项目标准化管理中的创新应用

莫雨生　　陈　轲

湖南省第四工程有限公司，长沙，410019

摘　要：本文主要研究如何在"以人为本"管理理念的指导下，实现施工现场安全生产标准化的精细管理，通过创新管理理念、细化工作准则、完善各种制度、制定各项措施，强化过程控制，落实考核奖罚，做到人与人、事与事、人与事的和谐统一，并建立有效的预防与持续改进机制，积累一套科学先进的标准化管理方法，初步实现项目高标准的安全文明施工，降低施工现场的安全和环境风险，全面提升项目管理水平和行业素质，保证工程建设科学发展、可持续发展。

关键词：安全文明施工；标准化；精细化；人性化

　　目前城市建设中，坚持以人为本，积极培育可持续发展的建筑文化和理念，已经成为构建和谐社会、建设节约型城市不可或缺的动力。作为建筑业管理方式的重大革新，近年来，国家和各省市都在大力推行标准化管理工作，标准化管理是重塑建筑业形象、提高行业竞争力的重大举措，是建筑行业发展新常态下的必然选择。

1　精细化管理背景

1.1　社会背景

　　目前城市建设中，坚持和谐的环境意识，崇尚科学的文明风尚，以人为本的人文精神，积极培育可持续发展的建筑文化和意识，已经成为构建和谐社会、建设节约型城市不可或缺的精髓，也是贯彻落实科学发展观的具体体现。

1.2　行业背景

　　（1）作为建筑业管理方式的重大革新，近年来，国家和各省市都在全面大力推行标准化管理工作，标准化管理是重塑建筑业形象、提高行业竞争力的重大举措，是建筑行业发展新常态下的必然选择。但从近几年安全生产标准化管理的整体情况来看，各地推行施工现场标准化管理发展水平存在较大差距，很多地区存在标准化推广工作滞后、执行标准不到位、现场管理不规范、软件建设跟不上、内部管理较混乱、标准化程度不高的情况。

　　（2）在当今城市建筑经济市场的大潮中，建筑企业的竞争已经达到了白热化。企业在低成本的市场形势下，如何发场企业文化管理优势，创新管理模式，将施工现场由经验式、运动式、作坊式的管理向系统化、规范化、信息化、精细化管理模式进行转变，如何提高工地安全生产标准化的程度，提升施工现场管理水平，构建和谐的施工环境，建设一流的建筑产品，是值得各建筑企业不断探索和研究的问题。

2　管理策划及创新特点

2.1　管理策划

　　为充分发掘策划管理作用，实现精细化管理，工程一开工，公司即对项目下发创优指标和文件，要求项目部以国家标准及公司标准化管理手册为重要依据，根据工程特点编制精细标准化管理实施方案和创优实施细则，对管理目标、存在的问题和难、重点进行深入地分析研究，对计划打造的工程亮点进行详细规划，对主要工作环节的行为做出规范和约束，并组织详细的交底工作，以便项目管理人员有的放矢开展工作。

2.2　创新特点

（1）创新标准化管理意识：通过全员多层次的培训学习，使工程所有参建人员都能熟悉、领会施工精细标准化的内涵，牢固树立标准化管理意识，使项目部标准化管理工作从形式化—行事化—习惯化的转变。

（2）创新标准化管理理念：强化人性化核心理念，在抓好施工现场安全文明管理的同时，全面推行班前会议制度，改善施工现场生产生活条件，加强人员管理和培训，提高劳动者素质和技能，通过不断深化对构建和谐企业的认识，坚定打造和谐施工环境，构筑和谐施工氛围的理念，突出和谐关系，形成"大家好，才是真的好"的共识。

（3）创新标准化管理内容：加强施工工艺的改进和细化，研究改进每一个工艺环节，消除通病，做到风险预控。

（4）创新标准化管理手段：施工现场采用基于视频监控的可视化管理手段，加强关键工艺的动态监控，实现施工现场管理信息化。

3　管理措施实施和风险控制

3.1　细化工作行为准则标准化的措施

3.1.1　细化分工，明确责任

在职责上从严细分指标，形成从上到下逐级落实，从下到上层层负责的标准化管理体制，现场管理人员做到目标明确、分工细致、指导到位；操作层责任清晰、工序到位、行为规范、操作熟练，做到"上标准岗、干标准活"的目标。深入实施安全生产标准化"就近管理"和班组全过程管理，对施工现场的标准化作业区域进行划分，实行项目部领导与部门负责人"包片挂牌"负责制，充分发挥各级管理人员作用，以"想、看、干、管"为核心，责、权、利相统一，使每个岗位的作业人员主体责任及行为更为明确。

3.1.2　细化标准化作业标准

在标准化作业标准的细化制订过程中，着重解决怎么做、做到什么程度和怎么监督落实三个问题。

（1）在明确精细标准化管理目标后，公司要求项目部制订《现场安全生产标准化精细管理工作方案》，对作业人员从进入作业场所前的"安全检查→作业准备→作业过程→结束作业→离开作业场所"等进行全过程指导，明确各岗位作业人员进入本岗位应该怎么去"做"的问题，规范员工的操作行为。规章制度的程序性与统一性，使人在施工生产的全过程和各个环节中始终处于规章制度的约束与规范之下，使规章制度的执行力落到实处。

（2）下发公司的《安全生产标准化管理图集》，并进行详细的现场交底，规定从文明施工方面的企业文化、临建设施、施工场地及设施等的布设要求；安全生产方面的安全防护、钢管扣件脚手架、卸料平台、模板支架、施工用电、塔式起重机、施工升降机、施工机具、安全标志标识等内容都作出详细的规定，让每位职工进行岗位作业过程中，知道"做到什么程度"才算标准，进一步规范作业人员的操作行为，也让管理人员做到心中有数。

（3）在监督落实方面，按照专业和分部分项工程划分，制定切合自身实际的《安全生产标准化检查表》，涵盖了工程质量控制、文明生产、设备管理、安全管理等标准化管理的内容，以班组为单位，每班由施工员对本班的安全生产标准化情况进行综合评估，由班组长、安检员、施工员签字确认，每班存在的问题原则按照"当班存在的问题、当班落实处理"的原则，无法当天处理的开具隐患整改单，提出处理意见，及时监督落实整改，月底进行考核，解决标准化工作"怎么监督落实"的问题。

3.1.3　细化风险源辨识、隐患排查治理工作

一是每道工序施工前，预先进行风险源辨识和风险评估工作。二是突出重点，强化对项目的重大危险源的管理。三是抓好班组前安全活动，编写切实可行的应急预案并组织演练，使作业人员清楚的了解项目的重大危险源、熟练掌握安全操作规程以及一旦出现险情所应采取的应急救援措施，从而提高了项目整体的应急能力。四是对威胁安全的重要施工工序确定专人负责，实行安全、技术全天候双值班制度，全天、全方位的排查治理事故隐患，确保万无一失。五是加强信息化管理，加强现场监测，及时上传监测数据，做到预警预报。

3.2　安全精细标准化管理措施

3.2.1　安全投入标准化措施

推行现场标准化管理公司要求各项目做到正确、合理地一次性投入，常态化保持，我们认为这远比后期反反复复、修修补补要来得更轻松和实惠。

一是人力投入：严格按相关标准对各项目关键岗位人员进行配备，特殊工种做到持证上岗，劳务队伍选用公司合格分包名录中的高素质的成建制劳务班组。

二是财力投入：对各工程的安全防护文明施工措施费，由公司财务与项目进行双控，经公司质安生产管理人员现场检查落实后方可拨付下一笔款项，确保专款专用，以满足安全投入要求，消除施工生产设备、设施的不安全隐患，使员工有一个良好的工作环境。

三是设施投入：工程临时设施均要求参照公司标准化管理图集进行设置，安全防护设施要求做到标准化、工具化、定型化，既统一了企业形象，又可重复利用。

3.2.2　安全管理标准化措施

（1）对大型项目，公司都要求配备视频监控系统，保证公司与项目部对施工现场工程进度、工程质量、安全生产进行实时有效监控。现代化设备和技术的应用，有助于对施工生产进行全方位、全过程的监督管理，极大的提高安全生产管理的效率。

（2）外脚手架、支模架的搭设要求严格按照施工方案和施工验收规范来进行搭设，涉及到超高悬挑架、高大支模等危险性较大分部分项工程均要求按专家论证方案进行施工，做到整体形象美观、整洁，防护严密。楼层支模架均匀整齐，立杆成一条直线，扫地杆、水平杆按规范搭设，并设置剪刀撑。

（3）楼层防护、临边防护、洞口防护均采用工具式防护栏杆进行防护，电梯井内每层设水平围护，门洞口用定型工具式门封闭。

（4）钢筋加工场、搅拌站、木工加工场等严格按平面布置图进行布置，并按公司标准化管理图集要求搭设防护棚。

（5）在现场与危险源对应的醒目位置设置各类安全警示标识标牌，警示标识齐全有效而且美观醒目大方。并在施工区入口处设置电子显示屏，进行常态化的安全宣传警示。

（6）项目部设置标准的配电房，并配备专职电工，定期对供电系统、用电设备进行检查

和维护。施工临时用电采用 TN-S 接零保护系统，各种机械设备做到一机一箱一闸一漏，配电箱统一采用铁制配电箱，做到箱内配线整齐美观，标识完善。

（7）现场各类消防设施配备齐全，配电房、办公室、生活区、模板、木方等材料堆场、配电箱等易发生火灾的地方均设置干粉灭火器，配电房备有消防用砂，施工现场设有消防水池、消防水管，每层楼面消防水管连接到位。

（8）工地所有机械设备的各种防护措施、接地接零经检测验收合格后方可投入使用，塔吊、施工电梯等起重机械安装完毕投入使用前均经有资质的检测单位颁发的检测合格证书，并到行政主管部门登记备案。起重机械司机和指挥、司索人员均做到持证上岗。项目部设有专职机械员，负责对起重机械进行维护保养，公司及项目部定期或不定期对机械设备开展专项安全检查，发现隐患均要求立即整改。

3.3　文明施工标准化措施

（1）施工现场严格按照经审批的施工平面布置图进行科学、合理地布置，并按公司的企业文化宣传要求对现场文明形象进行规划，施工现场的办公区、生活区、现场作业区分区明确，并做到有效隔离。

（2）工地四周设置封闭式硬质围墙，在大门侧面围墙悬挂七牌二图及企业文化宣传长廊，设置独立的党建工作宣传栏、曝光台等。

（3）在施工作业区及楼层醒目位置设置安全知识宣传长廊，把各工种、各分部分项工程的安全操作规程、各部位施工要注意的安全事项等用挂图的形式进行展示，供作业人员学习，以做到人人讲安全、人人懂安全。

（4）为促进施工现场作业人员有序规范管理，项目部设置门卫室，严格执行指纹考勤制度及车辆进出、来访人员登记制度。

（5）主要通道和办公楼前坪、主要材料堆场，均用混凝土硬化，做到道路畅通，整洁，不积水。办公区生活区内设置排水沟，保证排水通畅。

（6）所有材料分类堆放整齐，并做到挂牌标识，施工层做到随用随清，工完料尽。可回收垃圾与不可回收垃圾分类堆放，及时清理用封闭式垃圾车外运，避免扬尘，有专门的保洁员负责场内卫生和道路清洗等，时刻保持施工现场干净、整齐、美观。

（7）工地出入口设置洗车槽，进出现场车辆经过冲洗方可通行，工地办公区及原有裸露的土方堆场处均种植花草树木，做到环境优美。

（8）严格遵守作息时间，对需要连续作业的分项工程办理夜间施工许可证，并采用低噪设备进行施工，防止夜间施工扰民。

（9）设置农民工学校，编制切实可行的教材，并配备投影仪等先进的教学设备，定期授课，使之成为一个真正有效的教育平台，而不是一种流于形式为应付检查的摆设，不断提高农民工的技术水平和文明素质。特别是公司把湖南省住建厅组织制作的一套完整的视频交底资料向所有项目进行推广，项目可借助农民工学校向作业人员进行可视化、形象化的交底，收效良好。

3.4　人本标准化管理措施

3.4.1　注重培训，强化素质，提升全员标准化作业水平

（1）创新培训形式，不断提高培训工作质量。行之有效的培训是提升员工素质的主要途径，公司督促项目部不断创新培训形式，拓展培训内容，有效提高员工培训质量。一是采取

走出去的形式，在项目刚开工时，组织项目部主要管理人员和劳务班组长外出学习观摩先进工艺、先进管理理念，亲身感受安全生产标准化工作现状，体会相互之间的差异，通过模范带头作用提高其对标准化管理工作的认识和认同；二是采取请进来的办法，根据缺什么补什么的原则，适时邀请专家、教授举办专项技术讲座和培训，并对学习情况进行考试考核，确保学得进，用得上。三是采取沉下去的措施，相继建立健全考核培训制度，大力推行岗前培训跟踪考核制度，现场指导、警示教育等形式，逐步规范考核程序，不断完善考核机制。通过对员工多种形式的培训，提高了全员标准化管理意识和标准化操作技能，在潜移默化中强化了员工的标准化生产能力。

（2）把握一个结合，广泛拓展培训工作领域。我们坚持把培训工作与安全生产标准化文化建设相结合，认真贯彻安全文化理念渗透，行为养成，制度建设，责任落实四因素工作法，做到软硬件上台阶，在加强企业形象建设的同时，特别注重发挥文化的导向功能与效应，并在现场打造了三个一安全文明教育阵地：即以宣传橱窗为主的安全教育一个点、以主要道路和通道口为主的安全教育一条线、以农民工学校为主的安全教育一个平台，较好地发挥了宣传、形象、警示的作用，培育了"要我安全"到"我要安全"的安全文化，也进一步将标准化管理文化渗透到每个职工作业过程中，贯穿到生产的各个环节上，职工整体素质的提升进一步促进了安全文明生产。

3.4.2　现场布置人性化，打造田园式施工环境

（1）项目部在开工前，根据现场情况科学合理地设计现场文明施工平面布置图，将现场严格划分为办公生活区、生产区、加工区的文明三区，争取创建绿色环保型文明工地、文明田园式职工驻地。

（2）现场建立标准式冲水式厕所，厕所定期清扫，设立专门的医务室，常备急救药箱和常用药品，保证职工们的身体健康。

（3）现场设立羽毛球场、篮球场等体育活动场地、设立农民工阅览室、娱乐休息室和专门的吸烟休息处、茶水亭，办公和生活场地裸土处尽可能多地布设绿化场地，让员工有一个家园式的工作和生活环境，充分做到以人为本的人性化管理。

3.4.3　加强企业文化的宣传，营造良好的文明氛围。

（1）在现场入口处设立企业文化长廊，大力宣传本企业的企业精神、企业战略、企业管理方针、企业业绩等，让企业文化得到社会同行各界的认可。按照公司统一形象标准统一服装、设置七牌二图、围墙、大门、导向牌、升旗台等，现场见缝插针地布置一些催人奋进的标语口号，展示独特的企业文化，营造浓厚的文明施工氛围。

（2）项目部设立了读报栏及独立的党建工作宣传栏，让员工及时掌握企业动态及国家相关党政政策。

（3）通过举办安全生产月、安康杯等专项活动，将安全生产标准化意识灌输给每一位员工，让大家在这种企业安全文化的熏陶中不断理解、认同制度，直至变成自觉行动，把标准化管理变成一种习惯。

4　过程控制

4.1　程序化管理，把好重点环节

建立全过程的精细标准化行为准则和检查考核标准，对工程活动的各个环节实行程序化

管理，做到安全与质量、文明施工管理环环相扣、层层把关；通过标准化管理体系的运行，建立预防与持续改进机制，有效消除安全隐患，提升安全生产管理水平。项目部重点加强对标准化管理的硬件设施投入和安全文明专项措施费的拨付情况进行严格把关，对不满足标准的设施一律不准进入施工现场，对未按标准化管理要求正确投入的，一律不得开工进入下道工序。

4.2　跟班作业，全过程动态管理

施工过程中，由项目施工员、专职安全技术人员跟班作业，每日进行动态巡检，检查本工地作业环境及周围环境是否安全，设备、设施是否处于安全状态，是否有违章指挥、违章作业，安全防护用品是否正确使用等，对施工过程中存在的安全隐患跟踪检查、督促整改。凡发现标准化施工不符合要求、安全无保证时的，安全员坚决不护短、不掩盖，坚持一票否决制，有权令其停工，直至整改落实完成，使各类危险源始终处于受控状态。

5　检查和监督

项目部强化精细安全生产标准化施工的过程检查，认真履行各自的安全文明施工职责，做到"抓小防大"，树立"隐患就是事故"的理念，狠抓隐患整改落实，增强项目安全文明施工管理的科学性、规范性，实现项目持续安全文明。

5.1　严格标准，不断深化检查监督体系

督查考核是搞好安全生产标准化工作的重要手段也是加强过程控制的重要措施，因此，我们坚持四个结合严把三关，加大考评力度，推动安全生产标准化工作向深度和广度发展，用严格的督查考核促进标准化生产。我们坚持动静结合、点面结合、专兼结合、常规检查与重点专项检查四个结合的原则，不断深化安全监督监察体系，实行施工作业的全过程监控。一方面，加强了每旬一次安全生产标准化检查验收工作与每周一次的三项整治活动，加大了安全检查小分队，强化了中夜班、节假日等重点部位，特殊时段的监控，同时，实行各作业施工班组在班前教育、班中监督、班后警示上，进行全过程的监控；另一方面，在检查过程中规范检查行为，做到一把尺子，一个标准，公开、公正、公平，逐条逐项进行检查，不留死角，不能有缺项、漏项，落实检查责任，认真填写安全生产标准化检查表，有效避免了检查人员走过场等现象，增强了检查工作的准确性、实效性。

5.2　加强考核力度，用严格的考核约束人的不安全行为

为更有效的加大安全生产标准化管理力度，我们对安全管理工作及考核细则进行了更新，实行安全文明生产与经济效益挂钩的管理办法，量化考核指标，形成"责、权、利"彼此制约平衡的模式，按照奖惩办法，分月度、季度、年度予以兑现，达到了促进项目管理的目的。对安全文明生产指标完成好、三定问题整改及时的班组给予重奖，反之对班组及责任部门和负责人进行经济处罚，确保安全生产责任制落到实处。同时加大对上级安全检查问题责任落实考核，对上级检查的每一条问题进行落实到人，根据问题的严重程度对负责人及相关责任人进行考核及连带考核。通过考核兑现，有效地强化各级安全生产责任制，严明规章制度，营造良好的安全文明生产氛围。

6　结束语

近年来，公司在各项目大力推进以人为本的精细标准化施工管理模式，树立了一批本企业、本行业的标杆，如湘西州人民医院综合楼、湖南中医药大学工程等。其工程施工过程

中均未发生任何质量、安全事故，在县、市、省各级主管部门的检查和观摩中都得到高度评价，均获得了"全国 AAA 级安全文明标准化工地"的荣誉，打造了放心工程，实现了零投诉，扭转了社会对建筑施工现场"脏、乱、差"的印象。同时，我公司按照"典型引路，以点带面，循序渐进，整体推进"的工作方法，将在这些优秀项目施工过程中积累的标准化管理经验在全司和市级各项目进行全面推广，对促进各地市建设工程安全与文明生产标准化管理工作的不断深入、管理水平的不断提升起到了积极影响。

参考文献

[1] 陈津. 浅谈工程项目精细化管理在施工企业的应用 [J]. 低碳世界，2015（31）：90-91.

蒸压加气混凝土砌块薄层砌筑法效益分析

朱正荣[1]　袁　壮[1]　张明亮[2]

1. 长沙市建设工程质量监督站，长沙，410016

2. 湖南建工集团有限公司，长沙，410004

摘　要： 通过阐述蒸压加气混凝土砌块薄层砌筑法施工工艺，并与传统砂浆砌筑施工进行工艺对比及效益分析，采用薄砌施工法能有效解决传统砂浆砌筑方法中易出现的质量通病，大大提高墙体的节能效率，有效降低人工及材料成本，缩短工期。

关键词： 薄灰砌筑法；施工工艺；效益分析

蒸压加气混凝土砌块（以下简称加气块）具有轻质性、隔热性、耐火性、隔音性以及施工便捷等优点，作为填充墙的主要材料，在房屋建筑工程中得到了广泛应用。蒸压加气混凝土砌块薄层砌筑法（以下简称薄灰砌筑法）是采用蒸压加气混凝土砌块粘结砂浆砌筑蒸压加气混凝土砌块墙体的施工方法，水平灰缝厚度和竖向灰缝宽度为 2～4mm。与传统砂浆砌筑方法相比，提高了砌体粘结强度，抗压、抗折强度和平整度，提高了墙体的质量水平，对墙体防开裂有明显的效果。

1　薄灰砌筑法施工工艺

1.1　工艺流程

施工准备→测量、放线→排砖摆底→立皮数杆、挂线，圈梁及过梁以下排砖砌（预埋"L"型铁件）→圈梁、过梁、构造柱钢筋绑扎、支模验收及混凝土浇捣→圈梁、过梁以上砌体排砖砌筑（预埋"L"型铁件）→圈梁以上砌体砌筑→14 天后预留缝隙塞缝、收尾→检查、验收。

1.2　施工准备

结合设计图纸及实际情况，确定安装洞口预留高度及尺寸，明确管线开槽位置对施工图纸进行二次深化处理。通过 BIM（图 1）、CAD（图 2）等软件设计砌筑部位墙体排砖图（包括圈梁、过梁、构造柱的留设）。

图 1　墙体 BIM 排砖图

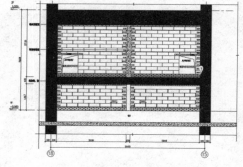

图 2　墙体 CAD 排砖图

1.3　材料要求

（1）砌块进场必须要有合格证及型式检验报告，按要求进场报验和抽样送检。尺寸偏差、外观质量、强度等级及干表观密度必须符合设计要求和施工规范的规定。（2）专用粘结剂应随拌随用，拌合量宜在3h内用完。若环境温度高于25℃，应在拌合后2h内用完。使用粘结剂施工时，不得用水浇湿砌块。（3）加气块与混凝土结构采用规格为150mm×112mm×1.0mm"L"型铁件连接，通过射钉固定，射钉规格≥25mm。（4）加气块与混凝土结构预留缝隙采用PU发泡（或聚合物抗裂砂浆）封堵。

1.4　砌筑要点

（1）根据标高控制线及窗台、窗顶标高，设皮数杆，按排砖图排砖，确保组砌方式最佳，并标明"L"型铁件、圈梁、过梁、墙梁的尺寸和标高。（2）粘合剂应采用专用批灰刮勺铺浆，垂直灰缝应事先在加气块的侧面批刮粘合剂，并以水平尺、橡胶手锤校正加气块的水平和垂直度。第二皮加气块的砌筑，须待第一皮加气块水平灰缝的砂浆初凝后方可进行。砌体灰缝采用专用勾缝器勾缝，缝宽控制在2～4mm。（3）加气块墙体与钢筋混凝土墙（柱）交接处，沿墙柱全高每隔400mm设置一个"L"型铁件与墙（柱）拉结。（4）墙长>5m的墙体顶部与梁（板）交接处，每隔1200mm设置一个"L"型铁件与梁（板）拉结。（5）加气块墙顶面与混凝土梁（板）底间应预留10～20mm缝隙，14d后将预留空隙用PU发泡剂（或聚合物抗裂砂浆）填塞密实。

2　薄灰砌筑法与传统砂浆砌筑法对比

2.1　施工质量方面

2.1.1　填充墙与结构、构造柱连接更可靠

（1）薄砌法采用边砌筑边使用射钉和钢钉加固形式，避免植筋时间不足拉结筋扰动现象。（2）薄砌法采用射钉和钢钉直接钉入加固，对比钻孔深度及清孔形式，质量可控性较高（图3）。（3）薄砌法与构造柱位置采用预埋铁件连接，并预留2枚50mm钢钉伸入构造柱内（图4），预埋铁件在构造柱与结构墙体之间设置高度一致，操作工可同时设置，施工过程中不易漏设、少设。

图3　"L"型铁件与结构连接　　　　　　图4　"L"型铁件与构造柱连接

2.1.2　有效解决灰缝不均匀、不饱满现象

传统砌筑灰缝厚度偏差大，墙体整体观感较差，砌体无法做到横平竖直。厚度不均情况

下，易出现假缝、瞎缝等，影响砌体稳定性。薄灰砌筑法灰缝厚度较易做到均匀一致，整体稳定性较好。

2.1.3 有效避免顶部斜砌不规整、易开裂现象

传统砌筑由于顶部预留高度的不一致，导致斜砌多样化，无法达到规范要求实现的顶紧效果，后期易出现开裂现象。薄砌法顶部脱开位置采用聚氨酯发泡材料填充，后期采用抗裂砂浆进行封缝处理，能有效避免顶部斜砌不规整、易开裂现象。

2.2 节能环保方面

（1）采用薄灰砌筑法，不仅节省了材料用量，而且由于灰缝薄，墙体的冷、热桥现象大大降低，很好地发挥了加气块墙体的隔热、保温性能，完全符合国家关于提高建筑节能效率，建设节约型社会的大方向。（2）薄灰砌筑法用粘结剂直接在灰桶加水拌制，对比传统砂浆砌筑工艺，避免滴洒漏及施工过程中工人随地拌制，同时避免大量使用砂浆引起落灰满地、潮湿、脏乱差，浪费材料等问题，减少扬尘污染，更好确保文明施工。

3 效益分析

3.1 人工效益

采用薄灰砌筑法施工与传统砂浆砌筑法相比无需进行顶砌施工，减少施工工程量，降低人工成本，按正常砂浆顶砌施工需一大一小工人，尚需另外运输顶砌砖块及砂浆，每个工日约砌筑 20～25m。采用薄灰砌筑法直接采用 PU 发泡剂塞缝，只需一个工人，且 PU 发泡剂材料较轻，搬运转移方便，每个工日约施工 35～40m，施工效率高于顶部斜砌施工。

3.2 工期效益

相比传统砂浆砌筑法，顶砌斜砌需在墙体沉降稳定后即 14d 后进行顶砌施工，采用薄砌法根据现场实际试验结果，在墙砌体施工完成 5～7d 后砌体沉降量已极小，顶部脱开部位可进行填充封堵，极大节省施工时间。

3.3 材料成本效益

按照混凝土柱间 6m 混凝土梁下墙高 3m（砌体量 =6m×3m×0.2m=3.6m³）为例计算：加气块规格 600mm×200mm×200mm（加气块价格 233 元 /m³），砌筑砂浆按 M7.5 水泥砂浆，砂浆损耗率 2.5%，粘结剂损耗率 2.0% 考虑。传统砂浆砌筑法与薄灰砌筑法材料成本效益分析见表 1。

表 1　传统砂浆砌筑与粘结剂薄层砌筑材料成本效益分析

工艺项目	传统砂浆砌筑	粘结剂薄层砌筑
砌体用量及价格估算	1m³ 墙体加气块数量（灰缝厚度 15mm）： （1）1m³ 的墙体中砌块数量：1/［（0.6+0.01）×0.2×（0.2+0.015）］=37.814 块 （2）1m³ 的墙体中加气混凝土砌块体积数：0.6×0.2×0.2×37.814×（1+1.5%）=0.9211m³ （3）价格估算：0.9211×233×3.6=772.62 元 （加气混凝土砌块单价按 233 元 /m³ 考虑；砌块损耗率 1.5%）	1m³ 墙体加气块数量（灰缝厚度 4mm）： （1）1m³ 的墙体中砌块数量：1/［（0.6+0.004）×0.2×（0.2+0.004）］=40.579 块 （2）1m³ 的墙体中加气混凝土砌块体积数：0.6×0.2×0.2×40.579×（1+1.5%）=0.9885m³ （3）价格估算：0.9885×233×3.6=829.15 元 （加气混凝土砌块单价按 233 元 /m³ 考虑；砌块损耗率 1.5%）

续表

工艺项目	传统砂浆砌筑	粘结剂薄层砌筑
浆料用量及价格估算	$1m^3$ 墙体砂浆用量： （$1-0.6\times0.2\times0.2\times37.814$）×（$1+2.5\%$）=$0.0948m^3$ M7.5 水泥砂浆价格估算： $0.0948\times558\times3.6=190.43$ 元 （预拌砂浆单价按 310 元 /t 考虑（约 558 元 / m^3）；砂浆损耗率 2.5%）	$1m^3$ 墙体粘结剂用量： （$1-0.9885$）×（$1+2\%$）=$0.0117m^3$ 粘结剂砂浆价格估算： （1）粘结剂浆料： $0.0117\times560=6.552$ （2）价格估算： $6.552\times3.6=23.587$ 元 （粘结剂损耗率 2%；粘接剂单价按 560 元 / m^3 考虑）
辅材（预埋铁件、射钉等）	/	个数：3/0.5 × 2=12 个 价格估算：12 ×（1.5+0.1+2 × 0.15）=22.8 元
拉结筋（后锚固）	按 Φ6.0@500 双排沿墙通长布置： 则 Φ6.0 钢筋量： $6.0\times2\times5\times0.26=15.6kg$，Φ6.0 植筋数量 =2 × 5 × 2=20 个． （1）Φ6.0 钢筋：15.6 × 4.1=63.96 元 （2）Φ6.0 植筋 （按 1.5 元 / 个）：20 × 0.7=14 元 （3）价格估算： （63.96+14）=77.96 元 （Φ6.0 钢筋单价按 4100 元 /t 考虑）	/
合计（每 $1m^3$）	每 $1m^3$ 单价： （772.62+190.43+77.96）/3.6=289.17 元 / m^3	每 $1m^3$ 单价： （829.15+23.587+22.8）/3.6=243.20 元 / m^3

　　经综合分析及结合实际应用后计算得知，$1m^3$ 砌体采用薄灰砌筑法比传统砂浆砌筑法节省约 45.97 元，充分发挥了经济效益。

4　结语

　　与传统砂浆砌筑法相比，采用薄灰砌筑法施工能有效消除蒸压加气混凝土砌块墙体易出现的质量通病，有效的缩短工期和节约成本，值得推广应用。

参考文献

［1］中华人民共和国住房和城乡建设部，中华人民共和国国家质量监督检验检疫总局. GB 50203—2011. 砌体结构工程施工质量验收规范［S］. 北京：中国建筑工业出版社，2011.

［2］中华人民共和国住房和城乡建设部、中华人民共和国国家质量监督检验检疫总局. GB 50924—2014. 砌体结构工程施工规范［S］. 北京：中国建筑工业出版社，2014.

［3］中华人民共和国住房和城乡建设部. JGJ/T 223—2010. 预拌砂浆应用技术规程［S］. 北京：中国建筑工业出版社，2010.

［4］湖南省住房和城乡建设厅. DBJ43/T 306—2014. 湖南省住宅工程质量通病防治技术规程［S］. 长沙：科学技术出版社，2014.

浅谈抗氢碳钢管道焊接工艺及质量控制

陈奇奇

湖南省工业设备安装有限公司，株洲，412000

摘　要： 抗氢钢管道由于具有耐酸性介质腐蚀的要求，其焊接工艺同其他材质管道不同。本文根据神华宁煤 400 万吨／年煤炭间接液化项目粗煤气工业管线采用的耐酸性气体腐蚀碳钢管的安装实践，结合相关规范，分析阐述了大口径、厚壁抗氢钢管预制加工和焊接工艺，并对焊接过程中易产生的质量缺陷提出了相应的控制处理措施，对于类似工业管道安装具有一定的现实意义。

关键词： 湿硫化氢腐蚀；抗氢碳钢；焊接工艺；质量缺陷；质量控制

1　引言

石油化工行业管道中有相当部分管线为酸性气体介质（主要为硫化氢），而在同时存在水和硫化氢的环境中，当硫化氢分压大于或等于 0.00035MPa 时，或在同时存在水和硫化氢的液化石油气中，当液相的硫化氢含量大于或等于 10×10^{-6} 时，则称为湿硫化氢环境。在湿硫化氢环境中，管材易产生氢致开裂（HIC）、硫化物应力开裂（SSC）、应力腐蚀开裂（SCC）等腐蚀破坏现象，这种腐蚀破坏会对整个系统的安全运行构成极大的危害。在神华宁煤 400万吨／年煤炭间接液化项目中，粗煤气管线为了减小酸性气体介质（主要为硫化氢）腐蚀采用了耐酸性气体腐蚀钢材（即抗氢钢），其材质为：ASTM A672GR.C60 S.GAS，口径 44吋，壁厚 37.7mm，管线设计压力为 5.1MPa，管线总长 1300 余米。由于该种管道必须具有耐酸性气体腐蚀的要求，其对焊接材料、焊接工艺的要求与其他碳钢管道不同。在本工程粗煤气管线安装过程中，为了保证该种管道的安装质量，采用了针对性的焊接工艺，较好地解决了抗氢钢管道安装过程中易出现的问题，对于类似材质工业管道安装具有一定的指导意义。

2　抗氢碳钢管材质

根据本工程设计院要求，酸湿性抗氢碳钢管材质需满足以下要求：

（1）必须是镇静钢。

（2）常温屈服强度（σ_S）不大于 315MPa，常温最大抗拉强度不大于 590MPa。

（3）碳当量 $C_E<0.40\%$，$C_E=C+Mn/6+（Cr+Mo+V）/5+（Ni+Cu）/15$，且 Ni<1。

（4）冷加工变形量限制见表 1。

表 1　冷加工变形量限制

冷成型	≤ 5%	消应力处理
	>5%	正火＋回火，退火

（5）各关键合金元素含量要求见表 2。

表2　各关键合金元素含量

元件	C（Wt）	S（Wt）	P（Wt）	Ni
无缝钢管及无缝管件	≤ 0.25%	≤ 0.01%	≤ 0.015%	≤ 1%
锻制管件及法兰	≤ 0.25%	≤ 0.02%	≤ 0.03%	≤ 1%
	≤ 0.25%	≤ 0.025%	≤ 0.025%	≤ 1%
焊制钢管及焊制管件	≤ 0.25%	≤ 0.005%	≤ 0.015%	≤ 1%
锻制阀门		≤ 0.02%	≤ 0.025%	≤ 1%
铸制阀门		≤ 0.02%	≤ 0.025%	≤ 1%

（6）所有成型产品都必须经过合适热处理程序后供货，正火、正火＋回火、淬火＋回火、退火等。

（7）对于焊制元件，母材焊缝及其热影响区的硬度不超过200HB，且焊缝及热影响区的硬度不超过母材的120%。

（8）对于焊制元件，母材和焊缝表面不得有深度大于0.5mm的尖锐缺陷存在。

3　抗氢碳钢管道焊接工艺

3.1　坡口加工与焊口组对

在许多已发生的管道硫化物受应力腐蚀而导致开裂的事故中，最开始或者说最容易受到腐蚀的是焊缝处，其最先破裂的则是融合线部位。因此，在焊接之前要做好管道坡口加工及焊口组对。

3.1.1　坡口加工

对于本工程中采用的抗氢管道，管子下料时应采用机械方法切割，不得采用火焰切割，如果现场不具备机械加工条件，则采用等离子方法切割加工，切割后应及时去除表面的氧化皮、熔渣及影响焊接质量的表面层[1]。坡口修整时，应使用坡口机或角向砂轮机等机械方法，坡口钝边厚度不超过2mm，以防止焊接时铁水流动性差造成根部未熔合。坡口加工完成后，应及时检查坡口尺寸及坡口面是否符合要求，如发现有缺陷，必须对坡口进行处理直至符合要求。由于抗氢钢管焊口的熔合线位置较易受到腐蚀，因此焊接接头设为V型，坡口角度在40°～60°范围内，其钝边在0～2mm，最好保证在0.5～1mm，坡口间隙在2～3mm之间。其焊接接头型式见图1。

3.1.2　焊口组对

坡口经检查合格后进行组对，抗氢钢管道组对前应使用角向磨光机或钢丝刷等专用工具将坡口面及管口内外侧至少25mm范围内的氧化皮、锈等其他杂物清理干净，直至露出金属光泽，且确保管端内外表面50mm范围内无水、油漆、油污等污物。

由于抗氢钢管道焊缝的熔合线部位易发生破裂，为此，在本工程中，焊口在组对时，必须在自由状态下进行组对，不得形成拉应力、压应力、剪切力等附加应力，更不允许采用热膨胀的方法对口。

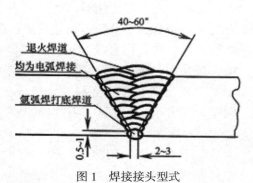

图1　焊接接头型式

3.2 焊材的选用

鉴于抗氢钢管材的特殊性，在焊接材料的选用时更应注重遵循焊缝与母材金属的强度、力学性能和化学成分基本相同的原则。

由于焊缝中 S、P 含量是影响焊缝腐蚀的重要因素，因此为了保证焊缝 S、P 含量在规定的范围内，应选用含 S、P 量低的的焊材。同时，焊缝中氧化物的相对含量是影响焊缝纯洁度高低的关键所在，如果焊缝中夹杂了氧化物，会造成焊缝及其周边母材的韧性大大降低。综合以上因素，在本工程中，湿酸性环境下为了保证焊接质量，选择了大西洋 CHG-SHA 焊丝和 J507SHA 焊条，焊材熔敷金属 S 含量 ≤ 0.005%，P 含量 ≤ 0.01%，氧含量 ≤ 0.0033%，属于低氢钠型超低硫、磷抗氢钢焊条，熔渣属碱性，氧化性极低，对去氢和脱硫有良好的效果，不易在焊缝中形成残留物，焊缝组织良好，工艺性能优良，综合力学性能优越，且熔敷金属具有良好的抗 HIC、SSC 性能、塑性、低温冲击韧性和抗裂性。焊丝和焊条的熔敷金属化学成分及力学性能分别见表 3、表 4、表 5、表 6。

表 3　CHG-SHA（焊丝）熔敷金属化学成分（质量分数）(%)

元素	C	Si	Mn	Cr	Mo	Cu	Ni	V	S	P
含量	0.055	0.510	1.220	0.070	0.052	0.17	0.039	0.010	0.002	0.004

表 4　CHG-SHA（焊丝）熔敷金属力学性能

试验项目	抗拉强度 R_m/MPa	屈服强度 R_{eL}/MPa	伸长率 A（%）	A kV/J（−30℃）冲击功
实测值	585	300	22	36（三个平均值） 27（最低单值）

表 5　J507SHA（焊条）熔敷金属化学成分（质量分数）(%)

元素	C	Si	Mn	Cr	Mo	Cu	Ni	V	S	P
含量	0.086	0.320	1.110	0.021	0.0033	0.020	0.012	0.0034	0.005	0.01

表 6　J507SHA（焊条）熔敷金属力学性能

试验项目	抗拉强度 R_m/MPa	屈服强度 R_{eL}/MPa	伸长率 A（%）	A kV/J（−30℃）冲击功
实测值	580	305	24	34（三个平均值） 27（最低单值）

3.3 焊接工艺

3.3.1 定位点固焊

为防止在首层焊接时产生角变形，焊接接头在组对完成并检验合格后，应及时进行定位点固焊。小口径薄壁管点固焊时，可在坡口内直接点固，点固焊不少于 2 点，大口径厚壁管可采用"定位块"法点固在坡口内，且不少于 3 点，由于本工程粗煤气管口径 44 吋，壁厚 37.7mm，属于大口径厚壁管，因此定位焊时采用了"定位块"法。具体见图 2。

3.3.2 打底焊

由于本工程中的粗煤气管具有大口径、管壁厚的特点。根据厚壁管道的施工需要，并结合项目部现有的技术力量，

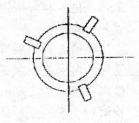

图 2　大口径厚壁管定位焊

可供选择的焊接方法有氩弧焊、手工电弧焊及氩电联焊。考虑到对打底焊层的质量要求和氩弧焊工艺的特点，由于氩弧焊时氩气对熔池具有保护和冷却的作用，因此熔池与空气得到有效隔离，焊缝热影响区较窄，从而大大减小了焊缝含氢量，焊件变形小，且背面成型好，故在本工程施工中采用了氩弧焊打底。

3.3.3　填充焊

根据管道管径情况，管径较小（一般不大于 50mm）的填充焊采用钨极氩弧焊，管径较大（大于 50mm）的则采用焊条电弧焊。因本工程中粗煤气管线管径大于 50mm，填充时采用了焊条电弧焊。焊接时要求焊工控制适当的焊接电流，保证既不粘焊条，又尽量减小电流，以控制低的线能量，同时掌握好引弧、熄弧操作要领。

3.3.4　盖面焊

盖面层焊接时，最后的中间一道为退火焊道，焊道要薄，同时应控制盖面层高度，余高以不超过 3mm 为宜，并与母材平滑过渡。

3.3.5　焊接要点

（1）焊前应清除干净焊接区域内所有的油漆、锈、铁屑等影响焊接的杂物。

（2）坡口形状和尺寸应按设计图纸和规范要求执行。

（3）焊丝使用前用酒精或丙酮擦拭，去除表面油、垢等赃物。焊条使用前经 350 ～ 400℃ × 1.5 ～ 2h 烘干，并置于 100 ～ 150℃保温箱中存放，使用时存放在保温桶中。

（4）焊接现场温度较低时（零度以下）应预热，预热采用电加热方式，温度控制在 80 ～ 100℃范围内。

（5）氩弧焊打底焊层厚度控制在 2 ～ 3mm。打底完毕，仔细检查焊缝表面及接头处，确认无裂纹、夹钨等缺陷后，方可继续施焊。

（6）填充焊第一层焊接合格后方可去除定位块，并将焊点用砂轮机打磨，检查确认无裂纹等缺陷后，方可继续施焊。点固焊和施焊过程中不得在管子表面引燃电弧。

（7）焊接时采用短弧操作，以窄焊道为宜，小电流、快速多层多道焊，熔敷时宜形成中间低、两边高的圆滑过渡形状。焊接工艺参数见表 7。

表 7　焊接工艺参数

| 焊接层数 | 焊接方法 | 填充金属 | | 电流 | | 电压 | 焊接速度 |
		牌号	直径	极性	大小（A）	（V）	mm/min
1	手工氩弧焊	CHG-SHA	2.5mm	直流正接	80 ～ 100	10 ～ 15	55 ～ 70
2	手工电弧焊	J507SHA	3.2mm	直流反接	100 ～ 140	22 ～ 32	100 ～ 160
3	手工电弧焊	J507SHA	4.0mm	直流反接	140 ～ 180	22 ～ 32	110 ～ 160

（8）焊缝层（道）之间的接头要错开，起、收弧处要填满，并及时清除焊渣和缺陷，层间清理用砂轮机（中间接头和坡口边缘应尤其注意）。

（9）对大直径管道，为减少变形和焊接缺陷，过程中采取两人对称施焊，且尽量保持一致的焊接速度，但要避免同时在同一处收弧。

（10）现场湿度超过 70% 时，应停止焊接。

3.3.6　其他应注意的事项

（1）电焊机性能应良好、工作稳定，带数字电流、电压显示，最好带高频起弧功能。

（2）电焊条必须放置在保温桶内，随用随取，保证干燥。保温桶外粘贴明显标识，避免发放及使用错误。

（3）管道组对好之后，布置好加热元件、热电偶，并作好保温，之后进行预热，预热温度达到之后开始打底焊接。

（4）施焊过程中，应控制好层间温度，层间温度不得低于预热温度。

（5）每个焊接接头应一次连续焊接完成，若焊接过程中发生断电导致焊接工作被迫中断或焊接工作完成之后立即进行热处理时，如果不采取任何措施，易造成整个焊接口氢致开裂及硫化物应力开裂，因此应立即进行消氢处理。用保温棉包裹好焊口，保温宽度不小于 10 倍的管壁厚，保温棉应裹紧并固定牢靠，其温度应控制在 250 ～ 350℃之间，一般需要恒温处理 2h 左右。进行消氢处理后不得对管子进行其他施工，冷却后才能撤出保温棉，打磨清理焊缝及其热影响区，待供电正常后，仍按正常焊接工艺进行焊接。

3.4　焊后热处理

焊接完成，并经外管检查合格后进行焊后热处理，加热方法采用电阻加热，这种方法易于控制，对环境污染较小，而且热效率很高。此外，加快热影响区域以及焊缝中的氢的溢出，对于有效防止焊接裂缝的产生有极佳的效果。

由于粗煤气管 DN>750，因此热处理中布置了四个测温点，具体见图 3。加热时，应力求内外壁和焊缝两侧温度均匀，恒温时在加热范围内任意两点间的温差应低于 30℃。

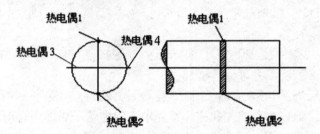

图 3　焊接接头测温点布置示意图

根据酸性环境可燃流体输送管道焊接规程 SH/T 3611—2012，热处理时，抗硫化氢碳钢管道焊接接头的热处理温度为 620℃ ±10℃，结合现场施工，选择保温温度保持在 635℃ ±10℃范围内。加热升温至 400℃后，加热速度按 5125/δ ℃ /h 计算，且不大于220℃ /h，得出加热速度不大于 135℃ /h，恒温时间按 2.4mm/min 计算，得出恒温时间应大于 1.5h，恒温后的冷却速度按 6500/δ ℃ /h，且不大于 260℃ /h 计算，得出冷却速度不大于172℃ /h，根据现场施工情况，选择了 170℃ /h，降温至 400℃后可不控制，直至冷却到室温。热处理曲线见图 4。

3.5　质量控制与验收

3.5.1　焊接质量控制标准

焊接质量按 SH/T 3611—2012《酸性环境可燃流体输送管道焊接规程》的 Ⅱ 级焊缝检查等级标准验收。焊缝外观不允许有裂纹、未熔合、未焊透、气孔等表面缺陷，余高或根部凸出不大于 3mm。

焊接接头作 100% 射线检查（或经业主和监理同意的其他无损探伤方法），其焊缝质量不低于 JB/T 4730.1—2005《承压设备无损检测》规定的 Ⅱ 级标准。

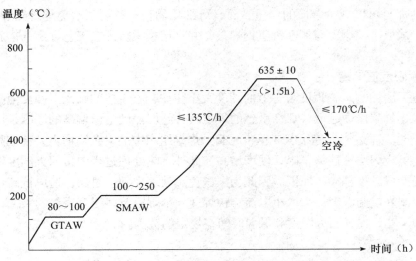

图4　热处理曲线（预热、层间控温、恒温、焊后热处理）

无损探伤不合格焊口必须返修合格，返修次数不能超过2次，返修后必须重新作热处理和无损探伤。

3.5.2　工序交接及质量检查

对于抗氢钢的焊接，每道工序的质量都会影响到检验结果。所以，每道工序完成后，各工序责任人要认真进行检查，合格后方可进入下道工序。

3.5.3　热处理质量检验

焊口热处理后进行检查。要求：工艺参数在控制范围以内，并有自动记录曲线；热电偶无损害、无位移；焊件表面无裂纹、无异常。

焊口热处理完毕后焊接接头做100%硬度测定，其合格标准为<200HB；硬度值超过规定范围应查明原因，采取措施。如果重新热处理，则在热处理后重新检测硬度。

4　抗氢碳钢管焊接常见质量缺陷及处理措施

4.1　焊接接头易产生冷裂纹。

这种裂纹并不是在焊接完成后立即出现，而是在焊完过了一段时间后产生，裂纹一般沿熔合线扩展。

氢是造成冷裂纹的重要原因，焊缝及其热影响范围在焊接过程中，会有不同的组织转变过程，而氢在不同的组织中，逸散速度也不尽相同，特别是在焊缝的热影响区靠近熔合线的地方，往往较易形成一个氢的富集区域，当氢的浓度达到临界浓度时，就会导致裂纹的产生。

因此为了防止裂纹的产生，首要要控制焊缝中氢的浓度，而焊缝中氢主要来源于焊条、母材表面的水分、油污以及焊接环境中的湿度等。在焊接过程中，采用的抗氢钢焊条属于低氢碱性焊条能够较好的避免冷裂纹的产生，但这种焊条易受潮，使用前应严格按照规定进行烘烤。同时在工艺上采取焊前预热、控制层间温度及焊后消氢的措施来加速氢从焊缝中逸出。

4.2　焊道易产生中心热裂纹

在下凹的焊缝中，沿焊道中心易产生呈开放型的纵向裂纹。焊缝中存在低熔共晶是造成中心热裂纹的重要因素。降低焊材中的含硫量，同时增加焊材的碱度可以改善焊缝的高温力学性能，碱性焊材可以减少杂质的含量，而且可细化晶粒，有利于避免焊缝热裂纹的产生。在本工程中，采取了使用低硫碱性抗氢钢焊条，并且严格执行焊接工艺评定的措施，取得了良好的效果。

4.3　热处理后硬度值偏高

硫化氢应力腐蚀的敏感程度与管道的硬度大小往往有着直接的联系。硬度值越高，其敏感程度就越强，如果硬度越低，那么敏感的程度就会越弱。硬度值偏高的原因是层间热输入（焊接）线能量过大，造成焊缝组织变粗，尤其是焊缝组织中的夹杂物增大，性能降低，导致了焊缝抗硫化氢应力腐蚀能力下降，硬度增高。此外，热处理过程中，回火温度较低或保温时间过短也是造成硬度偏高的原因。因此为了避免热处理后硬度过高，造成抗硫化氢腐蚀能力下降，应控制好层间温度，采取小电流、快焊速、窄焊道及多层多道焊的工艺，同时应严格执行热处理工艺，保证回火温度和保温时间在规定的范围内。

5　小结

由于抗氢碳钢管道有别于其他碳钢材质管道，且具有耐酸性气体腐蚀的要求，其对焊接材料、焊接工艺的要求与其他碳钢管道不同。本文以神华宁煤 400 万吨 / 年煤炭间接液化项目粗煤气管道为例，从焊材的选择、坡口加工、焊接接头组对、焊接工艺及热处理方面浅析了该种管道的安装工艺，并提出了常见的质量缺陷及控制措施，具有一定的现实意义。

参考文献

［1］　中华人民共和国工业和信息化部. SH/T 3611—2012. 酸性环境可燃流体输送管道焊接规程［S］. 北京：中国石油出版社. 2013.

浅谈国际工程项目的索赔

朱清水

湖南省第二工程有限公司，长沙，410015

摘　要： 国际工程受所在国政策、汇率、法律变化影响大，而且与所在国工程主管部门及国际监理的沟通难度大，一直是中国企业"走出去"的软肋之一，因为语言沟通问题和对合同规范研究不够透彻，缺少合同意识、风险意识和索赔意识，往往造成我国施工企业在"一带一路"走出去的过程中失去了很多合理的索赔机会，甚至被所在国业主监理反索赔而损失惨重。本文根据作者在斯里兰卡、坦桑尼亚工作六年亲自负责参建的项目，结合菲迪克条款，探讨了国际工程索赔的方法对策，为施工企业在"一带一路"的建设中积累了经验。

关键词： 索赔；国际工程；合同；谈判；论证

斯里兰卡 Tennakumbura-Rikillagaskada-Ragala 公路改造升级项目，全长 53km，是中国国家开发银行为斯里兰卡公路局提供贷款的二期项目包里的重点项目之一，简称 PRP2-C11 项目，采取的是 EPC+F 的模式。项目资金由中国国家开发银行提供贷款 90%，斯里兰卡财政部配套 10%。施工合同金额 730，713 万卢比，按当时汇率计 6673 万美元（其中 70% 用卢比支付，30% 用美元支付），原合同工期 30 个月，因实际开工日期推迟、工程量变更、异常天气等原因，共索赔工期 9 个月，并获得了 P&G 部分的相关费用索赔。本合同通用条款采用菲迪克合同条款（红皮书），在通用条款的基础上，本合同也有双方约定的专用条款。本人在 PRP2-C11 项目期间担任项目技术总工，全程组织并参与了项目的索赔工作。

1　工程索赔的定义及法律基础

1.1　定义

索赔是国际上通用的工程术语，是国际工程承包中经常发生的正常现象，是对外承包企业利用客观性、合理性、合法性及双赢性获取补偿的经济活动。

CLAIM 一词也可译为权利要求，权利主张、债权、请求权等。在工程项目管理中，索赔的概念不是指一般的权利要求，而指合同中一方由于尽了比合同中规定的义务之外更多的义务或者是自身的权益受到伤害时，向合同另一方提出的对自身权利的补偿要求，也就是说，它不包括完成原合同规定的义务所得到的权利。

1.2　索赔的特点

（1）客观性

必须确实存在不符合合同约定或违反合同约定的事件，并能够提供确凿的证据，足以证明对提出索赔方的工期或施工成本已造成影响。

（2）合理性

索赔要求应合情合理，符合实际情况，真实反映由于事件发生对提出索赔方所造成的实际损失。

（3）合法性

事件非提出索赔方自身的原因引起，按照合同条款对方应给予补偿，索赔要求应符合合同的规定。

1.3　索赔的法律基础

（1）合同条款本身

各种承包合同中都有按照合同条款进行工期、费用索赔的机制。这些索赔是根据合同中的有关条款通常由咨询工程师负责处理，由于是来自合同的索赔，因而通常被称之为合同索赔。

（2）违反合同

除了合同索赔外，承办商可以根据法律对违反合同所造成损失进行索赔。这是一种完全不同的索赔，这种索赔的成功取决于承包商能否提供充足的证据，证明业主或工程师违反了合同中的一些明确的或隐含的条款，并且因此而使承包商遭受损失，在这种情况下，承包商可以按照有关法律条文的规定要求对损失进行赔偿。

2　工程索赔发生的原因

斯里兰卡 C11 是规模大、工期长、结构复杂的工程项目。在施工过程中受到天气、地质条件的变化影响，以及设计变更和人为的干扰，在工程项目的工期、费用等方面都存在变化的因素，因此超出合同条件规定的事项可能层出不穷，这就为索赔提供了众多的机会。其中主要原因有：

2.1　设计方面

斯里兰卡 C11 项目是设计施工总承包合同，设计工作量相当大，全线共有 1300 多道挡土墙，450 多道涵洞，10 座小桥。斯里兰卡业主监理对于设计审批过于保守，重大技术方案没人敢拍板，喜欢反复讨论，做了决定之后喜欢修改，导致了很多挡墙、涵洞迟迟不能动工，从而对总工期造成了一定的影响。

在施工过程中业主发现实际发生的工程量将远大于合同工程量后，为进行成本控制，他们屡次改变已经审批通过的设计，全线改线达到了 109 段，改线长度总共超过 10km。这大大增加了设计的难度，大大延误了设计审批的进度。为了后续工作能顺利进行，为了使计量资料能顺利签认，我部又不好就设计审批过慢对监理、业主提出过于强烈的意见。但在关键工序上，我部还是对于监理延误设计审批造成的工期、费用方面的索赔进行了记录。

2.2　合同缺陷

一般而言，合同是基于对外来情况的预测和历史经验作出的，而工程本身和工程环境有许多不确定性，合同不可能对所有的问题作出预见和规定，合同中总会出现一些考虑不周的条款和缺陷，如合同条款用语含糊和不够准确，合同条款中存在漏洞、前后矛盾等，从而导致合同履行过程中一方的利益受到损害而向另一方提出索赔。此项要求承包商在签订合同前一定要反复研读那几本厚厚的英语合同。斯里兰卡 C11 项目挡墙所使用的 C20 混凝土就是由于在工程量清单中缺项，我们开始和业主达成一致，但后来业主发现总价超过了原有合同量，便开始找茬。

2.3　合同理解差异

国际工程承包中，由于合同双方可能来自不同的国家、使用不同的语言、采用不同的工程标准和习惯以及使用不同的法律体系，使得双方对合同的理解产生差异，从而造成工程实施行为的失调而引起索赔。严格按合同条款办事，应借鉴但又不能拘泥于国内的经验。拿斯里兰卡 C11 项目来说，比如说开挖不合格土比合格土单价高 1100 卢比。在项目前期，我们理所当然的按照在国内的思维，总挖方量减去总回填量剩余的就是弃方，而弃方肯定就是不合格土。再加上当时每天忙着抢进度，现场的实际情况也不能停工等待试验室做试验来判定土的种类。而试验设备迟迟未到，试验工作开展也较迟。按照合同条款，合格土与不合格土都是必须通过试验报告来确定的，在后期进行土的种类鉴别时，我们的挖方基本已经完成，也就是来不及做试验了。这一项上，我们也吃了一些亏。另外新增单项的处理，也应该尽早定下来，越往后面，承包人越吃亏。

2.4　业主或工程师违约

业主或工程师未按合同条款规定，为承包商按时提供条件、未按规定支付工程款，工程师未按规定的时间提供图纸、指令或批复等，对于因这些原因引起的工期延长或费用增加，承包商可提出索赔。C11 由于斯里兰卡政府财政紧张，他们多次拖延支付我们的计量款，这也是我们索赔的一条重要依据

除此之外还有异常天气等原因。

3　工程索赔的一般程序

工程索赔的实质其实就是承包商与业主之间在分担合同风险方面重新分配责任的过程，在合同实施阶段，当发生政治风险、经济风险和施工风险等意外困难时，施工成本急剧增加，会大大超过承包商投标报价时的计划成本，在合同实施阶段出现的每一个索赔现象，都应按照有关惯例和合同的有关条款尽快加以解决。

3.1　建立索赔组织

3.1.1　成立索赔小组

要取得索赔成功，一个健全的组织是极为重要的，索赔问题涉及的层面非常广泛，索赔组人员应通晓合同与法律、商务、工程技术知识，还应有一定的外语水平和工程承包的实际经验，其个人品格也十分重要，仅靠"扯皮吵架"或"硬磨软缠"就可以搞定索赔的想法是不正确的，索赔人员应当保持头脑冷静，思维敏捷，处事公正，性格刚毅有耐心，坚持以理服人。C11 项目从进场开始，项目经理就有着积极的索赔意识，并且多次组织项目部主要技术人员学习菲迪克条款在施工过程中的应用。

索赔小组由本人担任组长，项目部另外聘任一名曾经在前苏联留学五年的斯里兰卡人担任索赔顾问，在大家的共同努力下，项目索赔资料准备得是较为充分的，包括各类信函、降雨量记录、工程量变更、设计变更、征地拆迁等，项目部先后索赔了两次工期，最后工期从 2015 年 9 月 19 日延长至 2016 年 6 月 22 日，同时项目部还获得了相关的费用。

3.1.2　索赔小组的主要工作

（1）全面掌握合同的实施状况，及时了解施工进度、质量及成本支出情况，探讨可能采取的索赔事项。

（2）在透彻了解项目全套合同文件的基础上，编制项目的索赔工作指引，作为项目内部

日常工作中的参考。

（3）及时判别索赔的事件并适时提出索赔要求。

（4）建立系统的施工记录制度，根据索赔的要求，研究制订各有关部门的施工记录制度，保证施工资料的完整。

（5）整理完整的合同资料，包括合同、往来信件、图纸、会谈纪要、变更指令等。

（6）编写索赔报告，根据具体情况确定或报上级确定是否进行该项索赔。

（7）组织、参加索赔会谈。

（8）处理索赔争议。

3.2　提出索赔要求

当索赔事件出现时，承包商应在事件发生 28 天内，以书面信件形式发出索赔通知，声明其索赔权利，在向工程师提出的同时，应抄送业主，如超出期限，索赔要求可能遭到业主和工程师的拒绝。但是承包商没有在规定的时限内提交索赔不意味着其丧失了索赔的权利，只有合同条款中明确说明承包商在规定时限提交索赔通知是必要条件时，承包商才丧失索赔的权利。

3.3　报送索赔报告

索赔资料和索赔报告的整理非常复杂，即使承包商根据记录和财务资料计算出了正确的索赔费用，现实中也不一定能得到全额的补偿，因此，即使是非常专业的人员准备的索赔文件也应留有富余，以便在谈判时让步。第一次提交索赔报告应当详细计划、周密安排。文件中不应包含任何可能用于攻击承包商自身的信息、计算数据、假设情况等，同时可以准备多套索赔方案，并考虑哪个更适合与工程师商谈或容易被其接受。

索赔人员应首先按照具体情况计算出真实的索赔费用，然后对所有的索赔的成功几率进行分析，根据不同情况在实际费用的基础上增加一定的增量，以便在谈判中适当进行让步。

3.4　索赔谈判

斯里兰卡 C11 项目的工期索赔，一直是在友好的气氛中谈判进行的，友好解决，既是争取业主、监理对我们的充分理解，也是我方与业主监理互相信任的一个契机，为我分公司在斯里兰卡持续经营创造了良好的条件。

4　工程索赔成败的关键

4.1　建好工程项目

索赔成功的首要条件，是承包商认真地按照合同要求实施工程，并努力把工程建设好，使业主和工程师满意。斯里兰卡 C11 项目克服了种种困难，极大的促进了当地的就业和经济，公路质量得到斯方的广泛认可，公司在斯里兰卡具有良好的声誉。

4.2　编好索赔报告

实践证明，对一个同样的索赔事件，索赔报告的好坏对索赔的解决有很大的影响。索赔报告书写的不好，往往会使承包商失去在索赔中的有利地位和条件，使正当的索赔要求得不到应有的妥善解决。因此，有经验的承包商都十分重视索赔报告的编写，使自己的索赔报告充满说服力，逻辑性强、符合实际、论述准确，使阅读者感到合情合理，有理有据，有利于索赔的成功。

根据项目的性质以及索赔事件的特点，索赔报告大致由四个部分组成。

（1）总述部分

概要论述索赔事件发生的日期和过程，承包商为该索赔事项付出的努力和附加开支，承包商的具体索赔要求。

（2）合同的论证部分

论证部分是索赔报告的关键部分，其目的是说明自己有索赔权，是索赔能否成立的关键。立论的基础是合同文件以及斯里兰卡法律。承包商要善于在合同条款、技术规程、工程量表、往来函件中寻找索赔的法律依据，使索赔要求建立在合同、法律的基础上。如有类似的情况索赔成功的具体案例，无论是否发生在工程所在国，都可作为例证提出。

（3）索赔款项（或工期）的计算部分

如果说合同论证部分的任务是解决索赔权能否成立，则款项计算是为解决能得多少款项，前者定性，后者定量。

在写法上先写出计价结果（索赔总金额），然后再分条论述各部分的计算过程，引证的资料应有编号、名称。计算时切忌用笼统的计价方法和不实的开支款项，勿给人以漫天要价的印象。

（4）证据部分

要注意引用的每个证据的效力或可信程度，对重要的证据资料最好附以文字说明，或附以确认件。例如：对一个重要的电话记录或对方的口头命令，仅附上承包商自己的记录是不够有力的，最好附以经过对方签字的记录；或附上当时发给对方要求确认该电话记录或口头命令的函件，即使对方未复函确认或修改，亦说明责任在对方，按管理应理解为他已默认。

5　结语

在国际工程承包中，承包商的索赔涉及经济、法律、商务、管理、工程技术、谈判技巧等方面的综合知识，更包括一系列的决策活动。承包商应当重视并认清工程索赔的原则和程序，严格按照国际惯例采取有效方法来实施索赔，提高合同意识、风险意识和索赔意识，出现索赔事件时及时进行索赔，维护自己的合法权益。

参考文献

[1]　FIDIC. 土木工程施工合同条件［M］. 北京：机械工业出版社，1999.

某砌体结构平移施工前质量控制方法

刘佳昕[1]　董胜华[2]　陈大川[1]

1. 湖南大学土木工程学院，长沙，410082
2. 湖南大兴加固改造工程有限公司，长沙，410082

摘　要： 建筑物整体移位技术是指为了满足城镇建设或道路的规划需求，在不妨碍建筑物使用功能的前提下，通过一系列的技术措施，整体将建筑物从原来位置移动到新位置的一种特种技术。其基本原理就是在建筑物基础的顶部或底部设置托换结构，在地基上设置行走轨道，利用托换结构来承担建筑物的上部荷载。然后在托换结构下将建筑物的上部结构与原基础分离，在水平牵引力的作用下，使建筑物通过设置在托换结构上的托换梁沿底盘梁相对移动。这种技术减少建筑物拆除量、节约重建成本、减少环境污染，对于整体性较差的砌体结构有重要的意义。本文主要探讨某砌体结构在移位施工前质量的控制方法。

关键词： 砌体结构；建筑物平移；施工技术；质量控制

1　工程概况

某宾馆中栋保护建筑位于长沙市，该保护建筑于 20 世纪 50 年代兴建，由主楼（北栋）和附楼（南栋）组成，中间以连廊相接，占地面积约 1400m²，建筑面积约 3800m²，主楼三层，局部四层，附楼两层，墙下砖放脚条形基础、砖柱独立基础。如图 1 所示。后期该保护建筑进行了多次改造（东侧扩建并局部加一层、客房内增设卫生间、西侧扩建卫生间、西侧加建一层构架等）。建筑平面图如图 2 所示。该建筑记载了长沙近现代发展的历史轨迹，历史价值极高，为长沙市近现代保护建筑。该建筑已使用 60 多年，存在一定的安全隐患，且位于繁华商业圈，对土地开发的整体布局有一定影响。现经过多方协商讨论，决定将其主体结构加固后向北直线平移 35.56m，附楼拆除后在主楼北侧镜像重建。平移示意图如图 3 所示。

图 1　某宾馆外部

作者简介：刘佳昕（1995—），女，湖南大学土木工程学院硕士生
　　　　　董胜华（1977—），女，工程师，主要从事结构加固与施工现场管理工作
　　　　　陈大川（1967—），男，湖南长沙人，湖南大学教授，博士

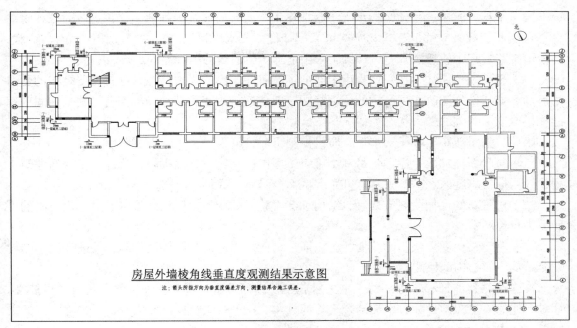

房屋外墙棱角线垂直度观测结果示意图

注：箭头所指方向为垂直度偏差方向，测量结果含施工误差。

图2　某宾馆平面布置图

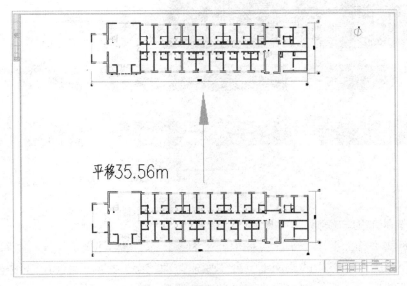

平移35.56m

图3　平移示意图

2　平移质量控制目标及方法

平移工程中的质量控制目标是保证平移工程具有很小的或可控制的风险水平，并且迁移后结构性能不降低。

建筑物整体迁移工程与普通的建筑工程相比主要在以下三个方面增大了工程风险：

（1）平移工程增加了影响结构安全和迁移工程安全的施工工序，这些工序将导致工程的失效概率加大，可靠度降低。如结构托换、结构分离、同步移动、就位连接等，在上述这些工序中往往存在对结构构件消弱、地基扰动等因素，可能造成结构构件局部破坏。

（2）平移的施工过程使结构承受了附加作用，而普通建筑工程则不存在这些荷载或附加变形，因此造成被平移的建筑物结构可靠度降低。如水平移动产生的振动作用、附加荷载，在轨道平移过程中轨道沉降差，纠倾工程中迫降产生的新的沉降差等。

（3）平移就位后往往在一定程度上改变了原有建筑物的受力状态，这将改变结构的受力可靠度。如托换加固改变了结构的受力简图，就位连接改变了结构局部构造，地基加固或基础托换改变了基础的受力状态等情况。

因此，为了减小工程风险水平，质量控制目标分解为以下三个方面：

（1）对于新增加的工序，将每一个施工工序中的结构可靠度提高到远远大于普通建筑工程设计目标可靠度的水平，则其总可靠度将不会明显降低；

（2）对于新的外加荷载或变形，结构承载力验算和变形控制仍然可以通过采用较高的可靠度进行控制；

（3）对于结构受力状态的改变，可以通过结构加固或适当的构造措施，使改变后的结构性能不低于原结构的性能[1]。

在建筑物整体迁移工程的每一个关键施工技术环节中，都存在发生结构失效的可能性。针对上述的质量控制目标，本文结合平移的具体流程进行质量控制要点分析。平移施工的主要思路如图 4 所示。

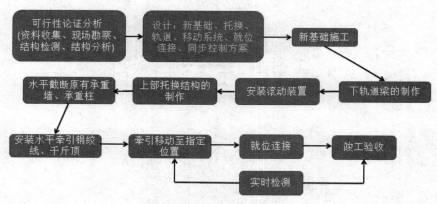

图 4　平移流程图

2.1　移位建筑的加固与修补

根据建筑物平移的要求，平移过程中处于匀速状态，建筑物趋于平稳；开始和结束平移时建筑物在顶推力和摩擦力的作用下，处于变速运动状态。相应的结构内部构件也将由于运动而产生额外的应力。建筑物由静止到运动，由运动到静止，都将产生一个加速度，该加速度会对建筑物上部结构产生一个剪应力。当加速度过大时，可能产生较大的剪应力，导致建筑物构件开裂，出现水平裂缝，从而降低建筑物整体性和可用性[2]。综合考虑托换后受力状况的改变，平移过程中可能出现的特殊情况，以及检测鉴定和计算复核的结果，对该建筑物进行必要的加固与修补，分为建筑物整体性加固、结构构件的加固补强、既有建筑物裂缝的修补。

（1）在砌体结构中设双梁托换墙，在原转换梁下新增连梁加强，荷载传递至包柱混凝土节点，对该建筑的部分新基础加宽，新增纵墙基础，纵墙落地，使平移过程受力更加合理。

（2）房屋各层承重墙体由于砌筑砂浆强度普遍较低，不能满足现行规范荷载下的承载力要求，加之部分承重墙体存在开裂现象，应对相关承重墙体采用高性能水泥复合砂浆钢筋网等方法进行加固处理，对外墙面应进行勾缝修缮处理。

（3）对砌体结构的裂缝采用压力灌浆法进行修补，并根据需要在裂缝修补后进行补强加固。如对破损严重、承载力不满足要求的构件可采用高性能水泥复合砂浆钢筋网、增设支点等方法进行加固处理。

（4）对开裂的楼板构件，建议注胶灌缝将裂缝封闭后再采用粘碳纤维、板面新增自密实混凝土叠合板等方法进行加固处理。

（5）由于木楼面构件存在局部烧损、沿纵纹开裂、腐朽，屋盖木屋架杆件存在局部沿纵纹开裂、腐朽、金属连接件锈蚀，屋面板存在局部变形、腐朽、渗漏等现象，其承载力、耐久性和防火性能等不满足现行规范安全使用的要求，建议采用整体加固修缮或局部拆除更换等方式进行处理，并对所有木制构件进行防火处理（如涂刷防火涂料）。

（6）该砌体结构整体性较差，应重视建筑物整体性加固，需采取可靠加固措施保证建筑物的安全，对房屋未按现行规范设置构造柱的纵横墙连接节点和圈梁的楼层，采用高性能抗裂复合砂浆钢筋网等方法进行加固处理；对楼面预制板、屋面檩条与墙体或梁的搁置节点，采用钢板、角钢等进行构造加固，以提高房屋的抗震能力。

（7）对检测中发现的屋顶混凝土构架开裂和破损、护栏破损、屋面瓦滑移、填充墙体裂缝等其他质量缺陷进行适当的修缮处理。

2.2　下轨道施工

2.2.1　下轨道施工流程

移位轨道及基础施工按如下步骤进行：

（1）新基础施工

按设计要求在托换墙（柱）两侧底部浇注钢筋混凝土基础和移位轨道梁，并延伸到新基础，要严格控制移位轨道的平整度；施工时要求支模准确，模板固定牢靠，用水准仪检测支模的平整度，浇注混凝土后严格控制基础顶面平整度。在远距离移位过程中，必须结合新基础设计对移位轨道地基进行详细的地质勘察，在施工前还应采用钎探方法，查明是否存在孔洞、暗沟等，并进行相应的处理。

（2）轨道及滚轴安装

轨道及滚轴安装工艺流程，如图5所示。

①采用干硬性水泥砂浆将下轨道梁混凝土表面找平，同一条轨道面必须保证水平，相邻轨道面标高差不得大于20mm。

②槽钢如变形偏大须进行调直，尽量保证下轨道槽钢与轨道梁混凝土表面贴紧。

③滚棒间距以30～40cm为宜，最大间距不得大于50cm。

④上轨道槽钢内事先用砂浆填满。

⑤安装完上轨道槽钢后，上轨道梁底与槽钢之间缝隙用干硬性水泥砂浆填满、填

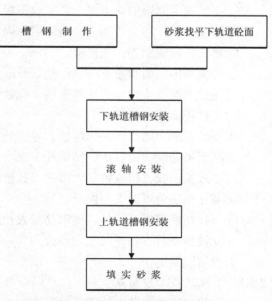

图5　轨道及滚轴安装工艺流程

密实[3]。

2.2.2　下轨道施工控制点

在下轨道基础施工过程中，需开挖填土，对土体造成扰动，可能会对原有建筑物造成一定的影响，故下轨道基础施工的控制点为：减少对原土体和原建筑的扰动以及控制地基沉降。

下轨道施工主要控制三点：轨道平整度、控制轨道的局部变形以及反力支座的可靠度。下轨道结构系统混凝土的表面应平整、光滑，控制其平整度、倾斜率及高差；减小轨道的局部变形主要通过减小其下部地基的沉降变形及增加轨道结构体系的整体刚度来实现。以保证其在上部结构荷载和牵引荷载的作用下不发生破坏，同时不能因其变形过大而在上部结构中产生附加应力，造成上部结构的破坏或增大移动阻力[4]。但研究证明，当上部结构荷载较大时，增大托换底盘刚度和轨道梁的刚度，并不能有效减小因沉降导致的上部结构变形及阻止裂缝的产生，因此控制地基的沉降才是解决该问题的根本[5]；反力支座应在平移过程中能提供其所需的水平反力，千斤顶和混凝土交界面处应加大配筋，防止混凝土压碎。

本工程采取措施有：

（1）加大轨道梁高度，增大其抗变形刚度。

（2）加大轨道基础（及下轨道梁）的底面积，减小基底附加应力。

（3）对地基进行加固处理，控制地基的沉降。

（4）根据建筑物移动的需要划分施工段，然后分段把原基础两侧的填土挖去，形成施工作业面并对旧基础进行加固处理。

（5）轨道钢垫板采用不小于 8mm 的钢板。厚钢板刚度好、不易变形、易控制行走轨道的平整度。

（6）反力支座按局部受压配置钢筋网片，保证其有足够的可靠度。

2.3　上轨道施工

2.3.1　上轨道施工流程

（1）墙体托换施工步骤

①在已施工完毕的轨道梁上，安放钢板及滚轴（或滑块）。

②在双梁设计部位砖墙上，墙体中每隔 1.5m 打洞，穿入横向拉梁钢筋。

③绑扎托换梁钢筋，支模板。

④清洗墙体表面和拉梁洞口，浇筑混凝土。

⑤托换梁混凝土达到设计强度后，截断墙体。

（2）柱托换施工步骤

①新旧混凝土结合面剔出键槽，界面处理。

②柱面植筋设计位置用电钻钻孔。

③注入植筋胶，植入钢筋，植筋胶数量应保证植入钢筋后溢出孔口。

④绑扎托换节点四周托换梁钢筋。

⑤绑扎托换梁钢筋，托换梁钢筋深入托换节点的长度应满足锚固长度。

⑥支设托换节点和托架梁的模板。

⑦浇筑混凝土。

2.3.2　上轨道施工控制点

在平移过程中，若上轨道设计不合理，刚度分布与其受力不协调，会引起内力过大，导致轨道失效；上轨道在施工过程中，植筋和新旧界面处理的施工质量直接影响托换效果；上轨道宜对称分布，否则会引起受力不均匀；施工过程中凿开的洞口也会影响施工质量。综合考虑，其控制点如下：

（1）上轨道梁系宜对称进行，每条梁宜一次性浇筑完成；如需分段，接头处应按施工缝处理，施工缝宜避开剪力最大处；

（2）上轨道梁系与原建梁、柱接触部位处，应对原结构梁、柱表面进行凿毛，凿毛面清洁干净后，涂刷界面处理剂；

（3）上轨道梁系主筋接头不宜采用绑扎连接，连接构造应满足现行规范要求；

（4）移位建筑结构柱荷载较大、托盘抱柱梁不能满足受力要求时，应采取卸荷处理；卸荷支撑宜设置测力装置，并在移位过程进行监测控制；如出现监测力超限时，应停止移位，采取措施处理完成后再行移位；

（5）对施工时凿开的墙洞应及时进行修复处理。

本工程的托换结构采用双梁托换方式，设穿墙销键梁，安全可靠的同时又降低了施工难度。平移施工、托换结构均在 ±0.000 以下完成，不影响后期使用。

托换梁间设置钢筋混凝土斜梁支撑，与纵横双向的托换梁形成平放的刚度很大的平面桁架，从而保证楼房平移过程中底座的水平刚度，有效传递牵引水平力，避免因动作不协调可能在上部结构中产生附加应力。

2.4　切割

上部结构和基础分离在墙、柱切断过程中和切断后都会影响结构安全。现在常用的两种切割方法中，人工开凿和风镐切割房屋底部构件略有振动，但对结构安全影响不大；金刚石切割设备切割基本没有振动。因此，在切割过程中可以忽略对结构安全的影响。墙柱切断以后，上部结构的竖向荷载全部由托换机构传到轨道梁上，托换机构的可靠度和轨道梁的可靠度直接决定了整栋房屋的安全性，这属于构件承载力的设计问题，不难保证安全可靠。上部结构的荷载由原基础转换到轨道梁上，可能会产生沉降，影响结构的可靠度。

本工程截断施工采用先柱后墙交叉对称截断的施工原则。

施工控制点如下：

（1）托换结构的混凝土强度达到设计强度方可开始对移位建筑墙\柱进行切割。

（2）切割前应检查托换结构体系的可靠性；卸荷装置应在截断施工前安装完毕，必要时可施加预应力，以减少支撑结构变形对卸荷的影响。

（3）切割的顺序必须按设计要求及施工技术方案或施工组织设计要求进行。

（4）切割过程中，应对墙、柱及上下轨道的受力状态及变化进行严密监测。

（5）切割时宜采用对相邻部位结构损伤最少的施工机具及工艺方法。

（6）施工时需妥善处理原建筑的水、暖、电等管线，以便恢复。

3　施工偏差处理措施

针对施工过程中可能出现的问题，提出相应的处理预案。建筑物整体平移施工过程中可能出现的问题及处理措施如下：

（1）建筑物移动轴线偏移

正常的平移过程，滚轴轴线是和轨道轴线是互相垂直的，但由于实际操作时不可避免的存在轨道的不平整和千斤顶的顶力出现向上向下或向左向右的分力，使滚轴的摩擦合力与轨道的轴线方向不一致，致使滚轴的滚动方向和轨道轴线方向不一致，房屋在平移时出现轴线偏移。要消除和控制此现象，除在轨道施工和千斤顶的安装时控制施工质量外，必须随时检查平移过程中的轴线位置。发现偏差超过允许值时必须将滚轴方向进行调整使滚轴和轨道重新垂直相交，让滚轴按正确的方向引导房屋前进[6]。

通过调整滚轴来纠正建筑物在一定程度是有限的。在平移过程中，由于难于提供施加于建筑物的水平反力，靠液压系统本身很难进行纠偏，而采用结构装置进行限位乃是一种较为可靠、有效的方法。如在平移过程中，在上轨道设置一定数量的导向块，在下轨道设置一定数量的限位墩，就可以在平移过程中避免大的偏差[7]。

（2）轨道出现不均匀沉降

①地基承载力不均匀，移动过程中轨道沉降差过大。设计中应通过加大轨道梁加以避免。施工中一旦出现，当新旧基础间过渡段较短时，加快移动速度，移至安全位置（因轨道按移动荷载作用下最不利位置设计，多数情况下改变位置即可减小风险）。当过渡段轨道较长时。在房屋现位置立即用钢结构作临时支撑，加固不安全位置的下轨道梁。加固方法可进行地基加固，也可加宽轨道梁底面面积。

②局部沉降或差异沉降过大，解决措施是停止移位，对软弱地基进行加固[8]。

（3）施加荷载不同步

施加荷载不同步会造成上轨道内力加大，房屋偏转可以采取以下措施以保证平移安全：

①正式平移前进行试推，以简单确定各轴所需推力的大小。

②出现扭转时应及时调整。调整办法是加大移动距离小的各轴推力，减小移动距离大的各轴推力。注意产生扭转的原因不只是加力大小不平衡造成的，也可能是轨道局部不平，一些滚轴发生偏转，各轴的沉降不均等因素的影响。施工时应认真分析原因。

（4）千斤顶与轨道接触面混凝土局部破裂

主要原因是该部位反复受压，局部破坏。解决方法是一旦出现破环可采用高强结构胶黏贴钢板进行加固处理。

（5）轨道不平整造成阻力过大，使平移受阻或房屋跑偏。检查发现不平整部位，交替使用直径不同的滚轴，引导楼房跳过不平整处。

（6）房屋局部开裂。出现这种情况应停止平移，分析原因，采取措施。一般裂缝产生的原因可能有三个：

①速度过大。控制措施是减小加荷速度和卸荷速度，控制轨道平整度。

②沉降差大。设计中应加以避免，施工中出现后及时加固轨道梁。上部结构开裂后影响结构安全和平移安全的，应立即加固。不影响平移安全的，就位后进行维修。

③裂缝原已存在未发现。分析对结构安全的影响，确定是否加固[3]。

4　总结

进行平移的砌体结构大部分建筑年代久远，属历史保护建筑，整体性较差，故对平移工程的质量要求较高。在整个平移进程中综合考虑建筑物实际情况进行设计，施工时应严格按移位工程技术方案和施工组织设计要求，明确控制点，按对称、分段、分批组织施工，并做好紧急情况预急方案，为后续平移提供质量保证。

参考文献

［1］　崔万杰. 建筑物整体移位工程研究及其可靠性分析［D］. 河南：华北水利水电大学 2007，65-73.

［2］　赵士永. 古建筑群整体移位的关键技术和理论分析［D］. 天津：天津大学，2013，63.

［3］　冯永耀，广州芳村信义教堂整体平移施工技术［D］. 广州：华南理工大学，2012. 5.

［4］　刘涛，建筑物移位工程托换结构水平受力分析［D］. 山东：山东建筑大学，2010，6.

［5］　张晓，汪潇，刘兆瑞. 建筑物整体平移中沉降差控制的研究进展［J］. 建筑技术，2015，46：32-33.

［6］　李国雄. 某古建筑物旧址整体移位保护施工技术［C］. 广东省第五次土木工程施工技术交流论文集，广州 2013，323.

［7］　董海林. 既有建筑整体移位安全技术性能指标分析与应用［D］. 上海：同济大学 2009. 3.

［8］　李会军，王连英. ANSYS 在建筑物平移中的应用［J］. 建筑技术，2015，46：32-33.

取水头部分节预制工艺在库区的应用

彭　锋　彭安心

湖南省沙坪建设有限公司，长沙，410000

摘　要： 随着我国城市化进程的加快，各大城镇对干净卫生水资源的需求量剧增，导致各大水厂的供给日趋紧张，如何创新取水头部在郊区内河水库内的施工技术成为一个关键问题。因此，取水头部分节预制水下安装能有效解决在内河水库中建设取水泵站的局面。

关键词： 取水头；内河、库区；分节预制；水下安装

近几年，随着我国城市化进程的加快，人们对改善人居环境的要求越来越迫切，对于保障让城镇居民喝上干净的水也已提上日程。根据各城市的城镇规划出现了各水厂将取水头部移至河流上游库区的趋势。其施工关键在于取水头部的水下安装施工。

取水头部分节预制工序分为陆地预制和水下安装，它是在传统的取水头部设计基础上，通过设计优化将其分割为不同大小的块体以适应当地的施工环境。

取水头部分节预制在长沙经开区星沙二水厂取水泵站建设项目中得到了成功应用。该工程位于长沙市长沙县，原水管道共2根，约6.8km，两根水管管径均为1.4m，取水头部长19.4m，宽4.6m，重220t。该工程施工区域处于捞刀河库区，大型施工船舶无法进入（能进入的最大吊船为50t，且是通过拆装后用大型平板车运抵现场后再进行拼装），经过数次专家论证及和设计优化后变更为分节预制水下拼装的施工方法。

1　取水头部分节预制原理

鉴于传统的设计方案为保证取水头部的整体性，均将其设计为一个整体，总重较大，在常规的大河中施工时有大型吊装设备能满足施工要求，在将取水头部迁移至内河水库中后大型吊船一般无法进入，在综合考虑情况下分节预制

施工成为需求。分节预制在综合取水头部的结构性和现场施工设备能力情况下按左右分两节上下分三节共六节进行预制，再分节进行水下安装。由于取水头部箱体分六块，每块重量为40t左右，利用50t拼装扒杆吊船1艘和150t汽车吊配合将分节箱体吊入水中后，箱体重量在浮力作用下在水中重量将减少，由于每节箱体混凝土体积约为16m³，其吊入水中浮运就位过程中体积按50%以上考虑，该部分箱体重量在浮力作用下在水中重量减少为32t以下，确保用50t拼装扒杆吊船将其浮运至施工现场进行水下安装。六节箱体之间的连接采用潜水员在箱体预留孔内水下穿螺栓紧固的方式。

2　主要施工技术

2.1　施工工序

施工前准备→取水头分节预制、验收→基槽开挖及抽砂→预制件分节吊装运输→取水头分节水下安装→水下混凝土浇筑。

2.2　主要施工方法

2.2.1　工程测量

为施工船舶设置导航定位标志，引导施工船施工，并对其经常校核。具体如下：根据平面控制测量中两个临时控制点坐标计算出每一开挖断面坡脚处即挖槽底边线坐标，建立挖槽边线坐标网，然后根据挖槽边线坐标和两个临时控制点坐标，用全站仪或两台经纬仪交会并在该挖槽边线河岸处布设导标；在基槽开挖时加设中线导标，导标采用钢制花杆，控制挖槽边线。

2.2.2　取水头部预制

取水头部的陆地预制按常规现浇混凝土工艺制作，但在构件预制时底部同样进行装模（模板双面刷隔离剂），对预制构件上部的侧模在确定其水平位置后将多余部位切除，以保证预制件的平整度；在混凝土浇筑完毕混凝土终凝前用全站仪重新复核预埋件的位置，并根据需要进行微调。

图1　钢筋绑扎

图2　预制构件

2.2.3　基槽开挖及抽砂

基槽采用 $1.0m^3$ 长臂反铲拼装挖泥船进行基槽开挖，用泥驳船装泥运至指定地点。为保证挖槽精度，事先在反铲挖泥船的挖机动力臂上标出刻度与水下开挖深度相对应，挖泥时采取扇形开挖方式，可保证槽内不留死角。对工程船无法开挖的中风化岩部位采用水下爆破，该爆破采用导爆管雷管接力式起爆网路，单次起爆深度 2.5m。

2.2.4　取水头箱体运输和水下安装

利用 50t 拼装扒杆吊船和 150t 汽车吊配合将分节箱体吊入水中后，再用 50t 拼装扒杆吊船将其起吊浮运，保持吊装箱体有 50% 的体积在水中，同时利用 80kW 机动艇将其缓慢拖运至安装地点安装。

2.2.5　水下混凝土浇筑注意事项

（1）水下混凝土采用导管法浇筑。

（2）导管在使用前做闭水试验，经试验 15min，管壁无变形，接头不漏水为合格。

（3）水下混凝土的出口压力不小于 $1kg/cm^2$，导管在水下混凝土的埋深为 0.5m。

2.2.6　为增加其整体稳定性，对取水头三角仓内、箱体底部和箱体外侧于基坑间的操作面进行水下混凝土灌注。

3　施工难度与解决办法

3.1　精度要求高

（1）用水准仪严格控制分块预制场地的平整度，在构件预制时底部同样进行装模（模板双面刷隔离剂），对预制构件上部的侧模在确定其水平位置后将多余部位切除，以保证混凝土浇筑后的平整度。

（2）在钢筋绑扎完毕后，用全站仪对各预埋件的位置进行精准定位，然后由焊工将预埋件焊接在钢筋骨架上，在混凝土浇筑完毕混凝土终凝前再用全站仪重新复核预埋件的位置，并根据需要进行微调。

3.2　运输难度大

利用 50t 拼装扒杆吊船和 150t 汽车吊配合将分节箱体吊入水中后，再用 50t 拼装扒杆吊船将其起吊浮运，保持吊装箱体有 50% 的体积在水中，同时利用 80kW 机动艇拖运。

3.3　水下施工难度大

安装时绞动船舶锚机用全站仪对箱体进行粗定位，然后通过锚机绞动与箱体两角相连的细钢丝绳进行精确定位，然后将箱体缓慢沉入基坑内，再由潜水员下水检查箱体四周标高是否达到设计及规范要求。

4　结束语

星沙二水厂项目取水头部的安装成功得益于取水头部分节预制的应用，它在内河库区中进行取水头部的安装有着无可比拟的优点。随着城市化的进程以后会有越来越多的取水头部需安装在内河库区中，此次取水头部分节预制水下安装的成功对当地其他取水头部施工提供一定的经验。

参考文献

［1］王力. 复杂地形下取水头水下爆破施工技术［J］. 工程技术：全文版，2016.

［2］万方. 国电蚌埠电厂取水头施工［J］. 水利水电技术，2008.

［3］周艳莉. 南京某水厂大型取水头部结构设计与施工［J］. 西南给排水，2008.

浅谈金沙湾二期桩基项目质量管理

肖　聪

湖南省机械化施工有限公司，长沙，410000

摘　要： 金沙湾二期桩基项目质量管理即自项目开始至项目完成，通过项目策划和项目控制，以质量管理为主轴，使项目的费用目标、进度目标、安全目标得以实现。文章以金沙湾B区二期桩基工程为例，主要从工程的质量进行了深入的总结和探讨，为后续工程项目的管理提供参考。

关键词： 质量管理；进度；成本；安全

1　前言

　　金沙湾二期桩基项目质量管理即自项目开始至项目完成，通过项目策划和项目控制，以质量管理为主轴，使项目的费用目标、进度目标、安全目标得以实现。事前做好质量控制要点交底，加强施工过程中的质量控制，采用技术手段来达到质量目标。

2　工程概况

　　金沙湾B2、B3、B10、B13、B16栋桩基础工程位于祁阳县长虹路与金盆西路交汇处，本工程5栋高层建筑（其中B2、B3栋10层，B10、B13栋17层，B16栋26层），上部结构形式均为框剪结构，基础形式均为旋挖钻孔灌注桩基础。

　　工程地质勘察报告表明，工程拟建场地为石灰岩地质，溶洞、溶沟、溶槽遍布整个施工场地且高度发育、相互贯通，一方面破碎带多，另一方面岩石坚硬，最大强度可达80MPa，设计桩深最深达50m，本工程且70%的桩基础会穿越溶洞地区，设计以中风化石灰岩层作为桩基础持力层，岩石饱和抗压强度范围值为30.9～53.3MPa，平均值为42.78MPa，标准值为40.28MPa，推荐桩的极限端阻力标准值20000kPa，桩端嵌入中风化石灰岩层深度不小于1倍桩径且不小于1m；桩基详细设计参数如下表1所示。

表1　桩基础设计参数表

桩号	混凝土强度等级	单桩竖向承载力特征值 R_a（kN）	桩径（m）	桩长（m）	入持力层深度 H_1（m）	桩配筋		
						主筋 HRB400	加劲箍 HRB400	螺旋箍 HPB300
ZJ2-800	C30	3500	800	≥6	>1D	12Φ16	Φ14@2000	Φ8@100/200，加密区为5倍桩径
ZJ2-1000		6500	1000			16Φ16	Φ14@2000	
ZJ2-1200		9000	1200			18Φ16	Φ14@2000	
ZJ1-800		3500	800			12Φ16	Φ14@2000	
ZJ1-1000		6500	1000			16Φ16	Φ14@2000	
ZJ1-1200		9000	1200			18Φ16	Φ14@2000	

　　鉴于此项目地质条件复杂，溶洞、溶沟、溶槽遍布整个施工场地且高度发育、相互贯通，且岩石最大强度可达 80MPa，桩深最深可达 50m。如此高、艰、重的施工项目，成孔质量（溶洞的处理），混凝土浇筑质量等关键工序质量控制非常关键，出现了质量问题，肯定不能按节点完成，成本更是不可控。作为工程建设每一位管理人员，必须清醒地认识到此项目的特殊性，质量管理的含金量在工程建设过程中的重要性。

3　质量管理

　　质量是企业的生命，质量是企业发展的根本保证。我们是带着特殊使命来完成此施工任务，施工质量是重中之重，不容有失本工程我们从以下几个方面出发，对项目质量工作进行了全过程的管理。

3.1　质量监督机制

　　整个项目的质量管理可用以下几句概括：确定目标，明确责任；分解落实，详细交底；针对难点，组织攻关；样板示范，摸索经验；跟踪控制，严格把关，做好质量控制；全天候对施工质量进行有效监测。建立健全质量全过程监控制度体系，以科学的方法、手段及运用三全控制基理对工程质量进行干预和控制，使工程质量始终处于动态管理之中。

　　（1）建立质量自检制度。

　　首先从测量放线开始，两个专业测量员分工合作，"你放点我复核"，全部留有测量痕迹，有数据可查。同时对各机手和跟机人员进行交底，桩号、桩径、孔深均以书面形式用密封袋装好套在桩位上，简单明了的展现在各作业人员跟前。然后成孔过程中的扩孔，振动锤配合下长钢护筒，泥浆的抽放，在不同复杂地质情况下轮番更换钻头均由现场有经验的操作手把控，施工员全过程跟踪。成孔后，跟机人员先测量上报施工员复核满足设计及规范要求后再报监理、甲方。钢筋笼加工场地提前硬化，统一规划施工场地，做好安全文明施工策划工作。钢筋笼样板制作，拍摄视频，发至所有钢筋工的手机上，以此为示范，严格要求。对成品检查，现场质量员严格把关，钢筋笼直径、间距、长度均满足要求方可安放。施工员严格控制钢筋笼标高。下导管前测量沉渣厚度，做好记录，不满足规范要求的一律重新清孔，在此泥浆的制作和正确使用非常重要，是保证成孔质量的重要手段。浇灌混凝土过程中，及时把控混凝土面的标高，预料因溶洞导致混凝土面缓慢下沉的特殊现象，严格控制灌注速度和导管埋深，静置多观察，防止出现断桩。施工员时刻坚守，绝对控制混凝土浇筑成桩质量，做好详细的每桩一混凝土浇筑施工记录。做到层层负责的监督对施工质量把关，处处留有根据可查。总结经验，溶洞、灰岩高度发育地区不宜干成孔，需泥浆灌满溶洞或换填溶洞流塑状填充物。

　　（2）配合第三方质量监督。

　　第三方监督指业主（监理）的监督，业主和监理，长驻工地，24 小时对工程中尚未施工或正在施工的和已完成施工分部、分项工程及各道工序进行全面监督。

　　上述两套质检机制共同组成控制工程质量的完整体系。二者既明确分工，又密切联系，有效地保证工程质量能够达到预定的目标。质量控制过程如图 1 所示。

3.2　监督方法和手段

　　作为管理人员，管理工程施工质量是现场管理工作中的重中之重，工程质量的好坏，很大程度上取决于项目管理团队的管理水平和监管力度。

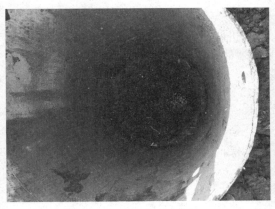

（1）成孔观感质量　　　　　　　　　（2）第三方质量监督及现场技术指导

图 1　施工质量过程控制

（1）现场生产经理对于施工作业中每道工序做到现场检查发现问题，随时指出并纠正，检查手段采取实测实量和施工经验相结合的方式，已形成的成品有权责令施工人员推倒重来。

（2）技术负责人召集现场管理人员及施工作业人员，对施工中普遍存在的问题予以指明，严格对施工工人进行工序技术交底，纠正错误，限时改正。

（3）技术负责人编制专项施工方案、质量控制书和指导文件，对施工过程中可能发生或已经发生的质量通病详细说明，指明对策，明确责任并责成项目部责任人员限时整改。同时，质量管理的方法和手段根据工程性质和特点的具体情况采取相应的方式，分类、分项对各工种进行详细的交底和指导。管理人员主动与业主（监理）部门沟通、密切配合，全员参与，共同管理。

4　技术手段优化质量

通过技术手段及施工方案的优化来保证质量。地勘资料显示，回填土最深达 13m，且松散状，含大块石，经常出现桩孔垮塌及泥浆流失严重现象，下护筒和穿过回填土消耗时间长，且无法控制桩孔垮塌等现象。大家集思广益，在公司总工的指点下，采用振动锤下长钢护筒方案，能够快速高效的穿过回填土层，非常有效的控制了桩孔垮塌现象，保证成孔质量。另外，采本工程地质钻孔揭露 70% 钻孔都有地质发育不良的情况，出现溶洞及多层溶洞，采用冲孔桩来处理这些多层溶洞、40m 以上的超深桩，既可保证成孔质量又可避免旋挖钻机卡钻头和钻杆的风险，节约时间来施工其他桩，此项冲孔桩作为补强技术措施不失为一良策。

为达到缩短工期、降低成本、提高质量的目的，正确选择施工方案是关键，在施工过程利用冲孔桩制作的泥浆回收循环利用于旋挖桩施工，既节约造浆成本又环保，最关键是能够

图 2　长钢护筒施工

保证成桩质量。

本项目在各种资源配置的有限保证前提下，施工进度得到了保证，成本得到了控制，无任何施工质量问，最终提前了 10 天完成所有桩基施工任务。

5　结论

综上所述，工程项目的质量管理是一个系统工程，它包括事前控制，事中控制，事后总结等多方面的工作，只有项目部所有人员齐心协力，精心细作，切实加强工程质量管理，才能保证安全，保证进度，达到降本增效的目标，才能保证工程项目的顺利圆满完工，为企业创造良好的经济效益。

参考文献

[1] 建筑工程项目管理［M］. 中国建筑工业出版社.

[2] 建筑工程经济与企业管理［M］. 中国建筑工业出版社.

[3] 建筑工程项目的质量控制［J］. 中外建筑.

[4] 金沙湾 B2、B3、B10、B13、B16 栋桩基工程专项施工方案.

浅析超高层超长超大铸钢件铸造的
质量控制要点

宁志强　　吴掌平　　唐润佳　　李　玮　　刘　明

中建五局第三建设有限公司，长沙，410004

摘　要： 结合湖南长沙世茂广场超高层写字楼工程核心筒加强层中铸钢件的应用实际情况，具体介绍了铸钢件的铸造工艺及质量控制要点，并说明该技术具有较好的实用性、优越性，是一种在建筑工程应用中值得推广的施工工艺。

关键词： 超高层；铸钢件；质量控制

1　前言

近年来，随着我国国民经济持续快速发展，高层建筑得到了迅速发展，尤其是近几年，兴建了很多超高层建筑。超高层结构体系广泛采用了中间核心筒与外围框架相结合的结构形式，通过设置伸臂桁架来协调核心筒与框架间的正常、地震工作状态的受力和变形。

与伸臂桁架相连段的核心筒竖向结构是受水平荷载最集中的部位，为有效提高核心筒结构整体抗侧刚度，抵消更多的水平荷载所产生的倾覆弯矩，需要对该段核心筒竖向结构进行设计加强处理。目前常采用的是增加竖向钢骨构件、增大钢筋混凝土构件尺寸、增加配筋结合的方式对核心筒加强层进行加固加强处理。

在核心筒加强层混凝土结构内设置铸钢件具有整体刚度性好、有效抵消、分散内核心筒的倾覆力矩，有效增大结构的抗侧刚度，减小结构侧移动，达到抗震性能要求。

2　工程概况

长沙世茂广场工程为一类超高层建筑，总建筑面积 22.9 万 m^2，高度为 348.3m，地下 4 层，地上 75 层，结构平面为 47.8m×47.8m。塔楼结构类型：钢管混凝土框架 + 钢筋混凝土核心筒 + 伸臂桁架混合结构。为了同时满足结构稳定性与抗震性能的要求，加强层采取核心筒铸钢件 + 厚板环带梁 + 外框筒伸臂桁架连接的形式进行有效加固。

在结构 F22 层、F38 层、F52 层三个避难层位置分别设置 2 层高的伸臂桁架加强层，伸臂桁架斜杆采用屈曲约束支撑，支撑屈服承载力分分别为 25000kN，32000kN，35000kN。铸钢件（ZGJ）布设于加强层核心筒的 4 个角部，第一道 ZGJ1 布设于 86.470 ～ 104.570m，ZGJ2 布设于 155.970 ～ 170.650m，ZGJ3 布设于 216.770 ～ 234.870m。选用《铸钢节点应用技术规程》（CECS235 ：2008）的 G20Mn5QT 高强度低合金材质，其力学性能不小于 Q345GJDZ25 钢，铸钢件通过调质处理不仅有较高的强度和韧性，而且具有良好的焊接性能，有利于现场的施工和焊接。

铸钢件最大长度为 18.1m，直径 $\phi380mm$，系国内超高层建筑中第一次采用。由于单根铸钢棒贯穿四层，在不同轴线、标高位置分布若干连接牛腿，该铸钢件结构看似简单，但是对于铸造来说，380∶18100=1∶45 的径长比，它属于细长轴类铸钢件，在铸造的各个生产环节（模具、造型、浇注等）中都容易产生变形，且变形量难以预测，不仅影响钢柱的直线度，而且牛腿的标高、轴线也难以确保，从而影响铸钢件在现场的安装。

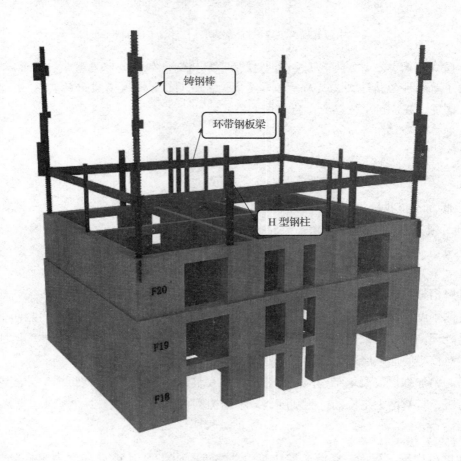

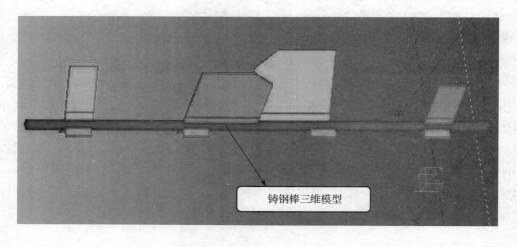

3　铸钢件工厂生产工艺流程

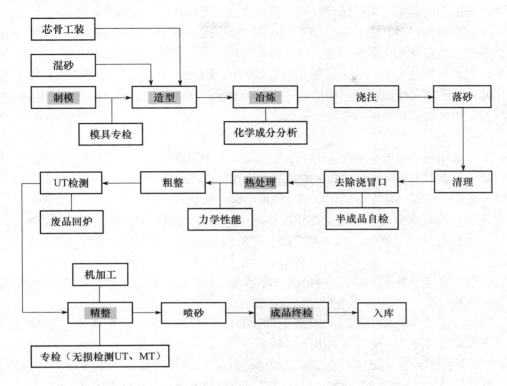

4　铸钢件工厂铸造质量控制要点

工厂加工质量控制要点：（1）制模；（2）造型；（3）冶炼（化学成分分析）；（4）热处理（力学性能试验）；（5）精整（无损检测、补焊）；（6）成品终检（外观、尺寸）。

4.1　制模

（1）模型制作：木模材料选择干燥的红松、优质的多层板和胶合板，防止模具的收缩和变形而引起尺寸的变化。模型制作后依据产品图样和铸造工艺图，对模具平面度、表面粗糙度、芯头和芯盒的配合尺寸、工艺余量等进行检测。

（2）模型检验：对铸钢件各支管管口间相对位置根据角度换算成线性尺寸进行验证；必要时对铸钢件模具尺寸用样板进行检查。检查冒口、浇道等工艺措施是否按工艺图在模具上标示位置；对产品标识进行检查。

4.2　造型

模型制作完成后进行造型处理。根据模型大小制作相应大小的砂箱，选用优质的 4# 石英砂（因普通黄砂在 200℃ 以上会有爆裂，而钢水在 1500 至 1600℃ 时造型体会被高温钢水击穿，因此选择石英砂作为造型砂。它在高温下不变形不消失，具有高温抗衡能力），同时掺入耐火粘结剂、水玻璃（波美度不低于 40Be°）等分别搅拌成混制面砂、泥芯砂和背砂，并对各种型砂进行强度检测，符合工艺要求方可使用，要求面砂和泥芯砂强度 ≥ 1.1MPa，背砂强度 ≥ 0.55MPa。

造型好坏直接影响浇铸件质量，因此要求砂型无飞边、无毛刺、无缺陷、型腔内干净干燥，硬化程度高，浇铸冒口位置、大小应设置合理，排气通畅，浇铸系统应根据铸件设置合理。造型时浇道的排设和冒口的摆放严格按照工艺图布置。面砂层厚度控制在 10 ~ 15cm，舂砂要掌握适当的紧实度，确保型腔的强度，浇道和冒口四周的砂型要紧实，防止浇注时浮砂掉入型腔引起夹砂等铸造缺陷。泥芯制作时，为确保泥芯排气畅通并具有一定的退让性，视芯骨直径大小需要缠绕 1 ~ 3 道草绳。本工程的铸钢节点部分支管为活支管，造型时各支管需要设置排气通道并引出箱外。配箱时需要对照图纸检查产品的壁厚是否符合工艺要求，并确保使用的芯撑无锈蚀。合箱前检查型腔是否清洁，泥芯的排气是否畅通。合箱后砂箱紧固要可靠，防止浇注时出现抬芯和漏箱。

4.3　冶炼和浇筑

在工厂采用碱性电弧炉氧化 - 还原法炼钢和精炼炉精炼钢水。炉料选用优质废钢、回炉料、合金元素、稀土和配碳生铁或配碳剂，严格控制残留元素。

（1）冶炼：经过熔化期、氧化期和还原期后即可准备出钢。

熔化期：炉料熔清后，充分搅拌钢液熔池，取 1# 样（熔清样）分析 C 和 P 含量，取样时应在熔池中心处舀取钢液，如含 P 过高，应放渣或扒渣，出渣后随即加入石灰和氟石造新渣。

氧化期：有效地脱 P、清除钢液中的气体和夹杂物，将含 C 量调整到所要求的成分范围和提高钢液的温度。充分搅拌钢液，取 2# 钢样，分析 C、P、Mn 含量。

还原期：有效地脱氧、脱硫，取 3# 钢样，分析 C、Mn、P、Si、S 含量，并调整好钢液的化学成分和钢液温度，使之达到出钢的要求。

出钢：终脱氧后钢液温度符合要求，取 4# 圆杯样（此样可兼作成品样），检查钢液脱氧情况，准备出钢。出钢前钢包的耐火材料衬层须经充分干燥，并烘烤至暗红色。

钢液的温度控制：炉料熔清时，钢液的温度较低，在氧化期中提高温度，使钢液在氧化期末的实际温度达到或略高于（+20 ~ 30℃）钢液的出炉温度；还原期中基本上保持冶炼过程在钢液出炉温度条件下进行。如钢液温度稍低，可适当提温，但应避免在氧化期末钢液温度过低，而在还原期大幅度提温。

（2）浇筑：浇注温度控制在 1560℃ ±20℃。开始浇筑时钢水流要小一些，浇注过程逐渐加大至全流，钢水上升到冒口颈时要缓流，再继续浇注到工艺规定的冒口高度，浇注中不能断流。浇注完后应立即往明冒口上加覆盖材料（碳粉）保温。待完全凝固后，松开砂箱的紧固螺丝，让其能自由收缩。浇注过程开始应立即在泥芯头和冒口的出气口引火，便于气体的顺利排出。

4.4　热处理

铸件进行淬火 + 回火热处理，均匀钢的化学成分和组织，细化晶粒，提高和改善材料的力学性能，从而消除内应力和热加工缺陷、降低硬度改善切削加工性能和冷塑性变形性能。

先将铸件以 ≤ 80℃ /h 升温至 650 ± 20℃，然后以最大速率升温至 920 ± 10℃的方式进行加热。升温至 920 ± 20℃时，即可进行保温（具体保温时间根据铸件的壁厚 1h/25mm 确定）处理。完成上述工作后即可出炉淬火。最后以 ≤ 70℃ /h 加热升温至 620 ± 20℃，而后保温（具体保温时间根据铸件的壁厚 1 小时 /25mm 确定），进行回火处理。随炉冷却至 250℃以下后，即可出炉空冷。

4.5　精整

（1）打磨修补：砂眼、气孔、夹渣、夹砂、凹陷修补等。

（2）补焊：当铸钢节点的缺陷较深时，应去除缺陷后进行焊补。焊补应在最终热处理前进行，焊补前进行预热处理，预热温度120～150℃，焊接过程中控制层间温度150～200℃。工厂采用二氧化碳保护焊焊补，为防止出现气孔等缺陷，必须做好防风措施。焊后随即在表面覆盖石棉布保温，使之缓慢冷却。经热处理后重大焊补的铸件须进行不低于550℃的回火处理，消除焊接应力。

需要补焊的铸件，对焊补处将缺陷清除干净后应进行渗透或磁粉、超声波等无损探伤检查。不允许有影响铸钢件性能的裂纹、冷隔、缩松、缩孔等缺陷存在。

（3）无损检测验收：铸件超声波探伤在铸钢件管口150mm范围内按《铸钢件超声探伤及质量评级方法》（GB/T 7233—2009）进行100%超声波检测，质量等级为Ⅱ级；其他部位具备探伤条件的进行超声波探伤，质量等级为Ⅲ级。无损检测前清除铸件表面锈蚀、油脂等影响检验效果的杂物。

4.6　成品终检

最终出厂的铸钢件表面应清理干净，修整飞边、毛刺，去除浇冒口（火焰切割或碳弧气刨，表面平整光滑）、粘砂和氧化铁皮，热处理后要将氧化皮用打磨或喷砂的方法清理干净。铸钢件表面不得有裂纹、砂眼、气孔、夹渣、夹砂及明显凹陷等铸造缺陷。

5　铸钢件其他质量保证措施

5.1　铸钢件化学成分与力学性能

（1）化学成分：

铸钢件参照CECS235：2008标准中G20Mn5QT化学成分（%）：

钢号		C	Si ≤	Mn	P ≤	S ≤	Ni ≤
牌号	材料号						
G20Mn5QT	1.6220	0.17～0.23	0.60	1.00～1.60	0.020	0.020	0.80

（2）力学性能

钢号	壁厚或直径（mm）	屈服强度 σ_s（N/mm^2）	极限强度 σ_b（N/mm^2）	延伸率 $\delta 5\%$	冲击功（J）室温
G20Mn5QT	≤ 100	≥ 300	500～650	≥ 22	≥ 60

试块的形状、尺寸、浇注方法及试样切取位置符合GB 11352《一般工程用铸造碳钢件》的规定；

拉伸试样选GB 6397—1986《金属拉伸试验试样》中直径10mm的短比例试样（试样号R4），拉伸试验按GB 228—2002《金属拉伸试验方法》进行；

冲击试验按GB 229—2007《金属夏比（V型缺口）冲击试验方法》进行。

5.2　焊缝质量要求

进行100%超声波检测（GB/T 11345），质量等级为Ⅰ级；磁粉探伤，检验标准按GB/T 9444—2007《铸钢件磁粉检测》，质量等级为Ⅰ级。

焊接参数：

	道次	焊接方法	焊条或焊丝		保护气	保护气流量（L/min）	电流（A）	电压（V）
			牌号	ϕ（mm）				
立焊	打底	FCAW-G	CHT711	1.2	CO_2	15～25	160～180	24～28
	填充	FCAW-G	CHT711	1.2	CO_2	15～25	180～240	25～32
	盖面						200～270	28～38

5.3 铸钢件变形控制及纠正

（1）分段铸造：实心铸钢件细长比 1：45，温度变化后构件变形难以控制，采取分 3 段铸造的办法，即调整第一节、第三节为 4.5m 长，中间节为 9m 长，分段铸造，在工厂内拼装焊接成形。

（2）拼装焊接变形控制：为了减小焊接变形，对接位置开设双面单边 U 形坡口，对接位置按 90° 安装 –25mm×150mm×260mm 夹板，焊接方式为二氧化碳气体保护焊。同时，采用双人双面对称焊接，焊缝为立焊，焊接分多层多道焊，并逐层逐道清理药渣和飞溅。焊接时严格控制焊接参数和层间温度，层间温度不低于 200℃，焊接过程中采用测温枪进行温度监测，如果温度过高影响暂停，等温度符合要求后再进行焊接。盖面时焊缝高于表面 2～3mm，盖面不得有未焊透、咬边等缺陷。

焊完后在焊缝两侧各 100mm 范围内全方位均匀采用电加热器进行 250℃消氢处理，保温 10h。

焊后 ≥ 48h 冷却钢材晶相组织稳定后，对焊缝进行超声波无损检测。同时，对对接节点进行焊后撕裂现象的跟踪复查、监控，24 小时监控一次，连续监控 10 天

（3）9m 长铸钢件变形矫正：工厂室内气温一般为 30～33℃，铸钢件冷却相较平时缓慢，脱箱时构件受突然降温收缩增大从而导致局部变形过大情况出现。可采用在下道工序正火、回火进行矫正，即按正常工艺正火至 900℃后降温至适当温度内，在构件不受损伤的情况下保持一定的时间，在构件软化状态下，将构件吊装在炉车上设置 3 个支架并保持起拱部位在正上部位，控制好预计矫正高度，然后在构件起拱部位上压 2～3 吨重钢板，利用外部荷载使其产生回归变形从而达到矫正目的。

6 结束语

影响铸钢件质量的因素很多，包括：人、机、料、法、环。因此，铸钢件铸造质量的管控是一个综合管理体系，除了本文所阐述的工艺方面的质量控制，还要充分利用发挥各方主体单位及检测单位的技术力量和资源，及时解决铸造问题，确保铸造质量。在铸造过程中，通过各方对质量的严格控制，目前国内超高层最长的铸钢结构已顺利加工成形，通过外观检查、超声波检测及磁粉探伤检测等，各铸钢棒均达到设计要求及规范要求，一次性验收合格，值得同类工程参考和推广应用。

参考文献

［1］ 中国工程建设协会标准. CECS 235：2008. 铸钢节点应用技术规程［S］. 北京：中国计划出版社，2008.

［2］ 中国钢铁工业协会．GB/T 222—2006．钢的成品化学成分允许偏差［S］．北京：中国标准出版社，2006．

［3］ 中国钢铁工业协会．GB/T 223—2008．钢铁及合金化学分析方法［S］．北京：中国标准出版社，2008．

［4］ 中国钢铁工业协会．GB/T 228—2002．金属拉伸试验方法［S］．北京：中国标准出版社，2002．

［5］ 中国钢铁工业协会．GB/T 229—2007．金属夏比缺口冲击试验方法［S］．北京：中国标准出版社，2007．

［6］ 全国铸造标准化技术委员会．GB/T 6414—1999．铸件尺寸公差与机械加工余量［S］．北京：中国标准出版社，1999．

［7］ 中国钢铁工业协会．GB/T 7233—2009．铸钢件超声探伤及质量评级方法［S］．北京：中国标准出版社，2009．

［8］ 中国钢铁工业协会．GB/T 9444—2007．铸钢件磁粉探伤及质量评级方法［S］．北京：中国标准出版社，2007．

［9］ 中国钢铁工业协会．GB/T 11352—2009．一般工程用铸造碳钢件［S］．北京：中国标准出版社，2009．

［10］ 中冶建筑研究总院有限公司．GB 50661—2011．钢结构焊接规范［S］．北京：中国建筑工业出版社，2011．

我们能提供合格的建筑产品吗

——我国工程项目施工质量管理现状探析

王朝晖　　曹　阳

中国建筑第五工程局有限公司，长沙，410004

摘　要： 从法律法规、企业管理、项目管理三个层面，分析了我国现行工程质量的管理制度、管理现状，以及存在的问题，指出我国对工程施工质量管理已建立了较为完善的制度体系，但执行不力；施工单位在企业和项目层面的质量管理机构不健全、措施不到位；工程质量验收单位主体意识不强，验收组织和程序不规范。这些缺陷严重影响了工程质量。针对这些问题，从建设行政管理部门控制工程质量源头、施工单位改进施工质量管理、质量责任主体加强工程验收这三个方面，提出了改进措施。

关键词： 工程项目；施工质量；质量监督；质量管理；改进措施

建筑业是我国重要的支柱产业，并且由于它直接关系到人们的生产生活条件，与人们的生活息息相关，一直是社会关注的重点，特别是建筑质量问题，更是重中之重。如何提供合格的建筑产品，充分发挥建筑产品的功能，是政府、企业、消费者共同关心并努力追求的目标。对于工程项目施工质量管理，也有较多的研究人员和工程管理人员给予了关注[1-4]。本文从法律法规、企业管理、项目管理三个层面，分析工程施工质量管理中存在的问题，并提出相应的解决对策。

1　我国法律法规及政府对建筑质量的管理

为了保证建设工程的质量，我国建立了较为完备的法律法规、部门规章体系，通过这些文件，确立了严密的质量管理制度。这些制度主要包括：

（1）施工图设计文件审查制度。2000年实施的《建设工程质量管理条例》规定，建设单位应当将施工图设计文件报县级以上人民政府建设行政主管部门或者其他有关部门审查。2004年及2013年住建部（原建设部）发布的《房屋建筑和市政基础设施工程施工图设计文件审查管理办法》明确规定：施工图未经审查合格的，不得使用。施工图文件审查制度，从源头上保证了勘察设计质量，对建设工程的质量提供了最有力的支撑。

（2）施工许可制度。1997年实施的《建筑法》确定了施工许可制度。规定在开工前，建设单位应当按照国家有关规定向工程所在地县级以上人民政府建设行政主管部门申请领取施工许可证，并从工程用地、规划、拆迁、施工企业等八个方面规定了领取施工许可证的条件。

（3）工程建设监理制度。早在1989年，建设部就发布了《建设监理试行规定》；1995年，原建设部和原国家计委印发了《工程建设监理规定》；在《建筑法》中，明确规定了"国家推行建筑工程监理制度"；《建设工程质量管理条例》中规定了监理单位的质量责任和义务。

监理制度的实施，为建设工程的质量保证引入了科学公正的专业公司，大大减轻了建设单位的管理工作量，对工程质量保证提供了重要的保障机制。

（4）质量监督管理制度。《建设工程质量管理条例》规定：国家实行建设工程质量监督管理制度；建设工程质量监督管理，可以由建设行政主管部门或者其他有关部门委托的建设工程质量监督机构具体实施。如今，各个省、市、县分别建立了各级质量监督机构，对建设工程的合法性、实体质量进行了全面的监督。

（5）工程质量检测制度。2005 年建设部颁布了《建设工程质量检测管理办法》，规定了对建设工程质量检测活动的监督管理。

（6）工程质量事故报告制度。2010 年 7 月，住建部发布了《关于做好房屋建筑和市政基础设施工程质量事故报告和调查处理工作的通知》，就工程质量事故的等级划分、事故报告、事故调查、事故处理进行了规定。

（7）工程竣工验收备案制度。2000 年 4 月，建设部发布实施了《房屋建筑工程和市政基础设施工程竣工验收备案管理暂行办法》，2009 年 10 月，住建部对其修订为《房屋建筑和市政基础设施工程竣工验收备案管理办法》。规定建设单位应当自工程竣工验收合格之日起 15 日内，向工程所在地的县级以上地方人民政府建设主管部门备案。

（8）工程质量保修制度。《建筑法》确定了工程质量保修制度，《建设工程质量管理条例》具体规定了各分部分项工程的最低保修年限。工程质量保修制度，对增强施工企业的质量意识、提高工程实体质量起到了巨大的促进作用。

此外，各地建设行政管理部门还发布了大量的地方性部门规章，如《济南市建筑市场有关责任主体关键岗位人员配备数量最低标准》（济建建字〔2011〕12 号）等，对工程项目的施工、监理人员配备进行了规范。

综上所述，我国对建筑行业质量管理已建立了较为完善的制度体系，从政府管理角度来说，已经实现了"有法可依"。

但是，如果从工程质量管理效果来看，现实情况却是工程质量事故时有发生，工程质量问题层出不穷，广大民众对工程质量多有不满。细究其原因，在政府管理部门方面的原因主要有：（1）管理制度执行不力，很多制度成为了"纸上制度"。（2）对建设程序监管不足，导致大量建设手续不全的工程开工建设，严重影响了工程质量。（3）对工程质量责任主体各方的质量行为监管不足，过多地介入到工程实体质量具体的检查控制中，致使施工企业质量管理机构不全、人员不足，对工程质量的控制能力弱，监理单位对工程质量的检查能力弱，而政府管理部门又由于人员不足等原因，对实体质量的监管也是走马观花，从而没有起到应有的监督作用。（4）对工程竣工验收监督错位，没有以监督者的身份对工程竣工验收的组织形式、程序进行重点监督，反而成为验收的参与者与主角，从而弱化了建设单位、勘察单位、设计单位、施工单位、监理单位验收主体的验收意识，将工程竣工验收变成了"通过质监站的验收"这一错误的认识。

2　施工企业管理中的质量管理

质量管理是施工单位企业管理的重要内容，我国，在国家标准《质量管理体系要求》、《工程建设施工企业质量管理规范》的指导下，有规模的建筑施工企业都建立了相应的企业质量管理体系与制度，以规范企业的质量管理行为。

　　根据《工程建设施工企业质量管理规范》，在企业层面，质量管理的主要内容可简单概括为表1。

表1　企业层面质量管理主要内容

序号	质量管理内容	责任人
1	制定质量方针与质量目标	企业最高管理者
2	质量管理体系策划、建立、实施、改进	
3	建立质量管理的组织机构	
4	确定和配备质量管理所需的资源	
5	培养和提高员工的质量意识	
6	各级专职质量管理部门和岗位的职责、权限	质量管理部门
7	其他相关职能部门和岗位的质量管理职责、权限	其他职能部门
8	人力资源、材料、设备、合同、分包等部门质量管理职能的协调	质量管理部门
9	项目施工质量管理及检查	
10	质量管理自查、质量信息、改进	

　　从表1可以看出，企业最高管理者在质量管理中占主导控制地位。但是，对于企业最高管理者来说，质量管理只是其职责的一部分，在当今激烈竞争的建筑施工行业中，其绝大部分精力不得不花在承揽任务、保证生产、结算回款上面，很难对质量管理工作投入更多的精力。在我国现行的施工企业组织模式下，企业的质量管理工作一般由总工程师直接领导；下设质量管理岗位，具体从事质量管理工作。在企业层面，质量管理工作主要在于策划、组织、检查与考核，涉及到很多与决策及资源调配相关的工作，需要企业最高决策层决定、并具体安排才能落实。而对于具体从事质量管理工作的质量主管来说，很多方面超出了其职位的影响力，从而造成了工作的被动。这是我国施工企业质量管理问题的主要症结。

　　其次，企业质量管理人员缺失。对于我国的施工企业来说，在企业层面很少设置独立的质量管理部门，大多是在技术或工程管理部门设置1个质量管理岗位，这种配置很难满足当今日益提高的工程质量管理要求。

　　第三，质量管理人员素质不高，难以切实履行相应的管理职责。作为企业层面的质量管理人员，既需要对最高管理层的质量意识有一定影响力，又需要具体制订切实可行的质量管理制度并组织实施，对项目的质量工作进行指导、检查、考核，还需要从事分析、总结、创优申报等工作。这就要求企业的质量管理人员既要有较强的沟通组织能力和执行能力，还要有丰富的现场经验和一定的文字功底。而现在大部分施工企业的质量人员基本都缺乏这种综合能力。

　　第四，质量工作边缘化。由于前述原因，以及工程质量与进度、成本等方面发生冲突时质量经常被有意或无意地忽视，从而使质量管理工作在企业管理中处于弱势地位，并形成恶性循环。

　　因此，在我国，施工企业的质量管理存在较大的缺位，直接影响了项目的质量管理，从而影响了工程的实体质量。

3　项目管理中的质量管理

质量管理是工程项目管理的主要内容之一。施工项目部是工程质量管理的最基本、也是最直接的责任体。在我国，虽然项目经理必须对工程项目施工质量负全责[5]，但一般由项目总工程师直接负责工程质量工作，由质量工程师直接从事质量控制的相关工作。

项目质量管理工作贯穿于工程施工的每一个环节、每一道工序，最终表现为工程的实体质量，对于施工总承包的项目部来说，其质量管理的主要工作可归纳为检验与试验、样板引路与工艺评定、旁站监督、隐蔽验收、成品保护、质量验收、分包工程质量管理、质量改进（QC 活动）、质量问题处理等方面。

我国施工项目中质量管理存在的主要问题有：

（1）施工项目部组织机构不健全，质量管理相关人员缺失。如前所述，由于施工企业质量管理工作的边缘化，在组建项目部时，很难配置齐全的项目质量管理机构与人员，使项目部质量管理工作先天不足。在实务中，即使是有规模、制定了完善的质量管理制度的施工企业，也很难保证按制度配置齐全的项目质量管理人员，更别说大量的小规模施工企业了。

（2）政府质量监督部门对施工项目部质量管理机构与人员的配置监管不严，也助长了企业和项目部忽视质量管理机构的建设，致使大量缺乏质量管理机构和措施的项目部存在。

（3）较多项目经理质量意识不足，项目管理中质量管理经常处于被忽略、被牺牲的境地。

（4）工程施工质量验收草率、走过场，不能真正起到检验施工质量的作用。首先，分项工程和检验批验收划分草率，不具指导性。我国《建筑工程施工质量验收统一标准》将工程施工质量验收从低到高划分为检验批、分项工程、分部工程、单位工程验收，要求施工单位在施工前，根据工程特点制定分项工程和检验批的划分方案，作为验收的基础。但现实情况是，绝大部分施工项目部仅仅是将《建筑工程施工质量验收统一标准》中的分项工程和检验批抄写一遍，根本不具备指导性，在施工时，根据施工需要随意进行检验批验收。其次，作为质量控制最根本环节的检验批验收，绝大部分是项目资料人员在办公室做出来的"验收"资料，难以反映工程施工的实际质量。其三，质量验收程序和组织不规范，特别是在竣工验收中，作为验收主体的建设单位、监理单位、施工单位、设计单位、勘察单位的主体意识不够，反而是作为监督者的质量监督部门作为主导，既违背了《建筑工程施工质量验收统一标准》的规定，又因为其所处地位的不同和对工程的熟悉不够，难以把好这最后一关。

4　改进施工质量管理对策

工程质量是全社会关注的焦点。提高工程质量，既是政府的目标，也是广大民众的愿望。要提高工程质量，需要从质量管理的源头入手，厘清质量管理各相关方的关系，建立合理的质量管理机构和制度，并实施到位，才能真正改进工程质量。

4.1　控制工程质量源头

合法而完备的建设行政审批手续、完整的能满足施工要求的施工图设计文件、充分的建设资金保障、建设相关各方健全的质量管理组织机构和制度措施，是保证建筑工程顺利进行的先决条件，也是保证工程质量的源头。政府建设行政管理部门作为工程质量管理的最高监督者，其所行使的施工许可证核发、施工图设计文件审查、质量监督管理等职能，直接监督这些质量源头。因此可以说，政府建设行政管理部门起着控制质量源头的作用。

控制质量源头，首先要求建设行政管理部门进一步完善制度体系，特别是要严格执法，将法律法规的相关规定落到实处，从建设程序上把好第一关，防止建设审批手续不全、施工图设计文件不完整、建设资金未落实的工程项目开工建设。

控制质量源头，还要求建设行政管理部门对工程质量监督准确定位，重点监督建设工程责任主体的质量管理组织机构是否健全、人员和措施是否齐备、执行法律法规和工程建设强制性标准是否到位、其质量行为是否合法、工程验收的组织和程序是否合规、涉及工程安全和功能的关键部位的实体质量是否满足要求。

总之，建设行政管理部门控制着工程质量源头，其对工程质量监督的重点是监督工程建设本身的合法性，以及参与建设各方的行为的合法性。建设行政管理部门对工程质量监督的最佳手段，是防止不合法的工程开工建设，督促工程建设各方切实行使其质量职责，而不是代其进行质量检查与控制。

4.2　改进施工质量管理

施工是工程实体的形成过程，施工质量是工程质量最外在的、最重要的表现形式，施工企业的质量管理决定了施工质量。改进施工质量，要求施工企业从企业层面、到项目层面、再到劳务操作层面，层层加强质量管理。

在施工企业层面，首先领导层应从思想意识上提高对工程质量的重视，并加强对工程质量的宣贯，以提高所有员工、特别是项目部领导的质量意识。其次，应建立健全的质量管理机构，配备相应的质量管理人员，建立完善的质量管理体系，保障企业质量管理资源的足额投入。

在施工项目部层面，应按照企业的质量管理制度配备足额的质量管理人员、明确各个岗位的质量工作分工、厘清质量管理的工作流程，以改进工程质量。在此，要特别强调项目部质量工作的分工与工作流程对工程质量管理的重要性，表2清理了项目质量管理工作内容，对项目部各个岗位的质量管理责任进行分工。

表 2　建设工程施工项目部质量工作任务分工表

工作任务	责任人	备注
工程质量管理策划	项目经理	项目总工、质量工程师参与
创优策划	项目经理	项目总工、质量工程师参与，创优项目需要
检验批划分及验收计划	项目总工	生产经理、质量工程师、技术工程师、土建/安装施工员参与
QC 活动及成果	项目总工	质量工程师、技术工程师、及其他工程管理人员参与
过程验收及记录	土建/安装施工员	质量工程师监督
检验批验收及记录	质量工程师	土建/安装施工员参与
分项工程验收及记录	项目总工	土建/安装施工员参与
分部工程验收及记录	项目总工	质量工程师、安装工程师及相关人员
特殊工程明细表	项目总工	质量工程师、技术工程师参与
特殊过程能力预先鉴定及记录	项目总工	质量工程师参与
特殊过程连续监控及记录	质量工程师	施工员参与
试验检验计划	项目总工	试验员、安装工程师参与
试验检验及台账	试验员	安装工程师负责安装材料的送检及台账
测量、检验、计量设备台账	质量工程师	技术工程师、质量工程师、试验员分别编制，送资料员备份

续表

工作任务	责任人	备注
实测实量及记录	质量工程师	土建/安装施工员参与
不合格品台账	质量工程师	试验员、材设工程师、安装工程师分别编制
物资设备进场计划及验收台账	材料设备工程师	质量工程师、安装工程师、安全工程师参与材料验收
业主、监理、质监站提出的问题监督整改及回复	项目总工	质量工程师、安全工程师、施工员、安装工程师参与
一般质量事件调查、处理	项目经理	项目总工、生产经理、商务经理、质量工程师参与

4.3　加强工程质量验收

由于建筑施工的特殊性，建筑产品的质量验收时分级进行的，从检验批、分项工程、分部工程、到单位工程，要一级级进行验收。加强工程质量验收，首先要求施工单位需制定切实可行的检验批划分方案，作为工程质量验收的基础。其次，要特别重视检验批验收，对检验批验收的每一项内容进行符合性检查，从源头控制施工质量。其三，在各级验收中充分发挥建设单位、监理单位、施工单位、设计单位、勘察单位其验收主体的作用，将质量验收落到实处。其四，政府建设行政管理部门应加强对验收程序、验收主体的行为进行监督，确保验收合规。

5　结论

我国已建立了较为完善的建筑工程质量管理的法律法规体系，但是在实施中，还存在诸多问题，特别是建设行政管理部门的监管不足、质量主体单位的责任意识缺失、组织结构和人员的缺失，严重影响了我国的工程质量，我国工程质量的改进任重而道远。

政府建设行政管理部门控制着工程质量源头，应重点监督工程建设本身的合法性，以及参与建设各方的行为的合法性。

施工质量是工程质量最外在的、最重要的表现形式，施工企业的质量管理决定了施工质量。施工企业应从企业层面、项目层面、劳务操作层面，采用提高思想认识、健全管理体系、明确工作分工、提高劳务操作工人技能水平等措施，从管理与操作两个方面改进施工质量。

工程质量验收既包括施工过程中半成品的验收，也包括建筑产品的最终验收，是现今工程质量管理环节中的短板，建设单位、监理单位、施工单位、设计单位、勘察单位应发挥在质量验收中的主体作用，政府建设行政管理部门应加强对验收程序、验收主体行为的监督。

参考文献

[1] 郭汉丁，张印贤，张宇，张睿，李美岩. 工程质量政府监督多层次激励协同机理研究综述 [J]. 建筑经济，2013，（2）：100-103.

[2] 乌云娜，杨益晟，张昊渤，冯天天. 工程质量缺陷免疫系统及预警机制研究 [J]. 工程管理学报，2015，29（4）：205-212.

[3] 徐聪. 基于项目治理的工程质量控制再思考. 工程管理学报 [J]，2013，27（5）：34-38.

[4] 沈祥，钟波涛，骆汉宾. 建筑工程质量综合评价与信息化平台研究 [J]. 土木建筑工程信息技术，2013，5（1）：27-31.

[5] 住房和城乡建设部. 建筑施工项目经理质量安全责任十项规定（试行）. 2014，8.

浅谈装饰工程现场管理

陈子浩

湖南艺光装饰装潢有限责任公司，株洲，412000

摘　要：建筑装饰工程的施工工艺复杂，材料种类繁多，现场设计复杂，工艺工序也较一般建设工程要精细，在这种情况下，更需要对于图纸、现场以及市场做出敏锐的判断和准确的认知，才能满足人民群众日益增长的需求，才能在激烈的市场竞争中保持竞争力。俗话说，管理出效益。一个工程项目不管它的先天条件多好，如果施工现场管理不好，不仅质量、进度受到影响，而且直接影响了整个企业的经济效益、甚至亏本；反之先天条件比较差的工程，如果精心计划、科学管理，仍然能给企业带来丰厚的回报。因此，"管理"对于企业来说是极其重要的。

关键词：技术；材料；施工；人员管理；资料；成品保护

1　技术管理

　　建筑装饰工程的施工工艺复杂，材料品种繁多，现场施工工种的班组多，要求现场施工管理人员务必做好各种技术准备。首先，必须熟悉施工图纸，针对施工合同要求，尽最大限度去优化每一道工序，每一分项分部工程，同时考虑公司内部的资源（比如施工队伍、材料供应、资金、设备等）及气候等自然条件，认真、合理地做好施工组织计划，确保每一分项工程能纳入受控范围之中。其次，针对工程特点，除了合理的施工组织计划外，还必须在具体施工工艺上作好技术准备，特别是高新技术要求的施工工艺。技术储备包括技术管理人员、技术工长及工人的新技术新工艺培训，施工规范、技术交底等工作。通过有计划有目的的培训，技术交底，可以使施工技术工人、工长熟悉新的施工工艺，新的材料特性，共同提高技术操作、施工水平，进而保证施工质量。此外，从技术角度出发，施工质量能否达到相关的设计要求和有关规范标准要求，仅仅从施工过程中的每一道工序作出严格的要求是远远不够的，必须有相应的质量检查制度。而建立完善的质检制度、质检手段都必须经过科学的论证，所以，必须针对每一工序、每一施工工艺的具体情况提出不同的质量验收标准，以确保工程质量。

2　材料管理

　　相对于土建施工，装饰工程有其固有的特点，主要的一面，就是其所需的材料种类繁多，并且，经常有许多最新材料应用的问题。因此，针对材料，必须解决好以下问题：

　　（1）材料供应，配合设计方确定所需材料的品牌、材质、规格，精心测算所需材料的数量，组织材料商供货；

　　（2）材料采购，面对品类繁多的材料采购单，必须将数量（含实际损耗）、品牌、规格、产地等一一标识清楚，尺寸、材质、模板等必须一次到位，以避免材料订购不符，进而影响工程进度；

（3）材料分类堆放。根据实际现场情况及进度情况，合理安排材料进场，对材料进行进场验收，抽检抽样，并报检甲方、设计单位。整理分类，根据施工组织平面布置图指定位置归类堆放于不同场地；

（4）材料发放，使用追踪，清验。对于到场材料，清验造册登记，严格按照施工进度凭材料出库单发放使用，并且需对发放材料进行追踪，避免材料丢失，或者浪费。特别是要对型材下料这一环节严格控制。整理提供对于材料的库存量，库管员务必及时整理盘点，并注意对各材料分类堆放，易燃品、易潮品均需采取相应的材料保护措施。

3　施工管理

施工的关键是进度和质量。对于进度，原则上按原施工组织计划执行。但作为一个项目而言，现场情况千变万化，如材料供应、设计变更等在所难免，绝对不能模式化，必须根据实际情况进行调整、安排。施工质量能否得到保证，最主要的是一定要严格按照相关的国家规范和有关标准的要求来完成每一道工序，严禁偷工减料。必须贯彻执行"三检"制，即自检、专检、联检，通过层层检查、验收后方允许进入下一道工序，从而确保整个工程的质量。

4　人员管理

从一定意义上来说，人是决定工程成败的关键。所有的工程项目均是通过人将材料组织而创造出来的。只有拥有一支富有创造力的、纪律严明的施工队伍才能完成一项质量优良的工程项目。怎样才能将施工队伍中的技术管理人员和技术工人有机整合充分发挥作用呢？首先，必须营造出一种荣辱与共的氛围，让所有员工都感到自己是这个项目的大家庭中的一员。对员工要奖罚分明，多鼓励、多举办各类生产生活竞赛活动，从精神、物质上双管齐下，整理提供培养凝聚力。其次，必须明确施工队伍的管理体制，各岗位职责、权利明确，做到令出必行。一支纪律严明的施工队伍，面对工期紧逼、技术复杂的工程，只有坚决服从指挥，才能按期保质完成施工任务。其三，针对具体情况适当使用经济杠杆的手段，对人员管理必定起到意想不到的作用。

5　资料管理

一个项目的管理，除了材料、施工、技术、人员的管理，还有个不容忽视的问题就是资料的管理。任何项目的验收，都必须有完备的竣工资料这一项。竣工资料所包含的材料合格证、检验报告、竣工图、验收报告、设计变更、测量记录、隐蔽工程验收单，有关技术参数测定验收单、工作联系函、工程签证等，都要求施工管理人员在整个项目施工过程中一一注意收集归类存档。如有遗漏，将给竣工验收和项目结算带来不必要的损失，有的影响更是无法估量。

6　成品保护

针对装饰工程的特点，整理提供成品保护可谓至关重要，作为最后的一道工序，任何一小点的破坏都会从整体上破坏美感，影响工程验收。对于成品保护，必须采取主动与被动相结合的做法来防护。所谓主动，即采取相应的相关防范强制性的制度，比如不准在成品地面上使用铁梯等规定；所谓被动，即采取相关的防碰撞等手段来保护成品，如在玻璃等易碎品上遮盖胶合板等措施。总之，必须对成品保护问题天天讲、日日抓，从严监控，加强灌输成品保护的意识，提高工人的认识。

7　施工安全

主要是关于防火、禁止乱搭接电线、脚手架搭设，戴安全帽、系安全带等相应的施工安全问题，需设立专门的安全小组天天讲，时时抓，多培训学习，防患于未然。总而言之，施工现场的管理是一项较为复杂的工作，整理提供必须事无巨细，随时做好防范工作，方方面面均需有所准备，同心协力，才能按时保质地完成施工任务。

8　图纸会审

熟悉装饰工程施工图是承包商抓好施工质量管理的前提。施工管理人员拿到图纸后，应认真细致的进行审读，充分领会设计意图，并把所建工程的使用功能贯穿其中进行思考，发现问题，必要时可以会同监理方对原设计进行研讨，并做好记录，到图纸会审时提出所发现的问题和对进一步完善设计的建议，力争在施工之前解决问题。经过图纸会审之后，应使建设工程的各方都能对修改后的设计图的施工内容和技术要求有统一的、正确的认识。

9　隐蔽工程验收

要保证高质量地完成一个装饰装修工程的产品，首先要保证每个分部分项工程的优良。各个工序的隐蔽工程验收关系重大，如有差错将直接影响建筑物的美观、适用。隐蔽工程验收记录同时又是工程竣工结算的重要依据，因此，它还关系到工程造价的准确性。严格验收隐蔽工程，认真做好验收记录和签证工作，既能给竣工结算提供正确的依据，又能及时补救措施，确保装饰装修工程的产品的安全、可靠、美观、适用。每个分不分项工程的每道工序必须符合设计图纸和规范要求，经监理工程师签证认可后方能进行下一道工序施工。

砌体结构房屋墙体加固工程风险分析

王　孜[1]　李登科[2]　陈大川[2]

1. 湖南大学土木工程学院，长沙，410082

2. 湖南大兴加固改造工程有限公司，长沙，410082

摘　要： 本文采用综合风险指数矩阵法对砌体结构房屋墙体加固工程进行风险评估，并建立风险评估的评估模型。介绍了评价指标的选取以及权重的计算方法，引进相关修正参数对指数值等级进行调整，并根据相关资料及工程经验确定评价指标赋值标准以及最终风险等级评判矩阵，最后进行工程实践，该评估模型的可靠性和操作性得到了有效验证。

关键词： 砌体结构；墙体加固；风险分析；综合指数矩阵法

我国正由大规模基础建设，特别是民用建筑领域的极大体量的建设，逐步转移到建筑结构维护、维修、改造的建设阶段[1]。砌体结构房屋作为我国传统的房屋形式，分布范围广，总量大，但该体系抗拉、抗剪能力低，易发生脆性破坏，抗震能力较弱，在长期使用后，结构的可靠性降低，需要进行加固改造[2]。

由于砌体结构房屋本身性能状况以及现有技术成熟情况等方面的影响，使得砌体结构房屋墙体加固工作存在一定的安全隐患，为对墙体加固的安全隐患进行有效的管理和应对，有必要对此类加固工程进行风险评估。本文介绍了风险指数矩阵法的基本操作流程，并结合某工程实例，论述了该风险分析的方法在砌体结构房屋墙体加固工程中的应用。

1　综合风险指数矩阵法

1.1　理论依据

风险指数法通过事先统计收集定量或定性指标并按一定的规则赋值，再借助数学计算方法得到相应的指标值，由此判断待评价对象的综合风险等级；风险矩阵法则是通过定量分析和定性分析综合考虑风险影响和风险概率两方面的因素，对风险因素对项目影响进行评估，上述两种方法已在房屋加固改造中得到了广泛的运用。综合风险指数矩阵法是风险指数法和风险矩阵法相结合的一种风险评估方法，综合了两种方法的优点，具有较强的可靠性和操作性。

1.2　评估模型

评估模型建立的总体思路如下：由风险识别入手，选取评价指标：从砌体结构构件的安全性出发，选取4个体现砌体结构房屋墙体安全性等级的关键因素，即承载能力 F_{11}，墙体倾斜率 F_{12}，墙体开裂情况 F_{13}，构件构造连接 F_{14}；从加固工程的特殊性出发，选取3个墙体加固对墙体安全性影响的关键因素：即设计方案 F_{21}，施工技术 F_{22}，施工条件 F_{23}。根据收集的原始数据以及公式（1）和（2）计算各指数值，将从砌体结构墙体安全性和砌体结构墙体加固影响两方面出发所求的指数值，从定量的指数值向定性等级转换，再对照风险评判矩阵得到最终评价结果。由此得到风险指数矩阵法的评估模型，如图1所示。

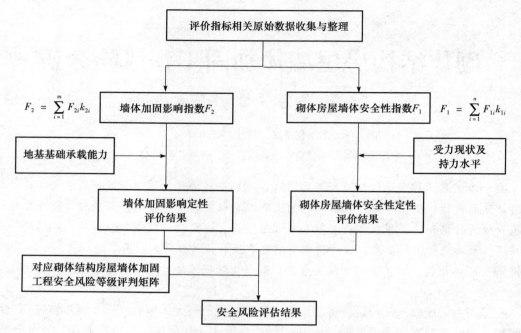

图 1　砌体结构房屋墙体加固安全风险评价模型

1.3　指数值的确定

1.3.1　指标权重的计算

本文的指标权重的确定主要是运用 AHP 专家打分法[3]。步骤如下：

1）首先邀请若干个专家，根据专家对各评价指标的意见以及层次分析法的原理构造判断矩阵，反应各相关评价指标之间的相对重要性。

2）根据特征根法计算评价指标的权重：①将判断矩阵的元素按行相乘；②所得的乘积分别开 m 或 n 次方；③将方根向量归一化即得到排序权向量[4]。

3）进行一致性检验。

1.3.2　指数值的计算

根据公式（1）和（2）计算砌体房屋墙体安全性指数值以及墙体加固影响指数值 F_2。

$$F_1 = \sum_{i=1}^{n} F_{1i}k_{1i} \qquad\qquad (1)$$

$$F_2 = \sum_{i=1}^{m} F_{2i}k_{2i} \qquad\qquad (2)$$

式中：n 为砌体结构房屋墙体安全性评价指标数；m 为墙体加固影响评价指标数；F_{1i} 和 F_{2i} 为指标得分；k_{1i} 与 k_{2i} 为指标对应的权重。

2　风险等级确定

2.1　评价指标赋值标准

根据现有相关文献以及工程实践经验，砌体结构房屋墙体加固施工工程的风险因素可分为两个方面：需加固墙体的现状：承载力（砌块强度、砂浆强度）、倾斜率（或水平位移）、构造连接、开裂情况以及酥碱风化等[5]；墙体加固设计施工情况：设计方案、施工技术、施工环境等，具体评价指标相关赋值见表 1。

1）需加固墙体现状

①墙体承载力情况 F_{11}。砌块和砂浆强度是墙体承载力的重要影响因素，同时砌筑方式以及灰缝的厚度和饱满度对墙体的承载力也有一定的影响。全顺式砌体的承载能力最大，而全丁式砌体的抗压承载能力最小，其余由大到小排列依次为三顺一丁式、梅花丁和一顺一丁式[6]。灰缝厚度应在 8 ～ 12 之间，过大和过小都会对墙体承载力产生一定不利影响。

②墙体倾斜率 F_{12}。墙体倾斜会对其安全性和适用性都产生影响，当墙倾斜率大于 0.7% 时，该构件则为危险构件。

③开裂情况 F_{13}。砌体结构裂缝不仅种类繁多、形态各异，而且较普遍。轻微裂缝会影响建筑物美观，造成渗漏水等情况，裂缝严重时则会降低建筑结构的承载力、刚度、整体性和耐久性，甚至可能导致墙体倒塌。

④构造连接 F_{14}。结构的构造连接是结构可靠性的一个重要保障，同时也是保证结构抗震性能的重要措施。

2）墙体加固方面

①设计方案 F_{21}。加固方案需考虑加固造成的局部刚度突变和质量不均匀分布的不利影响，尽量避免损坏现有建筑的结构元件。已有结构的材料性能、结构构造和体系以及结构缺陷和损伤都会对设计方案产生影响[7]。了解各种加固方法的适用范围和特点以及对原有构件的影响和加固效果，选择合理的加固方案。

钢筋混凝土面层加固法：适用于原墙没有裂缝并以剪切为主的实心砖墙多孔（孔径不大于 15）空心砖墙和 240 厚的空斗砖墙，但存在新增面层和原有墙体存在整体受力共同工作问题，以及新增荷载较大等问题。

钢筋网水泥砂浆面层加固法：适用于因施工质量差，而使砖墙承载力普遍达不到设计要求或者窗间墙等局部墙体达不到设计要求等情况，不适用于孔径大于 15 的空心砖墙及厚度为 240 的空斗砖墙、砌筑砂浆标号小于 M0.4 的墙体、严重油污不易消除的墙体。

粘贴纤维复合材料加固法：适用于烧结普通砖平面内受剪加固和抗震加固。对原结构影响较小，施工简单，但容易发生粘贴剥离破坏。

②施工技术 F_{22}。墙体加固施工经验和技术水平对加固质量有较大的影响，施工不合理甚至可能对原结构产生破坏，对结构造成二次伤害。墙体加固钻孔施工对原构件安全性和加固效果有一定的影响，同时结合面的构造处理及施工工作法也是影响加固后结构构件正常工作的重要因素。

③施工环境 F_{23}。施工环境是影响加固质量和施工安全的一个重要因素。

2.2　修正参数

为了使评价结果更加符合实际，在评价过程中加入修正参数，调整 F_1 和 F_2 的等级[8]。本文中对墙体安全性指数值 F_1 用墙体的受力现状和持力水平 S_1 修正；对墙体加固影响指数值 F_2 采用地基基础承载力 S_1 来修正。地基基础承载力 S_1 分别为高、一般、较小时，墙体加固影响风险等级分别做以下调整：维持原风险等级、调高 1 个风险等级、调高 2 个风险等级。对于砌体房屋墙体受力现状和持力水平，非承重墙的墙体安全性指数值 F_1 维持原级；承重墙受力现状和持力水平良好或较差时，F_1 分别提高 1 个和 2 个风险等级。

表 1　各个评价指标等级划分标准

指标	等级				
	I 级（0～10）	II 级（11～40）	III 级（41～60）	IV 级（61～90）	V 级（91～100）
墙体承载力 F_{11}	砌块和砂浆的强度高，灰缝饱满，厚度适宜，产用全顺砌筑方式	砌块和砂浆的强度较高，灰缝较饱满，厚度较适宜，产用三顺一丁砌筑方式	砌块和砂浆的强度一般，灰缝较饱满，厚度适宜，产用梅花丁砌筑方式	砌块和砂浆的强度较低，灰缝不饱满，厚度叫适宜，产用一顺一丁砌筑方式	砌块和砂浆的强度很低，灰缝非常不饱满，厚度过大或过小，产用全丁砌筑方式
倾斜率 F_{12}	墙体倾斜满足规范规定的垂直度允许偏差	墙体倾斜等级为 a_u 级	墙体倾斜等级为 b_u 级	墙体倾斜等级为 c_u 级	墙体倾斜等级为 d_u 级
开裂情况 F_{13}	墙体产生裂缝但对其承载力和适用性未产生影响	墙体产生裂缝但对其承载力和适用性影响较小	墙体产生裂缝且对其承载力和适用性有一定的影响	墙体产生裂缝且对其承载力和适用性有较大的影响	墙体产生裂缝且对其承载力和适用性有很大的影响，并且裂缝还在发展
构造连接 F_{14}	连接及砌筑方式符合规范，无缺陷，墙高厚比符合规范要求	连接及砌筑方式略符合规范，局部表面缺陷，墙高厚比略符合规范要求	连接及砌筑方式不符合规范，墙体缺陷较大，墙高厚比不符合规范要求，但未超过限值的10%	连接及砌筑方式不当，构造有较严重的缺陷，墙高厚比不符合规范要求，且超过限值的10%	连接及砌筑方式不当，构造有严重的缺陷，已造成其他构件损坏，墙高厚比不符合规范要求，且超过限值的10%
设计方案 F_{21}	设计方案合理，不损伤原有构件，施工方便，材料选择合理	设计方案较合理，一般不损伤原有构件，施工较方便，材料选择较合理	设计方案一般，较损伤原有构件，施工较麻烦，材料选择一般合理	设计方案不合理，损伤原有构件，施工麻烦，材料选择不合理	设计方案很不合理，对损伤原有构件有很大的损伤，施工很麻烦，材料选择非常不合理
施工技术 F_{22}	施工技术水平先进，类似经验丰富，施工管理水平高	施工技术水平较先进，类似经验较丰富，施工管理水平较高	施工技术水平较先进，类似经验一般，施工管理水平一般	施工技术水平较落后，类似经验不足，施工管理水平较一般	施工技术水平落后，缺乏类似经验，施工管理水平落后
施工环境 F_{23}	施工场地条件好，施工季节适宜，周边环境利于施工	施工场地条件较好，施工季节较适宜，周边环境较利于施工	施工场地条件一般，施工季节一般，周边环境一般	施工场地条件不利，施工季节不适宜，周边环境不利于施工	施工场地条件很不利，施工季节非常不适宜，周边环境非常不利于施工

2.3　风险等级评定

参照已有风险管理指南相关规范和参考文献［8］-［11］确定的风险评价矩阵，并根据砌体结构房屋墙体加固的实际情况对风险等级评判矩阵进行调整，得到最后的风险等级评判矩阵，具体见表2。进行风险评估时由调整后的 F_1 和 F_2 的定性等级对应表2确定最终的评价结果。

3　风险处置

对某一项目进行风险分析，最终的目的是为了对可能产生的风险进行控制和防范，以此来规避和减轻风险。一般风险控制的策略和措施有风险的减轻、预防、转移、回避、自留和后备等几种。砌体结构房屋墙体加固风险控制可以从技术层次和管理层次考虑。

（1）技术层次：选择合适的加固方法；加固方案考虑原结构的各种不利条件；注重整体加固，避免局部刚度突变和质量不均匀分布；尽量避免损坏现有建筑的结构元件；配合使用抗震加固。

（2）管理层次：选取经验丰富的施工队伍；使用成熟的施工技术；优化施工方案，完善施工工艺，合理规划各个工序；选择监测和信息化施工。

表2　安全风险等级评判矩阵

风险等级		安全性指数				
		I 级	II 级	III 级	IV 级	V 级
墙体加固影响	I 级	可忽略	可忽略	可忽略	可接受	可接受
	II 级	可接受	可接受	可接受	综合控制	综合控制
	III 级	可接受	可接受	综合控制	综合控制	严格控制
	IV 级	综合控制	综合控制	严格控制	严格控制	拒绝接受
	V 级	严格控制	严格控制	严格控制	拒绝接受	拒绝接受

4　实例与验证

4.1　工程概况

某校教学楼为6层砌体结构房屋，基础形式为墙下砖砌大放脚条形基础；承重墙体为烧结黏土普通砖砌筑的240mm厚眠墙（部分墙体为120mm、370mm厚）；各层楼面、屋面绝大部为预制板、局部为现浇板；楼梯为墙中悬挑式预制踏步楼梯。

经检测得砌筑砂浆抗压强度普遍较低，教学楼外墙棱角线垂直度偏差在规范规定的允许值范围之内，地基基础目前处于稳定状态，部分明沟、散水发生开裂现象。承重墙体组砌方法基本正确，大部分墙体表面较平整，灰缝厚薄较均匀、饱满，但各层墙体均存在不同程度的开裂、渗漏等现象（部分位置砖块已断裂），承载能力不满足规范要求；构造连接不符合规范要求。检测鉴定得该教学楼上部承重结构安全性等级为 C_u，该教学楼加固方法主要采用钢筋网水泥砂浆面层加固法并结合构造性加固，教学楼平面示意图如图2所示。

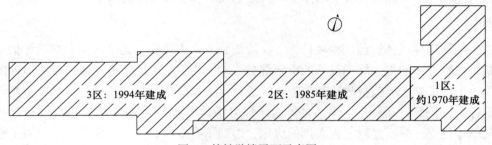

图2　某教学楼平面示意图

4.2　风险等级判别

分别邀请10个砌体结构方面的专家和10个结构加固方面的专家，采用层次分析法方法对 F_1 和 F_2 的指标进行依据经验判断打分。所有专家权重评判结果见表3。根据各个评价指标等级划分标准和评价指标权重以及公式（1）和（2）得到综合指数值。对综合指数等级修正：由于地基基础承载力不详，对加固影响指数调高1级；加固墙体主要为承重墙，对墙体安全性指数调高 1 级，最后对应安全风险等级评判矩阵，得到最终风险等级如表 4 所示。

表 3　各个专家 AHP 打分计算权重所得结果

AHP 权重值			专家编号									
			E_1	E_2	E_3	E_4	E_5	E_6	E_7	E_8	E_9	E_{10}
砌体结构领域	评价指标	墙体承载力 F_{11}	0.467	0.494	0.463	0.471	0.471	0.573	0.488	0.493	0.462	0.475
		倾斜率 F_{12}	0.073	0.165	0.185	0.204	0.093	0.141	0.178	0.253	0.069	0.142
		开裂情况 F_{13}	0.223	0.196	0.243	0.164	0.265	0.204	0.164	0.164	0.244	0.145
		构造连接 F_{14}	0.237	0.146	0.108	0.161	0.171	0.083	0.170	0.089	0.225	0.238
砌体结构领域	评价指标	设计方案 F_{21}	0.529	0.493	0.571	0.441	0.611	0.575	0.535	0.493	0.535	0.597
		施工技术 F_{22}	0.309	0.356	0.286	0.397	0.255	0.305	0.344	0.356	0.325	0.318
		施工条件 F_{23}	0.162	0.151	0.143	0.162	0.134	0.120	0.121	0.151	0.140	0.085

表 4　评价墙体安全风险等级

指标	等级赋值	指标权重	总分	原始等级	修正	综合等级
F_{11}	III 级 45	0.488				
F_{12}	II 级 37	0.155				
F_{13}	III 级 50	0.197	$F_1=47$	III 级	IV 级	
F_{14}	III 级 60	0.160				
F_{21}	II 级 38	0.538				综合控制
F_{22}	II 级 35	0.324	$F_2=37$	II 级	III 级	
F_{23}	II 级 40	0.138				

4.3　风险控制及处理

根据提供的检测报告、加固方案以及现场施工环境，该工程砌体结构房屋墙体加固风险等级为综合控制，需进行一定的风险处置，风险处置措施为优化加固设计方法，优化施工方案，实时监测，确保加固过程中砌体结构房屋的安全和墙体加固的效果。

5　结论

砌体结构房屋墙体加固工程项目施工阶段面临着众多风险，正确认识和准确评估这些风险，是将风险带来的损失降到最低的重要部分。本文为更加全面了解砌体房屋墙体加固工程的风险，引用了基于风险指数法和风险矩阵法的综合风险指数矩阵法，提出具有实操性和区分度的评分细则和评价标准。本方法综合了风险指数法和风险矩阵法的优点，具有实用性、操作简单等优点，并通过对工程实例的应用，得到了有效的验证，对完善类似加固工程的风险评估有一定借鉴意义。

参考文献

［1］　张晓东. 建筑改造加固工程施工安全风险及原因分析［J］. 山西建筑，2016，42（12）：245-246.

［2］　何建. 砌体结构房屋墙体加固技术及其应用［J］. 四川建筑，2009，29（4）：136-140.

［3］　曲莲震，刘明，吴丹丹. 层次分析法在房屋结构可靠性评估中的应用［J］. 房材与应用，2003，（4）：

37-39.

［4］　张黎黎. 沈阳地铁一号线土建施工风险分析［D］. 沈阳：东北大学资源与土木工程学院，2008：27-39.

［5］　张彦辉，徐福泉，杜德杰，等.《房屋结构安全鉴定标准》修订建议［J］. 建筑结构，2013，43（12）：96-93.

［6］　胡智威. 砖砌体砌筑方式对其力学性能影响的研究［D］. 湖南：长沙理工大学土木与建筑学院，2015：54-57.

［7］　丁绍祥. 砌体结构加固工程技术手册［M］. 武汉：华中科技大学出版社，2008：140-145.

［8］　陈大川，何蓓，胡建平，刘翔. 基于指数矩阵的深基坑邻近砌体房屋安全风险评估［J］. 铁道科学与工程学报，2016，13（4）：767-774.

［9］　赖咸根，周伏良，赵俊逸，等. 高陡岩质边坡加固工程施工风险分析与控制［J］. 湖南文理学院学报（自然科学版），2016，28（4）：58-68.

［10］　刘文. 老厂房加固改造工程的技术风险分析与评估研究［J］. 地下空间与工程学报，2012，8（S2）：1680-1683.

［11］　李淑珍. 既有建筑抗震加固改造设计项目的风险管理研究［D］. 北京：中国科学院大学工程科学学院，2016：37-42.

浅谈施工企业 QC 小组活动选题

张明亮 [1,2]　　常丽玲 [2]　　江　波 [2]　　周兆琨 [2]　　宋路军 [3]

1. 湖南建工集团有限公司，长沙，410004；
2. 湖南省第六工程有限公司，长沙，410015；
3. 湖南望新建设集团股份有限公司，长沙，410100

摘　要： QC 小组活动已成为企业员工参与企业经营管理，并帮助企业优化管理体系和不断创新，促进企业发展的有效途径，也是企业员工发挥自我优势，实现自我价值的良好方式。对于施工企业而言，开展 QC 小组活动，对建筑产品质量、项目施工工效、企业员工技术水平和管理能力等都会取得很大提高。而课题选择是 QC 小组活动的第一步，也是决定了整个 QC 小组活动核心的关键步骤。因此，本文将针对施工企业 QC 小组活动开展中课题选择进行分析，探索选择 QC 小组活动课题的方法，使其能够更有效地为建筑产品、企业和企业员工服务。

关键词： 施工企业；QC 小组活动；课题选择

1　概述

　　QC 小组活动是一种致力于在工作质量、方法和效率等方面的"小集团"改进活动。是在生产或工作岗位上从事各种劳动的员工，围绕企业的经营战略、方针、目标和现场存在的问题，以改进质量、降低消耗、提高人的素质和经济效益为目的的组织起来，运用质量管理的理论和方法开展活动的小组。

　　对于企业来说，QC 活动小组组建后，首要的任务就是要思考"我们要做什么""大家一起来改善什么""改善什么问题最有价值"，即选择课题。QC 小组活动课题来源一般有三个方面，分别是指令性课题、指导性课题、自己选择课题。本文将主要针对施工企业组建 QC 活动小组后，从自己选择课题方面进行分析探讨，从而将施工企业 QC 小组活动的价值更好地发挥出来。

　　施工企业进行 QC 小组活动，主要从施工企业管理层面和施工企业技术层面开展。施工企业进行质量管理的对象为主要为建筑产品，建筑产品具有体量大、周期长、工序多等特点，随着建筑市场的发展，也出现了越来越多的新工艺，新工法，因此，针对建筑产品进行 QC 小组活动，也会具有周期长工序多等特点。那么，合理地选择 QC 小组活动课题将对整个建筑产品及施工企业尤为重要，课题的选择，不但要对整个 QC 小组成员有意义，更要对整个项目及施工企业有意义。

2　施工企业 QC 小组活动选择课题的重要性

　　施工企业在进行建筑产品施工过程中，会经历很多工序，而其中每一项工序都可能成为 QC 小组活动选择的改善课题。尤其是在建筑行业不断发展的今天，包括绿色建筑在内的越来越多的概念被提出，不但要求建筑产品从设计灵感到材料选择等方面不断改善，对施工企业的要求也越来越高。因此，施工企业也需要在不断提高自身技术水平的前提下，紧跟市场，不断开发新的工艺工法来适应市场，甚至引领市场。环境在变，人员素质也要变，因此在整个项目施工过程中，选择课题尤为关键，施工企业选择课题不但要从解决现场实际问题出发，更要紧跟大环境步伐，选择对实际施工、对项目团队、对行业及市场发展有意义的课题。

施工企业的开展需要技术、生产、商务各部门的紧密联系，施工企业的每一项工作的涉及面都很广，因此，选择课题要从多方面，多角度，各部门紧密配合，改善问题。

3　施工企业 QC 小组活动选择课题的弊端

建筑产品最鲜明的特点是各单体差异性大，工序繁多，周期较长。因此，面对一个建筑产品，QC 小组展开小组活动时，很容易将类似建筑产品经验生搬硬套到新的项目。工序繁多往往造成在实际操作中，使 QC 小组活动参与的各部门工作目标分散，无法更好的有针对性的将问题逐一改善。一个建筑产品的完成，时间周期短的需要半年，时间周期长的需要四五年，甚至更长，QC 小组活动课题选择不好，往往会出现过程数据很难有效的收集，时间周期长，数据不准确，活动的意义也就不大了。

4　施工企业 QC 小组活动选择课题分析

从施工企业的行业特点分析，施工企业 QC 小组活动课题可分为两类，一类是施工企业企业型课题，另一类是施工企业项目型课题。

4.1　企业型课题的选择

施工企业企业型课题可分为服务型、管理型、创新型（图 1）。服务型课题主要以推动施工企业对业主服务工作的标准化、程序化、科学化，提高对业主的服务质量，从而提高企业自身社会效益为目标。管理型课题主要以提高施工企业工作质量、解决企业管理中存在的问题、提高企业管理水

图 1　企业型课题分类

平、改善企业管理方法为目标。创新型课题主要以创新的思维方式方法，开发新的施工企业自身管理方式或者服务于业主的方式，实现施工企业的目标。

企业级别，成立 QC 小组，进行 QC 小组活动课题选择时，通常是小组成员通过对企业进行多方面现状调查或者运用"头脑风暴法"，先收集多个可供选择的课题。确定课题通常有两种方法，一是通过全体成员举手表决，二是通过对每个课题从多方面进行评议、评价，然后用矩阵图的形式来表示（表 1）。

表 1　企业型 QC 小组活动后选题评价

可选课题＼评价项目	重要性	推广性	可实施性	…	得分
减少 X 部门业务流程					
增加 X 部门业务开支					
……					
……					

注：每项满分 10 分，总分最高的课题为本次 QC 小组活动选择的课题。

4.2　项目型课题的选择

施工企业项目型课题可分为现场型、攻关型、管理型、创新型（图2）。现场型主要以稳定施工项目生产工序质量、降低过程材料损耗、改善现场施工环境、优化现场安全文明布置为选题范围。攻关型主要以解决技术问题为主要目标，尤其是针对高大特难新的施工项目。管理型主要以改善优化针对一个项目而言的管理方式方法，提高项目团队管理水平为目标。创新型主要以针对一个项目而言，运用新的思维方式、创新的方法解决项目遇到的技术难题，开发新的工艺工法，更有效地解决实际问题，实现效益目标。

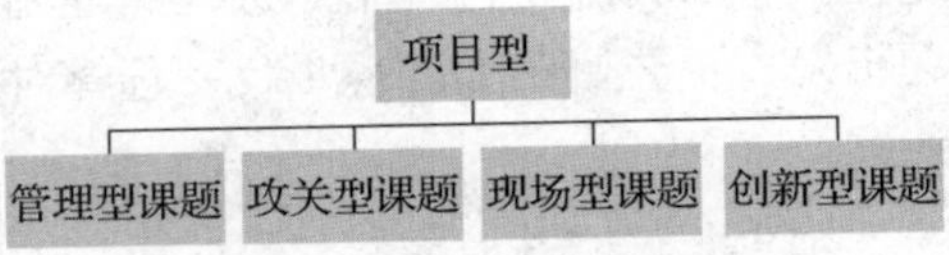

图 2　项目型课题分类

项目级别，成立 QC 小组，进行 QC 小组活动课题选择时，首先要对所针对的建筑产品进行产品特点分析。在这里，将建筑产品分为一般建筑产品和高大特难新建筑产品。

一般建筑产品指设计常规，结构简单，不涉及新工艺、新工法的建筑，例如普通住宅、公寓、宿舍等。高大特难新建筑产品指设计理念独特，结构复杂，包含专业较多，涉及新工艺工法、新材料等的建筑，例如体育馆、广播电视台、会展中心、美术馆等地标建筑。针对一般建筑产品而言，更多是偏向现场型、管理型和创新型课题，针对高大特难新建筑产品而言，更多的偏向于现场型、管理型和攻关型课题。

明确了建筑产品特点之后，小组成员再通过对项目现状进行调查，根据项目实际情况，从解决项目实际问题，改善项目实际施工质量或攻克项目实际施工时所面临的难题的角度出发，收集多个可供选择的课题。确定课题通常有两种方法，一是通过全体成员举手表决，二是通过对每个课题从多方面进行评议、评价，然后用矩阵图的形式来表示（表2）。

表 2　项目型 QC 小组活动后选题评价

评价项目 可选课题	迫切性	经济性	时间性	…	得分
提高 X 工序施工质量					
降低 X 工序材料损耗					
提高 X 工序一次性成功合格率					
……					

注：每项满分 10 分，总分最高的课题为本次 QC 小组活动选择的课题。

4.3　企业型和项目型课题的关系

施工企业的发展依靠于企业下属的各个项目，企业级 QC 小组活动课题选择及 QC 小组活动实施的意义将直接影响企业下属项目的效益。同样，项目是构成企业的基本子单元，每个项目的 QC 小组活动是否能够有效地开展也将会直接影响企业的效益。选择有价值的 QC 小组活动课题，从项目级到企业级，甚至到行业级别都可能产生很大的影响。选择有价值的 QC 小组活动课题，并将每个 QC 小组活动课题成果进行总结、推广，才是 QC 小组活动的最终意义。

4.4　施工企业 QC 小组活动课题选择注意的问题

（1）课题宜精不宜大

所谓精，就是 QC 小组在选择课题时，应当精细，不宜选择大课题。应当将大的课题剖解开来展开活动，例如提高旋挖桩施工一次成孔合格率，而非提高旋挖桩成孔质量。精细的课题更容易开展活动，更容易把问题分析透彻、准确，从而更好地实现预期目标。

（2）选题要充分结合实际，不宜空想

开展 QC 小组活动的意义在于改善实际问题，提高小组成员能力，提高效益。因此，课题选择应当充分分析实际情况，结合实际情况，找出选择课题的充分理由和目的。

5　结语

我国从 1978 年开始推行全面质量管理和开展 QC 小组活动，至今已发展四十年。施工企业中的 QC 小组活动也取得了较好的成绩。好的建筑产品依赖于好的施工企业，质量已经成为施工企业市场竞争中决定性因素之一。开展 QC 小组活动，优化课题选择，将不断提升施工企业在市场竞争中的核心竞争力，为企业的长远发展提供坚实的基础。

参考文献

[1]　中国质量协会.质量管理小组基础知识[R].2011 年 3 月第一版

[2]　工程建设 QC 小组活动成果编写指要与案例，第二版[M].北京：中国建筑工业出版社.2016.

[3]　张明亮，李云.浅谈施工企业中的 QC 小组活动[J].建筑技术，2016（增刊），47：109-110.

[4]　柯宇庆.如何在建筑企业切实有效开展 QC 小组活动[J].中小企业管理与科技，2019（9）：28-29.

[5]　胡悦.QC 小组活动与企业班组建设关系[J].管理学家，2014（1）：557.

[6]　中国质量协会，邢文英.QC 小组基础教材（第二次修订版)[M].北京：中国社会出版社，2008，3.

[7]　中国质量协会质量管理小组工作委员会.开展"创新型"课题 QC 小组活动实施指导意见（2006)[R].2016.

[8]　中国质量协会.质量管理小组基础理论[M].北京：中国计量出版社，2011，3.

[9]　中国建筑业协会工程建设质量管理分会.2017 年全国工程建设优秀 QC 小组活动成果交流会成果选编[C].2017.

后 记

　　《绿色建筑施工与管理》（2018）一书的内容突出了科技创新与绿色发展，是湖南省土木建筑学会施工专业学术委员会所属全省建筑施工企业和建筑科技工作者在绿色建筑及施工、项目管理与科技研究等方面积累的丰硕成果与经验，可供建筑业施工技术人员与大专院校有关师生参考与应用。

　　本书在编著过程中得到了湖南建工集团有限公司、中国建筑第五工程局有限公司、中建五局第三建设有限公司、五矿二十三冶集团有限公司、湖南立信建材实业有限公司、湖南望新建设集团股份有限公司、湘潭市规划建筑设计院和中南大学、湖南大学、长沙理工大学以及中国建材工业出版社等的有关专家、学者、教授的大力支持与帮助，在此，致以衷心的感谢与崇高的敬意！

　　本书由于编著时间仓促，加上绿色施工等正在不断的发展与完善之中，同时编者水平有限，书中错误和不足之处在所难免，恳请广大读者批评指正。

主编

2018 年 5 月